普 通 高 等 教 育 规 划 教 材

环境化学教程

第二版

北京大学

刘兆荣　谢曙光　王雪松　编

化学工业出版社

·北京·

本教程按照圈层、专题分类叙述，内容涉及大气环境化学、水环境化学、土壤环境化学、环境生物化学、各圈层元素循环、典型化学污染物和毒物在环境各介质中的行为和效应。以阐述化学物质在大气、水、土壤、生物各环境介质中迁移转化过程及其效应为主线，全面深入地论述这些过程的机制和规律，并注重反映环境化学及环境工程领域最新研究成果和进展。

本书可作为各类院校环境科学、环境工程专业本科生和研究生教材使用，也可供环境领域的研究人员选用和参考。

图书在版编目（CIP）数据

环境化学教程/刘兆荣，谢曙光，王雪松编 . —2 版 .
北京：化学工业出版社，2010.8（2019.6 重印）
普通高等教育规划教材
ISBN 978-7-122-08880-2

Ⅰ．环…　Ⅱ．①刘…②谢…③王…　Ⅲ．环境化
学-高等学校-教材　Ⅳ．X13

中国版本图书馆 CIP 数据核字（2010）第 117574 号

责任编辑：王文峡　　　　　　　　　　文字编辑：刘莉珺
责任校对：徐贞珍　　　　　　　　　　装帧设计：尹琳琳

出版发行：化学工业出版社（北京市东城区青年湖南街 13 号　邮政编码 100011）
印　　刷：北京京华铭诚工贸有限公司
装　　订：三河市振勇印装有限公司
787mm×1092mm　1/16　印张 21　字数 559 千字　2019 年 6 月北京第 2 版第 4 次印刷

购书咨询：010-64518888　　　　　　　　售后服务：010-64518899
网　　址：http://www.cip.com.cn
凡购买本书，如有缺损质量问题，本社销售中心负责调换。

定　价：45.00 元　　　　　　　　　　　　　　　版权所有　违者必究

第二版前言

《环境化学教程》（第一版）自 2004 年正式出版以来，在北京大学的环境科学和环境工程专业作为环境化学课程教学的正式教材使用，在社会上也有不少高校选用为教材或者作为重要参考书。本书的使用人群非常广泛，且获得第七届中国石油和化学工业出版社优秀教材二等奖。

当前，随着中国的经济和社会发展，人们对环境问题的关注日益增强，环境化学学科在解决环境问题过程中不断发展，在诸多基础化学学科中逐渐成长起来，学科独立性进一步增强；同时，相关学科的理论和技术发展也为环境化学学科的体系完善提供了强有力的支持。环境化学不再是简单的化学分析的延伸，而是与生态影响、健康危害、气候变迁、环境化学机制等科学问题的探讨都紧密结合在一起。在实际的教学中也发现部分内容需要根据环境化学和相关学科的发展进行调整，因此迫切需要对本书进行修订。本书的修订尽力体现学科的发展和使用过程的要求。

《环境化学教程》（第二版）在基本保持第一版结构的基础上，增加了环境健康影响的内容比重，对水污染环境化学部分进行了较大内容调整，删除了与工业相关而在环境化学理论方面相对薄弱的清洁生产、工业生态的内容，其余部分进行了资料、技术等方面的更新和丰富。

《环境化学教程》（第二版）全书仍然按照圈层、专题分类叙述，内容涉及大气环境化学、水环境化学、土壤环境化学、生物环境化学、各圈层元素循环、典型化学污染物和毒物在环境各介质中的行为和效应。以阐述化学物质在大气、水、土壤、生物各环境介质中迁移转化过程及其效应为主线，全面深入地论述这些过程的机制和规律，并注重反映环境化学及环境工程领域最新研究成果和进展。

《环境化学教程》（第二版）全书共分 22 章。其中，第 1～8 章和第 20～22 章由刘兆荣修订，第 9～14 章由谢曙光修订，第 15～19 章由王雪松修订，刘兆荣负责全书的统稿。为了满足不同高校对本书作为教材的使用，《环境化学教程》（第二版）提供了全书主要内容的 Powerpoint 电子教案，其中，第 1～8 章由刘兆荣制作，第 9～14 章由谢曙光制作，第 15～22 章由王雪松制作。读者可发电子邮件至 cipedu@163.com 免费获取，或登录化学工业出版社教学资源网获取。

北京大学 2003 级～2008 级环境科学专业和环境工程专业的同学在教材使用过程中，对知识点的不足等提出了宝贵意见；书稿在编写过程中也得到了化工出版社的大力支持和帮助，在此一并表示衷心的感谢。

环境化学是新兴的研究领域，诸多环境问题的解决过程中隐藏着复杂的科学原理，正在进一步探索中，环境化学学科将是蓬勃发展的科技领域。本书希望能为关心环境问题、有兴趣参与环境化学探究的读者提供一些基础知识的准备，引导其进入环境化学广阔空间的一扇门。由于参加修订和编写的人员的水平限制，在内容选取、新资料调研方面必然存在不足之处，欢迎各方读者批评指正。

编　者
2010 年 4 月于燕园

第一版前言

环境化学研究在中国的发展始于 20 世纪 70 年代，北京大学是最早进入这个领域的团体之一。原北大技术物理系环境化学教研室从 20 世纪 70 年代末起为本科生开设了环境化学课程，唐孝炎院士、陈旦华教授先后主持该课程的讲授。

环境化学是利用化学各基础学科的理论知识来探讨和解决与化学相关的环境问题的科学，具有与实际生产和生活活动密切相关的特征，属于应用性较强的研究领域，因此讲授环境化学时，除在基本知识的传授方面有所选择外，还要与我们面临的全球性、区域性以及局地的实际环境问题相结合。

本教程按照圈层专题分类叙述，内容涉及大气环境化学、水环境化学、土壤环境化学、环境生物化学、工业生态、典型化学污染物和毒物在环境各介质中的行为和效应。以阐述化学物质在大气、水、土壤、生物各环境介质中迁移转化过程及其效应为主线，全面深入地论述这些过程的机制和规律，并注重反映环境化学及环境工程领域最新研究成果和进展。

各部分列出一定数量的习题，读者可以循此回忆教程内容、思考相关的环境问题并提出自己的意见。同时还列出主要参考文献，以便读者对某些感兴趣的问题深入探索。

书中图文并茂，既有理论分析，又有研究计算实例，具有较强的科学性、系统性和实用性。本教程的特色是：①拓宽和加深了环境化学的基础内容，即教材内容丰富，有相当深度；②体现学科发展的最新成果和进展，即新；③内容深浅兼顾，可适用于各类院校环境科学、环境工程本科生和研究生以及环境领域的研究人员选用和参考。

全书共分四部分计 23 章，陈旦华编写第 14～20 章，赵广英编写第 9～13 章，陈忠明编写第 5～7 章和第 22～23 章，刘兆荣担任本书主编，编写第 1～4 章、第 8 章和第 21 章，并负责全书的统稿。

书稿承中国科学院生态环境研究中心的沈济研究员审阅，提出了不少宝贵的意见。化学工业出版社教材出版中心为本书的写作和出版给予了很大支持和帮助。在此一并表示衷心的感谢。

环境化学是比较新的研究领域，正是方兴未艾，很多问题有待进一步探索。我们的工作只是为读者熟悉该领域提供一些帮助，以期引起读者对该领域的研究产生兴趣。限于作者的水平，在内容选取、论点陈述方面必然存在不足之处，欢迎各方读者批评指正。

编　者
2002 年 8 月于燕园

目 录

第一部分　大气环境化学

第二部分 水环境化学

第三部分　土壤环境化学

第四部分　环境化学其他专题

第1章 绪 论

1.1 环境问题

1.1.1 人类活动和环境问题

一般将地球表面分为四个圈层，即大气圈、水圈、土壤-岩石圈以及散布于三圈交会处有生物生存的生物圈，也有将土壤-岩石圈细划为土壤圈和岩石圈，还有将人类活动的空间从生物圈中独立出来，称为人工圈。这些圈层主要在太阳能的作用下进行着物质循环和能量流动。

人体组织的组成元素及其含量在一定程度上同地壳的元素及其丰度之间具有相关关系，这表明人类与环境是一体的。人类通过生产和生活活动，从自然界获取物质资源，然后又将经过改造和使用的资源和各种废弃物返还自然界，从而参与自然界的物质循环和能量流动过程，不断地改变着自然环境。人类在改造环境以适宜于本身生存的过程中，自然环境也以自己的规律运动着并不断对人类产生反作用，相互间不能很好协调，结果就常常产生环境问题。

概括地讲，环境问题是指全球环境或区域环境中出现的不利于人类生存和发展的各种现象。环境问题是目前世界人类面临的几个主要问题之一。

环境问题是多方面的，但大致可分为两类：原生环境问题和次生环境问题。由自然力引起的为原生环境问题，也称为第一环境问题，如火山喷发、地震、洪涝、干旱、滑坡等引起的环境问题。由于人类的生产和生活活动引起生态系统破坏和环境污染，反过来又危及人类自身的生存和发展的现象，为次生环境问题，也叫第二环境问题。次生环境问题包括生态破坏、环境污染和资源浪费等方面，目前所说的环境问题一般是指次生环境问题。

地球表面各种环境因素及其相互关系的总和称为环境系统。环境因素包括非生物的和生物的。非生物因素有温度、光、电离辐射、水、大气、土壤、岩石以及其他如重力、压力、声音和火等。生物因素是指各种有机体，它们彼此作用，并同非生物环境密切联系着。

环境系统实际上是一个不可分割的整体，但通常把地球环境系统分为大气圈、水圈、土壤圈（或土壤-岩石圈）和生物圈。在这些圈层的交界面上，各种物质的相互渗透、相互依赖和相互作用的关系表现得尤其明显。

地球环境系统中，各种物质之间，由于成分不同和自由能的差异，在太阳能和地壳内部放射能的作用下，进行着永恒的能量流动和物质交换。各种生命元素如氧、碳、氮、硫、磷、钙、镁、钾等在地表环境中不断循环，并保持相对稳定的浓度。环境系统是一个开放系统，但能量的收入和支出保持平衡，因而地球表面温度相对恒定。环境系统在长期演化过程中逐渐建立起自我调节系统，维持它的相对稳定性。所有这些都是生命发展和繁衍必不可少的条件。

地球环境系统是一个动态平衡体系，有它的发生、发展和形成历史。目前地球环境与原始地球环境有很大的差别。各种环境因素彼此相互依赖，其中任何一个因素发生变化便会影响整个系统的平衡，推动它的发展，建立新的平衡。地球各圈层的质量分布如表1-1，岩石土壤圈质量最大，占据了绝大部分的地球质量，但是与人类生活直接相关的部分不多，因此岩石土壤圈的研究也最少。水圈的质量次之，但同样的与人类生活密切相关的部分主要是河流、湖泊、地下水中可用的淡水部分，在环境化学研究中是工作做得最多的，主要是借鉴了化学研究中液相体系的研究成果。大气的质量相对很少，但是与人类的生存息息相关，只是由于研究手段的原因，在20世纪后半叶才开始多方面展开。

表 1-1　地球各圈层质量

圈　名	估计质量/$\times 10^{20}$ g	圈　名	估计质量/$\times 10^{20}$ g
1. 大气圈		两极冰帽、冰山、冰河	278
对流层的质量(至 11km 处)	40	海洋	13480
总质量	52	4. 岩石圈	
2. 土壤圈	16	沉积物	3000
3. 水圈		沉积岩	29000
河流和湖泊	2	变成岩	76200
地下水①	81	火成岩	189300

① 地下水也可归入岩石圈。

环境系统的范围根据研究的需要，可以从全球也可以从局部着眼。全球系统包括许多亚系统，如大气-海洋系统、大气-海洋-岩石系统、大气-生物系统、土壤-植物系统等。局部系统可以是某亚系统的进一步细化，也可以是根据研究对象设定的交互的亚结构。整体系统的变化归根结底是区域性变化的积累，全球变化形成后对局部系统产生控制性影响。例如对森林的滥砍滥伐，造成绿地面积日益缩小，对全球物质循环（CO_2、H_2O 为主）和能量循环（直接的是对太阳和地球辐射的吸收和反射的变化，间接的是物质循环过程中携带的化学能、热能等）造成影响，进而影响全球气候和生态平衡。

对环境系统的理解向来有不同观点，或者以人类为中心设立周边系统，或者以整个自然界为统一整体。相同的地方在于都承认环境系统的内在本质在于各种环境因素之间的相互关系和相互作用过程，揭示这种本质，对于研究和解决当前许多环境问题有重大的意义。

环境系统具有一定调节能力，在一定程度上可以对外界的干扰因素进行补偿和缓冲，从而维持环境系统的相对稳定性。环境系统的稳定性在很多情况下取决于环境系统与外界进行物质交换和能量流动的容量。容量愈大，抗干扰能力也愈大，环境系统也愈稳定；反之，就不稳定。环境系统中的某些不稳定因素，对外来干扰非常敏感。在一定的条件下，某个关键性因子发生小的变化，可能触发内在的反馈机制，引起一系列链式反应，对整个环境系统造成无法挽救的严重后果。例如，极地海冰具有较大的反照率，对阳光的吸收能力远小于陆地和海洋，对温度变化很敏感。温度稍微降低（特别是夏天）时，海冰面积便会向赤道方向扩展；海冰覆盖在海洋水表面，增加了对阳光的反射作用，使地球接受的热量减少。如果地球进一步降温，海冰面积就继续扩展，导致新的冰河期到来。

至今为止，人类还未完全了解环境系统中许多错综复杂的机制，还未能建立精确的模式来揭示环境因素间的微妙平衡关系。例如人们在开始使用氯氟烃时，只注意到它对人体无直接危害、适用性很强，没有想到它会破坏大气臭氧层的稳定，这个问题直到20世纪70年代中期才引起注意。

原始人群受能力所限，对环境的影响并不比其他动物大。但是随着劳动工具的改进，生产力的逐步提高，人类对环境的破坏能力逐渐增强，对自然环境的索求也逐渐增加，对环境的负面影响越来越大。为了口食而对生物大肆捕捉，造成了某些生物物种的灭绝，如曾经漫天盖地的北美旅鸽的消失；为了得到更多的耕地而对森林大加砍伐，造成沙漠化，如美国在

20世纪经历的黑风暴、撒哈拉沙漠的扩张、中国西北的荒漠化等。由于人类不合理利用自然而引起自然的无情报复的例子是不胜枚举的。随着技术的进步，人类对环境的影响愈加深刻。

当前人类活动所引起的全球性环境影响主要有下列几个方面。

① 天然生态系统的逐渐消失，野生物种大量灭绝，生态系统简化。农业生态系统的高度发展，少数几种作物代替多样化植被。人类愈来愈借助化肥和农药来维持农业生态系统的稳定，给生态系统带来严重后果。

② 城市化进程加剧，农耕用地面积逐渐缩小，环境背景被破坏，全球性环境污染问题日趋严重。

③ 土地利用不合理，土壤侵蚀严重，土壤肥力下降，荒漠化成为全球问题。

④ 矿物燃料的燃烧和森林的减少，使大气层中 CO_2 含量正在增长，伴随着热带雨林面积的减少，全球气候将起重大变化。

⑤ 人类对地壳内部金属矿产的开采、利用和弃置，最终将造成这些金属元素在地表环境中浓度的增高。这些金属元素有不少对有机体是有毒害的，如汞、镉、铅等。它们通过食物链危害生态系统。

这些改变多数是不可逆的，如野生动物的灭绝和地表重金属元素浓度的增加；有的则需要较长时间才能复原，如植被、土壤和大气。

从环境系统演化历史来看，旧平衡的破坏，新平衡的建立是历史发展的正常规律，环境系统始终处于动态平衡之中。人类为谋求生存和发展，就会不断改造自然，打破原有的平衡，并企图建立新的平衡。但人类在改造自然的过程中，常常由于盲目或受到科学技术水平的限制，未能收到预期的效果，甚至得到相反的结果。

生态破坏是指人类活动直接作用于自然生态系统，造成生态系统的生产能力显著减少和结构显著改变，从而引起的环境问题，如过度放牧引起草原退化、滥采滥捕使珍稀物种灭绝和生态系统生产力下降、植被破坏引起水土流失等。环境污染则指人类活动的副产品和废弃物进入环境后，对生态系统产生的一系列扰乱和侵害，由此引起的环境质量的恶化反过来又影响人类自身的生活质量。环境污染不仅包括物质造成的直接化学污染，也包括由物质的物理性质和运动性质引起的污染，如热污染、噪声污染、电磁污染和放射性污染。由环境污染还会衍生出许多环境效应，例如二氧化硫造成的大气污染，除了使大气环境质量下降，还会造成酸雨。

应当注意的是，原生环境问题和次生环境问题往往难以截然分开，它们之间常常存在着某种程度的因果关系和相互作用。

1.1.2 环境问题的产生与发展

环境问题在人类活动的早期就开始了，随着人类破坏环境能力的加强而愈加严重。在人类文明的发祥地如西亚的美索不达米亚、中国的黄河流域等地，由于大规模地毁林垦荒，造成严重的水土流失。工业革命使得生产力得以迅速发展，机械化生产在创造大量财富的同时，在生产过程中排出废弃物，从而造成了环境污染。在世界人口数量不多、生产规模不大的时候，人类活动对环境的影响并不太大，即使发生环境问题也只是局部性的。随着社会生产力和科学技术的高速发展，从自然界攫取资源的能力加强，使得世界人口数量激增（虽然当代呈现少数发达国家人口出生率下降或为负，而不发达国家人口失控的状况，总体来讲，生产力的提高为人口的数量增加提供了基础），人类破坏自然界的能力大大增强，环境的反作用便日益强烈地显露出来，升级为全球性环境问题。

人工制造的各种化合物的种类逐年增加，在这些化学品中，有毒化学品的年产量已达 $4 \times 10^6 t$。大量人工制造的化合物（包括有毒物质在内）进入环境，在环境中扩散、迁移、累积和转化，不断地恶化环境，严重威胁着人类和其他生物的生存。从生息在冰原覆盖、荒无人烟的南极大陆上的企鹅体内也检出了农药 DDT，在北极冰盖中也检测到了人工生产的农药成分，说明人类的活动造成的严重后果已经不局限于人工圈而遍及全球，许多有害物质进入人体及其他生物体内还会产生潜在的和远期的危害。曾经以为是非常安全的氟氯烃类化合物从人类活动的对流层飘入了平流层，结果造成近年来日光辐射病日趋严重。这一切已经引起世界各国的普遍关注。

人类活动排放的废弃物，逐渐地超过环境自净能力，从而影响全球的环境质量。在 20 世纪 70 年代，估计全世界每年排入环境的固体废物超过 3×10^9 t，废水约（$6 \sim 7$）$\times 10^{11}$ t，废气中一氧化碳和二氧化碳近 4×10^8 t，使得大气和水体的背景值发生改变。大气中的二氧化碳含量（按体积计）已由 19 世纪的 0.028% 增加到现在的 0.032%，如果它的含量继续增高，势必引起全球性的气候异常。工业生产和人类生活取暖过程排放的大量硫氧化物、氮氧化物进入大气，形成酸性污染物，通过沉降作用回到地面，对土壤和水体酸化严重，湖泊水中的氢离子浓度大幅度增加了，鱼产量因而大幅度下降。由于海运、沿海钻探和开采石油、事故溢漏和废物处理排入海洋的石油及其制品达到 500 多万吨，海洋被石油污染，使海洋浮游生物的生存受到严重的威胁。据估计，现在大气圈中的氧气，有四分之一是海洋中的海洋浮游植物通过光合作用而产生的。海洋浮游植物一旦遭到严重的损害，势必影响全球的氧平衡。由于化学物质排放引起了一系列的环境问题，有的对人类造成了直接危害（见表 1-2）。

表 1-2　世界著名八大公害事件（引自黄志桂，1989）

事件和地点	时　间	概　　　况	主　要　原　因
马斯河谷事件 比利时马斯河谷工业区	1930 年 12 月初	出现逆温、浓雾，工厂排出有害气体在近地层积累，一周内约 60 多人死亡	刺激性化学物质损害呼吸道
多诺拉事件 美国工业区	1948 年 10 月底	受反气旋逆温控制，污染物积累不散，4 天内死亡约 17 人，病 5900 人	主要为 SO_2 及其氧化产物损害呼吸系统
伦敦烟雾事件	1952 年 12 月初	浓雾不散，尘埃浓度 4.46mg/cm^3，SO_2 质量分数为 1.34×10^{-6}，3 天内死亡 4000 人	尘埃中的 Fe_2O_3 等金属化合物催化 SO_2 转化成硫酸烟雾
洛杉矶光化学烟雾 美国洛杉矶	1946 ～ 1955 年	城市保有汽车 250 万辆，耗油 1600 万升/日，1955 年事件中，65 岁以上的老人死亡约 400 人，刺激眼睛，损害呼吸系统	HC、NO_x、CO 等汽车排放物在日光下形成以 O_3 为主，并伴有醛类、过氧硝酸酯等污染物
水俣事件 日本熊本县水俣市	1953 ～ 1956 年	动物与人出现语言、动作、视觉等异常，死 60 余人，病约 300 人	化工厂排出含汞废水，无机汞转化为有机汞，主要是甲基汞，通过食物链转移、浓缩
痛痛病事件 日本富山县神通川下游	1955 ～ 1972 年	矿山废水污染河水，居民骨损害、肾损害、疼痛，死 81 人，患者 130 余人	铅锌冶炼厂排出的含镉废水，污染稻米，危害人群
四日市哮喘事件 日本四日市	1961 ～ 1972 年	日本著名的石油城，哮喘病发病率高，患者 800 余人	降尘酸性高，SO_2 浓度高，导致呼吸系统受损
米糠油事件 日本北九州爱知县	1968 年	食用米糠油后发生中毒，死 16 人，患者 5000 余人	生产米糠油过程中用多氯联苯作为脱臭工艺中的热载体，混入米糠油中

人口的增长和生产活动的增强，造成对环境索取增加。许多资源日益减少，并面临耗竭的危险。由于不合理的耕作制度，世界上被风蚀、盐碱化的土地日益增多。据联合国有关部门估计，土壤由于侵蚀每年损失 2.4×10^{10} t，沙漠化土地每年扩大 6×10^6 hm^2，世界粮食生产将受到严重威胁。另外，由于原生环境的消失、人类的捕杀和环境污染，世界上的植物和动物遗传资源急剧减少了。估计有 25000 种植物和 1000 多种脊椎动物的种、亚种和变种面临灭绝的危险，这对人类将是无法弥补的损失。

以上事实说明，当今世界上大气、水、土壤和生物所受到的污染和破坏已达到危险的程度。自然界的生态平衡受到日益严重的干扰，自然资源受到大规模破坏，自然环境正在退化。

环境问题是随着人类社会和经济的发展而发展的。随着人类生产力的提高，人口数量也迅速增长。人口的增长又反过来要求生产力进一步提高，如此循环作用，直至现代，环境问题发展到十分尖锐的地步。有学者将环境问题的历史发展大致分为以下三个阶段。

（1）生态环境的早期破坏　这个阶段从人类出现开始直到产业革命，跟后两个阶段相比，是一个漫长的时期。但总的说来，这一阶段的人类活动对环境的影响还是局部的，没有达到影响整个生物圈的程度。

（2）近代城市环境问题　这个阶段从工业革命开始到20世纪80年代发现南极上空的臭氧洞为止。工业革命（从农业占优势的经济向工业占优势的经济的迅速过渡）是世界史的一个新时期的起点，此后的环境问题也开始出现新的特点并日益复杂化和全球化。这一阶段的环境问题跟工业和城市同步发展，同时伴随着严重的生态破坏。

（3）当代环境问题阶段　从1984年英国科学家发现、1985年美国科学家证实南极上空出现的"臭氧洞"开始，人类环境问题发展到当代环境问题阶段。这一阶段环境问题主要集中在酸雨、臭氧层破坏和全球变暖三大全球性大气环境问题上。与此同时，发展中国家的城市环境问题和生态破坏、一些国家的贫困化愈演愈烈，水资源短缺在全球范围内普遍发生，其他资源（包括能源）也相继出现将要耗竭的信号。

为了解决环境恶化这个全球性的问题，1992年6月3日至14日，联合国环境与发展大会在巴西的里约热内卢举行。会议通过了《里约宣言》和《21世纪议程》两个纲领性文件以及关于森林问题的原则性声明。这是联合国成立以来规模最大、级别最高、影响最为深远的一次国际会议。它标志着人类在环境和发展领域自觉行动的开始，可持续发展已经成为人类的共识和时代的强音。人类开始学习掌握自己的发展命运，摒弃了那种不考虑资源、不顾及环境的生产技术和发展模式。

1.1.3　环境意识

在1972年联合国人类环境会议上，关于人与自然环境的诸多新思想体现在《人类环境宣言》的概述中："自然环境和人类创造的环境对于享受人类幸福、基本人权以至于生存权来说，是最基本和最重要的条件。如果明智地利用人类的力量去改变现在的周围环境，将会给人类带来收益和提高生活水平。反之，不注意运用这些力量，将会给人类带来不可估量的损失"。

在环境科学的诞生阶段，环境科学思想集中体现为"环境质量学说"。环境科学诞生后，主要研究是围绕环境质量进行的，内容有环境污染和生态破坏的机理、污染物迁移转化规律、污染物生态社会效应和危害程度及防治措施、环境质量标准和评价等。环境质量学说认为环境质量是环境的一个基本属性，环境问题实际上是人类不合理活动所造成的环境质量恶化的结果。从环境质量学说的角度看，环境科学各分支学科都是以环境质量为中心、以原有学科的理论和方法研究不同环境要素中环境质量的变化规律以及如何维持和提高环境质量的科学。由此，出现了关于环境科学的第一个公认的定义：环境科学就是研究社会经济发展过程中出现的环境质量变化的科学。环境质量学说作为当时环境科学各分支学科的思想理论基础，使得环境科学在学科形态上初步出现了多分支并存但又统摄于环境质量学说的理论体系和逻辑结构，使得环境科学能在多学科形态时便成为一门公认的新兴独立学科。

1992年联合国环境与发展大会后，可持续发展思想风靡一时，成为国际组织、各国政府乃至于广大公众的指导思想和行动指南。可持续发展的定义——既满足当代人的需要又不对后代人满足其需要能力构成危害的发展，以及公平性、持续性和共同性三个基本原则得到广泛认同。

一般说来，目前环境科学思想包括了以下四个方面的内容。

① 环境系统学说。从系统科学角度研究区域、全球环境问题时所形成的一个新学说，其概念核心是环境系统和人-环境系统。以系统科学为方法论，研究环境系统演化规律及其与人类活动相互间的关系，研究环境系统的结构、功能和状态，研究环境质量、环境承载力的自然（物理、化学、生物）本质和物质基础等。

② 环境质量学说。通过原有环境质量学说进一步的完善和发展，以环境质量为核心概念，研究环境质量与人体健康、生活质量、精神境界的关系，描述和预测环境质量变化规律及其与人类活动的相互关系、如何保护和提高环境质量等。

③ 环境承载力学说。环境承载力概念的提出及其在环境规划、环境影响评价等领域的应用，形成了解释环境问题的起因及解决环境与发展问题的一种新的理论和方法体系。其主要研究内容为环境（包括生态、资源）对经济社会发展活动的承载作用、人类活动对环境承载力的提高和降低作用，如何协调两者的关系。

④ 环境协调学说（管理学）。在环境管理的实践上发展起来的，以环境系统学说、环境质量学说、环境承载力学说为基础，在可持续发展理论的指导下，研究如何运用社会学、经济学、管理学方法在法规、政策、规划等各层次上调整人类的思想和行为，以使环境与经济社会协调发展。

环境科学思想提供人们思考环境问题的根本思路，是环境科学和环境化学研究者探索人与环境问题的指导，并在学科的发展过程中不断修正和完善。

1.2 环境科学

1.2.1 相关的概念

环境是相对于中心事物而言的。在环境科学中，一般认为环境是指围绕着人群的空间，以及其中可以直接、间接影响人类生活和发展的各种自然因素的总体，也有些人认为环境除自然因素外，还应包括有关的社会因素，即自然环境和社会环境。现在的地球表层大部分受过人类的干预，原生的自然环境已经不多了。环境科学所研究的社会环境是人类在自然环境的基础上，通过长期有意识的社会劳动所创造的人工环境。它是人类物质文明和精神文明发展的标志，并随着人类社会的发展不断丰富和演变。

环境具有多种层次、多种结构，可以作各种不同的划分。一般是按照下述原则来分类的，即按照环境的主体、环境的范围、环境的要素和人类对环境的利用或环境的功能进行分类。

按照环境的主体来分，目前有两种体系：一种是以人或人类作为主体，其他的生命物体和非生命物质都被视为环境要素，即环境就是指人类的生存环境。在环境科学中，多数人采用这种分类法。另一种是以生物体（界）作为环境的主体，不把人以外的生物看成环境要素。在生态学中，往往采用这种分类法。

按照环境的范围大小来分类比较简单。如把环境分为特定空间环境（如航空、航天的密封舱环境等）、车间环境（劳动环境）、生活区环境（如居室环境、院落环境等）、城市环境、区域环境（如流域环境、行政区域环境等）、全球环境和宇宙环境等。

按照环境要素进行分类则较复杂。如按环境要素的属性可分成自然环境和社会环境两类。自然环境虽然由于人类活动发生巨大的变化，但仍按自然的规律发展着。在自然环境中，按其主要的环境组成要素，可再分为大气环境、水环境（如海洋环境、湖泊环境等）、土壤环境、生物环境（如森林环境、草原环境等）、地质环境等。社会环境是人类社会在长期的发展中，为了不断提高人类的物质和文化生活而创造出来的。社会环境常依人类对环境的利用或环境的功能再进行下一级的分类，分为聚落环境（如院落环境、村落环境、城市环境）、生产环境（如工厂环境、矿山环境、农场环境、林场环境、果园环境等）、交通环境（如机场环境、港口环境）、文化环境（如学校及文化教育区、文物古迹保护区、风景游览区和自然保护区）等。

环境质量一般是指在一个具体的环境内，环境的总体或环境的某些要素，对人群的生存和繁衍以及社会经济发展的适宜程度，是反映人类的具体要求而形成的对环境评定的一种概念。到 20 世纪 60 年代，随着环境问题的出现，常用环境质量的好坏来表示环境遭受污染的程度。

环境科学所指的环境是围绕着人群的空间以及其中可以直接、间接影响人类生活和发展的各种自然要素和社会要素的总体。所以环境质量的优劣是根据人类的某种要求而定的。从另一方面看，控制污染、保护环境、改造自然和合理利用资源等，都可属于改善环境质量的范畴。这样，环境质量又具有人类与环境相协调程度的含义。

环境科学是把环境作为一个整体进行综合研究的。环境中的各种资源同人类之间，都处于动态平衡之中。因此在不同的生产力发展水平，环境对人口的承载量都有一个平衡值或最佳点，如果超出这个平衡值，则必然会使环境质量下降或者使人类生活水平下降。所以人类在改造环境中，必须使自身同环境保持动态平衡关系——可持续发展（sustainable development）。

1.2.2 环境科学的发展

一般认为，环境科学的发展经历两个阶段。第一阶段是 20 世纪 50～70 年代，一系列分门别类的环境科学分支学科的形成标志着环境科学的诞生。

最早提出"环境科学"这一名词的是美国学者。当时指的是研究宇宙飞船中人工环境问题。1964 年国际科学联合会理事会议设立了国际生物方案，研究生产力和人类福利的生物基础。国际水文 10 年和全球大气研究方案，也促使人们重视水的问题和气候变化问题。1968 年国际科学联合会理事会设立了环境问题科学委员会。20 世纪 70 年代出现了以环境科学为书名的综合性专门著作。1972 年英国经济学家 B. 沃德和美国微生物学家 R. 杜博斯主编出版了《只有一个地球》一书，副标题是"对一个小小行星的关怀和维护"。这被认为是环境科学的一部绪论性质的著作。不过这个时期有关环境问题的著作，大部分是研究污染或公害问题的。20 世纪 70 年代后期，人们认识到环境问题不再仅仅是排放污染物所引起的人类健康问题，而且包括自然保护和生态平衡，以及维持人类生存发展的资源问题。

第二阶段是 20 世纪 80 年代后，随着可持续发展理论的兴起和全球性环境问题的突出，环境科学研究内容有了进一步的扩展。现在，环境科学的理论和方法已经渗透到了社会发展的方方面面，从污染治理到自然生态保护、从公众的日常生活到国民经济规划的制订，环境科学已经成为社会和科学发展中不可缺少的重要部分。环境科学是在环境问题日益严重后产生和发展起来的一门综合性科学，此前在各个有关学科探索过程中积累的基础科学知识和应用技术，成为解决环境问题的基本原理和方法。到目前为止，这门学科的理论和方法还处在发展之中。

1.2.3 环境科学的作用和内容

环境科学从提出到现在，只不过几十年的历史。然而，这门新兴科学发展异常迅速，其作用在于以下两方面。

（1）推动了自然科学各个学科的发展　自然科学是研究自然现象及其变化规律的，各个学科从不同的角度探索和认识自然。20 世纪以来科学技术日新月异，人类改造自然的能力大大增强，自然界对人类的反作用也日益显示出来。环境问题的出现，使自然科学的许多学科把人类活动产生的影响纳入其重要研究内容，从而在这些学科的发展深度和广度方面深化，推动了它们的发展，同时也促进了学科之间的相互渗透。

（2）推动了科学整体化研究　环境是一个完整的、有机的系统，是一个整体。各门自然科学都是从本学科角度探讨自然环境中的各种现象，在单一视角方面对某些环境问题有深刻的认识，但是对相互关联的诸多环境要素，必须全面考虑，实行跨部门、跨学科的合作。环境科学就是在科学整体化过程中，以生态学和地球化学的理论和方法作为主要依据，充分运用化学、生物学、地学、物理学、数学、医学、工程学以及社会学、经济学、法学、管理学等各种学科的知识，对人类活动引起的环境变化、对人类的影响及其控制途径进行系统的综合研究。

目前，在环境问题研究上主要趋势是：以整体观念剖析环境问题；更加注意研究生命维持系统；扩大生态学原理的应用范围；提高环境监测的效率；注意全球性问题。这些趋势改变了以大气、水、土壤、生物等自然介质来划分环境的做法，要求环境科学从环境整体出发，实行跨学科合作，进行系统分析，以宏观和微观相结合的方法进行研究。这些都将促进环境科学的进一步发展。

20世纪50年代出现环境科学概念，属于边缘学科，现有分支学科见表1-3（以主要关注的污染物SO_2为例说明）。从中可以看到本门学科具有纵向联系，同时各分支学科间具有横向关联。

表 1-3　环境科学的学科分支

环境地学	环境物理	SO_2进入大气后的扩散、传输规律
	环境地理	SO_2及其转化产物在土壤、水体中规律
环境化学	环境污染化学	SO_2在大气中转化规律
	环境污染分析	检定和测量SO_2在大气、水体中迁移、分布规律，土壤中含量、形态
	污染生态化学	生态效应原理、机制
	污染控制化学	治理当中的化学问题
环境生物学		SO_2及其转化产物在动植物体内分布、迁移规律
环境医学		SO_2及其转化产物对人体健康影响
环境工程学		SO_2及其转化产物治理技术
环境社会学	环境法学	SO_2污染标准制定和法制建立
	环境经济管理学	SO_2治理中经济效益和经济管理

1.3　环境化学

1.3.1　环境化学的发展

环境化学主要研究化学物质在环境中的存在、转化、行为和效应及其控制的原理和方法，是化学科学的一个新的重要分支，也是环境科学的核心组成部分。根据国家自然科学基金委员会《自然科学学科发展战略调研报告》的划分，环境化学的研究主要包括环境分析化学，大气、水体和土壤环境化学，污染生态化学，污染控制化学等。

环境化学的发展大致可分为三个阶段：1970年以前为孕育阶段，20世纪70年代为形成阶段，80年代以后为发展阶段。

第二次世界大战以后至20世纪60年代，发达国家经济从恢复逐步走向高速发展，由于当时只注意经济的发展而忽视了环境保护，污染环境和危害人体健康的事件接连发生，事实促使人们开始研究和寻找污染控制途径，力求人与自然的协调发展。20世纪60年代初，由于当时有机氯农药污染的发现，农药中环境残留行为的研究就已经开始。这个阶段是环境化学的孕育阶段。

到了20世纪70年代，为推动国际重大环境前沿性问题的研究，国际科联1969年成立了环境问题专门委员会（SCOPE），1971 年出版了第一部专著《全球环境监测》，随后，在 20 世纪 70 年代陆续出版了一系列与环境化学有关的专著，这些专著在 20 世纪 70 年代环境化学研究和发展中起了重要作用。1972 年在瑞典斯德哥尔摩召开了联合国人类环境会议，成立了联合国环境规划署（UNEP），确立了一系列研究计划，相继建立了全球环境监测系统（GEMS）和国际潜在有毒化学品登记机构（IRPTC），并促进各国建立相应的环境保护机构和学术研究机构。

20 世纪 80 年代全面地开展了对各主要元素，尤其是生命必需元素的生物地球化学循环和各主要元素之间的相互作用、人类活动对这些循环产生的干扰和影响以及对这些循环有重大影响的种种因素的研究；重视了化学品安全性评价；开展了全球变化研究；涉及臭氧层破坏、温室效应等全球性环境问题，同时加强了污染控制化学的研究范围。

国际纯粹与应用化学联合会（IUPAC）于 1989 年制订了"化学与环境"研究计划，开展了空气、水、土壤、生物和食品中化学品测定分析等六个专题的研究。1991 年和 1993 年在中国北京召开的亚洲化学大会和 IUPAC 会议上，环境化学均是重要议题之一。1992 年在巴西里约热内卢召开的联合国环境与发展会议（UNCED），国际科联组织了数十个学科的国际学术机构开展环境问题研究。

1995 年诺贝尔化学奖第一次授予三位环境化学家 Crutzen、Rowland 和 Molina，他们首先提出平流层臭氧破坏的化学机制。Crutzen 于 1970 年提出了 NO_x 理论，Rowland 和 Molina 于 1974 年提出了 CFCs 理论，这几位化学家的实验室模拟结果在现实环境中得到验证。从发现平流层中氧化氮可以被紫外辐射分解而破坏全球范围的臭氧层开始，追踪对流层大气中十分稳定的 CFCs 类化学物质扩散进入平流层的同样归宿，阐明了影响臭氧层厚度的化学机理，使人类可以对耗损臭氧的化学物质进行控制。这些理论的研究成果因 1985 年南极"臭氧洞"的发现而引起全世界的震动，从而导致 1987 年《蒙特利尔议定书》的签订。

中国的环境化学研究也已经有了 20 多年的历史，自 20 世纪 70 年代起，在典型地区环境质量评价，环境容量和环境背景值调查，污染源普查，围绕工业"三废"污染，在大气、水体、土壤中环境污染物的表征、迁移转化规律，生物效应以及控制等方面进行了大量的工作。在有毒污染物环境化学行为和生态毒理效应、水体颗粒物和环境工程技术、大气化学和光化学反应动力学、对流层臭氧化学、区域酸雨的形成和控制、天然有机物环境地球化学、有毒有机物结构效应关系、废水无害化和资源化原理与途径等方面的工作分别得到了国家自然科学基金、国家科技攻关、中国科学院重大、重点等项目的支持，取得了一批具有创新性的研究成果。在酸雨测量技术、形成机制、物理化学特征、高空云雨化学、大气酸性污染物来源和沉降过程等方面取得重要成果，在天然源研究、区域酸沉降模式和酸雨成因、能源与环境协调规划、酸雨区域综合防治和临界负荷的研究方法等方面达到国际先进水平，获国家科技进步一等奖。

随着国家对环境污染问题的重视和公众环境保护意识的提高，跨世纪的环境化学任重道远。无论是控制或防治环境污染和生态恶化，还是从改善环境质量、保护人体健康、促进国民经济的持续发展等各个方面，环境化学都可以发挥重要作用。在环境监测、大气复合污染的化学机制、污染评价与防治对策、水体中复合污染及土壤多介质污染机制研究、有毒化学品生态效应及危险性评价、内分泌干扰物质的筛选、污染控制原理、环境修复技术等诸多领域，环境分析化学、大气、水体和土壤环境化学、污染生态化学、污染控制化学等分支学科都面临着挑战和良好的发展机遇。

1.3.2 环境化学的研究内容

环境化学主要的研究领域如下。

（1）环境污染化学　是研究化学污染物在环境中的变化，包括迁移、转化过程中的化学行为、反应机理、积累和归宿等方面的规律。化学污染物质在大气、水体、土壤中迁移，并伴随着发生一系列化学的、物理的变化，形成了大气污染化学、水污染化学、土壤污染化学和污染生态化学（图1-1和图1-2）。

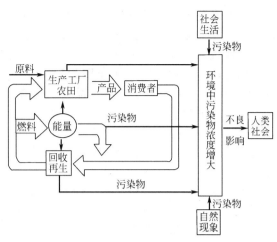

图1-1　环境污染概念

在环境这个开放体系中，参与反应的物质品种多，含量低，反应复杂，影响因素很多，促进反应的光能和热能又难以准确模拟，因此必须发展新的技术和理论来进行研究。如近年来运用系统分析方法，研究多元和多介质体系中污染物迁移和转化反应机理，就为进行环境污染的预测、预报，以及环境质量评价等提供了科学的依据。

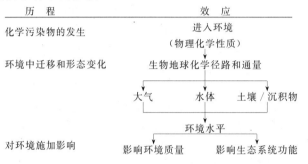

图1-2　环境污染过程

（2）环境分析化学和环境监测　是取得环境污染各种数据的主要手段，必须运用化学分析技术，测量化学物质在环境中的本底水平和污染现状。环境中污染物种类繁多，而且含量极低，相互作用后的情况则更为复杂，因此要求采取灵敏度高、准确度高、重现性好和选择性也好的手段。不仅对环境中的污染物做定性和定量的检测，还对它们的毒性，尤其是长期低浓度效应进行鉴定；应用各种专门设计的精密仪器，结合各种物理和生物的手段进行快速、可靠的分析。为了掌握区域环境的实时污染状况及其动态变化，还应用自动连续监测和卫星遥感等新技术。

（3）污染物的生物效应　是当前环境化学研究领域里十分活跃的研究课题，它综合运用化学、生物、医学三方面的理论和方法，研究化学污染物造成的生物效应，如致畸、致突变、致癌的生物化学机理，化学物质的结构与毒性的相关性，多种污染物毒性的协同和拮抗作用的化学机理，污染物食物链作用的生物化学过程等。随着分析技术和分子生物学的发展，环境污染的生物化学研究取得很大进展，并与环境生物学、环境医学相互交叉渗透，成为当前生命科学的一个重要组成部分。

环境化学的兴起和发展，为人类保护、改善环境提供了化学方面的依据。一些研究课题受到人们的重视，如大气平流层中臭氧层破坏的过程和速度，以及由此而造成的影响；农药、硫酸烟雾在大气中的反应动力学及其变化过程；酸雨的形成和危害；大气中二氧化碳的积累及其温室效应；致畸、致突变和致癌物质的筛选，以及污染物的致畸、致突变、致癌性与其化学结构间的关系；有毒物质毒性产生的机理，拮抗和协同作用的机理，及其与化学结构的关系；新的污染物的发现和鉴定；分析方法的探讨和分析技术的改进；卫星监测系统和光学遥感系统的研制等。

1.3.3 环境化学的特点和研究方法

环境中的化学污染物一般情况下是人工合成物和天然污染物共存。而且，各种污染物在环境中可以发生化学反应或物理变化，即使是一种化学污染物，所含的元素也有不同的化合价和化合态的变化。这就决定了环境化学研究的对象是一个多组分、多介质的复杂体系。

化学污染物在环境中的含量是很低的，一般只有百万分之几或十亿分之几的水平，但是分布范围广大，且处于很快的迁移或转化之中。为了求得这些化学污染物在环境中的含量和污染程度，不仅要对污染物进行定性和定量的检测，而且还要对其毒性和影响作出鉴定。这就决定了环境化学的分析技术和方法具有一些新的特点，如要求对污染物进行灵敏、准确、连续、自动的分析等。

现代的环境化学研究的特点体现在下面几个方面。

① 从微观的原子、分子水平来阐明宏观的环境问题，以小见大，不再拘泥于对环境问题的宏观描述，而是从深层的机制去理解和解决问题。

② 综合性强，涉及方方面面的学科领域。环境化学学科本身是边缘科学，继承了各个前导学科的理论和技术，应用来解决实际的环境问题，并在发展过程中交流各学科的新思路、新理论、新方法。

③ 量微，不仅是研究对象本身（污染物）在圈层中的含量极低，研究和分析手段也尽量采用低浓度和超低浓度的水平，以尽量贴近自然界的实际，并避免造成人为的再次污染。

④ 研究体系复杂，体现在污染现象本身不是一种简单的过程，其因果关系也不是简单的单一机制，影响因素也是多方面的。

⑤ 应用性强，涉及的都是与人类生存发展息息相关的实际问题。

⑥ 学科发展还很年轻，基础数据还极为缺乏，理论构架的系统性相对较弱，更多的是沿用前导学科的已有理论，仍有极大的发展空间。

环境化学的研究方法主要有三方面的工作。

① 现场实测　在所研究区域直接布点采样、采集数据，了解污染物时空分布，同步监测污染物变化规律，有地面监测、航测等，人力物力需求较大。

② 实验室研究　包括环境物质分析，基础研究（基元反应等），基础物性数据测定，实验模拟（排除气象、地形等物理影响因素，单纯研究化学部分，可人为控制条件）等。

③ 模式模拟(计算)　数学模型——模式的建立和运转，检验实测结果的可信度并预测污染的发展趋势。

参 考 文 献

[1]　丁树荣等．国外环境科学教学改革及发展．教学与教材研究，1995，1，44-46.
[2]　马戎．必须重视环境社会学——谈社会学在环境科学中的应用．北京大学学报（哲学社会科学版），1998，35（4）：103-110.
[3]　王维德．环境化学污染物监测技术的现状及其发展．山东环境，1996，(2)：1-5.
[4]　冯荣书等．略论我国的环境化学研究进展．环境科学进展，1994，2（4）：77-81.
[5]　叶常明．酚类化合物在水体颗粒物上的吸附实验．环境化学，1997，16（3）：79-83.
[6]　江桂斌．环境化学的回顾与展望．化学通报，1999，(11)：14-15&37.
[7]　吴丽娜．地理信息系统（GIS）与环境科学．厦门科技，2000，(4)：15-16.
[8]　吴泰然等．"将古论今"——环境科学研究中的历史地质学方法．高校地质学报，1999，5（1）：105-109.
[9]　张大任．地球科学和环境科学携手走向新世纪．民主与科学，1997，(2)：20-22.
[10]　张勇等．环境科学的思想发展史．环境导报，1999（3）：7-9.
[11]　李元宏．环境化学在环境保护中的作用．内蒙古石油化工，2000，26（3）：82-84.
[12]　李金惠等．计算机技术在环境科学中的应用．环境保护，1995，(8)：36-37.

[13] 杨沈蓉等. 环境科学的又一门新学科——人与环境相互关系学. 国外科技动态, 1994,（10）, 16-19.

[14] 杨震等. 环境科学：一个新的研究范式的建立. 中国环境科学, 1994, 14（3）：230-233

[15] 陈健飞. "3S"技术及其在环境科学中的应用. 中国人口·资源与环境, 2000, 10, 专刊, 110-111.

[16] 陈清硕. 环境科学的人文精神. 自然辩证法研究, 1998, 14（5）：42-44.

[17] 陈静生. 地理学、生态学、环境科学与"人类与环境相互作用"研究. 地球科学进展, 1994, 9（4）：1-7.

[18] 柴之芳. 核分析技术环境科学. 核技术, 1999, 22（7）：441-448.

[19] 涂强. 从自然科学基金资助项目看我国环境化学进展和趋势. 化学进展, 1997, 9（4）：431-438.

[20] 康乐. 生态学与环境科学研究热点. 前进论坛, 1998, 6, 22-23.

[21] 章申. 环境问题的由来、过程机制、我国现状和环境科学发展趋势. 北京：中国环境科学, 1996, 16（6），401-405.

[22] Manahan S. E. 著. 环境化学原理. 黄志桂等译. 重庆：西南师范大学出版社, 1989.

习　　题

1. 什么是环境问题？环境问题在人类历史上的教训有哪些？如何看待当前的世界环境问题？

2. 什么是环境科学？如何看待环境科学的地位？

3. 什么是环境化学？环境化学在环境治理中的作用如何？

4. 如何协调人类活动与自然的关系？怎样理解可持续发展问题？

5. 环境科学研究的指导思想如何？怎样在日常生活和工作中体现环境意识？

第一部分

大气环境化学

当前国际三大环境热门话题，气候变化、酸沉降与臭氧损耗都是发生在大气圈的物理化学过程，当代大气科学的研究热点也是围绕着这三大热门话题来进行的。比较重要的研究内容有：气候变化研究中的大气物理和大气环境化学问题、云降水学研究、平流层臭氧研究、大气电学研究、边界层动力学和大气环境化学研究等。

气候变化研究中，以前主要只考虑温室气体的作用，近来人们认识到对流层内的大气气溶胶的辐射强迫作用有可能抵消温室气体的气候效应。气溶胶的气候效应不但取决于它在大气中的总浓度，还取决于它的颗粒形态、谱分布和化学组成，其对辐射乃至气候变化的影响存在诸多的不确定性。随着酸沉降问题的深入研究，需要更多地了解云与降水的物理化学过程。加上研究气候变化中涉及云辐射强迫等，都使得云和降水物理化学过程的研究显得必不可少。多学科耦合的云降水物理化学模式的研究是当前的一个重要研究前沿。由于人类排放氟氯烃等污染气体，使平流层臭氧损耗，导致地面紫外辐射增强，将直接影响人类、动植物的正常生存，诱发多种疾病与变异，使得人们开始注意对 UV-B 辐射与臭氧的关系研究。随着全球气候变化，气候系统研究的深入，由于陆-气、海-气相互作用都要通过边界层，以及边界层与天气和气候的相互作用，使得边界层动力学研究日益受到重视。

长期以来，大气科学的研究集中在大气中发生的宏观现象和物理过程上，大气被当成化学稳定的物理体系。随着分子光谱学、光学探测、光谱分析技术的发展，人们逐渐认识到大气是一个非常复杂的多相化学体系，大气中不仅发生着各种各样的物理变化，还存在着复杂的化学反应过程。当代大气环境化学研究是围绕着一系列紧迫的环境问题展开的，主要有酸雨问题、城市光化学烟雾问题、臭氧问题、大气成分的辐射作用及其气候效应、碳循环问题、硫循环问题、氮循环问题、污染物降解和大气自净能力问题。对这些问题广泛深入的研究丰富了人们对大气的基本化学性质和基本化学过程的认识。

第 2 章　大气圈和大气化学

大气化学的研究对象包括天然的和人为活动产生的重要的化学物质，包括本底存在的基本化学物质如氮氧化物、硫氧化物、碳氧化物、水等和人造的物质如氟氯烃等，还有各种转化过程中普遍存在的活性物质。这些物质可能存在于大气、尘和降水中。所谓活性，指的是该物质具有反应性或无反应性，但对生物有害，如 SO_x、NO_x、O_3、PAN 等。

大气化学的研究范围涵盖对流层和平流层，大概在 50～55km 以下范围。更高的大气层物质密度稀薄，对人类的生存环境和天气现象等影响小，划归高空大气物理的研究范畴。

大气化学研究的空间尺度分为大、中、小尺度，或全球、区域、局部尺度；从污染现象的产生至终了包括源、传输、转化、汇等过程，一般化学反应与物质输送过程总是相联系的。

大气化学的特点体现在以下几方面。

（1）与光化学密切相关，光辐射是大气化学产生的起点，并可能决定着化学转化的方向和反应的终止程度。

（2）大气中发生的化学过程不简单地是均相物质的相互转化，还包括更为复杂的异相反应过程，气体与颗粒之间发生物质的迁移和转化。

（3）化学过程主要是动力学问题，而不是热力学平衡问题。

（4）主要研究对象是大气中微量和痕量的化学物质，因此广泛采用微量和痕量分析技术，光谱技术是大气研究领域最常见的手段，也是大气研究得以深入发展的一个保证。

（5）大气中的化学转化不仅取决于物质本身的活性，还与气象学、大气物理过程密切相关，有时候甚至是由大气物理条件决定了污染现象的产生与否，典型例子就是逆温现象。

2.1　大气圈

2.1.1　大气圈层结构

大气是指包围在地球表面并随着地球旋转的空气层。大气也称为大气圈或大气层。大气是地球上一切生命赖以生存的气体环境。一个成年人每天大约要呼吸 $10～12m^3$ 空气（13kg），其质量约为每人每天摄取食物的 10 倍，是饮水的 3～4 倍。一个人可以几天不进食、不饮水，而几分钟不呼吸空气就有生命危险。充足的洁净空气对人体健康是不可缺少的。大气层的重要性还在于它吸收了来自太阳和宇宙空间的大部分高能宇宙射线和紫外辐射，是地球生命的保护伞；同时也是地球维持热量平衡的基础，为生物生存创造了一个适宜的温度环境。

地表大气平均压力 1 个大气压（101325Pa），相当于 $1cm^2$ 地表上承受 1034g 的空气柱。地球总表面积为 $5.1×10^8km^2$。大气质量随高度的分布极不均匀，主要集中在下部。大气层没有明确的边界，离地面 800km 的高空还有少量空气存在。所以，一般称大气层的厚度为 1000km，但其 75% 的质量在 10km 以下的范围内，99% 在 30km 以下，高度 100km 以上，空气质量仅是整个大气圈质量的百万分之一。

由于大气的化学成分和物理性质（温度、压力、电离状态等）在垂直方向上有显著的差异，大气层可以分为若干层次。1962 年 WHO 正式通过下述分层系统，即根据大气温度随高度垂直变化的特征，将大气分为对流层、平流层、中间层、热成层和逸散层（图 2-1）。

2.1.1.1　对流层（troposphere）

对流层是大气的最底层，其厚度随纬度和季节而变化。在赤道附近为 16～18km，在中纬度地区为 10～12km，两极附近为 8～9km。夏季较厚，冬季较薄。

对流层的特点是：①气温随高度升高而降低，大约每上升 100m，温度降 0.65℃。近地面空气受地面发出的热量影响而膨胀上升，上面冷空气下降，在垂直方向上出现强烈的对流，对流层也因此而得名。一般上冷下热有利于污染物扩散，形成逆温时（上热下冷）易发生污染事件。②空气密度大。对流层平均厚度为 10～12km，仅是大气层厚度的 1%，但是大气总质量的 3/4 以上和几乎所有水蒸气集中在此层。③天气现象复杂多变。对流层受地球

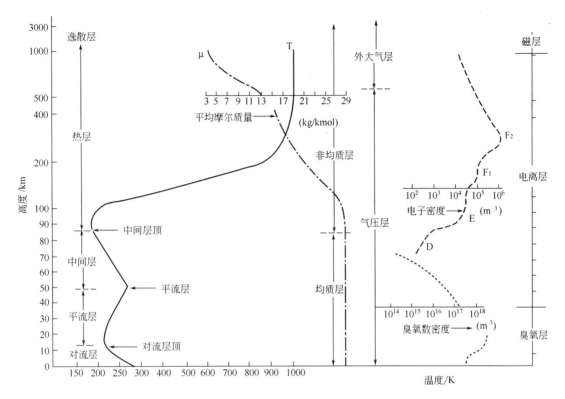

图 2-1　大气圈垂直分层（引自关伯仁，1995）

表面的影响最大，存在着强烈的垂直对流作用和较大的水平运动。尤其是大气中的水蒸气分子和尘埃，主要集中在此。随着气流的上下、对流和水平移动，风、云、雨、雪和雾、雹、霜等主要的天气现象与过程都发生在对流层中。

在对流层中，1～2km 以下，通称摩擦层，或边界层，也称为低层大气，受地表的机械、热力作用强烈，是大气污染物活跃的领域。在 1～2km 以上，受地表影响变小，称为自由大气层，主要天气过程均出现在此层。

2.1.1.2　平流层（stratosphere）

对流层顶到约 50km 的大气层为平流层。在平流层下层，即 30～35km 以下，温度随高度降低变化较小，气温趋于稳定，所以又称为同温层。在 30～35km 以上，温度随高度升高而升高。平流层的特点是：①空气无对流，平流运动占显著优势；②空气比下层稀薄得多，水汽、尘埃的含量甚微，很少出现天气现象，透明度高，所以在 10～20km 范围的空间是超音速飞机的理想飞行区域；③在高约 15～35km 范围内，有厚约 20km 的一层臭氧层，因为臭氧具有吸收太阳短波紫外线（UV-B、UV-C）的能力，臭氧吸收太阳辐射转化为分子内能，故使平流层的温度随高度升高，也防止了地球生命遭受高能辐射的伤害，所以臭氧层是地球生命的保护伞。

2.1.1.3　中间层

从平流层顶到 80km 高度称为中间层。这一层空气更为稀薄，无水分，温度随高度增加而降低。在中间层顶，气温达到极低值（约－100℃）。在约 60km 的高空，受到阳光照射的大气分子开始电离，所以在 60～80km 之间是均质层转向非均质层的过渡层。

2.1.1.4　热（成）层

从 80km 到约 500km 称为热层或电离层。这一层温度随高度增加而迅速增加。在 300km 以上，气温达到 1000℃以上。在热成层大气分子比中间层更加稀薄，受到宇宙射线和阳光紫外线的作用下，大部分空气分子都电离成离子和自由电子，所以此层又称为电离层。由于电离层能够反射无线电波，人类可以利用它进行远距离无线电通信。

2.1.1.5 逸散层

热层以上的大气层称为逸散层或逃逸层，在太阳紫外线和宇宙射线的作用下，大部分空气分子发生电离，使质子的含量大大超过中性氢原子的含量。逃逸层空气极为稀薄，密度几乎与太空密度相同，故又常称为外大气层。由于该层的空气受地心引力极小，气体及微粒可从这层飞出地球重力场进入太空，逃逸层因而得名，可以看做是地球大气与外太空的交界区。逃逸层的温度随高度增加而略有增加。

2.1.2 大气的组分

2.1.2.1 大气的化学组成

大气的总质量为 5.14×10^{18} kg，主要成分是氮、氧、氩，三者之和为 99.96%，加上二氧化碳为 99.995%。次要成分主要是惰性气体，还有微量的有毒气体（NO、NO_2、CO、O_3、SO_2、H_2S）。这些有毒气体的天然本底值一般小于百万分之一数量级，一旦遭到人为活动破坏，将对人类和生物圈造成灾难性的生态后果。

在 90km 以下的大气层中，空气密度随高度的增加而减小，但是大气中主要成分的组成比例几乎是不变的，因此这层大气称为均匀层。除去水蒸气和杂质外，这层"干洁大气"的组成如表 2-1，"干洁大气"的平均相对分子质量接近一常数 29.0。

表 2-1　干洁大气组分

组　分	重 要 性	体积分数/%	组　分	重 要 性	体积分数/%
N_2	主要	78.08	N_2O	痕量	2.5×10^{-5}
O_2		20.95	CO		1.0×10^{-5}
Ar	次要	0.93	O_3		2×10^{-6}
CO_2		0.032	NH_3		1×10^{-6}
He	痕量	1.82×10^{-3}	NO_2		1×10^{-7}
CH_4		1.3×10^{-5}	SO_2		2×10^{-8}
Kr		1.2×10^{-5}	Xe		8.7×10^{-5}
H_2		5×10^{-5}			

干洁大气意思是指"干燥洁净的空气"，可用近海平面洁净的大气组分的含量来表示，也可称为大气组成的"本底值"。

2.1.2.2 大气组成的性质

（1）大气组分动态平衡的盒子模式　为了研究的方便，采用了一个简化的模式表示大气的质量变化过程（图 2-2）。就是把大气圈看做一个盒子，是各种大气组分的储库，进入大气的组分输入速率为 F_i，称为源强；从大气输出的组分速率为 R_i，称为汇强。在千百年的地质变化过程中，进入大气和从大气中输出的组分质量基本相当，$F_i = R_i$；这样，研究物质循环过程时，也基本上认为大气的质量 M_i 恒定。

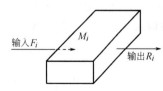

图 2-2　大气盒子模式

【例 2-1】 环境中水的质量循环如图 2-3，其中大气中 $M_{H_2O} = 7.2 \times 10^{14}$ mol，计算大气中水的输入速率 F_{H_2O} 和输出速率 R_{H_2O}。

$$F_{H_2O} = (2.16 \times 10^{16} + 0.9 \times 10^{15}) = 2.25 \times 10^{16} \text{(mol/a)}$$

$$R_{H_2O} = (1.9 \times 10^{16} + 3.5 \times 10^{15}) = 2.25 \times 10^{16} (mol/a)$$

由上面的计算可以看到，大气中水的输入速率和输出速率是相等的，大气中水的含量处于相对稳定状态。同样可以计算出地壳和海洋的水的各自的输入速率和输出速率相等。需要注意的是，这种稳定状态是相对的，在一定时间间隔之内有一个稳定的速率值。当发生剧烈的地质、气候变化时，输入和输出速率会改变，并进而达到一个新的平衡点。这种转变在地球发展过程中是一种自然现象，地球通过自身的调节体系维持相

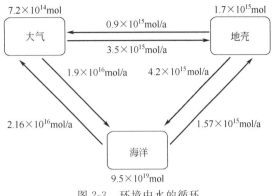

图 2-3　环境中水的循环

对的稳定性。但是这种转变对相对寿命短得多的生物来说可能是一种灾难，会带来生物的灭绝。近代由于人为活动的增加对地球的物质、能量的循环造成了一些不利影响，可能造成这种转变的加速，对人类的生存带来威胁。

（2）气体循环　大气组分通过大气圈与其他圈层发生的物理、化学、生物过程进行物质交换、转换称为大气物质循环，这一过程包含大气组分产生、传输、转化、去除等。在大气环境化学研究中给出不同的概念。

源（source），指大气组分产生的途径和过程，包括天然和人为两种途径。天然源指由自然界发生的物理、化学、生物过程向大气输送物质，包括扬尘（地面土石风化，大气颗粒物来源）、火山（H_2S、SO_2、COS、HCl、HF、颗粒物 SPM，可传送到平流层）、森林草原火灾（CO、CO_2、SO_x、NO_x、VOC、SPM）、海水溅沫（海洋 SPM）、植物排放（萜烯→O_3）。人为源指人类生活、生产活动向大气输送污染物，包括工业排放源（烟、尘、SO_x、NO_x、CO、CO_2、卤化物、VOC，以燃料燃烧最为重要）、交通运输排放源、生活排放源（取暖、炉灶等，其影响不低于甚至超过工业大锅炉）、农业排放源。

汇（sink），指大气组分从大气中去除的途径和过程，包括降水湿去除、大气中化学反应转化为其他气体或微粒、地表物质吸收或反应去除、向平流层输送等。其中颗粒物的汇包括降水湿沉降（雨除，rain out，发生在云层当中，被去除物参与成云；冲刷，wash out，发生在云层下，被去除物被雨水带下）、干沉降（与地表物质碰撞干去除）。

（3）大气组分的停留时间（存在时间，寿命）　大气组分，包括气体和微粒，在大气中的留存（形式）称为储库（reservoir），某种组分在大气中存在的平均时间称为平均停留时间或停留时间（τ）。

$$\tau = \frac{\text{大气中总量 } M_i}{\text{输入速率 } F_i \text{ 或输出速率 } R_i}$$

其中

源强 F_i＝天然源排放速率＋人为源排放速率＝源速率

汇强 R_i＝干沉降速率＋湿沉降速率＋化学反应去除速率＋向平流层输入速率＝汇速率

【例 2-2】　CH_4 在对流层平均浓度 $c = 1.55 \times 10^{-6}$，不随时间变化，又

$$F_{CH_4} = R_{CH_4} = 1.5 \times 10^{14} (mol/a)$$

求得停留时间为

$$\tau = \frac{5.14 \times 10^{18} \times \frac{3}{4} \times 10^3 \times 1.55 \times 10^{-6}}{1.5 \times 10^{14} \times 16} = 2.4(a)$$

（¾指对流层占总大气圈质量的比例，16 为甲烷的相对分子质量）

【例 2-3】　全球对流层清洁大气中总硫的平均浓度 $c = 1 \times 10^{-9}$，$F_S = R_S = 200 Tg/a$

（$1\,\mathrm{Tg}=10^{12}\,\mathrm{g}$），求得

$$\tau=\frac{5.14\times10^{18}\times\frac{3}{4}\times10^{3}\times1\times10^{-9}}{200\times10^{12}}=0.02\mathrm{a}=7\mathrm{d}$$

结论：大气中 S 更替时间短，对 F_i 和 R_i 变化敏感。

2.1.2.3　大气组成的分类

一般按照停留时间把大气物质分为三类，即准永久性气体、可变化组分和强变化组分。半球混匀需要 $1\sim2$ 月，全球混匀要 $1\sim2$ 年；因此 τ 超过 2 年的，是由于大气运动而混匀的。

（1）准永久性气体（非循环性气体）

物 种	Ar	Ne	Kr	Xe	He	N_2	O_2
τ/a	约 10^7	约 10^7	约 10^7	约 10^7	约 10^7	约 10^6	$>10^3$

（2）可变组分

物 种	CO_2	CH_4	H_2	N_2O	O_3
τ/a	$5\sim15$	$2.5\sim8$	$6\sim8$	>10	约 2

（3）强可变组分

物 种	H_2O	CO	NO_x	SO_2	H_2S	HC	SPM
τ/d	约 10	$73\sim185$	$8\sim10$	$2\sim4$	$0.5\sim2$	约 2	$10\sim30$

注：SPM 包括海盐、土壤、有机来源。

2.2　大气能量传输

2.2.1　太阳辐射光谱和太阳常数

大气的平均温度或称为地表的平均温度，就是地面气温，是指地表以上 $1.25\sim2\mathrm{m}$ 之间的气温。地球大气系统的根本能量来源是太阳辐射。目前大气和地球的平均温度维持不变约 $15\,^{\circ}\mathrm{C}$（$12\sim27\,^{\circ}\mathrm{C}$ 范围），表明地球与大气作为整体从太阳吸收的能量与反辐射回空间的能量是相等的。太阳辐射能的输入和输出就构成了大气的能量平衡。辐射或光子是指具有能量的称为光量子的物质在空间传播的一种形态，传播时释放出的能量称为辐射能。

太阳光通量（solar flux），指地球外层空间（约 $1000\mathrm{km}$ 高空）每单位面积上（与太阳光垂直）、单位时间内所获得的太阳能。由于阳光与地球大气层的相互作用，到达地表的太阳能仅为 50%，约 30% 的能量反射回宇宙空间，另外 20% 的能量被大气层吸收。

地球大气层外界的阳光强度是以太阳常数（solar constant）来表示的，定义为与光传播方向垂直的平面上，每单位面积接受到的光的总量。世界气象组织（WMO）1981 年公布的数字是 $1368\mathrm{W/m^2}$。

太阳辐射光谱是指在太阳辐射中的辐射按照波长的分布规律。太阳表面的温度约为 $6000\mathrm{K}$，到达地球大气层外界的太阳辐射光谱几乎包括了整个电磁波谱，可称为是连续光谱。红外光部分（$0.8\sim30\mu\mathrm{m}$）占 50%，可见光部分（$0.4\sim0.8\mu\mathrm{m}$）占 40%，紫外光部分（$0.2\sim0.4\mu\mathrm{m}$）占 10%，其余部分（高能辐射 X、γ 和宇宙射线）占 1%（图 2-4 和表 2-2）。

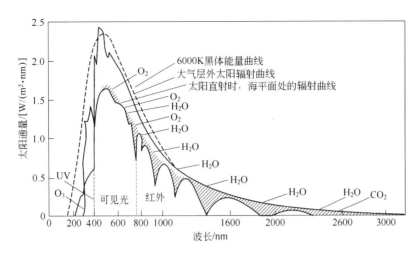

图 2-4 太阳辐射光谱（引自邓南圣，2000）

表 2-2 电磁辐射典型波长、频率、波数和能量范围（引自 Finlayson-Pitts，1986）

电磁辐射	典型的波长或范围 /nm	典型的频率或范围 ν /s^{-1}	典型的波数或范围 ω /cm^{-1}	典型的能量或范围 /(kJ/Einstein)
无线电波	约 $10^8 \sim 10^{13}$	约 $3 \times 10^1 \sim 3 \times 10^9$	$10^{-6} \sim 0.1$	约 $10^{-3} \sim 10^{-8}$
微波	约 $10^7 \sim 10^8$	约 $3 \times 10^9 \sim 3 \times 10^{10}$	$0.1 \sim 1$	约 $10^{-2} \sim 10^{-3}$
远红外	约 $10^4 \sim 10^7$	约 $3 \times 10^{10} \sim 3 \times 10^{12}$	$1 \sim 100$	约 $10^{-2} \sim 1$
近红外	约 $10^3 \sim 10^5$	约 $3 \times 10^{12} \sim 3 \times 10^{14}$	$10^2 \sim 10^4$	约 $1 \sim 10^2$
可见				
红	700	4.3×10^{14}	1.4×10^4	1.7×10^2
橙	620	4.8×10^{14}	1.6×10^4	1.9×10^2
黄	580	5.2×10^{14}	1.7×10^4	2.1×10^2
绿	530	5.7×10^{14}	1.9×10^4	2.3×10^2
蓝	470	6.4×10^{14}	2.1×10^4	2.5×10^2
紫	420	7.1×10^{14}	2.4×10^4	2.8×10^2
近紫外	$400 \sim 200$	$(7.5 \sim 15.0) \times 10^{14}$	$(2.5 \sim 5) \times 10^4$	$(3.0 \sim 6.0) \times 10^2$
真空紫外	约 $200 \sim 50$	$(1.5 \sim 6.0) \times 10^{14}$	$(5 \sim 20) \times 10^4$	约 $(6.0 \sim 24) \times 10^2$
X 射线	约 $50 \sim 0.1$	约 $(0.6 \sim 300) \times 10^{16}$	$(0.2 \sim 100) \times 10^6$	约 $10^3 \sim 10^6$
γ 射线	$\leqslant 0.1$	约 3×10^{18}	$\geqslant 10^8$	$> 10^6$

2.2.2 大气对太阳辐射的削弱作用

太阳辐射通过大气层到达地面时，大气中的各种组分主要是 N_2、O_2、O_3、CO_2、H_2O 和尘埃，能够吸收一定波长的太阳辐射，或反射、散射一定波长的辐射。高能量的太阳光量子还可引起分子解离（图 2-5）。

由于电离层中 N_2、O_2 和平流层中 O_3 的吸收，波长小于 290nm 的太阳辐射达不到地球表面，而波长为 $300 \sim 800nm$ 的可见光波基本不被大气分子吸收，它们能够透过大气到达地面，即构成一个所谓光谱上的"窗口"，这部分能量约占太阳光总能量的 40%。波长为 800 $\sim 2000nm$ 的长波辐射，则几乎都被水分子和二氧化碳分子吸收掉。颗粒物（尘埃和云）能反射或散射太阳辐射，减少到达地面的辐射量，是致冷因素。H_2O 的吸收在 $0.23 \sim 2.85\mu m$，吸收带在红外区；CO_2 吸收在 $0.5\mu m$ 和 $0.3\mu m$；O_3 吸收在 $220 \sim 320nm$，并解离为 $O_2 + O$。

$$O_2 + h\nu \xrightarrow{<240nm} O + O \tag{2-1}$$

$$N_2 + h\nu \xrightarrow{<220nm} N + N \tag{2-2}$$

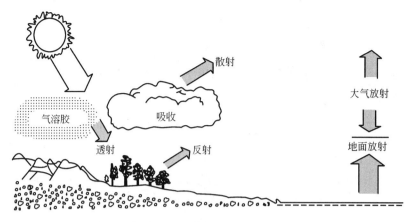

图 2-5 太阳辐射到达地面的各种途径（引自唐孝炎，1990）

太阳辐射在穿过大气层时，由于各种大气组分的作用，能量被分配为几份（图 2-6），其中大气吸收(%)＝17＋2＝19，返回空间(%)＝25＋7＋2＝34，地面吸收(%)＝23＋19＋5＝47。

2.2.3 地面辐射和大气逆辐射

地面辐射是指地表热量向大气中传递，辐射波长在 $4\sim120\mu m$，最大吸收 $\lambda_{max}=10\mu m$，属于长波辐射，其中 $75\%\sim95\%$ 被近地面 $40\sim50m$ 大气吸收。其中 H_2O 吸收波长在 $7\sim8.5\mu m$ 和 $>16\mu m$；CO_2 吸收波长在 $12\sim16.3\mu m$；大气窗穿过波长在 $8\sim12\mu m$。

大气逆辐射是指大气将地面的长波辐射再返回地面，起到保温作用，即温室效应。产生这种作用的气体称为温室气体。大气能量平衡是不稳定平衡，因为产生平衡的气体、云层、地形等是变化的，受到人类行为的影响。

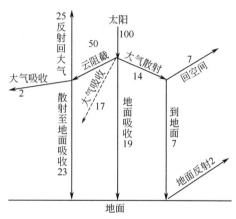

图 2-6 太阳辐射能量分配

2.2.4 大气能量传输、气象学和气候

气象学是研究大气现象的科学，包括空气团的移动和热、风等。气象现象影响大气的化学性质，反过来，大气的化学性质也影响气象现象。典型例子是盆地地形，由于周围的地势高耸，内外的空气对流难，盆地内部的风力比较弱，基本上依靠气团的上下移动来传递大气物质和能量，因此大气的垂直温度分布与大气中物质成分的分布呈直接相关关系。

长期的大气状态变化称为气候，短期的大气状态变化称为天气，可以通过温度、湿度、大气压、风速、云量、降雨量、水平可见度等参数来描述。天气和气候的推动力来于太阳辐射的时空分布。传导太阳辐射能量的最重要的载体就是水，水通过三态变化转移和传递能量，同时水也是物质循环的重要载体。水蒸发进入大气时大量的太阳能转化为潜能形式，水汽凝结时又释放出大量的热。照在海面的太阳能通过水分蒸发转化为潜能，水汽凝结时潜能释放出来使地表升温。大气水表现为蒸汽、液滴和冰，空气中的水含量表示为湿度。相对湿度表示某温度时水汽含量相对于此温度下水的饱和蒸汽压的比值。具有一定相对湿度的空气可以通过一些途径达到饱和，以雨、雪的形式沉降。为了能够发生沉降，空气温度必须低于露点，并且有凝结核存在。凝结核是吸湿性物质，如盐、硫酸颗粒、有机物等。某些形式的空气污染是重要的凝结核的源。

大气中的液态水大都表现为云，云可以分为三种主要形式：①卷云，出现在高处，呈稀薄羽毛状；②积云，是下部平展上部散乱的团块；③层云，是弥漫着布满天空的一片。云是辐射（热）的重要吸收体和反射体。云的形成受到人为活动产物的影响，特别是颗粒物的释放和溶解性气体如SO_2和HCl的排放。

从成云小水滴的形成到沉降的发生是一个复杂的过程，云滴通过凝结形成的过程超过1min，平均粒径在$0.04～0.2mm$，雨滴粒径在$0.5～4mm$。凝结过程得不到足够大的可发生沉降的颗粒（雨、雪、雨夹雪、雹），凝结颗粒必须通过碰撞、合并达到沉降颗粒的尺寸，当小滴达到$0.04mm$极限时，通过与其他颗粒相互碰并迅速长大。

明显的空气团是对流层的重要特征，这些空气团是相同的，水平均一的，温度和水汽含量都是相同的，这些性质取决于大的空气团形成时所依附的面的性质。极地大陆空气团形成于冷的陆地地区，极地海洋空气团形成于极地海洋上空。热带空气团可以类似地划分为热带大陆空气团和热带海洋空气团。空气团的移动及其内部环境对污染物反应、作用和消散有重要的影响。

地球吸收的太阳能大多通过大型空气团的移动重新分布，这些空气团具有不同压力、温度和水汽含量，被称为"前锋"的边界分开。水平移动的空气称为风，垂直移动的空气称为气流。大气中空气团的移动是经常的，并且符合一般空气的运动规律。首先，空气水平或垂直地从高压区移动到低压区；空气膨胀导致降温，压缩导致升温。暖空气团倾向于从地球表面移动到低压的高处，这一过程中气团绝热膨胀并冷却。如果气团中没有水汽凝结，冷却速率为$10℃/1000m$，称为干绝热降温率。高空的冷空气团相反，下沉以$10℃/1000m$的速率变暖。然而一般上升的空气都含有足够的水汽，水汽凝结释放潜热，部分抵消了膨胀空气的冷却效果，得到湿绝热降温率为$6℃/1000m$。空气团既不上升也不下沉，也不会以完全均一的方式水平移动，而表现为气旋、气流和不同等级的湍流。

地球表面的地表形态和地貌特征强烈影响风和气流，地表和水体加热和冷却的些微差异会导致局地的对流风，包括海岸边一天中不同时间的陆风和海风，还有与内陆较大的水体相关的微风。山谷中的空气团白天受热形成向上的风，晚上冷却形成下行风。向上的风在山区山脊的顶部吹过。距海岸有一定距离的内陆，山体有可能阻碍风和气流，使得气团受阻，特别是发生逆温的条件下。

一般情况下，天气是以下几个因素相互作用的结果：太阳能的重新分布；垂直和水平的空气团移动，包含水汽含量的改变；水的蒸发和凝结，伴随热量的吸收和释放。太阳能被水体吸收，导致部分水蒸发，产生的温暖、潮湿的空气团从高压区运动到低压区，上升时膨胀冷却，称为对流柱。空气冷却时水凝结下来并释放出能量，这是能量从地表传输到高空的主要途径。水汽凝结、热量释放的结果是空气从温湿变为干冷。进一步地，空气团向高空移动的结果造成在高对流层的对流柱顶形成相对高压的区域，随之这个空气团从高压区移动到低压区，这样空气团下沉，产生一个低压区，空气团在此过程中变得温暖、干燥。空气在表面的堆积产生一个表面高压区，从而开始上述循环。表面高压区的温暖、干燥的空气团再次吸收水汽，循环重新开始。

全球天气的中心特征是地球不同纬度（相对赤道和极地的距离）得到的不均一的太阳能的重新分布，随着远离赤道（高纬度），天顶角逐渐倾斜，地球表面单位面积吸收的能量逐渐减少。净作用是赤道地区吸收了更多的太阳辐射，越是远离赤道吸收的能量越少，极地得到相对很小量的能量。赤道地区多出的能量导致空气上升。空气上升到平流层时停止上升，因为再高时空气更暖。当赤道空气在对流层上升时，通过膨胀和失水降温，然后再下沉。发生这种过程的环流模式的空气不是向正南正北运动，而是受到地球自转和与转动的地球相接触的偏转作用，称为克瑞里斯效应，形成螺旋形的空气环流模式，称为气旋和反气旋，决定于旋转的方向。这些在不同纬度产生了不同的主导风向。循环空气团之间的边界随时间和季节移动，造成显著的天气不稳定。上述空气和风的循环模式远距离迁移了大量的能量。如果没有这种效应，那么赤道地区将热得无法忍受，而靠近极地的地区冷得无法忍受。大约一半的重新分布的能量是通过空气循环携带的显热，大约1/3是由水蒸气携带的潜热，余下大约20%由洋流携带。

2.2.5 逆温和空气污染

地球表面空气的复杂运动是空气污染现象产生和消散的至关紧要的因素。当空气运动停息时，局地产生滞留，导致大气污染物的集聚。虽然一般近地面气温随高度增加而下降，某些相反的大气条件也可能发生——温度随高度增加而升高。这种现象由大气稳定度表征，称为逆温。逆温发生在不同高度，有不同的厚度和范围。它可能从地面开始，也可能从某一高度开始。逆温形成有多种机理，如辐射逆温、沉降逆温、湍流逆温、平流逆温、锋面逆温、地形逆温等，实际上可能是多种原因共同作用而成。因为限制了空气的垂直循环，逆温导致空气滞流，局地大气污染物集聚。

在某种意义上，全部大气因为暖和的平流层产生逆温，平流层漂浮在对流层之上，几乎没有混合。逆温可以通过暖空气团（暖锋）和冷空气团（冷锋）的碰撞而产生，在锋面区暖空气团处于冷空气团之上，产生逆温。辐射逆温最可能发生在夜间的静止空气，此时地球不再接受太阳辐射，近地面空气比高层空气先冷却，而高层空气保持温暖，密度小。此外，在夜间较冷的表面空气倾向于流向低谷，被较温暖、密度小的空气覆盖。沉降逆温，通常伴随辐射逆温，出现的面更广。这种逆温发生在表面高压区的附近，当高空空气下降取代吹出高压区的表面空气的时候。下沉空气因为压缩而升温，能够停留在距地面数百米的高空，维持温暖的一层。海洋逆温在夏季发生，从海洋来的饱含湿气的冷空气吹上大陆，处于温暖、干燥的内陆空气之下。

如上所述，逆温对空气污染贡献显著，阻碍了污染物的混合，使得污染物滞留在局地。这不仅使污染物不能扩散，而且像一个容器一样使其他进入的污染物集聚。另外，大气化学过程中生成二次污染物的情况，比如光化学烟雾，污染物被聚集在一处，在光的作用下互相反应，生成毒性更大的产物。

在对流层，正常情况下大气温度随高度变化的速率（大气降温率）约为$-0.65°C/100m$，降温率越大越不稳定，有利于污染物的稀释。当空气绝热上升时，绝热降温率约为$-1.0°C/100m$（理想情况）。这是气层稳定与否的分界线。每天上午十点到下午四点之间，大气降温率最大，空气对流强，污染程度轻，适宜锻炼身体。

大气的垂直稳定度是指大气垂直方向上的大气稳定程度，简称大气稳定度。当一空气团受外力作用向上或向下运动到某一新位置，去除外力后，可能出现三种情况：① 气团减速并有返回原地的趋势，则称此大气是稳定的；② 气团仍加速前进，则称此大气是不稳定的；③ 当气团不减速也不加速，则称此大气是中性的。大气科学中将大气稳定度细划为如下几类：

符　号	A	B	C	D	E	F
大气稳定度	极不稳	不稳	微不稳	中性	微稳	极稳

空气中存在系统的并且强度也较大的下沉气流时，常可使原来具有稳定层结的空气层压缩成逆温层结，称为沉降性逆温，也称为压缩逆温，典型案例是洛杉矶光化学烟雾。沉降性逆温常发生在夏季晴朗天气，多出现在高压区内，范围广，厚度也大，一般可达数百米。沉降性逆温一般不从地面开始，而是从空中某一高度开始形成，对高的排放源影响较大。在高层有沉降性逆温层存在时，因为少云，在近地面层内则有利于辐射逆温的形成。

辐射逆温又称为接地逆温，典型案例是伦敦烟雾。在正常天气，白天地面吸收太阳辐射而升温，近地气温温度高，气温为递减层结。到了夜间，如果天气晴朗无风，则由于地面向大气辐射热量而冷却，使近地面气层由下而上温度降低。离地越近，冷却越强，沿高度方向冷却作用逐渐减弱，形成辐射逆温。辐射逆温在日落前后开始生成，夜间从地面向上扩展，日出前达到最强。日出后地面受太阳辐射逐渐升温，逆温层又自下而上逐渐消失。

2.3 大气污染物

大气污染是指大气中存在的某种物质超过了正常的环境水平，且对受体产生了可以测量出来的不良效应。受体包括人、生物、材料、气候等。使大气产生污染的物质就称为大气污染物，包括气态（气体、蒸汽）和颗粒物（气溶胶）。

人类活动（包括生产活动和生活活动）及自然界都不断地向大气排放各种各样的物质，这些物质都能在大气中停留一定时间。当大气中某种物质的浓度超过了正常水平而对人类、生态、材料或其他环境要素（如大气性质、水体性质、气候等）产生不良效应时，就构成了大气污染。

大气污染物一旦进入大气这个动态体系（源的输入），就参加到不同介质间进行的物质交换过程，并参与大气整体循环过程。经过一定时间后，又通过大气中的化学反应、生物活动和物理沉降等过程从大气中除去（汇的输出）。如果输出速率小于输入速率，就会在大气中相对地积累，当浓度高到超过安全水平时，就会直接地或间接地对人、畜、水体、植被和材料造成急、慢性伤害。

一般认为大气污染只发生在城市和工业区，那里的大气污染物浓度往往要比农村或郊区高出许多倍，似乎大气污染是局部地区或区域性问题。但实际从广义上来说，大气污染是全球性问题，因为污染物最终会散布到整个大气层。因此大气环境问题是世界普遍关注的问题，也是世界各国可能合作研究的一个领域。

大气污染对大气性质的影响包括如下几个方面。

① 降低能见度　由于气体分子和颗粒物对可见光的吸收和散射的结果。

② 形成雾及降水　尽管城市温度较高而 pH 值较低，但雾的生成频率高于农村。

③ 减少太阳辐射　颗粒物本身对太阳辐射的阻碍以及颗粒物为核心成云对太阳辐射的阻碍。

④ 改变温度和风的分布　污染物改变了大气的组成，从而间接对大气的物理性质发生影响，显著的例子是颗粒物和温室气体的效果。

2.3.1 大气污染物组成分类

按物理状态可分为气态污染物（约占 90%），指常温下是气体或蒸汽（gas or vapor），就是以气态方式输入并停留在大气中的污染物，包括 SO_x、NO_x、CO_x、HC、CFCs 等；大气颗粒物（气溶胶，aerosol，占 10%），是指液体或固体微粒均匀地分散在气体中形成的相对稳定的悬浮体系。所谓液体或固体微粒（particle），是指粒子的动力学直径从约 $0.002\sim100\mu m$ 大小的液滴或固态粒子。这个下限来自于目前能测出的最小尺度，上限则相应于在空气中不能长时间悬浮而较快降落的尺度。

人们赖以生存的环境大气，实际上就是由各种固体或液体微粒均匀地分布在空气中形成的一个庞大的分散体系，也就是一个大的气溶胶体系。大气气溶胶体系中分散的各种粒子就称为大气颗粒物（particulate matter）。清洁空气中也含有颗粒物，甚至最纯净的空气还含有约 300 个/cm^3（D_p 小于 $0.02\mu m$）。污染极其严重的空气可含有 10^5 个/cm^3。

气溶胶能直接参与大气中云的形成和湿沉降（雨、雪、雹和雾等）过程。一定条件下，气溶胶粒子能够散射太阳光，使大气的能见度降低，减弱了太阳的辐射，进而改变了环境温度和植物生长的速率。由于气溶胶的颗粒小（特别是直径小于 $2\mu m$ 的粒子）、表面积大，因此为大气中许多化学反应提供了良好的反应床。同时，气溶胶中的某些化学成分（如微量金属离子）对大气中许多化学反应有催化作用。此外，大气中许多气态污染物的最终归宿是形成气溶胶粒子。颗粒物随呼吸进入人体，尤其是细粒子能进入肺部沉积下来，危害人体健康。

气溶胶可以按粒径分为总悬浮颗粒物（TSP）、飘尘（SPM）、可吸入颗粒物（IP）、细粒子和粗粒子（将在大气颗粒物部分详细介绍）。

按形成过程分为一次污染物和二次污染物。一次污染物是指直接从污染源排放的污染物质，如 CO、SO_2、NO 等。二次污染物是指由一次污染物经化学反应或光化学反应形成的污染物质，如光化学氧化剂 O_x（由天然源和人为源排放的氮氧化合物和碳氢化合物，在日光照射下，发生光化学反应生成的。主要包括臭氧、过氧乙酰硝酸酯、二氧化氮、醛类、过氧化氢等能危害动植物，具有刺激性、氧化性的物质，实际上就是光化学烟雾）、臭氧（O_3）、硫酸盐颗粒物等。

按化学类型分为含硫化合物［SO_2、H_2S、$(CH_3)_2S$、H_2SO_4］、含氮化合物（NO、NO_2、NH_3、HNO_2、N_2O）、碳氧化物（CO、CO_2）、碳氢化合物和碳、氢、氧化合物（烃类、醛、酮等）、光化学氧化剂（O_3、PAN、H_2O_2 等）、含卤素化合物（HF、HCl 和 CFCs等）、颗粒物（H_2SO_4、SO_4^{2-}、NO_3^-、多环芳烃及重金属元素等）、放射性物质。

上述污染物许多是天然大气中原有的，只是量很微，有些则不是原有成分，而主要由大气中的化学反应产生或人类活动排放。

2.3.2 大气污染物浓度表示法

2.3.2.1 混合比单位表示法 x（体积、质量）

这种浓度表示法主要用于气态污染物，对于大气中低浓度物质是合适的。当表示浓度相对较高的物质时，比如源排放的物质浓度时，可直接用百分数表示。

$$x(\text{ppm})=\frac{部分}{全部}\times 10^6\left(\frac{V}{V},\frac{W}{W}\right) \qquad x(\text{pphm})=\frac{部分}{全部}\times 10^8$$

$$x(\text{ppb})=\frac{部分}{全部}\times 10^9 \qquad x(\text{ppt})=\frac{部分}{全部}\times 10^{12}$$

比如大气中 O_3 的本底浓度是 0.03ppm 或 0.03×10^{-6}；CO_2 的本底浓度是 320ppm 或 320×10^{-6}。

2.3.2.2 单位体积内物质的质量数表示法

一般对气体常用 $\mu g/m^3$，颗粒物则用 $\mu g/m^3$ 或 个数$/cm^3$。

$$x(\text{mg/m}^3)=\frac{污染物的质量(g)}{空气的取样体积(m^3)}\times 10^3$$

$$x(\mu\text{g/m}^3)=\frac{污染物的质量(g)}{空气的取样体积(m^3)}\times 10^6$$

在大气压为 101325Pa（标准气压）、温度为 0℃（273K）时，

$$\text{ppm}=\text{mg/m}^3\times\frac{22.4}{M}$$

其中 22.4（L/mol）是 101325Pa、273K 时 1mol 的理想气体体积（L），M 是气体摩尔质量（g/mol）。

2.3.2.3 单位体积内物质的数量表示法

这种浓度表示法用于比 ppt 还要低的浓度水平，例如自由基浓度等，表示每立方厘米空气中有多少个分子、原子或自由基。可以由 ppm 换算过来。

在大气压为101325Pa（标准气压）、温度为25℃（298K）时，每立方厘米的分子数为

$$\frac{n}{V} = 2.46 \times 10^{19} \text{分子/cm}^3$$

即1ppm相当于2.46×10^{13}分子/cm^3。

比如OH自由基在污染空气中的浓度是0.1ppt＝2.46×10^6个/cm^3。

2.4 大气圈主要物质循环

2.4.1 含硫化合物

大气硫循环主要包括SO_2、H_2S、SO_3、H_2SO_4、SO_4^{2-}、CS_2、COS、Me_2S、Me_2S_2、$HSMe$、C_2H_5SH等，环境浓度和寿命见表2-3。

表2-3　主要含硫化合物的环境浓度和寿命

物质	H_2S	SO_2	CS_2	COS	SO_4^{2-}
环境浓度	$(0.2 \sim 20) \times 10^{-9}$	$(0.01 \sim 10) \times 10^{-9}$	$(15 \sim 30) \times 10^{-9}$	$(200 \sim 500) \times 10^{-12}$	约$2\mu g/m^3$
寿命/d	$0.5 \sim 4$	$2 \sim 4$	较短	较长	$7 \sim 22$

2.4.1.1　H_2S和有机硫化物

天然源主要来自生物、火山、有机硫。其中生物源包括水、土壤中有机残体无氧细菌作用、海洋生物活动排放，源强为$(1 \sim 2.5) \times 10^6 t/a$。

$$C_6H_{12}O_6 + SO_4^{2-} \xrightarrow{\text{细菌}} H_2S + CO_2 + CO_3^{2-} + H_2O \tag{2-3}$$

火山活动主要产生H_2S、SO_2等，有机硫通过氧化产生H_2S。

人为源主要是工业排放，其中H_2S源强为SO_2源强的2%。

汇机制主要是氧化，主要氧化剂有OH、O_2、O等。

$$COS + OH \longrightarrow SH + CO_2 \tag{2-4}$$

$$CS_2 + OH \longrightarrow COS + SH \tag{2-5}$$

$$SH + HO_2 \longrightarrow H_2S + O_2 \tag{2-6}$$

$$SH + H_2O_2 \longrightarrow H_2S + HO_2 \tag{2-7}$$

$$SH + SH \longrightarrow H_2S + S \tag{2-8}$$

$$H_2S + OH \longrightarrow H_2O + SH \tag{2-9}$$

$$H_2S + O_3 \xrightarrow{\text{气溶胶}} H_2O + SO_2 \tag{2-10}$$

2.4.1.2　SO_2

无色，刺激性，浓度小于8×10^{-6}不产生明显生理学影响，一般认为无毒（毒性不大）。主要来自人为源，差不多半数从此来，燃烧过程产生SO_2为主，SO_3极少。人为源的源强见表2-4，各种主要燃料的含硫量见表2-5。

表2-4　各种人为源的源强

源	排放速率($SO_2 \times 10^6 t/a$)	占总排放百分比	源	排放速率($SO_2 \times 10^6 t/a$)	占总排放百分比
煤	62.00	60.90	工业	12.63	12.40
燃油	27.15	26.70	总量	101.78	100.00

表2-5　各种燃料含硫量

源	煤	燃油	天然气
含硫量	0.5%～6%	0.5%～3%	很低或无

天然源包括火山排放和 H_2S 氧化。

汇机制有降水湿去除，化学反应转化为 SO_4^{2-}、H_2SO_4，扩散后被地表土壤、水体吸附或碱性吸收等。

2.4.2　含氮化合物

大气氮循环主要包括 N_2O、NO、NO_2、NH_3、HNO_2、HNO_3、N_2O_3、N_2O_4、NO_3、N_2O_5、NO_3^-，相互间存在基本的转化：

$$N_2O_3 \longrightarrow NO + NO_2 \tag{2-11}$$

$$N_2O_4 \longrightarrow 2NO_2 \tag{2-12}$$

$$N_2O_5 \longrightarrow N_2O_3 + O_2 \tag{2-13}$$

$$NO_3 + h\nu \xrightarrow{\leqslant 541nm} NO_2 + O \tag{2-14}$$

$$\xrightarrow{<10\mu m} NO + O_2$$

$$NO_3 + NO \longrightarrow 2NO_2 \tag{2-15}$$

$$HNO_2 + h\nu \xrightarrow{<400nm} OH + NO \tag{2-16}$$

表 2-6 列出了含氮化合物在清洁和污染大气中的浓度水平和寿命。大气本底 NO 浓度为 1.0×10^{-9}，NO_2 浓度为 2.0×10^{-9}；存在季节变化，一般冬季高、夏季低；我国 NO_x 水平一般 $\leqslant 0.1 \times 10^{-6}$，原因是汽车少，锅炉效率低。

表 2-6　清洁大气和污染大气中含氮化合物浓度和寿命

物　质	清洁大气/$\times 10^{-9}$（体积分数）	污染大气/$\times 10^{-9}$（体积分数）	寿命/d
NO	0.01～5	50～70	1～10
NO_2	0.1～10	50～250	1～10
HNO_3	0.02～0.03	3～50	—
NH_3	1～6	10～25	—
HNO_2	0.001	1～8	～14
N_2O	310±2	310±2	150y
NH_4^+	1.5$\mu g/m^3$	—	2～8
NO_3^-	0.2$\mu g/m^3$	—	2～8

2.4.2.1　N_2O

N_2O 俗称笑气，医疗上用做麻醉剂，是低层大气含量最高的含氮化合物。天然源主要是生物源，来自水体、土壤中生物残体经细菌反硝化作用（缺氧条件）形成，过程很复杂见式(2-17)。源强为 $(25 \sim 110) \times 10^6 t/a$，寿命为 150 年。浓度已经从工业革命前 2.5×10^{-7}（体积分数）上升到现在 3.1×10^{-7}（体积分数），仍以 2%～3%的年增长率变化。

$$NO_3^- \longrightarrow NO_2^- \longrightarrow NO^- \longrightarrow NOH \longrightarrow N_2H_2O_2 \longrightarrow \cdots\cdots \longrightarrow N_2O \tag{2-17}$$

人为源包括以下几方面。

① 燃烧过程；

② 肥料经细菌生物作用转化；

硝态氮肥 　　　　　　　　　$NO_3^- \xrightarrow{细菌} N_2O\uparrow$ 　　　　　　　　(2-18)

氨态氮肥 　　$(NH_4)_2SO_4 \xrightarrow[O_2]{细菌} 2HNO_3 + H_2SO_4 + H_2O$ 　　　(2-19)

$$\downarrow {反硝化}$$

$$N_2O$$

③ 还有工业排放。

汇机制包括自身光解和氧化过程：

$$N_2O + h\nu \xrightarrow{\lambda < 315nm} N_2 + O(^1D) \tag{2-20}$$

$$N_2O + O(^1D) \longrightarrow 2NO(平流层中 NO 天然源) \tag{2-21}$$

2.4.2.2 NO 和 $NO_2(NO_x)$

NO_2 浓度大于 10^{-6} 时即产生刺激性，NO_x 对平流层 O_3 破坏有贡献。平流层 NO_2 除了直接参加破坏平流层 O_3 的自催化反应外（$[O_3]$ 正比于 $[NO_2]/[NO]$），还与 ClO 反应形成 $ClONO_2$，从而削弱了氯化物对 O_3 的破坏作用。

天然源包括生物源如 N_2O 氧化和 NH_3 的氧化，源强为 $70\sim100t/a$，

$$NH_3 + OH \longrightarrow NH_2^\cdot + H_2O \tag{2-22}$$
$$\dashrightarrow NO_x$$

还有放电过程

$$N_2 + O_2 \xrightarrow{\ \ \ } 2NO \tag{2-23}$$

$$NO + O_2 \xrightarrow{\ \ \ } NO_2 \tag{2-24}$$

人为源主要来自矿物燃料燃烧，包括流动源和固定源，主要是产生 NO，源强为 $19\times10^6t/a$。城市中流动源占 1/3，固定源占 1/2，NO_2 生成量为 NO 的 $1\%\sim10\%$。按照化学过程又分为燃烧型和温度型。其中燃烧型 NO_x 来自燃料的直接燃烧，煤含氮量为 $0.5\%\sim1.5\%$，主要是 RNH_2，油含氮量为 $0.5\%\sim1.0\%$。温度型 NO_x 是来自空气中 N_2 在燃烧中被固定。

$$\left.\begin{array}{l} O_2 \xrightarrow{高温} 2O \\ O + N_2 \longrightarrow NO + N \\ N + O_2 \longrightarrow NO + O \\ N + OH \longrightarrow NO + H \end{array}\right\} 极快 \tag{2-25}$$

$$2NO + O_2 \longrightarrow 2NO_2 \} 慢 \tag{2-26}$$

汇机制包括降水湿去除，大气化学反应转化为 HNO_3、NO_3^-，扩散至地表去除。

2.4.2.3 NH_3

NH_3 浓度大于 10×10^{-6} 时对生物造成危害，与 H_2O 作用生成碱性 $NH_3\cdot H_2O$。一般认为，大气中的氨不是重要的污染物，但在酸沉降机制中的重要性正得到广泛关注，主要来自动物废弃物、土壤腐殖质的氨化、土壤 NH_3 基肥料的损失以及工业排放。天然源主要是来自生物残体或排泄物，源强在 $47\sim100\times10^6t/a$。人为源主要来自工业排放和煤燃烧，源强为 $4\sim12\times10^6t/a$。

$$CH_2NH_2COOH + \frac{3}{2}O_2 \xrightarrow{细菌} 2CO + H_2O + NH_3\uparrow \tag{2-27}$$

汇机制包括 NH_4^+ 态气溶胶湿沉降，源强为 $38\sim85\times10^6t/a$（1976 年）；干沉降，源强为 $10\times10^6t/a$；还有大气化学反应（OH 自由基氧化）转化为 NO_x 等。

2.4.3 碳氧化物

碳氧化物指的是 CO 和 CO_2，CO 具有毒性，对生物体有直接的损害作用，俗称煤气。CO_2 是大气中常见气体，对长波辐射的吸收和再辐射造成近地面大气升温，对全球气候有举足轻重的影响。

2.4.3.1 CO

人为源来自矿物燃料燃烧过程中碳的不完全燃烧，源强为 $640\times10^6t/a$，其中 80% 来自交通工具，原因是内燃机炉壁的冷却作用造成。不同的燃烧形式产生的 CO 量也有差异(表 2-7)。

表 2-7 不同燃烧形式产生的 CO 对比

CO 排放率/ (g/t 废气)	内　　燃		外　　燃		小炉灶
	火花引擎 395	柴油机 9	燃油 0.015	燃煤 0.25	燃煤 25

$$C + \frac{1}{2}O_2 \longrightarrow CO \tag{2-28}$$

$$C + CO_2 \longrightarrow 2CO \tag{2-29}$$

$$CO + \frac{1}{2}O_2 \longrightarrow CO_2 \ 极慢 \tag{2-30}$$

天然源主要有以下几种机制。

① CH_4 转化，源强为 $640 \times 10^7 t/a$，占大气 CO 总量约 20%。

$$CH_4 + OH \longrightarrow \dot{C}H_3 + H_2O \tag{2-31}$$

$$CH_3 + O_2 \longrightarrow HCHO + OH \tag{2-32}$$

$$HCHO + h\nu \xrightarrow{320\sim335nm} CO + H_2 \tag{2-33}$$

② 海水中 CO 挥发，源强为 $100 \times 10^6 t/a$。

③ 植物排放的 HC 经大气反应转化，源强为 $60 \times 10^6 t/a$。

④ 植物叶绿素分解，源强为 $(50 \sim 100) \times 10^6 t/a$。

⑤ 森林、草原火灾，源强为 $60 \times 10^6 t/a$。

汇机制有如下两种。

① 土壤吸收，指经过活细菌代谢的转化过程，热带土活性最高，沙漠最低；汇强约为 $450 \times 10^6 t/a$。

$$2CO + O_2 \xrightarrow[土壤]{细菌} 2CO_2 \tag{2-34}$$

$$CO + 3H_2 \xrightarrow[土壤]{细菌} CH_4 + H_2O \tag{2-35}$$

② 与 OH 反应转化为 CO_2

$$CO + OH \longrightarrow CO_2 + H \tag{2-36}$$

$$H + O_2 + M \longrightarrow HO_2 + M(M = O_2, N_2) \tag{2-37}$$

$$HO_2 + CO \longrightarrow CO_2 + OH \tag{2-38}$$

CO 的平均寿命为 $0.1 \sim 0.4a$，随高度和纬度强烈变化，全球浓度在 $(0.19 \sim 0.04) \times 10^{-6}$，平均 0.1×10^{-6}；城市地区浓度为 $50 \sim 100 \times 10^{-6}$，并保持 4% ~ 5% 的年增长率。CO 可参与光化学烟雾形成，浓度增长后会导致全球性环境问题，CO 增长 1.5 ~ 2.0 倍会导致 OH 减少，致使 CH_4 聚集。

2.4.3.2　CO_2

天然源包括海洋脱气作用，CH_4 的转化和动植物呼吸作用，生物残体自然氧化。

$$(CH_2O)_x \xrightarrow[细菌]{O_2} xCO_2 \uparrow + xH_2O \tag{2-39}$$

人为源主要是矿物燃料燃烧（完全燃烧）。

源强	约 19 世纪 60 年代	$5.4 \times 10^8 t/a$	源强	20 世纪 80 年代	$298 \times 10^8 t/a$
	20 世纪初	$41 \times 10^8 t/a$		目前	$400 \times 10^8 t/a$
	20 世纪 70 年代	$192 \times 10^8 t/a$			

汇机制包括植物光合作用转化为生物碳和溶解于海水，海洋是 CO_2 最大的储库。

2.4.4 碳氢化合物

2.4.4.1 CH₄

天然源是含碳有机化合物经厌氧细菌作用，源强为 $513 \times 10^6 \, t/a$；人为源是天然气和原油泄漏。汇机制包括 OH 反应转化为 CO、CO_2，或向平流层扩散，起到终止 Cl 链反应作用

$$CH_4 + Cl \longrightarrow CH_3 + HCl \tag{2-40}$$

甲烷环境浓度从 100 年前的 0.7×10^{-6}，升高到目前的 1.65×10^{-6}，近 20 年增长率为 $1\%/a$，其中 70% 源于直接排放，30% 源于 OH 减少。

2.4.4.2 非甲烷烃(NMHC)源汇

天然源主要是植物排放异戊二烯和萜烯类化合物，源强为 $1.7 \times 10^9 \, t/a$。人为源的来源和源强见表 2-8 和表 2-9，主要包括烃类（CH_4、C_2H_4、C_2H_2、C_3H_6、C_4H_{10}……），醛类（甲醛、乙醛、丙醛、丙烯醛、苯甲醛），芳烃以及多环芳烃等。汇机制主要是参与大气化学反应或转化为有机气溶胶。

表 2-8 不同源排放烃类估计量

源	排放量/Tg	源	排放量/Tg
交通运输		工业生产	5.03
车辆	11.61	固体废物填埋	0.75
飞机	0.37	其他	8.89
船舶	0.59	总计	27.68
燃料燃烧	0.43		

注：$1 Tg = 10^6 \, t$。

表 2-9 非甲烷烃环境浓度

区 域	环境浓度	区 域	环境浓度
海洋上空	$8 \mu g/m^3$	城市	约 5×10^{-6}
陆地上空	$50 \mu g/m^3$		

2.4.5 卤素化合物

2.4.5.1 卤代烃

主要包括 CH_3Cl、CH_3Br、CH_3I、$CHCl_3$、$C_2H_2Cl_3$、CCl_4、CFC-11（$CFCl_3$）、CFC-12（CF_2Cl_2）、CFC-113（$CFCl_2CF_2Cl$）、CFC-114（CF_3CFCl_2）、CFC-115（CF_3CF_2Cl）、Halon-1301（CF_3Br）、Halon-1211（CF_2ClBr）、Halon-2402（$C_2F_4Br_2$）等。源主要来自冷却剂、喷雾剂、发泡剂、灭火剂、溶剂，其中 CFCs 和 Halon 是人造化合物，没有天然源。环境效应是破坏平流层 O_3，引起对流层气候变化，引发全球性环境问题。表 2-10 为卤代烃在对流层的环境浓度。

汇机制包括以下内容。

① 对流层化学或光化学反应去除（含 H 的）

$$CHCl_3 + OH \longrightarrow \dot{C}Cl_3 + H_2O \tag{2-41}$$

$$\dot{C}Cl_3 + O_2 \longrightarrow COCl_2 + ClO \tag{2-42}$$

$$ClO + NO \longrightarrow Cl + NO_2 \tag{2-43}$$

$$ClO + HO_2 \longrightarrow Cl + OH + O_2 \tag{2-44}$$

$$Cl + CH_4 \longrightarrow HCl + CH_3 \tag{2-45}$$

$$CH_3I + h\nu \xrightarrow{290 < \lambda < 700nm} CH_3 + I \tag{2-46}$$

② 扩散至平流层光解离（不含 H 的）

$$CFCl_3 + h\nu \xrightarrow{175\sim220nm} CFCl_2 + Cl \tag{2-47}$$

$$\downarrow h\nu$$

至释放全部 Cl

表 2-10 卤代烃在对流层环境浓度

气体	浓度/$\times10^{-9}$(体积分数)	寿命/a	气体	浓度/$\times10^{-9}$(体积分数)	寿命/a
CH_3Cl	600		CCl_4	145	50
CH_3Br	10~15		CH_3CCl_3	158	7
CH_3I	2		CFC-113	60	90
CFC-11	280	60	CFC-114	15	200
CFC-12	484	130	CFC-115	5	400
CFC-113	5	400	Halon-1301	2.0	100
			Halon-1211	1.7	101

2.4.5.2 无机氯化物

包括 Cl_2、HCl（表 2-11），具有刺激性、腐蚀性，相互间转化关系如下。

$$Cl_2 + H_2O \longrightarrow HCl + HClO^- \tag{2-48}$$

天然源主要是火山排放，源强为约 7.6×10^6 t/a；人为源主要来自工业泄漏和排放。

表 2-11 Cl_2 和 HCl 排放量估计（美国资料）

污染源	排放量/(t/a)		污染源	排放量/(t/a)	
	Cl_2	HCl		Cl_2	HCl
Cl_2 制造	47000	0	燃烧	0	874500
HCl 制造	800	5700	总计	78200	907600
工业生产	30400	27400	（煤中含氯 0.01%~0.5%）		

汇机制主要是降水湿去除，扩散到地表被土壤、植被吸收。

2.4.5.3 氟化物

包括 HF、SiF_4、H_2SiF_6、F_2、CaF_2。天然源主要是火山喷发，人为源包括以下几种。

① 使用萤石（CaF_2）、冰晶石（Na_3AlF_6）和磷灰石 [$3Ca_3(PO_4)_2 \cdot CaF_2$] 的工业，钢铁、铝厂、磷肥厂的排放。

$$CaF_2 + H_2SO_4 \longrightarrow CaSO_4 + 2HF\uparrow \tag{2-49}$$

$$2CaF_2 + SiO_2 \xrightarrow{加热} SiF_4\uparrow + 2CaO \tag{2-50}$$

$$SiF_4 + 2H_2O \longrightarrow SiO_2 + 4HF\uparrow \tag{2-51}$$

② 以土为原料的工业（$600\times10^{-6}\sim700\times10^{-6}$），瓷、瓦、砖的生产过程。

③ 燃煤工业排放。

汇机制为降水湿去除、扩散至地表被土壤、植被吸收。

氟化物污染在中国较为普遍，是累积性的，可顺食物链传递。环境本底浓度 $<1\times10^{-9}$，在污染源附近可达到 $200\times10^{-9}\sim300\times10^{-9}$。

2.4.6 光化学氧化剂（O_x）

包括 O_3、PAN_s、NO_2、醛、H_2O_2、R_2O_2 等，一般是在光化学反应过程中产生。

2.4.6.1 O_3

平流层 O_3 强烈吸收高能紫外线，减少了高能射线对地面生物体的辐射量；吸收的热量蕴藏于臭氧层，形成大气逆温，保证地表热量不致散失。地表 O_3 直接作用于机体表面，具有腐蚀性和刺激性。当前大气环境问题的一个重要特点就是该多的少了（平流层 O_3），该少的多了（近地面低对流层 O_3）。

O_3 天然源主要来自大气基本光化学过程，大气中其他物质的转化过程对生成 O_3 产生促进或竞争作用（表 2-12）。大气物理过程也会影响 O_3 的浓度分布。

$$CO+OH \longrightarrow CO_2+ H \tag{2-52}$$
$$\xrightarrow[O_2]{M} HO_2 + M(M=O_2,N_2)$$
$$HO_2+NO \longrightarrow NO_2+OH \tag{2-53}$$
$$NO_2+h\nu \longrightarrow NO+O \tag{2-54}$$
$$O+O_2+M \longrightarrow O_3+M \tag{2-55}$$
$$NO+O_3 \longrightarrow NO_2 \tag{2-56}$$
$$CH_4+OH \longrightarrow CH_3 \xrightarrow{O_2} CH_3O_2 \xrightarrow{NO} NO_2 \xrightarrow{h\nu} NO+O \xrightarrow{O_2} O_3 \tag{2-57}$$

人为源包括交通运输工具排放 NO_x、HC 的化学转化，石油化工综合工业区排放，燃煤电厂的烟羽。

汇机制有两种，气相汇机制——自由基生成和反应机制；非均相汇机制——云滴和降水的去除作用。

表 2-12 O_3 生成的物理和化学影响因素

经典传输理论	光化学理论
对流层对 O_3 生成是惰性的	对流层对 O_3 生成有化学贡献
O_3 在对流层浓度的垂直分布随高度增加而增加	在边远地区 O_3 浓度与自然界中 CO、CH_4、NO 正相关（前体）
对流层 O_3 平均浓度随纬度分布存在 3 个极大值	植物茂盛的大气清洁区，O_3 浓度与萜烯正相关
O_3 浓度分布与平流层来源粒种 ^7Be 的浓度成正相关	

O_3 的环境浓度在 $0.02\times10^{-6}\sim0.06\times10^{-6}$，有明显单峰日变化，属日光型；具有明显季节变化。

2.4.6.2 过氧酸酯

包括过氧乙酰硝酸酯（PAN）、过氧丙酰硝酸酯（PPN）、过氧丁酰硝酸酯（PBN）和过氧苯甲酰硝酸酯（PBZN）。源主要是有机物的氧化。

$$CH_3CHO+OH \longrightarrow CH_3\overset{\overset{O}{\|}}{C}\cdot +H_2O \tag{2-58}$$

$$CH_3\overset{\overset{O}{\|}}{C}\cdot +O_2 \longrightarrow CH_3\overset{\overset{O}{\|}}{C}-OO\cdot \tag{2-59}$$

$$CH_3\overset{\overset{O}{\|}}{C}-OO\cdot +NO_2 \longrightarrow CH_3\overset{\overset{O}{\|}}{C}-OONO_2 \tag{2-60}$$

$$C_2H_6+OH \longrightarrow C_2H_5\cdot +H_2O \tag{2-61}$$

$$C_2H_5\cdot +O_2+M \longrightarrow C_2H_5OO\cdot +M \tag{2-62}$$
$$\xrightarrow[NO_2]{NO} C_2H_5O\cdot$$

$$C_2H_5O+O_2 \longrightarrow CH_3CHO+ HO_2 \tag{2-63}$$
$$\xrightarrow{OH} \cdots\cdots\longrightarrow PAN$$

汇机制主要是热解，属于一级反应。

$$CH_3\overset{\overset{O}{\|}}{C}-OONO_2 \xrightarrow{\triangle} CH_3\overset{\overset{O}{\|}}{C}-OO\cdot +NO_2 \tag{2-64}$$

因此 PAN 寿命显著与温度相关，300K 时为 30min，290K 时为 3d，260K 时为 1 个月。也是由于这种与温度的相关性，PAN 被作为光化学烟雾远距离输送的指示剂、NO_2 的储库和夜间非光解自由基的源。PAN 本底值为 $0.5 \times 10^{-9} \sim 0.7 \times 10^{-9}$ 本底，有明显的日变化（中午最高）和季变化（夏季最高）。

参 考 文 献

[1] Finlayson-Pitts B. J, et al. Atmospheric Chemistry: Fundamentals and Experimental Techniques. John Wiley & Sons, Inc., 1986.
[2] 王明星. 大气化学. 北京：气象出版社，1999.
[3] 邓南圣等. 环境化学教程. 武汉：武汉大学出版社，2000.
[4] 关伯仁等. 环境科学基础教程. 北京：中国环境科学出版社，1995.
[5] 吴兑. 当代大气物理大气化学研究热点. 广东气象，1998，(1)：6-7.
[6] 唐孝炎等. 大气环境化学. 北京：高等教育出版社，1990.
[7] 徐文彬. NO_x 大气化学概论及全球 NO_x 释放源综述. 地质地球化学，1999，27 (3)：86-93.
[8] 徐文彬. 概论 N_2O 大气浓度演变及其大气化学. 地质地球化学，1999，27 (3)：74-80.

习 题

1. 当前大气科学的主要研究方向有哪些？

2. 大气化学研究的侧重点在什么方面，有什么特点？

3. 大气的物理状态有哪些性质，如何根据研究需要进行分层？

4. 试根据表 2-1 计算干洁大气的相对分子质量。

5. 试分析大气化学中关于源、汇的概念，并对生活中某种实际污染现象分析其源、汇机制，考虑如何进行控制。

6. 什么是大气污染？试举一实例说明。

7. 大气污染物怎样分类？

8. 试分析太阳辐射在大气中的分配平衡。

9. 试分析天气和气候现象如何与大气污染相互作用。

10. 结合生活中污染指数报告试分析逆温现象对空气质量的影响。

11. 分析主要的大气物质循环包括哪些，具有怎样的源和汇？

第3章 对流层化学

人类生活在对流层底，该层大气的物理和化学性质与人们的生活息息相关。在多年的研究过程中，特别是在对光化学烟雾的研究过程中，人们发现对流层大气进行反应的初始能量来自于太阳辐射，是平流层过滤后的太阳辐射部分所引发的。现代大气化学的研究基本上都是基于这个基础开展起来的。随着光谱学和光谱分析技术的发展和成熟，可以更好地认识大气微量组分的形态、分布和反应过程，带来了反应机制研究、大气活性成分研究和大气微量不稳定成分研究的蓬勃生机。近年来，随着激光技术的开发，原来难以进行的许多高精度、高难度的痕量成分变化、多原子分子转化等研究也进入了新的发展时期。有人更预测，加速器高能粒子流如果成功地运用于大气化学研究，将在高能大气化学领域开出一片新天地，包括电子束化学和离子束化学等。

3.1 基本光化学反应

人们生活的低层大气以及高层大气，往往都或多或少地被人为活动生成的污染物所影响。为了考察这种污染的结果，需要有一个背景值作为参照，最好是没有污染物存在的理想状态——清洁大气。这种状态的大气实际上很难找到，虽然可以在实验室近似地模拟。一般地，把远离人为污染源地区的空气作为清洁大气的代表，认为这样的大气具有或接近未被污染的自然大气基本组成。清洁大气本身的组分在阳光的作用下，仍然会发生一系列化学和光化学反应，并由此控制着整个大气中化学组成、浓度的数值。系列反应中最重要的物质包括 CH_4、CO、O_3 和 NO_x。

链反应的起始是 O_3 的光解，生成活性很高的自由基 $O(^1D)$，再与 H_2O 作用生成两个 OH 自由基

$$CH_4 + OH \longrightarrow CH_3 + H_2O \tag{3-1}$$

$$CO + OH \longrightarrow CO_2 + H \tag{3-2}$$

简单自由基结合 O_2 进一步生成过氧自由基

$$H + O_2 + M \longrightarrow HO_2 + M \tag{3-3}$$

$$CH_3 + O_2 + M \longrightarrow CH_3O_2 + M \tag{3-4}$$

过氧自由基参与 NO_x 转化循环的第一步，将 NO 氧化为 NO_2，同时生成 OH 自由基和 HO_2 自由基，起到链传递的作用

$$CH_3O_2 + NO \longrightarrow NO_2 + CH_3O \tag{3-5}$$

$$HO_2 + NO \longrightarrow NO_2 + OH \tag{3-6}$$

$$CH_3O + O_2 \longrightarrow HCHO + HO_2 \tag{3-7}$$

链反应最后终止于稳定化合物的生成

$$OH + NO_2 \longrightarrow HNO_3 \tag{3-8}$$

$$HO_2 + HO_2 \longrightarrow H_2O_2 + O_2 \tag{3-9}$$

活性自由基和 O_3 具有强的氧化作用，使得对流层大气呈氧化性。地表天然或人为排放的化合物可以被这些氧化基团氧化，再经过干沉降和湿沉降过程从大气中去除，或扩散进入

平流层。

3.2 重要的自由基来源及转化

自由基在清洁大气中的浓度仅为 $1/10^{12}$ 左右，但是在对流层光化学领域有着重要的作用。自由基的外层电子层有不成对电子，倾向于得到一个电子达到稳定结构，因此具有极强的化学活性。大气中存在的重要的自由基包括 RO、OH、RO_2、HO_2、RCO、RC（O）O、RC（O）OO、R、H 自由基，其中 OH 和 HO_2 自由基尤为重要。OH 自由基的全球平均值为 7×10^5 个/cm^3，理论计算南半球比北半球多约 20%。自由基之间的转化往往与 NO/NO_2 转化相伴，并控制着有机物的转化机制（图 3-1）。德国 Mainz 的 Max Planck 化学研究所的大气科学家 Mark G. Lawrence 和 Panel J. Crutzen 发表文章认为，世界各地船舶排放的 NO_x 明显影响对流层大气化学和气候。研究人员指出，在海洋中航行的船舶排放的 NO_x 可占矿物燃料燃烧排放总量的 10% 以上，但大多数大气化学和气候研究没有考虑这一影响。Max Planck 研究所在复杂的对流层化学计算模式中纳入了船舶的 NO_x 排放，得到的结论是大气的氧化能力有明显增加。特别是，研究人员发现航行线路上空的 OH 自由基浓度是通常浓度的 5 倍多。

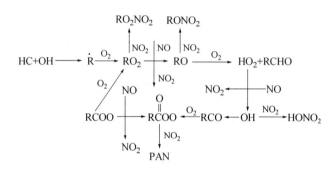

图 3-1 自由基的转化

3.2.1 OH 自由基的来源

OH 自由基的初始天然来源是 O_3 的光解。波长 315～1200nm 的太阳辐射可以使 O_3 解离得到基态原子氧

$$O_3 + h\nu(315nm < \lambda < 1200nm) \longrightarrow O_2 + O(^3p) \tag{3-10}$$

在第三分子存在下，基态原子氧很快与 O_2 结合，重新生成 O_3，完成一个封闭的循环。

$$O_2 + O(^3p) + M \longrightarrow O_3 + M \tag{3-11}$$

当光子能量更高时，O_3 解离得到的是激发态原子氧。

$$O_3 + h\nu(\lambda < 320nm) \longrightarrow O_2 + O(^1D) \tag{3-12}$$

激发态原子氧可以通过能量转移回到基态，或者与 H_2O 分子碰撞生成 2 个 OH 自由基。

$$O(^1D) + M \longrightarrow O(^3p) + M \tag{3-13}$$

$$O(^1D) + H_2O \longrightarrow 2OH \cdot \tag{3-14}$$

在污染的大气中亚硝酸和过氧化氢的光解也可能是 OH 自由基的来源。

$$HONO + h\nu(\lambda < 400nm) \longrightarrow OH \cdot + NO \tag{3-15}$$

$$H_2O_2 + h\nu(\lambda < 360nm) \longrightarrow OH \cdot + OH \cdot \tag{3-16}$$

3.2.2 HO_2 自由基的来源

HO_2 的天然来源是大气中甲醛的光解

$$HCHO + h\nu(\lambda < 370nm) \longrightarrow H + HCO \tag{3-17}$$

$$H + O_2 \longrightarrow HO_2 \tag{3-18}$$

$$HCO + O_2 \longrightarrow HO_2 + CO \tag{3-19}$$

实际上因为 O_2 分子是大气的基本成分，因此只要能生成 H 或 HCO，都可能是 HO_2 自由基的源。

3.2.3 OH 和 HO_2 之间的转化和汇

OH 和 HO_2 自由基在清洁大气中可以相互转化，互为源汇。OH 自由基在清洁大气中的主要去除过程是与 CO 和 CH_4 的反应

$$OH + CO \longrightarrow CO_2 + H \tag{3-20}$$

$$CH_4 + OH \longrightarrow CH_3 + H_2O \tag{3-21}$$

所产生的 H 和 CH_3 自由基能很快与大气中 O_2 分子结合，生成 HO_2 和 CH_3O_2 自由基。HO_2 自由基的一个重要去除反应是与大气中的 NO 或 O_3 反应，将 NO 转化为 NO_2，同时产生 OH 自由基。

$$HO_2 + NO \longrightarrow NO_2 + OH \tag{3-22}$$

$$HO_2 + O_3 \longrightarrow 2O_2 + OH \tag{3-23}$$

这个反应是 OH-HO_2 转化的关键反应。自由基也可以通过复合反应去除。

$$HO_2 + OH \longrightarrow H_2O + O_2 \tag{3-24}$$

$$OH + OH \longrightarrow H_2O_2 \tag{3-25}$$

$$HO_2 + HO_2 \longrightarrow H_2O_2 + O_2 \tag{3-26}$$

3.3 氮氧化合物的转化

3.3.1 NO 向 NO_2 的转化——自由基反应

$$(3-27)$$

$$(3-28)$$

3.3.2 NO_2 在空气中的光分解过程

分解过程见表 3-1。O_3 生成量可由下式计算得到：

$$[O_3] = -\frac{1}{2}\left([NO]_0 - [O_3]_0 + \frac{k_1}{k_3}\right) + \frac{1}{2}\left\{\left([NO]_0 - [O_3]_0 + \frac{k_1}{k_3}\right)^2 + \frac{4k_1}{k_3}[NO_2]_0 + [O_3]_0\right\}^{\frac{1}{2}}$$

设 $[O_3]_0 = [NO]_0 = 0$，则

$$[O_3] = \frac{1}{2}\left\{\left(\left(\frac{k_1}{k_3}\right)^2 + \frac{4k_1}{k_3}[NO_2]_0\right)^{\frac{1}{2}} - \frac{k_1}{k_3}\right\}$$

表 3-1　NO₂ 在空气中的光分解过程

反　　应	$k/(\text{ppm}^{-1} \cdot \text{min}^{-1})$	反　　应	$k/(\text{ppm}^{-1} \cdot \text{min}^{-1})$
$NO_2 + h\nu \xrightarrow[310\sim400\text{nm}]{1} NO + O(^3p)$	$Z=45°, 0.36\text{min}^{-1}$（随光强变化）	$O + NO + M \xrightarrow{6} NO_2 + M$	3975
$O + O_2 + M \xrightarrow{2} O_3 + M$	19.79	$NO_3 + NO_2 \xrightarrow{7} N_2O_5$	3938
$NO + O_3 \xrightarrow{3} NO_2 + O_2$	29.5	$N_2O_5 \xrightarrow{8} NO_3 + NO_2$	6.854min^{-1}
$NO_2 + O \xrightarrow{4} NO + O_2$	1.38×10^4	$NO_2 + O_3 \xrightarrow{9} NO_3 + O_2$	4.84×10^{-2}
$NO_3 + NO \xrightarrow{5} 2NO_2$	2.8×10^4	$2NO + O_2 \xrightarrow{10} 2NO_2$	7.5×10^{-10}
		$O + NO_2 + M \xrightarrow{11} NO_3 + M$	3.6×10^3

注：1. $1\text{ppm}=10^{-6}$。

2. 由动力学方程合解并加稳态处理得到。

例如城市大气中 $[NO_2]_0 < 0.1 \times 10^{-6}$，计算 $[O_3] < 0.027 \times 10^{-6}$，而实际测定值远高于 0.027×10^{-6}，说明有 O_3 的污染源竞争。

3.3.3　NO_x 向 HNO_3 和 HNO_2 的转化——汇

3.3.3.1　NO_2

（1）白天

$$NO_2 + OH \xrightarrow{M} HONO_2 \tag{3-29}$$
$$[k = 1.1 \times 10^{-11} \text{cm}^3/(\text{mol} \cdot \text{s})]$$

（2）夜间清洁地区城市上空 NO_2、O_3 浓度较高，NO 浓度低时有下述机制（图 3-2）。

$$NO_2 + O_3 \longrightarrow NO_3 + O_2 \tag{3-30}$$
$$RH + NO_3 \longrightarrow R + HNO_3 \tag{3-31}$$

（3）夜间相对湿度高时

$$N_2O_5 + H_2O(g) \longrightarrow 2HNO_3 \tag{3-32}$$
$$N_2O_5 + H_2O(l) \longrightarrow 2HNO_3 \tag{3-33}$$

3.3.3.2　NO

（1）白天

$$NO + OH + M \longrightarrow HONO + M \tag{3-34}$$
$$[k = 6.8 \times 10^{-12} \text{cm}^3/(\text{mol} \cdot \text{s})]$$

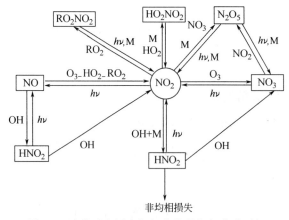

图 3-2　清洁对流层中氮氧化物的气相化学过程

（2）夜间（相对湿度高）

$$NO+NO_2+H_2O \xrightarrow{\text{表面}} 2HONO \tag{3-35}$$

$$2NO_2+H_2O \xrightarrow{\text{表面}} HONO+HONO_2 \tag{3-36}$$

清洁对流层中氮氧化物的气相化学过程见图3-2。

3.4　碳氢化合物的转化

实际是考虑 NO_x 与 HC 化合物的相互作用，相比较而言，开放程度大的链烯烃活性高于较为封闭的环烯烃，含氧的 HC 活性比链烷烃高。

3.4.1　烷烃

包括 $C_1 \sim C_8$ 链烷烃和环烷烃如环丙烷、环戊烷等。

$$R\dot{O}_n + H-\overset{|}{\underset{|}{C}}- \longrightarrow RO_nH + \cdot\overset{|}{\underset{|}{C}}- \tag{3-37}$$

$$R=\text{烷基或氢}，n=1 \text{ 或 } 2$$

$$\dot{O} + H-\overset{|}{\underset{|}{C}}- \longrightarrow OH + \cdot\overset{|}{\underset{|}{C}}- \tag{3-38}$$

3.4.2　烯烃

包括链烯如 $CH_2\!=\!CH_2$、CH_3CHCH_2、$CH_2CHC_2H_5$ 系列、二烯类和环烯如苯、支链芳烃等。转化主要是自由基反应，包括四种类型。

（1）

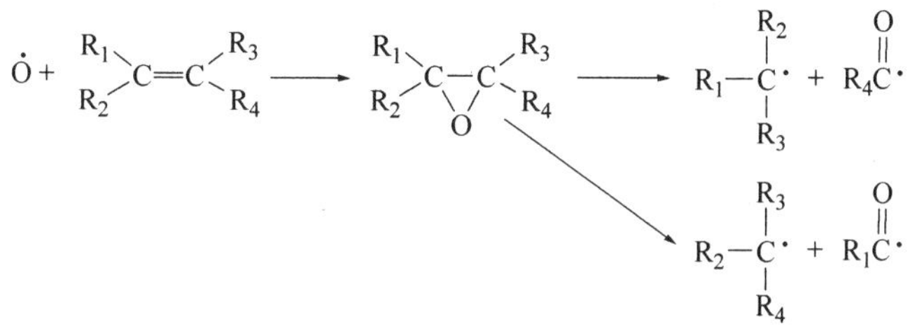

$$(3-39)$$

（2）

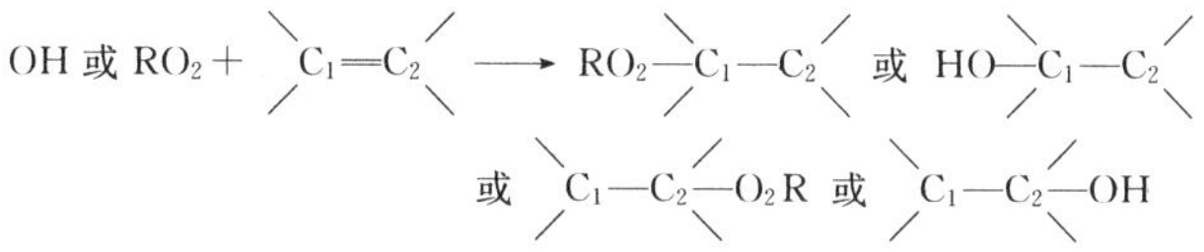

$$(3-40)$$

（3）与 O_3 反应（Criegee 双自由基反应）

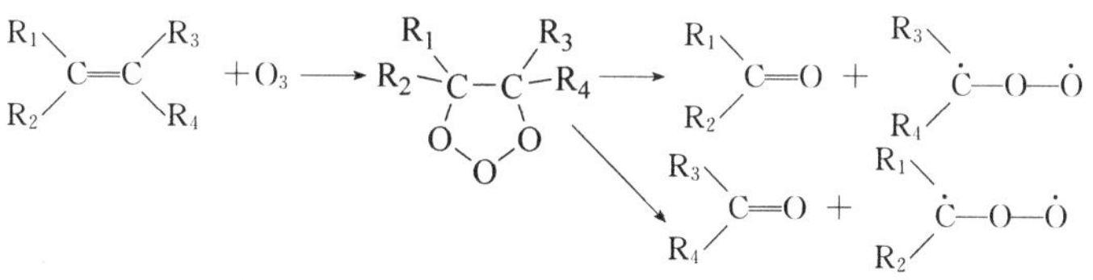

$$(3-41)$$

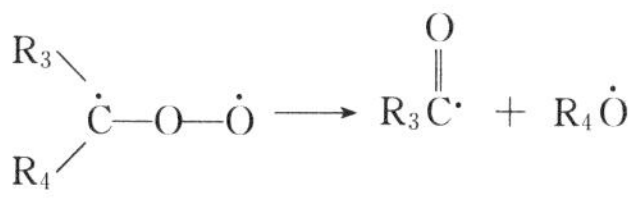

$$(3-42)$$

（4）

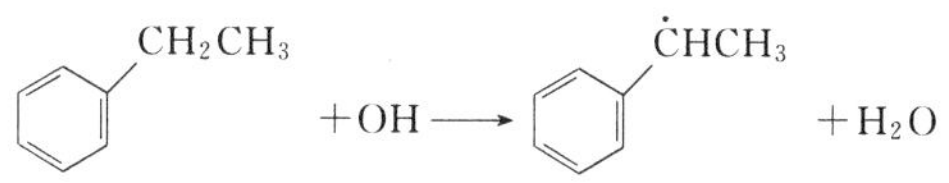

$$(3-43)$$

3.4.3 炔烃

主要是 C_2H_2，大气中含量甚微，稳定的三键结构很难打开，一般而言大气活性不重要。

3.4.4 含氧碳氢化合物

主要是醛类化合物，包括 $HCHO$、CH_3CHO、$CH_2=CHCHO$、$PhCHO$，参与的大气化学反应主要有三种机制。

(1) 直接光解反应

(2) H 原子摘除反应

$$RCHO + \overset{\cdot}{O}H \longrightarrow R\overset{\cdot}{C}O + H_2O \tag{3-44}$$

$$\xrightarrow{O_2} RC\overset{O}{\underset{\|}{}}-O\overset{\cdot}{O}$$

$$CH_3CHO + \overset{\cdot}{O}H \longrightarrow CH_3\overset{O}{\overset{\|}{C}}\cdot + H_2O \tag{3-45}$$

$$\xrightarrow{O_2} CH_3\overset{O}{\underset{\|}{C}}-O\overset{\cdot}{O} \xrightarrow{NO_2} CH_3\overset{O}{\underset{\|}{C}}-OO-NO_2(PAN)$$

(3) 与原子氧反应

$$RCHO + O \longrightarrow R\overset{\cdot}{C}O + \overset{\cdot}{O}H \tag{3-46}$$

3.5　光化学烟雾

3.5.1　光化学烟雾的产生

1946 年在美国的洛杉矶首次出现这种污染现象，故又称为洛杉矶型烟雾。它的特征是烟雾呈蓝色，具有强氧化性，能使橡胶开裂；对眼睛、咽喉有强烈的刺激作用，并有头痛、呼吸道疾病恶化，严重的会造成死亡；伤害植物叶子，并使大气能见度降低。1955 年在欧洲和美洲的许多城市都发现了对植物有典型的"烟雾伤害"。1961 年在全美国的城市都发现了光化学烟雾的征兆。当前，世界上许多交通发达的大城市都发生了程度不同的光化学污染，如日本东京、大阪，英国的伦敦，澳大利亚，德国，中国的兰州西固石油化工地区等都发生过。

由各种燃烧设备，特别是汽车排出废气中的碳氢化合物和氮氧化物等一次污染物，在阳光中紫外线的照射下发生一系列的光化学反应，产生 O_3（85% 以上）、PAN（10%）、高活性自由基（RO_2、HO_2、RCO 等）、醛类、酮类和有机酸等二次污染物。如果大气中有 SO_2 存在，还有硫酸盐气溶胶的生成。这些一次的和二次的污染物与反应物的混合物被称为光化学污染，习惯上称为光化学烟雾。光化学烟雾具有很强的氧化性，属氧化性烟雾。

1951 年 9 月美国 Haggan-Schmit 教授首先提出了洛杉矶烟雾形成的理论。他认为，这种烟雾是由南加利福尼亚的强阳光，引发了大气中存在的 HC 和 NO_x 之间的化学反应而造成的。并认为 HC 和 NO_x 主要来源于汽车尾气。

$$NO_x + HC \xrightarrow{h\nu} O_x \tag{3-47}$$

发生光化学烟雾的气象条件是强日光、强逆温、低湿度，地理区域主要分布在北纬 $30°\sim60°$，特点是强氧化性。其刺激物浓度的高峰在中午或午后，污染区域往往在下风方向几十到几百公里处。

光化学烟雾的日变化测定结果显示，CO、NO 峰值在上午 7:00，源于车辆排放，HC

类似；NO_2 峰值在上午 10:00，O_3 峰值在上午 12:00，说明不是一次污染物，而是光化作用结果。

烟雾箱模拟结果显示，NO、HC 下降时，O_3、NO_2、PAN 上升；NO 耗尽时 NO_2 达峰值，NO_2 下降时 O_3、PAN、HCHO 上升。说明 NO、HC 在光照下，HC 消耗、NO 向 NO_2 转化、O_3、HCHO 生成（图 3-3）。

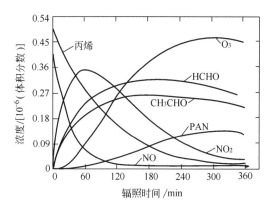

图 3-3　光化学烟雾反应物和产物的消长情况（引自唐孝炎，1990）

3.5.2　形成机理（Seinfeld 链反应机理）

Seinfeld 于 1986 年提出了光化学烟雾的简化反应机制。

$$NO_2 + h\nu \xrightarrow{1} NO + O \tag{3-48}$$

$$O + O_2 + M \xrightarrow{2} O_3 + M \tag{3-49}$$

$$O_3 + NO \xrightarrow{3} NO_2 + O_2 \tag{3-50}$$

$$O + 烃 \xrightarrow{4} 稳定产物 + 自由基(>1) \tag{3-51}$$

$$O_3 + 烃 \xrightarrow{5} 稳定产物 + 自由基(>1) \tag{3-52}$$

$$自由基 + 烃 \xrightarrow{6} 稳定产物 + 自由基 \tag{3-53}$$

$$自由基 + NO \xrightarrow{7} NO_2 + 自由基 \tag{3-54}$$

$$自由基 + NO_2 \xrightarrow{8} 稳定产物 \tag{3-55}$$

$$自由基 + 自由基 \xrightarrow{9} 稳定产物 \tag{3-56}$$

链引发反应是 NO_x 光解或醛光解（1～3），生成活性自由基。然后发生链歧化反应（4，5），产生多个自由基。

$$O + CH_3CH = CH_2 \longrightarrow CH_3CH - CH_2 \begin{cases} CH_3\overset{O}{C}\cdot + \dot{C}H_3 \\ CH_3\dot{C}H_2 + H\overset{O}{C}\cdot \end{cases} \tag{3-57}$$

$$O_3 + H_2C = CH - CH = CH_2 \longrightarrow H_2C \overset{C - C}{=} CH_2 \longrightarrow H_2C = CH - CHO + H\dot{C}\cdot + OH \tag{3-58}$$

在基传递反应阶段自由基数目不变而是转化（6，7），同时 NO_x 转化。

$$CH_3CH = CH_2 + OH \longrightarrow CH_3\overset{OH}{C}H\dot{C}H_2 \longrightarrow CH_3\overset{OH}{C}HCH_2\dot{O}_2 \xrightarrow{NO} CH_3\overset{OH}{C}HCH_2O \tag{3-59}$$

$$CH_3\overset{OH}{C}HCH_2\dot{O}_2 \xrightarrow{NO} CH_3\overset{OH}{C}HCH_2O \longrightarrow CH_3\overset{OH}{C}H + CH_2O \tag{3-60}$$

$$CH_3\overset{OH}{C}H \xrightarrow{O_2} CH_3\overset{O}{C}HO\dot{2} \xrightarrow{NO} CH_3\overset{OH}{C}HO\cdot \longrightarrow OH + CH_3CHO \tag{3-61}$$

最后终止于稳定化合物的生成。

$$NO_2 + OH \longrightarrow HONO \tag{3-62}$$

$$NO_2 + RO \longrightarrow RONO_2 \tag{3-63}$$

$$\overset{O}{\underset{\|}{CH_3COO}} + NO_2 \longrightarrow PAN \tag{3-64}$$

$$\overset{O}{\underset{\|}{RCOO}} + NO_2 \longrightarrow PAN \tag{3-65}$$

$$HO_2 + HO_2 \longrightarrow H_2O_2 + O_2 \tag{3-66}$$

$$ROO + ROO \longrightarrow ROOR + O_2 \tag{3-67}$$

3.5.3 光化学烟雾的危害

3.5.3.1 光化学烟雾对人体健康的影响

光化学烟雾最明显的危害是对人眼的刺激作用。出现眼流泪、发红（俗称红眼病）。据资料统计，美国加利福尼亚州由于光化学烟雾的作用，曾使该州 3/4 的人发生了红眼病。日本东京 1970 年发生的光化学污染时期有 20000 人患了红眼病。除眼外，对鼻、咽、气管和肺均有明显的刺激作用。对老人、儿童和病弱者尤为严重。1952 年洛杉矶事件发生时，两天内就使 65 岁以上的老人死亡 400 余人。若大气中臭氧浓度达到 $(0.1 \sim 0.5) \times 10^{-6}$ 时，会引起哮喘发作，导致上呼吸道疾病恶化，使视觉敏感度和视力降低。受害严重者，呼吸困难、胸痛、头晕、发烧、呕吐，以致血压下降、昏迷不醒。长期慢性伤害，可引起肺机能衰退、支气管炎甚至发展成肺癌等。

3.5.3.2 对植物的伤害

光化学烟雾能使植物叶片受害变黄以致枯死。据资料统计，仅加利福尼亚州 1959 年由于光化学污染引起的农作物减产损失已达 800 万美元。使大片树木枯死，葡萄减产 60% 以上，柑橘也严重减产。对光化学烟雾敏感的植物还有棉花、烟草、甜菜、莴苣、番茄、菠菜、某些花卉和多种树木。

3.5.3.3 降低大气能见度

光化学烟雾的重要特征之一是降低了大气的能见度，缩短了视程。这主要是污染物质在大气中形成了光化学烟雾气溶胶，这种气溶胶的颗粒大小为 $0.3 \sim 1.0 \mu m$，它们不易沉降，与可见光波长相一致，对光散射影响很大，从而明显地降低了能见度。由于光化学烟雾气溶胶引起大气浑浊，能见度降低，因此妨碍了汽车、飞机的正常运行，使交通事故猛增。

3.5.4 光化学烟雾的主要污染源

3.5.4.1 交通工具排气

如汽车、火车、飞机等交通工具排出含有 CO、NO_x 和碳氢化合物（HC）等污染物的尾气。特别是机动车尾气向大气排放 CO、NO_x 和 HC 及固体颗粒物等。我国主要大城市机动车数量大幅度增长，机动车尾气已成为形成光化学烟雾的一个重要来源。据资料表明，北京、上海等大城市机动车排放的污染物已占大气污染负荷的 60% 以上，其中，排放的 CO 对大气污染的分担率达 80%，NO_x 达到 40%。这说明我国大城市的大气污染正由第一代煤烟型污染向第二代汽车型污染转变。1985 年全国机动车保有量仅有 300 万辆，1990 年为 500 万辆，1997 年增至 1300 万辆，截止 2010 年 3 月达到 1.92 亿辆。由此可知，机动车尾气排出大量的 NO_x、HC 和 CO 等有害物质，在强阳光照射下，极易在城市发生光化学烟雾事件。

3.5.4.2 工业企业排气

由火力发电厂、钢铁厂、冶炼厂、炼焦厂、石油化工厂、氮肥厂等工矿企业在生产过程

中所排放的 CO_2、CO、NO_x 和煤烟粉尘等，都是引发光化学烟雾的重要污染源。

3.5.4.3 家庭炉灶与取暖设备排气

家庭用的炉灶与取暖设备数量大、分布广、排放高度低、多排气于居住区，是低空大气污染源之一。

3.5.5 光化学烟雾的防治对策

3.5.5.1 改进技术

汽车尾气是 NO_x 和 HC 化合物最主要的排放源，改进技术控制汽车尾气是避免光化学烟雾的形成，保证空气环境质量的有效措施。

(1) 安装尾气净化装置　主要是在排气系统中安装热反应器，催化反应器和向排气门处喷入新鲜空气的办法来减少尾气污染物的排放量。目前，我国生产的部分汽车已经安装尾气净化装置，并广泛推广三元催化器的使用。

(2) 改良燃料　改变汽油成分或者使用替代燃料，来降低汽车尾气污染。资料表明，天然气燃料燃烧与无铅汽油相比 CO 和 HC 的排放量均可降低 60% 以上；甲醇燃料与汽油相比 CO 和 HC 的排放量也可降低 37% 和 56%；燃氢汽车排放的 NO_x 不到汽油车的 10%。当然燃料的改变要求汽车发动机在出厂时做相应的改造，会造成发动机成本的提高。

3.5.5.2 改善能源结构

推广型煤及洗选煤的生产和使用，以减少煤尘和 SO_2 的排放量。发展区域集中供暖供热，设立大的热电站和供热站，以代替分散的锅炉，安装高效除尘设备和采用高烟囱排放以改善城市环境质量；依据法规，严格限制炼油厂，石油化工厂以及氮肥厂等化工厂的废气排放，加强生产管理，减少生产过程中的泄漏。

3.5.5.3 加强监测

及时报警并采取预防措施。光化学烟雾是有前兆的，可通过监测发出警报，采取措施加以避免。当氧化剂浓度达到 0.5×10^{-6} 时，接近危险水平，应禁止垃圾燃烧，减少其他燃烧，减少汽车行驶；当氧化剂浓度达到 1.0×10^{-6} 时，开始危害健康的水平，应严格禁止汽车行驶，其余措施同上；当氧化剂浓度达到 1.5×10^{-6} 时，严重危害健康的水平，除完全采用上述措施外，还应采取其他紧急措施，如关停工厂等。

3.6　硫氧化合物的转化

硫氧化物包括 SO_2 和 SO_3，SO_3 极易吸水转化为 H_2SO_4，再生成硫酸盐气溶胶；因此大气化学过程更多地讨论 SO_2。一般大气条件下，SO_2 不容易直接被 O_2 氧化，往往需要通过先行激活或由氧化性更强的自由基来氧化。同时，实际测定结果说明光强、湿度、氧化剂浓度都对 SO_2 的转化率有影响。

3.6.1 SO_2 的气相氧化

3.6.1.1 SO_2 的直接光氧化

$$SO_2 + h\nu \begin{cases} \lambda = 290 \sim 340 \text{nm} \\ \lambda = 340 \sim 400 \text{nm} \end{cases} \longrightarrow \begin{matrix} {}^1SO_2 \\ \downarrow \\ {}^3SO_2 \end{matrix} \tag{3-68}$$

$$^3SO_2 + O_2 \longrightarrow SO_3 \tag{3-69}$$

SO_2 的宏观氧化速率表示为

$$\frac{[SO_2]_0 - [SO_2]_t}{[SO_2]_0} \times 100\%$$

直接光氧化的氧化速率为 $0.1\%\ SO_2/h$。

3.6.1.2　SO_2 与 $O_2\ (^1\triangle)$、O、O_3 反应

$$SO_2 + O_2\ (^1\triangle) \longrightarrow SO_3 + O(^3p) \tag{3-70}$$

$$1.4 \times 10^{-6}\ \%/h$$

$$SO_2 + O + M \longrightarrow SO_3 + M \tag{3-71}$$

$$4.6 \times 10^{-3}\ \%/h$$

$$SO_2 + O_3 \longrightarrow SO_3 + O_2 \tag{3-72}$$

$$1.4 \times 10^{-5}\ \%/h$$

3.6.1.3　O_3-NO_2 同时存在时 SO_2 的氧化

$$O_3 + NO_2 \longrightarrow NO_3 + O_2 \tag{3-73}$$

$$NO_3 + NO_2 \longrightarrow N_2O_5 \tag{3-74}$$

$$NO_2 + SO_2 \longrightarrow NO + SO_3 \tag{3-75}$$

$$1.6 \times 10^{-11}\ \%/h$$

$$NO_3 + SO_2 \longrightarrow NO_2 + SO_3 \tag{3-76}$$

$$6.3 \times 10^{-8}\ \%/h$$

$$N_2O_5 + SO_2 \longrightarrow N_2O_4 + SO_3 \tag{3-77}$$

$$3.6 \times 10^{-8}\ \%/h$$

3.6.1.4　SO_2 的间接光氧化——自由基氧化

（1）与 OH 反应　25℃，1atm，$k = 9 \times 10^{-13}\ cm^3 \cdot molecule^{-1} \cdot s^{-1}$

$$SO_2 + OH \longrightarrow HOSO_2 \tag{3-78}$$

$$HOSO_2 + O_2 + M \longrightarrow HO_2 + SO_3 + M \tag{3-79}$$

$$SO_3 + H_2O \longrightarrow H_2SO_4 \tag{3-80}$$

$$HO_2 + NO \longrightarrow NO_2 + OH \tag{3-81}$$

（2）与其他自由基反应

$$SO_2 + HO_2 \longrightarrow SO_3 + OH \tag{3-82}$$

$$清洁大气\ 0.2\%/h \sim 污染大气\ 2\%/h$$

$$SO_2 + CH_3O_2 \longrightarrow CH_3O + SO_3 \tag{3-83}$$

$$清洁大气\ 0.01\%/h \sim 污染大气\ 2\%/h$$

$$SO_2 + CH_3\overset{\displaystyle O}{\overset{\|}{-C}}-OO\cdot \longrightarrow CH_3\overset{\displaystyle O}{\overset{\|}{-C}}-O\cdot + SO_3 \tag{3-84}$$

$$0.01\%/h$$

（3）Criegee 自由基氧化　日间竞争不过 OH 反应，夜间为主要的汇机制

$$CH_3\dot{C}(H)O\dot{O} + SO_2 \longrightarrow CH_3CHO + SO_3 \tag{3-85}$$

$$k = 7 \times 10^{-14}\ cm^3 \cdot molecule^{-1} \cdot s^{-1}$$

3.6.2　SO_2 的液相氧化

$$SO_2 + H_2O \overset{1}{\rightleftharpoons} SO_2 \cdot H_2O \tag{3-86}$$

$$k_{1\text{-}1} = 1.22 \times 10^{-5}\ mol/(L \cdot Pa)$$

$$SO_2 \cdot H_2O \overset{2}{\rightleftharpoons} HSO_3^- + H^+ \tag{3-87}$$

$$k_{a1} = 1.32 \times 10^{-2}\ mol/L$$

$$HSO_3^- \overset{3}{\rightleftharpoons} SO_3^{2-} + H^+ \tag{3-88}$$

$$k_{a2} = 6.42 \times 10^{-8} \, mol/L$$

涉及气液相平衡问题，考虑液相 SO_2 的溶解量，可以计算平衡时液相中的物种分配。

$$[S(\text{IV})] = [SO_2 \cdot H_2O] + [HSO_3^-] + [SO_3^{2-}]$$

$$= k_{-1} \left(1 + \frac{k_{a1}}{[H^+]} + \frac{k_{a1} \cdot k_{a2}}{[H^+]} \right) \times p_{SO_2} = K_H^* \cdot p_{SO_2}$$

pH≤2 时 $\qquad [S(\text{IV})] \approx [SO_2 \cdot H_2O]$

2＜pH＜7 时 $\qquad [S(\text{IV})] \approx [HSO_3^-]$

pH≥7 时 $\qquad [S(\text{IV})] \approx [SO_3^{2-}]$

3.6.2.1 金属离子对 S(IV) 的催化氧化〔有催化剂时 S(IV) 的氧气氧化〕

（1）Mn(II) 的催化氧化

$$SO_2 \cdot H_2O + Mn^{2+} \longrightarrow MnSO_2^{2+} \tag{3-89}$$

$$O_2 + MnSO_2^{2+} \longrightarrow MnSO_3^2 \tag{3-90}$$

$$H_2O + MnSO_3^{2+} \longrightarrow Mn^{2+} + H_2SO_4 \tag{3-91}$$

当 $[S(\text{IV})] \leq 10^{-4} \, mol/L$，$[Mn(\text{II})] \leq 10^{-5} \, mol/L$，

$$R_{Mn} = k_2 [Mn(\text{II})][S(\text{IV})]\alpha_1$$

当 $[S(\text{IV})] > 10^{-4} \, mol/L$，$[Mn(\text{II})] > 10^{-5} \, mol/L$，

$$R_{Mn} = k_1 [Mn(\text{II})]^2 [H^+]^{-1} \beta^{-1}$$

其中 $\qquad \alpha_1 = \dfrac{[HSO_3^-]}{[S(\text{IV})]}, k_1 = 2 \times 10^9 \, mol^{-1} \cdot L \cdot s^{-1}$

$$\log \beta_{25℃} = -9.9, k_2 = 3.4 \times 10^3 \, mol^{-1} \cdot L \cdot s^{-1}$$

（2）Fe(III) 的催化氧化

$$R_{Fe} = k_{Fe} [Fe(\text{III})][S(\text{IV})]^n$$

pH≤4 时，$n = 1$；pH＞5 时，$n = 2$

$$k_{Fe} = 3 \times 10^2 \, mol^{-1} \cdot L \cdot s^{-1} (pH = 2)$$

$$k_{Fe} = 1.6 \times 10^3 \, mol^{-1} \cdot L \cdot s^{-1} (pH = 4)$$

$$k_{Fe} = 1.3 \times 10^2 \, mol^{-1} \cdot L \cdot s^{-1} (pH = 5)$$

（3）Mn(II) 与 Fe(III) 同时存在时 S(IV) 的催化氧化

因为协同效应，效率为单独存在时的 3～10 倍。

$$\frac{d[SO_4^{2-}]}{dt} = 4.7[H^+]^{-1}[Mn(\text{II})]^2 + 0.82[H^+]^{-1}[Fe(\text{III})][S(\text{IV})] \times$$

$$\left\{ 1 + \frac{1.7 \times 10^3 [Mn(\text{II})]^{1.5}}{6.31 \times 10^{-6} + Fe(\text{III})} \right\}$$

3.6.2.2 强氧化剂的氧化

（1）S（IV）的臭氧化

$$SO_2 \cdot H_2O + O_3 \longrightarrow 2H^+ + SO_4^{2-} + O_2 \tag{3-92}$$

$$k_0 = 2.4 \times 10^4 \, mol^{-1} \cdot L \cdot s^{-1}$$

$$HSO_3^- + O_3 \longrightarrow H^+ + SO_4^{2-} + O_2 \tag{3-93}$$

$$k_1 = 3.7 \times 10^5 \, mol^{-1} \cdot L \cdot s^{-1}$$

$$SO_3^{2-} + O_3 \longrightarrow SO_4^{2-} + O_2 \tag{3-94}$$

$$k_2 = 1.5 \times 10^9 \, mol^{-1} \cdot L \cdot s^{-1}$$

【例】 当 $[O_3] = 0.05 \, mL/m^3$，$[SO_2] = 0.01 \, mL/m^3$，计算得到 $k_{S(\text{IV})} = (1 \sim 4)\%/h$。

（2）S(IV) 的过氧化氢氧化

$$HSO_3^- + H_2O_2 \Longleftrightarrow SO_2OOH^- + H_2O \tag{3-95}$$

$$SO_2OOH^- + H^+ \longrightarrow H_2SO_4 \tag{3-96}$$

$$R_{H_2O_2} = \frac{k[H^+][H_2O_2][S(IV)]\alpha_1}{1+13[H^+]}$$

其中
$$k = 7.45 \times 10^7 \, mol^{-1} \cdot L \cdot s^{-1}$$

α_1 —— SO_2 的溶解常数

当 pH $\gg$ 1 时，$R_{H_2O_2} = 7.45 \times 10^7 k a_1 [SO_2 H_2O][H_2O_2]$，可见与溶液酸度无关。

3.6.2.3 S(IV)的氮氧化物氧化

NO、$HONO_2$ 反应慢，不重要；NO_2、HONO 反应快。

$$HNO_2 + HSO_3^- \longrightarrow HON(SO_3^{2-})_2^{2-} + H_2 \tag{3-97}$$

$$HON(SO_3^{2-})_2^{2-} + H_2O \xrightarrow{H^+} HONHSO_3^- + HSO_4^- \tag{3-98}$$

$$HONH(SO_3^{2-})^- + HNO_2 \longrightarrow N_2\dot{O} + HSO_4^- + H_2O \tag{3-99}$$

当 $[HNO_2]_g = 1 \times 10^{-9}$，pH $\sim$ 3 时，$[HNO_2]_l$ 很小。

3.6.2.4 S(IV)的自由基氧化

$$HSO_3^- + OH \longrightarrow SO_3^- + H_2O \tag{3-100}$$

$$SO_3^{2-} + OH \longrightarrow SO_3^- + OH \tag{3-101}$$

$$SO_3^- + O_2 \longrightarrow SO_5^- \tag{3-102}$$

$$SO_5^- + SO_5^- \longrightarrow SO_4^{2-} + SO_4^- + O_2 \tag{3-103}$$

$$SO_4^- + H_2O_2 \longrightarrow HSO_4^- + HO_2 \tag{3-104}$$

$$SO_4^- + Cl^- \longrightarrow SO_4^{2-} + Cl \tag{3-105}$$

液相 OH 来源主要来源于气相 OH 被水吸收或通过液相反应生成。反应在白天主要是：

$$H_2O_2 + h\nu(\lambda \leqslant 380nm) \longrightarrow 2OH \tag{3-106}$$

$$O_3 + OH^- \longrightarrow O_2^- + HO_2 \tag{3-107}$$

$$HO_2 + O_3 \longrightarrow OH + 2O_2 \tag{3-108}$$

夜间反应主要是

$$Fe^{2+} + H_2O_2 \longrightarrow Fe^{3+} + OH^- + OH \tag{3-109}$$

3.6.3 在固体表面的催化氧化

这一类型的非均相反应研究资料还很少，对其在大气化学中的重要性尚待评价。

$$SO_2 + 1/2O_2 \xrightarrow[Al_2O_3、Fe_2O_3、MnO_2 \text{等}]{\text{干固体表面}} SO_3（烟道气机制） \tag{3-110}$$

当 RH < 10% 时，$k = 5\%/h$

$$SO_2 + 1/2O_2 \xrightarrow[\text{烟炱、石墨粒子}]{\text{炭粒}} SO_3 \tag{3-111}$$

3.6.4 硫酸型烟雾

最早关于 SO_2 与碳氢化合物反应研究是由 Dainton 和 Ivin 完成的。他们研究了 SO_2 与正丁烷、1-丁烯在紫外光辐照下的光化反应，得到的反应产物是 RSO_2H，他们认为这是一个插入反应，根据实验测得的不同烃类分压与反应速率关系，提出一个简单的反应动力学历程。Penzhorn 和 Spicer 等人对 SO_2 与正丁烷光化反应产物进行详细分离和分析，认为反应第一步是氢原子提取过程，接着是系列自由基反应过程，他们还考察了此光化反应生成烟雾的现象。

化学烟雾有两种基本类型，即还原型和氧化型。引起还原型烟雾的主要污染源是燃煤的各类工矿企业，初生污染物是 SO_2、CO 和粉尘，次生污染物是硫酸和硫酸盐气溶胶。氧化型烟雾形成过程中光化学反应起了主导作用，所以又称光化学烟雾。引起氧化型烟雾的主要污染源是燃油汽车、锅炉和石油化工企业排气，所以事件多发生在工厂集中区和具有众多数量汽车的大城市。对上述两种化学烟雾的特点作比较如下。

还 原 型 烟 雾	氧 化 型 烟 雾
大多在晚间始发	只在白天发生
有烟味	有 O_3 臭气、刺激眼和鼻
灰至黑色	蓝或黄至棕色
对大理石建筑有损伤	对谷物、莴苣、菠菜有损害,使橡胶开裂
又称伦敦型烟雾(1952 年)	又称洛杉矶型烟雾(1940 年)

参 考 文 献

[1] Criegee R. Mechanism of ozonolysis, Angew. Chem. Internat. Edit. Engl. , 1975, 14: 745-752.

[2] Finlayson-Pitts B J, et al. Atmospheric Chemistry: Fundamentals and Experimental Techniques. John Wiley & Sons, Inc. , 1986.

[3] Lawrence Mark G, et al. Influence of NO_x emissions from ships on tropospheric photochemistry and climate. Nature, 1999, 402, 167-170.

[4] Eggleton A E J, et al. Homogeneous oxidation of sulphur compounds in the atmosphere. Atmos. Environ. 1978, 12, 227-230.

[5] Smith P P, Spiler L D. Evidence for hydrogen abstraction as the rate determining step in the photochemical reaction of SO_2 with alkanes. Chemosphere, 1997, 6 (7): 387-392.

[6] 王明星. 大气化学. 北京: 气象出版社, 1999.

[7] 唐孝炎等. 大气环境化学. 北京: 高等教育出版社, 1990.

习 题

1. 试述对流层基本光化学过程。
2. 试述大气中自由基转化的过程。
3. 主要自由基的来源有哪些,相互间又是如何转化的?
4. 试述对流层氮氧化物的基本转化过程。
5. 试分析光化学烟雾的生成机制及其表现。
6. 光化学烟雾有哪些危害,如何进行防治?
7. 试述硫酸型烟雾的生成机制,与光化学烟雾有哪些区别?

第4章 酸 沉 降

酸沉降（acid deposition）是指大气中的酸性物质通过干、湿沉降两种途径迁移到地表的过程。在早期的研究中，人们的注意力几乎全部集中于湿沉降（即酸雨）的研究，后来发现干沉降的作用不能低估（各占50％），当引起环境效应的问题时，往往是干、湿沉降综合作用的结果，所以干沉降的研究日益被人们重视。但是，关于干沉降研究的资料仍很少，原因是其反应机制复杂，精确的测量方法缺少，要获取可靠资料很不容易。目前干沉降的研究仍是人们亟待探讨和需要深入开展研究的新领域。

湿沉降（wet deposition）指大气中的物质通过降水而落到地面的过程。被降水去除或湿沉降对气体和颗粒物都是最有效的大气净化机制。湿沉降有两类：雨除（rainout）和冲刷（washout）。雨除是指被去除物参与了成云过程，即作为云滴的凝结核，使水蒸气在其上凝结，云滴吸收空气中成分并在云滴内部发生液相反应。冲刷是指在云层下部即降雨过程中的去除。酸雨就是由于酸性物质的湿沉降而形成的。

干沉降（dry deposition）是指大气中的污染气体和气溶胶等物质随气流的对流、扩散作用，被地球表面的土壤、水体和植被等吸附去除的过程，具体包括重力沉降，与植物、建筑物或地面（土壤）碰撞而被捕获（被表面吸附或吸收）的过程。重力沉降仅对直径大于$10\mu m$的颗粒物是有效的。过小的粒子由于其降落速度对比大气的垂直运动来说不重要，因此与地表碰撞可能是它们在近地面处较为有效的去除过程。地表捕获的机制尚不十分清楚，看来与许多因素，如气象条件、地表的物理、化学性质以及污染物本身的性质等有关。

本章的讨论主要还是集中在酸性物质的湿沉降方面，即酸雨问题。

4.1 酸雨发展及其研究

Potter（1930）最早采用"pH"来表示雨水、饮用水和工业用水的测定结果。pH值大于7称为碱性，pH值小于7称为酸性。

酸雨一词是罗伯特·安格斯·史密斯（R. Angus Smith）于1872年首先提出的。史密斯是英国化学家，是农业化学创始人李比希（J. yon Liebig）的学生，他整理了对苏格兰、英格兰和爱尔兰等地降雨的调查资料，写出了《大气与降水——化学气象学的开端》一书。书中对影响降水的许多因素进行了讨论，诸如煤燃烧、降水量和降水频率等，提出了降水化学的空间可变性，并提出降水采集后应对组成作分析和实验研究，还指出了酸雨对植物和材料的危害。遗憾的是他的工作一直没有引起重视，直到20世纪80年代才给予应有的评价。

在20世纪50年代以前，酸性降水主要发生在工厂附近和城镇的局部地区。英国是工业革命的发源地，煤炭的大规模的利用和燃烧，造成大气质量恶化和酸雨的产生。从1870年起到1963年近百年中发生了几十起伦敦烟雾事件，1952年12月是历史上最为严重的一次，死亡人数达4千多人。同时期，1948年美国匹兹堡地区发生烟雾事件，使得6000人受到健康危害。

20世纪50～60年代，北欧的瑞典和挪威地区开始受到来自欧洲中部工业区（英、法、德等国）SO_2的长距离输送（高烟囱）的影响，湖泊中鱼类开始减少，古建筑和石雕受侵蚀。到 60 年代末北欧湖水酸化十分明显，许多湖泊成为没有鱼类和其他水生生物的"死湖"，酸雨的危害逐步发展为"区域性"事件。

20 世纪 70～80 年代，随着经济快速发展，酸雨范围由北欧扩大至中欧。在北美（主要是美国的东部和北部五大湖美、加交界区）也形成了大面积的酸雨区。1972 年发表了第一篇有关北美酸雨的论文，1972 年 6 月在 UN 第一次人类环境会议上（斯德哥尔摩）瑞典政府提交了《穿越国界的大气污染：大气和降水中的硫对环境的影响》报告。至此，酸雨问题由区域性发展为全球性。1982 年 6 月在瑞典斯德哥尔摩召开了"国际环境酸化会议"，这标志着酸雨污染已成为当今世界重要的环境问题之一。

20 世纪 80 年代以来，除北美、欧洲以外，东北亚主要是日本、韩国和中国的酸雨区迅速扩展成为世界第三大酸雨区。随经济的高速发展，东南亚的马来西亚、泰国，南美的巴西、委内瑞拉等国以及尼日利亚、象牙海岸等地都报道发生了酸雨，这表明酸雨已由欧美发达国家向亚非拉发展中国家扩张，酸雨已经成为名副其实的全球性环境问题。

目前全球酸沉降最严重的三大区域是人为酸性物质（SO_2、NO_x）排放量大而环境又较敏感、环境酸容量较小的地区（土壤为酸性花岗岩或石英岩，低酸度，离子交换容量小）。

中国 20 世纪 80 年代酸雨主要发生在西南地区（重庆、贵阳等地），到 90 年代中期，酸雨已经发展到长江以南、青藏高原以及四川盆地等广大地区，年均降水 pH<5.6 的区域占全国面积的 40% 左右。酸雨控制区的年降水 pH≤4.5，包括 14 个省、市、自治区，面积约 80 万 km^2，占国土面积的 8.4%。部分地区采用煤换气的方法，以天然气或煤气代替燃煤作为主要燃料，酸雨现象得到了部分缓解，如贵阳地区。从全国范围看，酸雨污染仍是逐渐加重趋势，还需要做大量的工作。

4.2　降水的化学性质

4.2.1　降水的 pH 值

天然降水（大气降水）是指在大气中凝聚并降落到地面的各种形式的水，包括液态的雨、雾和固态的雪、雹等。降水是大气净化的主要过程之一。由于雨除（rainout）和冲刷（washout）作用，大气中的各种微量物质（气体和气溶胶）都会进入降水，使得降水的组成十分复杂。

降水的 pH 值用来表示降水的酸度。所谓溶液的总酸度（total acidity）指溶液中 H^+（质子）的储量，代表此溶液的碱中和容量。溶液的总酸度包括自由质子（强酸）和未解离质子（弱酸）两部分，而溶液的 pH 值则是强酸部分的量度。

降水的酸度来源于大气降水对大气中的二氧化碳和其他酸性物质的吸收。

在天然大气中（未被人为污染的大气），存在的主要酸性气体是 CO_2。天然降水是弱酸性的，因为溶解有二氧化碳形成 H_2CO_3 的缘故。一般把与大气中 CO_2 达到平衡的洁净降水称为未被污染的天然降水。20 世纪 70 年代初，大气中 $[CO_2] = 320 \times 10^{-6}$，其 pH = 5.65；到 1987 年，$[CO_2] = 349 \times 10^{-6}$，pH = 5.63，降水酸性略微增加。

$$CO_2(g) + H_2O \xrightleftharpoons{H_{CO_2}} CO_2 \cdot H_2O \qquad (4\text{-}1)$$

$$CO_2 \cdot H_2O \xrightleftharpoons{K_1} H^+ + HCO_3^- \qquad (4\text{-}2)$$

$$HCO_3^- \xrightleftharpoons{K_2} H^+ + CO_3^{2-} \qquad (4\text{-}3)$$

$$[H^+] = [OH^-] + [HCO_3^-] + 2[CO_3^{2-}] = \frac{K_w}{[H^+]} + \frac{K_1 H_{CO_2} p_{CO_2}}{[H^+]} + \frac{2K_1 K_2 H_{CO_2} p_{CO_2}}{[H^+]^2}$$

式中，K_w 为水的离子积；p_{CO_2} 为 CO_2 在大气中的分压；H_{CO_2} 为二氧化碳在水中的亨利常数。由上式计算出 pH 值约为 5.6。

通过对降水的多年观察，对 pH＝5.6 作为酸性降水的界限以及判别人为污染的界限有了不同观点。主要论点有以下几方面。

① 在高清洁大气中，除 CO_2 外还存在各种酸、碱性气态和气溶胶物质，它们通过成云和降水冲刷进入雨水中，降水酸度是各物质综合作用的结果，其 pH 值不一定是 5.6。

② 硝酸和硫酸并不都是来自人为源。生物过程产生的硫化氢、二甲基硫，火山喷发的 SO_2、海盐中的 SO_4^{2-} 等都可进入雨水。单由天然硫化物的存在产生的 pH 值为 4.5～5.6，平均值为 5.0。

③ 因为空气中碱性物质的中和作用，使得空气中酸性污染严重的地区并不表现出来酸雨，例如中国北部地区。

④ 其他离子污染严重的降水并不一定表现强酸性，因为离子的相关性不同。

基于各方面的考虑，需要找到未被污染的天然降水的背景值，作为分析酸沉降的基础。背景点要求是远离大工业中心城市，同时远离火山区。降水 pH 背景值的确定不是轻而易举的。降水 pH 背景值有无意义，应为多少，全球是否只有一个背景值等许多问题尚无定论，只有在全球范围找到合适的具有代表性的背景点，并在这些点上取得较长期的系统降水数据的基础上，才能得出结论（表 4-1 和表 4-2）。

表 4-1　全球背景点降水化学初步监测结果（1982）　　　　μmol/L

项　　　目	阿姆斯特丹	波格弗莱特	凯瑟林	圣卡罗斯	圣乔治
pH 值	4.92	4.96	4.78	4.81	4.79
SO_4^{2-}（非海盐）	4.4	3.55	2.75	1.35	9.15
NO_3^-	1.7	1.9	4.3	2.6	5.5
Cl^-	208	2.6	11.8	2.5	175
Na^+	177	1.0	7.0	1.8	147
K^+	3.7	0.6	0.9	0.8	4.3
Ca^{2+}	3.7	0.05	1.25	0.15	4.85
Mg^{2+}	19.4	0.1	1.0	0.25	17.3
NH_4^+	2.1	1.1	2.0	2.3	3.8

表 4-2　全球若干点位内陆和海洋降水背景值　　　　μmol/L

地　　点	H^+	NH_4^+	Ca^{2+}	K^+	Na^+	Mg^{2+}	Cl^-	NO_3^-	SO_4^{2-}	pH 值
中国丽江	10.5	5.67	2.2	1.30	1.0	0.4	3.7	1.9	4.0	5.00
印度洋（Amsterdam）	12.0	2.1	3.7	3.7	177	19.4	208	1.7	15.3	4.92
阿拉斯加（Porfklot）	11.0	1.0	0.05	0.6	1.0	0.1	2.6	1.9	3.6	4.94
澳大利亚（Kaltherine）	16.6	2.0	1.3	0.9	7.0	1.0	11.8	4.3	3.2	4.78
委内瑞拉（Suncarlos）	15.5	2.3	0.15	0.8	1.8	0.25	2.6	2.6	1.5	4.81
大西洋百慕大（St. Geoges）	16.2	3.8	4.6	4.3	147	17.3	175	5.5	182	4.79

陆地 pH≤5.00、海洋 pH≤4.70 作为酸性降水标准

降水背景点的研究。美国从 1979 年开始执行全球降水化学研究计划（GPCP），选择背景点（离大工业中心城市 1000km 以外，同时远离火山区），四大洋 8 个，内陆 1 个。全球降水 pH 的背景值接近 5。究其原因，发现海洋区域由于海洋生物排放的二甲基硫会进一步转化成 SO_2，而陆地森林地区有些树木排放的有机酸（主要是甲酸、乙酸），它们对降水的贡献也不可忽视（因为背景点很清洁，降水中离子的总浓度很低）。

由于降水的酸度是多种酸和碱综合作用的结果，因此控制偏远地区降水中酸度的酸碱混

合物可能完全不同于城市降水中酸度的酸碱混合物，因而酸度不是一个守恒（conservative）的组分，单用降水的酸度或 H^+ 浓度不能表示出不同地区降水组成由于污染而引起的变化。因此必须寻找比 H^+ 浓度更守恒的成分。根据非海盐 SO_4^{2-} 并不能判别雨水是否酸化，因为降水中还有大量的碱性物质存在。而将 pH 和非海盐 SO_4^{2-} 相结合就可以判别降水是否酸化或是否受到人为污染。

4.2.2 降水的化学组成

4.2.2.1 降水组成

早在 1934 年苏联人就计算雨水和雪水的平均组成主要包括氧、氮和碳等 25 种化学元素。现在已经知道降水的组成通常包括以下几类。

① 大气固定气体成分：O_2、N_2、CO_2、H_2 及惰性气体。

② 无机物：土壤衍生矿物离子 Al^{3+}、Ca^{2+}、Mg^{2+}、Fe^{3+}、Mn^{2+} 和硅酸盐等；海洋盐类离子 Na^+、Cl^-、Br^-、SO_4^{2-}、HCO_3^- 及少量 K^+、Mg^{2+}、Ca^{2+}、I^- 和 PO_4^{3-}；气体转化产物 SO_4^{2-}、NO_3^-、NH_4^+、Cl^- 和 H^+；人为排放源 As、Cd、Cr、Co、Cu、Mn、Mo、Ni、V、Zn、Ag、Sn 和 Hg。

③ 有机物：有机酸（甲酸、乙酸为主，曾测出 $C_1 \sim C_{30}$ 酸）、醛类（甲醛、乙醛等）、烯烃、芳烃和烷烃。

④ 光化学反应产物：H_2O_2、O_3 和 PAN 等。

⑤ 不溶物：雨水中的不溶物来自土壤粒子和燃料燃烧排放尘粒中的不溶部分，其含量可达 $1 \sim 3 mg/L$。

4.2.2.2 降水中的离子成分

阳离子主要包括 H^+、Ca^{2+}、NH_4^+、K^+、Mg^{2+}，阴离子主要包括 SO_4^{2-}、NO_3^-、Cl^-、$HCOO^-$、CH_3COO^-。我国部分地区降水中主要离子成分见表 4-3。

表 4-3 我国部分地区降水酸度和主要离子含量 $\mu mol/L$

项　目	重庆	柳州	株洲	北京	项　目	重庆	柳州	株洲	北京
pH 值	4.10	3.93	4.32	6.80	Na^+	17.1	6.3	20.0	141
H^+	73.0	117.0	47.9	0.16	SO_4^{2-}	142.0	161.0	194.2	137.0
NH_4^+	81.4	135.0	180.0	141.0	NO_3^-	6.0	31.9	20.7	25.4
Ca^{2+}	50.5	50.5	67.8	92.0	Cl^-	15.3	10.6	20.9	157
Mg^{2+}	15.5	9.4	12.1	—	$\Sigma(+)$	318.0	392.0	403.5	506.0
K^+	14.8	14.6	15.9	40	$\Sigma(-)$	305.0	364.0	430.0	456.0

酸性降水中的关键性成分以 H_2SO_4、HNO_3 为主，占 90% 以上的贡献，HCl、RCOOH 次之。中国的酸雨属于硫酸型，H_2SO_4 占绝大多数，主要是因燃煤引起；在国外，酸雨类型中硫酸型：硝酸型＝2：1，主要是因为汽车排放引起。阴离子成分因为燃料使用的不同而偏于 SO_4^{2-} 或 NO_3^-，阳离子成分与当地土壤成分有相关性（表 4-4）。

表 4-4 降水中离子浓度比较 $\mu mol/L$

地　点	$\Sigma(Ca^{2+}+NH_4^+ +Mg^{2+})$	$\Sigma(SO_4^{2-}+NO_3^-)$	地　点	$\Sigma(Ca^{2+}+NH_4^+ +Mg^{2+})$	$\Sigma(SO_4^{2-}+NO_3^-)$
非酸雨(京、津地区)	419.6	335.2	非酸雨(瑞典)	8.74	3.32
酸雨(重庆、贵阳)	209.6	329.5	酸雨(瑞典)	6.39	3.26

4.2.3 影响降水酸度的因素

4.2.3.1 大气中的氨

气相中 NH_3 直接消耗 SO_2、H_2SO_4、HNO_3、HCl 等，影响酸雨的酸度值（表 4-5）。

$$NH_3(g) + H_2O \Longrightarrow NH_3 \cdot H_2O \tag{4-4}$$

$$k_{H(NH_3)} = 6.12 \times 10^{-4} \, mol \cdot L^{-1} \cdot Pa^{-1}$$

$$NH_3 \cdot H_2O \overset{k_b}{\Longrightarrow} OH^- + NH_4^+ \tag{4-5}$$

$$k_b = 1.75 \times 10^{-5} \, mol \cdot L^{-1} \cdot Pa^{-1}$$

$$[N(-Ⅲ)] = [NH_3 \cdot H_2O] + [NH_4^+] = k_{H(NH_3)} \, p_{NH_3} \left(1 + \frac{k_b[H^+]}{k_w}\right)$$

表 4-5　气态 NH₃ 测定结果

地　区	地　点	浓度/×10⁻⁹	地　区	地　点	浓度/×10⁻⁹
酸雨区	重庆	5.1	非酸雨区	北京	44
	柳州	7.3		天津	22.8
	株洲	3.3			

4.2.3.2　大气中颗粒物

颗粒中金属离子可催化 $SO_2 \rightarrow H_2SO_4$（参见 SO_2 的氧化）。颗粒物本身酸碱性和缓冲性能可以直接影响降水酸度。这一性质与颗粒物来源有关，不同质地的土壤成分缓冲性能不同。由化学反应产生的凝结核成分差异较大，酸碱性也大为不同。细粒子一般偏酸性，富含 H_2SO_4、NH_4HSO_4 等；粗粒子一般碱性强，富含能中和酸的 Ca、Mg 碱性盐。

4.3　降水的酸化过程

大气成分被雨除是常见的汇机制，包含复杂的物理化学过程。一般按照污染物进入雨滴的时间分为云内清除过程和云下清除过程两阶段，各阶段又分为若干物理和化学步骤（图 4-1）。

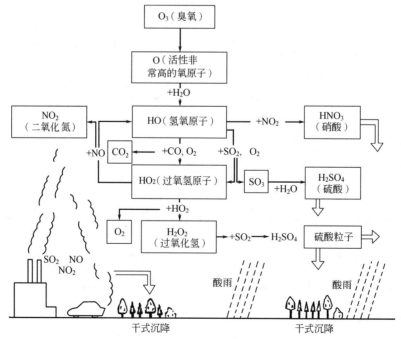

图 4-1　酸雨形成的机理（引自 Science，1988）

大量 SO_2 进入大气后，在合适的氧化剂和催化剂存在下，就会发生反应生成硫酸。在干燥条件下，SO_2 通过光化学过程被氧化为 SO_3，然后转化为硫酸，但这个反应比较缓慢。在潮湿大气中，SO_2 转化为硫酸的过程常与云雾的形成同时进行。先由 SO_2 生成亚硫酸（H_2SO_3），在 Fe、Mn 等金属盐杂质作为催化剂的作用下，H_2SO_3 迅速被催化氧化为 H_2SO_4。当空气中含有 NH_4^+ 时，进一步生成硫酸铵。

NO_x 是指 NO 和 NO_2。人为排放的 NO_x 主要是化石燃料在高温下燃烧产生的。在化石燃料燃烧过程中，排放 NO 占 95% 以上，进入大气后，大部分很快转化为 NO_2。在大气中 NO_x 转化为硝酸。NO_2 除了本身直接反应转化为硝酸外，当它与 SO_2 同时存在时，还可以促进 SO_2 向 SO_3 和 H_2SO_4 的转化，从而加速酸雨的形成。

许多研究结果显示，降水的酸度和人为排放 SO_2 量与降水中 SO_4^{2-} 含量之间，经常不成线形相关（$H^+ \sim SO_4^{2-}$，$SO_2 \sim SO_4^{2-}$）。说明酸性降水的形成是一个很复杂的物理化学的大气过程。污染物从排放源产生，到最后沉降下来经历了三个过程——大气输送、化学和物理转化、清除或沉降——决定了酸沉降的形式、性质和地理位置。这三个大气过程相互交叉，需要多学科的学者（气象、化学、气溶胶和云物理学等）共同协作加以研究。

中国降水中 $[SO_4^{2-}]/[NO_3^-]$ 一般为 5 左右，个别地区高达 10 左右（如重庆），这与能源结构密切相关。中国能源以燃煤为主（占 70% 左右），所以 SO_4^{2-} 浓度高。

发达国家的降水中，$[SO_4^{2-}]/[NO_3^-]$ 一般为 2～3，有的地区低到 1（如洛杉矶）。因为燃油（电厂和车辆）在能源结构中占很大比重，尤其在城市地区 NO_x 排放量很大，加上脱硫技术和除尘设备的改进，燃煤排放的 SO_2 量近年来有下降趋势，所以降水中 $[SO_4^{2-}]/[NO_3^-]$ 明显比中国低。

4.3.1 云内清除过程（雨除）

4.3.1.1 微量气体的雨除

表 4-6 为 SO_2 雨除过程。

表 4-6 SO_2 雨除过程

步 骤	过 程 描 述	时 间 和 反 应
	i-iv 是传质过程	$10^{-5} \sim 10^{-2}$ s
i	气体 SO_2 迁移到云滴表面	$10^{-10} \sim 10^{-4}$ s
ii	通过空气→云滴界面迁移入云滴	$10^{-11} \sim 10^{-8}$ s
iii	建立溶解平衡	10^{-3} s
iv	溶解的 $S(IV)$ 向云滴内部迁移	10^{-6} s
v	在云滴内部 $S(IV) \rightarrow S(VI)$	(a)O_2 在有催化剂 $Fe(III)$、$Mn(II)$ 存在下的催化氧化 (b)强氧化剂氧化（O_3、H_2O_2、O_2^-） (c)含氮化合物氧化 (d)自由基氧化

云水中氧化性成分有各种来源，主要包括以下几方面。

（1）云水中 O_3 来源

a. 气体 O_3 微溶；

b. 云水中 NO_3^-、NO_2 光分解产生。

$$NO_3^- + h\nu(\lambda < 350nm) \longrightarrow NO_2^- + O \tag{4-6}$$

$$O + O_2 \longrightarrow O_3 \tag{4-7}$$

（2）云水中 H_2O_2 的来源

a. H_2O_2 气体易溶；

b. 云水中化学反应产生（超氧负离子 O_2^-），极快。

$$O_2^- + H^+ \longrightarrow HO_2 \tag{4-8}$$

$$HO_2 + HO_2 \longrightarrow H_2O_2 + O_2 \tag{4-9}$$

$$O_2^- + HO_2 \longrightarrow HO_2^- + O_2 \tag{4-10}$$
$$\qquad\qquad\qquad \overset{\mbox{}}{\underset{H^+}{\longmapsto}} H_2O_2$$

（3）云水中 O_2^- 来源

a. 还原性重金属和分子氧反应产生；

$$Fe^{2+} + O_2 \longrightarrow Fe^{3+} + O_2^- \tag{4-11}$$

b. 臭氧和 OH^- 反应。

$$O_3 + OH^- \longrightarrow HO_2 + O_2^- \tag{4-12}$$

S(IV)→S(VI) 转化过程对 HSO_3^-、SO_3^{2-}、O_3、H_2O_2 都为一级；主要影响因素是 H^+。对于与 O_3 的反应，pH 增大，SO_2 溶解度增大，则反应速率增大，对于与 H_2O_2 的反应，pH 降低，SO_2 溶解度减小的效应被 ［H］催化作用抵消了；pH 在 2～6 之间反应速率基本恒定。H_2O_2 在水中溶解度大，$k_{H(H_2O_2)} = 10 \ mol^{-1} \cdot L \cdot Pa^{-1}$，而 $k_{H(O_3)} = 1.3 \times 10^{-7} mol^{-1} \cdot L \cdot Pa^{-1}$；pH>5 时，$k_{O_3}$ 反应高于 $k_{H_2O_2}$；pH<5 时，$k_{O_3} \ll k_{H_2O_2}$。

4.3.1.2　气溶胶的雨除

热力学表明，水溶性粒子临界过饱和度小于非水溶性粒子，较大的粒子临界过饱和度大于较小的粒子；活性大的粒子主要是 $0.01 \sim 0.05 \mu m$ 是水溶性粒子，如 H_2SO_4、$(NH_4)_2SO_4$ 等。

气溶胶粒子与云滴的碰并过程中，可以通过下述方程描述气溶胶粒子进入云滴的量。

$$N_p(t) = N_p(0) \exp^{-(kN_c(t)t)} = N_p(0) \exp^{[-(k_b + k_f)N_c(t)t]}$$

式中　$N_p(0)$，$N_p(t)$——分别为 0、t 时刻气溶胶粒子数浓度；

$\qquad\qquad N_c(t)$——t 时刻云滴数浓度；

$\qquad\qquad\quad k_b$——布朗碰并系数；

$\qquad\qquad\quad k_f$——湍流碰并系数；

$\qquad\quad D_p < 0.01 \mu m$。

气溶胶粒子进入云滴后的浓度由 Junge 方程描述

$$C_{1a} = E_a M_a / W$$

式中　M_a——大气中气溶胶某组分浓度，$\mu g / m^3$；

$\qquad\quad C_{1a}$——云水中该组分浓度，mg/L；

$\qquad\qquad W$——云中液态水总量，g/m^3；

$\qquad\qquad E_a$——雨除系数（气溶胶某组分进入云水的分数）；当气溶胶粒子浓度＜200～300 个/ cm^3 时，E_a 约为 0.9～1.0。

4.3.2　云下清除过程（冲刷）

实测说明雨滴水分全部蒸发后又形成新粒子，其成分谱不同于成云前粒子，原因在于雨滴对多粒子的捕获作用，而不仅仅是成云过程中进入云滴的气体和颗粒物组分。同时需要注意的是，云成雨及雨滴下降过程中，雨滴内部组分之间也仍存在反应的可能性，对雨滴蒸发后的新成分谱产生贡献。如图 4-2 所示。

捕获粒子数表示为

$$M_T = \pi R^2 h \varepsilon \int \frac{4}{3} \pi r^2 d[N(r)] dr$$

其中 ε 为撞击系数，$10\mu \leqslant r \leqslant R$ 时，$\varepsilon = 1$；$2\mu \leqslant r \leqslant 5\mu$ 时，$\varepsilon \sim 0.51$；R 为 50～2000μm。

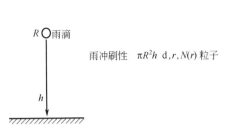

图 4-2 雨滴冲刷作用

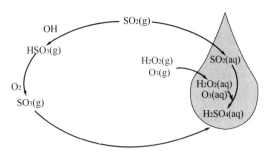

图 4-3 SO₂ 在气相和液相的氧化过程

实测雨滴组分浓度的贡献为

$$C_{2a}=\frac{\pi h\varepsilon}{R}\int r^3\,\mathrm{d}N(r)\,\mathrm{d}r$$

酸化过程小结如下：如图 4-3 所示，由源排放的 SO_2（g）经气相反应转化为 H_2SO_4、SO_4^{2-}；云形成时含 SO_4^{2-} 的粒子以凝结核形式参与降水过程，或者云滴吸收了 SO_2（g）在水相氧化成 SO_4^{2-}（雨除）；云滴成为雨滴降落时清除了含 SO_4^{2-} 气溶胶，或者雨滴下降时吸收 SO_2（g）在水相氧化成 SO_4^{2-}（冲刷）。

4.4 酸雨的环境影响及对策

4.4.1 酸雨的危害

酸雨的影响是多方面的，早在 19 世纪，人们就记录了酸雨对农业和森林的破坏，从现在的研究结果看，酸雨对水生生态系统、陆生生态系统、对建筑物和材料以及人体健康等都造成了直接或间接的危害。1977 年秋联合国会议承认酸雨是一个全球性的污染问题。调查结果表明，我国仅两广、川、贵四省区由酸雨造成的直接和间接经济损失，每年就达 160 亿元。

4.4.1.1 水生生态系统

弱酸性的降水有利于溶解地壳中的矿物质，供给动、植物吸收。如果酸性过强，则会使湖泊和土壤的 pH 值降低，导致水生生态系统的显著改变和极大地提高淋溶率，使土壤变得贫瘠，降低生态系统的初级生产力。湖泊、河流过度酸化，则影响鱼类繁殖、生存。酸雨腐蚀岩石矿物，使水体中的重金属含量增加，影响水生生态系统的正常运转。流域土壤和水底污泥中的毒性金属如铝、铅、镍等被溶解入水，毒害水生物。当水中铝的含量达到 0.2mg/L 时，鱼类就会死亡。当水中 pH 值小于 5.5 时，大部分鱼类难以生存；当 pH 值小于 4.5 时，鱼类、昆虫水草大部分死亡。

必须指出，湖泊水域酸化速度主要取决于基岩的成分，即基岩对酸沉降的侵蚀具有一定的容量。基岩属于含硅基岩（花岗岩或石英等）而土壤呈酸性的地区，对酸雨的中和能力很弱，如西南地区；相反的，钙质基岩（石灰岩中含 $CaCO_3$）地区，对酸雨有很强的缓冲能力，属不敏感地区，湖泊酸化过程缓慢，如北部地区酸雨影响出现得就比南方滞后。

4.4.1.2 陆生生态系统

酸沉降向土壤中输入了 SO_4^{2-}、NO_3^- 等阴离子和大量的 H^+，中国酸雨中 SO_4^{2-} 在阴离子中的比例高达 90% 以上。SO_4^{2-} 和 H^+ 进入土壤后，会引起土壤酸化和盐基淋溶强度增大，同时土壤吸附 SO_4^{2-} 使得土壤交替表面正电荷增加。土壤对酸雨具有一定缓冲能力，并不是立即酸化，大概地可以分为几个阶段：①pH 值 6.2～8.0 之间，属于碳酸盐缓冲区；②pH

值 5.0～6.2 之间，属于硅酸盐缓冲区；③pH 值 4.2～5.0 之间，属于阳离子交换缓冲区；④pH 值 4.2 以下，属于铝盐缓冲区。酸沉降也给土壤带来了营养性成分如 NH_4^+ 态氮、铁质等，在酸化的初期表现出有利作用。但长年酸雨使土壤中和能力下降，K、Ca、Mg 等营养元素被淋溶，土壤贫瘠化。土壤中的铝和重金属元素被活化，对树木生长产生毒害。

酸雨影响植物生长、繁殖，可直接损伤树叶，造成植物营养器官功能衰退，破坏植物阻止细胞。酸性降水首先叶片及幼芽，而后损害根部。酸雨淋降破坏叶面蜡质，影响叶片呼吸代谢。土壤钙质淋溶和酸度增强使得土壤中动物和微生物生存环境恶化，阻碍土壤中营养成分的转化，影响植物对土壤有效成分的吸收。酸雨抑制土壤中有机物和氮的固定，减弱豆科植物的根瘤菌固氮作用。酸雨降低植物抗病能力，诱发病虫害，缩短花粉寿命，减弱植物繁殖能力。当生态系统已经遭到破坏后，再遇干旱或其他原因，就会造成大量树木死亡，最后森林被毁。

4.4.1.3　建筑物和材料

酸雨腐蚀建筑材料、金属制品等，对文物古迹，如古代建筑、雕刻、绘画等造成不可挽回的损失。酸沉降加速金属材料的腐蚀，对暴露的油漆、涂料和橡胶等高分子材料产生破坏，导致使用寿命缩短。城市建筑物因遭受酸沉降的侵蚀和破坏，变得又脏又黑。大理石的主要成分是碳酸钙（$CaCO_3$），遭酸雨侵蚀后变成可溶性钙盐，部分渗入颗粒间缝隙，大部分被雨水带走或以结壳形式沉积于大理石表面并逐渐脱落。酸雨对金属材料的侵蚀作用大部分是由电化学反应引起的，生成难溶的氧化物，或生成离子被雨水带走。

4.4.1.4　人体健康

酸雨影响了水系、植物、土壤，从而间接波及赖以生存的人类和野生动物。许多国家受酸雨影响的地区，地下水中的铝、铜、锌、镉浓度为正常值的 10～100 倍。人类和动物食用了污染的植物和水，引起疾病或死亡。更为严重的是，高浓度的 SO_2 等酸性气溶胶对居民的健康造成很大危害，世界卫生组织（WTO）发表的资料确认，SO_2 日均浓度为 0.25～0.5mg/cm^3 时，将导致呼吸系统疾病增加，并可能导致病情恶化。一份研究报告表明：酸沉降是导致重庆人呼吸道疾病，包括肺癌发病率增高的主要因素。

十多年来，重庆居民肺癌死亡率逐年上升，而市内儿童呼吸道系统患病率增加，肺功能下降，免疫功能下降。"七五"期间，重庆市酸沉降造成的直接经济损失达 5.4 亿元，占同期的全市国民生产总值的 3.19%。此外，土壤酸化贫瘠、物种退化、名胜古迹受损，对居民和生物生存造成的潜在影响无法估量。

4.4.2　控制酸雨对策

4.4.2.1　一般措施

（1）使用低硫燃料　减少 SO_2 污染的最直接的方法就是改用含硫量低的燃料，例如用煤气、天然气、低硫油代替原煤。化石燃料中含硫量一般为其重量的 0.2%～5.5%，当煤的含硫量达到 1.5% 以上时，如果加入一道洗煤工艺，SO_2 排放量可减少 30%～50%，灰分去除约 20%。我国目前也开展了这方面的研究，称之为"清洁煤工艺"或洗煤加工业。

（2）改进燃烧装置　使用低 NO_x 排放的燃烧设备来改进锅炉，可以减少 NO_x 的排放；流化床的燃烧技术可以提高燃烧效率，降低 NO_x 及 SO_2 的排放。新型的流化床锅炉有极高的燃烧效率，几乎达到 99%。通过向燃烧床喷射石灰或石灰石等方法，可以达到脱硫脱氮的目的。

（3）烟道气脱钙脱硫　这是燃烧后脱硫脱钙的方法，它是向烟道内喷入石灰或生石灰石，使 SO_2 转化为 $CaSO_4$ 来脱硫的。这项技术的问题是成本较高。也有专家提出在烟道部位采用静电富集，然后再作为工业原料；或采用能量束轰击，使污染物转化为单质。

（4）控制汽车尾气排放　柴油车及汽车尾气中排放的 NO_x 及 SO_2 必须进行控制，方法是降低燃料油中的 N、S 含量，改良发动机及加入尾气处理装置（一般是增加贵金属催化处理器）。

4.4.2.2 政策性措施

1979 年，欧洲和北美 35 个国家签订了《长程越界空气污染公约》，于 1983 年 3 月起生效。公约中关于"至少减少 30% 硫排放或跨国界流动"的议定书，于 1987 年 9 月生效，有 17 个欧洲国家和加拿大批准了议定书，这批成员被称为"30% 俱乐部"。美国于 1990 年又进一步修订了《清洁空气法》，确定了总量控制的行动纲领，从 1990 年起全美在排放 SO_2 为 2000 万吨的基础上，每五年减少 500 万吨，到 2000 年控制在 1000 万吨，以后不再超过这个数量。加拿大则在 1985 年宣布，到 1994 年国内 SO_2 排放量将减少一半，从 460 万吨降至 230 万吨。

我国对酸雨的测试和研究始于 1974 年，从 1981 年起在全国开展了酸雨普查。"七五"研究结果显示我国形成了华南和西南两大酸雨区，酸雨以工业区为中心向城乡地区扩展，目前酸雨已成为我国严重的区域性环境问题。在我国长江以南、西藏以东地区及四川盆地，一些城市周围酸雨严重，个别降水 pH 值达到 3.8。我国的酸雨情况比较严重，约有 6.8% 的国土经常出现酸雨，而主要污染区在长江以南及西南地区。我国重庆已被国内外专家列为世界上酸雨最严重的地区之一。根据大量研究调查表明：重庆地区降水全面酸化，pH 值在 4.5 左右，酸雨出现频率高，约为 80%，酸雨雨量占 86%。根据 1992 年环境监测资料，重庆市 SO_2 浓度为 $0.39mg/cm^3$，全市酸雨 pH 值平均为 4.31，最低为 3.16。"八五"研究全面分析了我国酸沉降的时空分布规律、化学组成分配、生态影响及形成机制。

为了控制我国酸雨和二氧化硫不断恶化的趋势，1998 年 1 月 12 日国务院正式批复了我国酸雨控制区和二氧化硫污染控制区（简称"两控区"）的划分方案。

经过十年的努力，全国酸雨区域分布保持稳定，但酸雨污染仍较重。酸雨分布主要集中在长江以南，四川、云南以东区域，包括浙江、福建、江西、湖南、重庆的大部分地区以及长江、珠江三角洲地区。二氧化硫年均浓度达到二级标准及以上的城市占 85.2%，劣于三级标准的占 0.6%。

参 考 文 献

[1] 仇荣亮等. 陆地生态系统酸沉降缓冲机制与缓冲能力. 中山大学学报（自然科学版），1998，37（增刊 2）：157-161.
[2] 王定勇等. 酸沉降地区大气汞对土壤-植物系统汞累计影响的调查研究. 生态学报，1999，19（1）：140-144.
[3] 刘菊秀. 酸沉降下铝毒对森林的影响（综述）. 热带亚热带植物学报，2000，8（3）：269-274.
[4] 刘营等. 菌根及酸沉降对菌根影响的研究进展. 环境科学研究，1997，10（6）：15-19.
[5] 牟树森等. 酸沉降区作物对汞的积累及其影响因素的研究. 重庆环境科学，1997，19（1）：5-11.
[6] 齐文启等. 酸雨和酸雾的监测分析. 干旱环境监测，1994，8（1）：1-4.
[7] 余纯丽. 酸沉降影响下土壤金属元素的变化. 渝州大学学报（自然科学版），1994，11（3）：36-39.
[8] 岑慧贤等. 土壤酸沉降缓冲机制的探讨. 环境科学研究，2000，13（2）：49-54.
[9] 张欣等. 东南亚酸沉降中国网湿沉降分析研究. 中国环境监测，2001，17（3）：15-20.
[10] 李绪谦等. 北方地区酸雨对地下水硬度形成的影响机制分析. 长春地质学院学报，1994，24（2）：174-180.
[11] 杨秀虹. 陆地生态系统对酸沉降的敏感性及其影响因素. 农业环境保护，1999，18（2）：92-95.
[12] 杨学春等. 酸沉降物对土壤化学性质的影响. 四川环境，1995，14（1）：6-11.
[13] 陈复等. 我国酸沉降控制策略. 环境科学研究，1997，10（1）：27-31.
[14] 陈照喜. 土壤对不同酸度酸沉降的缓冲作用研究. 环境科学与技术，1995，（4）：14-16.
[15] 陈静. 大气酸沉降及其环境效应的研究进展. 首都师范大学学报（自然科学版），1999，20（1）：79-85.
[16] 赵大为等. 重庆地区酸沉降趋势及硫污染控制. 重庆环境科学，1996，18（6）：18-23.
[17] 郝吉明. 中国土壤对酸沉降的相对敏感性区划. 环境科学，1999，20（7）：1-5.
[18] 徐渝. 重庆的环境空气质量和酸雨十年回顾. 重庆环境科学，1994，16（5）：31-35.
[19] 郭笃发等. 酸沉降对土壤过程和性状的影响. 土壤通报，1997，28（4）：187-189.
[20] 陶福禄等. 植物对酸沉降的净化缓冲作用研究综述. 农村生态环境，1999，15（2）：46-49.

［21］ 曹良超等.酸雨的生态环境效应与土壤母质.农业环境保护,1994,13(4):179-181.
［22］ 黄美元等.中国西南典型地区酸雨形成过程研究.大气科学,1995,19(3):359-366.
［23］ 黄继山等.湖南森林系统对酸沉降敏感性的初探.湖南林业科技,2001,28(2):59-61.
［24］ 廖柏寒等.模拟酸沉降下南方两种森林土壤对 SO_4^{2-} 及 NO_3^- 的吸附.湖南农业大学学报,2000,26(3): 200-204.
［25］ 廖柏寒等.模拟酸沉降条件下南方森林土壤铝的释放与活化研究.湖南农业大学学报,2000,26(5):347-351.
［26］ 谭克龙等.酸沉降污染卫星遥感.国土资源遥感,1998,(3):43-45.
［27］ 樊后保.福建土壤对酸沉降的相对敏感性评价与区划.福建林学院学报,2001,21(3):198-202.
［28］ 潘根兴.中国大气酸沉降与土壤酸化问题.热带亚热带土壤科学,1994,3(4):243-252.
［29］ 中国环境保护部.2008年中国环境状况公报.

习　　题

1. 什么是酸沉降,有哪些机制?
2. 分析酸雨的成因,有哪些影响因素?如何界定降雨是否酸化?
3. 降水中的主要组成成分有哪些?
4. 简单描述降水的酸化过程。
5. 分析 SO_2 的雨除过程。
6. 简单分析酸雨对生态环境的影响,如何控制酸雨?

第 5 章　大气颗粒物

5.1　大气颗粒物概述

大气颗粒物（atmospheric particulate matters）是大气中存在的各种固态和液态颗粒状物质的总称。各种颗粒状物质均匀地分散在空气中构成一个相对稳定的庞大悬浮体系，即为气溶胶体系，因此大气颗粒物也称为大气气溶胶（aerosols）。

大气颗粒物种类很多。根据来源分类，可分为天然颗粒物（natural particles）和人为颗粒物（anthropogenic particles）；根据形成机制分类，可分为一次颗粒物（primary particles）和二次颗粒物（second particles）；根据形成特征分类，可分为轻雾（mist）、浓雾（fog）、粉尘（dust）、烟尘（fume）、烟（smoke）、烟雾（smog）、烟炱（soot）和霾（haze）等；而根据粒径分类，又可分为总悬浮颗粒物、可吸入粒子、粗粒子和细粒子（见表 5-1）。粒径的概念在后面介绍。

表 5-1　大气颗粒物按粒径大小分类

中 文 名 称	英 文 名 称	缩　写	粒径/μm
总悬浮颗粒物	total suspended particulates	TSP	各种粒径
可吸入粒子	inhalable particles	IP	$\leqslant 10$
粗粒子	coarse particulate matter	$PM_{2.5\sim10}$	$2.5\sim10$
细粒子	fine particulate matter	$PM_{2.5}$	$\leqslant 2.5$

5.2　大气颗粒物的粒径分布

5.2.1　大气颗粒物的粒径

通常提及的大气颗粒物有一定的半径或直径，似乎意味着它们是球形的。但实际上，大气颗粒物很不规则，几乎没有几何学形态。粒径对于描述颗粒物许多重要性质（如体积、质量和沉降速率）非常重要。在实践中，不规则颗粒物粒径一般用等效或有效直径来表示，其中最常用的是空气动力学直径（D_p）。D_p 定义为：与所研究粒子有相同终端降落速率的、密度为 $1g/cm^3$ 的球体直径。D_p 可由下式来表达：

$$D_p = D_g k \sqrt{\frac{\rho_p}{\rho_0}} \tag{5-1}$$

式中　D_g——几何直径；

ρ_p——不考虑浮力效应的粒子密度；

ρ_0——参考密度，$\rho_0 = 1g/cm^3$；

k——形状系数，当粒子为球状时，$k = 1.0$。

从上式可以看出，对于球状粒子，ρ_p 对 D_p 是有影响的。当 ρ_p 较大时，D_p 会比 D_g 大。

由于大多数大气颗粒物的 ρ_p 满足 $\rho_p \leqslant 10$，因此 D_p 和 D_g 的差值因子小于 3。目前，文献中所说的粒径数值，除专门说明的外，一般都为空气动力学直径，常用 D_p 或 D 来表示。

5.2.2 大气颗粒物粒径分布

清洁大气和污染大气中都经常含有大量的颗粒物，数浓度可以高达 10^8 个/cm³。而这些颗粒物的粒径几乎在整个 $0.002 \sim 100 \mu m$ 范围都有分布。由于粒径对于了解大气颗粒物的化学和物理作用以及环境健康效应具有非常重要的意义，因此必须研究粒径分布情况。

5.2.2.1 数目、表面积及体积分布函数

单位体积（单位：cm³）空气中，粒径（单位：μm）从 D_p 到 $D_p + dD_p$ 范围内的粒子数目 dN（单位：个）可表述为：

$$dN = n(D_p)dD_p \qquad （个/cm^3） \tag{5-2}$$

以下，数量单位"个"略去。上式中 $n(D_p)$ 称为粒子的数目分布函数。

$$n(D_p) = \frac{dN}{dD_p} \qquad （\mu m^{-1}/cm^3） \tag{5-3}$$

每立方米空气中所有粒径大小的粒子总数 N 为

$$N = \int_0^\infty n(D_p)dD_p \tag{5-4}$$

如果颗粒物粒径分布随时间变化，可以描述为 $n(D_p, t)$ 和 $N(t)$；如果还随空间变化，则可表达为 $n(D_p; x, y, z, t)$ 和 $N(x, y, z, t)$。

在实践中，经常还用到颗粒物表面积分布和体积分布。假定所有粒子是球形的，则粒子表面积分布函数 $n_S(D_p)$ 和体积分布函数 $n_V(D_p)$ 分别定义为

$$n_S(D_p) = \frac{dS}{dD_p} = \pi D_p^2 n(D_p) \qquad [\mu m^2/(\mu m \cdot cm^3)] \tag{5-5}$$

$$n_V(D_p) = \frac{dV}{dD_p} = \frac{\pi}{6} D_p^3 n(D_p) \qquad [\mu m^2/(\mu m \cdot cm^3)] \tag{5-6}$$

那么，每 cm³ 空气中总的粒子表面积和粒子体积为

$$S = \pi \int_0^\infty D_p^2 n(D_p)dD_p = \int_0^\infty n_S(D_p)dD_p \qquad （\mu m^2/cm^3） \tag{5-7}$$

$$V = \frac{\pi}{6} \int_0^\infty D_p^3 n(D_p)dD_p = \int_0^\infty n_V(D_p)dD_p \qquad （\mu m^3/cm^3） \tag{5-8}$$

若所有粒子具有相同的质量 ρ_p(g/cm³)，则粒子的质量分布函数 $n_m(D_p)$ 可以表示为

$$n_m(D_p) = \left(\frac{\rho_p}{10^6}\right)\left(\frac{\pi}{6}\right)D_p^3 n(D_p) = \frac{\rho_p}{10^6} n_V(D_p) \qquad [\mu g/(\mu m \cdot cm^3)] \tag{5-9}$$

上式中 10^6 是的 ρ_p 单位从 g/cm³ 换算成 $\mu g/cm^3$ 的换算因子。

从实际观测中知道，颗粒物的粒径变化很大，经常超过几个数量级，因此为了更方便地表达粒径分布，一般采用对数形式来描述粒径，即使用 $\ln D_p$ 或 $\lg D_p$。定义 $n(\lg D_p)$ $d\lg D_p$ 为每 cm³ 空气中粒径从 $\lg D_p$ 到 $\lg D_p + d\lg D_p$ 范围内的粒子数（即 dN）。由于在 $D_p \sim D_p + dD_p$ 范围内，粒子数 dN 是一个确定的量，尽管粒度分布函数的表示方法可以不同，但粒子数 dN 这个量却应该是相同的，因此有

$$dN = n(D_p)dD_p = n(\lg D_p)d(\lg D_p) \tag{5-10}$$

$$dS = n_S(D_p)dD_p = n_S(\lg D_p)d(\lg D_p) \tag{5-11}$$

$$dV = n_V(D_p)dD_p = n_V(\lg D_p)d(\lg D_p) \tag{5-12}$$

对以上三式分别积分，可以得到每 cm³ 空气中的粒子总数 N、总的粒子表面积 S 和粒子体积 V 分别为

$$N = \int_{-\infty}^\infty n(\lg D_p)d(\lg D_p) \tag{5-13}$$

$$S = \int_{-\infty}^{\infty} n_S(\lg D_p) \mathrm{d}(\lg D_p) \tag{5-14}$$

$$V = \int_{-\infty}^{\infty} n_V(\lg D_p) \mathrm{d}(\lg D_p) \tag{5-15}$$

由于 D_p 有长度单位量纲（μm），因此有人认为 $\mathrm{d}\lg D_p$ 不是一个恰当的数学表达式。然而，只要把表达式 $\mathrm{d}\lg D_p$ 进行以下转换，就可以看出并不存在量纲问题。

$$\mathrm{d}\lg(D_p) = \lg(D_p + \mathrm{d}D_p) - \lg(D_p) = \lg\left(\frac{D_p + \mathrm{d}D_p}{D_p}\right) \tag{5-16}$$

可以推算出 $n(D_p)$ 与 $n(\lg D_p)$ 间的关系式为

$$n(\lg D_p) = 2.303 D_p n(D_p) \tag{5-17}$$

也有

$$n_S(\lg D_p) = 2.303 D_p n_S(D_p) \tag{5-18}$$

$$n_V(\lg D_p) = 2.303 D_p n_V(D_p) \tag{5-19}$$

典型的城市模型颗粒物的分布情况见图 5-1。从图 5-1 可以看出：①粒子数目分布［图 5-1(a)］。最大峰出现在约 0.02μm，而在 0.1μm 附近有一个微小的"膝状"弯曲。②表面积分布［图 5-1(b)］。在 0.1μm 附近有一个主要的峰，而在 $0.01\sim0.1\mu$m 和 $1\sim10\mu$m 范围

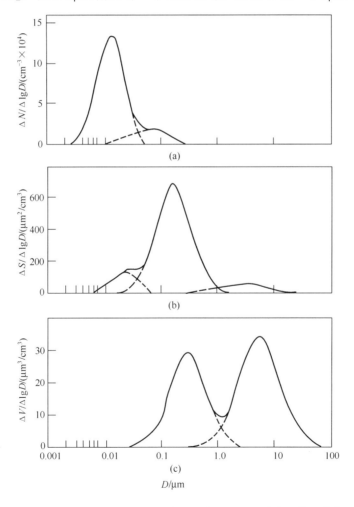

图 5-1　典型城市模型颗粒物的数目分布、表面积分布和体积分布
（Whitby and Sverdrup，1980）

分别有较小的峰。③体积分布［图 5-1(c)］。有两个强峰，粒径范围分别为 $0.1\sim1.0\mu m$ 和 $1\sim10\mu m$，最小值出现在 $1\sim2\mu m$ 范围。

数目分布中出现的"膝状"弯曲表明所观察到的曲线是两种不同分布的结合，用虚线表示在图中。实际上，表面积和体积分布的多峰特征进一步表明，大气颗粒物粒子可以区分为三种不同粒径特征的粒子组。Whitby 根据这种现象，提出了三模态理论，后面将加以介绍。

5.2.2.2 大气颗粒物粒径分布的经验表达

大气颗粒物的组成非常复杂，其数目分布函数、表面积分布函数和体积分布函数都极为复杂。图 5-2 是实际观测的大气颗粒物粒径分布图。至今还没有找到一个简单的数学解析式来描述这样的粒径分布。在实践中，一般把粒径分成几段，利用一些经验公式来分别描述其分布。

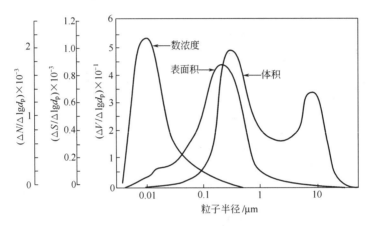

图 5-2 实际观测的大气颗粒物粒径分布（弗里德兰德，1993）

（美国洛杉矶，1980 年 9 月）

（1）积聚态粒子的容格（Junge）分布　容格（Junge）在 20 世纪 40 年代和 50 年代早期对平流层颗粒物的大量观测中发现，直径为十分之一微米到几微米的粒径范围内，每个对数直径间隔内的颗粒物粒子总体积几乎为常数，即颗粒物粒子数差不多随半径的三次方指数下降。

$$\frac{\mathrm{d}N}{\mathrm{d}\lg r}=cr^{-3} \tag{5-20}$$

式中，r 是粒子半径；c 不是随 r 改变的常数。后来被人们普遍称为颗粒物容格（Junge）粒子分布，其一般表达式为：

$$n=Ar^{-\alpha} \tag{5-21}$$

式中，A 和 α 是经验参数；α 取值在 $2\sim4$ 之间。A 直接反应颗粒物的浓度。

需要注意，容格粒径分布经验式是在对相对干净的对流层大气颗粒物和平流层颗粒物进行大量观测的基础上总结出来的，它只适用于半径约为 $0.1\sim2\mu m$ 范围的干净大气颗粒物。对于城市污染大气，特别是以燃煤为主要能源的城市污染大气，容格分布并不适用，更不能用于整个大气颗粒物粒子尺度范围。

（2）粗粒子的伍德科克（Woodcock）分布　伍德科克在对海盐颗粒物进行了大量观测研究后发现，在海洋上空颗粒物粒子的数目和大小之间存在一种确定的函数关系。它发现大于某个特定半径的粒子总数与对数半径之间存在线形关系：

$$\int_{\lg r}^{\infty}n(\lg r)\mathrm{d}(\lg r)\approx\lg r \tag{5-22}$$

式中，$n(\lg r)$ 即为伍德科克粒径分布函数。实际上，海洋颗粒物是海浪溅沫和海洋表面气泡炸裂形成，大多数是直径大于 $1\mu m$ 的粒子。因此伍德科克粒径分布只适用于直径大于约 $1\mu m$ 的粗粒子范围的大气颗粒物。

（3）实际大气颗粒物粒径分布的经验式　描述实际大气颗粒物粒径分布的经验公式有很多。王明星用三个正态分布函数组成的三项式来表达实测大气颗粒物粒子体积粒径分布函数。

$$n_V = \frac{c_1\alpha_1}{(r-r_1)^2+\alpha_1^2} + \frac{c_2\alpha_2}{(r-r_2)^2+\alpha_2^2} + \frac{c_3\alpha_3}{(r-r_3)^2+\alpha_3^2} \tag{5-23}$$

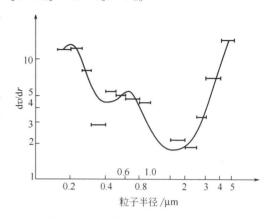

上式中，r_1、r_2、r_3 是不同颗粒物体系的体积粒径分布函数的峰值半径；α_1、α_2、α_3 分别为三个正态分布函数的宽度的一种度量；c_1、c_2、c_3 是与三种颗粒物的浓度有关的经验参数。为了简化计算，一般不直接用式（5-23）直接去拟合观测的颗粒物粒径分布，而是先用作图法确定 r_1、r_2 和 r_3 再用数值计算方法确定其他参数。王明星等利用式（5-23）拟合了北京郊区不同高度上观测到的颗粒物体积粒径分布（见图 5-3），与实测体积分布比较一致。

粒子数分布函数也可用式（5-23）同样的形式来表示，也能很好地描述实测颗粒物粒径分布。

图 5-3　拟合体积分布与实测体积分布的比较（王明星，1999）

（北京，1982 年 9 月 11 日观测，高度 500m）

5.2.3　大气颗粒物的三模态理论

怀特比（Whitby）概括地提出了颗粒物粒子的三模态模型（图 5-4）。该模型把大气中的颗粒物粒子分为三种模结构：粒径小于 $0.05\mu m$ 的粒子称为爱根（Aitken）核模；粒径 $0.05\mu m \leqslant D_p \leqslant 2\mu m$ 的粒子称为积聚模（accumulation mode）；粒径大于 $2\mu m$ 的粒子称为粗粒子模（coarse particle mode）。模型还提出了三个模态粒子的主要来源，每种模态的主要形成和去除机制。

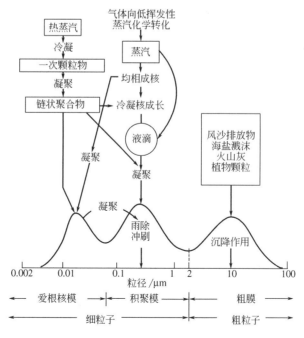

图 5-4　大气颗粒物粒径分布的三模态（Whitby 和 Sverdrup，1980）

在三模态模型中，爱根核模和积聚模合起来被称为细粒子，它主要是靠冷凝和凝聚作用形成的；粒径大于 $2\mu m$ 的粒子称为粗粒子。（注意：对细粒子和粗粒子的粒径区分在早期的不同文献中稍有差别，有人把 $D_P \leqslant 2.5\mu m$ 的粒子定为细粒子，也有的人把 $D_P \leqslant 3.5\mu m$ 或 $D_P \leqslant 2\mu m$ 的粒子称为细粒）。粗粒子主要由表面崩解和风化作用形成的。细粒子和粗粒子之间存在着一些根本的差别。三模态理论指出，而且粗、细粒子的来源不同，在化学组成上也不同，因而它们产生、传输和去除过程是彼此独立的。

5.2.3.1　爱根核模

爱根核模（Aitken nuclei mode）主要来源于燃烧过程所产生的一次颗粒物粒子和气体分子通过化学反应均相成核转换成的二次颗粒物粒子，所以又称为成核型。这种核模一般能在燃烧源附近新产生的一次颗粒物和二次颗粒物的面积分布或体积分布图中发现。由于核模的粒径小，数量多、表面积（或体积）总量大，随着时间的推移，易由小粒子的相互碰撞而合并成大粒子进入积聚模中，这一过程被称为"老化"。在"老化"了的颗粒物粒子中就难于找到核模粒子。

5.2.3.2　积聚模

积聚模（accumulation mode）主要来源于爱根核模的凝聚，燃烧过程所产生蒸汽冷凝、凝聚，以及由大气化学反应所产生的各种气体分子转化成的二次颗粒物等。据有关研究，硫酸盐颗粒物的粒度分布显示硫酸盐粒子在积聚模中的量占总硫酸盐量的 95%，铵盐在此模中的量占总铵盐量的 96.5%。积聚模的粒子不易被干、湿沉降去除，主要的去除途径是扩散。

5.2.3.3　粗粒子模

粗粒子模（coarse particle mode）主要来源于机械过程所造成的扬尘、海盐溅沫、火山灰和风砂等一次颗粒物粒子。这种粒子的化学成分与地表土的化学成分相近，而且各地区的平均值变化不大。这部分粒子主要靠干沉降和雨水冲刷去除。

老化作用对粗、细粒子的影响很不相同。图 5-5 表示的是在洛杉矶某地，同一采样点、不同时间的采样的结果。可以看出，由于颗粒物老化使积聚模的体积浓度有很大增长，对粗粒子体积的影响却很小。

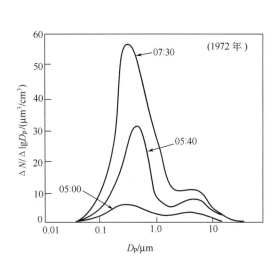

图 5-5　颗粒物老化对粗、细粒子的影响
（Lippman，1980）

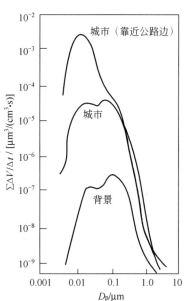

图 5-6　不同粒径体积的转变速率
（Whitby，1978）

对异相凝聚作用使所有较小粒子转变为较大粒子的体积变化速率的计算表明：当 $D_p < 0.5\mu m$ 时，靠近公路的城市、一般城市和背景点等三种情况下颗粒物的体积变化率均急剧下降；在 $D_p = 1\mu m$ 处下降到约 $1 \times 10^{-9} \mu m^3/(cm^3 \cdot s)$（图 5-6）。因此，在积聚模中要把几个 $\mu m^3/cm^3$ 的颗粒物粒子以凝聚作用的方式完全转变为粗模，需要经历几周的时间。然而大气中，细粒子通常只有几天的停留时间，因此可以认为粗粒子和细粒子之间相互独立。

爱根核模之间或爱根核模与小的积聚模之间作用都能使爱根核模长大从而进入积聚模粒径范围。表 5-2 列出了这种凝聚作用速率的差别。从表中可以看出，核模与积聚模之间的凝聚作用超过核模之间的凝聚作用；粗模与粗模之间的凝聚作用以及积聚模与粗模之间的凝聚作用均可忽略。这进一步证明了粗粒子和细粒子（核模＋积聚模）可以认为是彼此相互独立的。实验表明，气体分子一旦成核，开始阶段生长速度较快，后来逐渐变慢，甚至在几小时内仍属核模范围。由于核模与核模之间的作用引起的体积增加并不明显，粒子直径只增大 2～3 倍，最多也不会超过积聚模的粒径大小范围。因此，在新鲜颗粒物的数分布图能看到以核模为特征的单峰形；而在"老化"了的颗粒物的表面积分布和体积分布图中能看到以细粒子和粗粒子为特征的双峰形。

表 5-2　各种粒子模相互作用的凝聚速率　　　　　　　　　　%/h

模　态	核模(n)	积聚模(a)	粗模(c)
核模(n)	31	—	—
积聚模(a)	79	4.8	—
粗模(c)	0.5	0.0013	0.0005

在一般情况下，所得到颗粒物粒径谱分布图都是单峰形或双峰形的。但是，在排放源附近的新鲜颗粒物粒子的表面积分布和体积分布图中有时可以看到三峰形。例如，有人对公路边带催化装置的汽车尾气中所排放的硫酸颗粒物进行了监测，结果发现粒径为 $0.018\mu m$ 的核模很明显地存在，并且可以看到三个峰，与怀特比三模态模型的预测非常一致（图 5-7）。

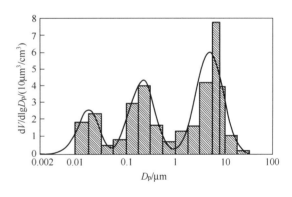

图 5-7　公路边实测的三模态图(Whitby，1978)

大气中二次颗粒物是通过物理过程和化学过程形成的。气体经过化学反应，向粒子转化的过程从动力学角度上可分为以下四个阶段：①均相成核或非均相成核，形成细粒子分散在空气中；②在细粒子表面，经过多相气体反应，使粒子长大；③由布朗凝聚和湍流凝聚，粒子继续长大；④通过干沉降（重力沉降或与此地面碰撞后沉降）和湿沉降（雨除或冲刷）清除。

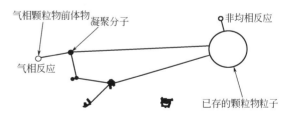

图 5-8　由不同化学机制形成颗粒物的示意图
(McMurry 和 Wilson，1982)

以上过程虽属于物理化学过程，但实际上都是以化学反应为推动力的（见图 5-8）。大气中的气相前体物通过化学反应形成凝聚分子（$D_p \approx 0.5nm$），这些生成的极微小的凝聚分子再与其他凝聚分子或分子族结合形成新的颗粒物粒子（属均相成核）或沉降在大气中已存在的颗粒物粒子（$D_p \geqslant 0.01 \mu m$）表面上（属非均相成核）。气态分子还可以直接在现有颗粒物粒子表面或体相生成二次气溶胶。

5.3 颗粒物的源和汇

5.3.1 颗粒物的源

同其他污染物不同，大气颗粒物不是一种简单的物质，而是随着时间和空间的变化，其组成和形态能发生显著变化的复杂混合物。大气颗粒物有天然源和人为源两种来源。来自地球表面天然过程的直接排放和宇宙活动的这样一类来源称为天然源，主要有火山喷发、海洋表面海水的溅沫、森林火灾、地表土壤碎屑的扬尘、生物物质（如花粉、细菌、真菌等）、流星碎屑等；来自人类活动直接排放的这一类来源称为人为源，这些排放的 90% 进入对流层。有人对这两种来源的年排放量作过统计（见表 5-3）。

表 5-3 大气颗粒物的天然源和人为源排放量 $10^9 kg/a$

来源		各种粒径	$<5\mu m$	来源		各种粒径	$<5\mu m$
天然源	海盐	300~1000	500	人为源	交通运输	2.2	1.8
	风扬灰尘	7~500	250		固定燃烧	43.3	9.6
	火山排放	4~150	25	一次产物	工业排放	56.4	12.4
一次产物	流星碎屑	0.02~10	0		固体废物处置	2.4	0.4
	森林火灾	3~15	5		其他	28.8	5.4
	总量	314~1810	780		总量	37~133	30
	转化生成的硫酸盐	37~420	335		转化生成的硫酸盐	112~220	200
二次产物	转化生成的硝酸盐	75~700	60	二次产物	转化生成的硝酸盐	23~34	35
	转化生成的碳氢化合物	75~1095	75		转化生成的碳氢化合物	19~50	15
	总量	187~2215	470		总量	148~350	250
天然源总量		501~4025	1250	人为源总量		185~483	280
				天然源与人为源总量		686~4508	1530

注：资料来源于 Bridgman，1990。

大气颗粒物按形成机制的不同，可分为两种来源：由天然和人类活动直接排放的物质所形成的一次颗粒物；排入大气的物质（包括气体物质、一次颗粒物和大气气体组分）通过化学反应转化而形成的二次颗粒物。

由于来源、大小、化学组成和大气行为的不同，颗粒物被分为细粒子模态和粗粒子模态。粗粒子（$2.5 \sim 10 \mu m$）主要由机械过程产生的，风带起的地面尘土、农业活动、沙土路面交通运输等，都是粗粒子的来源。在某些地区，工业生产也对粗粒子有贡献。因此，粗粒子主要由地壳元素（Si、Al、Mg 等）、飞灰、生物质（花粉、孢子等）和海盐等组成。粗粒子容易通过重力沉降去除，大气寿命从几分钟到几小时。

细粒子（$\leqslant 2.5 \mu m$）主要来源于化石燃料的燃烧，包括工业锅炉，机动车以及居民炊饮和采暖等。还有一个重要的来源是人为和天然排放前体物（SO_2，NO_x，活性有机物，氨等）的大气化学转化。按物质分类，细粒子主要组分是硫酸盐、硝酸盐、氨离子、炭黑和有机物等，在某些地区还含有矿物尘。细粒子在大气中能悬浮较长的时间（几天到几周），并且能传输到几百公里以外的地方。

5.3.2 颗粒物的汇

大气颗粒物的去除与粒子的粒径、化学组成以及气象条件有关。由于气溶胶粒子的迁移率随着粒径的增大而迅速减小，所以主要是粒径小于 $0.2\mu m$ 的粒子发生凝聚现象，即因碰撞而合并成较大的粒子。如粒径为 $0.01\mu m$ 的粒子，其原始浓度为 10^5 个/cm^3 时，30min 可减少一半。而粒径为 $0.2\mu m$ 的粒子，原始浓度相同时，需要 500h 才能减少一半。粒径较小的粒子，由于碰撞而凝聚成较大的粒子，它们虽然不能直接从大气中被清除掉，但却可以改变颗粒物的大小和形状，由其他机制将它们除去。关于大气颗粒物的去除，主要有干沉降和湿沉降两种方式。

5.3.2.1 干沉降

干沉降是指粒子在重力作用下或与地面及其他物体碰撞后，发生沉降而被去除。干沉降又称为干去除。沉降速率与颗粒的粒径、密度、空气运动黏滞系数有关。粒子的沉降速率可以应用斯托克斯定律来计算。

$$\nu = \frac{gD_p(\rho_1 - \rho_2)}{18\eta} \tag{5-24}$$

式中　ν——沉降速率，cm/s；

　　　g——重力加速度，cm/s^2；

　　　D_p——粒子直径，cm；

　　　ρ_1，ρ_2——分别为粒子和空气的密度，g/cm^3；

　　　η——空气黏度，Pa·s。

设某种粒径的粒子浓度最大的高度为 H，则气溶胶的沉降时间（滞留时间）τ 为

$$\tau = \frac{H}{\nu} \tag{5-25}$$

例如，在 5000m 的高空，粒径为 $1.0\mu m$ 的粒子沉降到地面，需要 3 年 11 个半月的时间。而对粒径为 $10\mu m$ 的粒子则仅需 19d（不考虑风力等气象条件的影响）。由此可见，干沉降对于去除颗粒物中的大粒子是一个有效的途径，但对于小粒子则不然。有人认为，靠干沉降去除的颗粒物的量，从全球范围来计算，只占总悬浮颗粒物（TSP）量的 10%～20% 左右。因此，干燥的大陆颗粒物可以传输到很远距离的下风地区。

5.3.2.2 湿沉降

（1）雨除　颗粒物中有相当一部分细粒子可以作为形成云的凝结核，特别是粒径小于 $0.1\mu m$ 的粒子。这些凝结核成为云滴的中心，通过凝结过程和碰并过程，云滴不断增长为雨滴；若整个大气层温度都低于 0℃ 时，云中的冰、水和水蒸气通过冰-水的转化过程还可以生成雪晶。对于那些粒径小于 $0.05\mu m$ 的粒子，由于布朗运动可以使其黏附在云滴上或溶解于云滴中。一旦形成雨滴（或雪晶），在适当的气象条件下，则雨滴（或雪晶）会进一步长大而形成雨（或雪），降落到地面上，则颗粒物也就随之从大气中去除，此过程称之为雨除（或雪除）。

（2）冲刷　在降雨（或降雪）过程中，雨滴（或雪晶、雪片）不断地将大气中的微粒携带、溶解或冲刷下来，造成了在降雨（或降雪）过程中大气颗粒物的粗、细粒子含量发生变化。这种以直接兼并的方式"收集"颗粒物的效率是随着粒子直径的增大而增大的。通常，雨滴可兼并粒径大于 $2\mu m$ 的粒子。

5.4 颗粒物的化学组成

5.4.1 无机颗粒物

图 5-9 和表 5-4 显示了无机颗粒物的基本组成和来源。一般地，大气颗粒物的元素比例反映了这些元素前体物的相对元素丰度。

颗粒物的源反映在元素组成中，但也需考虑化学反应能改变组成。例如，沿海地区起源于海洋溅沫的颗粒物，接纳二氧化硫污染可以显示反常高的硫酸盐而相应的氯化物含量却较低。硫酸盐来自于二氧化硫的氧化形成非挥发性的离子硫酸盐，而起源于海水中的 NaCl 的一些氯化物将会因为生成挥发性 HCl 而失去。

$$2SO_2 + O_2 + 2H_2O \longrightarrow 2H_2SO_4 \quad (5-26)$$

$$H_2SO_4 + 2NaCl(颗粒) \longrightarrow Na_2SO_4(颗粒) + 2HCl \quad (5-27)$$

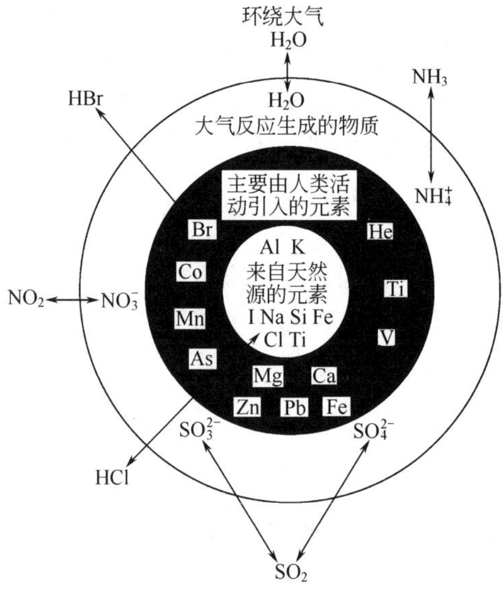

图 5-9 无机颗粒物基本组成和来源

表 5-4 大气颗粒物中主要元素的来源

元　素	来　源
Al,Fe,Ca,Si	土壤侵蚀,岩石风化,煤燃烧
C	含碳燃料的不完全燃烧
Na,Cl	海洋气溶胶,含氯有机聚合物废弃物的焚化
Sb,Se	挥发性很强的元素,可能来源于油、煤或垃圾的燃烧
V	渣油的燃烧(如委内瑞拉原油的渣油中含量很高)
Zn	主要出现在小颗粒中,可能来自于燃烧
Pb	含铅燃料或废弃物的燃烧

除硫酸以外，其他酸也能够参与改变海盐颗粒物。在离太平洋海岸 50km 的日本 Tsukuba 采集的海盐颗粒物分析表明，氯化物的缺损很明显。这主要是由于与污染物硝酸发生反应，样品中的硝酸盐浓度很高。颗粒物中锌含量相当高，表明有来自污染源的污染。大气颗粒物的化学组成变化多样。在污染大气颗粒物中，发现的无机组成包括盐类、氧化物、含氮化合物、含硫化合物、各种金属和放射性核素等。在海岸地区，钠和氯由海洋溅沫以氯化钠的形态进入大气颗粒物。颗粒物中通常高于 $1\mu g/m^3$ 的主要微量元素是铝、钙、碳、铁、钾、钠和硅；这些元素的大多数来自于土壤源。较少量的铜、铅、钛和锌，甚至更少量的锑、铍、铋、镉、钴、铬、铈、锂、锰、镍、镓、硒、锶和钒，通常能检测出来。

颗粒态碳，如烟怠、炭黑、焦炭和石墨，主要来自于汽车和卡车废气、采暖炉、焚化炉、发电厂以及钢铁和铸造业，是非常棘手的颗粒物空气污染。因为碳颗粒的吸附性强，它可以作为气体和其他颗粒物的载体。颗粒碳表面可以催化一些非均相大气反应，包括重要的二氧化硫转化成硫酸盐。

在污染大气中，大多数矿物质以氧化物或其他化合物的形式出现，主要产生于高灰分化石燃料的燃烧。化石燃料如煤或褐煤在燃烧时，大部分矿物质被转化成熔合的玻璃状的底灰，不排放到空气中；然而，一些飞灰还是能从烟道中逃脱出来进入大气。飞灰的组成变化很大，与燃料有关。主要成分是铝、钙、铁和硅的氧化物；其他元素包括锰、硫、钛、磷、钾和钠；另外元素碳（烟怠和炭黑）也是重要的飞灰成分。飞灰颗粒物的大小是决定它们从烟道气去除和可能进入人体呼吸道的重要因子。煤燃烧锅炉排放飞灰的粒径呈现双峰的特征，其中在 $0.1\mu m$ 有一个峰。尽管小颗粒部分质量只占飞灰总质量的 $1\% \sim 2\%$，它却包含了总飞灰的绝大部分颗粒数量和表面积。亚微米颗粒物可能来自于燃烧中的挥发-凝聚过程，表现在这些颗粒中含有更高浓度的挥发性元素，如 As、Sb、Hg 和 Zn。而且，非常小的颗粒物很难被除尘装置除去。

无机颗粒物还包括一些特别的有毒物。①石棉，结构式为 $Mg_3P(Si_2O_5)(OH)_4$，主要用于建材、闸线、绝缘等行业，以粉尘的形式进入大气。②汞，汞也可以以颗粒物的形式进入大气，主要来自于煤的燃烧和火山喷发，在大气颗粒物中能检测到二甲基汞 $(CH_3)_2Hg$ 和单甲基汞盐 CH_3HgBr。③铅，在过去，汽油稳定剂四乙基铅 $Pb(C_2H_5)_4$ 是大气颗粒物卤化铅（$PbCl_2$、$PbClBr$ 和 PBr_2）的主要来源；随着 $Pb(C_2H_5)_4$ 逐步被取代，这一大气铅的来源将逐渐消失。④铍，美国每年有 350t 金属铍用于生产合金，用于电子设备、电子仪器、齿轮以及核反应堆部件等。随着高科技的发展，将来铍的使用量会逐渐增加，铍的颗粒物污染应引起重视。

5.4.2 有机颗粒物

大气有机颗粒物的组成范围很广。颗粒物可以收集到膜上，用有机试剂萃取，分馏成中性、酸性和碱性组分，用气相色谱和质谱分析特定的组分。中性组分主要是碳氢化合物，包括脂肪烃、芳香烃和含氧碳氢。脂肪烃中长链碳氢所占比例大，主要的碳数为 $16 \sim 28$。这些化合物活性和毒性都比较小，较少参与大气化学反应。芳香烃类却含有致癌性的多环芳烃。醛类、酮类、环氧物类、过氧化物类、醚类、醌类和内酯等，在中性含氧组分中都有发现，其中一些是致突变或致癌的。酸性组含有长链脂肪酸和非挥发性的酚类。污染空气颗粒物检测到的酸包括月桂酸、肉豆蔻酸、棕榈酸、硬脂酸、辣木子油酸以及亚油酸。碱性组很大部分是碱性的含氮杂环碳氢化合物，如吖啶等。表 5-5 列出了一些检测到的有机化合物。

表 5-5　城市大气颗粒物检出的各类有机化合物

化合物类型	例	城市大气中的浓度/(ng/m³)
烷烃类（$C_{18} \sim C_{50}$）	$n\text{-}C_{22}H_{46}$	1000～4000 （1966～1967 年美国 217 个城市观察站）
烯烃类	$n\text{-}C_{22}H_{44}$	2000 （同上）
苯烷烃类	⬡—R	80～680 （1973 年 7 月美国加州，Westoonina）
萘类	⬡⬡—R	40～500 （1972 年 9 月美国加州，Pasadena）
多环芳烃类 苯并[a]芘		6.6（1958～1959 年美国 100 个城市观察站） 3.2（1966～1967 年美国 32 个城市观察站） 2.1（1970 年美国 32 个城市观察站）
芳香酸类	⬡—COOH	90～380 （1970 年美国加州，Pasadena）

化合物类型	例	城市大气中的浓度/(ng/m³)
环酮类		8(1965 年前美国城市平均值) 2～40(1968 年 7 月美国城市)
醌类		0.04～0.12 (1972～1973 年,各种异构体)
酚类	—OH	约 0.3(1975 年比利时,Antwerp)
酯类	$C-O-C_4H_9$ / $C-O-C_4H_9$	29～132(1976 年比利时,Antwerp) 2～11(1975 年美国纽约)
脂肪羧酸	$C_{15}H_{31}COOH$	220(1964 年 2 月美国纽约)
氮杂环类	N	0.2(1963 年美国 100 个城市综合值) 0.01(1976 年美国纽约) —0.5(1976 年比利时,Antwerp)
N-亚硝基胺类	$(CH_3)_2NNO$	<0.03～0.96(1975 年 8 月美国马里兰州,Baltinore) 16.6(1976 年 7 月美国纽约)
硝基化合物	$CHO(CH_2)_nCH_2ONO_2$ NO_2	40～1010(1972 年 9 月美国加州,Pasadena) 检出(Prague,Czechoslovakia)
硫杂环化合物	S/N S	0.014～0.02(1976 年美国纽约) 检出(美国印第安纳州,Indianapolis 和 Gary)
SO_2-加合物	H_2 H SO_3H	2～18nmol/m³(1976 纽约)
烷基卤化物类	$C_{18}H_{37}Cl$	约 20～320(1972 年美国加州,Pasadena)
芳基卤化物类	Cl	0.5～3(同上)
多氯酚类	OH Cl_2	5.7～7.8(1976 年比利时,Antwerp)

注：本表摘自 J. H. Seinfeld，1986 年。

大气颗粒物中多环芳烃（PAHs）受到严重关注，是因为一些多环芳烃具有致癌性。在26章将会讨论。这些化合物中突出的是苯并［a］芘、苯并［a］蒽、chrysene、苯并［e］芘等。饱和碳氢化合物在氧气不足的条件下能合成 PAHs。低分子量的碳氢，甚至甲烷，可以成为多环芳烃的前体物。低分子量碳氢通过热合成的方式生成多环芳烃。该反应在温度超过约 500℃ 发生，C—H 和 C—C 键断裂产生自由基。这些自由基脱氢，并进一步结合成芳环结构，以抵抗热分解。以乙烷为例，芳环的形成过程如下。

最后形成稳定的 PAHs 结构。碳氢化合物热合成生成 PAHs 的趋势不同，顺序为：芳烃＞环状烯烃＞烯烃＞石蜡。环状化合物的环结构的存在有利于 PAHs 的形成。不饱和化合物特别易受 PAH 生成过程中加成反应的影响。

大气中 PAHs 的浓度水平已发现提高到约 $20\mu g/m^3$。高浓度水平的 PAHs 已很容易在污染的城市大气中遇到，也出现在自然火灾现场附近，如森林和草原大火。燃煤炉烟道气含有超过 $1000\mu g/m^3$ 的多环芳烃，香烟烟雾中多环芳烃含量几乎是 $100\mu g/m^3$。

大气多环芳烃几乎全部以固相形式存在，大部分吸附在烟炱颗粒上。烟炱本身也是由 PAHs 凝聚而成。烟炱含有 1%～3% 的氢和 5%～10% 的氧，后者由于是部分表面氧化生成的。存在光照时，吸附在烟炱上的苯并［a］芘消失得很快，生成含氧产物。苯并［a］芘的氧化产物包括环氧物类、醌类、苯酚类、醛类以及羧酸类，如下所示。

相当一部分有机颗粒物是由汽油车和柴油车产生的（表 5-6）。在引擎中，复杂的热反应生成有机物以及氮化合物。这些产物包括含氮化合物和氧化的碳氢聚合物。润滑油及其添加剂也对有机颗粒物有贡献。汽油车引擎（有或无催化剂）和柴油卡车引擎排放的颗粒物研究定量地测定了 100 多种化合物。发现的优先污染物组类包括正构烷烃类、正构烷酸类、安息香醛类、安息香酸类、azanaphthalenes、多环芳烃（PAHs）、氧化 PAHs、五环三萜烷类以及 steranes（最后两组碳氢是以汽油为特征的多环化合物，通过润滑油进入尾气中）。

5.4.3 生物颗粒物

大气颗粒物组成中还应该包括生物颗粒物。这里的生物颗粒物确切地是指一次生物颗粒物（primary biological aerosol particles，PBAP）。1993 年 6 月日内瓦召开的 IGAP（International Global Aerosol Programme）会议上给 PBAP 下的定义是：PBAP 描述空气中起源

表 5-6　汽车和重型柴油卡车排放的颗粒有机物组成（Rogge，1993）

有 机 物	排放速率/(20μg/km)		
	汽　车		重型柴油卡车
	未装催化剂	装有催化剂	
正构烷烃类	689.4	108.8	3754.6
正构烷酸类	46.68	616.28	1237.4
正构不饱和酸	1.2	5.0	8.0
安息香酸类	4.82	107.6	185.1
安息香醛类	124.97	27.65	19.0
PAHs	1405.5	52.47	209.9
氧化 PAHs	391.4	71.78	207.0
steranes	37.0	17.1	189.4
五环三萜烷类	57.7	25.5	271.9
含氮化合物	69.3	57.67	28.56
其他化合物	87.2	65.2	65.8

于生物体的固体粒子（死的或活的），包括微生物和所有各种生物体的碎片。这一定义包括的生物颗粒物的粒径分布非常广泛，从最小的病毒颗粒（$0.005\mu m < r < 0.25\mu m$）到大颗粒的花粉（$r > 5\mu m$）都包含在里面。

病毒（$0.005\mu m < r < 0.25\mu m$），由核酸组成（DNA 或 RNA），外面由被称为衣壳的蛋白质覆盖。大多数病毒具有对称的形状（球形或椭圆形）。它们是非细胞粒子，本身不能生长，需要生物细胞进行繁殖。

细菌（$r > 0.2\mu m$），主要由 DNA（或 RNA）及蛋白质、脂肪和磷脂组成。纤维素和肽聚糖壁质是细胞的主要成分。细菌的形状各种各样，有棒状、球状、螺旋状等。需要适宜的营养、温度和湿度才能繁殖。

一些细菌以及藻类、真菌类、苔藓类、蕨类的繁殖受到孢子（$r > 0.5\mu m$）的影响。孢子的内核由原生质、DNA、RNA 和细胞材料组成，外包有厚壁，即孢子壁。孢子壁为两层结构，内壁由纤维素、蛋白质和胶质等组成；外壁主要由孢子花粉素组成。花粉素是具有化学抵抗力的高聚酯或叶红素（carotinoids）物质。孢子的形状也是多种多样，有球形、椭圆形、针形等。由于主要是无性繁殖，孢子降落在适当的地面就能生长。

种子植物的繁殖通过花粉（$r > 5\mu m$）来进行。花粉的一般组成为：蛋白质 20%，糖类 37%，脂肪 40%，矿物质 3%。花粉也外披有孢子壁。花粉的形状也是多种多样。花粉外面的小孔和沟纹因物种不同而各异。一些种类的花粉还装配有气袋以便随风飘移。

植物碎片以及昆虫、人和动物上皮细胞或毛发的裂片粒子半径估计为 $r > 1\mu m$。对于这些碎片粒子的研究还非常少。它们组成从纤维素和淀粉（植物碎片）到含铝蛋白质（skleroproteins）（毛发）和壳质素（昆虫碎片）都有。它们形状很不规则，难于判别。

德国的马塞斯-梅泽（Matthias-Maser）等在欧洲陆地上研究了生物颗粒物浓度的年变化情况。他们观测的 PBAP 粒子大小范围为 $0.02\mu m < r < 50\mu m$。结果发现，无论是 PBAP 数浓度还是体积浓度都没有呈现明显的年变化特征，即使在冬季也没有出现预想的 PBAP 浓度下降现象（见图 5-10）。但是由于一年中物候的变化，PBAP 的组成发生了变化（见表 5-7）。PBAP 的年平均数浓度和体积浓度分别为 $3.11cm^{-3}$ 和 $6.5\mu m^3/cm^3$，分别占总颗粒物（包括生物颗粒物和非生物颗粒物）数浓度和体积浓度的 23.7% 和 22.3%。如果考虑 PBAP 的平均密度为 $1g/cm^3$，则观测到的年平均质量浓度为 $6.5\mu g/m^3$。

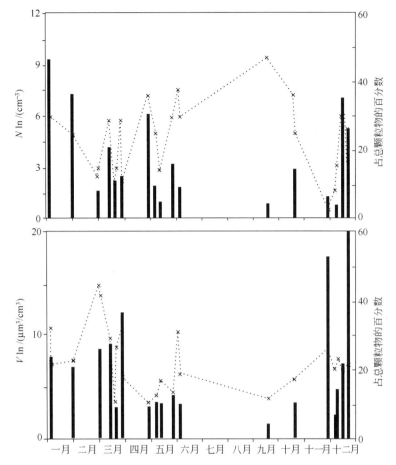

图 5-10　PBAP 数浓度和体积浓度的年变化及它们在总颗粒物中所占的百分数（虚线）

(Matthias-Maser，1998)

表 5-7　陆地上大气生物颗粒物组成在一年中的变化(Matthias-Maser，1998)

季　节	生物颗粒物的成分	季　节	生物颗粒物的成分
春季	微生物,花粉,一些孢子,少量生物碎片	秋季	微生物,生物碎片,孢子,少量花粉
夏季	微生物,花粉,孢子,少量生物碎片	冬季	微生物,生物碎片,孢子,一些花粉

5.5　颗粒物的环境健康效应

5.5.1　颗粒物对人体健康的危害

空气中的颗粒物对人体有很大的危害性。飘浮在空中的颗粒物小粒子很容易被人吸入并沉积在支气管和肺部，粒子越小，越容易通过呼吸道进入肺部，其中特别是粒径小于 $1\mu m$ 的粒子可直达肺泡内（见图 5-11）。一般来说，大于 10m 粒子大部分被阻留在鼻腔或口腔内；穿过气管的 PM_{10} 中的 $10\%\sim60\%$ 可沉积在肺部而造成危害。大气颗粒物的肺部沉积曲线呈双模态，在约 $3\mu m$ 处的峰值为 20%，在约 $0.03\mu m$ 处的峰值为 60%。沉积在肺部的粒子能存留数周至数年；可吸入颗粒物在鼻腔内的大量沉积可导致上呼吸道疾病如鼻窦炎、过敏症等。进入肺部的粒子，由于其本身的毒性（如 H_2SO_4 滴、PbO、PAHs 等）或携带有

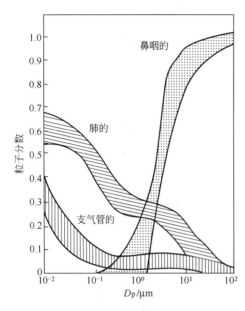

图 5-11 人体呼吸系统三个部位的
相对沉积量（Wallace，1974）

毒物质（如烟炱能吸附 SO_2、NO_x 等多种有毒气体）造成对人体的危害。由于小粒子含有的有毒物质比大粒子为多，因此它对健康的损害也将更大。如 H_2SO_4 滴进入人体后，能附着肺泡上刺激肺泡，增加气流阻力使呼吸困难；小粒子上所吸附的石棉以及苯并芘等芳香族化合物进入人体后能引起组织细胞发生癌变。近年来，流行病学、毒理学和有关呼吸道模式的研究表明，细颗粒颗粒物与臭氧的联合作用，是呼吸道发病率增多，心肺病死亡率日增的主要原因。在美国，人们已把颗粒物污染物的浓度和城市地区的死亡率联系起来。另外，生物颗粒物（如孢子、霉菌、细菌、螨虫、过敏原等）对人体健康的危害也已经引起人们的重视。

颗粒物对人体生物损害效应作用的大小首先取决于颗粒物在人体呼吸道中沉积部位，$10\mu m$ 以下的颗粒物可以通过呼吸作用进入人体。颗粒物对人体肺部的渗透以及沉积部位取决于颗粒物的粒径大小，颗粒物的吸湿性，静电引力以及受体特征（包括人体呼吸道的构造、呼吸速率等）。空气中的颗粒物被吸入人体后，不同粒径的粒子通过不同的沉降机制分别在人体外呼吸道、支气管和肺部沉积，在支气管和肺部沉积的粒子对人体健康危害更大。颗粒物在人体呼吸道中的沉降机制主要包括：①重力捕获，主要针对于密度大于空气的粒子；②支气管和细支气管壁的碰撞捕获，呼吸气流在气管内改变方向，气流携带的粒子由于惯性作用在气管壁产生碰撞；③布朗运动捕获机制；④静电引力作用。重力捕获和布朗扩散主要针对 $3\mu m$ 以下的颗粒，粒径更大的粒子主要通碰撞作用机制在呼吸道沉积。颗粒物的空气动力学粒径决定了其在呼吸道的沉积部位。研究表明，$10\mu m$ 以下的颗粒物可进入鼻腔，$7\mu m$ 以下的颗粒物可进入咽喉，小于 $2.5\mu m$ 的颗粒物则可深入肺泡并沉积，进而进入血液循环。但粒径大于 $5\mu m$ 的粒子由于惯性力的作用可被鼻毛和呼吸道黏液排出，而粒径小于 $0.5\mu m$ 的微粒由于气体扩散作用可被黏附在上呼吸道表面随痰排出，故直径为 $0.5\sim5\mu m$ 的粒子可以直接到达肺部或进入肺泡内，并可能进入血液通往全身，因而对人体健康危害最大。颗粒物粒径大小是决定其危害大小的重要因素。通常来说，大气颗粒物中粒径较小的颗粒占的比例越大，其危害也越大。颗粒物粒径越小，它们越容易进入人体；其次，颗粒物粒径越小，它们在空气中停留的时间越长，被人体吸入的机会越大，例如，沉降过程可以使 PM_{10} 在几个小时内就被清除掉，而 $PM_{2.5}$ 则可能在大气中停留几天甚至几个星期；颗粒物粒径越小，其比表面积越大，更易吸附一些对人体健康有害的重金属、有机物和放射性气体，在人体内的活性越强。对存在呼吸障碍的动物暴露研究实验和对肺功能损伤患者、吸烟者或者轻微支气管炎患者暴露研究实验均显示已有呼吸障碍受体肺部有更大的沉积量，可能会导致潜在呼吸病患者在大气颗粒物暴露中存在更大的健康风险。

颗粒物在肺部沉积之后会通过不同的机制被清除，颗粒物在肺部的积部位会影响颗粒物的清除模式、清除效率和清除效果。非可溶性微粒在呼吸道的停留时间一般在 $24\sim48h$，主要通过两个过程清除：支气管壁的纤毛清除以及肺部巨噬细胞吞噬作用清除。巨噬细胞的吞噬作用较为迅速，但巨噬细胞从肺部的清除需要花费数周的时间。当巨噬细胞的吞噬作用受到阻碍时，就会导致颗粒物透过上皮细胞进入肺部，保留在细胞间慢性地刺激细胞或改变细胞从而引起细胞和组织的损伤，使发病率和死亡率增加。可溶性微粒和非可溶性微粒还可以进入人体组织液，进而进入上皮细胞，参与人体循环从而对人体产生一系列健康影响。

流行病学研究已经证实大气颗粒物暴露与人群死亡率、心血管疾病和呼吸系统疾病发病率以及住院率等有明显相关性。但流行病学研究只能提供暴露与致病结果之间的关系，不能解析颗粒物对人群健康影响的真正原因。国内外学者加强了毒理学方面的研究。目前国内外对大气颗粒物的毒理学评价方法多使用分子生物学方法，主要包括整体实验、体内方法（in vivo）和体外方法（in vitro）。

颗粒物的来源和组成成分非常复杂，颗粒物对人群健康影响的毒理学机制尚未完全证实。目前对于大气颗粒物的毒理学机制与引起肺炎颗粒物成分之间的关系仍然存在疑问。研究者根据不同类型的颗粒物和颗粒物中的不同成分提出了各种不同的假说机制：物理特征假说、有害有机成分假说、酸性气溶胶假说、氧化性损伤假说等机制。

物理特征假说机制认为粒子的粒径大小、数目和表面积是影响颗粒物损伤能力的主要因素。颗粒物粒径越小，更能有效地保留在肺的外表面，小粒子具有更大的比表面积，携带的化学元素与肺泡作用的机会增大，更容易导致细胞炎症的发生。对大气颗粒物中的有机提取物进行试验证实有机提取物可以诱发细胞突变并且细粒子中的有机提取物比粗粒子中有机成分具有更大的细胞毒性。生物质假说认为颗粒物中的生物质成分进入细菌、孢粉、病毒是导致人体健康损伤的机制，如呼吸含内酶类物质颗粒物可以导致呼吸系统疾病的发生。酸性气溶胶假说认为气溶胶的酸度可以对人体的健康产生影响。对呼吸系统疾病的案例研究发现，这些疾病的发生与环境中的强酸性颗粒物存在有着直接关系。氧化性损伤假说机制是目前最广泛被接受的一种假说机制。氧化性损伤假说认为颗粒物中的成分如金属元素、半醌、超细颗粒物可对细胞直接进行氧化性损伤，通过催化氧化空气中的氧气或其他成分而产生活性氧（RSO）或自由基，这一机制可能是导致肺损伤的主要原因。氧化性损伤可导致 DNA 损伤，引起细胞发生反应产生蛋白质。近来的研究表明，过度金属均表现出产生活性氧的能力，可导致脂质过氧化反应、DNA 的损伤、巯基的损耗和钙的动态平衡变化。而且由金属离子引起的活性氧化物和最终毒性的一个基本机制是氧化还原有机体宿主共栖生物。

现在普遍认为，粒径小于 $2.5\mu m$ 的细粒子 $PM_{2.5}$ 对人体的危害最大，因此许多发达国家开始对细粒子制定大气质量标准并进行控制。我国的空气质量标准以前只限制颗粒物总量（TSP），现在也开始重视细粒子的问题，已经制定了 PM_{10} 的控制指标，而 $PM_{2.5}$ 的控制指标也在考虑之中。

5.5.2　颗粒物对大气能见度的影响

大气能见度是观测者在无辅助设施下，用正常视力肉眼能够观察和识别目标物体的最大距离。观测目标在白天选择以地平天空为背景的黑暗物体而在夜间选择已知的中等强度的光源。除了气象因素外，能见度的降低主要是由于大气中的污染物尤其是气溶胶对可见光的吸收和散射所产生的消光作用所致。

国内外对能见度的研究表明，大气颗粒物和气体能够通过光吸收和散射作用影响能见度，城市地区大气污染水平的恶化是引起大气能见度恶化的主要原因。大气颗粒物尤其是细粒子对大气能见度的影响非常大，细粒子对光线的散射和吸收作用是大气能见度减弱的最主要的影响因素。研究表明在城市污染地区细粒子对能见度削弱作用占了总贡献作用的80%～90%以上，能见度水平和细粒子污染水平呈现较好的负相关。不同地区的研究可以发现，细粒子质量浓度是影响大气能见度的最主要的影响因素，不同地区细粒子比散射系数（光散射系数质量浓度比值）略微有所差异，主要取决于各地 $PM_{2.5}$ 粒子的粒径组成和化学组成的差异。控制大气细粒子污染是解决各个地区能见度恶化的有效途径。

研究发现大城市能见度水平和细粒子污染水平之间呈现较好的负相关关系，细粒子质量浓度小时平均值与能见度小时平均值之间满足指数函数关系，通过回归方程可以利用颗粒物质量浓度的数据推断大气能见度近似值。光散射系数与细粒子浓度之间线性关系非常好，利用线性回归的方法可以得到光散射系数与 $PM_{2.5}$ 和 PM_{10} 质量浓度之间的关系等式。

细粒子化学组分是影响细粒子对大气能见度削弱能力的重要因素。细粒子能够通过光散射和光吸收作用影响大气能见度，细粒子上的硫酸盐，硝酸盐，铵盐以及 OC 组分能够非常有效的散射大气辐射，而颗粒物上的 EC 等组分对光辐射有较强的吸收作用。

5.5.3 颗粒物对植被影响

大气颗粒物对生态系统的影响会间接影响人类生活，近年来，人们对大气颗粒物生态效应的关注程度不断提高，相关领域的研究也取得了一定的进展。

从作用的方式来看，大气颗粒物对植物的影响包括直接影响和间接影响。研究表明正常浓度大气颗粒物不会对植被产生明显的直接影响，只有在高浓度污染情况下影响较大。间接影响主要指大气颗粒物通过改变植物的生长环境而间接对植物产生影响，包括颗粒物对土壤性质及太阳辐射的影响。目前研究较多的是采石场、水泥厂、冶炼厂颗粒物及公路粉尘污染等较高浓度的颗粒物对植物的影响。大气颗粒物化学成分不同，对植物产生的影响也不同。因此目前主要针对不同化学成分的颗粒物造成的影响展开研究。但实际大气中，颗粒物污染通常包括来自不同污染源的颗粒物的共同作用，颗粒物化学成分十分复杂，随污染源变化有很大差异，仅研究某一化学成分的颗粒物的影响很显然不能准确解释实际大气中颗粒物的植被影响，目前对颗粒物的化学成分的了解也不够深入，因此按照化学成分分析实际大气中颗粒物对植被的影响还不能实现。而粒径分布对大气颗粒物的分布区域、作用于植物的方式有影响并与化学成分有一定的关系，即颗粒物对植物的影响也与粒径有很大关系，而且按照粒径分布可以较好的涵盖所有大气颗粒物对植被的影响。但由于其成分复杂，各粒径颗粒物的影响难于区分，存在其他污染物的干扰等因素，目前针对不同粒径颗粒物对植物影响的研究也还未实现。

目前主要采用实验室模拟、现场模拟及现场观测方式研究大气颗粒物对植被的影响，实验室模拟的方法采取实验室内人工控制的环境，对盆栽喷撒颗粒物，研究对植物的影响；而现场模拟实验则通过在受污染地区和清洁区分别放置有代表性且生长状况相近的盆栽或种植植物幼苗，在研究期间将不同污染地区的植物进行比较，分析颗粒物的影响；现场观测是对距污染源不同距离处的天然植被进行分析，得出不同污染程度下植被的差异，相对而言，该种方法更能反映实际大气污染的作用，但受到其他污染物的影响，难于区别。由于大气颗粒物化学组成、粒径的复杂性、其他污染物、气象因素等诸多因素的影响，在实验室内不能实现对实际大气污染情况的有效模拟，只能用于了解具体化学成分或具体污染点的大气颗粒物对植物影响的趋势。

参 考 文 献

[1] 白剑英等. 不同交通路口大气颗粒物有机提取物致突变性研究. 山西医科大学学报, 2002, 33 (5): 417-419.
[2] 戴树桂. 环境化学. 北京: 高等教育出版社, 1997.
[3] 弗里德兰德 S K. 烟、尘和霾—颗粒物性能基本原理. 常乐丰译. 北京: 科学出版社, 1993.
[4] 李金娟等. 可吸入颗粒物的健康效应机制. 环境与健康杂志, 2006, 23 (2) 185-188.
[5] 刘新罡等. 广州市大气能见度影响因子的贡献研究. 气候与环境研究, 2006, 11 (6): 733-738.
[6] 唐孝炎. 大气环境化学. 北京: 高等教育出版社, 2006.
[7] 徐晓峰等. 2002 年北京风沙季节颗粒物测值分析. 气象科技, 2006, 34 (6): 662-666.
[8] 王明星. 大气化学. 第 2 版. 北京: 气象出版社, 1999.
[9] 徐鹏炜等. 杭州城市大气消光系数和能见度的影响因子研究. 环境污染与防治, 2005, 27 (6): 410-413.
[10] 张文丽等. 大气细颗粒物污染监测及其遗传毒性研究. 环境与健康杂志, 2003, 20 (1): 3-6.
[11] Ferin J, et al. Am J Respir Cell Mol Biol, 1992, 6 (5): 535-542.

[12] Finlayson-Pitts B J，Pitts J N，Jr. Atmospheric Chemistry：Fundamentals and Experimental Techniques. New York：John Wiley & Sons，1986.

[13] Foster W M. Deposition and clearance of inhaled particles. In：Holgate ST，Samet JM，Koren HS，Maynard RL，eds. Air pollution and health. 1999，San Diego：Academic Press：295-324.

[14] Hsiao WLW. Mutat Res，2000，471：45-55.

[15] Hughes MF. Toxicology Letters，2002，133：1-16.

[16] Junge C E. Berichte des DWD in der US-Zone，1952，35，261.

[17] Kim C S. American review of respiratory disease，1989，139（2）：422-426.

[18] Kim C S，Journal of applied physiology，1990，69（6）：2104-2112.

[19] Lippmann M. Particle deposition and accumulation in human lungs. In：Dungworth DL，et al. Toxic and carcinogenic effects of solid particles in the respiratory tract. Washington DC，ILSI Press，1994：291-306.

[20] Manahan S E. Environmental Chemistry. Willard Grant Press，Boston，USA，1999.

[21] Mathias-Maser S. Primary Biological Aerosol：Their Significance，sampling Methods and Size Distribution in the Atmosphere，in Atmospheric Particels（Harrison R. M.，and Grieken R. V.，eds）. John Wiley & Sons Ltd，Chichester，England，1998.

[22] McElroy M W，et al. Science，1982，215，13-19.

[23] McMurry P H，Wilson J C. Atmospheric Environment，1982，16，121.

[24] Morawska L. Environmental Science and Technology，1998，32，2033-2042.

[25] Nemmar A，et al. Amecican Journal of Respiratory and Critical Care Medicine，2001，164（9）：1665-1668.

[26] Post W，et al. Occup Environ，1998，55：349-355.

[27] Rogge W F，et al. Environmental Science and Technology，1993，27，636-651.

[28] Roth B，Okdada K. Atmospheric Environment，1998，32，1555-1569.

[29] Schilesinger RB. Critical reviews in toxicology，1990，20（4）：257-286.

[30] Schins RPF. Toxicology and Applied Pharmacology，2004，195：1-11.

[31] Seinfeld J H. Atmospheric Chemistry and Physics of Air Pollution. John Wiley & Sons，New York，1986.

[32] Stohs SJ. Bagchi D. Free Radical Biology Medicine，1995，18：321-336.

[33] Tao F，et al. Free Raducal Biology Medicine，2003，35：327-340.

[34] Whitby K T，Sverdrup G M. Adv. Environ. Sci. Technol.，1980，10，477.

[35] Whitby K T，Atmospheric Environment，1978，12，135-159.

[36] WHO. WHO air quality guidelines global update 2005，2005.

[37] Yuan C S. Atmospheric Research，2006，82：666-679.

习　　题

1. 大气颗粒物按粒径分有哪些种类？

2. 容格分布和伍德科克分布适用范围有何不同？

3. 什么是怀特比三模态？为什么说粗、细粒子之间是彼此独立的？

4. 为什么监测时大气颗粒物一般很难看到爱根核模？

5. 简述大气中二次颗粒物的形成过程。

6. 大气颗粒物的主要去除机制有哪些？

7. 试比较无机颗粒物的细粒子和粗粒子来源特征。

8. 简述大气颗粒物中多环芳烃的来源。

9. 什么是生物颗粒物粒子？有哪些来源？

10. 大气颗粒物对人体有何危害？

第6章 平流层臭氧

6.1 平流层臭氧

大气臭氧（O_3）主要存在于平流层中，平流层臭氧占整个大气层臭氧总量的90%以上。在高约 $15\sim35km$ 范围内的低平流层，臭氧含量很高，因而这部分平流层被称为"臭氧层"。臭氧层在大气中起到关键的作用是因为它能吸收波长为 $240\sim320nm$ 的紫外辐射，从而阻止大部分波段高能量辐射到达地球表面，保护地球上的生命活动。

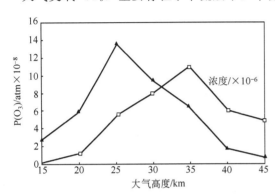

图6-1 平流层臭氧随大气高度的变化

（Bunce，1994）

1atm＝101325Pa

然而，臭氧层并不意味着臭氧是该层的主要成分，只是相对于其他层而言臭氧在该层的浓度最高；它仍然是微量气体，最高浓度也只有约 10×10^{-6}（体积分数）。与对流层类似，在臭氧层，氮气（78%）、氧气（21%）和氩气（1%）仍然是主要成分。如果把大气中所有的臭氧压缩成平流层中的一层，将只有3mm的厚度。臭氧在平流层的分布见图6-1。

6.2 平流层臭氧的形成和破坏

6.2.1 平流层臭氧化学

在大气层中，每天大约有 $3.5\times10^8\,kg\ O_3$ 被生成和破坏。一般用切普曼（Chapman）机制来描述 O_3 生成和破坏的过程：

$$O_2+h\nu(\lambda<240nm)\longrightarrow 2O \qquad \Delta H^0=495-E(光子),kJ/mol \qquad (6\text{-}1)$$

$$O+O_2+M\longrightarrow O_3 \qquad \Delta H^0=-105,kJ/mol \qquad (6\text{-}2)$$

$$O_3+h\nu(\lambda<325nm)\longrightarrow O_2+O \qquad \Delta H^0=105-E'(光子),kJ/mol \qquad (6\text{-}3)$$

$$O+O_3\longrightarrow 2O_2 \qquad \Delta H^0=-389,kJ/mol \qquad (6\text{-}4)$$

反应式(6-1)和反应式(6-2)生成 O_3，而反应式(6-3)和反应式(6-4)破坏 O_3。注意，氧原子既参与 O_3 的生成［反应式(6-2)］，又参与 O_3 的破坏［反应式(6-4)］。氧原子非常活泼，在大气平流层中的寿命很短；这就意味着以上四个反应在日落时终止，因此夜间的臭氧浓度与日落时基本相同。

太阳光驱动臭氧的生成和去除，但是参与的波段不同。这些吸收和后续的反应使得地面免受两个不同波段高能紫外线的辐射。普通氧气是200nm附近波段的主要吸收者，而臭氧主要吸收波段为 $230\sim320nm$。臭氧的保护性正好是因为它能够吸收这一波段的辐射，吸收

还使臭氧变回 O_2。

反应式(6-1)～反应式(6-4) 的能量以标准焓而不是自由能给出，这是因为一个光子被看成是内能（ΔE）的一个源，约为 ΔH^0（见后面）。当光能加入后，反应式(6-1)～反应式(6-4)都是释放能量的反应。因此，太阳光引起臭氧的生成和破坏，同时光子的能量被转换为热能。这就可以解释为何在中平流层温度相对较高，因为那里的臭氧生成和破坏反应最为活跃。

因为臭氧的生成需要太阳能，臭氧的稳态浓度不等于平衡浓度。平衡的条件是 $\Delta G = 0$。太阳能的输入维持反应系统（$3O_2/2O_3$）远离平衡，不断地促使 O_2 参与反应，直到 O_3 生成速率在稳态时与转化回到 O_2 的速率平衡。

反应式(6-3) 中臭氧的分裂也是由光化学来驱动的。该反应的产物既可以是基态［反应式(6-3)］也可以是激发态［反应式(6-3)］。因为要保持电子自旋结构，不可能一种产物以基态形成而另一种以激发态形成。

$$O_3 + h\nu(\lambda < 325nm) \longrightarrow O_2 + O \qquad \Delta H^0 = 105 - E'(光子), kJ/mol \qquad (6-3)$$

$$O_3 + h\nu(\lambda < 325nm) \longrightarrow O_2^* + O^* \qquad \Delta H^0 = 383 - E'(光子), kJ/mol \qquad (6-3a)$$

能量的不同是因为需要激发态能量 O_2（90kJ/mol）和 O（188kJ/mol）。

直到 20 世纪 60 年代中期，切普曼机制被认为已经完全描述了平流层 O_2/O_3 体系的化学行为。从那以后，各种研究发现大大增加了对平流层化学过程的了解。然而，后来根据改进的对反应式(6-1)～反应式(6-4)速率估计，计算出来的臭氧稳态浓度比实验观测到的约高 2～3 倍。这就意味着还存在未被发现的天然去除机制破坏平流层臭氧。这些增加的机理被认为是催化过程，每一个都是自由基链反应循环。一般表达为

$$X + O_3 \longrightarrow XO + O_2 \qquad (A)$$

$$XO + O \longrightarrow X + O_2 \qquad (B)$$

反应式（A）和反应式（B）相加得到反应式(6-4)。

$$O + O_3 \longrightarrow 2O_2 \qquad (6-4)$$

因此，反应式（A）和反应式（B）是另一种导致反应式(6-4) 的途径，增加了破坏臭氧的速率。

四种不同的催化循环已经被发现，这些循环的都涉及催化剂 X，一种奇电子物种。X 可以是氯原子(Cl)、一氧化氮(NO)、羟基自由基(·OH) 或氢原子(H)。X＝Cl 的链反应如下。

Cl/ClO 循环

$$Cl + O_3 \longrightarrow ClO + O_2 \qquad (6-5)$$

$$ClO + O \longrightarrow Cl + O_2 \qquad (6-6)$$

$$总反应：O + O_3 \longrightarrow 2O_2$$

注意氯原子在反应式(6-5) 消耗又在反应式(6-6) 再生，使得循环能不断重复。最后，终止反应式(6-7) 去除"奇电子氯"物种。

$$Cl + HO_2 \longrightarrow HCl + O_2 \qquad (6-7)$$

随着以上催化循环过程的发现，在大气中几个不同高度的 Cl 和 ClO 等中间活性物种浓度得到了实验测量。其他几个循环如下。

NO/NO₂ 循环

$$NO + O_3 \longrightarrow NO_2 + O_2 \qquad (6-8)$$

$$NO_2 + O \longrightarrow NO + O_2 \qquad (6-9)$$

$$总反应：O + O_3 \longrightarrow 2O_2$$

OH/HO₂ 循环（低平流层）

$$OH + O_3 \longrightarrow HO_2 + O_2 \qquad (6-10)$$

$$HO_2 + O_3 \longrightarrow OH + 2O_2 \tag{6-11}$$

$$\text{总反应:} 2O_3 \longrightarrow 3O_2 \tag{6-12}$$

H/OH 循环（高平流层）

$$H + O_3 \longrightarrow OH + O_2 \tag{6-13}$$

$$OH + O \longrightarrow H + O_2 \tag{6-14}$$

$$\text{总反应:} O + O_3 \longrightarrow 2O_2$$

各种反应步骤的速率可以用这些反应物的浓度以及实验室测定的链传递步骤（A）和（B）的不同温度速率常数来计算，活化能参数列在表 6-1 中。其中无催化反应的式(6-4) 的活化能 $E_{act} = 18.4 kJ/mol$。

表 6-1　臭氧破坏催化反应活化能

X	活化能 $E_{act}/(kJ/mol)$		X	活化能 $E_{act}/(kJ/mol)$	
	$X + O_3 \longrightarrow XO + O_2$	$XO + O \longrightarrow X + O_2$		$X + O_3 \longrightarrow XO + O_2$	$XO + O \longrightarrow X + O_2$
Cl	2.1	1.1	H	3.9	≈0
NO	13.1	≈0	OH	6.8	≈0

在约 30km 高度，对臭氧起分解作用的相对速率大小顺序为：NO/NO_2 循环>未催化反应≈Cl/ClO 循环>OH/HO_2 循环≫H/OH 循环。这一顺序显示，不能认为活化能较小的两步循环反应总是较快。实际上，化学反应速率不仅取决于速率常数大小，还取决于反应物浓度大小，当平流层中某种催化剂的浓度增加，就能增加该循环分解臭氧的能力。同样，虽然反应式［B］具有较小的活化能，但所有四个催化循环皆以反应式［B］作为速率限制反应。

H/OH 循环在 30km 高度不重要，因为反应式(6-8)非常快，限制了 H 的浓度：

$$H + O_2 + M \longrightarrow HO_2 \tag{6-15}$$

但在更高的高度变得重要，那里 O_2 和 M 浓度较低（总压力 p 较低），而与 O_3 反应能更有效地竞争。

6.2.2　极地臭氧"空洞"及其形成机制

6.2.2.1　南极臭氧"空洞"

从 20 世纪 50 年代开始，在南极设立观测站，对南极大气臭氧进行系统观测。1985 年，华曼（Farman）等人发现了南极臭氧"空洞"。他们在南极哈雷湾（Halley Bay）观测到自 1975 年起每年早春（10 月份）期间总臭氧的减弱大于 30%，而 1957 年到 1975 年则变化很小。过去的各种模式计算中从未预测到如此大幅度的臭氧减少。10 月份南极的臭氧均值从 1979 年的约 290 D.U. 减少到 1985 年的 170 D.U.，南极上空的臭氧已是极其稀薄，与周围相比好像形成了一个"空洞"，引起了全世界的高度关注。1986 年和 1987 年在南极地区的大规模观测表明了臭氧空洞仍存在，且总臭氧仍在减少。近几年的观测结果进一步表明南极臭氧空洞越来越严重。

6.2.2.2　南极及其他地区平流层臭氧耗损的发展

南极臭氧空洞近几年每年都季节性地发生。1992 年和 1993 年 10 月非常严重，洞的大小和深度达到了历史上最低点，个别区域臭氧下降了 99%（14～19km），这可能同 1991 年的皮纳吐波（Pinatubo）火山爆发有关，火山产生的硫酸盐气溶胶加剧了氯物种和溴物种破坏臭氧的有效性。

北极冬天的平流层中已观测到臭氧下降，特别是在 1991 年 2 月和 1992 年 3 月，北极某些地区臭氧下降 15%～20%。

1979～1994 年中纬度地区，北半球每 10 年臭氧下降 6%（冬季和春季）或 3%（夏季和秋季）；南半球每 10 年臭氧下降 4%～5%。热带地区（20°S～20°N）没有观测到明显的臭氧下降。

代号"芝麻"的欧洲平流层臭氧研究计划科学家们于 1995 年发表的观测结果表明，1994 年冬至 1995 年春，北极地区平流层气温比往年偏低，臭氧大量减少，比正常值低 30%，而且从斯堪的纳维亚至西伯利亚的辽阔地域上空都出现了显著的平流层臭氧减少。

6.2.2.3 极地平流层臭氧耗损机制

平流层 ClO_x 的天然来源是海洋生物产生的 CH_3Cl，大部分 CH_3Cl 在对流层中就与 OH 自由基反应生成可溶性氯化物后而被降水去除，只有少部分进入平流层。CH_3Cl 能吸收紫外线光解放出氯原子。

$$CH_3Cl + h\nu \longrightarrow CH_3 + Cl \tag{6-16}$$

此来源产生的原子氯很少。莫利纳和娄兰德（Molina 和 Rowland）于 1974 年首次提出了人工合成的氯氟烃类化合物（CFCs，如 CFC-11 和 CFC-12）等是向平流层提供氯原子的重要污染源，并提出了 CFCs 耗损臭氧层的理论。CFCs 在对流层很稳定，当上升到离地面 24km 高度时，就吸收波长为 185～227nm 的紫外线，分解放出氯原子。

$$CF_2Cl_2 + h\nu \longrightarrow CF_2Cl + Cl \tag{6-17}$$

$$CFCl_3 + h\nu \longrightarrow CFCl_2 + Cl \tag{6-18}$$

继续反应可使分子中全部氯原子都释放出来。另外，在高平流层，CFCs 还能与 O_3 光解产生的 $O(^1D)$ 作用释放出氯原子。

所罗门（Solomon）等提出了含氯物质破坏臭氧的非均相催化机制。在该机制中，活泼氮物质（NO_x）由于以下反应而起关键作用。

$$ClO + NO_2 + M \longrightarrow ClONO_2 + M \tag{6-19}$$

通过该反应，活泼氯物质能转化成不活泼的物质形态，而转化时间取决于 NO_2 浓度。因此，NO_2 浓度控制了氯物质破坏臭氧的时间尺度，从而在决定臭氧耗损程度和持续时间方面起关键作用。

冬季的南极是一个独特的地区，那里的大气环流是环绕极地的，几乎没有来自较低纬度空气的混合。在太阳低于地平线的漫长黑暗的南极冬季期间，几乎没有臭氧产生。在晚冬早春，极地平流层的温度到了最低点，极低的气温导致极地平流云的形成；在极地平流云中，$HNO_3 \cdot 3H_2O$（$T < -70℃$）晶体和水的冰晶（$T < -85℃$）形成。氯原子的临时储库如 $ClONO_2$ 和 HCl 在这些晶体表面发生非均相分解反应，释放出氯的活性形式如 Cl_2 和 $HOCl$，同时氮物种被转化成了活性小的固态 HNO_3。

$$HCl(s) + ClONO_2(g) \longrightarrow Cl_2(g) + HNO_3(s) \tag{6-20}$$

$$H_2O(s) + ClONO_2(g) \longrightarrow HOCl(g) + HNO_3(s) \tag{6-21}$$

$$HOCl(g) + HCl(s) \longrightarrow Cl_2(g) + H_2O(s) \tag{6-22}$$

当极地太阳升起时，Cl_2 和 HOCl 等氯的活性物种在可见和近紫外光的作用下，释放出氯原子，从而促进臭氧的催化循环破坏［反应式(6-5) 和反应式(6-6)］。

春天回来时，有两个因素促使恢复南极平流层臭氧。首先，太阳光强度增加，有更多的臭氧生成。其次，平流层温度增加将升华极地平流云，释放出 HNO_3（g），并很快分解成 NO_2，捕获一些 ClO 变成硝酸氯化物临时储库 $ClONO_2$。ClO 的另一个临时储库为双聚物 ClOOCl，但该物质很容易光解释放出 O_2 和两个 Cl 原子。

硫酸盐气溶胶表面也能发生以上非均相反应。Cl_2 分子在阳光作用下很容易分解成 Cl 原子，从而在 9 月的光照时期破坏臭氧。实验研究已证实，反应式(6-20) 在冰晶表面进行很快，但气相中不反应。非均相反应对于南极低平流层氯化学和氮化学都有重要作用，显著地提高了大气中破坏臭氧的氯的丰度。以下为破坏臭氧的催化机理。

$$2(Cl+O_3) \longrightarrow 2ClO+2O_2 \tag{6-5}$$
$$ClO+ClO+M \longrightarrow Cl_2O_2+M \tag{6-23}$$
$$Cl_2O_2+h\nu \longrightarrow Cl+ClO_2 \tag{6-24}$$
$$ClO_2+M \longrightarrow Cl+O_2+M \tag{6-25}$$

$$\text{总反应}:2O_3+h\nu \longrightarrow 3O_2 \tag{6-26}$$

其中速度控制步骤为反应式(6-23)，因此以上催化机理的 O_3 耗损速率可写为

$$d(O_3)/dt = -2k_{212}(ClO)(ClO)(M) \tag{6-27}$$

此外，氯和溴的耦合作用也对臭氧耗损速率有贡献：

$$Cl+O_3 \longrightarrow ClO+O_2 \tag{6-5}$$
$$Br+O_3 \longrightarrow BrO+O_2 \tag{6-28}$$
$$ClO+BrO \longrightarrow Br+ClO_2 \tag{6-29}$$
$$ClO_2+M \longrightarrow Cl+O_2+M \tag{6-25}$$

$$\text{总反应}:2O_3 \longrightarrow 3O_2 \tag{6-12}$$

观测结果表明，大气中溴的浓度约为 10pp900，而且南极中大部分溴以 BrO 形态存在。尽管目前平流层溴来源主要是天然排放的 CH_3Br，但人为排放的溴也在逐年上升（WMO，1990）。通过氯和溴耦合作用增加了 ClO 丰度，进一步提高了臭氧耗损速率，该循环机理的控制步骤为 ClO 和 BrO 反应。由以上两个循环机理决定的局地臭氧耗损速率可表示为

$$d(O_3)/dt = -2\{k_{212}(ClO)(ClO)+k_{218}(ClO)(BrO)\} \tag{6-30}$$

在 1987 年 9 月，20km 附近的南极涡流观测到的臭氧减少为每天约 2%。根据实验测定的速率常数和反应式(6-13)，可估算出这样的臭氧减少速率需要低平流层的 ClO 丰度为 1ppbv 数量级。这个数值比纯气相光化学模式计算结果高出 100 倍。1986 年和 1987 年进行的大规模航测和地面两套观测数据表明，ClO 最大丰度为 1ppbv 数量级，同上面解释臭氧耗损速率所需要的预想值定性地相符。近几年的观测结果和模式计算结果进一步表明，南极平流层中 ClO 浓度大小与臭氧耗损速率相一致。

观测结果证实了南极平流层的非均相反应在南极臭氧耗损过程中起了重要作用。而且，光化学臭氧耗损计算值同观测值相一致，表明含卤素（Cl 和 Br）的碳氢化合物对南极臭氧空洞的形成起了非常大甚至是全部的作用。

6.2.3　臭氧耗损的后果

太阳光的在可见光以下的波段可以分为：可见光（400～700nm），UV-A（320～400nm），UV-B（290～320nm）和 UV-C（＜290nm）。其中可见光和 UV-A 能完全进入对流层，UV-B 部分被臭氧层吸收部分进入对流层，而 UV-C 完全在平流层过滤掉不进入对流层。平流层臭氧减少最直接的后果就是降低过滤紫外线的作用，使到达地球表面的短波段紫外辐射特别是 UV-B 增加。由于降低了平流层的温度和降低了对流层顶的高度，这将改变大气环流从而改变气候。更严重的是，由于 UV-B 的增加，会对地面生物系统产生重要影响。

可以推测，许多生物，无论是动物还是植物和微生物（也许特别是海洋中的浮游生物），会受到高能辐射剂量增加的危害。一个预期的结果是人类皮肤癌的增加。几乎所有的皮肤癌病历可以归于太阳光的过度暴露，例外的是发生在一些人遗传疾病，DNA 修复机制存在问题。有人做过预测，平流层臭氧减少 5% 将导致每年美国人皮肤癌发病率增加 20%。

UV-B 辐射对人体有害是因为它能被 DNA 吸收带（$\lambda_{max} \approx 260 \sim 280nm$）的尾部吸收。假定是 DNA 里能发生光化学反应，导致在细胞分裂时遗传代码读错。如此的光化学反应能实验上 DNA 水溶液和细胞中观测到。当修补机制存在时，修补效率将会随单位时间缺点数增长而降低。有遗传病（皮肤干燥色素症，xeroderma pigmentosa）的病人缺乏这些修复机

制，对晒斑和皮肤癌极其敏感。

不同波长辐射具有显著不同的生物效应，晒斑就是一个明显的例子。表 6-2 列出导致可觉察皮肤变红（红斑）几个不同波长所需能量剂量。

表 6-2　引起皮肤红斑几个不同波长所需能量剂量

辐　射	能量剂量/(J/cm^2)	需要光子相对数	辐　射	能量剂量/(J/cm^2)	需要光子相对数
254nm，UV-C	0.001	1	310nm，UV-B	0.2	24
300nm，UV-B	0.02	2.4	337nm，UV-A	15	2000

以上数据清楚地显示，有关的是单个光子的能量而不是接受的总能量。高能量的光子最具有生物破坏性。

6.3　臭氧层耗损物质

6.3.1　氯氟烃类化合物

1928 年，美国通用汽车研究所的 Tomas Midgley 用 Swarts 法（即用 SbF_3 以氟依次置换 CCl_4 上的氯）首次合成了 CFC-12。

$$CCl_4 + 2HF + 催化剂 \longrightarrow CF_2Cl_2 + 2HCl \tag{6-31}$$

1930 年，通用汽车公司与 Du Pont 公司合资建立 Kinetic Chemicals Inc. 公司，并于 1931 年开始以工业规模生产 CFC-12。接着，CFC-114 于 1933 年，CFC-113 于 1934 年，CFC-11 于 1936 年也相继工业化，从而揭开了氟化学工业的序幕。

在早期，某些氯氟烃类化合物被用于替代 NH_3 和 SO_2 作制冷剂，当时认为氯氟烃类的使用为高消费做出了贡献。由于氯氟烃化合物具有优异的化学稳定性、不燃性和对人体安全，而使其用途大大超过了制冷剂范围，后来发展成为除大量用于家用和商用冷藏、冷冻、空调等设备的制冷剂外，还广泛用于聚氨酯、聚苯乙烯等的发泡剂，气溶胶的喷雾剂，工业用清洗剂及服装干洗剂等。含溴化合物哈龙（Halon）有卓越的灭火剂，而且使用时不会对设备造成任何损害，可用于特殊场合的灭火剂。氯氟烃类化合物的主要用途见表 6-3。其中 CFC-11 和 CFC-12 用量很大，CFC-114 和 CFC-115 产量很少，主要与其他 CFCs 化合物混合使用。加拿大 1988 年的 CFCs 使用量为 2 万吨，用途分别为：发泡剂 44%，制冷剂 33%，清洗剂 11% 和气雾剂 8%。氯氟烃的使用量逐年上升，到 20 世纪 80 年代后期，世界 CFCs 产量高达 120 万吨。几乎所有的 CFCs 都进入大气，因为绝大多数使用是"开放"式的。

表 6-3　氯氟烃类化合物的主要用途

代　号	化 学 式	沸点/℃	主要用途	代　号	化 学 式	沸点/℃	主要用途
CFC-11	CCl_3F	24	发泡	CFC-114	$CClF_2CClF_2$	4	掺用
CFC-12	CCl_2F_2	−30	制冷	CFC-115	$CClF_2CF_3$	39	掺用
CFC-113	CCl_2FCClF_2	48	清洗				

大气中第一次发现 CFCs 是在 20 世纪 70 年代早期。1971 年测量的地面水平的 CFC-11 对流层浓度为约 50pptv，而 1979 年和 1993 年分别为 150pptv 和 270pptv。

平流层 ClO_x 的天然来源是海洋生物产生的 CH_3Cl，大部分 CH_3Cl 在对流层中就与 OH 自由基反应生成可溶性氯化物后而被降水去除，只有少部分进入平流层。CH_3Cl 能吸收紫外线光解放出氯原子。

$$CH_3Cl+h\nu \longrightarrow CH_3+Cl \tag{6-32}$$

此来源产生的原子氯很少。Molina 和 Rowland 于 1974 年首次提出 CFC-11 和 CFC-12 等是向平流层提供氯原子的重要污染源。CFCs 在对流层很稳定，它们迁移进入平流层，迁移半寿期为 3～10 年；当上升到离地面 24km 高度时，就吸收波长为 185～227nm 的紫外线，分解放出氯原子〔反应式(6-10) 和反应式(6-11)〕。大气中重要有机氯物种浓度见表 6-4。

表 6-4　大气中有机氯物种浓度（Rowland，1991）

化合物	分子中氯原子数	大气氯原子浓度/ppbv	化合物	分子中氯原子数	大气氯原子浓度/ppbv
$CFCl_3$	3	0.8	CH_3CCl_3	3	0.5
CF_2Cl_2	2	1.0	CCl_4	4	0.6
$CF_2ClCFCl_2$	3	0.2	CH_3Cl(天然源)	1	0.6

6.3.2　哈龙类化合物

哈龙类化合物（主要是 Halon-1211 和 Halon-1301）对电器着火（如计算机房、飞机等）的灭火是非常有用的。它们的灭火机制除用较重的蒸汽窒息火苗外，还包括热作用下较弱 C—Br 键断裂，生成的溴原子能终结火焰中自由基链反应，从而达到灭火的目的。

哈龙类化合物也能像 CFCs 一样迁移进入平流层，但比相应的氯代物更易光解发生键断裂，因为 C—Br 键强度不如 C—Cl。通过光解释放的溴原子将引发臭氧分解的链反应，同氯原子引发的反应类似。哈龙 Halon-1211 和 Halon-1301 比 CFC-11 和 CFC-12 的 ODP 值更高。

6.3.3　其他化合物

甲基溴（CH_3Br）也是一种臭氧耗损物质。CH_3Br 主要用做土壤熏剂，是一种农药；同时海洋生物过程和森林火灾也有 CH_3Br 排放进入大气。尽管 CH_3Br 大部分会在对流层氧化，仍然具有中等大小的 ODP 值。

6.4　保护臭氧层国际公约

20 世纪 70 年代以来，世界各国对臭氧层破坏这一全球性环境问题非常关注，尤其是联合国环境规划署召开了一系列国际会议，1977 年 3 月于美国华盛顿召开 32 国专家会议，通过了第一个关于臭氧行动的世界计划。这个计划包括监测臭氧和太阳辐射，评价臭氧耗损对人类健康、生态系统和气候的影响，以及发展用于评价控制措施的费用和方法等。并要求环境署建立一个臭氧问题协调委员会。该计划开始注意对耗损臭氧层的物质要进行控制。1980 年，协调委员会对臭氧耗损问题提出了评价，认为臭氧耗损的确严重威胁着人类和生态系统。1981 年环境规划署建立了工作小组筹备保护臭氧层的全球性公约，并于 1985 年在奥地利维也纳达成了《保护臭氧层维也纳公约》。该《公约》提出了臭氧层变化对人类健康和环境可能造成的有害影响，注意到保护臭氧层需要国际间的合作行动和依靠科学技术的发展，并把氯氟烃化合物作为被监控的物质列在其后。

虽然早在 1974 年就提出了 CFCs 将会危害平流层臭氧，而且 1978 年北美禁止使用 CFCs 作为气雾剂。然而，必须限制 CFCs 排放的国际舆论的出现是 1985 年发现南极臭氧"空洞"以及与平流层氯浓度增加密切相关以后。保持现有的 CFCs 生产但只是阻止它们排入大气，这种替代选择是不切实际的。如发泡剂在发泡材料生产过程中、使用中"泡"破裂时和材料断裂时，就会排入大气；冰箱和空调器在使用过程中因振动导致制冷剂逐渐泄漏。为了进一步对氯氟烃化合物进行控制，在审查世界各国氯氟烃生产、使用和贸易的统计情况基础上，通过多次国际会议讨论和协商，1987 年 9 月 16 日在加拿大蒙特利尔会议上，通过了《关于消耗臭氧层物质的蒙特利尔议定书》，并于 1989 年 1 月 1 日起生效。《议定书》对五种氯氟烃化合物和三种卤族化合物的生产、使用规定了控制时间表。但经过研究发现，即使严格执行《议定书》，大气中氯原子浓度今后 50 年仍将增加一倍，仍会造成严重的臭氧层破坏。因此，环境署于 1989 年 3 月至 5 月连续召开了保护臭氧层伦敦会议及《公约》和《议定书》缔约国第一次会议，进一步强调了保护臭氧层的重要性，并于 5 月 2 日通过了《保护臭氧层赫尔辛基宣言》，鼓励所有尚未参加《公约》的国家尽早加入。《宣言》同意在适当考虑发展中国家特别情况下，尽可能快地但不迟于 2000 年停止受控氯氟烃化合物的生产和使用，尽可能早地控制和削减其他消耗臭氧层的物质，加速开发替代物和技术，促进发展中国家获得有关科技情报、研究成果和培训，并寻求发展适当资金机制促进以最低价格向发展中国家转让技术和替换设备。《议定书》起始设定的目标是到 1989 年中期把 CFCs 生产削减到 1986 年的基线水平，1993 年到 80%，1998 年到 50%。后来建议这些削减力度不够，不足于在 21 世纪上半叶避免实质性平流层臭氧耗损。因而，后来制定了几个修订案来强化《议定书》的条款。1990 年 6 月，在伦敦召开的《议定书》缔约国第二次会议上，通过了《议定书》修正案，并决定建立保护臭氧层临时多边基金。因此，"硬" CFCs，如 CFC-11 和 CFC-12 的完全淘汰计划在 1996 年 1 月 1 日前完成，CCl_4 和 CH_3CCl_3 也一样（它们不包括在原始的蒙特利尔议定书中）。发展中国家被允许把淘汰时间推后 10 年。1993 年末北美停止生产哈龙。

我国于 1989 年加入《维也纳公约》，1991 年加入《蒙特利尔议定书》伦敦修正案，并于 1992 年完成了《中国消耗臭氧层物质逐步淘汰国家方案》的编制工作。该方案于 1993 年经国务院批准后报送联合国环境署蒙特利尔议定书多边基金会并获得通过。在国家方案中明确指出我国拟采用的逐步淘汰方案是：逐步过渡淘汰，即经由 ODP 较小的过渡物 HCFCs 替代，最终达到 ODP 为零的替代。

6.5　替代化合物

6.5.1　替代物的种类

CFCs 在现代生活中具有重要的使用，例如作为冰箱和空调的制冷剂、塑料泡沫材料的发泡剂等，要淘汰它们就必须找到相应的替代物。替代物应保持挥发性和低度性的基本性质，并且是环境友好的。

目前国际上正致力于开发 CFCs 替代物，有些替代物已投入工业使用（表 6-5）。一些含氢的卤代烃 HCFCs 和 HFCs 已被用做替代物。《议定书》中列出了几十种 HCFCs 化合物，建议用做过渡性替代物。由于 HCFCs 仍含有氯原子，它们排放到大气后，少部分或它们的部分中间产物仍可能到达平流层，释放出氯原子而破坏臭氧。显然，不含氯的替代物如 HFCs 等将更加理想，它们即使进入平流层后无氯放出。含三个碳的 HFCs 和 HFEs（含氟醚类化合物）也被认为是极有潜力的替代物。目前，HCFC-22 已被广泛用做家用空调的制冷剂，HFC-134a 已被国外普遍采用于家用冰箱和汽车空调的制冷剂，世界上 HFC-134a 的产量正在急剧上升，并已成为使用最普遍的制冷剂替代物。我国的替代物使用也已经开始，除了在家用空调中全部使用 HCFC-22 外，HFCs 的生产线也已开始使用。

对于替代物的选择，除了考虑其物理参数应达到和接近原 CFCs 的相应参数外，它们在大气中的化学行为，及其化学产物对于对流层和平流层的环境影响则是需要着重考虑的一个方面。

表 6-5　一些重要 CFCs 替代物的分类及用途

替代物		化学式	主要用途	沸点/℃	替代物		化学式	主要用途	沸点/℃
HCFCs	22	$CHClF_2$	制冷	−40.8	HFCs	134a	CH_2FCF_3	制冷	−26.5
	123	$CHCl_2CF_3$	发泡、制冷	27.8		143a	CH_3CF_3		−47.3
	124	$CHClFCF_3$	掺用	−12		152a	CH_3CHF_2	制冷、发泡、掺用	−24.7
	141b	CH_3CCl_2F	发泡	32	HFEs			发泡	
	142b	CH_3CClF_2	制冷	−9.2	烷烃类			制冷、清洗	
	225ca	$CHCl_2CF_2CF_3$	清洗		萜烯类			清洗	
	225cb	$CHClFCF_2CClF_2$	清洗						
HFCs	32	CH_2F_2		−51.6	二氧化碳		CO_2	发泡	−78.5
	125	CHF_2CF_3		−48.6	水		H_2O	清洗	100

6.5.2　替代物对平流层臭氧的影响

6.5.2.1　F 原子对 O_3 的作用

某些大气寿命较长的 HCFCs、HFCs 和 PFCs 能进入平流层，它们在平流层中能降解产生 F 原子。实际上，CFCs 也能在平流层的降解过程中产生 F 原子。F 与 O_3 反应比 Cl 与 O_3 反应快得多，FO 与 O 原子反应也很快。

$$F + O_3 \longrightarrow FO + O_2 \qquad (6\text{-}33)$$

$$FO + O \longrightarrow F + O_2 \qquad (6\text{-}34)$$

$$\overline{\text{总反应}:O + O_3 \longrightarrow 2O_2 \qquad (6\text{-}4)}$$

以上催化循环过程非常快。但是由于 F 原子与 CH_4 或 H_2O 反应生成 HF 也非常快，能同 $F + O_3$ 反应竞争，因而 F 原子催化循环的反应链不可能很长，F 原子很容易转化成 HF。HCl、HBr 和 HI 能同大气中其他活性自由基反应能重新产生 Cl、Br 和 I 原子，而 HF 则不能通过这样的过程产生 F 原子。而且，HF 不能吸收 >165nm 的紫外光，因而不能在平流层光解。另外，HF 也不能在冰晶表面通过非均相反应转化成含氟活性物种。因此可以认为，在平流层中，从含氟的替代物中释放出来的 F 原子由于迅速转化成 HF 而不会造成对平流层 O_3 的耗损。

6.5.2.2　CF_3O_x 和 $FC(O)O_x$ 对 O_3 的影响

自由基 CF_3O_x（CF_3O 和 CF_3O_2）是含有 CF_3 基团的 HCFCs 和 HFCs 大气化学反应的中间产物，能在平流层参加 O_3 催化破坏过程。寇（Ko）等认为 CF_3O_x 自由基有类似于 HO_x 自由基的 O_3 催化破坏机理。在低平流层，以下反应重要。

$$CF_3O + O_3 \longrightarrow CF_3O_2 + O_2 \qquad (6\text{-}35)$$

$$CF_3O_2 + O_3 \longrightarrow CF_3O + O_2 \qquad (6\text{-}36)$$

$$\overline{\text{总反应}:2O_3 \longrightarrow 3O_2}$$

在中平流层，以下反应也能导致 O_3 破坏。

$$CF_3O + O_3 \longrightarrow CF_3O_2 + O_2 \qquad (6\text{-}35)$$

$$CF_3O_2 + O \longrightarrow CF_3O + O_2 \qquad (6\text{-}37)$$

$$\overline{\text{总反应}:O + O_3 \longrightarrow 2O_2}$$

然而，研究结果认为，CF_3O 自由基与 O_3 反应速率常数 $<5 \times 10^{-14}$ $cm^3/(molecule \cdot s)$（298K）；CF_3O_2 自由基与 O_3 反应速率常数 $<1 \times 10^{-14}$ $cm^3/(molecule \cdot s)$（298K）。CF_3O

及 CF_3O_2 与 O_3 反应的速率常数上限值类似于 OH 及 HO_2 与 O_3 反应的速率常数值上限。CF_3O 自由基主要的链终止反应是与 NO 或 CH_4 反应。CF_3O 与 NO 反应生成 $C(O)F_2$ 和 FNO。

$$CF_3O + NO \longrightarrow C(O)F_2 + FNO \tag{6-38}$$

以上反应速率与气体压力和温度无关，该反应是 CF_3O 的永久性汇。CF_3O 还能与 CH_4 反应生成 CF_3OH。

$$CF_3O + CH_4 \longrightarrow CF_3OH + CH_3 \tag{6-39}$$

CF_3OH 成为 CF_3O 的暂时储库，CF_3OH 能重新反应生成 CF_3 或 CF_3O 自由基。在平流层条件下，CF_3OH 光解及与 OH 反应不重要，传输进入对流层可能是 CF_3OH 的汇。根据动力学常数值和平流层微量气体浓度值，可以估计出 CF_3O_x 破坏 O_3 的催化循环链长不会超过一个（unity）链长单位，与 ClO_x 催化循环的链长 $10^3 \sim 10^4$ 相比，可见 CF_3O_x 对 O_3 的破坏并不重要，而且永久性汇机制的存在更进一步降低了 CF_3O_x 破坏 O_3 的有效性。

在平流层，含氟替代物的降解产物 $HC(O)F$ 及 $C(O)F_2$ 能少量地光解生成 $FC(O)$ 自由基，$FC(O)$ 与 O_2 迅速结合生成 $FC(O)O_2$ 自由基。$FC(O)O$ 也能参与 O_3 破坏反应。

$$FC(O)O_2 + O_3 \longrightarrow FC(O)O + 2O_2 \tag{6-40}$$

$$FC(O)O + O_3 \longrightarrow FC(O)O_2 + O_2 \tag{6-41}$$

$$总反应：2O_3 \longrightarrow 3O_2$$

$FC(O)O$ 与 O_3 反应速率上限 $< 6 \times 10^{-14} \, cm^3 / (molecule \cdot s)$。$FC(O)O_2$ 及 $FC(O)O$ 又能很快地与 NO 反应，其中 $FC(O)O$ 与 NO 反应生成 CO_2 和 FNO。

$$FC(O)O + NO \longrightarrow CO_2 + FNO \tag{6-42}$$

以上反应是 $FC(O)O$ 的永久性汇。根据速率常数值和平流层中 NO 及 O_3 浓度值，可以估算出 $FC(O)O_x$ 自由基对 O_3 的破坏不重要。

6.5.2.3 替代物的臭氧损耗潜势（ODP）

臭氧耗损潜势（ozone depleting potential，ODP）是指单位质量某种化合物在整个寿期内破坏平流层臭氧的潜在能力。为了对不同化合物的损耗 O_3 能力进行比较，一般采用相对耗损潜势。

$$相对 ODP = \frac{某物质的 ODP}{CFC\text{-}11 \text{ 的 ODP}} \tag{6-43}$$

一些替代物的 ODP 值列于表 6-6 中。为了便于比较，CFCs、哈龙和一些对臭氧层重要的化合物也列在表中。从表中可以看出，HCFC 化合物由于大气寿命比 CFCs 明显缩短，其 ODP 值即耗损平流层臭氧的能力大大下降；而对于 HFC 化合物，它们几乎不损耗臭氧。顺便指出，虽然哈龙（如 Halon-1301）的 ODP 比氯氟烃化合物（如 CFC-11）大得多，但由于排放量小很多，总体上哈龙不如氯氟烃类损耗臭氧的贡献大。

似乎可以认为 HFC 类化合物可以选为理想的替代物，但事实并非如此。实际上，控制人为排放化合物对平流层的影响只是解决了一个方面的问题，其他问题不一定得到解决，比如后一章将会介绍的温室效应。大多数 HFC 化合物与 CFCs 类似，温室效应很强。而且，含有—CF_3 基团的化合物将在大气中降解产生三氟乙酸 CF_3COOH。CF_3COOH 将对生态系统造成危害，目前正在密切关注中。

碳氢化合物对环境是友好的，但由于有安全和兼容性问题，前面推广使用还有很大的困难。因此，替代物的开发和使用仍然任重而道远。

表 6-6　CFCs、Halons、HCFCs、HFCs 及其他一些化合物的大气寿命和 ODP 值（WMO，1995）[①]

代　号	化学结构式	大气寿命/a	ODP 二维模式	ODP 半经验式
CFC-11	CCl_3F	50 ± 5	1.0	1.0
CFC-12	CCl_2F_2	102	0.82	0.9
CFC-113	CCl_2FCClF_2	85	0.90	0.9
CFC-114	$CClF_2CClF_2$	300	0.85	
CFC-115	$CClF_2CF_3$	1700	0.4	
Halon-1301	CF_3Br	65	12	13
Halon-1211	CF_2ClBr	20	5.1	5
HCFC-22	$CHClF_2$	13.3	0.04	0.05
HCFC-123	$CHCl_2CF_3$	1.4	0.014	
HCFC-124	$CHClFCF_3$	5.9	0.03	
HCFC-141b	CH_3CCl_2F	9.4	0.10	0.1
HCFC-142b	CH_3CClF_2	19.5	0.05	0.066
HCFC-225ca	$CHCl_2CF_2CF_3$	2.5	0.02	0.025
HCHC-225cb	$CHClFCF_2CClF_2$	6.6	0.02	0.03
HFC-32	CH_2F_2	6.0		
HFC-125	CHF_2CF_3	36	$<3\times10^{-5}$	
HFC-134a	CH_2FCF_3	14	$<1.5\times10^{-5}$	$<5\times10^{-4}$
HFC-143a	CH_3CF_3	55		
HFC-152a	CH_3CHF_2	1.5		
CCl_4	CCl_4	42	1.20	
CH_3CCl_3	CH_3CCl_3	5.4 ± 0.4	0.12	0.12
$CHCl_3$	$CHCl_3$	0.55		
CH_2Cl_2	CH_2Cl_2	0.41		
CH_3Br	CH_3Br	1.3	0.64	0.57

① ODP 以 CFC-11 为参考物质。

参 考 文 献

[1]　唐孝炎等. 人类共同的责任——中国消耗臭氧层物质逐步淘汰国家方案. 北京：中国环境科学出版社，1993.

[2]　陈忠明等. 氯氟烃替代物大气化学研究. 环境科学，1997，18（4）：85-89.

[3]　AFEAS. Reseach Summary. Washington D. C.，1994.

[4]　Atkinson R，et al. Evaluated kinetic and photochemical data for atmospheric chemistry：supplement Ⅳ，J. Phys. Chem. Ref. Data，1992，21，1125-1568.

[5]　Biggs P，et al. STEP-HALOCSIDE/AFEAS Workshop，1993，March 23-25，Dublin，104-112.

[6]　Bunce N J. Enviromental Chemistry. Wuerz Publishing Ltd，Winnipeg，Canada，1994.

[7]　DeMore W B，et al. NASA/Jet Propulsion Laboratory Pub. 1992，92-20.

[8]　Farman J C，et al. Large losses of total ozone in Antarctica reveal seasonal ClO_x/NO_x interaction. Nature，1985，315，207-210.

[9]　Ko M KW，et al. CF_3 chemistry：Potential implications for stratospheric ozone. Geophys. Res. Lett，，1994，21，101-104.

[10]　McElroy M B，et al. Reductions of Antarctic ozone due to synergistic interactions of chlorine and bromine. Nature，1986，321，759-762.

[11]　Mollina M J，Rowland F S. Stratospheric sink for chlorofluoromethanes：chlorine atomc-atalysed destruction of ozone. Nature，1974，249，810-812.

[12]　Nee J B，et al. Photoabsorption cross section of HF at 107-145 nm. J. Phys. B：Mol. Phys. 1985，18，L293-L294.

[13]　Rowland F S. Stratospheric ozone in the 21st century：the chlorofluorocarbon problem. Environ. Sci. Technol.，1991，25：622-628.

[14]　Solomon S，et al. On the depletion of Antarctic ozone. Nature，1986，321：755-758.

[15]　Solomon S. Progress towards a quantiative understanding of Antarctic ozone depletion. Nature，1990，347，347-354.

[16]　Wallington T J，Schneider W F. The Stratospheric Fate of CF_3OH. Environ. Sci. Technol. 1994，28，1198-1200.

[17]　WMO. Scientific Assessment of Stratospheric Ozone：1989，World Meteorological Organization，Global Ozone Re-

seach and Monitoring Project—Report No. 20，Volume Ⅱ，Appendix；AFEAS Report，Geneva，(1990).

[18] WMO. Scientific Assessment of Stratospheric Ozone：1991，World Meteorological Organization，Global Ozone Re-
seach and Monitoring Project—Report No. 25，Geneva，(1992).

[19] WMO. Scientific Assessment of Stratospheric Ozone：1994，World Meteorological Organization，Global Ozone Re-
seach and Monitoring Project—Report NO. 37，Geneva，(1995).

习　　题

1. 什么是臭氧层？

2. 已知在对流层顶（高度 15km，气温 −56℃）的臭氧浓度为 $1.1×10^{12}$ mol/cm³，气压为 0.12atm，计算以 atm 和 ppmv 为单位的 O_3 浓度（1atm＝101325Pa）。

3. 请写出平流层臭氧生成和破坏的主要机制。

4. 计算反应式(6-1) 和反应式(6-3)的 ΔH^0，假定光子的波长为 225nm。

5. 南极臭氧“空洞”是怎么回事？

6. 平流层大气中臭氧破坏的简化过程为：

　Ⅰ　　　$O+O_3 \longrightarrow 2O_2$　　　　　　$k_Ⅰ=1.5×10^{-11} \exp(-2218/T)$ cm³/(molec·s)

　ⅡA　　$Cl+O_3 \longrightarrow ClO+O_2$　　　$k_{ⅡA}=8.7×10^{-12}$ cm³/(molec·s)　（220K）

　ⅡB　　$ClO+O \longrightarrow Cl+O_2$　　　$k_{ⅡB}=4.3×10^{-11}$ cm³/(molec·s)　（220K）

　　　已知稳态浓度：$[O]=5.0×10^7$ mol/cm³，$[Cl]=1.0×10^5$ mol/cm³，$[ClO]=6.4×10^7$ mol/cm³，$[O_3]=3.2×$ 10^{12} mol/cm³。回答以下问题：

（1）计算反应式（Ⅰ）的活化能。

（2）计算反应式（Ⅰ）、（ⅡA）和（ⅡB）在 220K 的速率。

（3）循环反应式（ⅡA）和（ⅡB）总的速率是多少？解释你的理由。

（4）除循环（Ⅱ）外，多少臭氧被直接反应（Ⅰ）破坏掉？

（5）为什么现在特别关心循环反应式（Ⅱ）重要性在增加？

7. 氯氟烃化合物（CFCs）有哪些用途？为什么要淘汰它们而使用替代物？

8. 你认为现有的氯氟烃替代物存在哪些问题？

第7章 温室效应

7.1 地球热平衡

地球表面的热平衡可用图 7-1 来表示。进入大气的太阳辐射约 50% 以直接方式或被云、颗粒物和气体散射的方式到达地球表面；另外的 50% 被直接反射回去或被大气吸收。到达地面的太阳能大部分被吸收，而地面受热后，再以长波辐射的方式使能量返回太空，以维持热量平衡。

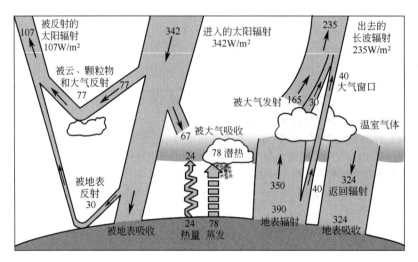

图 7-1　地球表面热平衡示意图

(IPCC, 1995)

地球表面能量返回大气由三种能量传输机制来完成。

① 传导。传导通过相邻分子的相互碰撞作用来进行，热能通过传导由地表被转移到大气中。因为空气是热的不良导体，传导主要限制在直接贴近地表的空气层，其转移能量所占的份额相对较少。

② 对流。对流机制是当空气团移动越过一个地区时陡然的空气温度变化。一般地，贴近地表的空气温度较高，随着高度增加空气温度逐渐降低；发生对流时，热的空气迁移到上面，而冷的空气向下迁移，整个空气团因相对冷热而运动起来，因而大量地表热量被转移到大气中。

③ 辐射。地球受热后，能再辐射比太阳光到达地面辐射更长波长的长波辐射，把能量带离地球表面，以维持地球热量平衡。由于自然大气中存在的一些气体，如水汽、二氧化碳、甲烷等，能够吸收部分长波辐射，即通过所谓的"温室效应"，使地球表面保持适合生物生存的温度。我们对温室效应特别关心，因为它易受人类活动的干扰。

7.2　温室效应

什么是温室效应呢？这可以用人们熟悉的花园种植花草的温室来说明。花园温室一般由玻璃隔开外界空气使室内形成一个相对封闭的空间，以保持室内的花草生长所需的温度。绝大多数来自太阳光的短波辐射能透过玻璃墙和天花板，被温室内的地面和物体吸收；而一旦辐射被吸收，就转换成能致热的长波（红外）辐射，再从温室内辐射出去。但是，玻璃不允许长波辐射逃出去，而是对其进行吸收。由于热量被禁闭在里面，温室里比外界温暖得多。以上现象就是所谓的"温室效应"（Greenhouse Effects）。

进入地表附近的太阳光被吸收，该能量被大气、海洋和陆地再分配；受热的地球表面以更长的波长（红外波段）再辐射返回太空。然而在返回途中，一些辐射被大气辐射活性气体（温室气体）所吸收，特别是水汽吸收最大，也包括二氧化碳、甲烷、氯氟烃、臭氧以及其他温室气体的吸收。被温室气体吸收的能量向各个方向再发射，可以向上也可以向下，其中向下的能量回到地面。这样的结果是，存在温室气体时比不存在温室气体时由地球表面返回到太空的热量要小，因而地球表面逐渐变热。这种现象就是大气中发生的温室效应，而温室气体就相当于花园温室的玻璃。

由于大气中温室效应的存在，地球表面的平均温度能维持在约 15℃，特别适合于地球生命的存续；如果没有该效应，地球表面温度将是 −18℃ 左右，现有的大多数生物将无法生存。实际上，红外能量的吸收大部分是由大气中水分子来完成。除水分子的关键作用外，二氧化碳、甲烷等气体尽管吸收程度较小，但它们在维持热量平衡中也起着重要作用。进入20 世纪 80 年代以来，人们越来越关注由人类活动引起的大气中温室气体浓度的增加。研究发现，大气中二氧化碳等温室气体浓度的上升能够很好地与全球变暖相关联。这种由人为排放温室气体所引起的全球变暖现象，一般称为人为的温室效应。

7.3　全球变暖

1861 年以来，全球平均表面温度（即近地面空气温度和海洋表面温度）已经明显上升，见图 7-2（a）。从图 7-2（a）可以看出，不同时期的变暖情况很不相同，其中主要温升发生在过去的 20 世纪中，该一百年温度上升了 0.6℃±0.2℃，而且主要发生 1910～1945 年和1976～2000 年两个时期。全球而言，20 世纪 90 年代是最温暖的 10 年，而 1998 年是最热的一年。对于北半球，20 世纪的温升可能是过去 1000 年中最高的，见图 7-2（b）；由于缺乏数据，1000 年前的年平均温度并不知道。而对于南半球，由于条件的限制，1861 年前的温度情况也不清楚。

根据观测，1950～1993 年陆地上夜间日平均最低温度升温速率为 0.2℃/10 年，这大约是白天日平均温度增幅 0.1℃/10 年的两倍。这种现象使得许多中纬度和高纬度地区的非冰冻期明显延长。同一时期，海洋表面温度升幅大约是陆地平均地面空气温度升幅的一半。

20 世纪 50 代末开始了较精确的天气气球观测，结果显示近地面 8km 高度以内的大气温升与地面空气温度情况类似，升幅为 0.1℃/10 年。1979 年开始了卫星观测，卫星和天气气球观测结果显示，近地面 8km 大气全球平均温度增幅为 0.05℃±0.1℃/10 年，但是地面空气温度全球平均增幅高达 0.15℃±0.05℃/10 年。

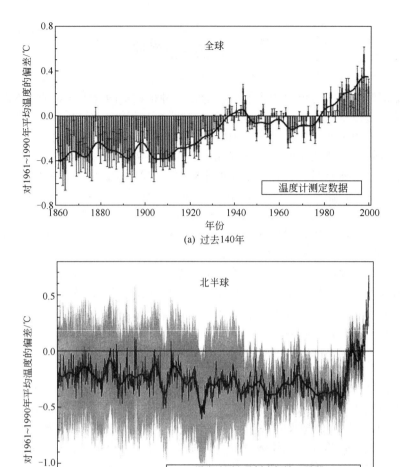

图 7-2　地球表面温度在过去 140 年和过去 1000 年中发生的变化（IPCC，2001）

（a）全球在过去 140 年中地球表面温度年平均变化及约每 10 年平均变化（黑线）情况。温升最佳估计值为 0.6℃±0.2℃；（b）北半球在过去 1000 年中年平均变化（深灰色线）及每 50 年平均变化（黑线）情况。构建该图使用了树木年轮和珊瑚等分析引申得到的温度变化数据

7.4　辐射强迫

　　以温度变化为代表的气候变化可以归因于气候系统的内部因素变化和外部因素的作用（自然或人为）。各种因素对地球表面温度变化的影响可以用辐射强迫来进行比较。辐射强迫（radiative forcing，RF）是对某种因素改变地球-大气系统进出能量平衡影响大小的度量，是一种作为潜在温度变化机制重要性的指数。一般用某因素改变引起的单位面积发生的能量（功率）变化来表示辐射强迫，单位 W/m²，正值为增温效应，负值为降温效应。

　　一些研究认为，自然因素对辐射强迫的贡献很小，主要表现在：① 自 1750 年以来的

250 年中，因太阳辐射导致的辐射强迫估计为 $0.3W/m^2$，而且主要发生在 20 世纪前半叶。②火山喷发能把颗粒物输送到平流层，颗粒物在平流层能存留几年，能导致负的辐射强迫。主要几次火山喷发发生在两个时期，即 1880～1920 年和 1960～1991 年；例如 1991 年 6 月菲律宾皮纳吐波（Pinatubo）火山大喷发就把大量的颗粒物排放到大气平流层。③在过去的20 年甚至 40 年中，以上两种自然因素（太阳辐射变化和火山颗粒物）总的来说，对辐射强迫的贡献为负值，因此解释不了该时期全球变暖的问题。

近 20 年来，国际上对可能导致全球变暖的外部因素进行了大规模的观测和模式研究，结果发现，大气中温室气体浓度的变化和颗粒物浓度变化可以很好地解释全球变暖问题。使用这些大气物种的浓度值和辐射强迫值，再结合自然因素的辐射强迫，可以模拟出 1861 年以来的全球平均温度变化情况，并与观测结果符合得非常好。

图 7-3 列出了各种因素的辐射强迫。这些辐射强迫起源于大气组成的变化、因土地利用造成的地表返照率改变以及太阳能输出的变化。除太阳能变化外，其他辐射强迫都与某种形式的人类活动有关。图中的矩形棒代表辐射强迫的贡献，有些变暖，有些变冷。间断式的火山喷发事件引起的强迫为负值，因持续时间只有几年，没有在图中列出来。颗粒物的非直接效应是指它们对云滴大小和数量的影响，为负强迫。颗粒物对云的第二种效应是它们对云寿命的影响，也是负强迫，也没有在图中列出。航空对温室气体的效应也单独列出。矩形棒上方的垂直线段表示根据发表的不同强迫值的估计范围。无矩形棒的垂直线段表示该强迫由于不确定性很大而没有很好的估计值。一些辐射强迫物质能全球混合得很好，如 CO_2，因而影响全球热平衡；而有些物质因受自身空间分布的限制，如颗粒物，具有较强的区域性特征。由于区域性分布的存在以及其他原因，不能通过图中辐射强迫正负矩形棒简单相加来得到对地球表面热平衡的净影响定量。从图 7-3 可以看出，1750～2000 年，大气很好混合的温室气体造成的辐射强迫增加为 $2.43W/m^2$，其中：CO_2 $1.41W/m^2$，CH_4 $0.48W/m^2$，N_2O $0.15W/m^2$，卤烃 $0.34W/m^2$。

对流层 O_3 增加引起的辐射强迫为 $0.35W/m^2$（图 7-3）。与长寿命的温室气体（如 CO_2）不同，臭氧强迫随因地区而异，且对排放变化很敏感。平流层臭氧耗损会造成负的辐射强迫。据 1979～2000 年观测数据分析，平流层臭氧耗损造成的辐射强迫为 $-0.15W/m^2$（图 7-3）。

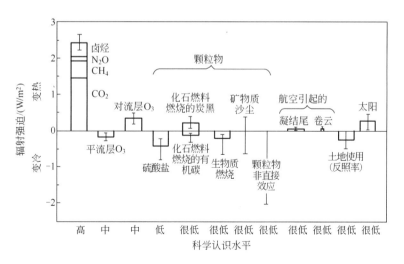

图 7-3　多种外部因素导致的辐射强迫（IPCC，2001）

人为源颗粒物寿命比较短，主要产生负的辐射强迫。颗粒物的人为源主要是化石燃料的燃烧和生物质燃烧。一些颗粒物的直接辐射强迫值分别为（图 7-3）：硫酸盐颗粒物 $-0.4\mathrm{W}/\mathrm{m}^2$；生物质燃烧的颗粒物 $-0.2\mathrm{W}/\mathrm{m}^2$；化石燃料燃烧的有机碳颗粒物 $-0.1\mathrm{W}/\mathrm{m}^2$。与以上颗粒物不同，化石燃料燃烧产生的炭黑颗粒物却是正的辐射强迫，为 $0.2\mathrm{W}/\mathrm{m}^2$。然而，与温室气体相比较，颗粒物辐射强迫的可信度要小得多。由于寿命短，颗粒物辐射强迫的区域性很强，对排放很敏感。颗粒物除了有上面介绍的直接辐射强迫外，还具有间接辐射强迫。间接强迫是指颗粒物参与成云过程，影响云和云的分布，从而影响辐射。尽管对非直强迫的强度还不太确定，但有证据显示该强迫的存在。

模式计算结果表明，以上所包括的辐射强迫已经足以解释所观测到的全球变暖现象；自 1750 年以来，全球在变暖。当然也不排除还未发现的其他强迫在起作用。根据新的证据和考虑到还存在的不确定性，可以认为过去 50 年中观测到的变暖可能大部分是由于温室气体浓度增加所引起的。

7.5　温室气体

温室气体包括两类：一类在对流层混合均匀，如 CO_2、CH_4、N_2O 和 CFCs；另一类在对流层混合不均匀，如 O_3 和 NMHCs。造成混合不同的原因是这些化合物大气寿命不同，化合物寿命长有利于混合均匀，其温室效应具有全球性特征；化合物寿命短不利于混合均匀，其温室效应呈现区域性特征。然而，由于平流层强烈的大气化学反应，大多数卤烃化合物以及 CH_4 和 N_2O，它们的混合比在平流层随高度上升而降低。

表 7-1　一些温室气体的大气浓度、变化率和年排放量

化 合 物	化学式	大气浓度[①]/ppt		20 世纪 90 年代变化率[①]/(ppt/a)	20 世纪 90 年代末年排放量
		1998	1750		
二氧化碳	CO_2(ppm)	365	280	1.5	6.3PgC
甲烷	CH_4(ppb)	1745	700	7.0	600Tg
氧化亚氮	N_2O(ppb)	314	270	0.8	16.4TgN
过氟甲烷	CF_4	80	40	1.0	约 15Gg
过氟乙烷	C_2F_6	3.0	0	0.08	约 2Gg
六氟化硫	SF_6	4.2	0	0.24	约 6Gg
HFC-23	CHF_3	14	0	0.55	约 7Gg
HFC-134a	CF_3CH_2F	7.5	0	2.0	约 25Gg
HFC-152a	CH_3CHF_2	0.5	0	0.1	约 4Gg
CFC-11	$CFCl_3$	268	0	-1.4	
CFC-12	CF_2Cl_2	533	0	4.4	
CFC-13	CF_3Cl	4	0	0.1	
CFC-113	$CF_2ClCFCl_2$	84	0	0.0	
CFC-114	CF_2ClCF_2Cl	15	0	<0.5	
CFC-115	CF_3CF_2Cl	7	0	0.4	
四氯化碳	CCl_4	102	0	-1.0	
甲基氯仿	CH_3CCl_3	69	0	-14	
HCFC-22	CHF_2Cl	132	0	5	
HCFC-141b	CH_3CFCl_2	10	0	2	
HCFC-142b	CH_3CF_2Cl	11	0	1	
哈龙-1211	CF_2ClBr	3.8	0	0.2	
哈龙-1301	CF_3Br	2.5	0	0.1	
哈龙-2402	CF_2BrCF_2Br	0.45	0	0	
对流层臭氧	O_3(DU)	34	25	?	

① 所有的浓度值为对流层摩尔混合比 ppt（10^{-12}），变化率为 ppt/a，除非行中特别表明（ppb＝10^{-9}，ppm＝10^{-6}）。只要可能，1998 年的数据为全球性的，年平均值和变化率由 1996～1998 年数值计算出。

在工业革命前的 1000 年中，大气中温室气体浓度保持比较稳定；但是工业革命开始后，许多温室气体浓度在人类活动的直接或间接影响下增加了（见图 7-4）。表 7-1 给出了几种温室气体 1750 年和 1998 年的浓度、20 世纪 90 年代的年变化率以及年排放量。

7.5.1 二氧化碳

1750 年以来，大气中 CO_2 浓度增加了 31%。目前的 CO_2 浓度是过去 42 万年最高的，甚至可能是过去 2 千万年最高的；其增幅在过去 2 万年中是空前的。人为排放进入大气中的 CO_2 约四分之三由于化石燃料燃烧产生；剩下的部分主要是由于土地利用变化特别是毁林造成的。目前，海洋和陆地约一半为人为排放 CO_2。过去 20 年中，大气 CO_2 浓度增长率约为 1.5ppm（0.4%）/a，其中 20 世纪 90 年代增长率为 0.9

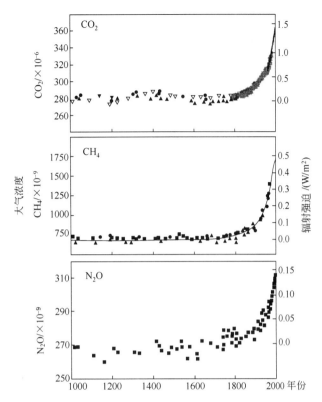

图 7-4 过去 1000 年中二氧化碳、甲烷和氧化亚氮大气浓度变化及相应的辐射强迫变化（IPCC，2001）

（0.2%）~2.8ppm（0.8%）/a，这种幅度变化的大部分因素是因为气候变化（如厄尔尼诺事件）影响了陆地和海洋固定和释放 CO_2。

7.5.2 甲烷

大气中 CH_4 增加很快，1975 年以来上升了 1060ppb（151%），而且在继续增长。目前的 CH_4 也是过去 42 万年最高的。20 世纪 90 年代增长幅度已比 80 年代有所减缓。目前约一半多一点的 CH_4 排放是人为的，如化石燃料使用、家畜饲养、水稻种植和垃圾填埋等。CO 排放最近也被认为是 CH_4 浓度增加的一个原因。

7.5.3 氧化亚氮

1750 年以来，大气中 N_2O 浓度增加了 46ppb（17%），而且还在增长；至少在过去 1000 年中，目前的浓度是最高的。目前大约三分之一的 N_2O 排放是人为的，排放源主要有农业土壤、家畜饲养和化学工业等。

7.5.4 卤烃

20 世纪以前，合成的卤烃化合物（CFCs、HCFCs、HFCs、PFCs 和哈龙）在大气中并不存在，它们完全来自于人为排放。只有 CF_4 是一个例外，它是一种 PFC 化合物，但在冰芯中只能检测到很低的浓度，表明其天然源非常小。

由于执行蒙特利尔议定书及其修订案，从 1995 年开始，许多氯氟烃化合物和其他受控卤烃化合物的大气浓度增长很慢甚至下降，如 CFC-11 已开始下降，速率为 -1.4ppt/a（见表 7-1）。然而，替代物的大气浓度却在显著上升，如 HFC-134a 增长率为 2.0ppt/a，HCFC-22 增长率为 5ppt/a（见表 7-1）。

7.5.5　对流层臭氧

对流层 O_3 由大气光化学反应产生和破坏。1750 年以来，对流层 O_3 总量增加了 36％。这主要是因为人为排放的一些前体化合物（如 CH_4、NO_x、CO 和 VOC）工业化排放增加，破坏了原有的光化学反应的平衡，导致对流层 O_3 浓度上升。另外，平流层还向对流层输送臭氧。

7.6　全球变暖潜势（GWP）

全球变暖潜势（global warming potential，GWP）是为了提供一个简单的量度，各种温室气体排放的相对辐射效应。该指数定义为：在现在到将来的某个时间范围，单位质量现在排放的某气体累计辐射强迫，相对于某一参考气体（一般是 CO_2）同一时期累计辐射强迫的比值。在选择的时间范围内，用 GWP 乘以排放的气体量，可以计算出一种温室气体将来全球变暖分担量。例如，在指定的时期内，GWPs 可以用来比较相对于二氧化碳减少，甲烷减少对变暖的影响。

为了得到 GWPs，需要知道排放气体的归宿和辐射强迫，以及保留在大气中数量。尽管引用的 GWPs 为简单值，其不确定性很高，为 ±35％，这还不包括参考气体二氧化碳的不确定性。因为 GWPs 是基于辐射强迫的概念得到的，它们难于用于那些对辐射重要但不均匀分布于大气中的组分。目前还没法定义气溶胶的全球变暖潜势。另外，时间范围的选择取决于政策的考虑。

如果需要正确地反映将来的变暖潜势，GWP 需要考虑温室气体的非直接影响。臭氧耗损气体的净 GWP，包括直接变暖效应和间接"变冷"效应，现在已有了估计。非直接效应减少 GWP，但是每一种臭氧耗物质需分别考虑。CFCs 的净 GWP 值是正的，而哈龙物质的净 GWP 值是负的。许多其他气体非直接效应的计算（如 NO_x 和 CO）还无法计算，因为涉及的许多大气过程还不太清楚。

一些气体的全球变暖潜势值见表 7-2。

表 7-2　一些气体的 GWP 值（引自 WMO，1995；IPCC 1995）[①]

气　　体	化 学 式	大气寿命/a	GWP（随时间范围变化）		
			20 年	100 年	500 年
二氧化碳	CO_2	可变	1	1	1
甲烷	CH_4	12±3	56	21	6.5
氧化亚氮	N_2O	120	280	310	170
CFC-11	CCl_3F	50±5	5000	4000	1400
CFC-12	CCl_2F_2	102	7900	8500	4200
CFC-113	CCl_2FCClF_2	85	5000	5000	2300
CFC-114	$CClF_2CClF_2$	300	6900	9300	8300
CFC-115	$CClF_2CF_3$	1700	6200	9300	13000
Halon-1301	CF_3Br	65	6200	5600	2200
Halon-1211	CF_2ClBr	20	3600	1300	390
HCFC-22	$CHClF_2$	13.3	4300	1700	520
HCFC-123	$CHCl_2CF_3$	1.4	300	93	29
HCFC-24	$CHClFCF_3$	5.9	1500	480	150

气 体	化学式	大气寿命/a	GWP(随时间范围变化)		
			20 年	100 年	500 年
HCFC-141b	CH_3CCl_2F	9.4	1800	630	200
HCFC-142b	CH_3CClF_2	19.5	4200	2000	630
HCFC-225ca	$CHCl_2CF_2CF_3$	2.5	550	170	52
HCFC-225cb	$CHClFCF_2CClF_2$	6.6	1700	530	170
HFC-32	CH_2F_2	6.0	1800	580	180
HFC-125	CHF_2CF_3	36	4800	3200	1100
HFC-134a	CH_2FCF_3	14	3300	1300	420
HFC-143a	CH_3CF_3	55	4500	3300	1100
HFC-152a	CH_3CHF_2	1.5	460	140	44
四氯化碳	CCl_4	42	2000	1400	500
三氯乙烷	CH_3CCl_3	5.4±0.4	360	110	35
三氯甲烷	$CHCl_3$	0.55	15	5	1
二氯甲烷	CH_2Cl_2	0.41	28	9	3
甲基溴	CH_3Br	1.3			
六氟化硫	SF_6	3200	16300	23900	34900
过氟甲烷	CF_4	50000	4400	6500	10000
过氟乙烷	C_2F_6	10000	6200	9200	14000
过氟丙烷	C_3F_8	2600	4800	7000	10100
过氟丁烷	C_4F_{10}	2600	4800	7000	10100
过氟环丁烷	$c\text{-}C_4F_{10}$	3200	6000	8700	12700
过氟戊烷	C_5F_{12}	4100	5100	7500	11000
过氟己烷	C_6F_{14}	3200	5000	7400	10700

① GWP 以 CO_2 为参考化合物。

参 考 文 献

[1] Spellman F R，Whiting N E. Environmental Science and Technology—Concepts and Applications. Covernment Institutes，USA，1999.
[2] IPCC 1990，Climate Change 1990：The IPCC Scientific Asessment. UK：Cambridge University Press，1990.
[3] IPCC 1992，Climate Change 1992：The Supplementary Report to the IPCC Scientific Assessment. UK：Cambridge University Press，1992.
[4] IPCC 1995，Climate Change 1995：The Science of Climate Change. UK：Cambridge University Press，1996.
[5] IPCC 2001，Climate Change 2001：The Scientific Basis. UK：Cambridge University Press，2001.

习 题

1. 什么是温室效应？
2. 全球变暖的证据是什么？
3. 辐射强迫有何含义？
4. 温室气体包括哪些？人类活动对它们有何影响？
5. 全球变暖潜势有何用途？

第8章　微环境空气污染

8.1　微环境空气质量

相对于自由大气的开放性，人们生活、工作的室内空间较为狭小，空气的流通与交换较弱，形成独特的小环境，有着不同于大气的空气运动特征和污染释放源，这样的空间称为微环境。早期的建筑能源纯粹天然，并且只是少量用于御寒、烹饪和照明，其他的能耗基本没有。科学技术和工业革命的飞速发展，使得大量新材料和新设施用于建筑，以丰富建筑的功能，满足人们日益增长的需求，而现代技术建立在大量消耗矿物燃料的基础之上。为了追求所谓的舒适，人们甚至建立起完全封闭的、靠人工照明和空调来维系室内环境的大型建筑，隔绝了人与自然环境的直接联系。为了维系这种脆弱的人造环境，需要使用大量的能源和特殊的建筑材料，由此人们对于自然界的能源和资源的索求越来越强烈，曾经的人类与自然界之间的和谐被打破了。

20世纪70年代的石油危机，使得发达国家不得不以牺牲生活质量、降低生活水准为代价，节制使用能源，此后室内空气质量（indoor air quality，IAQ）在西方国家开始受到重视。国外大量研究结果表明，室内空气污染会引起"建筑综合征"（sick building syndrom，SBS），包括头痛、眼、鼻和喉部不适，干咳、皮肤干燥发痒、头晕恶心、注意力难以集中、对气味敏感等。这些症状的具体原因在研究中，大多数患者在离开建筑物不久症状即行缓解。与此相关的是"建筑物关联症"（building related illness，BRI），症状有咳嗽、胸部发紧、发烧寒战和肌肉疼痛等。此类症状在临床上可以找到明确的原因，患者即使在离开建筑物后也需要较长时间才能恢复。于是，室内空气污染问题成为学者们研究的热点。

现代成年人70%～80%的时间是在室内度过，老弱病残者在室内的时间更高，可达90%以上，每天要吸入$10\sim13m^3$的空气，长时间停留在室内并大量吸入含多种污染物且浓度严重超标的空气，引起眼、鼻腔黏膜刺激、过敏性皮炎、哮喘等症状。根据美国的一项调查，室内空气中可检出500多种挥发性有机化合物。加拿大健康部的调查表明，当前人们68%的疾病都与室内空气污染有关。

室内空气污染已经成为对大众健康危害最大的五种环境因素之一。有专家认为，在经历了18世纪工业革命带来的"煤烟型污染"和19世纪石油和汽车工业带来的"光化学烟雾污染"之后，现代人正经历以"室内空气污染"为标志的第三污染时期。

室内空气污染物的种类主要划分为四个类型，即生物污染、化学污染、物理污染和放射性污染，目前室内环境空气中以化学性污染最为严重。生物污染物包括细菌、真菌、病菌、花粉、尘螨等。可能来自于室内生活垃圾、现代化办公设备和家用电器、室内植物花卉、家中宠物、室内装饰与摆设。化学污染物主要来源于建筑材料、装饰材料、日用化学品、人体排放物、香烟烟雾、燃烧产物如二氧化硫、一氧化碳、氨、甲醛、挥发性有机物等。放射性污染主要来源于地基、建材、室内装饰石材、瓷砖、陶瓷洁具。物理污染指的是噪声、电磁辐射、光线等，一方面人体本身对这些因素有一定敏感性，另一方面通过这些因素的改变加强或减弱了其他污染因素的作用。

室内空气污染物按照形态可以分为气态污染物和颗粒物。室内空气污染物按照来源划分为室内发生源和进入室内的大气污染物。室内空气污染有其自身的特点，对于不同的建筑物，这些特点又有各自的特殊性。影响因素主要是建筑物的结构和材料、通风换气状况、能源使用情况以及生活起居方式等。

总体上讲，当室内与室外无相同污染源时，空气污染物进入室内后浓度则大幅度衰减，而室内外有相同污染源时，室内浓度一般高于室外。

中国在 20 世纪 80 年代以前，室内污染物主要是燃煤产生的二氧化碳、一氧化碳、二氧化硫、氮氧化物；在 20 世纪 90 年代初期，因为室内吸烟、燃煤、烹调以及人体排放等有害气体对室内的污染，引发了室内空气换气机的销售热潮，但是因为室外空气污染的日益严重，这种初级处理不久就渐渐退潮了；在 20 世纪 90 年代末期，建材业高速发展，由建筑和装饰材料所造成的污染成为了室内污染的主要来源。尤其是空调的普遍使用要求建筑物密闭性要好，造成新风量不足，引发空气质量恶化。

8.2　室内气态污染物

室内环境的影响因素有很多，不只是化学污染物本身直接作用于受体产生污染结果，相关的风、热、光、居室结构等物理因素也会阻止或加深室内污染。这里主要讨论污染物本身的作用，其他因素在评述污染效果和控制时再讨论，同时注意到室内污染与室内外污染源都相关。

8.2.1　二氧化碳

二氧化碳主要来自动植物燃料燃烧过程，以及有机物分解和呼吸作用。室内的来源主要是通风不好的燃烧器具（加热器、炉子、干燥器）、人和宠物等。室内最高浓度出现在人们停留时间最长的地方，并且直接与室内人数相关。室外来源主要是工厂排放和燃油的燃烧过程。

$$C + O_2 \longrightarrow CO_2 \tag{8-1}$$

$$C_x H_y O_z + O_2 \longrightarrow CO_2 + H_2O \tag{8-2}$$

在相对较低的污染浓度，引起脉搏频率上升、呼吸困难、头痛和反常的疲乏感；在较高的污染浓度，可能的症状包括恶心、头晕和呕吐；在极端的污染水平（一般家庭中浓度在 320~350ppm，绝对不会达到），可能引起发狂。大多数由此引起的症状主要是因为二氧化碳浓度增高的同时氧气浓度降低，流向大脑的氧气量减少，导致大脑神经局部受损。

为防止室内二氧化碳的浓度超过不适当的水平，必须保证所有的燃料炉通风良好，使用必要的通风装置是可行的手段。减少产生二氧化碳的燃料的使用，代之以电是现在通行的方法。

8.2.2　一氧化碳

一氧化碳主要来自燃料的不完全燃烧过程。室外的一氧化碳源主要包括汽车排放、发电厂、燃烧燃油的工业过程。室内源包括燃气加热装置、煤气炉、通风不好的煤油炉、吸烟。

$$C + O_2 \xrightarrow{\text{不完全}} CO \tag{8-3}$$

$$C_x H_y O_z + O_2 \xrightarrow{\text{不完全}} CO + H_2O \tag{8-4}$$

一氧化碳一旦吸入就会和血液运送氧分子的血红素结合为羧基血红素（COHb），抑制向全身各组织输送氧气，症状为头痛、恶心、注意力、反应能力和视力减弱、瞌睡。在高浓度引起昏迷，甚至死亡（表8-1）。室内一氧化碳的平均浓度在0.5~5ppm，如果有通风不好的炉子可能达到100ppm。在浓度500ppm时可能引起死亡，但是因个体身体情况而异，除非达到1500ppm、暴露时间超过1h，一般并不是致命的。

表8-1　CO的生理效应（引自"大气污染控制工程"翻译）

血红素转化为COHb的百分数/%	效　　　应
0.3~0.7	不抽烟者的生理标准
2.5~3.0	受损个体心脏功能减弱,血流改变,继续暴露后红细胞浓度变化
4.0~6.0	视力受损,警觉性降低,最大工作能力下降
3.0~8.0	吸烟者常规值。吸烟者比不吸烟者生成更多的红细胞以进行补偿,就像生活在高海拔的人因为低气压进行补偿性生成
10.0~20.0	轻微头痛,疲乏,呼吸困难,皮肤层血细胞膨胀,反常的视力,对胎儿的潜在危害
20.0~30.0	严重的头痛,恶心,反常的手工技巧
30.0~40.0	肌肉无力,恶心,呕吐,视力减弱,严重头痛,过敏,判断力下降
50.0~60.0	虚弱,痉挛,昏迷
60.0~70.0	昏迷,心脏活动和呼吸减弱,有时死亡
>70.0	死亡

一氧化碳的长期暴露极限没有文献报道，但是研究表明，与不吸烟的相比，孕妇吸烟会导致后代阅读能力和数学能力发展滞后。

既然一氧化碳是燃油不完全燃烧的副产物，那么家庭中所有使用燃油的设备都有可能带来隐患。然而，如果能够确保所有这些设备都能够燃烧充分，确保所有煤油炉和燃气炉都有完好的通风设施，那么这些可能的危险可以降到最低。如果家里的一氧化碳浓度达到这样的危险值（即使采取了上述措施仍然有可能发生，特别是在靠近主要交通干道的地方），可以采用某些过滤装置。还有一氧化碳报警装置，可以在达到危险值时通知居住者。使用管道煤气的居室一定要尽量保证通风良好，发现危险时迅速增大通风换气量是可行的措施。因为一氧化碳与血红素结合的能力远高于氧气（220倍），因此中毒的患者需要用高压氧舱以交换出血液中的一氧化碳。

8.2.3　氮氧化物

氮氧化物包括一氧化氮和二氧化氮。一氧化氮是有毒、无色、无味的气体，在高温燃烧时产生。一旦与空气混合就迅速与氧结合生成二氧化氮。二氧化氮是高毒性、棕红色、刺激性气味的气体。二氧化氮是重要的室外大气污染物，反应活性高，可以作用于材料表面、家具等，衰减速率决定于温度、湿度、与之作用的表面的面积和成分。二氧化氮也是酸沉降的重要组分。

$$C_xH_yN_{z'} + O_2 \longrightarrow NO + CO_{x'} \tag{8-5}$$

$$C_xH_yO_zN_{z'} + O_2 \longrightarrow NO + H_2O + CO_{x'} \tag{8-6}$$

$$NO + O_2 \longrightarrow NO_2 \tag{8-7}$$

这两种气体的室内源包括未通风的燃料燃烧设备（燃气炉、煤油炉等）、反向气流加热装置和吸烟。室外源主要包括汽车和工业锅炉。

两种气体都高度刺激皮肤、眼睛和黏膜，在高浓度时可刺激喉咙，引起严重的咳嗽，甚至致癌。一氧化氮也可与血红蛋白结合，在高浓度时引发的症状与一氧化碳相似，引起缺氧、中枢神经麻痹。二氧化氮的毒性是一氧化氮的4~5倍，可引起神经衰弱，肺部纤维化，心、肝、肾及造血系统的生理机能破坏。研究表明，人特别是儿童长期暴露于二氧化氮气氛中会导致呼吸系统疾病。

控制氮氧化物污染的最佳方法是保证燃烧的充分和通风良好，或者在排放物进入空气前加以破坏，还原为氮气和氧气。

$$NO_x \xrightarrow{\text{催化剂}} N_2 + O_2 \qquad (8\text{-}8)$$

8.2.4 二氧化硫

二氧化硫是无色、有刺激性气味的气体，本身毒性不大。二氧化硫来自含硫燃料的燃烧，进入空气中后吸水可转化为亚硫酸或被氧化为三氧化硫，进一步生成硫酸和硫酸盐气溶胶，对生物体和各种表面造成损害。二氧化硫是室外大气污染的重要贡献物，是酸雨的主要肇因。

$$S + O_2 \longrightarrow SO_2 \qquad (8\text{-}9)$$

室内源主要是炊事、供暖用燃煤和燃油，室外源主要来自汽车、供暖锅炉、工业烟囱排放等，还有天然源，但是一般距离民居较远，影响较小。

二氧化硫对上呼吸道黏膜有强烈刺激作用，损害纤毛，使呼吸系统功能减退，引起支气管哮喘、肺气肿等。此外，形成的酸性物质对家具、水管、墙壁等有腐蚀作用。

控制室内二氧化硫的根本方法是采用低硫煤或以燃气代替，并控制好工业过程中二氧化硫的排放。

8.2.5 臭氧

臭氧是蓝色、强刺激性气味的气体，因为高活性和不稳定性，臭氧的半衰期在 $6\sim8h$。

臭氧是天然存在的物质，主要作用体现在臭氧层。地面臭氧的形成是阳光与氮氧化物和挥发性有机化合物（比如车辆的碳氢化合物排放）作用的结果。在室内，臭氧可以因为使用高压或紫外光的任何设备生成，比如电动摩托、高压办公设备如复印机、激光打印机等。虽然臭氧在室内外都可以生成，但是许多研究表明，室外的臭氧浓度对室内的臭氧浓度起着相当大的决定作用。当室外臭氧浓度高时，室内臭氧浓度也高；室外臭氧浓度低时，室内臭氧浓度也低。但是，尽管室内臭氧浓度低，仍然对人体产生相当程度的影响，因此要小心避免室内臭氧的累积。

臭氧在相当低的浓度就可以影响人体健康。臭氧可以刺激眼睛和呼吸道，包括鼻子、喉咙和气管，引起咳嗽和胸部发紧。在较高浓度时，臭氧会削弱肺功能；长期暴露跟细菌感染、肺组织增厚和中枢神经系统病变等症状的增加有相关性。居民长期在高浓度臭氧存在的室外（比如大城市的光化学烟雾）工作、锻炼，更加可能发生相关的病症。

既然室外臭氧浓度决定着室内的臭氧浓度，居民一般不可能控制室内的臭氧浓度水平。存在空气污染物和光化学烟雾问题的大城市通常会有地面臭氧生成，可能导致产生高浓度的室内臭氧。当然还是要尽可能地控制室内的臭氧源，购买和使用利用臭氧净化空气和水的设备、高压办公设备、电动空气过滤器时都要小心，确保所有设备安装和保养良好。通风设备是去除室内污染物质，换之以新鲜的室外空气的重要手段。但是在大城市室外的臭氧浓度高于室内，换气的结果可能导致室内臭氧浓度的增高。为了解决这个问题，在通风系统上安装过滤装置，通常使用活性炭或木炭，通过化学手段将臭氧转变为氧气。

8.2.6 多环芳烃

多环芳烃（PAHs）是有机化合物，大多数不挥发，在含碳和氢的物质燃烧时产生，已经确定了 100 多种化合物，是室内空气中最重要的致癌物和致突变物类型。

主要 PAHs 室外源包括内燃机、燃煤和某些地区烧木柴的设备，室内源包括吸烟、烧柴、食物的燃烧和焦化。

还没有发现与多环芳烃有关的严重的短期健康问题，但是某些多环芳烃被认为是潜在的致癌物，比如苯并［a］芘，长期暴露其中可能导致癌症的生成。

多环芳烃的室内源很容易去除或很好地控制，例如使烧柴的设备燃烧良好、通风良好，不吸烟，室内换气设备工作良好。

8.2.7 苯并［a］芘

苯并［a］芘（B［a］P）是多环芳烃污染物中的一种，也是测定最多的一种，常用来表征混合 PAHs 的存在。苯并［a］芘是气态，在含有碳和氢（有机物）的材料燃烧过程中生成（图 8-1）。

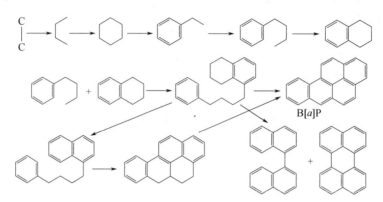

图 8-1　苯并［a］芘的生成

（引自戴树桂，2001）

室内苯并［a］芘的主要源是烧木柴的炉子、壁炉和吸烟，其他不太重要的源还包括不通风的燃气装置和煤油加热器。室外的源包括烧煤的工业过程和电厂。

苯并［a］芘可以附着在颗粒物上，再被吸入并停留在肺部。这种物质的短期健康效应还没有文献报道，但是研究发现长期暴露和癌症发展有很大相关性，因此苯并［a］芘被列入潜在的致癌物质。

有多种方法可以去除或防止室内苯并［a］芘的增加，比如确保通风设备通畅、不泄漏，确保烧柴的设备充分燃烧，不吸烟，确保燃气灶具通风良好，保持室内通风良好。

8.2.8 甲醛

甲醛在室温时是无色具有刺激性气味的气体。甲醛属于挥发性有机化合物（VOC），用于涂料、树脂或建筑材料的黏合剂。有多种甲醛树脂混合物，主要的有酚醛树脂（PF）、三聚氰胺甲醛树脂（MF）、脲醛树脂（UF）。脲醛树脂因为其水溶性，成为室内空气污染中贡献最大的混合物。

室内甲醛主要的污染源是吸烟、炊事燃气、油漆、化纤地毯、复合木制品如中密度纤维板（MDF）和碎料板等。MDF 是家具、橱柜、棚架生产中最常用的材料，含有 2～4 倍标准碎料板中脲醛树脂的量。甲醛也用于一些地毯衬背和脲醛树脂泡沫绝热材料（UFFI）的生产。

用于建筑材料的甲醛混合物，除非密封良好，否则都会向空气中释放甲醛气体。释放速率决定于空气的温度和相对湿度，温度升高 5～6℃气体浓度增大一倍，湿度由 30％升到 70％则甲醛浓度也增加 40％，如果温度和湿度都升高，甲醛浓度可以升高到初始浓度的 5 倍。

甲醛达到高浓度时会引起多种不同的症状。先是对眼睛、鼻子和喉咙的刺激，随之而来的是咳嗽和呼吸困难，哮喘、恶心、呕吐、头痛和鼻子出血都可能发生。如果暴露时间比较短，只要污染物去除了，这些症状都会消失；但是长期暴露会使人体对这些气体过敏，并可能导致癌症（最大的危险是那些工作或生活在甲醛环境超过 10 年以上的）。甲醛还可能损害人的中枢神经，导致神经行为异常。

最有效的控制方法是尽量避免在室内建筑材料中使用含有脲醛树脂的材料。有一些不含甲醛的材料可以使用，否则可以使用室外用胶合板作为碎料板的替代品。虽然室外用胶合板含有甲醛，但是脲醛树脂因其水溶性不被用于室外材料。如果不能避免使用这类材料，可以用两层水质的聚氨酯密封剂或专业的甲醛密封剂来密封。再就是使用良好的通风设备以控制甲醛的积累。

8.2.9 挥发性有机化合物

挥发性有机化合物（volatile organic compounds，VOCs）是指沸点在 $50\sim260℃$ 之间、室温下饱和蒸气压超过 133.322Pa 的易挥发性化合物。其主要成分为烃类、氧烃类、含卤烃类、氮烃及硫烃类、低沸点的多环芳烃类等，是室内外空气中普遍存在且组成复杂的一类有机污染物。它主要产生于各种化工原料加工及木材、烟草等有机物不完全燃烧过程；汽车尾气及植物的自然排放物也会产生 VOCs。由于 VOCs 的成分复杂，其所表现出的毒性、刺激性、致癌作用和具有的特殊气味能导致人体呈现种种不适反应，并对人体健康造成较大的影响。因此研究环境中 VOCs 的存在、来源、分布规律、迁移转化及其对人体健康的影响一直受到人们的重视，并成为国内外研究的焦点。

挥发性有机化合物（VOC）是高挥发性的化学物质，来自室内的多种源排放，已经确定了 400 多种不同的 VOC，其中地毯中就有 250 多种。

挥发性有机化合物可以从建筑、装修、装饰房屋过程中使用的合成或复合材料中释放进入空气中，其他的一些源还包括喷雾剂、涂料、清洁剂、炉灶、空气清新剂、办公用具和吸烟。

因为归入 VOC 的不同化合物系列很广泛，很难确切地描述所有可能造成的对健康的影响，但是可以一般性地把健康问题和 VOC 相关联。已知许多 VOC 具有神经毒性、肾毒性、肝毒性或致癌作用，还可能损害血液成分和心血管系统，引起胃肠道紊乱。VOC 排放物和与之相关的健康问题的报道多出自大量使用人造装饰材料的建筑，最常见的症状包括头痛、瞌睡、眼睛刺激、皮疹、呼吸疾病、鼻窦充血等。急性高浓度苯可引起中枢神经抑制和发育不全性白血病，虽然一般家居还达不到这么高的浓度水平，但是已有研究表明儿童白血病患者与家庭豪华装修有一定相关性。甲苯、乙苯、二甲苯对眼睛和上呼吸道黏膜有刺激作用，并能引起疲乏、头痛、意识模糊、中枢神经抑制，高浓度时可造成脑萎缩。甲苯的急性毒作用为神经毒性和肝毒性，二甲苯的急性毒作用为肾毒性、神经毒性和胚胎毒性。

想去除室内所有化学物质排放一般不太可能也不现实，但是通过认真选择产品可以尽量地减少可能的排放。在室内要限制化学地毯的使用，尽可能使用羊毛或棉花垫子和没有橡胶底的地毯。尽量少使用黏合剂，使用水溶性涂料和密封剂。尽可能使用天然材质家具，如果是用复合材料做的，把所有暴露面用水溶性或低毒的密封剂密封。使用良好的通风设备，建议每小时换风量为 1/3。

还有一个降低 VOC 排放的方法就是加热。在房屋建好、重新粉刷或重新装修后，加热房屋到一定温度（一般 38℃），全部窗户打开，通风系统满功率运转，持续 $2\sim3d$。其原理是高温下挥发性物质挥发速率加快，使得常态下需要几个月甚至几年时间释放的物质在短时间内释放出来。现在对该法没有定论，某些研究表明该法可以降低 75% 的 VOC 排放，同时有研究认为某些不确定的化合物仍然没有释放出来。在这些研究中也发现，延长一定时间后，比如几周，这些化合物的释放也能达到可接受值。

部分气体污染物暴露指标见表 8-2。

表 8-2　部分气体污染物暴露指标（引自 Salthammer，1999）

污染物	暴露时间	WHO	美 国	德 国
CO_2	持续	无影响：$1800\mu g/m^3$ 有影响：$12000\mu g/m^3$	$1800mg/m^3$③	$200mg/m^3$
CO	8h	$10mg/m^3$	$10mg/m^3$③	RW Ⅱ L：$5mg/m^3$ RW Ⅰ L：$1.5mg/m^3$
	1h	$30mg/m^3$	$40mg/m^3$③	RW Ⅱ K：$60mg/m^3$ RW Ⅰ K：$6mg/m^3$
甲醛		$100\mu g/m^3$	$20\mu g/m^3$④	$120\mu g/m^3$
苯乙烯	24h	$800\mu g/m^3$	—	RW Ⅱ：$300\mu g/m^3$
	8h	$70\mu g/m^3$	—	RW Ⅰ：$30\mu g/m^3$
甲苯	24h	$700\mu g/m^3$①	$400\mu g/m^3$⑤	RW Ⅱ：$3000\mu g/m^3$
	0.5h	$1000\mu g/m^3$②	—	RW Ⅰ：$300\mu g/m^3$ —
DDT	持续	—	—	$0.1\mu g/m^3$
PCBs	持续	—	—	RW Ⅱ：$3000ng/m^3$ RW Ⅰ：$300ng/m^3$

① 毒性作用指标；② 恶臭极限指标 WHO（1987）；③ ASHRAE（1990）；RW Ⅱ：控制指标；④ US-EPA（1996）；RW Ⅰ：目标值；⑤ Rfc（1997）；K：短期；L：长期。

8.3　室内颗粒态污染物

8.3.1　石棉

石棉是一系列有用的、纤维状的硅酸盐材料的统称，呈化学惰性，不可燃。有两类主要的石棉——闪石和蛇纹石。蛇纹石一族中的温石棉是石棉家族中使用最为广泛的材料，大概占到全世界石棉供应量的 95%，其中 3/4 产于加拿大的魁北克省。

从陶器到建筑，石棉已经在方方面面使用了几个世纪。石棉是不可燃的并且是热的不良导体，因此用来生产消防员的救生衣和绝热产品。石棉也用于很多其他产品的生产，比如建筑材料、沥青、纺织品、导弹、喷气机部件、涂料、防渗漏剂、刹车衬面等。与室内污染问题相关的是石棉绝热材料的使用。

石棉绝热材料可以向空气中释放微小的纤维，有的比人体细胞还要小。这些纤维能被吸入，因为它们粒径小而且不能生物降解，就会在肺部永久地停留下来。吸入这些粒子和石棉尘会导致石棉沉着症——一种慢性的肺炎，在经过 30 年或更久的潜伏期后转化为严重的癌症，特别是肺癌和间皮瘤（胸部和腹部内侧的不宜手术的癌症）。还可能导致其他部位的癌症，如胃、肠、喉、食管。

石棉广泛用于商业和家庭作为绝热材料，如果家庭中使用了石棉材料，唯一有效的方法就是请专业技术人员去除，因为需要使用特殊的技能和设备。如果对于家庭中使用的绝热材料不确定，最好请专家检验，非专业人员不可擅自处理。

8.3.2　尘和尘螨

尘是一个比较广泛的术语，用来描述不同来源和粒径的颗粒物。这些颗粒物包括植物和动物纤维（毛发、皮等）、花粉、细菌、霉菌等。室内的尘除了令人厌恶外，对人的身体健康也有危害，或者更准确地说尘螨粪及其污染的颗粒物对人的健康有害。尘螨属于节肢动物，在温暖潮湿的环境下繁育兴旺，靠分解有机物生存，如人和动物的皮屑。室内这样的环境包括地毯、床、毛毯和家具等。

沾染尘螨粪的尘是最有效的过敏源之一，导致的后果从非常温和到极端严重，取决于不同的个体。

尘螨需要高湿度、暖和和食物条件才能存活，通过控制这些因素就可以控制尘螨的数量以减少空气中尘螨粪的量。降低湿度：理想的室内相对湿度是35％，尘螨需要相对湿度60％或更高才能生存。减少尘量：勤换洗毛毯、窗帘、枕头，勤清扫床脚，勤打扫房间，保持整洁。直接的方法是使用杀螨剂，但是这样会引入化学物质，是不得已的方法。

8.3.3　铅

铅是天然存在的蓝灰色重金属，已经使用了数世纪并仍在世界各地的多种产品中广泛使用。美国是世界上最大的铅消费国，消耗差不多世界年产量的一半。铅最大的用量是蓄电池和电缆包皮，也用于X射线设备、管道和罐头内衬，由于其高密度和防辐射性质广泛用于屏蔽放射性物质，还加入汽油中以提高辛烷值（已经逐步取消）。

大多数非机动车铅排放源是在某些燃烧过程中将铅蒸发（常压沸点1740℃）或将铅盐如氯化铅蒸发（常压沸点954℃），然后燃烧气体冷却，铅凝结，形成细粒子。室内的主要源是涂料、污染的灰尘和水管。在近20年家庭的铅用量已经大大减少了，主要发生的问题都是40年前遗留的。含铅涂料一般情况下并不对人体健康造成威胁，只有在它们发生剥落时，可能形成潜在危险的铅尘进入空气，主要发生在重新粉刷旧房子的时候打磨墙壁等。从外面带回的灰尘如果被铅污染，特别是在大城市，交通工具排放的铅可能污染城市尘并附着在衣物上，从而引入室内。给水系统使用铅衬可能向饮用水引入铅，即使不用铅衬，使用铜管的系统其接头的焊料含铅也会渗入水中。这种情况一般只在前一两年有问题，之后会生成覆盖层隔绝铅和水的接触。打开水龙头后先放流几分钟，饮用冷却的沸水等都是简单地避免大量接触铅的方法。

铅对人体健康极度有害，特别是学龄前儿童和胎儿更容易受害。铅毒害在低浓度的时候不易测定，因为可能没有症状，或者是一些其他病症的典型症状，例如贫血、肌肉震颤、胃绞痛、头痛、失忆、失眠、过敏、烦躁、注意力不集中。在高浓度的时候，铅可导致大脑和肾损伤、降低雄性生育率、导致妊娠并发症。研究表明，甚至在相对低的暴露浓度，铅可以影响儿童的大脑和神经的发育，导致学习障碍、行为失调、智力降低。

铅污染的控制可以针对不同的来源采取相应的措施。

8.3.4　微生物

微生物包括细菌、酵母菌、病毒和藻类，其他形式的还包括花粉、植物和昆虫残体，人和动物皮屑以及有机尘。

主要的室内源包括：居民打喷嚏和皮屑脱落，整理床铺，清扫灰尘区，动物和昆虫皮屑、粪便、干燥的唾液和尿，使用空调、加湿器、梳洗、洗浴等。

空气污染中的微生物包括两类：过敏原和病原体。过敏原导致过敏反应，常见症状是皮肤和眼睛刺痛、鼻窦炎、流鼻涕。病原体实际是导致疾病，包括军团病（拉基氏病）、肺结核、麻疹、流感。室内空气中最重要的两种过敏原是霉菌和尘螨粪。

去除室内的所有微生物是不可能的，但是可以通过适当的家务管理将微生物量降低到不引起健康问题的程度，包括经常清扫、整理房间，清理并保养好加湿器、空调，保持通风良好。

8.3.5　霉菌

霉菌是某些类型的真菌在有机物上生长形成的。有很多种霉菌，颜色各不相同，黑色、红色、绿色、蓝色、白色，都需要高湿度才能生长。霉菌可以释放孢子到空气中，一旦进入空气中，孢子就可以长时间停留在空气中。

霉菌可以在室内过湿的地方生长，夏季因为温度和湿度比冬季高，更利于霉菌生长。此外在温度和湿度比较高而光线较弱的其他地方霉菌也可以生长。这样的环境包括卫生间、地板下、阁楼、地窖、保养不当的加湿器和空调、潮湿的衣物和毛毯等。

霉菌释放到空气中的孢子是影响健康的严重问题，可导致过敏和哮喘反应，还有发热、头痛、抑郁、疲乏等。对霉菌过敏的人最好避免接触源自真菌的产品如烘焙产品（酵母）、蘑菇、干酪、熏肉、酸奶酪、剩菜等。

既然霉菌生长需要高湿度，那么保持房间相对的干燥就可以避免严重的问题。保持室内湿度在 35%～45%，因为霉菌生长一般要求湿度在 50% 以上。如果发现霉菌的生长，使用漂白剂和水清除，并且弄清楚来源。

8.3.6 总悬浮颗粒物

总悬浮颗粒物（TSP）指的是一定体积空气中的所有颗粒物，不分来源和粒径。一般城市地区的 TSP 比农村地区要高，原因是高人口密度和活动如机动交通工具和工业生产。

产生 TSP 的主要过程包括摩擦、燃烧和新陈代谢过程。包含这些过程的所有活动都可能产生 TSP，文献报道在典型的室内有数百种不同的 TSP 源。

因为 TSP 涵盖了很多种可能的颗粒物，不是所有的对人体都有害，也不可能列出专门的症状，相关的问题在大气颗粒物部分论述。

TSP 在每家每户的存在水平都不同，如果确实成了问题，可以通过许多途径降低其浓度，比如过滤空气、保证通风良好等。

8.4　室内放射性污染物

天然元素中，有一类元素具有放射性，被称为放射性元素。放射性元素的原子核不稳定，在自然状态下不断进行核衰变，在衰变过程中放出 α、β、γ 三种射线。其中的 α 射线（粒子）实际上是氦（He）元素的原子核，由于质量大、电离能力强和高速的旋转运动，是造成对人体内照射危害的主要射线；β 射线是带负电荷的电子流；γ 射线是类似于医疗透视用的 X 射线一样的波长很短的电磁波，由于它的穿透能力很强，所以是造成人体外照射伤害的主要射线。

在天然放射性元素中，放射能量最大的是铀（U）、钍（Th）和镭（Ra），其次有钾 40（^{40}K）、铷（Rb）和铯（Cs）。这 6 种天然放射性元素是构成自然界一切物质的组成部分（当然很微量），无论是在各类岩石和土壤中，还是在水和大气中，都有不同数量的放射性元素存在。铀主要存在于花岗石、页岩、磷酸盐及沥青铀矿，钍存在于磷酸盐、花岗石和片麻岩中。

氡是天然存在的放射性气体，来自于地壳中铀、钍的衰变。氡是无色无味，相对也是无害的——在衰变为氡子体以前，实际是这些子体对人体健康有害，当它们被吸入后就沉积在肺部并继续衰变，同时释放出 α、β、γ 射线。氡同位素中寿命最长的是 ^{222}Rn，半衰期为 3.825d，其他的半衰期极短难以在室内集聚，因此居室空气污染中氡的基本成分是 ^{222}Rn。

$$U_{238} \cdots \rightarrow U_{234} \cdots \rightarrow Ra_{226} \rightarrow Rn_{222} \rightarrow Po_{218} \rightarrow Pb_{214} \rightarrow Bi_{214}$$

$$Th_{232} \cdots \rightarrow Th_{228} \rightarrow Ra_{224} \rightarrow Rn_{220} \rightarrow Po_{216} \rightarrow Pb_{212} \rightarrow Bi_{212}$$

$$U_{235} \cdots \rightarrow Pu_{231} \cdots \rightarrow Pu_{223} \rightarrow Rn_{219} \rightarrow Po_{215} \rightarrow Pb_{211} \rightarrow Bi_{211}$$

氡的唯一来源是地壳，是铀的天然放射性衰变的一部分，而且因为铀是遍布全球的，氡也成为无所不在的一个问题。室外氡的浓度维持在非常低的值，因为一旦氡离开土壤就被大气稀释了。但是氡被截留在室内时，浓度就会集聚。

氡最重要的源是建筑物下的土壤（包括岩石）和建筑材料，决定氡浓度的重要因素是建筑的地理位置、屋龄、建筑材料、地下土壤成分等。土壤可以保留氡，因此既是氡的源也是氡的汇。氡也可以通过给水系统进入室内，特别是水井。一旦水被煮沸或者用来淋浴或者被剧烈震动，氡气就释放出来。氡进入室内的途径还有就是某些建筑材料的使用。

一般地，建筑材料如砖、水泥和瓦，虽然它们和建筑中使用的岩石具有相似的放射特征，但是并没有大问题。某些精制的材料如水泥中的磷酸盐矿渣和石膏板、煤灰渣烧制的墙体砖都可能是导致高放射性的源。此外，各种家用电器，如电视机、电冰箱、电脑、空调、微波炉等都会不停释放出少量辐射，遍布室内的电线也是辐射的重要源。

某些类型的岩石富含放射性物质或者产自放射性物质丰富的地区，这些石材被用做建筑材料或装饰材料，有可能带来比较大的问题。具有放射性的石材主要指石材中含有镭、钍和钾三种放射性元素，是否会产生危害可从放射性活度方面考察。

放射性活度 A 是指放射性物质衰变的频率，即单位时间内原子核衰变的平均数，表达为时间间隔 dt 内某特定能态上自发核跃迁数的期望值 dN。

$$A = \frac{dN}{dt}$$

放射性活度的法定计量单位是贝可勒尔（Becquerel），符号 Bq。1Bq 等于放射性核在 1 秒钟发生 1 次衰变，即

$$1Bq = 1s^{-1}$$

中国建材工业局 1993 年发布的《天然石材产品放射防护分类控制标准》（JC 518—93）将天然石材按照放射性水平分为三类。

A 类石材使用范围不受限制，放射性比活度同时满足

$$C_{Ra}^r \leqslant 350Bq/kg, \quad C_{Ra} \leqslant 200Bq/kg$$

B 类石材不能用于居室内装饰，但可用于其他建筑类型的内外装饰，放射性比活度同时满足

$$C_{Ra}^r \leqslant 700Bq/kg, C_{Ra} \leqslant 250Bq/kg$$

C 类石材可用于各类型建筑的外装饰，放射性比活度满足

$$C_{Ra}^r \leqslant 1000Bq/kg$$

放射性比活度大于 C 类的石材只能用于桥墩、堤坝、石碑、雕像等。

其中 $C_{Ra}^r = C_{Ra} + 1.35C_{Th} + 0.08C_K$，是用镭表征的镭、钍、钾的放射性总水平。

在全部天然装饰石材中，大理石类、绝大多数的板石类、暗色系列（包括黑色、蓝色、暗色中的绿色）和灰色系列的花岗岩类，其放射性辐射强度都小，即使不进行任何检测也能够确认是 A 类产品。对于浅色系列中的白色、红色、绿色和花斑系列的花岗岩，也不能笼统地认为放射性辐射强度都大，只有来自富含放射性物质地区的白岗岩、含钾长石矿物多（特别是含 K^{40} 多）的花岗岩、含锆石矿物的（古老）变质岩和含天河石矿物的花岗岩，才有可能形成放射性辐射强度偏大和可能有一定的危害的现象。而这一部分花岗岩在全部浅色系列的花岗岩中约占 20%～25%。板石类石材都是由江、河、湖泊、海洋中沉积的泥质岩石变化而成的，其中的黑色板石中含有较多的碳质成分。泥质和碳质在水下沉淀时都有较强的吸附力和黏结力，能够把水中的放射性物质和各种杂质都吸附到泥质和碳质中沉积下来，从而造成了有些黑色板石的辐射强度可能偏大。

1997 年美国专家研究提出，当室内氡气辐射水平小于 40Bq/m³ 时，不会使肺癌发病率增加；氡辐射为 50Bq/m³ 时患肺癌的危险增加0.3%～0.5%；室内氡水平达到 300Bq/m³ 时患肺癌的危险增加到1%～2%。随着研究的深入，不少国家将氡气对人体的危害上限改定为 100Bq/m³。新近测定的中国居室内的氡气辐射水平为 70～90Bq/m³，一般可以认为是在安全范围内。

氡气比空气重 9 倍，因此倾向于停留在近地面，研究表明地下室中氡的浓度能达到上层房间的 2～5 倍。

氡的子体带电荷，倾向于附着在各种面上，包括墙、家具和尘粒。氡的子体进入肺部后继续衰变，向附近的肺组织释放出 α 粒子。长期暴露于大剂量的这些粒子中可能导致肺癌的发生。氡衰变产生的元素有一定活性，可与肺部组织结合并滞留。氡在肺部衰变时，^{218}Po 会直接浸入支气管壁或（和）其他分子在肺部形成凝结体。甚至室内空气中氡的衰变产物也会以分子聚合体的形式经呼吸进入肺部。最终，部分分子聚合体经正常呼吸作用被呼出，但有一部分则附着在肺部直到形成 ^{210}Pb 并开始 22 年的半衰期。^{222}Rn 在肺部衰变过程的模拟极其复杂，现已经深入到分子水平。Taylor 等 1994 年发现在氡引起的肺癌中有三分之一的 P53 肿瘤抑制基因发生了特异性突变。这种突变在黄曲霉素所致肝癌和紫外线所致皮肤癌中均有报道，故可作为内源性和环境突变剂作用的标志。氡被认为是名列吸烟之后的导致肺癌的第二肇因。

对大多数家庭来说氡不是问题，想要知道是否达到高浓度的唯一途径就是实际测量。如果测量结果说明氡是影响住户的健康的因素，也有很多方法可以解决这个问题。直接的方法是消除源排放，如果氡存在于装饰材料中，直接去除是简单可行的方法。如果是透过外部土壤或空气的侵入，可以通过控制进入室内的空气量和室内外气体的交换量或者覆盖土壤来解决。

因为氡被视为潜在的致癌物，所以要尽可能降低其室内浓度，如果普通民居的浓度超过 $800Bq/m^3$（年平均），就需要采取补救措施了。

8.5 室内空气质量控制

8.5.1 室内空气质量控制途径

室内空气质量影响人们的健康，不仅是化学和生物性物质的直接作用，还包括人们对室内环境的心理感觉。室内空气质量的研究可以追溯到 20 世纪初期，而在近 20 多年里经历了许多的变化。最初 IAQ 的表达只是一系列污染物的浓度指标，随着人们环境意识的提高，认识到这种纯粹的客观定义不能涵盖需要表达的内容，因此对 IAQ 进行了新的诠释，将人的主观感受也包含其中。

世界卫生组织（WHO）于 1974 年 4 月在荷兰召开"室内空气质量与健康"会议，首次在国际上讨论室内空气污染问题，从 1978 年起每三年召开一次。美国、加拿大等发达国家自 20 世纪 70 年代起对室内空气污染问题投入了大量人力和物力进行研究，并制订了相应的室内空气质量标准和室内空气监测分析标准方法。我国自 20 世纪 80 年代开始室内空气污染及危害的研究，主要是由各级卫生防疫部门做这项工作，并制订和颁布了一些公共场所和劳动场所的室内空气卫生标准。由于人们日益关注生活环境的质量，在这方面的研究和相关标准的制订工作也在广泛深入地进行中。

室内空气质量差的主要原因包括室内污染源的排放、通风换气效果不良、使用劣质建筑材料、室外污染物进入室内等。室内空气质量的控制，涉及产品和建筑的设计、制造、管理和使用等多方面的利益，涵盖众多的产业和技术领域。IAQ 的研究涉及医学卫生、建筑环境工程、建筑设计等多方面学科。广义地讲，室内环境应包括民用住宅、宿舍、办公室、医院、餐馆、影剧院、商场、体育馆、交通工具、生产车间等所有具有相对封闭空间的场所。

消除污染的根本方法是消灭污染源，注意选择对环境危害性小的绿色建筑材料、绿色化妆品、绿色家具、绿色日常用品等。

室内空气质量的控制方法在叙述室内空气污染物各项时已经分别讨论，总结起来主要有以下几点。

（1）保障通风良好　良好的通风是解决大多数室内空气污染问题的简单而有效的方法，美国环保局在其向相关建筑行业及居民介绍如何处理室内空气污染问题时，提出最直接的方法就是开窗通风。大多数污染物可以通过改善通风而降低室内集聚的可能性，当室内平均风速达到 $0.05\sim0.1m/s$ 时可满足通风率大于 1。对于使用空调的房间，如果有充足的室外空气进入，循环使用空气达到 70% 就不会造成健康影响。从人的感官讲，同样温度、湿度的自然风的舒适度等方面显著优于人造风。

（2）控制污染源　保持室内清洁，经常清理换洗被褥、衣物等可防止或减少生物性污染；采用污染小的能源，比如用燃气代替燃煤、使用电能等，可减少大部分气态和颗粒物污染物的排放；减少或禁止吸烟，这是减少致癌性和潜在致癌性物质排放的重要手段；安装排风装置、改变烹调习惯，尽可能减少有害气体的排放及其在室内的集聚；使用绿色的建筑和装饰材料，是从根本上杜绝大量污染物排放的方法。

（3）植物净化　某些类型的植物除了作为观赏性装饰品外，还可以净化空气、除尘、杀菌。同时，生机盎然的植物对人的主观感受有很好的作用。需要注意的是，植物对于室内污染物的去除作用尚无深入研究，某些植物的释放物对人体是有害的，因此要慎重选择室内观赏植物。

（4）化学去除法　针对室内污染物的类别，可以采用某些试剂做相应的处理，多用于过滤装置，也有单独使用的，如活性炭等；针对生物类污染物，可以采用杀虫剂、除霉菌剂、杀螨剂等，因为会引入一些有毒化合物，这种方法是不得已而为之，使用之后需要及时通风换气。

为了解决某些室内空气污染问题带来的纠纷，在政策法规方面进行了一些限制。比如建筑材料的使用，各种不同类型的建筑、建筑物的不同功能区，使用的建筑、装修材料根据相关的规定进行限制；对于已建成的居室等建筑物，要求相关的污染物种类不超出相应的污染指标。中国已经出台了关于建筑、装修材料的规定，以及室内空气质量水平的建议性指标，在污染源控制方面能够发挥相当的作用，但仍需要不断完善。

8.5.2　室内空气质量控制模式

与大气空气污染物浓度模式类似，也有室内空气污染物的相关模式。有简化的盒子模式，也有更复杂些的模式，图 8-2 给出了常用模式的流量图。

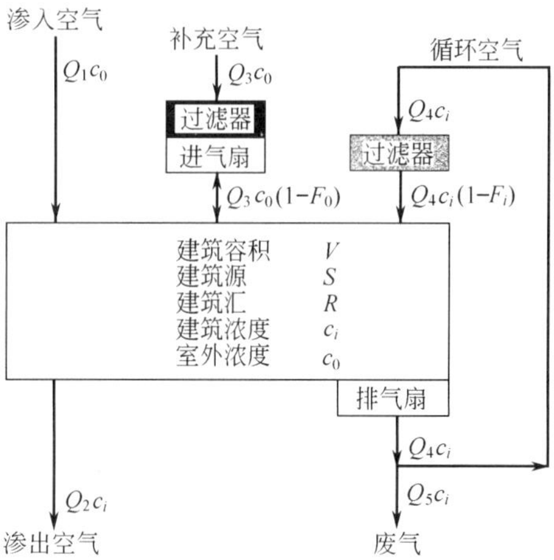

图 8-2　设计建筑模式的流量图
（引自 Manahan，1999）

简化盒子模式假设建筑内部空气总是混合均匀，只有一个源和一个汇，称为渗入和渗出，图上补充、循环、排出的空气量对简化的盒子模式假设为 0。

按照图中定义的这些概念，采用这个假设，得到污染物的稳态质量平衡是

$$（污染物流出）=（污染物流入）+（建筑内产生的污染物）- \tag{8-10}$$
$$（建筑内去除的污染物）$$
$$Q_2 c_i = Q_1 c_0 + S - R$$

如果忽略穿过建筑的空气的温度和湿度变化，那么 Q_2 大约等于 Q_1，可以将方程(8-10) 简

化为

$$c_i = c_0 + \frac{S-R}{Q_1} \tag{8-11}$$

c_0 相当于背景浓度，$(S-R)/Q_1$ 是室内排放减去污染物的去除，增加了建筑内部浓度。如果室内去除速率高于室内排放速率，即 $R > S$，那么式(8-11)右侧的第二项将是负值，室内浓度就低于室外浓度，就像通常观察到的没有煤气炉的居室内 O_3 和 NO_2 的浓度。

式(8-11)的简化盒子模式不能告诉我们浓度怎样随时间变化（例如炉子熄灭以后），也不能给出估算图 8-2 中卧室浓度的方法。另一级别的模式的复杂程度是基于图 8-2 中的所有气流，并考虑随时间的变化。图 8-2 中的补充空气、废气、循环空气是任何现代办公室、商业和工业建筑的通风系统的一部分。典型房屋中的暖气炉运转时，就像所示的循环空气回路，通常用一个过滤器去除大颗粒物，但不去除其他污染物。图 8-2 中显示的过滤器设计来去除颗粒物，但有的建筑也使用活性炭来去除一些气体，因此这种处理很普通，如果认为过滤器也是空气污染控制装置。从式(8-11)可以看到以下几点。

（1）如果 Q_1 很大（所有的窗户打开），那么室内和室外浓度相同。

（2）室内外浓度的差异 $(c_i - c_0)$ 取决于 $(S-R)$ 和 Q_1。可以通过增大 R 使室内空气比室外更清洁，一般就是适用一些过滤器或吸收剂来处理补充的和循环空气，如图 8-2 所示。如果不这样做，R 的自然值可以忽略，就不能使室内空气比室外清洁。

（3）如果室内空气比室外空气浓度高，$(c_i > c_0)$，可以通过增大 Q_1 或降低 S 来降低 c_i。

8.6 绿色建筑和室内环境

国内对室内环境的研究，初期主要从炉灶燃料等方面开展，探讨燃料使用与人居卫生学、流行病学的关系。随着人居环境的日益高档化，建筑装修材料对室内环境的影响日趋显著，研究者的注意力有所转移，视野也放得更广，不单是对源的产生与致病结果之间单纯划线，也开始在人居环境的物理、化学、生物等影响因素的综合作用方面着眼。更进一步的研究还顾及作为居室主体的人本身的主观感受，强调人、人居、人居环境、自然环境的整体的和谐统一。

室内空气质量概念的提出和人们对于这个论题的关注，都发生在室内空气污染问题出现并且严重化之后。初期的观点是有什么问题解决什么问题，发现什么污染物再来处理什么污染物，整体上处于消极应对状态。随着人们对环境大统一观念的认可，如何与环境和谐共处，既能满足人类日益发展的生活需求，又能不破坏人类赖以生存的环境空间，成为人们认识和解决环境问题的出发点。体现在室内环境问题的质量方面，就出现了绿色建筑的概念。

所谓绿色建筑，就是不仅要能提供舒适安全的室内环境，同时应具有与自然环境相和谐的良好的建筑外部环境，符合建筑的可持续发展原则。

（1）就室内环境而言，绿色建筑主要考虑三方面因素

① 能源的使用　要求使用低污染、低噪音、高效率能源，最好是可再生能源，充分利用自然能源，使用低能耗高效率的办公设备和家庭用品等。现代建筑的能耗极大，为了维持相对独立的室内生态系统，差不多 50% 的能耗用在温度、湿度、通风以及光线的调节方面。考虑在适当的地区使用自然光能、风能、水能，尽量少用或不用燃料能源，设计建筑物的采光时尽量使用天然光线，使用自然通风或类似的条件。

② 资源的使用　要求使用无污染或污染小的建筑、装饰材料，办公、生活用品材料无污染化，最好使用天然资源和可再生资源。

③ 空气质量　要求在能源和资源使用优化的基础上，除了满足基本的热平衡要求外，对于舒适度的要求也能达到。这是一个综合考量指标，既包括污染物的有效控制，也包括人的感官指标的满足。

（2）就室内外环境的协调而言，绿色建筑主要考虑三方面因素

① 室内外能量交换　建筑采用人工能源维持室内生态系统时，必然有残余能量的外泄，特别是空调设备的使用。绿色建筑要求尽量采用再生能源，减少能耗和向外部环境的能量排放，这需要选择合适的建筑材料，改善外层结构，改良加热、冷却、通风控制系统，降低用电设备能耗。

② 室内外物质交换　通风是室内空气质量的一个重要影响因素，室内外空气的交换是建筑内人群生存的必然要求。谈及室内外物质交换，不仅是空气交换率和新风量的问题，还包括室内空气污染物向大气排放稀释的过程和室内其他污染物排入周围环境的过程。形象地讲，就是建筑作为一个生态机体与周围环境进行交互作用的过程。绿色建筑要求在满足人们的室内生活质量需求的同时，尽可能减少向周围环境排放有毒有害废物，或者能通过一定方式集中室内废弃物并加以处理、回收。

③ 建筑与环境的协调　建筑发展到一定阶段，不再是简单的遮风避雨的空间，而是具有了一定的社会和文化内涵。绿色建筑要考虑与所处环境的气候特征、经济条件、文化传统相匹配。单一建筑是社区的一个组成部分，某一社区是某个功能分区的一个组成部分，各个功能分区组成了统一的城市。

另外，绿色建筑还要考虑建设成本和效益，不但要与环境达成和谐，也要经济实惠，让投资者得到适当的经济回报。最佳组合是平衡好室内外环境、满足使用者与建设者之间的利益要求、协调好建筑对能源的需求及与环境的自然融和。

参 考 文 献

[1]　WHO. World Health Organization. Indoor air pollutants：exposure and health effects EURO reports and studies 78，WHO，Geneva，1983，87-103.
[2]　WHO（World Health Organization）．Indoor air quality：organic pollutants. WHO regional office for Europe（EURO）Report and Studies，Copenhagen，1989.
[3]　Dorgan，C E，et al. Productivity link to the indoor environment estimated relative to ASHRAE 62-1989. Proceedings of Health Buildings，Budapest：1994，461-472.
[4]　Chad B，Dorgan P E，et al. Health and productivity benefits of improved indoor air quality. ASHRAE Transactions，1998，104（1）：658-665.
[5]　Jones A P. 1998 Ashma and domestic air quality. Social Science and Medicine，1998，47（6）：755-764.
[6]　Manahan S E. Environmental Chemistry. 7th ed.，CRC Press LLC，2000.
[7]　Salthammer Tunga. Organic Indoor Air Pollutants，Wiley-VCH Verlag，1999.
[8]　于尔捷等. 室内空气质量的研究现状及展望. 哈尔滨建筑大学学报，1995，28（6）：139-144.
[9]　于慧芳等. 家具城室内空气污染现状调查. 环境与健康杂志，2000，17（4）：224-227.
[10]　马迎华. 石油液化气燃烧对室内空气污染的研究. 环境与健康杂志，1998，15（5）：199-202.
[11]　王承祥. 室内空气污染：现代人的健康大敌. 医药与保健，1996，（2）：13-14.
[12]　王晓聆等. 一种测量室内氡气水平的新方法. 山东生物医学工程，1995，14（3-4）：33-35.
[13]　王桂芳等. 办公室内空气污染的调查. 环境与健康杂志，2000，17（3）：156-157.
[14]　王菊凝等. 天然气对室内空气污染的卫生评价. 环境科学，1997，16（3）：44-70.
[15]　王菲凤等. 现代装饰材料所致居室空气污染及防治对策. 福建师范大学学报，2000，16（3）：65-68.
[16]　石艳等. 干洗场所室内空气污染状况的调查. 安徽预防医学杂志，2001，7（2）：100-101.
[17]　石铁矛等. 室内空气环境的生态化及设计原则. 沈阳建筑工程学院学报，1999，15（2）：147-150.
[18]　伊冰. 室内空气污染与健康. 国外医学卫生学分册，2001，28（3）：167-169.
[19]　刘占琴. 寒冷地区煤气化住宅室内空气污染及其预防措施研究. 中国公共卫生，1995，11（11）：492-493.
[20]　刘尊永等. 室内空气污染与温度复合因素对鼻腔面积和容积的影响. 中国公共卫生学报，1998，17（2）：96-98.
[21]　何兴舟. 室内燃煤空气污染与肺癌及遗传易感性——宣威肺癌病因学研究22年. 实用肿瘤杂志，2001，16（6）：369-370.
[22]　余淑苑等. 新型装修材料所致室内空气污染对人体健康的影响. 中国公共卫生，1996，12（9）：392.

［23］ 张卫宁等. 人类聚居环境的可持续发展观——绿色建筑. 中国环境管理. 1998, （4）: 44-46.

［24］ 张永福等. 室内空气甲醛污染度对人体健康影响的调查分析. 黑龙江医药科学, 1999, 22 （4）: 20.

［25］ 李延平. 厨房炉灶对室内空气污染研究. 江苏预防医学, 1995, 3: 40-42.

［26］ 李君. 民用气体燃料燃烧致室内空气污染及对人体健康的影响. 中国煤炭工业医学杂志, 1998, 1 （4）: 355-356.

［27］ 李念平. 室内空气环境的数值预测和评价方法. 通风除尘, 1997, （1）: 1-3.

［28］ 李锁照. 贵阳地区氡浓度的连续观测. 重庆环境科学, 1996, 18 （4）: 56-59.

［29］ 李锁照. 贵阳地区建筑材料中放射性水平的调查. 中国辐射卫生, 1997, 6 （3）: 163-164.

［30］ 杨为悟. 节能型建材在商品住宅中的应用. 节能, 2000, （3）: 38-41.

［31］ 杨志宽. 利用地道风要考虑氡及其子体对室内空气环境的影响. 山东建筑工程学院学报, 1994, 9 （2）: 48-52.

［32］ 沈学优. 空气中挥发性有机化合物的研究进展. 浙江大学学报, 2001, 28 （5）: 547-556.

［33］ 陈宗瑜. 居住环境与室内空气污染. 云南农业大学学报, 1999, 14 （4）: 432-436.

［34］ 陈炎等. 室内空气甲醛污染调查与研究. 环境科学, 1992, 13 （2）: 89.

［35］ 陈迪云等. 居室氡污染和防治研究. 华东地质学院学报, 2001, 24 （2）: 147-149.

［36］ 陈晓雯等. 关于中国绿色建筑发展问题. 新建筑, 1999, 2: 9-10.

［37］ 陈海影. 谨防空气中"氡气"的危害. 厦门科技, 1997, 1: 37.

［38］ 卓鉴波. 莫忽视室内空气污染的危害. 解放军健康, 2000, 1: 12-13.

［39］ 周启星. 城镇居室大气污染及其生态调控. 世界科技研究与发展, 2000, 22 （5）: 38-41.

［40］ 周晓铁等. 不同燃料造成的室内空气污染对呼吸道症状影响的研究. 环境与健康杂志, 1995, 12 （6）: 254-256.

［41］ 周耀华. 谨防生活中的放射性污染. 医药与保健, 1998, （2）: 32.

［42］ 金磊. 创造绿色建筑室内空间环境. 安全, 1999, （5）: 16-20.

［43］ 侯福忠. 室内空气污染对人体健康的影响. 环境与健康杂志. 1994, 11 （6）: 285-288.

［44］ 胡海红等. 室内空气污染对健康的影响及控制. 中国公共卫生, 1996, 12 （1）: 13-14.

［45］ 赵淑莉. 室内空气污染及对人体健康的影响. 世界环境, 1999, （2）: 31-33.

［46］ 钟礼杰等. 烹调引起的室内空气污染与女性非吸烟者肺癌关系的病例—对照研究. 肿瘤, 1995, 15 （4）: 313-317.

［47］ 唐孝炎. 大气环境化学. 北京: 高等教育出版社, 1998.

［48］ 唐志华. 家庭环境中氡的放射性污染. 微量元素与健康研究, 1996, 13 （1）: 64-65.

［49］ 袁振华. 装饰材料对室内空气污染及对人体危害的研究进展. 浙江预防医学, 2001, 13 （2）: 49-50.

［50］ 袁静等. 室内空气污染影响因素箱模式及应用. 环境保护科学, 2000, 26, 4-6.

［51］ 郭新民等. 室内空气污染及控制. 环境保护科学, 1994, 20 （3）: 38-40.

［52］ 曹守仁等. 北京: 中国环境科学出版社, 1988.

［53］ 雷鸣等. 贵州省含煤渣建材的放射性污染调查. 华东地质学院学报, 2001, 24 （2）: 123-136.

［54］ 戴树桂. 环境化学. 北京: 高等教育出版社, 2001.

习　　题

1. 什么是室内环境污染？其特点如何？

2. 室内环境污染物有哪些？

3. 一般如何控制室内污染？举几个生活中的事例说明。

4. 如何看待室内放射性污染问题？

5. 氡污染的控制措施如何？

6. 室内空气质量控制的关键问题是通风，如何解决节能与换气的关系？

7. 什么是绿色建筑？如何从环境和谐的角度设计绿色建筑？

第二部分

水环境化学

第9章 水 环 境

水环境化学是研究水体环境中主要化学物质的存在形态、迁移转化规律、化学反应机理及这些化学物质对生态环境影响的学科。水环境化学是环境化学学科的重要组成部分，为水污染控制和水资源的保护提供科学依据。

9.1 天然水系的组成和性质

水是地球上分布最广、最重要的化学物质之一，是参与生命形成及其物质、能量转化的重要因素，是构成地球上一切生命形式的基本要素，也是人类社会赖以生存和发展的最重要的自然资源之一，同时，它还是工业生产、人类生活中经常被大量利用又最易被忽视的一种资源。

9.1.1 水分子的结构和化学特性

水是一种重要的天然溶剂，纯净的水是一种无色、无味、无臭的透明液体，在101.325kPa 大气压力下，凝固点是 0℃（273.15K），沸点是 100℃（373.15K）。

水分子的基本结构式是 H_2O，氧原子受到四个电子对包围，其中包括两个与氢原子共享、形成两个共价键的成键电子对和由氧原子持有的两个孤对电子对。根据 N. V. Sidgwick 与 H. M. Powell 提出的价层电子对互斥理论，价层电子对间的斥力大小与价层电子对的类型有关，存在着孤对电子间的斥力＞孤对电子与成键电子对间的斥力＞成键电子对间的斥力，由于水分子价层电子对中存在着 2 对孤对电子对，由于孤对电子对与成键电子对之间的斥力的不同使得 H_2O 分子的构形为 V 形，H—O—H 键角由 109.5°缩减到 104.5°。

氧原子具有比氢原子大得多的电负性，根据氢键理论，氢可以与电负性大、原子半径小且具有孤对电子对的氧原子形成氢键，氧与氢形成的氢键的键能为 13～29kJ/mol，约为 O—H 共价键的 1/20。冰溶化成水或水挥发为水蒸气，都首先需要外界提供能量破坏这些氢键。水分子通常不以单个 H_2O 的形式存在，而是以瞬时复合体，即含有许多分子的复合体的方式存在，即通常所称的"水分子团"。有学者认为，污染后的水在去除污染以后，水体还记忆有污染水的信息。对纯净水、活化水、蒸馏水以及自来水等进行核磁共振（[17]ON-MR）分析，可以得出，一般自来水的谱图半峰宽大约为 100Hz，活化水的半峰宽大约为 50Hz，纯净水的半峰宽介于一般自来水与活化水之间，而通过氧的弛豫时间和氢的弛豫时间可以推算出 H_2O 的理论极限半峰宽大约为 43.6Hz。核磁共振谱图显示半峰宽值越小的水则其水分子团越小。水分子团越小的水能量越高，活性也越大；反之，水分子团越大的水

（如普通自来水、蒸馏水）能量越低，活性也越小。

研究水环境的水质特性，首先需要深入了解水本身的特性。如水一般为液态，在环境系统中是输送原料液与污染物的重要载体，在人体中起输送营养物质和排泄物的作用等。

水的特性与水的分子结构相关。水具有许多异常的特性，如在所有固态和液态物质中，水的比热最大；液态水的密度随温度降低而增大，在$3.98℃$时为最大；水结冰时体积变大，密度减小，这与绝大多数物质凝固时体积缩小，密度增大的情况不同。

自然界中的水从严格意义上讲都含有各种杂质而非纯净的水，地球上的水存在于大气圈、水圈、岩石圈和生物圈中，主要的存在形式见表9-1。

表 9-1　天然水的存在形式

天然水分类	举　例	天然水分类	举　例
大气圈	雨、雪、水蒸气等	岩石圈	地下水、岩浆水、苦咸水等
生物圈	体液、细胞液、血液等	水圈	河流、冰川、海洋、湖泊、沼泽等

天然水在自然循环过程中不断受到污染，混入了各种杂质，使得不同的水系具有不同水质。

9.1.2　海洋

地球上水的总储量中约97%为海洋，覆盖着约71%的地球表面。海水含盐量较大，化学组成非常复杂。海水 pH 值在表层为$7.5\sim8.8$，在深层可下降到7.3，海水中盐度可能达到3.5%，表现出强电解质溶液性质。表 9-2 列举和比较了海水和纯水的各种物理性质及海水中一般含有的杂质。相比之下，海水具有使纯水冰点下降的特性，且有较大的密度、电导率、渗透压等。

表 9-2　海水和纯水物理性质比较及海水中杂质含量介绍

性　质	单　位	纯　水	海水（含盐量3.5%）
密度(20℃)	g/cm³	0.9823	1.02478
音速(20℃)	m/s	1482.7	1522.1
冰点	℃	0	-1.91
渗透压(20℃)	Pa	—	24.8×10^5
黏度(20℃)	Pa·s	1.005×10^{-3}	1.092×10^{-3}
电导率(20℃)	$MΩ^{-1}\cdot cm^{-1}$	4.5×10^{-5}	47.88
氯	mg/L	—	19000
钠	mg/L	—	10500
硫酸根	mg/L	—	2700
钙	mg/L	—	410
重碳酸根	mg/L	—	142
砷	mg/L	—	0.003
二氧化硅	mg/L	—	6.4
汞	mg/L	—	0.0002
镉	mg/L	—	0.0001
铅	mg/L	—	0.00003
油	mg/L	—	0.05[1]
有机氯农药	mg/L	—	0.001[1]

[1] 表示海水中有害物质的最高允许浓度，数据摘自给水排水标准规范实施手册，黄明明等主编，北京：中国建筑工业出版社，1996年。

注：数据摘自王凯雄，水化学，北京：化学工业出版社，2001年。

海水的主要成分有 Cl^-、Na^+、Mg^{2+}、SO_4^{2-}、Ca^{2+}、K^+ 和（$HCO_3^-+CO_3^{2-}$），这些离子总量大约占海水溶质总量的99%，其中除 HCO_3^- 和 CO_3^{2-} 浓度变动较大外，其他离子的

相对比例基本上是恒定的。

海洋水体中的杂质（污染物）主要来源于以下几个方面。

① 河流中的各种杂质、污染物质在汇流进入海洋的过程中，将工农业生产过程中产生的废物带入了海洋。

② 沿海城市企事业单位，如工厂生产过程的排水、医院污水等的深海排放；以及海边建立的核电站、热电站排水中的放射性污染物和热污染。

③ 被含有丰富营养物质的生活污水污染的水可能在河口、海湾地区引起赤潮。

④ 海洋上突发事故造成的海水污染，如运输船只排出的机油，以及海难突发事故中泄漏的大量原油等。

9.1.3 河流

淡水占地球上水的总储量的 2.6％，而其中大约 70％以上以固态储存在极地和高山上，只有不到 30％的淡水资源存在于地下、湖泊、土壤、河流、大气等之中。

大多数城市都是依傍着江河建造发展起来的，如表 9-3 介绍了长江流域干支流重点城市的生产用水、生活取水等都取自河流，同时工业废水、生活污水一般都将以河流作为最终的接受水体。

表 9-3　长江流域重点城市名单

省　市	城　市　名　称
云南	昆明
四川	攀枝花、泸州、宜宾、成都、乐山、南充、内江、自贡、德阳、绵阳、广元
重庆	重庆
贵州	贵阳、六盘水、遵义、安顺
湖北	黄石、荆沙、武汉、宜昌、鄂州、黄冈、十堰、襄樊、荆门
湖南	岳阳、常德、长沙、衡阳、湘潭、株洲、郴州、永州、邵阳、益阳、娄底
江西	九江、景德镇、南昌、萍乡、新余
陕西	汉中
河南	南阳
安徽	安庆、马鞍山、铜陵、芜湖、合肥
江苏	南京、南通、扬州、镇江、常州
上海	上海

河流与地下水相比是敞开流动水体；与海洋相比流量又小得多，河流水质变动幅度很大，因地区、气候等条件而异，且受生物和人类社会活动的影响最大。一般来说，河水中主要阳离子中 Na^+、Ca^{2+} 占大多数，阴离子有 HCO_3^-、Cl^-、SO_4^{2-} 等。河流中的主要污染物质有各种重金属污染物和有毒、有害的有机污染物。

9.1.4 湖泊

湖泊是由地面上大小形状不同的洼地积水而成。湖水水流缓慢，蒸发量大，蒸发掉的水靠河流及地下水补偿。湖水中含钙、镁、钠、钾、硅、氮、磷、锰、铁等元素，其中氮、磷等元素引起的富营养化问题是湖泊的主要污染问题。

富营养化是湖泊等水体的衰老表现，极端富营养化会使湖泊演化为沼泽或干地。图 9-1 示意的是洞庭湖近 50 年来的衰老过程，图中阴影部分代表湖区面积。

9.1.5 降水

降水是当云中水蒸气迅速发生凝结的时候发生的。在不存在大气污染的情况下，一般可以认为雨水是含杂质少的较洁净的水体。而大气污染等对水质有很大影响，如我国南方地区的酸雨、北方地区接连不断的沙尘暴天气等对降水产生了较严重的影响等。

1986 年，在第三世界环境保护国际会议上，专家们认为，酸雨已经成为严重威胁世界

| 20世纪50年代初 | 20世纪50年代末 | 20世纪80年代中期 | 20世纪90年代初 |

图 9-1　洞庭湖近 50 年来的衰老过程示意图

环境的十大问题之一。地球的南极和北极，终年冰雪，人迹罕至，但在南极曾有人收集到pH 值为 5.5 的酸性降水。这些酸性降水中所含的酸性物质，有人推测可能来自前苏联南部工业区排放的大气酸性物质。20 世纪 90 年代科学家在南极和北极收集到了含有有毒农药成分的雪。这大概是农药通过大气远程传输等的结果。

不同月份大气降水化学元素的含量变化范围较大，主要元素有 Ca、N、K、Mg、Na、P、Fe、Zn、Cu、Mn 等。大气降水的主要形态有雨、雪和冰雹等。

9.1.6　地面水的循环与水体污染

许多工厂，如造纸厂、食品加工厂、化工厂、钢铁厂、石油炼制厂等排出的废水在处理设施运转不正常或者废水不进行处理时，其中的有毒有害的物质造成了水体的污染。以地面水为例的水体循环过程，如图 9-2 所示。

9.1.7　地下水

现在世界许多地区工业用水、居民生活饮水利用的都是地下水，地下水是贮存在地面之下的水资源，大气降水是地下水补充的主要水源。随着工农业的迅猛发展，大气和土壤污染加剧，导致抵达地面的降水已经不同程度地受到了污染，雨水等又在土壤、岩石物质及细菌等对降水的过滤、吸附、离子交换、淋溶和生物化学等作用下，使降水水质发生很大变化。一般地下水水质具有如下特点。

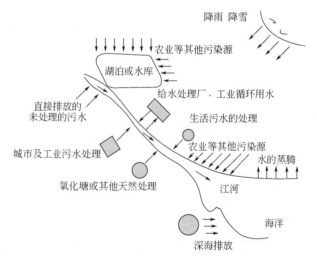

图 9-2　地面水水体循环

（1）细菌含量较少、含盐量高、硬度大，以及根据地下水受污染的程度，含有不同量的有机污染物；

（2）悬浮颗粒物含量少；

（3）不与空气接触，水体呈还原态，铁、锰等元素以 Fe^{2+}、Mn^{2+} 低价形态存在；

（4）水温不受气温影响。

地下水水资源污染研究属于环境学、地质学、物理学、化学、生物学、流体动力学等多学科的综合性范畴。造成地下水污染的主要原因源于人们的生产或生活活动，主要污染物有以下两类。

（1）有机污染物　随着人口的膨胀，人们对食物的需求不断增加，促进了在低浓度下就呈现较大毒性的农药、杀虫剂的大量使用，这些污染物随灌溉水渗入地下造成地下水污染，有关内容会在土壤环境化学部分作进一步介绍。

（2）放射性污染　随着工业的发展，核试验的展开及原子能工业的发展，世界范围内积累了大量的放射性废弃物，深井投弃就是其处置法之一。经投弃的放射性废物经年长日久之后，有可能渗入地下水水体，造成放射性污染。

一般地下水不如地面水那样容易受到污染，但因其基本上属于封闭水系，在地层之下不易挥发、不被稀释和不易发生降解，因此水系一旦受到污染，就非常难以通过自然过程或人为手段予以消除。

水中的污染物还有耗氧污染物、病原体污染物，如细菌、病毒、原生动物以及植物营养物质等。

9.1.8 天然水体中的异相物质

9.1.8.1 水体中的各种杂质

自然界中的水从严格意义上讲都含有一定的杂质，而非纯净的水，即任何一种天然水体不可能是纯水体系，得到化学意义上的纯水是非常困难的，微电子行业应用的也仅仅是高纯水，电阻率一般约为 $18.1M\Omega$。这就是说，对于没有被污染的水体，其中也含有许多种类和数量不一的溶质或悬浮杂质等。

天然水体上层水面，飘浮着各种生活垃圾（木片、纸屑等），且多种藻类及一些微小水生动物在表层水面上活动和生活。水体底层的沉积物中含有各种颗粒度不等的砾、砂、黏土、淤泥、生物的排泄物和尸体，以及各种天然和人造的化学物质（金属、颗粒状有机物等）。而占较大份额的中间层中所含的杂质主要是溶解性的分子和离子、胶体微粒和悬浮颗粒物。水体中常见的杂质的颗粒度大小如图 9-3 所示。溶解性分子和离子的粒度一般不大于 $10^{-3}\mu m$，这类组分不可能通过过滤或沉降的方法从水中除去。直径大于 $1\mu m$ 的悬浮颗粒、细菌一般能被过滤介质所截留，也能在水中迅速沉降。这些颗粒能阻碍日光透过，是造成水体外观混浊的原因。有关不同颗粒度大小污染物的去除部分内容，将在后续章节中作进一步介绍。

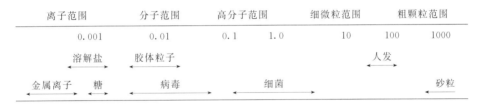

图 9-3　水体中常见杂质尺寸大小/μm

9.1.8.2 水体中的颗粒物质

水体中的颗粒物质分为悬浮固体和溶解性固体两种。图 9-4 介绍了实际水样测定总溶解性固体和悬浮性固体的程序。

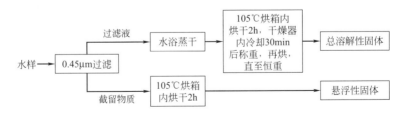

图 9-4　水体中实际水样的颗粒物质的分类程序

总溶解性固体物（TDS）在给水领域中应用得较多，在水处理过程中，悬浮性固体（SS）是表征多种地表水和废水水质的重要物性参数，成为水质监测中的必测项目。

水体中的生物数量繁多、种类多种多样，一般包括底栖生物、浮游生物、水生植物和鱼类四大类。水体中的微生物的种类和数量直接关系到水质的好坏,植物性微生物按其体内是否含叶绿素又可分为藻类和菌类微生物,如一般的细菌和真菌(霉菌、酵母菌等)。水体中生活的较高级生物(如鱼)在数量上只占相对很小的比例,它们对水体化学性质的影响较小。而实际上,水质对其生活的影响却很大,这也正是水环境科学研究、水体环境保护等的意义所在。

9.1.8.3 藻类

我国南方几乎一年四季都可见到"水华",形成水华的藻类主要有:微囊藻、项圈藻。藻类是湖泊、水库等缓慢流动水体中最常见的能进行光合作用的浮游类植物,有一个明显的核。最小的藻类只有几个微米,而巨藻有长达 60m 的。一些藻类的尺寸见表 9-4。

表 9-4 一些藻类的直径尺寸

假丝微囊藻	铜绿微囊藻	不定微囊藻	细小隐球藻	胶球藻
$3\sim7\mu m$,群体大小为 $500\mu m$,宽 $20\sim30\mu m$	$3\sim7\mu m$	$1\sim2\mu m$	$1.5\sim2\mu m$	$0.8\sim3\mu m$,连胶被 $3.5\sim7\mu m$

藻类种群密度的差异是惊人的,在深海水体中可发现每毫升水中所含藻类细胞少于 100 个,在营养富集的沿海水域中或者在透光的湖中藻类密度常常达到每毫升 10 万个藻类细胞,最多的时候可以达到 2 亿个藻类细胞。

藻类主要有蓝绿藻、硅藻、褐藻、鱼腥藻、念珠藻、颤藻等。蓝绿藻在结构上与真正细菌相似,不同之处在于它们能够进行光合作用,是光合自养生物。从生态观点看,藻类是水体中的生产者,它们能在阳光辐照条件下,以水、二氧化碳和溶解性氮、磷等营养物为原料,不断合成有机物,并放出氧。而在没有阳光的条件下,藻类将消耗自身体内有机物以满足自身的需要,同时其也消耗着水中的溶解氧。

$$CO_2 + H_2O \xrightarrow{\text{太阳光}} 葡萄糖 + O_2$$

在水处理过程中,由于藻的存在大大增加了给水处理的难度。因为藻类尺寸很小,一般能穿透水处理厂过滤滤池,为了保证水处理厂的出水水质,就要求对含藻水的处理一定要有效。水体中含有藻类,会导致水体存在异味等,在这种情况下,采用臭氧和活性炭联合处理是有效的方法之一,比单独使用活性炭有效,可以延长活性炭使用周期,减少炭层厚,同时比单独使用臭氧除臭时投加量要少。

9.1.8.4 细菌等其他微生物

细菌的特点是形体很小,其直径小至只有 $0.5\mu m$,而且其内部组织结构简单,大多数是单细胞的。水体环境中重要的微生物体有原生动物、藻类、真菌、放线菌和细菌等,微生物大小很不相同,真菌、细菌和原生动物的研究需要采用光学显微镜进行。水体中的细菌等微生物是关系到水环境自然净化及饮用水和废水的生物处理过程的重要的微生物体。细菌在适宜的环境条件下,其繁殖速度很快,以至于其分布很广。

细菌按其外形的不同可分为球形菌、杆菌和螺旋菌等类。按营养方式的不同,可将其分为异养菌和自养菌两大类。异养菌包括腐生异养菌和寄生异养菌两大类,寄生菌生活在活的机体中,腐生异养菌从死亡的生物机体中摄取营养物;一些病原性细菌属于此类。细菌还可以分为基本不引起疾病的腐生菌和可能引起人类患病的致病菌两大类,细菌中的致病菌一般自由地生活,但遇见机会将侵入人体、动物或植物的体内引起疾病;而有的致病菌以进入水体的生物排泄物为媒介,传播各类疾病。自养菌是指能够将无机碳化合物转化为有机物的一类细菌,化能合成细菌和光合细菌就属于此类,化能合成细菌包括硝化细菌、铁细菌、氢细菌、硫氧化细菌等;光合细菌包括绿硫细菌、紫硫细菌等。大多数细菌属于化能异养型,它们合成有机物的能力弱,需要现成有机物作为自身机体的营养物。

根据细菌在水处理过程中降解有机物质过程中，氧化过程中所利用的受氢体种类的不同，可将细菌分为好氧细菌、厌氧细菌和兼氧细菌。醋酸菌、亚硝酸菌等属于好氧细菌，这类菌体生活在有氧环境中；油酸菌、甲烷菌等属于厌氧细菌，这类菌体需要在缺氧、无氧环境中生长和繁殖，呼吸过程中以有机物分子本身或 CO_2 等作为受氢体；乳酸菌等属于兼氧细菌，这类细菌皆能在有氧或无氧条件下进行两种不同的呼吸过程。

9.2　水体中主要离子成分的形成

水体环境中已检测出的 70 种元素，这些元素主要组成水体中的主要离子、溶解性气体、微量元素离子和有机物质等。

天然水中的主要离子成分包括 Cl^-、SO_4^{2-}、NO_3^-、HCO_3^-、CO_3^{2-}、Na^+、Ca^{2+}、K^+、Fe^{2+}、Al^{3+}、Mg^{2+} 等，这些离子大约占总离子成分的 $95\% \sim 99\%$，在海水中，一般 Cl^-、Na^+ 占优势；湖水中，一般 Na^+、SO_4^{2-}、Cl^- 占优势；地下水中的主要离子成分受地域变化影响大，一般来说地下水硬度较高，即 Ca^{2+}、Mg^{2+} 含量较高，对于一些苦咸水地区，HCO_3^- 和 Na^+ 含量较高。河水中所含有的部分 Na^+ 和大部分的 Ca^{2+} 分别来源于硅酸盐和碳酸盐的风化、溶解；所含的大部分的 SO_4^{2-} 来自于硫化物矿石的风化和硫酸盐矿物（如石膏）的溶解。

天然水体中主要离子成分的形成过程就是天然水体的矿化过程。矿化度指的就是在矿化过程进入天然水体的离子成分的总量，以总溶解固体 TDS 来表示，TDS 与溶液中各种离子的关系可以简单表示为下面的形式。

$$TDS = (Cl^-, SO_4^{2-}, HCO_3^-, CO_3^{2-}, NO_3^-, PO_4^{3-}) + (Na^+, K^+, Ca^{2+}, Mg^{2+}, Fe^{2+}, Al^{3+})$$

水体中含有的主要离子的天然形成过程主要通过岩石在空气中发生的氧化作用、水对岩石的溶解作用和水合作用以及土壤中盐类的溶解作用等几种方式进行。随着工农业的迅猛发展，工业废水以及生活污水排出的无机离子也是水体中的阴阳离子的一个主要来源，而且这部分阴阳离子常常是水环境化学以及水处理过程关注的主要对象。

（1）水合作用　水分子通过渗透等作用结合到矿物质晶格中，形成含不同数量水分子的晶体。

$$CaSO_4 \text{（硬石膏）} + 2H_2O \longrightarrow CaSO_4 \cdot 2H_2O \text{（石膏）}$$

$$Fe_2O_3 \text{（赤铁矿）} + nH_2O \longrightarrow Fe_2O_3 \cdot nH_2O$$

（2）氧化作用　含有还原性元素的岩石、矿石，在与空气接触过程中，被氧气氧化形成可溶性盐。

$$4FeS_2 \text{（黄铁矿）} + 15O_2 + 14H_2O \longrightarrow 4Fe(OH)_3 + 8H_2SO_4$$

$$CuFeS_2 \text{（黄铜矿）} + 4O_2 \longrightarrow CuSO_4 + FeSO_4$$

$$CaO \cdot Al_2O_3 \cdot 2SiO_2 + H_2SO_4 + 2H_2O \longrightarrow H_2Al_2Si_2O_8 + CaSO_4 + 2H_2O$$

（3）水解作用　岩石中矿物质在水和 CO_2 共同作用下，发生水解反应形成可溶性盐，如铝硅酸盐类发生的水解反应为

$$K_2O \cdot Al_2O_3 \cdot 6SiO_2 + 2CO_2 + 11H_2O \longrightarrow H_2Al_2Si_2O_8 \cdot H_2O + 2KHCO_3 + 4(SiO_2 \cdot 2H_2O)$$

（正长石）　　　　　　　　　　　　　　　　　（高岭石）

（4）同成分溶解反应　自然界中矿物质种类繁多，溶解过程各不相同。比较典型的同成分溶解反应有 $CaCO_3$ 在碳酸体系中的溶解反应。在水体中无机离子的来源方面，同成分溶解反应的贡献主要有天然水系，特别是地下水体系中的方解石（$CaCO_3$）的分解反应，其反应式为

$$CaCO_3(s) + CO_2(g) + H_2O \Longrightarrow Ca^{2+} + 2HCO_3^-$$

$$K = \frac{[Ca^{2+}][HCO_3^-]^2}{p_{CO_2}} \qquad (9-1)$$

式（9-1）表明，方解石的溶解度随大气中 CO_2 分压的增加而增大。

9.3 水体中的溶解氧等溶解性气体

天然水体中的溶解性气体主要有 O_2、CO_2、H_2S、N_2、CH_4 等。许多工业生产过程中排出来的有毒有害气体，如 HCl、SO_2、NH_3 等进入水体后，就会对水体中的生物产生各种不良的影响。

9.3.1 溶解氧

9.3.1.1 氧在水中的溶解

水体中溶解氧对水生生物的生长繁殖具有很大的影响，例如水中的鱼类的生存需要从水体中摄取溶解氧，一般要求水体溶解氧浓度不小于 4mg/L，同时鱼类的呼吸作用的结果消耗溶解氧，同时又向水中放出大量的 CO_2。对于水中的各种藻类来说，一般在阳光能够照射到的水域中，能够进行光合作用而向水体中释放出 O_2。水体中溶解氧（dissolved oxygen）指的是溶解在水中的分子氧，其主要来源于大气复氧及水生藻类等的光合作用。

水体和大气处于平衡时，水体中溶解氧的最大数值与温度、压力、水中溶质的量、水体曝气作用、光合作用、呼吸作用及水中有机污染物的氧化作用等因素有关。

氧能溶于水形成非电解质溶液，其溶解度可以用亨利定律来表述。亨利定律的内容是："在定温和平衡状态下，一种气体在液体里的溶解度和该气体的平衡压力成正比"。用公式表示为

$$[O_2]_{aq} = K_H \cdot p_{O_2} \qquad (9-2)$$

式中　$[O_2]_{aq}$——溶解氧浓度；

　　　　p_{O_2}——氧气的平衡分压；

　　　　K_H——亨利系数，在一定温度下 K_H 是常数。

天然水体中一些无机物气体的亨利常数列于表 9-5。

表 9-5　无机物气体在 25℃ 水中的亨利常数

气　体	$K_H/[\text{mol}/(\text{L}\cdot\text{Pa})]$	气　体	$K_H/[\text{mol}/(\text{L}\cdot\text{Pa})]$	气　体	$K_H/[\text{mol}/(\text{L}\cdot\text{Pa})]$
NH_3	6.12×10^{-4}	NO_2	9.87×10^{-8}	H_2S	1.00×10^{-6}
O_2	1.28×10^{-8}	N_2O	2.47×10^{-7}	SO_2	1.22×10^{-5}
NO	1.88×10^{-8}	CO_2	3.36×10^{-7}		

在应用亨利定律时须注意下列几点。

（1）所研究的溶质在气相和在溶剂中的分子状态必须相同，否则亨利定律的应用条件是不能成立的，即亨利定律就不能应用。例如 CO_2 在水中的溶解就存在这样的问题，溶解在水中的 CO_2 经水合、电离作用后，存在多种的形态：$(CO_2)_{aq}$、H_2CO_3、HCO_3^-、CO_3^{2-}，亨利定律表达式中溶剂性气体的浓度只包含 $(CO_2)_{aq}$ 这一形态。

（2）对于混合气体体系，当压力不是很大时，亨利定律对每一种气体都能分别适用，与另一种气体的压力无关。

（3）对于亨利常数大于 10^{-2} 的气体，可认为它基本上是能完全被水吸收的。

【例】已知温度为 0℃ 下水蒸气的分压为 0.00611×10^5 Pa，温度为 25℃ 时水蒸气在空

气中含量为 0.0313 摩尔分数，干空气中含 20.95％的 O_2，且已知 0℃时亨利常数为 $K=2.18\times10^{-8}\,mol/(L\cdot Pa)$ 及 25℃时亨利常数为 $K=1.28\times10^{-8}\,mol/(L\cdot Pa)$ 时，试求温度为 0℃和 25℃下溶解氧的浓度。

解：(a) 0℃时与 $1.013\times10^5\,Pa$ 空气达成平衡时氧在水中溶解度，应用道尔顿分压定律和亨利定律算出标准条件下氧在水中溶解度 $[O_2]_{aq}$。

$$[O_2]_{aq}=K_H\cdot p_{O_2}$$
$$=2.18\times10^{-8}\times(1.013-0.00611)\times10^5\times0.2095$$
$$=4.6\times10^{-4}\ (mol/L)$$
$$\approx14.72\ (mg/L)$$

(b) 25℃，应用道尔顿分压定律和亨利定律计算标准条件下氧在水中溶解度 $[O_2]_{aq}$。

$$[O_2]_{aq}=K_H\cdot p_{O_2}$$
$$=1.28\times10^{-8}\times(1.0000-0.0313)\times1.013\times10^5\times0.2095$$
$$=2.63\times10^{-4}\ (mol/L)$$
$$\approx8.4\ (mg/L)$$

在压力一定的条件下，温度对氧气在水中溶解度的影响可以采用 Claustus & Klaperon 方程式来表示：

$$\lg\frac{C_2}{C_1}=\frac{\Delta H}{2.303R}\left(\frac{1}{T_1}-\frac{1}{T_2}\right)$$

式中　C_1，C_2——分别表示热力学温度 T_1 和 T_2 下气体在水中的溶解度，mg/L；

　　　ΔH——表示溶解热，J/mol；

　　　R——为气体常数，8.314J/(K·mol)。

常压下的饱和溶解氧是温度（℃）的函数。

$$C_s=\frac{468}{31.6+t}$$

式中　t——摄氏温度，℃。

9.3.1.2　大气复氧

大气中的氧进入水中的速度，通常以溶解氧浓度的变化速度表示，与水体和大气界面的面积和水的体积，以及水中溶解氧的实际浓度与饱和溶解氧浓度之差有关。

$$\frac{dC}{dt}=\frac{k_L A}{V}(C_s-C)$$

式中　C——水中溶解氧浓度；

　　　C_s——水中饱和溶解氧浓度；

　　　k_L——质量传递系数；

　　　A——气体扩散表面积；

　　　V——水的体积。

在水中溶解氧的表示方法中，氧亏值也是一个指标。设 $D=(C-C_s)$，D 表示水中的溶解氧不足量，称为氧亏，氧亏的含义是水中溶解氧的饱和浓度与实际浓度之差。则有：

$$\frac{dD}{dt}=\frac{k_L A}{V}D=k_a D$$

式中　k_a——水体复氧速度常数；

　　　D——氧亏。

9.3.1.3　光合作用

光合作用是水中溶解氧的主要来源之一。如果假定光合作用的速率与光照强度相关，而

光照强度与时间的关系假定可以以正弦函数表示，则有

$$\frac{dO}{dt} = P_t = P_m \sin\left(\frac{t}{T}\pi\right), \quad \text{对 } 0 \leqslant t \leqslant T$$

$$\frac{dO}{dt} = 0, \quad \text{对其他 } t$$

式中　T——白天发生光合作用的持续时间，例如 12h；

　　　t——一光合作用开始以后的时间；

　　　P_t——时间 t 时光合作用产氧速率；

　　　P_m——一天中光合作用产氧的最大速率。

如果采用平均值来表示光合作用复氧速率，则光合作用复氧速率可以表达为常数：

$$\left(\frac{dO}{dt}\right)_p = p$$

9.3.1.4　水生生物体的呼吸作用

水体中的鱼类、藻类等微生物的呼吸作用要消耗水体中的溶解氧，通常呼吸耗氧速度可以表示为

$$\left(\frac{dO}{dt}\right)_r = -R$$

光合作用产氧与呼吸作用的耗氧速度可以用黑、白瓶实验求得。黑瓶模拟的是呼吸耗氧作用，白瓶模拟的则是呼吸耗氧作用与光合产氧作用的综合作用结果。

对于白瓶：　　　　$$\frac{24(C_1 - C_0)}{\Delta t} = P - R - k_c L_0$$

对于黑瓶：　　　　$$\frac{24(C_2 - C_0)}{\Delta t} = -R - k_c L_0$$

式中　C_0——实验开始时水样的溶解氧浓度；

C_1，C_2——实验终了时白瓶和黑瓶中水样的溶解氧浓度；

　　　k_c——在实验的环境温度下 BOD 的降解速度常数；

　　　Δt——实验延续时间；

　　　L_0——实验开始时的河水（水样）BOD 浓度。

9.3.1.5　临界点的氧亏值

综合考虑藻类等的光合作用和大气复氧作用，以及水体中动植物、微生物、原生动物的呼吸作用，以及其他还原物质的氧的消耗等作用，在很多情况下，人们希望能找到溶解氧浓度的最低点，即水体中氧亏值的最大值，这一氧亏值称为临界点的氧亏值。

假定水体中 BOD 的衰减规律符合一级反应动力学，且反映速率为常数，同时假定水体中溶解氧的主要来源是大气复氧。则有

$$\frac{dL}{dt} = -k_d L$$

$$\frac{dD}{dt} = k_d L - k_a D$$

式中　L——水体的 BOD 值；

　　　k_d——水体的 BOD 衰减速度常数；

　　　t——水体的流行时间；

　　　其他符号意义同前。

在临界点时，存在

$$\frac{dD}{dt} = k_d L - k_a D_c = 0$$

由此，可以得到临界点的氧亏值和临界点距污水排放点的时间

$$D_c = \frac{k_d}{k_a} L_0 e^{-k_d t_c}$$

$$t_c = \frac{1}{k_a - k_d} \ln \frac{k_a}{k_d} \left[1 - \frac{D_0 (k_a - k_d)}{L_0 k_d} \right]$$

式中 L_0，D_0——分别为水体（河流）起点的 BOD 和氧亏值。

水体溶解氧 DO 的数值是水质的重要参数之一，也是鱼类等水生动物、微生物生长和繁殖的必要条件。溶解氧受到多种环境因素的影响，水中溶解氧 DO 值变化很大，在一天当中也很不相同。一般来说藻类等的光合作用受到阳光照射强度等的影响，所以在一天当中，早晨日出后，由于光合作用和再曝气作用同时发生，水中 DO 值不断上升；但过了午后，因 DO 值受到溶解度的限制，傍晚日落后光合作用停止，DO 值下降；而鱼类、微生物等的呼吸作用是全天不分昼夜地进行，不断耗用水体中的氧而使 DO 降低。

当水体中可以降解的有机污染物的浓度不是很高时，好氧性细菌使这些有机污染物发生氧化分解而逐渐消失，而溶解氧 DO 值的变化情况是降低到一定程度后不再下降。但如果水体中有机污染等耗氧污染物浓度比较高，超出水体自然净化的能力时，水中溶解氧可能会耗尽，从而发生厌氧性细菌的分解作用，同时水面常会出现黏稠的絮状物，使水体与空气隔开，妨碍大气复氧与再曝气作用等的进行。

消耗水体中溶解氧的物质还有底栖动物和沉淀物等的耗氧过程，本书限于篇幅原因不再介绍，可查阅有关文献。

9.3.2　二氧化碳

二氧化碳在干燥的空气中占的比重很小，大约是 0.03%。由于二氧化碳的含量较低，且其是酸性气体，测定和计算水体中二氧化碳的溶解度要比测定和计算氧气等其他气体的溶解度复杂得多。水体中游离的二氧化碳浓度对水体中动植物、微生物的呼吸作用和水体中气体的交换产生较大的影响，严重的情况下有可能引起水生动植物和某些微生物的死亡。一般要求水中二氧化碳的浓度应不超过 25mg/L。水中二氧化碳的含量主要来源于以下两个方面。

水体中的 CO_2 主要是由有机体进行呼吸作用时产生的，空气中 CO_2 在水中溶解量很少，有机物的耗氧分解过程可以如下表示。

$$(CH_2O)_x + O_2 \xrightarrow{\text{细菌}} xCO_2 + H_2$$

同时水体中的藻类等微生物又可以利用光能的作用及水体中的 CO_2 合成生物体自身的营养物质。

$$CO_2 + H_2O \xrightarrow[\text{生物}]{h\nu} (CH_2O)_x + O_2$$

9.4　天然水的水质指标

9.4.1　水的纯净度

电厂、微电子工业等对水中的离子浓度的要求特别高，这就促进了对水的纯净度研究的深入展开。对于低离子浓度的表示方法一般采用导电性指标，导电性指标反映的是水体的导电性，水中的离子含量越多，导电性就会较强，反之，就会很弱。

电导率的测定采用的是电导率仪，如上海雷磁公司生产的各种型号的电导率仪。电导率数值与水体的温度有直接的关系，在测量电导率时需要把测定水的温度记录下来。纯水在温

度为20℃时的极限电导率是 $0.04\mu\Omega^{-1}\cdot cm^{-1}$，$\mu\Omega^{-1}\cdot cm^{-1}$（欧姆$^{-1}$·厘米$^{-1}$）是电导率的单位，$1\Omega^{-1}\cdot cm^{-1}=10^{6}\mu\Omega^{-1}\cdot cm^{-1}$，或表示为 $\mu S/cm$。

9.4.2 水质指标

水质指标是指水体中除水分子以外所含有的其他物质的种类和数量（或浓度）。天然水、生活用水以及废水排放等的水质指标，可分为物理性指标、化学性指标、生物性指标以及放射性指标四类。有些指标可直接用某一种杂质的浓度来表示其含量；有些指标则是利用某一类杂质的共同特性来间接反映其含量，如有机物的综合指标可以采用化学需氧量 COD、生化需氧量 BOD 等作为综合指标。常用的水质指标有数十项，如表 9-6 介绍了部分常见水质指标特征及其测定方法。

表 9-6　部分常见水质参数及其测定方法

指　标	参　数	特　征	测定方法
物理性指标	水温	影响生物、化学反应过程和水体其他性质	温度计法
	pH 值	表征水体酸碱性	玻璃电极法
	颜色	水中悬浮物、胶体或溶解类物质均可生色	比色法
	浊度	由水中悬浮物或胶体状颗粒物质引起	浊度计
	悬浮物	一般表征水体中不溶性杂质的量	重量法
化学性指标	硫酸盐	缺氧条件下经微生物反硫化作用可转化为有毒的 H_2S	离子色谱法
	氯化物	影响水体可饮用性，腐蚀金属表面	离子色谱法
	总铁	使衣服、器皿着色及产生沉淀，形成水垢，滋生铁细菌	原子吸收光度法
	硒（四价）	高硒可以产生人、畜地方性硒中毒	荧光分光光度法
	氧气	大多数高等生物呼吸所需，缺氧时会产生有害的 CH_4、H_2S 等	溶解氧仪
	总砷	毒性等	二乙基二硫代氨基甲酸银分光光度法
	总锌	5mg/L 以上，产生金属涩味	原子吸收光度法
	硝酸盐	过量饮水摄入婴幼儿体内时，可引起变性血红蛋白症	离子色谱法
	总磷	生命必需物质，可引起水体富营养化问题	钼蓝比色法
	COD_{Mn}	地表水或饮用水处理中的有机物浓度表征方法之一	酸性高锰酸钾法
	氟化物	饮水浓度控制在 1mg/L 可防龋齿，高浓度时有腐蚀性	离子选择电极法
	总铅	儿童、婴儿、胎儿和孕妇对铅较敏感	原子吸收光度法
	总氰化物	高毒性，进入生物体后破坏高铁细胞色素氧化酶的正常作用	异烟酸-吡啶啉酮比色法
	阴离子表面活性剂	毒性轻微，可能会引起富营养化	亚甲基蓝光度法
	苯并[a]芘	强致癌物	纸层析-荧光分光光度法
	电导率	表示水样中可溶性电解质总量	电导率仪
	硬度	由可溶性钙盐和镁盐组成，引起沉积和结垢	EDTA 滴定法
	碱度	反映水体的酸碱性，来源于水样中 OH^-、CO_3^{2-}、HCO_3^-	HCl 滴定法
	钠	天然水中主要的易溶组分，对水质不发生重要影响	离子色谱法
	硅	多以 H_4SiO_4 形态存于天然水中，含量变化幅度大	光度法
	COD_{Cr}	废水处理中有机污染物浓度指标之一	重铬盐酸法
	BOD	微生物自然净化的能力标度及废水生物处理效果标度	稀释与接种法
	TOC	近于理论有机碳量值	TOC 仪
微生物	细菌总数	对饮用水进行卫生学评价时的依据	平板计数
	藻类	水体营养状态指标	计数法
	总大肠菌群	水质重要生物学指标之一，水体被粪便污染程度的指标	滤膜法

9.4.3 水质标准

为了贯彻执行《中华人民共和国环境保护法》、《中华人民共和国水污染防治法》和《中华人民共和国海洋环境保护法》，保障人民健康，维护生态系统平衡，保护水资源，控制水污染，我国制定了各类水环境质量标准。主要有：地表水环境质量标准，景观娱乐用水水质标准，城市污水回用水质标准，污水排放标准，农田灌溉水质标准，地下水质量分类水质标准，饮用水水质标准等。随着科学技术的发展以及人们对水环境质量要求的提高，这些水环境质量的标准仍处于不断完善和修订之中。下面以饮用水的水质标准和地表水环境质量标准的发展为例作一介绍。

饮用水质指标归纳起来可以分为三类：细菌学指标，有毒有害物质指标，感官性指标。细菌学指标是极端重要的，因为细菌能在同一时间造成大片人群发病或死亡；有毒有害物指标是防止长期积累导致慢性疾病或癌症的指标，确定的原则是人终身摄入而无觉察的健康风险；感官性水质不良，可能为水质污染的反映，虽然不一定危害健康，但会导致消费者对供水水质安全性发生怀疑，甚至产生厌恶。饮用水水质指标的发展经历了一个由人的感官和生活经验的感性认识到科学方法严格测定并定量化的历程，随着科学技术的发展，人民生活质量的要求越来越高，水源水质的不断恶化，迫使人们不断地修订规范和水质标准，并将所关注的重点水质指标转移。

至 20 世纪 60 年代初，饮用水水质标准的阶段发展，主要是从感官性状、化学毒理学、细菌学和放射性指标来制定的。20 世纪 70 年代以后，随着有机化合物分析技术的发展和改进，饮用水中检测出的有机化合物不断增加，这种情况迫使各国引起重视，进一步提高水质标准。世界卫生组织 1984 年制订的《饮用水水质准则》提出的水质指标只有 61 项，1993 年修改后的准则列出的指标为 135 项，其中包括了杀虫剂、消毒副产物等 89 中有机化合物。1986 年美国《国家饮用水基本规则》关于水中有机物的控制指标有 15 项，在改法案中不仅规定了污染物的限制浓度，而且还提出了达到该标准的水处理最佳可行技术。为进一步控制污染，1991 年美国环保局颁布了 35 种有机污染物的最大浓度允许标准，并重新提出了另外 5 项污染物的标准，使控制饮用水中的污染物总数达 60 多种。到 1993 年，饮用水中的有机物标准已达到 83 项，且包括各类消毒副产物。到 1997 年 8 月随着对其他消毒副产物如卤乙腈、卤代醛和卤代酮等的研究越来越深入，美国环保局更是公布了饮用水中 200 多种有机物的水质标准立法状况和对健康的影响的评价。

我国 1959 年颁布了第一个饮用水水质标准，仅包括 16 项指标，着重考虑浊度、色度、臭和味等感观性指标；1976 年修订的水质标准将水质指增加到 23 项，开始重视金属等毒理学指标；20 世纪 80 年代以来，随着分析手段的提高，开始关注有机污染物指标。1985 年，提出了国家生活饮用水水质标准（GB 5749—85）共 35 项，规定的有机物指标仅有 6 项：挥发酚（以苯酚计）（$\leqslant 0.002$mg/L）、氯仿（$\leqslant 0.06$mg/L）、四氯化碳（$\leqslant 3\mu$g/L）、苯并[a] 芘（$\leqslant 0.01\mu$g/L）、DDT（$\leqslant 1\mu$g/L）、六六六（$\leqslant 5\mu$g/L）。这个饮用水标准与同期的国际水质标准相比存在着很大差距，检测项目少，标准低，缺乏对有毒物质的控制，其中有些可能是"三致"物质。为此，1993 年中国城镇供水协会制定了《城市供水行业 2000 年技术进步发展规划》，对一类水司的水质指标调整为 88 项，其中有机物指标增加到 38 项；二类水司的水质指标为 51 项，有机物指标增加到 19 项。2001 年，我国卫生部颁布了《生活饮用水水质卫生规范》，这次水质标准的重要修改是增加高锰酸钾指数作为水质常规的检测项目。另一个重要修改是将浊度由 3NTU 改为 1NTU。在常规检测项目中还增加了铝（0.2mg/L）、粪大肠杆菌群（每 100mL 水样中不得检出），将镉由 0.01mg/L 改为 0.005mg/L、铅由 0.05mg/L 改为 0.01mg/L、四氯化碳由 0.03mg/L 改为 0.002mg/L。在非常规项目中增加了有关的农药、除草剂、微囊藻毒素-LR、消毒副产物（三卤甲烷、卤乙酸、亚氯酸盐、一氯胺等）与其他有毒有害有机物。2005 年，原建设部颁布了《城市供水水质标准》，共有 101 项检测项目，其中常规检验项目 42 项，非常规检验 59 项，该标准对水质提出了更高的要求，增加了对有机物和农药的检测项目，还增加了消毒剂、贾第虫和隐性孢子虫的检测项目。在此基础上，2006 年，国家颁布了《生活饮用水卫生标准》（GB 5749—2006），与 1985 年提出的国家生活饮用水水质标准（GB 5749—85）相比，水质指标由 GB 5749—85 的 35 项增加至 106 项，增加了 71 项；修订了 8 项。

目前世界上主要的国际饮用水水质标准有世界卫生组织（WHO）提出的饮用水水质标准，美国国家环保局（USEPA）颁布的安全饮用水法，欧洲盟（EU）的有关饮用水水质的标准等。从现有的水平来看，我国在有机物种类设定的水质标准上与西方发达国家还有较大的差距。可以预见，随着仪器分析的不断发展，有毒有害有机物的不断检出，新的水质标准所规定的有机物种类和含量必将越来越严格。从美国的饮用水水质标准来看，每一次水质标准的变化，都将要求水处理控制技术和水质分析技术全面革新。

表 9-7　地表水环境质量标准基本项目标准限值　　　　单位：mg/L

序号	项目	Ⅰ类	Ⅱ类	Ⅲ类	Ⅳ类	Ⅴ类
1	水温/℃	人为造成的环境水温变化应限制在：周平均最大温升≤1　周平均最大温降≤2				
2	pH 值（无量纲）	6～9				
3	溶解氧≥	饱和率90%（或7.5）	6	5	3	2
4	高锰酸盐指数　≤	2	4	6	10	15
5	化学需氧量（COD）　≤	15	15	20	30	40
6	五日生化需氧量（BOD$_5$）≤	3	3	4	6	10
7	氨氮（NH$_3$-N）　≤	0.15	0.5	1.0	1.5	2.0
8	总磷（以 P 计）　≤	0.02（湖、库0.01）	0.1（湖、库0.025）	0.2（湖、库0.05）	0.3（湖、库0.1）	0.4（湖、库0.2）
9	总氮（湖、库，以 N 计）≤	0.2	0.5	1.0	1.5	2.0
10	铜　≤	0.01	1.0	1.0	1.0	1.0
11	锌　≤	0.05	1.0	1.0	2.0	2.0
12	氟化物（以 F 计）　≤	1.0	1.0	1.0	1.5	1.5
13	硒　≤	0.01	0.01	0.01	0.02	0.02
14	砷　≤	0.05	0.05	0.05	0.1	0.1
15	汞　≤	0.00005	0.00005	0.0001	0.001	0.001
16	镉　≤	0.001	0.005	0.005	0.005	0.01
17	铬（六价）　≤	0.01	0.05	0.05	0.05	0.1
18	铅　≤	0.01	0.01	0.05	0.05	0.1
19	氰化物　≤	0.005	0.05	0.2	0.2	0.2
20	挥发酚　≤	0.002	0.002	0.005	0.01	0.1
21	石油类　≤	0.05	0.05	0.05	0.5	1.0
22	阴离子表面活性剂　≤	0.2	0.2	0.2	0.3	0.3
23	硫化物　≤	0.05	0.1	0.2	0.5	1.0
24	粪大肠菌群（个/L）　≤	200	2000	10000	20000	40000

对于与保护饮用水的水质密切相关的我国地表水环境质量标准来说，《地面水环境质量标准》（GB 3838—83）为首次发布，1988 年为第一次修订，1999 年为第二次修订。目前的实施的为第三次修订的地表水环境质量标准（GB 3838—2002），该标准将标准项目分为：地表水环境质量标准基本项目（见表 9-7）、集中式生活饮用水地表水源地补充项目和集中式生活饮用水地表水源地特定项目。地表水环境质量标准基本项目适用于全国江河、湖泊、运河、渠道、水库等具有使用功能的地表水水域；集中式生活饮用水地表水源地补充项目和特定项目适用于集中式生活饮用水地表水源地一级保护区和二级保护区。集中式生活饮用水地表水源地特定项目由县级以上人民政府环境保护行政主管部门根据本地区地表水水质特点和环境管理的需要进行选择，集中式生活饮用水地表水源地补充项目和选择确定的特定项目作为基本项目的补充指标。该标准项目共计 109 项，其中地表水环境质量标准基本项目 24 项，集中式生活饮用水地表水源地补充项目 5 项，集中式生活饮用水地表水源地特定项目 80 项。

与 GHZB 1-1999 相比，本标准在地表水环境质量标准基本项目中增加了总氮一项指标，删除了基本要求和亚硝酸盐、非离子氨及凯氏氮三项指标，将硫酸盐、氯化物、硝酸盐、铁、锰调整为集中式生活饮用水地表水源地补充项目，修订了 pH、溶解氧、氨氮、总磷、高锰酸盐指数、铅、粪大肠菌群 7 个项目的标准值，增加了集中式生活饮用水地表水源地特定项目 40 项。本标准删除了湖泊水库特定项目标准值。

依据地表水水域环境功能和保护目标，按功能高低依次划分为五类：

Ⅰ类　主要适用于源头水、国家自然保护区；

Ⅱ类　主要适用于集中式生活饮用水地表水源地一级保护区、珍稀水生生物栖息地、鱼虾类产卵场、仔稚幼鱼的索饵场等；

Ⅲ类　主要适用于集中式生活饮用水地表水源地二级保护区、鱼虾类越冬场、洄游通道、水产养殖区等渔业水域及游泳区；

Ⅳ类　主要适用于一般工业用水区及人体非直接接触的娱乐用水区；

Ⅴ类　主要适用于农业用水区及一般景观要求水域。

对应地表水上述五类水域功能，将地表水环境质量标准基本项目标准值分为五类，不同功能类别分别执行相应类别的标准值。水域功能类别高的标准值严于水域功能类别低的标准值。同一水域兼有多类使用功能的，执行最高功能类别对应的标准值。实现水域功能与达功能类别标准为同一含义。

参 考 文 献

[1]　王占生等 . 微污染水源饮用水处理 . 北京：建筑工业出版社，1999.
[2]　Manaban Stanley E.. Environmental Chemistry. 7ᵗʰ ed. New York：Amazon Press，1999.
[3]　刘文君 . 清华大学博士论文，1999.
[4]　岳舜林 . 我国城市给水氯化消毒的现状及存在问题 . 给水与废水处理国际会议论文集 . 1994.
[5]　范德顺 . 关于饮用水源水质评价的若干问题 . 西南给排水，1989，52（4）：9.
[6]　吴红伟 . 清华大学博士论文，2000.
[7]　谭见安 . 环境生命元素与克山病生态化学地理研究 . 北京：中国医药科技出版社，1996.
[8]　Matin Fox，Healthy Water Research. 1996.
[9]　张欣 . 欧美及日本对饮用水评价的研究 . 西北建筑工程学院学报，1999，9（3）：54
[10]　桥本奖 . 健康た饮料水とああにしし饮料水の水质评价とちの应用に关する研究［J］. 水环境学会志，1989，
　　　（3）：12-16.
[11]　张宏陶 . 生活饮用水标准检验法方法注解 . 重庆：重庆大学出版社，1993.
[12]　中国环境优先监测研究课题组 . 环境优先污染物 . 北京：中国环境科学出版社，1989.
[13]　罗明泉，俞平 . 常见有毒和危险化学品手册 . 北京：中国轻工业出版社，1992.
[14]　上海市化工轻工供应公司 . 化学危险品实用手册 . 北京：化学工业出版社，1992.
[15]　国家环境保护局有毒化学品管理办公室，化工部北京化工研究院环境保护研究所 . 化学品毒性法规环境数据手册 .

北京：中国环境科学出版社，1992.

[16] 高玉玲等. Ames 试验评价河流有机致突变物污染级别商榷，1992.

[17] 冯敏. 工业水处理技术. 北京：海洋出版社，1992，489-622.

[18] 江城梅. 生活饮用水的致突变性研究及预防对策. 蚌埠医学院学报，2000，3，229-230.

[19] 刘世海，余新晓，于志民. 北京密云水库集水区板栗林水化学元素性质研究. 北京林业大学学报，2001，23（2）：12-15.

[20] 吴玉新. 紫外分光光度法测定污水中油含量的研究. 石化技术，1998，5（2）：112-114.

习　　题

请简要说明湖泊、河流、海洋及地下水中的主要污染物的种类和来源。

第 10 章 水 化 学

10.1 天然水中的酸碱化学平衡

许多化学和生物反应都属于酸碱化学的范畴，以化学、生物化学等学科为基础的环境化学也自然要经常需要应用酸碱化学的理论。

酸碱可以说无时无刻都存在于我们的身边，食醋、苏打以及小苏打等都是生活中最常见的酸和碱，而且一般认为人体内的体液也都是碱性的，以至于一些学者认为弱碱性的水更有利于人类的健康。天然水体 pH 值一般在 6～9 的范围内，所以在水和废水处理过程中，水体酸碱度的观测是一个首先必须考虑的指标之一。

酸碱反应一般能在瞬间完成，pH 值是体系中最为重要的参数，决定着体系内各组分的相对浓度。在天然水环境中重要的一元酸碱体系有 $HCN-CN^-$、$NH_4^+-NH_3$ 等，二元酸碱体系有 $H_2S-HS^--S^{2-}$、$H_2SO_3-HSO_3^--SO_3^{2-}$、$H_2CO_3-HCO_3^--CO_3^{2-}$ 等，三元酸碱体系有 $H_3PO_4-H_2PO_4^--HPO_4^{2-}-PO_4^{3-}$ 等。在与沉积物的生成、转化及溶解等过程有关的化学反应中，pH 值往往能决定转化过程的方向。

10.1.1 酸碱质子理论

事物都有其认识和发展的过程，酸碱化学基础理论亦如此。在酸碱化学理论发展过程中存在着如下的几种理论：酸碱电离理论、溶剂理论、质子理论和电子理论。

电离理论至今仍普遍应用于水环境化学的领域中，但由于电离理论把酸和碱只限于水溶液，又把碱限制为氢氧化物等，使得该理论对于一些现象不能够很好的解释。

由 Brosted 和 Lowry 于 1923 年提出的酸碱质子论是各种酸碱理论中较适于水化学的一种理论。基于水溶液体系的特点，本文只简要讨论质子理论。根据质子酸和质子碱的定义：凡是能释放出质子的任何含氢原子的物质都是酸，而任何能与质子结合的物质都是碱。例如，在下列反应中

$$HF+H_2O \Longrightarrow H_3O^+ +F^-$$

当反应自左向右进行时，HF 起酸的作用（是质子的给予体），H_2O 起碱的作用（是质子的受体）。如果上述反应逆向进行，则应将 H_3O^+ 视为酸，F^- 则为碱。$HF-F^-$ 和 $H_3O^+-H_2O$ 实质上是两对共轭酸碱体。而在下列酸碱反应中

$$H_2O+NH_3 \Longrightarrow OH^- +NH_4^+$$

当反应自左向右进行时，H_2O 起了酸的作用（是质子的给予体），NH_3 起碱的作用（是质子的受体）。如果上述反应逆向进行，则应将 NH_4^+ 视为酸，OH^- 则为碱。$NH_4^+-NH_3$ 实质上是一对共轭酸碱体。

上面两反应写成一般形式，可以表达为

$$酸_1 + 碱_2 \Longrightarrow 碱_1 + 酸_2$$

从酸碱质子理论看来，任何酸碱反应，如中和、电离、水解等都是两个共轭酸碱对之间

的质子传递反应。

10.1.2　酸和碱的种类

表 10-1 列举了按质子理论定义的常见酸和碱。

表 10-1　在水溶液中常见的酸和碱

酸	分子	HF，HCl，HNO_3，$HClO_4$，H_2SO_4，H_3PO_4，H_2S，H_2O，HCN，H_2CO_3
	正离子	$[Al(H_2O)_6]^{3+}$，NH_4^+，$[Fe(H_2O)_6]^{3+}$
	负离子	HSO_4^-，$H_2PO_4^-$，HCO_3^-，HS^-
碱	负离子	Cl^-，F^-，HSO_4^-，SO_4^{2-}，HPO_4^{2-}，HS^-，S^{2-}，OH^-，CN^-，HCO_3^-，CO_3^{2-}
	正离子	$[Al(OH)(H_2O)_5]^{2+}$，$[Fe(OH)(H_2O)_5]^{2+}$
	分子	NH_3，H_2O，NH_2OH

10.1.3　酸和碱的强度

醋酸 CH_3COOH（简称 HAc）是典型的一元酸，HAc 水溶液体系中存在着如下的离解反应平衡，其电离平衡反应为

$$HAc + H_2O \Longrightarrow H_3O^+ + Ac^-$$

$$K_a = \frac{[H_3O^+][Ac^-]}{[HAc]}$$

K_a 称为酸平衡常数。

已经离解的 HAc 的百分数，称为弱酸的电离度，常以 α 表示。如果以 [HAc] 表示 HAc 的原始浓度，以 [Ac^-] 表示已离解 HAc 的浓度，则 α 定义为

$$\alpha = \frac{[Ac^-]}{[HAc]} \times 100\%$$

下面再以氨的水溶液作为一元弱碱的例子进行简要介绍，氨的水溶液中存在着如下的电离平衡反应，其电离平衡反应为

$$NH_3 + H_2O \Longrightarrow NH_4^+ + OH^-$$

$$K_b = \frac{[NH_4^+][OH^-]}{[NH_3]}$$

K_b 称为碱平衡常数。

需要说明的是，准确的 K_a 或 K_b 的计算应由活度来计算，但在非常稀的溶液中基本上可用浓度来代替。表 10-2 为 25℃时水体中常见弱酸弱碱的离解常数。

酸和碱的强弱分别采用酸电离常数 K_a 和碱电离常数 K_b 来表达。用通式表示为：

$$HA + H_2O \Longrightarrow H_3O^+ + A^- \qquad K_a = \frac{[H_3O^+][A^-]}{[HA]} \tag{10-1}$$

$$A^- + H_2O \Longrightarrow HA + OH^- \qquad K_b = \frac{[HA][OH^-]}{[A^-]} \tag{10-2}$$

由式(10-1) 和式(10-2) 可见，酸和碱的强度都是相对于水的共轭体系（H_3O^+-H_2O）和（H_2O-OH^-）来衡量的。

为应用方便，一般采用 pK_a、pK_b 来表示酸碱电离常数：

$$pK_a = -\lg K_a$$

$$pK_b = -\lg K_b$$

K_a 数值越大或 pK_a 数值越小，表明 HA 的酸性越强。K_b 数值越大或 pK_b 数值越小，表明 A^- 的碱性越强。一般规定 $pK_a < 0.8$ 者为强酸，$pK_b < 1.4$ 者为强碱。

对于共轭酸碱体系 HA-A^- 来说，容易得到：

$$K_a \cdot K_b = [H_3O^+][OH^-] \tag{10-3}$$

表 10-2　水体中常见弱酸弱碱的离解常数（温度为 25℃）

弱酸/弱碱	离解常数 K_a/K_b
H_3AlO_3	$K_1=6.3\times10^{-12}$
H_3BO_3	$K_1=5.8\times10^{-10}$
H_2CO_3	$K_1=4.4\times10^{-7}$；$K_2=4.7\times10^{-11}$
HCN	$K_1=6.2\times10^{-10}$
H_2CrO_4	$K_1=6.3\times10^{-12}$
HF	$K_1=6.6\times10^{-4}$
H_2MnO_4	$K_2=7.1\times10^{-11}$
H_2O	$K_1=1.8\times10^{-16}$
H_3PO_4	$K_1=7.1\times10^{-3}$；$K_2=6.3\times10^{-8}$；$K_3=4.2\times10^{-13}$
H_2SO_4	$K_2=1.0\times10^{-2}$
H_2S	$K_1=1.32\times10^{-7}$；$K_2=7.10\times10^{-15}$
H_2SiO_3	$K_1=1.7\times10^{-10}$；$K_2=1.6\times10^{-12}$
$H_2C_2O_4$（草酸）	$K_1=5.4\times10^{-2}$；$K_2=5.4\times10^{-5}$
HCOOH（甲酸）	$K_1=1.77\times10^{-4}$
CH_3COOH（乙酸）	$K_1=1.75\times10^{-5}$
$H_3C_6H_5O_7$（柠檬酸）	$K_1=7.4\times10^{-4}$；$K_2=1.73\times10^{-5}$；$K_3=4.0\times10^{-7}$
H_4Y（乙二胺四乙酸）	$K_1=1.0\times10^{-2}$；$K_2=2.1\times10^{-3}$；$K_3=6.9\times10^{-7}$；$K_4=5.9\times10^{-11}$
$NH_3\cdot H_2O$	$K_1=1.8\times10^{-5}$

两者之积称为水的离子积 K_w，在 25℃时，

$$K_w=K_a\cdot K_b=10^{-14}$$

或

$$pK_a+pK_b=14$$

式（10-3）表明，共轭体系中的酸越强，则其共轭碱越弱，反过来也如此。

10.1.4　平衡计算

确定了弱酸离解常数，就可以计算已知浓度的弱酸溶液的平衡组成。

【例 10-1】　在环境温度为 25℃ 条件下，含氨废水浓度为 0.200mg/L，试求该废水的 OH^- 浓度、pH 值和氨水的电离度。

解：由表 10-2 可以查出，氨在该温度下的离解常数是 1.8×10^{-5}。

假定平衡时 NH_4^+ 的浓度为 $c(mol/L)$

$$NH_3+H_2O \Longrightarrow NH_4^+ + OH^-$$

平衡时浓度：$0.200-c$　　　　c　　　　c

由于平衡常数的定义有：

$$K_{NH_3}=\frac{[NH_4^+][OH^-]}{[NH_3]}$$

$$=\frac{c^2}{0.200-c}$$

因为 $K_{NH_3}=1.8\times10^{-5}$，可以求得：$c=1.90\times10^{-3}mol/L$ 即，$[OH^-]=1.90\times10^{-3}mol/L$。

根据 pH 值的定义，pH 值为氢离子活度的负对数（文中如无特殊说明，均忽略离子强度的影响，以浓度代替活度），求得

$$pH=14-pOH=14+lg[OH^-]=11.28$$

电离度为

$$\alpha=\frac{c}{0.200}\times100\%$$

$$=0.950\%$$

【例 10-2】　计算 0.2mol/L H_2S 溶液中的 H^+、OH^-、S^{2-} 的浓度和溶液的 pH 值。

解：设由第一步离解产生的 $[H^+]$ 为 $x\text{mol/L}$，第二步离解产生 $[H^+]$ 为 $y\text{mol/L}$；由水离解产生的 $[H^+]$ 为 $z\text{mol/L}$。

H_2S 的两步离解平衡分别为

$$H_2S + H_2O \Longrightarrow H_3O^+ + HS^-$$

平衡时浓度（mol/L）：$0.01-x \qquad x+y+z \qquad x-y$

由于平衡常数的定义有

$$K_1 = \frac{[H_3O^+][HS^-]}{[H_2S]}$$

$$HS^- + H_2O \Longrightarrow H_3O^+ + S^{2-}$$

平衡时浓度（mol/L）：$x-y \qquad\qquad x+y+z \qquad y$

由于平衡常数的定义有

$$K_2 = \frac{[H_3O^+][S^{2-}]}{[HS^-]}$$

$$H_2O + H_2O \Longrightarrow H_3O^+ + OH^-$$

平衡时浓度（mol/L）：$\qquad\qquad\qquad x+y+z \qquad z$

$$K_w = [H_3O^+] \cdot [OH^-]$$

由表 10-2 可以查出 H_2S 的一级和二级离解常数是 $K_1 = 1.32 \times 10^{-7}$；$K_2 = 7.10 \times 10^{-15}$。

由于 $K_1 \gg K_2$，HS^- 是比 H_2S 更弱的酸，H_2O 也是很弱的酸，因此可以估算出

$$x \gg y, \quad x \gg z, \quad x+y+z \approx x, \quad x-y \approx x$$

在 H_2S 溶液中 H_3O^+ 主要来自于 H_2S 的第一步离解。计算 $[H_3O^+]$ 时，可以忽略 HS^- 和 H_2O 产生的 H_3O^+。于是可以得出

$$\frac{(x+y+z)(x-y)}{0.2-x} = 1.32 \times 10^{-7}$$

求解得：$x = 1.6 \times 10^{-4}$，$[H_3O^+] = 1.6 \times 10^{-4}\text{mol/L}$，即 $pH = -\lg[H_3O^+] = 3.8$

同样，由于

$$\frac{xy}{x} = K_2 = 7.1 \times 10^{-15}$$

求得

$$[S^{2-}] = 7.10 \times 10^{-15}$$

由水的离解平衡：$K_w = [OH^-][H^+]$，求得 $[OH^-] = 6.25 \times 10^{-11}$

10.1.5 酸碱缓冲容量

缓冲溶液是能够抵御外界影响，使组分保持稳定的溶液。pH 缓冲溶液能够在一定程度限制 pH 发生变化，弱酸与其共轭碱或者弱碱与其共轭酸所构成的缓冲溶液，能把溶液的 pH 值控制在一定的范围内，例如 HAc 和 NaAc，NH_3 和 NH_4Cl 构成了最常用的缓冲溶液。

缓冲容量又称为缓冲强度，其定义是为引起水溶液体系 pH 值升高或降低一个单位所需加入强碱或强酸的摩尔数。缓冲容量可以通过实验确定，用强碱或强酸滴定缓冲溶液，根据滴定曲线的斜率可以求得缓冲容量。地面水一般只有较小的缓冲容量，随意排放酸碱废水，将引起 pH 值很大变化，对水质和水生生物会产生很大影响。

10.1.6 碳酸平衡

碳酸系统平衡在调节天然水体的 pH 中起着非常重要的作用。对于 CO_2-H_2O 系统，存在的形态有 $CO_2(aq)$，H_2CO_3，HCO_3^-，CO_3^{2-}。

CO_2 被水吸收过程中，除了存在物理溶解作用之外，还存在着如下的反应：

$$CO_2 + H_2O \rightleftharpoons H_2CO_3^* \qquad K_H = 2.8 \times 10^{-2}$$

$$H_2CO_3^* \rightleftharpoons H^+ + HCO_3^- \qquad K_{c1} = 4.5 \times 10^{-7}$$

$$HCO_3^- \rightleftharpoons H^+ + CO_3^{2-} \qquad K_{c2} = 4.7 \times 10^{-11}$$

总反应为：

$$CO_2(g) + H_2O \xrightarrow{K_H} H_2CO_3 \xrightarrow{K_{c1}} H^+ + HCO_3^- \xrightarrow{K_{c2}} 2H^+ + CO_3^{2-}$$

由电中性关系存在：$[H^+] = [HCO_3^-] + 2[CO_3^{2-}] + [OH^-]$

由离解平衡和亨利定律可以得出：

$$K_{c1} = \frac{[H^+][HCO_3^-]}{[H_2CO_3]} \qquad K_{c2} = \frac{[H^+][CO_3^{2-}]}{[HCO_3^-]} \qquad K_H = \frac{[H_2CO_3^*]}{p_{CO_2}}$$

总无机碳为：$\qquad C_T = H_2CO_3^* + HCO_3^- + CO_3^{2-}$

总碱度为：$\qquad [Alk] = [HCO_3^-] + 2[CO_3^{2-}] + [OH^-] - [H^+]$

在不同温度下 CO_2 的亨利常数 K_H 和 H_2CO_3 的一级、二级电离平衡常数 K_{c1} 和 K_{c2} 的数值则列举在表 10-3 之中。

表 10-3　碳酸系统的平衡常数

温度/℃	$-\lg K_H$	$-\lg K_{c1}$	$-\lg K_{c2}$	温度/℃	$-\lg K_H$	$-\lg K_{c1}$	$-\lg K_{c2}$
0	6.11	6.58	10.63	25	6.47	6.35	10.33
5	6.19	6.52	10.56	30	6.53	6.33	10.29
10	6.27	6.46	10.49	40	6.64	6.30	10.22
15	6.33	6.42	10.43	50	6.72	6.29	10.17
20	6.41	6.38	10.38				

控制天然水体的 pH 值，可以影响天然水的物理、化学以及生物过程。以下分别对封闭的碳酸体系和开放的碳酸体系进行介绍。

(1) 封闭碳酸体系　假定将水中溶解的 $[H_2CO_3^*]$ 作为不挥发酸，由此组成的是封闭碳酸体系。可在海底深处、地下水、锅炉水及实验室水样中遇到这样的体系。

在平衡体系中，$[H_2CO_3^*]$、$[HCO_3^-]$、$[CO_3^{2-}]$ 三种形态的分布系数表达如下。

$$\alpha_{[H_2CO_3^*]} = \frac{[H_2CO_3^*]}{C_T} = \left(1 + \frac{K_{c1}}{[H^+]} + \frac{K_{c1}K_{c2}}{[H^+]^2}\right)^{-1}$$

$$\alpha_{[HCO_3^-]} = \frac{[HCO_3^-]}{C_T} = \left(1 + \frac{[H^+]}{K_{c1}} + \frac{K_{c2}}{[H^+]}\right)^{-1}$$

$$\alpha_{[CO_3^{2-}]} = \frac{[CO_3^{2-}]}{C_T} = \left(1 + \frac{[H^+]^2}{K_{c1}K_{c2}} + \frac{[H^+]}{K_{c2}}\right)^{-1}$$

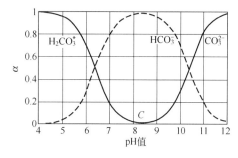

图 10-1　封闭碳酸体系化合物形态分布

使用上面的三个公式进行 $\alpha[H_2CO_3^*]$、$\alpha[HCO_3^-]$、$\alpha[CO_3^{2-}]$ 随 pH 值变化情况的计算，结果如图 10-1 所示。

由图 10-1 可见，在低 pH 值时，溶液中只有 $CO_2 + H_2CO_3$，在高 pH 区只有 CO_3^{2-}，而 HCO_3^- 在中等 pH 区内占绝对优势。三种碳酸形态在平衡时的浓度分布与溶液 pH 值关系密切，封闭体系 $H_2CO_3^*$-HCO_3^--CO_3^{2-} 形态分布图中重要交界点的数值如表 10-4 所示。

封闭碳酸平衡体系的特性归纳如下。

① 系统 pH 值范围约为 4.5～10.8。当水样中另外含有强酸时，pH 值将小于 4.5；或当水样中另外含有强碱时，pH 值可大于 10.8。

表 10-4　封闭体系 $H_2CO_3^*$-HCO_3^--CO_3^{2-} 形态分布图中重要交界点

pH	$\alpha_{H_2CO_3^*}$	$\alpha_{HCO_3^-}$	$\alpha_{CO_3^{2-}}$	pH	$\alpha_{H_2CO_3^*}$	$\alpha_{HCO_3^-}$	$\alpha_{CO_3^{2-}}$
$\ll pK_{c1}$	1.00	~ 0	~ 0	pK_{c2}	~ 0	0.50	0.50
pK_{c1}	0.50	0.50	0	$\gg pK_{c2}$	~ 0	~ 0	1.00
$1/2(pK_{c1}+pK_{c2})$	0.01	0.98	0.01				

② 在图 10-1 中，pH＝8.3 的特征点 c 可看做一个分界点。当体系 pH 小于 8.3 时，CO_3^{2-} 含量可以忽略，水中只有 CO_2、H_2CO_3 和 HCO_3^-，可只考虑一级碳酸平衡，即

$$[H^+]=K_{c1}\frac{[H_2CO_3^*]}{[HCO_3^-]}$$

$$pH=pK_{c1}-\lg[H_2CO_3^*]+\lg[HCO_3^-]$$

当溶液的 pH＞8.3 时，$[H_2CO_3^*]$ 的浓度可以忽略不计，水中只存在 HCO_3^- 和 CO_3^{2-}，应考虑二级碳酸平衡，即

$$[H^+]=K_{c2}\frac{[H_2CO_3^-]}{[HCO_3^{2-}]}$$

$$pH=pK_{c2}-\lg[HCO_3^-]+\lg[CO_3^{2-}]$$

也由此可以求得封闭体系中几种形态的浓度值。

$$C_T=\frac{[H_2CO_3^*]}{\alpha_{[H_2CO_3^*]}}=\frac{1}{\alpha_{[H_2CO_3^*]}}K_H p_{CO_2}$$

$$[HCO_3^-]=\frac{\alpha_{[HCO_3^-]}}{\alpha_{[H_2CO_3^*]}}K_H p_{CO_2}=\frac{K_{c1}}{[H^+]}K_H p_{CO_2}$$

$$[CO_3^{2-}]=\frac{K_{c1}K_{c2}}{[H^+]^2}K_H p_{CO_2}$$

（2）开放碳酸体系　开放碳酸体系是指与大气相通的碳酸水溶液体系。在开放体系中，当 pH＜6 时碳酸形态以 $[H_2CO_3^*]$ 为主，pH＝6～10 时以 $[HCO_3^-]$ 为主，pH＞10.25 时则以 $[CO_3^{2-}]$ 为主。有关开放体系碳酸平衡系统、碳酸化合物的形态分布等内容，读者可自行推导或者查阅有关文献，本文限于篇幅不再赘述。

10.1.7　碱度和碳酸盐碱度

能够产生碱度的物质有：强碱［如 NaOH、$Ca(OH)_2$ 等］，弱碱（如 NH_3、$C_6H_5NH_2$ 等），强碱弱酸盐（如碳酸盐、重碳酸盐、硅酸盐、硼酸盐、磷酸盐、硫化物、腐殖质盐等）。碱度的主要形态为 OH^-、CO_3^{2-}、HCO_3^-，因此又分为氢氧化物碱度、碳酸盐碱度、酸式碳酸盐碱度。

水体的碱度是水处理系统的设计必须要考虑的指标，碱度的测定是水质分子中一个经常观测的指标。碱度不能与 pH 值等同起来，因为 pH 值反映的是水中氢离子的活泼程度。碱度是指水中含有的能与强酸发生中和反应的物质的总量，例如：摩尔浓度相同 NaOH 和 $NaHCO_3$ 与同一浓度的 HCl 反应，存在下面的反应

$$NaHCO_3+HCl\rightleftharpoons NaCl+H_2O+CO_2$$

$$NaOH+HCl\rightleftharpoons NaCl+H_2O$$

由上面的反应可以知道，摩尔浓度相同 NaOH 和 $NaHCO_3$ 消耗同样的 HCl，即二者的碱度是相同的，而二者的 pH 值显然是不相同的，因为一个是强碱，一个是弱碱。

对于碳酸盐碱度存在如下的平衡关系

$$H_2CO_3+H_2O\rightleftharpoons H_3O^-+HCO_3^-$$

$$HCO_3^-+H_2O\rightleftharpoons H_3O^-+CO_3^{2-}$$

$$H_2O + H_2O \Longrightarrow H_3O^- + OH^-$$

天然水体是一个优良的主要由碳酸盐和重碳酸盐组成的缓冲系统，一般氢氧化物的碱度较低，这一缓冲体系对于维持天然水体的 pH 值保持在 6~9 的范围内具有非常大的意义，从而保证了水生生物的正常生长。

当采用酚酞作为指示剂，用 HCl 去滴定中和 OH^- 时，溶液颜色由红色变为无色，此时溶液 pH 值为 8.3，指示出水中氢氧根离子已被中和，碳酸盐（CO_3^{2-}）均被转为重碳酸盐（HCO_3^-），此时的碱度称为酚酞碱度。这一过程中发生如下反应

$$CO_3^{2-} + H^+ \longrightarrow HCO_3^-$$
$$OH^- + H^+ \longrightarrow H_2O$$

总碱度（又称甲基橙碱度）是指对上述溶液继续进行滴定，采用甲基橙作指示剂，滴定至溶液由黄色变为橙红色时，溶液的 pH 值为 4.4~4.5，此时测定的结果指示水中的重碳酸盐碱度被中和。发生的反应为

$$HCO_3^- + H^+ \longrightarrow H_2O + CO_2$$

溶液的总碱度为

$$总碱度 = [HCO_3^-] + 2[CO_3^{2-}] + [OH^-] - [H^+]$$
$$= C_T(\alpha_{[HCO_3^-]} + 2\alpha_{[CO_3^{2-}]}) + \frac{K_w}{[H^+]} - [H^+]$$

酚酞碱度、甲基橙碱度是可实际测定的水质指标。但如果可以将对碱度有贡献的氢氧化物碱度、碳酸盐碱度和重碳酸盐碱度三种成分从总碱度中区分开来将具有更大实用意义。下面介绍通过实测 pH 和总碱度 Alk 值后，求得这三种碱度的平衡计算法。现限定温度为 25℃，且以 mol[CaCO_3]/L 作碱度单位。

由实测 pH 值首先可求得氢氧化物碱度：

$$[OH^-] = 10^{(pH - pK_w)} = 10^{(pH - 14.00)}$$

以 mol[CaCO_3]/L 为单位的总碱度定义式为：

$$[Alk] = [CO_3^{2-}] + \frac{1}{2}[HCO_3^-] + \frac{1}{2}[OH^-] - \frac{1}{2}[H^+]$$

此外，由 K_{c2} 的定义式可得：

$$[CO_3^{2-}] = \frac{K_{c2}[HCO_3^-]}{[H^+]}$$

将以上两式归并整理后可得如下两计算式。

重碳酸盐碱度：
$$[HCO_3^-] = \frac{2[Alk] - [OH^-] + [H^+]}{2K_{c2}}$$

碳酸盐碱度：
$$[CO_3^{2-}] = \frac{2[Alk] - [OH^-] + [H^+]}{2 + \dfrac{[H^+]}{K_{c2}}}$$

在以上计算式中，如要同时考虑温度、离子强度等校正因素，则计算会变得非常复杂。

【例 10-3】 已知某一天然水体 pH=7.0，碱度为 1.4mmol/L，问需加多少酸才能使天然水的 pH 降到 6.0？

解： $$总碱度 = C_T(\alpha_{[HCO_3^-]} + 2\alpha_{[CO_3^{2-}]}) + \frac{K_w}{[H^+]} - [H^+]$$

$$\Rightarrow C_T = \frac{1}{\alpha_{[HCO_3^-]} + 2\alpha_{[CO_3^{2-}]}}\left(总碱度 + [H^+] - \frac{K_w}{[H^+]}\right)$$

当 pH=5~9，总碱度 $\geqslant 10^{-3}$ mol/L；pH=6~8，总碱度 $\geqslant 10^{-4}$ mol/L

当 pH=7.0 时，由图 10-1 可以查出 $\alpha_{[HCO_3^-]} = 0.8$，$\alpha_{[CO_3^{2-}]}$ 可以忽略不计，则有

$$C_T = \frac{1}{0.8} \times 1.4 = 1.75 (mmol/L)$$

当 pH=6.0 时，由图 10-1 可以查出 $\alpha_{[H_2CO_3]}=0.7$、$\alpha_{[HCO_3^-]}=0.3$，$\alpha_{[CO_3^{2-}]}$ 可以忽略不计，则有

pH=6.0 时，碱度 $= C_T(\alpha_{[HCO_3^-]} + 2\alpha_{[CO_3^{2-}]}) = 1.75 \times 0.3 = 0.525 (mmol/L)$

$$\Delta A = 1.4 - 0.525 = 0.875 (mmol/L)$$

10.1.8 酸碱化学原理在水处理技术中的应用

酸碱废水是工业上比较常见的废水，在化工厂、电镀厂、造纸厂、矿山排水、制碱以及化学纤维以及金属酸洗工厂等制酸制碱和用酸用碱的过程中，都排出酸性废水或者碱性废水。酸性废水或碱性废水发生中和反应，产生盐。如果这些废水直接排放，会腐蚀管道、造成水体鱼类等生物的大面积死亡等，影响或者危害人类的健康，同时造成工业的浪费。如江苏某电厂一个厂一年就用去工业盐酸 4000t，工业烧碱 2500t，归根结底是要排入环境中污染环境水体，水体水质恶化反过来又导致更大的投入。在废水处理过程中酸性废水、碱性废水直接会产生对处理系统的腐蚀，使水体 pH 值发生变化，破坏水体的自然缓冲作用，影响细菌和微生物的生长，甚至可能造成生物体绝迹，影响生物处理过程的处理效果，增加了处理成本，甚至无法找到经济可行、运行可靠的处理方法。

如山东某造纸厂主要生产纸箱和纸板，年产万吨左右，以麦草为原料。该厂排放的生产废水中，污染物主要来自纸浆废液和车间洗涤废水。废水量大约为 3000t/d，废水的水质情况见表 10-5。

表 10-5　造纸废水的水质情况

项　目	浓　度	项　目	浓　度
COD/(mg/L)	1500~1800	悬浮固体 SS/(mg/L)	3000~4500
BOD$_5$/(mg/L)	600~750	pH 值	8~11

对于这样的废水，目前国内的处理方法主要是物化与生化结合的方法，而好氧处理中要求控制溶液的 pH 在 6.0~9.0 之间，否则不利于生物体内酶的活性，直接影响其生化反应。酸碱度的调节是一个非常繁杂的过程，由于废水水质随着时间波动，所以一般都采用自动控制的办法实现，这就大大增加了废水处理的难度，增加了废水处理的成本。对酸、碱工业废水的治理一般常用中和法。对酸性废水常用的碱性药剂有石灰石、生石灰、苛性钠和纯碱等；中和法治理碱性废水时常用药剂有硫酸、盐酸等。治理酸碱废水的其他方法还有蒸发、浓缩、冷却、结晶以及膜技术等。

酸碱化学原理用于废水治理的应用也是很多的：如利用氢氰酸与铁屑和 K_2CO_3 溶液反应生成黄血盐的原理，可以处理和回收废水中所含的氰，发生的反应为

$$4HCN + 2K_2CO_3 \longrightarrow 4KCN + 2CO_2 + 2H_2O$$

$$2HCN + Fe \longrightarrow Fe(CN)_2 + H_2$$

$$4KCN + Fe(CN)_2 \longrightarrow K_4Fe(CN)_6$$

10.2　水体中的沉淀和溶解基本原理

掌握有关水体中污染物质等的沉淀和溶解基本原理的知识，将有助于在水污染治理过程中更好地选择水处理方法和进行水处理设备的设计。

10.2.1 溶解和沉淀的基本概念

（1）溶度积　难溶盐的沉淀溶解平衡状态可以采用溶度积（K_{sp}）来表征。以二价金属硫酸盐为例，其溶度积关系式表示为：

$$[M^{2+}][SO_4^{2-}]=K_{sp}$$

天然水体组分非常复杂，各化学平衡之间相互影响，单独根据溶度积来计算固体溶解度往往不能反映实际情况。通过溶解平衡来计算盐类溶解度时，应同时考虑溶液的温度、pH值、同离子效应、盐效应，以及需要考虑酸碱平衡、配位平衡、氧化还原平衡及液面上方气相中有关物质的分压（如 p_{CO_2}）大小等因素对溶解度的影响。

例如 FeS(s) 在含硫化物的水溶液中的溶解度，除依赖其溶度积外，还取决于阳离子 Fe^{2+} 的水解平衡和阴离子 S^{2-} 的水解平衡以及配位平衡（如 $Fe^{2+}+HS^- \Longrightarrow FeHS^+$ 或 $Fe^{2+}+2S^{2-} \Longrightarrow FeS_2^{2-}$）等。

（2）pH 和同离子效应的影响　对于难溶盐 $CaCO_3$ 的溶液，存在如下平衡状态。

$$H_2CO_3^* \Longrightarrow H^+ + HCO_3^- \Longrightarrow 2H^+ + 2CO_3^{2-}$$
$$CaCO_3 \Longrightarrow Ca^{2+} + CO_3^{2-}$$

在达到溶解沉淀平衡时，Ca^{2+} 的平衡溶解度为

$$[Ca^{2+}]=\frac{K_{sp}}{[CO_3^{2-}]}$$

由上面的公式可知，如果改变水溶液的 pH 值或改变水体中的 Ca^{2+} 浓度，都将引起碳酸钙溶解平衡的破坏。

10.2.2 水体中物质的沉积过程

河流、湖泊等天然水体，以及废水处理系统中的沉淀池、澄清池中的物质沉积过程主要包括以下几种沉积作用：①水体中溶解性组分之间、或者溶解性组分与絮凝剂等之间发生的化学沉淀；②水体中的颗粒状物质、大颗粒的絮体等发生的物理性重力沉降；③胶体颗粒物质的吸附、凝聚等沉降作用，等等。

10.2.2.1 化学沉淀

水体中溶解性物质之间发生的化学反应所造成化学沉淀，是形成水底沉积物的主要原因之一，水体中化学沉淀反应的例子很多，简单举例如下。

（1）含有较高浓度磷的雨水、工业废水、农业灌溉排水以及生活污水等进入硬性水体中时，可能发生的反应是

$$5Ca^{2+}+OH^-+3PO_4^{3-} \Longrightarrow Ca_5OH(PO_4)_3 \downarrow$$

羟基磷灰石

（2）水体中微生物的吸附等作用也是造成水体沉积物生成的主要原因之一，微生物的吸附等作用常常与化学沉淀作用协同发生。水体的氧化还原电位在外界因素的影响下而发生变化时，水体中溶解性 Fe^{2+} 可被氧化为 $Fe(OH)_3$ 沉淀物，发生的化学反应是

$$4Fe^{2+}+10H_2O+O_2 \Longrightarrow 4Fe(OH)_3 \downarrow +8H^+$$

水体底泥中存在大量的厌氧微生物，在水底沉积区的多种厌氧微生物参与下，生成黑色的 FeS 沉积物，其中发生的反应有

$$Fe(OH)_3 \longrightarrow Fe^{2+}$$
$$SO_4^{2-} \longrightarrow H_2S$$
$$Fe^{2+}+H_2S \longrightarrow FeS \downarrow +2H^+$$

10.2.2.2 重力沉降

水体中悬浮颗粒的去除，可以利用颗粒与水的密度差在重力或者浮力的作用下进行分离去除。悬浮颗粒在水体中的沉降过程可以分为四种基本类型：自由沉淀、絮凝沉淀、分层沉

淀和压缩沉淀。对于浓度较低的砂砾、铁屑等的沉降可以说是不受阻碍的，颗粒物的下降过程中同时要受到水体对它的阻力等作用，考虑颗粒物本身的特性、水体的特点以及水体的湍流程度等因素，对于紊流状态，$500<$雷诺数$<10^4$，沉降速率为

$$u=\sqrt{\frac{3.3gd(\rho_s-\rho_l)}{\rho_l}}$$

对于层流，沉降速率为

$$u=\frac{g(\rho_s-\rho_l)}{18\mu}\cdot d^2$$

这就是斯托克斯（Stokes）公式。式中 u 是沉降速率，cm/s；ρ_s、ρ_l 分别是颗粒和水的密度，g/cm^3；g 是重力加速度，980cm/s^2；d 是颗粒的直径，cm,；μ 是水的黏滞系数，g/(cm·s)。

影响颗粒沉降的因素除水的密度、黏度、颗粒的密度、颗粒大小外，颗粒物的形状和水体的温度等也对颗粒物的沉降产生影响。

以上介绍的是可以自然沉降的颗粒物，而对于水体中粒径小于 $2\mu m$ 的微小粒子，它的沉降速率将很小，又由于布朗运动的影响，使得实际中这些粒子的沉降时间长得可以认为不能自然沉降下来。对于地面水中的不能够采用自然沉降办法去除的悬浮物和有机物等，可以采用混凝沉降的办法进行去除。实际中，絮凝沉降去除水体中的污染物质的过程，最终都依靠形成的较大絮体的重力沉降的作用来去除污染物。

10.2.2.3　化学与重力沉降作用在水处理过程中的应用

化学沉降与重力沉降作用在水处理过程中的应用很多，简单举例如下。

（1）含高浓度汞废水的处理　在废水中加入硫化物以生成 HgS 沉淀，这是一个最常用的方法，在碱性 pH 条件下，对原始含汞浓度相当高的废水，用硫化物沉淀法可获得大于99.9%的去除率。但流出液中最低含汞量不能降到 $10\sim20\mu g/L$ 以下。

该方法的缺点限制了其的应用，因为在硫化物用量控制不好的情况下，过量的 S^{2-} 能与 Hg^{2+} 生成可溶性配合物；而且硫化物残渣仍具有很大毒性，不容易处置。

（2）含镉废水的处理　在 pH 值为 9.5～12.5 范围内，能生成高度稳定的不溶性氢氧化镉。在 pH＝10 时，沉淀残留液中 $[Cd^{2+}]$ 约 0.1mg/L 左右，在 pH＞11 情况下，沉淀残留液中 $[Cd^{2+}]$ 可达 0.00075mg/L。残液经砂滤后，出水中镉浓度还可以进一步降低。

（3）含铅废水的处理　采用使 Pb(OH)$_2$ 沉淀下来的方法去除废水中的铅离子，最佳pH 值范围为 9.2～9.5。经沉淀处理后流出液中铅浓度为 0.01～0.03mg/L。方法的优点是可以从沉淀泥渣中回收铅。从废水中沉淀 Pb^{2+} 的沉淀剂还可以使用 Na$_2$CO$_3$、Na$_3$PO$_4$ 等。在产生沉淀后，往往还能将颗粒状的铅也夹带沉下。

10.2.2.4　胶体颗粒的稳定与凝聚沉降

水中胶粒大小约为 1～100nm，所以一般不能用沉降或过滤的方法从水中除去这些颗粒物质。当一种或几种物质被分散成为小的粒子分布在水中，整个系统就称为分散系（分散剂为水），被分散的物质叫做分散相，按分散相粒子大小可将分散系分为：粗分散系（悬浮液）、胶体分散系和溶液（见表 10-6），悬浊液，即含有悬浮杂质的液体，属于粗分散系统，可以通过自然沉淀的办法去除。

表 10-6　按分散相粒子大小进行的分散系的分类

分　散　系	粒子大小	举　　例
粗分散系(悬浮液)	$>0.1\mu m$	悬浊液,乳浊液
胶体分散系	$1nm\sim0.1\mu m$	Fe(OH)$_3$ 胶体
溶液	$<1nm$	Na$_2$SO$_4$ 溶液

溶胶是胶体中较为常见的一种。溶胶的分散相粒子是由许多分子聚集而成，以一定截面与周围介质分开，溶胶粒子分散得越细，其表面积越大，且表面上一般都带有电荷，因而有较强的吸附能力，而胶体的稳定性就在于溶液中带有同一种电荷的粒子间的相互排斥作用而使得不会发生凝聚沉淀。

按照分散相粒子大小进行分散系的分类方法并不是很严格的，如高分子化合物（如蛋白质）的溶液，分散相蛋白质以分子的形式分散在水体中，其粒子大小又处于胶体粒子范畴$1nm \sim 0.1 \mu m$内，所以高分子化合物溶液同时具有胶体分散系和溶液的双重特性。

（1）胶体溶液稳定性与凝聚　胶体颗粒尺寸微小，往往由多个分子或一个大分子组成，一般能够透过普通滤纸，不能透过半透膜。水分子热运动的结果表现为，溶胶粒子的不断地且不规则地作着连续运动，称为布朗运动。

分散相在分散体系中分散的程度越大，分散相单位体积的表面积越大。例如将一个活性炭颗粒（假定其为一个边长为1mm的立方体），它的总面积是$6mm^2$，将它分割成每个边长为1nm的小立方体，此时小立方体的数目是10^{18}个，其总表面积达$6 \times 10^6 mm^2$，胶体颗粒微小，分散相粒子（如胶粒，蛋白质大分子等）在与水等极性介质接触界面上，由于发生电离，以及胶体颗粒物因其较大的表面积而容易吸附溶液中的阴、阳离子，或者发生离子溶解等作用，使得分散粒子的表面带有电荷。

胶体稳定的一个重要原因就是胶体微粒带有电荷，由于电荷相互间排斥的作用，使得胶体颗粒不能聚沉。

蛋白质含有羧基和氨基，所以它具有氨基和羧基的性质，如蛋白表现为既具有酸性，又具有碱性，即当溶液表现为酸性条件时，蛋白质主要以正离子的形式存在，即蛋白质带正电。

$$R \begin{matrix} COOH \\ \\ NH_2 \end{matrix} + HCl \longrightarrow C \begin{matrix} COOH \\ \\ NH_3^+ \end{matrix} + Cl^-$$

当溶液为碱性时，蛋白质主要以负离子的形式存在，即蛋白质带负电。

$$R \begin{matrix} COOH \\ \\ NH_2 \end{matrix} + NaOH \longrightarrow C \begin{matrix} COO^- \\ \\ NH_2 \end{matrix} + Na^+ + H_2O$$

调节溶液的pH值至一定的数值时，蛋白质的净电荷为0，即在一定pH值条件下，蛋白质呈现中性，这个pH值就称为等电点，一般当pH值大于这个等电点时，蛋白质胶体带有负电荷，而当pH值小于等电点时，蛋白质胶体带有正电荷，很多蛋白质的等电点都处在弱酸性区域。

（2）胶体聚沉　胶体具有较大的表面自由能，是热力学上的不稳定体系，应该存在着这样的趋势，胶体微粒在布朗运动的作用下，微粒间有相互聚结的可能和使得其表面自由能降低的趋势。事实上，由于胶体微粒带有电荷，同类电荷之间的静电斥力阻止了胶体微粒相互间的聚结，另外，带电荷的胶体微粒和反离子都能与周围的水分子发生水合作用，形成一层水化壳。

讨论胶体微粒的稳定性，必须考虑促使胶体颗粒相互聚结的粒子表面分子间存在的范德华吸引力及阻碍胶体颗粒聚结的静电斥力两方面的总效应。静电斥力与胶体微粒间距离的平方成反比，范德华力与分子间距离的6次方成反比，而胶体微粒分子间的作用力的作用力是存在于许多分子之间的，这种分子间的作用力与分子间距离的3次方成反比，分子间作用力与静电斥力的合力共同决定着胶体微粒是否稳定。当胶体微粒间的距离较远时，双电层没有发生重叠，可以认为静电斥力不发挥作用，主要表现为分子间吸引力，此时胶体颗粒分散在水溶液中，并保持一种稳定状态；但随着微粒之间距离的减少，当双电层逐渐发生重叠的时候，静电斥力开始发生作用，胶体仍然可以保持其稳定性。当胶体微粒之间的距离很近时，静电斥力与分子间作用力的合力是分子间的吸引力时，两个胶体微粒会相互吸附，从而发生凝聚现象。显然，胶体微粒间的距离由很远至很近的过程中，要克服一个能量壁垒，这个壁垒就是要克服胶体微粒之间的静电斥力，在实际工作中，这就是一个压缩双电层的过程，从而使得胶体的稳定性降低，完成凝聚。

胶体的凝聚有两种基本形式，即凝结和絮凝。胶体粒子表面带有电荷，由于静电斥力的作用，使得胶粒难以相互靠拢，凝结过程就是在外来因素（如化学物质）作用下降低静电斥力，从而使胶粒合在一起。絮凝则是借助于某种架桥物质，通过化学键联结胶体粒子，使凝结的粒子变得更大。在用化学试剂处理废水的一种被称为化学混凝单元操作中，能同时发生凝结和絮凝作用，所产生的絮状颗粒又进一步吸附水溶性物质和粘附水中悬浮粒子，由此构成了一个相当复杂的物理化学过程。这种过程是去除废水中胶粒和细小悬浮物的一种有效方法，所加入的化学试剂称为化学混凝剂。

在两个相邻的胶体粒子间同时受到与 ζ 电位大小相应的静电斥力与一个相互吸引的范德华力。在向胶体溶液中加入某种电解质（如铁盐、铝盐等）后，可将反离子更多地驱入双电内层，并由内层压缩而使 ζ 电位降低，就降低了粒子间的斥力，因此粒子能互相靠拢，范德华引力也就进一步得到增强，完成粒子间的凝结。上述胶体粒子凝结的机理可用于解释一些自然现象，如带有大量胶体粒子的河水流至河海交汇处（河口）时，由于海水中含盐较高，从而破坏河水胶体的相对稳定性，使大量胶粒经凝聚而形成河口沉积物。

当水体受纳了一些高分子聚合电解质后，也可能通过架桥絮凝作用而破坏胶体系统的稳定性。这种高分子化合物可能是天然的，例如淀粉、单宁（多糖）、动物胶（蛋白质）等；也可能是人造的，如聚丙烯酰胺及其衍生物等。

（3）胶体的双电层理论 当胶体微粒与水接触时，可以是胶体颗粒从水溶液中选择性吸附某中离子而带电荷，或者是由于胶体颗粒自身能电离基团的电离作用而使离子进入溶液，使得胶体微粒与水溶液分别带有符号不同的电荷，在界面上形成双电层结构。

亥姆霍兹于 1879 年提出了双电层（double layer）的平板型模型，该模型虽然对电动现象给予了说明，1910 年古埃，1913 年查普曼修正了亥姆霍兹的平板型模型，提出了扩散双电层模型。但又由于古埃和查普曼的模型也还有许多无法解释的实际情况，斯特恩（Stern）作了进一步的修正。

观察一个带有过剩电荷的胶粒，斯特恩模型认为，由于静电引力或斥力作用、热运动和水溶液的溶剂化作用，几种效应综合作用的结果，在水溶液中靠近胶体微粒表面处，与胶体微粒表面离子电荷相反的离子浓度较大，只有一部分紧密地排列在胶体微粒表面上（称为紧密层），另一部分离子与胶体微粒表面的距离可以从紧密层一直分散到本体溶液中（称为扩散层），双电层实际上包括了紧密层和扩散层，即包括胶体微粒外面所吸附的阴、阳离子层。紧密层有 1～2 个分子层厚。

在电场作用下，胶体微粒与水溶液之间发生电动现象，在胶体微粒与水溶液间存在移动的界面，（在一些水处理文献中叫做滑动面）。在颗粒表面和这个界面之间所形成的 ζ 电位（动电位）可用电泳法予以测定，并可用下式表示其大小。

$$\zeta = \frac{4\pi\delta q}{D}$$

式中　　q——粒子表面电荷量；

　　　　δ——双电内层厚度；

D——水的介电常数。

胶体颗粒基本有两类，即亲水胶粒和疏水胶粒。亲水胶粒的受溶剂化程度高，颗粒被水壳层所包围，所以在水体中很难凝聚沉降。这一类胶粒多数是生物性的物质，例如可溶性淀粉、蛋白质和它们的降解产物以及血清、琼脂、树胶、果胶等。水体中的疏水胶粒成分一般由黏土、腐殖质、微生物等经分散后产生，这些胶粒的表面带电（一般带负电），较容易通过某些天然或人为因素的作用而凝聚沉降下来。疏水胶粒表面带正电或负电主要取决于胶粒的本性。但水体的 pH 值则是具有决定意义的外因，高 pH 值可使胶粒趋向于带更多负电。例如作为黏土组分的水合 SiO_2 和 $Al(OH)_3$ 的等电点分别在 pH＝2 和 pH 值 4.8～5.2，大多数细菌细胞胶体的等电点在 pH 值 2～3 之间，由于天然水体 pH 值大致在 6～9 范围内，所以水中这类胶粒表面多带过剩的负电。

10.2.2.5 水的软化与除盐

（1）天然水的硬度　无论是天然水体，还是废水中都含有大量的溶解物质，其中无机离子含量较多的一般是 Ca^{2+}、Mg^{2+}、Na^+、K^+ 及 Fe^{2+} 等阳离子，以及 SO_4^{2-}、Cl^-、HCO_3^- 及 SiO_3^{2-} 等阴离子。水的硬度指的就是水中 Ca^{2+}、Mg^{2+} 浓度总和，其采用 $CaCO_3$ 的 mg/L 表示，后面应该加"以 $CaCO_3$ 表示"，硬度包括暂时硬度（又称碳酸盐硬度，其是指通过加热的办法能以碳酸盐形式沉淀下来的钙镁离子）和永久硬度（又称非碳酸盐硬度，即加热后不能沉淀下来的那部分钙镁离子）。硬度对工业用水影响很大，尤其是锅炉用水，硬度较高的水都要经过软化处理达到一定标准后才能输入锅炉。生活饮用水中硬度过高会影响肠胃的消化功能，我国生活饮用水卫生标准中规定硬度（以 $CaCO_3$ 计）不得超过 450mg/L。为了防止 Ca^{2+}、Mg^{2+} 在管道和水处理设备中结垢，降低水中 Ca^{2+}、Mg^{2+} 含量的处理过程是必需的，这个过程就叫做软化。

（2）水垢形成过程的影响因素　由于工业的迅猛发展，农业、畜牧业、规模养殖等的日益扩大，使得当前水体中污染物的组成非常复杂，许多研究人员都认识到了在选择最经济的方法解决水垢问题方面，研究水体中的有机污染物、无机污染物和微生物污染物之间的相互作用很重要，在一些工业应用中，由于考虑到了这种相互作用的重要性，所取得的实际效果已经渐渐的显现出来。所以对于水的软化过程必然要考虑到有机污染物和微生物污染物与水中 Ca^{2+}、Mg^{2+} 的相互作用。

水体中可能对形成垢体产生影响的成分有：水体中的微粒、胶体粒子、溶质大分子、悬浮物、有机物以及微生物等，这些成分之间存在物理、化学作用，或者是这些成分之间的机械作用而引起的水体中的部分组分发生沉积结垢问题。如水体中 SiO_2 可能会有分子态的简单硅酸向二聚体、三聚体或四聚体发展，聚合体在水中很难溶解，而铝的存在，能由于生成不溶性硅酸铝的结果而显著降低 SiO_2 的溶解度。可以说，水体结垢不单是钙、镁等无机离子难溶盐的结垢问题，而是一个复杂的物理、化学、生物三大因素影响的过程，成分之间是相互关联的并非单一存在。一旦有局部结垢发生之后，就可能逐渐引起大面积地发生结垢现象。如 $CaCO_3$、$CaSO_4$、SiO_2 等结垢物质在容器或管路中沉积。而防止水垢生成一般考虑采取的措施有：防止生成临界晶核；防止晶核长大；使晶体分散。

水体中的水生生物有原生动物、藻类以及微生物等，其中原生动物体形微小，其中最小的不过 2～3μm，一般多在 30～300μm；绝大部分细菌和细菌尸体都大于 0.45μm，最小的绿脓杆菌 0.3μm，微孔孔径小于等于 0.22μm 的微滤可以滤除细菌，但是细菌在某些膜表面会繁殖，影响水质；藻类有螺旋藻、水华鱼腥藻、束丝藻等，而且藻类胞外分泌物主要有多糖物质、糖醛酸及少量单糖和低糖物质组成。藻类的这些分泌物很可能在水体中垢体的形成过程中起重要作用。

水体中垢体的形成过程可以认为首先是水体中细小颗粒物、细菌等微生物在容器和管路中的吸附和截留，以及水体中带电荷的胶体粒子、带负电荷的微生物体以及水体中的大分子的吸附作用等都在水垢的形成过程中将起到促进作用。

有关有机污染物、无机污染物和微生物这三种污染物之间的相互作用的研究在许多文献中都进行了深入的研究。一般地说，土壤中生物体，特别是植物死亡后，在环境条件下分解后的残留物就是腐殖质，其在天然水体中的含量大约为几十毫克每升，相对分子质量约是 $300 \sim 30000$，腐殖质在结构上的显著特点是含有大量苯环，大量羧基、醇基和酚基。腐殖质与 Ca^{2+}、Mg^{2+} 生成配合物，Ca^{2+}、Mg^{2+} 可以在羧基和羟基之间螯合成键，或者在两个羟基之间螯合，或者与一个羟基形成配合物，如图 10-2 所示。

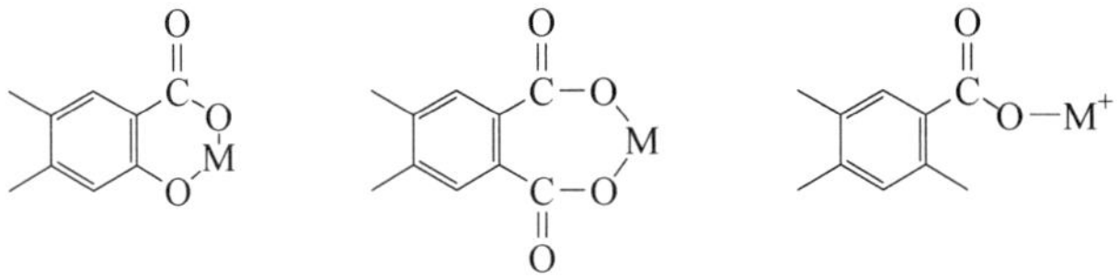

图 10-2　腐殖质与金属离子 Ca^{2+}、Mg^{2+} 的螯合方式

图 10-2 中，M 代表 Ca^{2+}、Mg^{2+}。

由上面的讨论，可以得出，在去除水体中的 Ca^{2+}、Mg^{2+} 的时候，如果考虑腐殖质等有机物对 Ca^{2+}、Mg^{2+} 的影响，可以更有效地降低水体的硬度，使水体得到软化。但是在饮用水的氯化杀菌过程中，由于氧化药剂 Cl_2 氧化水中腐殖质生成三卤甲烷类化合物（THMs）等消毒副产物，因为强致癌物质性，使得腐殖质对人类的影响备受关注。

（3）软化和除盐的基本方法　软化的基本方法有以下几种。

① 加热软化法　当地下水等水体中所含有的阴离子 HCO_3^- 和阳离子 Ca^{2+}、Mg^{2+} 的浓度较高时，对于这种水体硬度的去除方法可以采用加热的办法来进行。化学反应的方程式如下。

$$Ca(HCO_3)_2 \xrightarrow{\triangle} CaCO_3 + CO_2 + H_2O$$

$$Mg(HCO_3)_2 \xrightarrow{\triangle} MgCO_3 + CO_2 + H_2O$$

$$MgCO_3 + H_2O \xrightarrow{\triangle} Mg(OH)_2 + CO_2$$

实际上在一些预处理不好的锅炉中经常看到的垢体的形成机理基本上就是这些化学反应。

② 药剂软化法　借助化学药剂与 Ca^{2+} 和 Mg^{2+} 的反应，使其转化为 $CaCO_3$ 及 $Mg(OH)_2$ 而沉淀出来。由于难溶物 $CaCO_3$ 及 $Mg(OH)_2$ 存在着沉淀溶解平衡，使得水中尚含有一定的 Ca^{2+} 和 Mg^{2+} 离子，这部分硬度也有可能会在锅炉等设备中产生结垢问题。一般使用的化学药剂是石灰（CaO）、纯碱（Na_2CO_3）等。

对于水中主要的阴离子为 HCO_3^-（碳酸盐硬度）的情况，一般加入石灰进行软化，发生的主要反应有

$$CaO + H_2O =\!\!=\!\!= Ca(OH)_2$$

$$Ca(HCO_3)_2 + Ca(OH)_2 =\!\!=\!\!= 2CaCO_3 + 2H_2O$$

$$Mg(HCO_3)_2 + 2Ca(OH)_2 =\!\!=\!\!= Mg(OH)_2 + 2CaCO_3 + 2H_2O$$

对于水中主要的阴离子为 SO_4^{2-} 和 Cl^- 时（非碳酸盐硬度），一般采用石灰、纯碱进行软化，发生的主要反应有

$$CaSO_4 + Na_2CO_3 \longrightarrow CaCO_3 + Na_2SO_4$$

$$CaCl_2 + Na_2CO_3 \longrightarrow CaCO_3 + 2NaCl$$

$$MgSO_4 + Na_2CO_3 \longrightarrow MgCO_3 + Na_2SO_4$$
$$MgCl_2 + Na_2CO_3 \longrightarrow MgCO_3 + 2NaCl$$
$$MgCO_3 + Ca(OH)_2 \longrightarrow Mg(OH)_2 + CaCO_3$$

一般而言，对于非碳酸硬度的软化处理还可以采用阳离子交换树脂进行离子交换。而对于总硬度（包括碳酸盐硬度和非碳酸盐硬度）的软化处理，膜技术〔如反渗透（RO）与纳滤膜技术〕软化是比较好的方法。填充床电渗析（EDI）是一种把电渗析过程中极化现象和离子交换填充床电化学再生进行巧妙地结合起来的方法，集中了电渗析和离子交换法的优点，克服了电渗析过程中的极化现象和离子交换法需要化学再生过程的弊端。EDI 技术与 RO 联合工艺是一种新工艺。无论是井水还是河水，联合工艺可完成除盐率 98％～99％，硅的去除率为 85％～97％。

③ 磁化技术处理　甘肃膜科学技术研究所对含盐量 3000～5000mg/L 的地下苦咸水进行脱盐淡化过程中，采用了磁化技术对原水进行预处理，研究得出：未磁化的原水在形成的垢体呈现锥形晶体，经过磁化技术处理后的原水，形成的垢体为多边形的细小晶粒或无定形的松散结垢，特点是很容易被水冲洗。

10.3　络合平衡

10.3.1　天然水体的螯合作用

前面章节介绍的主要是自由离子状态的金属，而在实际水和废水处理中，人们日益认识到水和废水中金属价态的重要性，认识到水和废水中对人体健康影响很大的重金属大部分以络合物的形态存在，其迁移、转化及毒性等均与络合作用密切相关。而实际上许多络合化学专家对环境化学的发展，以及对于保护人类的健康方面都做出了突出的贡献，如瑞典的 Schwarzenbach 在对瑞典汞污染严重的进行大量深入的研究之后，其研究成果为甲基汞在环境体系中的危害及其变化规律、治理措施提出有重要应用价值的数据。本章讨论的重点是络合物的螯合作用。

天然水体重要的无机络合体有 OH^-、F^-、Cl^- 和 HCO_3^- 等，例如水溶液中的 OH^- 能与 Fe^{3+} 等离子络合，形成络合离子或氢氧化物沉淀。水和废水中的有机配位体比较复杂，共同的特征是能够提供络合作用所需要的电子，其中常见的有机络合体有腐殖酸、EDTA、氨基酸以及生活废水中的洗涤剂等。

金属络合物，如血红蛋白中的 Fe 以及叶绿素中的 Mg，以及人工合成的叶绿素 Zn、叶绿素 Cu 等，这些络合物或者是生活中不可缺少的组成部分，或者就是生命过程不可缺少的化学药剂。

在工业上，主要的螯合剂有三聚磷酸钠、EDTA 以及人工合成的叶绿素 Zn、叶绿素 Cu、柠檬酸钠等，它们大量应用于工业水处理、洗涤剂的配料和食品加工等；而在天然水体中的腐殖酸是主要的有机组成成分，其也可以与金属形成络合物。

10.3.2　水体中常见的络合体和络合物类型

单核络合化合物是以一个金属离子为核心的结构形态；双核或多核络合化合物中，是将各单核络合物的金属离子结合了起来，成为具有桥联结构的化合物。而螯合物是由多基络合体和金属离子同时生成两处或更多的络合键，构成了环状螯合结构的产物。

聚磷酸盐在水处理领域作为洗涤剂的组分，以及在水质软化领域得到了广泛的应用。

聚磷酸是由若干个磷酸分子经脱水后通过氧原子连接起来的，在工业中常用的是聚磷酸盐。聚磷酸盐分为直链聚磷酸盐和环聚磷酸盐，直聚磷酸盐如焦磷酸、二磷酸和三磷酸等。

焦磷酸的反应方程式表示如下。

$$\text{OH—P—OH} + \text{H—O—P—OH} \xrightarrow{-H_2O} \text{HO—P—O—P—OH}$$

环聚磷酸盐是以 PO_4 四面体为基本结构单元的一类聚磷酸盐，如四偏磷酸和六偏磷酸等。四偏磷酸的结构式如下。

$$\xrightarrow{-4H_2O}$$

无机磷酸盐应用过程中的一个最大的问题就是可能会对湖泊等水体的富营养化有较大的影响，这是因为聚磷酸盐在水体中会发生水解生成正磷酸盐。而研究结果表明，藻和其他微生物又对加速聚磷酸盐的水解起到一定的催化作用。

无机螯合剂以聚合磷酸盐为例，其环状结构是由各相邻的 PO_4^{3-} 基团中的氧原子同金属离子形成的，其最基本结构形式为

乙二胺四乙酸盐等氨酸络合剂中，具有络合能力很强的氨基氮和羧基氧两种络合原子，能够与多重金属离子形成稳定的可溶性络合物，乙二胺四乙酸简称为 EDTA 酸，有时也简称为 EDTA，其结构式如下。

EDTA 在水中的溶解度较小，而在实际工业应用中使用较多的是乙二胺四乙酸的二钠盐。在温度为 22℃时，溶解度为每 100mL 水中溶解 11.1g 乙二胺四乙酸的二钠盐，其饱和水溶液的浓度约为 0.33mol/L。由于 EDTA 中的氨基二乙酸基团中的氨基氮和羧基氧的存在，使得乙二胺四乙酸的二钠盐被广泛应用在工业水处理、洗涤配料以及工业清洗剂等方面。金属离子与 EDTA 形成络合物的反应可以简单表示为

$$\text{M} + \text{Y} \Longleftrightarrow \text{MY}$$

络合物在水溶液中的稳定性，包括热稳定性、酸碱稳定性、氧化-还原稳定性以络合物的稳定常数来表示的，络合物的稳定常数为：

$$K_{MY} = \frac{[MY]}{[M][Y]}$$

表 10-7 介绍了水和废水中在温度 20℃，溶液离子强度 $I=0.1$ 时，一些常见金属离子的 EDTA 络合物的稳定常数。

表 10-7 中所列的数据是指络合反应达到平衡时 EDTA 全部转化为 Y^{4-} 的情况下的稳定常数，而没有考虑到 EDTA 其他形式的可能存在。只有在强碱性的条件下，pH≥12 的溶液中，EDTA 在水溶液中的存在形式主要是 Y^{4-}。

表 10-7　水和废水中一些常见金属离子的 EDTA 络合物的稳定常数

金属离子	$\lg K_{MY}$	金属离子	$\lg K_{MY}$	金属离子	$\lg K_{MY}$	金属离子	$\lg K_{MY}$
Na^+	1.66	Cd^{2+}	16.46	Al^{3+}	16.1	Mg^{2+}	8.69
Ba^{2+}	7.76	Zn^{2+}	16.50	Fe^{2+}	14.33	Sr^{2+}	8.63
Cr^{3+}	23.0	Pb^{2+}	18.04	Mn^{2+}	14.04		
Ni^{2+}	18.67	Fe^{3+}	25.1	Ca^{2+}	10.69		

影响金属络合物稳定的因素还有溶液的酸度、温度以及其他络合剂的存在等外界条件的变化等。在酸性溶液存在着如下的 EDTA 的离解平衡：

$$H_6Y^{2+} \xrightleftharpoons[+H^+]{-H^+} H_5Y^+ \xrightleftharpoons[+H^+]{-H^+} H_4Y \xrightleftharpoons[+H^+]{-H^+} H_3Y^- \xrightleftharpoons[+H^+]{-H^+} H_2Y^{2-} \xrightleftharpoons[+H^+]{-H^+} HY^{3-} \xrightleftharpoons[+H^+]{-H^+} Y^{4-}$$

由于上述平衡的存在，使得与金属离子发生络合反应的 EDTA 能力下降，将溶液中存在的各种形式的 EDTA 总和与能够与金属离子发生络合的 Y^{4-} 的平衡浓度的比值定义为酸效应，用 α 来表示，显然，溶液中存在的各种形式的 EDTA 总和，用 Y' 来表示，其值一定大于能够与金属离子发生络合的 Y^{4-} 的平衡浓度，而且有如下的关系。

$$[Y^{4-}] = \frac{[Y']}{\alpha}$$

不同 pH 条件下，EDTA 溶液的酸效应系数的结果如表 10-8 所示。

表 10-8　不同 pH 值时的 $\lg\alpha$ 值

pH 值	$\lg\alpha$ 值	pH 值	$\lg\alpha$ 值	pH 值	$\lg\alpha$ 值	pH 值	$\lg\alpha$ 值
3.0	10.8	6.0	4.8	9.0	1.4	12.0	0
4.0	8.6	7.0	3.4	10.0	0.5		
5.0	6.6	8.0	2.3	11.0	0.1		

则稳定平衡常数可以表示为：

$$K_{MY} = \frac{[MY]}{[M][Y]} = \frac{\alpha[MY]}{[M][Y']} = \alpha K_{MY'}$$

上式中 $K_{MY'}$ 称为条件稳定常数，其考虑了酸效应对 EDTA 与金属离子络合物的稳定常数的影响。

【例 10-4】　计算 pH=5.0 及 pH=12.0 时的 $\lg K_{CaY'}$ 值。

由表 10-7 可以查出 $\lg K_{CaY}$ 为 10.69

当 pH=5.0 时，由表 10-8 查出 $\lg\alpha=6.6$

那么，$\lg K_{CaY'} = \lg K_{CaY} - \lg\alpha = 10.69 - 6.6 = 4.09$

当 pH=12.0 时，由表 10-8 查出 $\lg\alpha=0$

那么，$\lg K_{CaY'} = \lg K_{CaY} - \lg\alpha = 10.69 = 10.69$

由上面的计算结果可以看出，当在 pH=5.0 时进行 Ca^{2+} 的滴定的时候，将会产生较大的误差。这说明在络合反应过程中，选择和控制溶液的酸碱度非常重要。

对于金属离子 M 与络合剂 L 形成 ML_n 型络合物，此络合物是逐步形成的，相应的逐级稳定常数为

$$K_1 = \frac{[ML]}{[M][L]}, \quad K_2 = \frac{[ML_2]}{[ML][L]}, \quad \cdots, \quad K_n = \frac{[ML_n]}{[ML_{n-1}][L]}$$

上式中，K_1，K_2，$\cdots$，K_n 是络合反应的逐级稳定常数，将各级逐级稳定常数依次相乘就得到了各级累积稳定常数（β_1，β_2，$\cdots$，β_n）。在一些化学手册中可以查到逐级稳定常数和累积稳定常数，或是它们的对数值，使用时注意不要混淆。

10.3.3 羟基络合物与水处理过程中的混凝剂

重金属离子和高价金属离子，一般较容易在水中生成氢氧化物，包括氢氧化物沉淀和各种羟基络合物。溶液 pH 值直接影响着这些氢氧化物沉淀和羟基络合物的存在条件和存在状态。金属离子 M^{n+} 的氢氧化物的溶解平衡为

$$M(OH)_n \Longrightarrow M^{n+} + nOH^-$$

与金属离子 M^{n+} 的氢氧化物沉淀共存的饱和溶液中的金属离子 M^{n+} 的浓度为

$$[M^{n+}] = \frac{K_{sp}}{[OH^-]^n}$$

式中 K_{sp}——氢氧化物的溶度积常数。

【例 10-5】 应用金属氢氧化物离解平衡关系计算与氢氧化物沉淀共存的饱和溶液中的金属离子浓度。已知 $Zn(OH)_2$ 的溶度积为 $K_{sp} = 7.1 \times 10^{-18}$，求 pH$= 7.0$ 的溶液中，可溶解的锌离子浓度。

解：由 pH$= 7.0$ 可以得出，$[H^+] = [OH^-] = 10^{-7}$

$$[Zn^{2+}] = \frac{K_{sp}}{[OH^-]^2} = \frac{7.1 \times 10^{-18}}{[10^{-7}]^2} = 7.1 \times 10^{-4} \text{mol/L} (46.4 \text{mg/L})$$

实际上，在上述的锌的氢氧化物溶解平衡条件下，还存在着多种的锌氢氧化物的络合形态，如锌在水体中的络合反应有

$$Zn^{2+} + OH^- \Longrightarrow ZnOH^+$$
$$ZnOH^+ + OH^- \Longrightarrow Zn(OH)_2(aq)$$
$$Zn(OH)_2(aq) + OH^- \Longrightarrow Zn(OH)_3^-$$
$$Zn(OH)_3^- + OH^- \Longrightarrow Zn(OH)_4^{2-}$$

水体中可溶性金属锌浓度的计算，应该用下式来表示其总浓度。

$$C_T = [Zn^{2+}] + [ZnOH^+] + [Zn(OH)_2] + [Zn(OH)_3^-] + [Zn(OH)_4^{2-}]$$

上面关系式的一个实际应用就是在处理酸性镀锌废水时，常用加碱提高 pH 值的方法使形成不溶性 $Zn(OH)_2$，但如果加入的碱过量，就会因形成 Zn 的各级可溶性羟基络合物而达不到预期目的。

金属离子在水溶液中生成氢氧化物或羟基配离子的过程，实际上是金属离子的水解过程，铝和铁等金属离子的水解结果是生成多核羟基络合物，例如

$$\left[(H_2O)_4 Fe {\overset{OH}{\underset{OH}{\diagdown\diagup}}} Fe(H_2O)_4 \right]^{4+}$$

$$[Al_3(OH)_4(H_2O)_{10}]^{5+} \Longrightarrow [Al_3(OH)_5(H_2O)_9]^{4+} + H^+$$
$$[Al_4(OH)_6(H_2O)_{12}]^{6+} \Longrightarrow [Al_4(OH)_8(H_2O)_{10}]^{4+} + 2H^+$$

羟基配离子电荷的降低，羟基数目的增多，有利于进一步的羟基桥联。水解和羟基桥联两种作用交替进行的结果将生成难溶的氢氧化铝沉淀。

在水处理领域，人们利用 Fe^{3+}、Al^{3+}、Zn^{2+}、Cu^{2+}、Mg^{2+}、Pb^{2+}、Hg^{2+}、Sn^{2+} 等离子具有生成多核络合物的特性，将一些金属盐类用作水处理过程中混凝剂进行给水、废水处理，取得了很好效果。常用的无机金属盐类混凝剂列举于表 10-9 之中。

10.3.4 混凝沉淀应用实例

(1) 用于含汞废水的处理　常用明矾、铁盐和石灰等作为混凝剂用以从废水中除去无机汞，以及有机汞。混凝剂最大剂量为 $100 \sim 150 \text{mg/L}$，继续提高剂量时，无助于除汞效率的提高。

(2) 用于含铅废水的处理　采用混凝法处理含铅废水，常先用沉淀剂先除去其中无机

表 10-9 部分无机金属盐类混凝剂

名　称	化　学　式	使用 pH 值	名　称	化　学　式	使用 pH 值
硫酸铝	$Al_2(SO_4)_3 \cdot 18H_2O$	6.0～8.5	硫酸亚铁	$FeSO_4 \cdot 7H_2O$	8.0～11
氯化铝	$AlCl_3$	6.0～8.5	硫酸铁	$Fe_2(SO_4)_3 \cdot 2H_2O$	4.0～11
含铁硫酸铝	$Al_2(SO_4)_3 + Fe_2(SO_4)_3$	6.0～8.5	三氯化铁	$FeCl_3 \cdot 6H_2O$	4.0～11
硫酸铝钾	$Al_2(SO_4)_3 \cdot K_2SO_4 \cdot 24H_2O$	6.0～8.5	聚氯化铁	$[Fe_2(OH)_nCl_{6-n}]_m$	4.0～11
聚氯化铝	$[Al_2(OH)_nCl_{6-n}]_m$	6.0～8.5			

铅，再采用 $FeSO_4$ 或者采用 $Fe_2(SO_4)_3$ 作混凝剂将其中含有的有机铅除去。

10.3.5　天然螯合剂

在土壤环境化学部分将对天然螯合剂做进一步的介绍，现在简单介绍一下存在于天然水体中的腐殖质对金属离子有螯合作用，腐殖质作为水的天然净化剂，对水体中的有机物吸附的过程，可以认为是水体自净过程一个重要组成部分。

水体中的腐殖质可以采用高分子大孔 XAD-2 等树脂以适宜的吸附速率吸附浓集到需要的倍数后，经酸碱处理即可得到腐殖质中的三种重要组成成分：①腐殖酸，是能溶于碱而不溶于酸的组分；②富里酸，是兼能溶于酸和碱的组分；③胡敏质，是不溶于酸和碱的物质。腐殖质三种组分间的区别在于相对分子质量和官能团含量的不同。如腐殖酸和胡敏质比富里酸有更高的相对分子质量和较少的亲水官能团。腐殖质与金属生成的螯合物一般都不溶于水。富里酸与金属生成的螯合物相对易溶些。

腐殖质对环境中几乎所有的金属离子都有螯合作用，螯合能力的强弱一般符合欧文-威廉（Irving-William）次序，即

$$Mg < Ca < Cd < Mn < Co < Zn \approx Ni < Cu < Hg$$

10.4　吸附平衡

吸附过程可以这样简单来定义：吸附质（呈离子或分子状态）在吸附剂边界层内浓集的过程就是吸附。

从热力学观点考虑，吸附过程都是放热的过程、是自发进行的。一般可将吸附过程分为三种类型，即物理吸附、化学吸附和交换吸附。吸附原理在废水处理中的应用如下。

（1）用于含汞废水的治理　采用活性炭及具有强螯合能力的天然高分子化合物等作为吸附剂。吸附效果取决于废水中汞的初始形态和浓度、吸附剂用量、处理时间等。增大用量和增长时间有利于提高对有机汞和无机汞的去除效率。一般有机汞的去除率优于无机汞。某些浓度高的含汞废水吸附处理后，去除率可达 85%～99%。

（2）用于含镉废水的治理　采用草灰、风化煤、磺化煤、活性炭等吸附去除含镉离子的废水，文献报道去除效率较高。据资料报道，对于含铅、镉、锌等离子的浓度各为 20mg/L、且 pH=5.3～5.4 的废水，当草灰投加量为 5g/L 时，其去除效率为：铅离子 99%、镉离子 98%、锌离子 96%。当草灰投加量为 1g/L、pH 为 7.2 时，镉离子去除率为 93%。

（3）用于含酚废水的治理　吸附法适用于处理含酚浓度较低（低于 300mg/L）的废水。所用的吸附剂主要有磺化煤、吸附树脂以及活性炭。活性炭吸附法对酚类物质有很高吸附效率，几乎可完全除去酚和 TOC，但存在对料液洁净度要求高，解吸手续繁杂，活性炭再生困难等问题。

参 考 文 献

[1] 岳舜林. 我国城市给水氯化消毒的现状及存在问题. 给水与废水处理国际会议论文集. 1994.
[2] 罗敏. 清华大学硕士学位论文. 1997.
[3] 周蓉. 清华大学硕士学位论文. 1997.
[4] 中国环境优先监测研究课题组. 环境优先污染物. 北京：中国环境科学出版社，1989.
[5] 罗明泉，愈平. 常见有毒和危险化学品手册. 北京：中国轻工业出版社，1992.
[6] 上海市化工轻工供应公司. 化学危险品实用手册. 北京：化学工业出版社，1992.
[7] 国家环境保护局有毒化学品管理办公室，化工部北京化工研究院环境保护研究所. 化学品毒性法规环境数据手册. 北京：中国环境科学出版社，1992.
[8] 王鹤鸣. 水化学与人类. 内蒙古石油化工，1999，25（2）：72.
[9] 江城梅. 生活饮用水的致突变性研究及预防对策. 蚌埠医学院学报，2000，3.
[10] 刘世海，余新晓，于志民. 北京密云水库集水区板栗林水化学元素性质研究. 北京林业大学学报，2001，23（2）：12-15.
[11] 王爱勤，张平余，俞贤达. 甲壳胺与铜（Ⅱ）、镍（Ⅱ）、锌（Ⅱ）络合物的合成及性质. 化学通报，1999，8：32.
[12] 吴玉新. 紫外分光光度法测定污水中油含量的研究. 石化技术，1998，5（2）：112-114.

习　　　题

1. 查阅文献，了解水质指标臭、味、色度、浊度、pH 值、总硬度、铁、硫酸盐、氯化物和总溶解固体的测定方法及指标的单位表示。

2. 请简要说明水的哪些特性对保证生物体的生存具有特殊意义，以及水分子为什么会具有这些特性？

3. 从一家石灰窑厂排出的废水中含一定量 $Ca(OH)_2$，且 pH＝11.0，现通入酸性 CO_2 气体，使废水中 $Ca(OH)_2$ 全部转为 $Ca(HCO_3)_2$，试计算每吨废水需要通入多少千克 CO_2？

4. 酸度、碱度与 pH 值间的区别和联系是什么？

5. 在亨利定律的实际应用过程中时，需注意哪些问题？

6. 天然水体中所含腐殖质的来源？它的主要组分有哪些？在化学结构方面有哪些特点？腐殖质成为全世界的研究热点之一，并给予相当大的关注的原因是什么？

7. 天然水体中发生的吸附作用有哪几种类型？各自的吸附机理为何？

8. 用重铬酸钾标准法测定水样的 COD 值，若水样中含 Cl^-，将会干扰测定。试写出 Cl^- 在回流装置中参与反应的方程式；如水样中含 1000mg/L Cl^-，计算水样 COD 将增值多少？请查阅文献，说明在废水测定 COD 时，如何降低 Cl^- 对测定结果的干扰。

第11章　水污染及防治

11.1　地表水体污染概述

水体污染是指由于人类活动排放出大量的污染物，这些污染物质通过不同的途径进入水体，使水体的感官性状（如色度、味、浑浊度等）、物理化学性质（如温度、电导率、氧化还原电位、放射性等）、化学成分（有机物和无机物）、水中的生物组成（种群、数量）以及底质等发生变化，水质变坏，破坏了水中固有的生态系统和水体的功能，水的用途受到影响，这种情况就称为水体污染。

在工业发展的初期，人们更多地考虑发展生产、追求利益，忽视了工业"三废"对环境的影响而自然排放废水、废气和废渣，不可避免地产生了水体和环境的污染。发达国家无一例外地经历过先污染后治理的发展历程，污染的空气、发臭的河流和遍地的垃圾成为现代社会发展初期的历史景象。中国近几十年也在经历这一历史时期，随着城市化进程的推进和工农业生产的发展，已产生了严重的危害。近年来，由于污染引起的缺水、断水事故接连发生，不但使工厂停产、农业减产甚至绝收，而且造成了很大的经济损失和不良的社会影响，严重地影响了我国社会的可持续发展以及现代化进程。20世纪末期，我国范围内的水资源短缺、水环境恶化和突发事件构成了饮用水源的三大水患，严重威胁饮用水的安全。目前七大水系、湖泊、水库、部分地区地下水和近岸海域受到不同程度污染，并进一步加剧了可用水资源的短缺，水污染形势十分严峻。发达国家在过去100多年内不同时期所发生的水污染问题，最近二三十年在我国各主要地表水体几乎都集中体现，这是我国水污染区别其他发达国家的主要特点。

水是一切生命机体的组成物质，为生命代谢活动所必需，又是人类进行生产活动的重要资源。人们的日常生活用水和生产用水主要来自于地下水和地表水，其中地表水分布较为广泛，来源丰富且利用较为方便，加之近几年地下水的过量使用，水位急剧下降，因此，各种地表水源（如江河、湖泊和水库等）已成为人们用水的主要来源。水体污染会严重危害人体健康，据世界卫生组织报道，全世界75％左右的疾病与水有关。常见的伤寒、霍乱、胃炎、痢疾和传染性肝炎等疾病的发生与传播和直接饮用污染水有关。造成地表水体污染的因素是多方面的：向水体排放未经过妥善处理的城市生活污水和工业废水；施用的化肥、农药及城市地面的污染物，被雨水冲刷，随地面径流进入水体；随大气扩散的有毒物质通过重力沉降或降水过程而进入水体等。其中第一项是水体污染的主要因素。自然界中的水体污染，从不同的角度可以划分为各种污染类别。

从污染成因上划分，可以分为自然污染和人为污染。自然污染是指由于特殊的地质或自然条件，使一些化学元素大量富集，或天然植物腐烂中产生的某些有毒物质或生物病原体进入水体，从而污染了水质。人为污染则是指由于人类活动（包括生产性的和生活性的）引起地表水水体污染。

从污染源划分，可分为点污染源和面污染源。环境污染物的来源称为污染源。点污染是指污染物质从集中的地点（如工业废水及生活污水的排放口）排入水体。它的特点是排污经常性的，其变化规律服从工业生产废水和城市生活污水的排放规律，它的量可以直接测定或者定量化，其影响可以直接评价。工业废水是指工业企业在生产过程中排出的生产废水、生产污水和生产废液，其特点是数量大、组成复杂多变、悬浮物含量高、需氧量高、pH 值变化幅度较大，以及一般温度较高、含有大量的有毒、有害物质等；城市生活污水的特点是含 N、S、P 较高，在厌氧细菌作用下易产生恶臭物质，以及含有大量的合成洗涤剂、多种微生物等。城市污水是指排入城市污水地下管线的各种污水的总合，包括生活污水、工业废水以及地面降水等，是一种成分较为复杂的废水。生活污水是城市污水的重要组成部分，其中的污染物主要有蛋白质、糖、油脂、尿素、酚、表面活性剂等有机污染物。表 11-1 列举了几种污染物及其主要的污染来源。而面污染则是指污染物质来源于集水面积的地面上（或地下），如农田施用化肥和农药，灌排后常含有农药和化肥的成分，城市、矿山在雨季，雨水冲刷地面污物形成的地面径流等。面源污染的排放是以扩散方式进行的，时断时续，并与气象因素有联系。

表 11-1　几种工业废水中的污染物及其来源

污　染　物	污染物来源
酸类	金属清洗、酿酒行业、矿山排水、金属冶炼以及化工厂等
碱类	造纸、制碱、酿酒等
铬	电镀
铅	矿区排水、电池生产等
镉	电镀、电池生产
糖类	食品加工、甜菜加工
放射性物质	实验研究、核试验以及原子能工业等
氰化物	电镀、选矿和矿石冶炼、合成纤维及某些化工行业的含氰废水
砷	制革、药品等

表 11-2　水体中常见的主要污染物

类　型	分　类	举　例	作　用
物理污染物	热	热	水温升高,溶解氧减少甚至到 0
	致浊物	灰尘、渣屑、木屑、泡沫、毛发、细菌残骸、砂粒、金属细粒	导致透明度、光合作用下降
化学污染物	致色物	色素、染料、有色金属离子	影响感官
	致臭物	硫化氢、硫醇、氨、胺、甲醛	消耗 DO,产生臭味
	需氧有机物	碳水化合物、油脂、蛋白质等	生物降解消耗 DO,分解产物可能有毒
	植物营养物	NO_3^-、NO_2^-、NH_4^+、合成洗涤剂	产生富营养化
	无机有害物	盐、酸、碱	降低水质;酸化水质
	无机有毒物	氰化物	剧毒物质,在体内抑制细胞色素氧化酶的正常功能,造成组织内部窒息。对鱼类及水生生物也具有极大毒性
	重金属	Hg、Cd、Cr、Pb、As、Zn、Cu、Co、Ni	产生毒性效应
	易分解有机毒物	酚类、有机磷农药	毒性
	难分解有机毒物	有机氯农药、多氯联苯(PCB)	高毒性,化学性质稳定,在环境中富集
	油	石油	本身有毒,覆盖水体使得 DO 下降
生物指标	病原微生物	藻类、病毒、细菌和原生动物等	传染疾病,使水体浓度增加
放射指标	放射性物质	^{235}U、^{238}Pu、^{90}Sr、^{137}Cs	放射性

从污染的性质划分，可分为物理性污染、化学性污染和生物性污染。物理性污染是指水的浑浊度、温度和水的颜色发生改变，水面的漂浮油膜、泡沫以及水中含有的放射性物质增加等；化学性污染包括有机化合物和无机化合物的污染，如水中溶解氧减少，溶解盐类增加，水的硬度变大，酸碱度发生变化或水中含有某种有毒化学物质等；生物性污染是指水体中进入了细菌和污水微生物等。随着工业发展和监测技术的提高，水体中的污染物质不断增加和被发现。其中化学性污染物是当代最重要的一大类，其种类多、数量大、毒性强，有一些是致癌物质，严重地影响着人体健康。水体中的化学性物质，大体可以分为四大类，即无机无毒物，无机有毒物、有机无毒物、有机有毒物。无机无毒物包括酸、碱及一般无机盐和氮、磷等植物营养物质；无机有毒物包括各类重金属（汞、镉、铅、铬）和氰化物、氟化物等；有机无毒物主要是指在水体中比较容易分解的有机化合物，如碳水化合物、脂肪、蛋白质等；有机有毒物主要为苯酚、多环芳烃和各种人工合成的具积累性的稳定有机化合物，如多氯联苯和有机农药等。事实上，地表水体不只受到一种类型的污染，而是同时受到多种性质的污染，并且各种污染互相影响，不断地发生着分解、化合或生物沉淀等作用。

表 11-2 介绍了水体中常见的主要污染物。

11.2　地表水体中有机污染物

11.2.1　地表水体中天然有机物

地表水中有机物可以分为两类，一类是天然有机物（NOMs，natural organic matters），包括腐殖质、微生物分泌物、溶解的植物组织及动物的废弃物等；一类是人工合成的有机物（SOCs，synthetical organic compounds），包括农药、商业用途的合成物以及一些工业废弃物。

水源水中天然有机物通常以颗粒、胶体或溶解形式存在。天然有机物主要是指动、植物在自然循环过程中经腐烂分解所产生的大分子有机物，其中腐殖质是水中最为常见的天然有机物，在地表水源中含量最高，一般占有机物总量的 60%～90%。天然有机物是形成水的色度的成因物质，色度能引起人的厌恶感，是饮用水重要的控制指标。腐殖质是一类含酚羟基、羧基、醇羟基等多种官能团的大分子有机物。腐殖质分为腐殖酸、富里酸和胡敏酸三种，三种组分的结构相似，但分子量和官能团相差较大。

腐殖质属于难降解有机物，本身对人无毒害作用，但它与水中溶解性和颗粒类物质反应会给水质和水处理带来不利影响。天然有机物能够吸附在胶体和悬浮物的表面，促进胶体和悬浮物系统的稳定性，从而妨碍了水处理过程对水中其他杂质的去除。要保证一定的出水水质，需要投加过量的混凝剂，从而增加了水处理成本。此外，腐殖质已经被证明是多种消毒副产物的前体物，是导致饮用水致突变性增加的主要因素。目前，在氯消毒处理之前去除消毒副产物的前体物质，正在引起人们的重视。

11.2.2　地表水体中需氧有机污染物

水体中有机污染物的主要来源有生活污水、造纸、制革、焦化、采油、印染、牲畜污水及食品、石油化工等工业废水。其中，生活污水是有机污染物质的主要来源之一。生活污水和某些工业废水中所含的碳水化合物、蛋白质、脂肪和木质素等有机化合物可在微生物作用下最终分解为简单的无机物质：二氧化碳和水等。这些有机物在分解过程中需要消耗大量的氧，故又称之为需氧有机污染物。天然水的溶解氧含量取决于水体与大气中氧的平衡。溶解氧的饱和含量和空气中氧的分压、大气压力和水温有密切关系。在正常大气压下，20℃时，水中含溶解氧为 0.00917g/L。清洁的地表水溶解氧一般接近饱和。需氧有机污染物是水体中普遍存在的一种污染物。水体中需氧有机物越多，耗氧也越多，水质也越差，说明水体污染越严重。在一给定的水体中，大量有机物质能导致氧的近似完全的消耗，此时厌氧菌繁殖，水质恶化，导致鱼虾死亡。

水体中有机污染物种类繁多，逐一测定每一种有机物质的含量工作量很大，也很不实际。有机污染物的主要危害是消耗水中溶解氧，所以通常可以通过下列参数来作为水中耗氧有机物的指标：①生化需氧量（BOD_5）；②化学需氧量 COD 或高锰酸盐指数（COD_{Mn}）；③总需氧量（TOD）；④总有机碳量（TOC）等。

生化需氧量（BOD）表示水中有机污染物经微生物分解所需的氧量（以 mg/L 为单位）。生化需氧量越高，表示水中需氧有机污染质越多。有机污染物经微生物氧化分解的过程，一般可分为两个阶段：第一阶段，主要是有机物被转化成二氧化碳、水和氨；第二阶段，主要是氨被转化为亚硝酸盐和硝酸盐。第二阶段对环境卫生影响较小。废水的生化需氧量通常只指第一阶段有机物生物化学氧化所需的氧量。因为微生物的活动与温度有关，所以测定生化需氧量时一般以 20℃ 作为测定的标准温度。这时，一般生活污水中的有机物需 20 天左右才能基本上完成第一阶段的氧化分解过程，这就是说，要测定第一阶段的生化需氧量至少需 20 天时间，但这在实际工作中是有困难的。目前都以五天作为测定生化需氧量的标准时间，简称五日生化需氧量（用 BOD_5 表示）（几天生化需氧量可用符号 BOD_n 表示）。据实验研究，一般有机质的五日生化需氧量约为第一阶段生化需氧量的 70% 左右。

化学需氧量（COD）指在规定条件下，水样中能被氧化的物质完全氧化所需耗用氧化剂的量。氧化剂一般采用重铬酸钾。化学需氧量反映了水受还原性物质污染的程度，水中还原性物质包括有机物、亚硝酸盐、亚铁盐、硫化物等。化学需氧量越高，也表示水中有机污染物越多。如果废水中有机质的组成相对稳定，那么化学需氧量和生物需氧量之间应有一定的比例关系。一般说，重铬酸钾化学需氧量与第一阶段生化需氧量之差，可以大略地表示不能被微生物分解的有机物量。

高锰酸盐指数（COD_{Mn}）是指在酸性或碱性介质中，以高锰酸钾为氧化剂处理水样时所消耗的量。在我国，高锰酸盐指数常被称为地表水体受有机污染物和还原性无机物质污染程度的综合指标。

由于目前应用的 BOD_5 测试时间长，不能快速反映水体被需氧有机质污染的程度，所以国外很多实验室都在进行总有机碳（TOC）和总需氧量（TOD）的试验，以便寻求它们与 BOD_5 的关系，以实现自动快速测定。TOC 是以碳的含量表示水体中有机物总量的综合指标。它的测定采用燃烧法，因此能将有机物全部氧化，它比生化需氧量或化学需氧量更能直接表示有机物的总量，因此常常被用来评价水体中有机物污染的程度。TOC包括水体中所有有机污染物质的含碳量，也是评价水体中需氧有机污染物质的一个综合指标。

有机物中除含有碳外，尚含有氢、氮、硫等元素，当有机物全部被氧化时，碳被氧化为二氧化碳，氢、氮及硫则被氧化为水、一氧化氮、二氧化硫等，此时需氧量称为总需氧量（TOD）。TOC 和 TOD 都是化学燃烧氧化反应，前者测定结果以碳表示，后者则以氧表示。TOC、TOD 的耗氧过程与 BOD 的耗氧过程不同，而且由于各种水中有机质的成分不同，生化过程差别也较大，所以各种水质之间，TOC 或 TOD 与 BOD_5 不存在固定的相关关系。

地表水和废水中的各种有机物指标见表 11-3。

表 11-3　地表水和废水中的有机物指标

项　　目	测　定　方　法	实　际　意　义
总有机碳(TOC)	通过测定燃烧过程中释出 CO_2 的量,即可计算得 TOC 值	近于理论有机碳量值
总需氧量(TOD)	干法燃烧,根据燃烧过程中消耗氧气量的测定值,来进行计算	近于理论耗氧量值
BOD_5	借助生物作用进行的,经 5 天作用时间所测定值计作 BOD_5	模仿水体中自净现象发生的条件,反映出有机污染物的浓度水平,能了解生物降解的动力学过程和该过程所能达到的程度
COD_{Cr}	使用强化学氧化剂 $K_2Cr_2O_7$ 等氧化有机物	反映水体有机污染物指标
COD_{Mn}	使用氧化剂 $KMnO_4$ 在酸性条件下氧化天然水体中的有机物	反映地表水中易氧化有机污染物及还原性无机物的浓度指标

对于天然水和废水中的各种有机物指标一般存在如下关系式:

$$TOD > COD_{Cr} > BOD_5$$

表 11-4 介绍了几种工业废水、城市污水的 BOD_5 和 COD_{Cr} 的量值。实际测得的 COD_{Cr} 和 BOD_5 数值的差值可以用来粗略地表示废水和污水中不可生化降解部分有机物的需氧量,而 BOD_5 与 COD_{Cr} 的比值 BOD_5/COD 可用来表示废水中有机物的可生化降解特性。一般认为比值大于 0.2~0.3 时,水中有机物是可生化降解的,而大于 0.5 时为易生化降解的。

表 11-4　一些工业废水和城市污水中的 BOD_5 和 COD_{Cr} 量值

项　　目	BOD_5/(mg/L)	COD_{Cr}/(mg/L)	项　　目	BOD_5/(mg/L)	COD_{Cr}/(mg/L)
造纸厂	—	2000~2800	印染厂	300~500	1000~1300
焦化厂	1400~2100	5200~8000	城市污水	60~80	110~170
皮革厂	200~2300	—	石油加工厂	200~260	70~210

11.2.3　地表水体中石油类污染物

石油污染是水体污染的重要类型之一,特别在河口、近海水域更为突出。在原油的开采、加工、运输以及各种炼制油的大量使用过程中,由于工艺水平和处理技术的限制,大量含石油类物质的废水、废渣不可避免地排入水体,随之产生的环境污染问题也越来越严重。在水环境中,这类污染物将发生一系列物理、化学和生物作用。石油类污染物在水环境中的环境行为包括扩散、挥发、溶解、分解、乳化、氧化、生物降解、沉降、吸附与吸收、分配与富集。其中一部分污染物降解或转化为无害物质;一部分通过挥发等途径转移到其他环境相中;还有一部分会长期存在于水环境中,进而产生长期和深远的影响,通过饮水和食物链的传递威胁人体健康。石油是烷烃、烯烃和芳香烃化合物的混合物,进入水体后的危害是多方面的。

石油污染物中芳烃类化合物对人类的毒害最大,芳烃化合物在水中的状态最稳定,不宜挥发和清除,它是一种致癌物质。石油中的烷烃类物质在传统的加氯消毒过程中被氯化,会产生三卤甲烷类副产物,这类物质大多具有致癌、致突变性。饮用水中含有石油对水色、水味和溶解氧也均有较大影响,各国对饮用水中油的允许界限为 0.1~1.0μg/L。

水体中的石油污染物能影响水生植物的光合作用及其生理生化功能,油膜使大气与水面隔绝,降低了光的通透性,破坏正常的富氧条件,使受污染水域植物的光合作用受到严重影响。其结果一方面使水体产氧量减少(水体浮游植物光合作用所放出的氧气约占全球产氧量的 70%);另一方面水体藻类和浮游植物的生长与繁殖速度的停止或减缓,也影响和制约了水体其他动物的生长和繁殖,从而大大减少了水体动物最基本的食物供给量,进而波及到水体动物的生存，最终结果将导致水体生态平衡的失调。

含石油水流到土壤，由于土层对油污的吸附和过滤作用，也会在土壤中形成油膜，阻碍空气进入土壤，从而影响了土壤微生物的繁殖，破坏土层团粒结构。用含石油的水灌溉农田，石油会穿透植物体内部，在细胞间隙和维管束系统中运行。植物的根部会将从土壤中吸收的石油能向叶子和果实转移，并不断积累，对植物产生毒性作用：破坏植物体细胞，阻碍呼吸、蒸腾作用，破坏叶绿素的合成，抑制营养物质吸收和转移，造成植物黄化、死亡等，使农作物的产量受到严重影响。

石油污染破坏水体环境给渔业带来的损害是多方面的。首先是石油污染能破坏渔场，沾污渔网、养殖器材和渔获物，水体污染可直接引起鱼类死亡，造成渔获量的直接减产。其次表现为产值损失，油污染能使鱼虾类生物产生特殊的气味和味道，因此可降低水产品的食用价值，严重影响其经济利用价值。人们在食用受石油烃衍生出的致癌物质特别是多环芳烃污染的水产品时，这些致癌物质可通过食物链的传递危及人体的健康和安全。另外，水体石油污染还会造成相当大的社会和经济损失，如影响到旅游和娱乐。

水体中的石油类污染物主要通过动物呼吸、取食、体表渗透和食物链传输等方式富集于动物体内。水体中石油类污染物含量为 $0.01\sim0.10mg/L$ 时，会对水生动物产生有害影响，导致其中毒。水体中石油类污染物对水生动物的毒性按鱼、贻贝、棘皮类动物、甲壳纲动物依次递增。海洋生物的幼体，对石油污染都十分敏感，这是因为它们的神经中枢和呼吸器都很接近其表皮且表皮都很薄，有毒物质很容易侵入体内，而且幼体运动能力较差，不能及时逃离污染区域。另外，石油中有些烃类与一些海洋动物的化学信息（外激素）相同，或是化学结构类似，从而影响这些海洋动物的行为。

11.2.4 地表水体中内分泌干扰物

环境中某些合成有机物不仅具有"三致"作用，还会严重干扰人类和动物的生殖系统，对于人类今后的生存和物种繁衍形成巨大威胁。近年来在自然界发现了奇形怪状的鸟、大量的畸形蛙和生殖器变得异常的鳄鱼等。妇女患乳腺癌、子宫癌，男人患膀胱癌、前列腺癌、睾丸癌等的病例在增多。科学家们认为，这一现象是由近似于生物激素的化学物质引起的，这类物质被人们称为内分泌干扰物（endocrine disrupting chemicals，EDCs）或环境激素。20 世纪 90 年代以来，环境化学物的内分泌干扰效应引起了学术界和公众的极大关注，已成为生物学、环境科学、卫生学、毒理学等领域研究的热点和前沿课题之一。

美国环保局（USEPA）对环境内分泌干扰物定义为：对生物的正常行为及生殖、发育相关的正常激素的合成、贮存、分泌、体内输送、结合及清除等过程产生妨碍作用，使得激素受体无法结合来自生物体自然分泌的激素，尤其是性激素，导致生物体出现各种各样的机能障碍。EDCs 是环境中的激素类似物，其分子结构与人体内激素的分子结构非常相似，能模拟或干扰机体内分泌功能，如影响体内激素的合成、分泌、传递、结合、启动以及消除等环节，表现出拟天然激素或抗天然激素的作用，从而对个体的生殖、免疫、神经等产生多方面的影响。其作用机理主要有以下几个方面：①与受体直接结合；②与生物体内激素竞争靶细胞上的受体；③阻碍天然激素与受体的结合；④影响内分泌系统与其他系统的调控作用；⑤协同作用。

环境内分泌干扰物化学性质特别稳定，彼此之间的化学结构差异很大；其物理特性多表现为亲脂性、不易降解、残留期长；在体内和体外都不易分解，不易排出或不能排出；可通过食物链的放大作用在人和动物体内富集；并可通过不同方式导致子代胚胎早期、胎儿、新生儿产生不可逆的损害，其影响表现为迟发性，即使暴露发生在胚胎前期、胎儿或新生儿期，但直到中年期才能表现出明显的损害。目前已被证实或被疑为内分泌干扰物的环境化学物达数百种之多，但其分类尚不完全统一，比较常见的有天然的与合成的固醇类激素、多氯联苯、邻苯二甲酸酯类、壬基酚类、双酚 A、六六六、DDT、表面活性剂等。

　　EDCs 一般都难溶于水，不易生物降解，又因为其疏水性，分子量比较大，容易被土壤、大气和水中的颗粒物吸附。具有挥发性的 EDCs 还可以在大气中不断迁移，造成远程污染。这类物质不仅存在于工业废水、废气和生活污水中，在人类日常的事物中也可能存在。它们可以通过食品、水、空气等进入机体，并在体内直接或间接影响正常的激素代谢。地表水是环境荷尔蒙污染物质的重要储存库之一。目前，在各国大部分水域已发现环境内分泌干扰物质的存在，并对水域周围的食物链系统内的动物产生不良影响。我国各大水系均有检出 EDCs 的报道，污染程度一般高于发达国家。我国各地区饮用水水源地均有有机类 EDCs 检出，其中以六六六及其异构体、DDT 及其代谢产物和 PCBs 检出频率最高，某些地区的自来水中甚至也检测到 EDCs 的存在。

11.2.5　地表水体中酚类污染物

　　酚类化合物作为有机化学工业的基本原料，广泛存在于自然界。在工业上，酚类大量用于制造酚醛树脂、高分子材料、离子交换树脂、合成纤维、染料、药物、炸药等。自然界存在的酚类化合物有 2000 多种，有一元酚、二元酚和多元酚，根据其能否与水蒸气一起挥发的性质，分为挥发酚和不挥发酚。沸点低于 230℃的属于挥发酚，如苯酚、甲酚等；沸点高于 230℃的为不挥发酚，如苯二酚、苯三酚等，多元酚一般属于不挥发酚。地表水中酚类化合物主要来自炼油、煤气洗涤、炼焦、造纸、合成氨、木材防腐和化工等工业废水。除工业含酚废水外，粪便和含氮有机物在分解过程中也产生少量酚类化合物。城市中排出的大量粪便污水也是水体中酚污染物的重要来源。由于酚类化合物的结构中存在氧原子，所以大多数酚类化合物在水中具有相当高的溶解度，增强了酚类化合物迁移转化的能力，使它成为环境中主要的污染物之一。在生活污水、天然水和饮用水中普遍存在，尤其是其中的氯酚类化合物广泛用作杀虫剂和消毒剂，从而污染地表水源。

　　酚类化合物为原生质毒物，属高毒物质，可侵入人体的细胞原浆，使细胞失去活性，直至引起脊髓刺激，导致全身中毒。随着酚类化合物的取代程度增加，毒性亦增加，大多数的硝基酚有致突变的作用，酚的甲基衍生物不仅致畸，而且致癌。人体摄入一定量时，可出现急性中毒症状，长期饮用被酚类污染的水，可引起头晕、出疹、瘙痒、贫血及各种神经系统症状。水中只要含有少量的氯酚就会导致明显的异臭味。在饮用水中，即使含有微量的酚也会有难闻的气味，如饮用水进行氯化消毒时可产生 2,4-二氯苯酚，即使浓度极低，人们也有所感觉。水中含低浓度（0.1～0.2mg/L）酚类时，可使鱼肉有异味，高浓度（>5mg/L）时则造成中毒死亡。含酚高的废水也不宜用于农田灌溉，否则会使农作物枯死或减产。美国环保局颁布的优先控制污染物中有 11 项是酚类化合物，而其中苯酚、间甲酚、2,4-二氯酚、2,4,6-三氯酚、五氯酚、对硝基酚也为我国优先控制污染物，一般规定地面水中酚的最高允许浓度为 0.002mg/L。此外，双酚 A、2,4-二氯酚、五氯酚、壬基苯酚和辛基苯酚等以其相似的结构特征和类雌激素活性被称为酚类环境雌激素。

　　地表水体中酚类污染物具有一定的自净能力，酚类化合物的分解主要是靠生物化学氧化作用。地表水体中酚的分解速度决定于酚化合物的结构、起始浓度、微生物条件、温度，以及曝气条件等一系列因素。邻苯二酚是酚类降解的先导中间产物，再经羧基酸，最后生成 CO_2 而完成降解。此外，酚的挥发作用及底泥微生物降解作用在地表水体含酚废水的自净过程中也有重要意义。

　　在地表水体中存在着空气中的氧对酚化合物的氧化过程，即所谓酚的化学氧化。国内外试验研究表明，自然界存在着酚的化学氧化作用，但速度极为缓慢，即使对挥发酚而言，化学分解速度也与生化分解速度无法比拟，在含酚废水的河道中不起自净作用。

　　水体沉积物对酚类污染物具有一定的吸附能力，被吸附后的污染物降低了其移动性能和生理毒性。酚类在水体沉积物中被吸附，它们在沉积物和水中的分配系数与沉积物的有机质含量呈正相关。因有机质中主要是腐殖质，它与酚类可进行各种方式的吸附，如疏水作用吸附、分子间作用力吸附、离子交换作用吸附、配位交换、氢键等作用吸附，从而使水体中的酚类污染物浓度降低，或转化为无害形态。

11.2.6 地表水体中持久性有机污染物

持久性有机污染物（persistent organic pollutants，简称 POPs）是指人类合成的、能持久存在于环境中、通过生物食链（网）累积并对人类健康及环境造成有害影响的化学物质。目前世界上 POPs 物质大概有几千种，大都为某一系列物或者是某一族化学物。一般将 POPs 分成三类：杀虫剂、工业用化学药品及工业过程和固体废物燃烧过程中产生的副产物。POPs 给人类和环境带来的危害，已经成为全球性问题。1995 年 5 月召开的联合国环境规划署（UNEP）理事会通过了关于 POPs 的 18/32 号决议，强调了减少或消除 POPs 的必要性。会上提出了首批 12 种受控制的 POPs。2001 年全球共 120 多个国家签署了旨在减少 POPs 排放的《关于持久性有机污染物的斯德哥尔摩公约》，我国已于 2004 年 11 月开始正式履行公约。公约中提出了首批严格禁止或限制使用的 12 种持久性有机污染物是：艾氏剂、氯丹、滴滴涕、狄氏剂、二噁英、异狄氏剂、呋喃、七氯、六氯（代）苯、灭蚁灵、多氯联苯和毒杀芬。这一 POPs 清单是开放性的，将来会按规定筛选程序和标准进行扩充。除此以外在泛欧环境部长会议上，美国、加拿大和欧洲 32 个国家正式签署了关于长距离越境空气污染物公约，该协议书提出的受控 POPs 物质有 16 种（类），除了 UNEP 提出的 12 种物质之外，还有六溴联苯、林丹、多环芳烃、五氯酚。

POPs 具有以下 4 个方面的特点：①持久性：POPs 在自然环境中很难通过生物代谢、光降解、化学分解等方法进行降解，可以在环境中长期存在。它们一旦排放到环境中，就会在大气、水、土壤和底泥中长久存在。它们在水中的半衰期一般大于 2 个月，在土壤中半衰期则一般大于 6 个月，如二噁英在土壤中可以存在几十年甚至上百年。②生物积累性：POPs 大部分具有低水溶性、高脂溶性的特点，在脂肪组织中发生生物蓄积，并沿着食物链浓缩放大，对人体危害巨大，影响可持续几代人。有研究表明，POPs 对人类的影响会持续几代，对人类生存繁衍和可持续发展将构成重大威胁。③半挥发性：POPs 能够从水体或土壤中挥发进入大气环境或通过大气颗粒的吸附作用，在大气环境中可以远距离迁移。还可以重新沉降到地面上，多次反复，造成全球范围内污染，例如在北极的企鹅体内、海鸟蛋内都检测出了 POPs。④高毒性：POPs 对人体、动物都具有毒性。具有致癌、致畸与致突变作用、破坏或抑制神经系统和免疫系统、破坏或干扰内分泌系统、影响人类生殖功能、干扰荷尔蒙、造成生长障碍和遗传缺陷。

事实上，在某一地区种类繁多的持久性有机污染物同时存在并在生物群落中累积，对生态系统造成的危害和影响很难说明是由哪一种或哪一类化学物质的影响造成的。持久性有机污染物及其代谢物或几类化学物质对动物及人类生殖能力的影响往往具有协同作用。

当前，在世界绝大多数的江湖水体中都不同程度地受到 POPs 的污染。20 世纪 60 年代国外发达国家对 POPs 的毒性和持久性就有了初步认识并采取了预防措施，但一些农药或化学工业品已经应用于实际的既存事实造成了 POPs 污染。五大湖是北美乃至全世界重要湖泊群之一，对湖泊中的鱼类取样分析后发现，已经禁止使用近 30 年的多氯联苯、滴滴涕、二噁英、狄氏剂等有毒 POPs 仍然存在。

我国是一个农业大国，由于氯丹、七氯、毒杀芬、滴滴涕和六氯苯等多种农药在短时间内对农作物有害寄生虫有明显的抑制作用，故我国在 20 世纪 60 年代至 80 年代曾生产和使用这类 POPs 污染的农药，这些农药已不同程度地残留于大部分河流和湖泊水体中，由于它的长距离迁移性，也导致了地下水的污染。我国西藏南迦巴瓦峰表层沉积物、东海岸 3 个出海口的沉积物、太湖湖区表层沉积物、广东大亚湾表层沉积物、大连湾表层沉积物、珠江三角洲地区河流表层沉积物、珠江澳门河口沉积物均不同程度地受到POPs的污染。全国7大重点流域地表水和大部分城市水源水、地下水的调查表明，地表水环境普遍受到持久性有机物的污染，水源水、地下水水质也面临严峻的考验。有研究表明，珠江三角洲地区大多数城市河流都存在严重的持久性有机物污染现象；闽江口流域的多氯联苯含量超标，浓度范围为$0.204\sim2.473\mu g/L$，污染较为严重；辽河中下游水体中多氯有机物浓度普遍偏高；在广东、河南、江苏等地的水源水中均监测出多种持久性有机污染物，在华北平原地区地下水中普遍检出有机氯类污染物。此外，我国许多城市饮用水中已经检测到POPs的存在。

11.3　地表水体中富营养污染物

伴随着工农业迅猛发展整个过程的是人类生存环境的日益破坏。由于工业生产、农业灌溉排除的大量废水和污水，以及人类排放的生活污水中含有的大量氮磷，几乎造成了所有湖泊、水库等水流较缓的水体发生了程度不同的富营养化。湖泊富营养化的实质是由于营养物质输入输出的失衡，而造成水体生态系统中物种分布的平衡被打破，导致单一物种（如藻类）的疯长，从而进一步破坏了系统的能量流动和物质流动，致使整个生态系统逐步走向消亡。发生、发展、衰老、死亡是湖泊随所处环境的变迁必然要经历的过程，富营养化是湖泊演化过程中的一种自然现象。通常，自然因素作用下水质演化过程极为缓慢，常要几千年或地质年代来描述。然而，在现代文明社会日益加剧的人类活动的影响下，湖泊富营养化过程已鲜明地加上人为作用的烙印。

湖沼学家一致认为，富营养化是水体衰老的一种表现。它意味着，水体中植物营养物含量增加，导致水生生物的大量繁殖，主要是各种藻类的大量繁殖，使鱼类生活的空间越来越少，且藻类的种类数也逐渐减少，而个体数则迅速增加。通常藻类以硅藻、绿藻为主转为以蓝藻为主，而蓝藻有不少种有胶质膜，不适于作鱼料，而有一些是有毒的。藻类过度生长繁殖还将造成水中溶解氧的急剧变化。藻类的呼吸作用和死亡藻类的分解作用所消耗的氧能在一定时间内使水体处于严重缺氧状态，从而严重影响鱼类生存。在自然界物质的正常循环过程中，也有可能使某些湖泊由贫营养湖发展为富营养湖，进一步发展为沼泽和干地。水体富营养化现象除发生在湖泊、水库中，也发生在海湾内；但在水流急速的河流中发生较少。

根据联合国环境规划署（UNEP）的一项调查表明，在全球范围内30%～40%的湖泊和水库遭受了不同程度富营养的影响。根据2008年中国环境状况公报，全国28个国控重点湖（库）中，满足Ⅱ类水质的4个，占14.3%；Ⅲ类的2个，占7.1%；Ⅳ类的6个，占21.4%；Ⅴ类的5个，占17.9%；劣Ⅴ类的11个，占39.3%。主要污染指标为总氮和总磷。在监测营养状态的26个湖（库）中，重度富营养的1个，占3.8%；中度富营养的5个，占19.2%；轻度富营养的6个，占23.0%。我国3个主要湖泊太湖、滇池和巢湖水质总体为劣Ⅴ类。太湖湖体处于中度富营养状态。滇池草海处于重度富营养状态，外海处于中度富营养状态。巢湖西半湖处于中度富营养状态，东半湖处于轻度富营养状态。其他10个重点国控大型淡水湖泊中，洱海、洞庭湖、镜泊湖和鄱阳湖为中营养状态，博斯腾湖、洪泽湖和南四湖为轻度富营养状态，达赉湖和白洋淀为中度富营养状态。对于我国城市内湖来说，昆明湖（北京）为Ⅳ类水质，西湖（杭州）、东湖（武汉）、玄武湖（南京）、大明湖（济南）为劣Ⅴ类。昆明湖处于中营养状态，玄武湖、西湖和大明湖处于轻度富营养状态，东湖处于中度富营养状态。

富营养化严重影响水体水质，造成水体透明度降低，使得阳光难以穿透水层，从而影响水中植物的光合作用。富营养化还会使水中溶解氧减少，影响水生动物生长，造成鱼类大量死亡。同时，因为水体富营养化，水体表面生长着以蓝藻、绿藻为优势种的大量水藻，形成一层"绿色浮渣"，致使底层堆积的有机物质在厌氧条件分解产生有害气体，浮游生物产生生物毒素，这些也会对鱼类造成危害。在美国、日本、澳大利亚、巴西等国皆有报道因藻毒素引起鱼类、家畜及人中毒死亡的事件发生。

在富营养化的水体中含较多的有机质，灌溉农作物时，将直接导致土壤的还原性增强，产生大量的二氧化硫、甲烷和有机酸等物质，严重影响作物的生长及养分的吸收，如富营养化的水浇灌水稻、可抑制水稻苗期根生长、造成中后期徒长、伏倒、病虫害多、谷穗不饱满。

对于饮用水处理来说，水源水中的藻类的大量繁殖，可能干扰混凝过程以及堵塞和穿透滤池、阻塞水道、使水体生色、透明度降低，而且藻类的分泌物又能引起水体的臭味，增加了饮用水处理的难度。此外，某些藻类在一定环境下产生藻毒素，对健康有害，会引起肠道疾病，甚至引起"三致"。

根据藻类毒素的作用方式，可将其分为肝毒素（如微囊藻毒素）、神经毒素（如类毒素）、皮肤刺激物或其他毒素。其中肝毒素的危害最大，它是由在地表水中普遍存在的蓝藻分泌的。在我国的滇池、太湖、巢湖、洱海等水体中，检测出藻毒素最大浓度值为世界卫生组织规定饮用水藻毒素含量的千倍以上。我国江苏海门、启东和广西扶绥的原肝癌发病率相当高与当地居民长期饮用含微囊藻毒素的池塘或河流水有关，浙江海宁地区大肠癌的高发病率也与饮用的河滨水、池塘水的微囊藻毒素含量存在正相关关系。

淡水水体中藻毒素主要由蓝藻门的微囊藻（主要有铜绿微囊藻、绿色微囊藻、惠氏微囊藻等）、楔形藻、念珠藻、顶胞藻、结球藻、水华束丝藻、颤藻、鱼腥藻等一些品系或种产生。此外，在绿藻、硅藻及双鞭毛藻的个别种中也发现有藻毒素产生。微囊藻毒素（*Microcystins*）是一种在蓝藻水华污染中出现频率最高、产生量最大和造成危害最严重的藻毒素种类。微囊藻毒素是一类具生物活性的单环七肽，主要由淡水藻类铜锈微囊藻产生，其他很多种类的微囊藻也可以产生。微囊藻毒素主要存在于藻细胞内部，但在不同的生长阶段，细胞内外环境中的毒素分布是变化的。研究发现，微囊藻毒素在藻类的对数生长期明显增加，毒素主要集中于细胞内部，在对数生长末期达最大含量；停止生长后随着藻细胞的死亡解体，胞内的水溶性毒素不断释放进入水体。微囊藻毒素在水中的行为与环境因子有关，光照强度、温度、水中的有机物、溶解氧、色素及其他水生生物等因素都会对微囊藻毒素的产生及其迁移转化产生影响。

富营养化过程是自养性生物（浮游藻类）在水体中建立优势的过程。它包含着一系列生物、化学和物理变化的过程，与水体化学物理性状、水体形态和底质等众多因素有关，其演变过程十分复杂。目前公认的富营养化形成原因，主要是适宜的温度，缓慢的水流流态，总磷、总氮等营养盐相对充足，能给水生生物（主要是藻类）大量繁殖提供丰富的物质基础，导致浮游藻类（或大型水生植物）爆发性增殖。目前判断湖泊富营养化一般采用的指标是：总氮含量大于 0.3mg/L，总磷含量大于 0.025mg/L，透明度小于 2.5m，叶绿素 a 含量大于 0.01mg/L。

藻类在适宜的光照、温度和 pH 值，以及具备充分的营养物质的条件下，在水体中进行光合作用，合成细胞原生质的总反应式可写为：

$$106CO_2 + 16NO_3^- + HPO_4^{2-} + 122H_2O + 18H^+ + 能量 \xrightarrow{\text{微量元素}} C_{106}H_{263}O_{110}N_{16}P + 138O_2$$
$$\text{（藻类原生质）}$$

从上面的反应式可以看出，磷和氮在藻类生长繁殖过程的重要性。营养盐是影响湖泊富营养化诸多因素中至关重要的一个，特别是磷酸盐。磷被认为是湖泊富营养化的首要限制因素，氮也是控制湖泊富营养化的重要元素，但由于许多藻类能通过生物固氮作用从大气中获得所需要的元素，所以当磷供应充足时，藻类就能充分增殖，可能产生富营养化。而且水体中磷的浓度在 0.02mg/L 以上时，对水体的富营养化就起明显的促进作用。因此，控制水体中磷的含量，比控制氮含量更有实际意义。

溶解氧也是水体富营养化过程中一个非常关键的因素，当溶解氧与氮、磷的含量比率降低时，导致氮、磷和营养盐过剩，一方面使藻类大量生长繁殖，另一方面导致鱼类和浮游生物缺氧死亡，极有可能造成富营养化和水质恶化。

光照和温度是影响藻类生长的重要的物理因子。如果光照和温度适宜，能促进藻类大量繁殖，可能造成富营养化；反之，即使氮、磷出现过剩，如果光照和温度条件极其恶劣，那么藻类个体恐怕自身难保，其生长繁殖自然会受到极大限制。

在浅水湖泊中，水动力过程对沉积磷的释放具有重要意义。风浪作用可以将沉降在湖底的浮游植物悬浮起来，同时将位于最顶部 8cm 厚的沉积物中的磷释放于水体中，我国太湖沉积物的释磷过程，就是水动力条件成岩改造的综合结果。

除此以外，富营养化还受水体 pH 值、生物变量及钙、铁、二氧化碳含量等的影响。

11.4 地表水体中合成洗涤剂污染物

合成洗涤剂包括三种主要成分：表面活性剂、混合助剂和漂白剂。表面活性剂是洗涤剂的核心，而配制合成洗涤剂的表面活性剂主要是阴离子型烷基苯磺酸钠，按分子中烷基是带支链的或是直链的，可分为 ABS（烷基苯磺酸钠）和 LAS（直链烷基苯磺酸钠）两类。ABS 是生物不易降解的，而直链烷基苯磺酸钠（LAS）在有氧状态下，可经生物降解使支链碳数降到 5～6。由于合成洗涤剂具有亲水、亲油基团，难从溶液中分离除去，往往随工业以及生活废水排入环境中。随着我国现代化进程的不断加快，合成洗涤剂工业也在飞速发展，现在每年合成洗涤剂产量就达几百万吨，因此废水量是相当庞大的，由于缺乏必要的处理措施，在全国范围内因合成洗涤剂工业排放的废水而导致的水体污染是相当普遍的。

当水体中 LAS 浓度超过 0.5mg/L 时就形成泡沫，水面将形成大量积聚不散的泡沫层。洗涤废液进入水环境，对水中浮游动植物及鱼类等水生动物危害很大。鱼类容易吸收 LAS。LAS 对水栖动物的毒性与金属汞相似，是对鱼类毒性最大的物质之一。当 LAS 浓度达到 1mg/L 时，动物行为即有明显影响，达到 10mg/L 就能杀死浮游生物。LAS 还会影响浮游动物卵的孵化和浮游植物的光合作用。

用含有合成洗涤剂的污水灌溉农田，不同植物对 LAS 的感受性没有很大差别。当 LAS 含量为 7.5mg/L 时将影响水稻的形成，10mg/L 时产量减半，50mg/L 时水稻将枯死。另外，对小麦、黄瓜和萝卜的毒害实验也证明，LAS 损害根系的表面组织和细胞，造成植物老化、早衰和瘦小干症状。此外，遭受 LAS 污染的鱼类，通过食物链进入人体，对人体内各种酶具有抑制作用，影响肝脏和消化系统，降低人体对疾病的抵抗能力。另外合成洗涤剂LAS 等能通过皮肤进入人体，影响人体健康。饮用水中阴离子合成洗涤剂类物质，被我国环境标准列为第二类污染物质。

一般认为，人们日常生活中使用的合成洗涤剂是水体富营养化发生的主要原因之一。表面活性剂耐硬水性能较差，以 LAS 为主要成分的洗涤剂耐硬水性能更差。水中的 Ca^{2+}、Mg^{2+} 及重金属离子常与 LAS 等阴离子表面活性剂结合成不溶性沉淀物，使洗涤剂去污能力降低，甚至完全失去作用。因此在洗涤剂中常添加大量助剂消除有害离子的影响，最常用的助剂是三聚磷酸钠，由于其无毒、价廉，在洗涤过程中能与 Ca^{2+}、Mg^{2+} 生成可溶性螯合物，具有分散、乳化、增溶和除垢的作用。目前我国广泛使用的表面活性剂是 LAS，其中十二烷基苯磺酸钠应用最广，其含量约占 20%～30%；混合助剂以三聚磷酸钠为主，添加量达 30%～50%。合成洗涤剂的缩聚磷酸盐在水体中经藻类等微生物催化后，容易水解转化为正磷酸盐，成为能引起水体富营养化的污染物。但随着洗涤剂用量的增多，磷的存在造成了江河湖海的富营养化，即富磷污染。生活污水中的合成洗涤剂是我国许多地表水体中磷污染的重要污染源，如滇池、太湖及巢湖的水体富营养化污染问题均与其有着直接的关系，控制洗涤剂中磷的含量势在必行。为了适应环境保护的要求，跟上时代的发展，开发安全无公害、低污染、无污染的洗涤用品已成为当务之急。

11.5　地表水体中放射性污染

环境的本底放射性是无所不在的，几乎所有环境组分中都或多或少地含有天然或人为的放射性。天然存在的放射性核素能自发放出射线的特性称为"天然放射性"；人为地通过核反应制造出来的核素的放射性称为"人工放射性"。近来由于核电厂的建立、核武器的实验和制造以及放射源的使用等人类活动，造成了一些人工放射性核素的产生。原子能工业中也产生大量的浓度较低的放射性废水，如洗涤水、机械废水、地面台面废水等。另外，人类在开采加工铀矿石和矿砂的过程中，在化肥生产、石油燃料开采、金属提炼等过程中也增加了环境中天然放射性的水平，这被称为技术性增加的天然放射性物质。技术性增加的天然放射性物质可以在其产生过程的各个环节通过不同的途径到达地表水，其中雨水可将矿山废渣、侵蚀土壤、耕地等的放射性核素冲刷形成径流汇入地表水，污染水源。据 2009 年中国环境状况公报报道，我国整体地表水环境未受到放射性污染，辐射环境质量仍保持在天然本底水平。

地表水中含有各种不同浓度的发射 α 和 β 粒子的放射性核素，一旦被人类摄入就会作为放射源使人体受照。由于 α 粒子的传能线密度很高，故对发射 α 粒子的核素应予以特别关注。镭（Ra）同位素由天然放射性核素 ^{238}U 和 ^{232}Th 衰变而来，可通过呼吸道、胃肠道、完整皮肤和伤口进入体内。镭吸收后早期，在选择性地向骨骼中转移时，也有一部分向软组织中扩散；晚期，机体中的镭 95% 以上分布在骨骼。它致机体的随机性效应主要发生在骨骼及其临近区域，引起无菌性骨坏死、骨肉瘤和窦癌。^{226}Ra 发射 α 粒子，是水中放射性的主要来源之一。

随着自然环境的变迁和人类自身的活动，地表水中放射性核素的种类和活度均会不断地随之改变。为正确评价地表水中放射性核素对周围居民产生健康危害的危险度，应进行定期的监测和剂量估算。在由地表水净化成饮用水的过程中，也不可避免地发生放射性核素转移，同时放射性核素的化学、物理形态也可能发生各种变化，最终所得饮用水中核素的含量可能有所减少，也可能有所富集。天然放射性核素可通过呼吸或食物等途径为人体所摄取并积累在体内，^{226}Ra 等能积累在骨骼之中。放射性核素在机体生物膜中的穿透能力、在机体组织内的传递速率以及某些组织或器官对放射性核素的特殊亲和力（如碘在甲状腺中、锶在骨骼中的特殊亲和力）等都对放射核素在机体中的最终归宿产生影响。

11.6　地表水污染防治技术

11.6.1　污水处理及其再生利用

水处理过程可以简单地分为饮用水处理和废水处理，饮用水处理是指为满足用水者的需求而从天然水体中（河川水、湖沼水、地下水等）获得生活饮用水、工业用水等而必须进行的处理；废水处理是为了保护环境，减弱或者防止工业废水、生活污水等可能引起环境水体污染而必须进行的处理。水处理技术按其机理可分为物理法、化学法和生物法。

（1）物理处理法：是利用物理作用分离污水中呈悬浮状态的固体污染物质的处理方法，主要有筛滤法（格栅、筛网）、沉淀法（沉砂池、沉淀池）、气浮法、过滤法（快滤池、慢滤池等）和反渗透法（有机高分子半渗透膜）等。

（2）化学处理法：利用化学反应分离污水中的污染物质的处理方法，主要有中和、电解、氧化还原和电渗析、气提、吸附、吹脱、萃取等。

（3）生物处理法：利用微生物的代谢作用，使污水中呈溶解性、胶体状态的有机污染物转化为稳定的无害物质的处理方法。参与这一过程的微生物主要有细菌、真菌、原生动物、后生动物以及藻类等，其中细菌起主要作用。在正常运转的废水生物处理系统中，一般存在着由细菌、原生动物、后生动物等多种微生物组成的生态系统。按照处理过程中有无氧气的参与，可分为两大类：利用好氧微生物作用的好氧氧化法和利用厌氧微生物作用的厌氧还原法。厌氧生物处理系利用厌氧微生物把有机物转化为有机酸，甲烷菌再把有机酸分解为甲烷、二氧化碳和氢等，如厌氧塘、化粪池、污泥的厌气消化和厌氧生物反应器等。好氧生物处理系采用机械曝气或自然曝气（如藻类光合作用产氧等）为污水中好氧微生物提供活动能源，促进好氧微生物的分解活动，使污水得到净化，如活性污泥、生物滤池、生物转盘、氧化塘的功能。按照微生物的生长方式，可分为悬浮生长型和附着生长型；按照系统的运行方式可分为连续式和间隙式；按照主体设备中的水流状态，可分为推流式和完全混合式等。在污水生化处理过程中，影响微生物活性的因素可分为基质类和环境类两大类。基质类包括营养物质，如以碳元素为主的有机化合物即碳源物质、氮源、磷源等营养物质，以及铁、锌、锰等微量元素；另外，还包括一些有毒有害化学物质如酚类、苯类等化合物、也包括一些重金属离子如铜、镉、铅离子等。

按照以上分类法，将具有代表性的水处理单元操作归纳在表 11-5、表 11-6 之中。

表 11-5　部分水处理方法和单元操作

方法类别	处理对象及单元操作			
	悬浊物	溶解性无机物	溶解性有机物	消毒杀菌等
物理法	气浮 自然沉降 微滤、过滤 纳滤、超过滤 反渗透	电解 纳滤 反渗透	活性炭吸附 气提 超过滤 纳滤 反渗透	紫外线照射 超过滤、纳滤和 反渗透可以过滤 去除细菌
化学法	混凝气浮 混凝沉降	酸碱中和 离子交换 螯合吸附 氧化还原	臭氧氧化 氯气氧化等氧化 还原、焚烧 臭氧活性炭	加氯消毒 臭氧消毒
生物法	活性污泥 生物滤池 接触氧化 生物转盘 厌氧消化	生物硝化/脱氮	活性污泥 生物滤池 接触氧化 生物转盘 厌氧消化	膜生物反应器过滤去除细菌

一般工业废水或城市污水成分复杂多变，只用某一种处理单元经常达不到预期的效果。因此在实际水处理中经常要将几种处理单元组合起来。一级处理、二级处理、三级处理，是目前城市污水及工业废水根据不同需要而采用污水处理方法。处理后的污水，无论用于工

表 11-6　常用的几种水处理方法的一般特征

方　法	一　般　特　征
超滤和反渗透法	超滤和反渗透法是使水流在压力作用下流过膜组件,依据所选择的膜组件的不同过滤去除不同分子量的细菌、胶体颗粒、有机物及去除部分无机离子等
活性炭吸附法	使用活性炭过滤吸附有机物、重金属,或采用生物活性炭降解去除部分有机物的方法
重力沉降法	不使用化学药剂的情况下,悬浮液中粒子依靠自重而沉降的方法,如砂砾的去除
凝聚沉降	通过使用絮凝剂等使悬浮粒子发生凝聚、沉降的方法,如去除水体中细小颗粒物和胶体物质
过滤法	以无烟煤、砂砾、活性炭等粒状物组成过滤层,当水流在一定条件下流过时,过滤除去悬浮杂质
活性污泥法	水体中好氧微生物在曝气条件下繁殖,形成絮状活性污泥,并吸附、分解水体中的污染物,再辅以沉淀池,使水体得到净化的方法
生物过滤法	与过滤方法相似,不同的是在过滤滤料表面形成一层生物膜,通过生物膜的生物氧化降解及滤料的过滤共同作用以废水得到净化的方法
厌氧消化法	又称甲烷发酵法,是利用厌氧菌使废水中有机污染物在厌氧条件下分解的处理方法
生物硝化-脱氮法	以与活性污泥法相同的方法将有机氮化合物氧化到 NO_3^- 形态,随后通过反硝化作用将其还原成氮气
中和法	以酸性药剂处理碱性废水,或以碱性药剂处理酸性废水的方法
螯合吸附法	使用螯合型树脂以高度选择性吸附重金属离子的方法

业、农业或外排,均应符合国家规定标准。在废水排放到环境中之前的处理,主要是控制废水中的 COD、BOD、总悬浮物、氨氮、总氮、总磷等,使经处理后排放的废水的上述指标达到排放标准。

一级处理:在污水处理设施进口处,必须设置格栅,主要是采用物理处理法截留较大的漂浮物或悬浮物,以便减轻后续处理构筑物的负荷,使之能够正常运转。沉砂池一般设在格栅后面,也可以设在初沉池前,目的是去除密度较大的无机颗粒。初沉池对无机物有较好的去除效果,一般设在生物处理构筑物的前面。经过一级处理后的污水 BOD,一般可去除30%左右,达不到排放标准,只能作为二级处理的预处理。

二级处理:主要去除污水中呈胶体和溶解性状态的有机污染物质,通常采用生物处理法。生物处理构筑物是处理流程中最主要的部分,利用微生物的代谢作用,将污水中呈溶解性、胶体状态的有机污染物转化为无害物质,从而达到排放的要求,一般去除率能达到90%以上,有机污染物可达到排放标准,处理后的五日生化需氧量（BOD$_5$）可降至20~30mg/L。

三级处理:在一级、二级处理后,用来进一步处理难以降解的有机物、磷和氮等能够导致水体富营养化的可溶性无机物等。主要处理方法有生物脱氮除磷法、混凝沉淀法、砂滤法、活性炭吸附法、离子交换法和电渗析法等。通过三级处理,BOD$_5$ 能进一步降到 5mg/L以下。

由于微生物具有来源广、易培养、繁殖快、对环境适应性强、易变异等特征,在生产上较容易地采集菌种进行培养繁殖,并在特定条件下进行驯化,使之适应各种不同水质条件,从而通过微生物的新陈代谢使有机物无机化。加之微生物的生存条件温和,新陈代谢过程中不需要高温高压,它是不需投加催化剂和催化反应,用生化法促使污染物的转化工程与一般化学法相比优越得多,其处理废水的费用低廉,运行管理较为方便。所以生化处理是废水处理系统中最重要的方法之一,目前,这种方法已广泛用于生活污水及工业有机废水的二级处理,各种废水处理新技术不断涌现。因此目前国内外大多采用生物处理技术处理城市污水,又可分为活性污泥法和生物膜法两大类。活性污泥法是以活性污泥为主体的废水生物处理的主要方法。活性污泥可分为好氧活性污泥和厌氧颗粒活性污泥,不论是哪一种,活性污泥都是由各种微生物、有机物和无机物胶体、悬浮物构成的结构复杂的肉眼可见的绒絮状微生物共生体。这样的共生体有很强的吸附能力和降解能力,可以吸附和降解很多的污染物,可以达到处理和净化污水的目的。活性污泥法工艺类型有很多种类，可分为传统活性污泥法、AB法、A/O法、A²/O法、SBR法及其变型（ICEAS工艺、CASS工艺、UNITANK系统、LUCAS工艺、MSBR系统、DAT-IAT工艺、IDEA工艺、AICS工艺）、BIOLAK法、氧化沟法、OOC法、膜生物反应器工艺（MBR）等。我国许多城市正在筹建和扩建污水二级处理厂，以解决日益严重的水污染问题，而活性污泥法污水处理厂占绝大多数。

生物膜是通过附着而固定于特定载体上的结构复杂的微生物共生体。相对于活性污泥来说，在单位体积生物膜中所含的微生物数量更高、比表面积更大。生物膜比活性污泥具有更强的吸附能力和降解能力，可以吸附和降解污水中的各种污染物，具有速度快、效率高的特点。在使用生物膜法处理污水时，要求在处理系统的构筑物中装填一定数量的填料，这些填料一方面可以扩大处理系统的比表面积，另一方面为微生物提供附着固定的载体。生物膜处理系统的性能、效率取决于其中微生物活性的高低和所装填料的多少及其比表面积。根据生物膜法处理系统中所用的填料的不同，生物工艺又可以分为以下几种类型：滴滤池、淹没式生物滤池、生物接触氧化工艺、生物流化床、生物转盘、移动床生物膜反应器等。一般来说，生物膜法较多应用于特殊行业的废水处理中，如印染废水等，而城市污水的实际应用相对较少，目前我国只有少数几座生物膜法城市污水处理厂。

随着水资源需求量的急剧增加，加之人类用水的不科学和水环境污染的日益严重，使许多国家都面临着水资源短缺的危机。城市污水是水量稳定、供给可靠的一种潜在水资源，城市污水的再生利用是开源节流、减轻水体污染程度、改善生态环境、解决城市缺水问题的有效途径之一，因此把城市外排的污水作为第二水资源加以开发利用就显得尤为重要。从20世纪60年代起，国外许多国家先后对城市污水再生利用（回用）技术进行了研究和应用，使城市污水成为一种的新的水资源。经过数十年的研究和发展，污水回用的技术已相当成熟，在世界各地得到了广泛的应用。在我国，污水处理后回用于城市生活和工业生产则是近20多年才发展起来的。随着社会经济的发展和人们环境意识的不断提高，污水回用逐渐扩大到缺水城市的许多行业。

一般情况下，城镇供水经使用后，有80%转化为污水，经收集处理后，其中70%是可以再次循环利用的。城市污水的资源化利用包括许多方面，中水回用工程就是污水资源化的一种重要途径，所谓"中水"是指城市污水或生活污水经过处理后，达到规定的水质标准，可在一定范围内重复使用的非饮用水，其水质介于清洁水（上水）与污水（下水）之间。中水虽不能饮用，但它可以用于一些对水质要求不高的场合，如冲洗厕所、冲洗汽车、喷洒道路、绿化等。

一般来讲，中水水源可以分为三类：

（1）优质杂排水　包括冷却排水、洗脸、洗手、盥洗排水、洗衣、沐浴排水等污染浓度低的排水。

（2）杂排水　粪便污水以外的冷却排水、盥洗排水、洗衣、沐浴排水及厨房排水。

（3）生活污水　冲洗粪便和杂排水合流的污水。

目前中水主要回用于：①市政用水，如园林绿化、喷洒道路、水景、补充公园湖泊以及消防用水；②杂用水，用来冲洗汽车、冲洗厕所、建筑施工用水；③其他用水。如果中水水量很大，且水质能满足各种使用要求的话，还可以用来补充农田灌溉用水、工业低质用水（如工业间接冷却水）等。

中水回用产生的经济效益、社会效益和生态效益主要体现在：降低饮用水处理和供水费用；减少城市污水的排放和相应的排水工程投资与运行费用；改善生态与社会经济环境，促进工业、旅游业、水产养殖业、农林牧业的发展；改善生存环境，促进和保障人体健康，减少疾病（特别是致癌、致畸、致基因突变）危害；增加可供水量，促进经济发展并避免因缺水造成的损失。

污水再生处理技术包括生物法和物化法。目前常见的生物处理方法有生物接触氧化法、活性污泥法等；常用的物化处理方法有混凝沉淀、过滤、活性炭吸附、消毒（紫外、氯气、臭氧或二氧化氯等）等方法。这些方法均是非常成熟的技术，有广泛的应用。此外，土地处理技术也是在国外应用较多的一种污水再生处理技术。近年国内外出现了一些新的污水再生生物处理技术，其中膜生物反应器（membrane biological reactor，MBR）工艺和循环式活性污泥法（cyclic activated sludge system，CASS）工艺是两种应用较多的新型污水再生生物处理技术。

MBR工艺是将生物处理与膜分离技术相结合而成的一种高效污水处理新工艺，近年来已经被逐步应用于城市污水和工业废水的处理，在中水回用处理中也得到了越来越广泛的应用。其优点是出水水质良好，不会产生卫生问题，感官性状佳，同时处理流程简单、占地少、运行稳定，易于管理且适应性强。由于MBR工艺具备的独特优势，自20世纪80年代以来在日本等国得到了广泛应用。目前，日本已有100多座楼宇的中水回用系统采用MBR处理工艺。在我国，应用此技术进行废水资源化的研究始于1993年，目前在中水回用的研究领域中取得了阶段性研究成果，并有较多的生活污水再生处理的工程应用。

CASS工艺是在序批式间歇反应器的基础上发展起来的，即在SBR的进水端增加了一个生物选择器，实现了连续进水、间歇排水。生物选择器的设置，可以有效地抑制丝状菌的生长和繁殖，克服污泥膨胀，提高系统的运行稳定性。CASS工艺对污染物质降解是一个时间上的推流过程，集反应、沉淀、排水于一体，是一个好氧/缺氧/厌氧交替运行的过程，具有一定的脱氮除磷效果。与传统的活性污泥法相比，CASS工艺具有建设费用低、运行费用省、有机物去除率高、出水水质好、管理简单、运行可靠、污泥产量低、性质稳定等优点。已有研究和工程实例表明，采用CASS工艺处理的中水水质稳定，优于一般传统生物处理工艺，其出水接近我国规定的相应标准，在高浓度污水的处理回用中其优越性愈加明显。我国在多个工程应用基础上推出的"CASS+膜过滤"工艺，已经应用于装备指挥学院污水处理及回用（2000m³/d）、总参某部污水处理及回用（3000m³/d）和中华人民共和国济南海关污水处理及回用（100m³/d）等工程，取得了良好的社会效益和经济效益，为污水处理和再生利用提供了新工艺的示范。

通常污水再生利用需将多种水处理技术合理组合，即将各种水处理方法结合起来深度处理污水，这是因为单一的某种水处理方法一般很难达到回用水水质的要求。在实际应用中，需根据原水水质的情况，选择合适的处理工艺路线，设计经济合理的中水回用处理系统。

一般来讲，中水处理流程因原水水质的不同可分为如下几种。

流程1，以物化处理为主，适用于Ⅰ、Ⅱ类污水：

原水→格栅→调节池→混凝处理或气浮→过滤→消毒→中水

流程2，生化处理为主，适用于Ⅰ、Ⅱ类污水：

原水→格栅→调节池→一级生物处理→沉淀→过滤→消毒→中水

流程3，两级生化处理，适用于Ⅱ、Ⅲ类污水：

原水→格栅→调节池→一级生物处理→沉淀→二级生物处理→沉淀→过滤→消毒→中水

流程4，物化+生化处理，适用于Ⅱ、Ⅲ类污水：

原水→格栅→调节池→混凝或气浮→沉淀→生物处理→沉淀→过滤→消毒→中水

在我国，生活污水再生处理利用通常采用加药混凝、沉淀、过滤、消毒的组合处理工艺（即流程1）。发达国家城市污水的再生处理工艺中已普遍选用先进的深度处理技术。国外许多污水再生处理工艺已较多地采用膜处理技术，包括连续式微过滤、反渗透和紫外消毒系统，如悉尼奥运会有 $1 \times 10^4 \text{m}^3/\text{d}$ 的污水再生利用，其中 $7500\text{m}^3/\text{d}$ 采用连续式微过滤系统、

2500m³/d 采用反渗透系统。美国的二级污水处理厂普遍增加了三级处理工艺流程，以便于实现再利用目的。在生化处理二沉池之后增加过滤和消毒已是普遍的要求，原有的大型二级污水处理厂，几乎都计划增加后处理工艺（多层滤料滤池之后加氯或用紫外线消毒）。如：洛杉矶的 Hiparen Treatment Plant，丹佛市的 Central Treatment Plant 等，原处理能力都在 $70 \times 10^4 m^3/d$ 以上，目前都在进行后续三级处理的改造。三级处理后的水用于市政绿化、高尔夫球场、洗车、污水处理厂内工艺用水等。对上述三级处理后的出水，如果进一步采用微滤膜过滤和反渗透膜处理的方法净化则可达到饮用的水平，是目前较为成熟并已进入应用阶段的工艺技术，目前处理后的出水大多用于补充作为饮用水水源的地面水或地下水。

11.6.2 受污染地表水体修复原理与技术

近二十年来，基于河流和湖泊的自净作用原理，国内外水处理工作者都在开发高效、低投资与低运行成本的修复技术，已经在发达国家如美、日、德、瑞士、韩国等都得到了广泛研究以及实际工程应用。目前有关地表水修复方法可以分为物理法、化学法及生物和生态技术 3 大类，各种技术都具有不同技术、经济特点以及适用条件，见表 11-7。

表 11-7　一些常见的地表水修复方法

修复方法		修复作用
物理方法	人工增氧	人工曝气充氧可以避免出现缺氧或无氧河段，加快水生态系统的恢复，增强河流自净能力
	底泥疏浚	将底泥中的污染物移出河流生态系统，能显著降低内源污染负荷
	引水冲污	河流引水冲污或稀释既可以用同一水系上游的水也可以引其他水系的水，只是转移而非降解
化学方法	强化絮凝	化学絮凝剂等强化措施去除污水中各种污染物，它可在短时间内以较少的投资和较低的运行费用大幅度削减污染负荷，缓解河流或湖泊水环境污染问题
生物＋生态修复方法	生物接触氧化	通过砾石等颗粒填料层时产生接触沉淀以及填料上附着生物膜的生物净化作用
	投加菌剂	投加微生物以促进水体中有机污染物降解
	植物浮床	由漂浮性水生植物接触沉淀过滤、直接吸收生物利用以及根部存在的微生态如细菌、原生动物等的生物净化
	稳定塘	利用细菌和藻类等微生物的共同作用净化污水
	人工湿地	利用自然生态系统中的物理、化学和生物的三重协同作用来实现对污水的净化
	生物控藻	利用藻类的天敌及其产生的生长抑制物质对藻类的生长、繁殖进行抑制，从而控制藻类数量、防治富营养化带来的危害

（1）人工增氧曝气技术　是根据水体受污染后缺氧的特点，人工向水体中充入空气（或氧气）强化水体复氧，以提高水体的溶解氧含量，恢复和增强水体中好氧微生物的活力，使水体中的污染物质得以降解，从而改善水体水质。人工曝气通过物理吸附、生物吸收和生物降解等作用以及各类微生物和水生生物之间功能上的协同作用去除污染物，并形成食物链去除有机物。曝气充氧技术作为一种投资少、见效快的地表水污染治理技术在很多国家得到了应用。溶解氧在湖泊和河流自净过程中起着非常重要的作用，水体的自净能力直接与复氧能力有关。因此，水中溶解氧的含量是反映水体污染状态的一个重要指标。有机污染严重的水体由于有机物分解耗氧，水体会变成缺氧或者无氧状态，此时水质恶化，自净能力下降，正常的水生生态系统遭到严重破坏。因此，向处于缺氧（或厌氧）状态的水体进行曝气复氧可以补充水体中过量消耗的溶解氧、增强水体的自净能力，改善水质。对于长期处于缺氧（或厌氧）黑臭状态的河流，要使其水生生态系统恢复到正常状态一般需要一个长期的过程，水体曝气复氧有助于加快这个恢复过程。如果在适当的位置向水体进行人工曝气充氧，就可以避免出现缺氧或无氧水体段，增强水体自净能力。河道曝气方式除了采用固定式充氧站形式

外，还采用移动式充氧平台形式。移动式充氧平台是河道曝气使用较多的方式，该技术自20世纪60年代起在一些国家得到应用。

大量研究和应用结果表明，人工曝气可以有效改善河水水质。人工增氧在英国的泰晤士河、德国的 Berlin 河、北京的清河、上海的绥宁河和苏州河和福州的白马支河、重庆桃花溪等都曾采用，并取得明显的效果。人工曝气充氧技术在国外应用已经非常成熟。人工曝气复氧整治受到污染的城市河流，可以达到消除黑臭，减轻污染，恢复生态的目的，且无二次污染。并且由于其投资少、见效快，在我国河流污染的综合整治中具有广阔的应用前景。人工曝气复氧需要的技术含量较高，投入的资金也较大。因此，从经济、环境的角度出发，应当充分利用天然落差、水坝的跌水、水闸泄流、活水喷池和人工水上娱乐设施进行增氧。

（2）底泥疏浚技术　通过水力或机械方法挖除湖泊底泥表层的污染物，再进行输移处理，减少底泥污染物的释放。污染物通过大气沉降、废水排放、雨水淋溶与冲刷进入水体，最后沉积到湖底，并逐渐富集，使底泥受到污染。伴随经济的高速发展，这种现象越来越严重，包括有机质碎屑、有毒难降解物质、重金属等大量在湖泊底泥中沉积，导致底泥污染加剧。湖泊底泥是湖泊生态系统的重要组成部分，是湖泊营养物质循环的中心环节，也是水土界面物质（物理的、化学的、生物的）积极交替带。各种来源的营养物质经一系列湖泊物理、化学及生化作用，沉积于湖底，形成疏松、富含有机质和营养盐的灰黑色淤泥。在湖泊各种水动力学、生态动力学作用下或湖泊环境变化时，沉积物中营养盐溶出或再悬浮，形成湖泊富营养化的内负荷。同时底泥对环境作用具有累积性和滞后性。内源污染控制主要就污染底泥中积累与释放的营养物质进行控制，一是阻止沉积物中污染物的释放如底质封闭等，二是清除污染沉积物，如对底泥进行疏浚。一般认为当底泥中污染物的浓度高出本底值2～3倍时，即需要考虑进行疏浚。

湖泊沉积物疏浚被认为是降低湖泊污染物负荷最有效、直接的措施，疏浚对于恢复湖泊水质及水生生态环境，以及减缓沼泽化进程都将起十分重要的作用。目前，疏浚技术已经得到了世界范围的应用，被较多用于湖泊和小型河流。一般采用挖泥船进行。现代挖泥船众多，大体分为三大类20余种，我国现有各种国产或进口挖泥船1800余艘，对不同的污染底泥进行处理。我国的滇池草海、安徽巢湖、杭州西湖、南京玄武湖等均采用了该技术。我国滇池草海一期工程疏浚底泥400万立方米，工程实施后，共除去 TN 39600t、TP 7900t，分别是外源治理工程每年削弱氮、磷污染物的5.9倍和7.0倍，疏浚区水体不再黑臭，水质明显好转，水体透明度由原来小于0.37m提高到0.8m；另外，安徽巢湖和杭州西湖，通过底泥疏挖去除了大量氮、磷等污染内源负荷，使得水质在疏挖后的一段时间内得到很大的改善。1998年南京玄武湖清淤，采取沿湖污水停止输入、抽干水清淤的方法，清淤后半年内湖水的透明度、COD 和总磷基本不变。

疏浚底泥的环境效果与疏浚方法有关，疏浚主要考虑降低沉积物中的污染负荷。因此，要对沉积物中的污染物种类、含量分布、剖面特征、沉积速率、化学及生态效应有详细的调查和分析，确定疏浚的范围和深度。底泥生态修复技术相较其他处理技术而言，周期长、见效慢是其缺点，但疏浚作为一种可以将污染物移出湖泊生态系统的重要方法是值得推广的。

（3）引水冲污　是引清洁的江河水对河涌进行冲刷，提高河涌水的自净能力，缓解河涌水质污染状况。引水冲污过程主要通过河闸和抽水泵房等水利枢纽工程来实现，让上游清洁的外江水源往下游流动，形成"换水"。在有条件的地方，用含磷和氮浓度低的水注入湖泊，起到稀释营养物质浓度的作用。由于稀释作用，湖水营养物质浓度降低，减少了藻类生长的营养物质供给源，蓝藻、绿藻生长受到限制，对控制水华现象，提高水体透明度都有一定作用。引水冲污是一种切实可行的治理河流污染的有效措施。引清洁的外江水稀释，可以迅速地消除河流的黑臭，改善水质污染状况，同时也可以降低流到外江的污染带造成的局部污染。苏州市相城区位于引江济太工程的重点影响区域,通过引入长江水使相城区河网水质得到改善,在望虞河引水期间,水质基本可达Ⅲ类。引水冲污改善河涌水质在我国福州、中山等城市也得到应用。引水冲污工程量大,必须制定切实可行的实施方案,根据污水水质情况计算出引水规模是关键技术。

采用引水冲洗的方法治理富营养化水体简便且见效快,但是水体内的氮、磷营养物的绝对量并没有减少,而且成本也很可观,许多水资源紧缺的地方根本无法采用。因此该方法对治理小型水体有较好的效果,但对于大型水体,由于投资大无法实现长期的引水冲洗,而短期引水治理效果不明显,引水稀释会导致引水水域和引入水水域生态体系发生变化。因此,利用引水冲污改善水质,恢复河涌生态的同时,必须考虑当地经济承受能力,使经济、生态环境、社会效益相结合,发展与环境相协调。

(4) 强化絮凝技术　是指在一级处理工艺基础上,通过投加化学絮凝剂等强化措施去除污水中各种污染物,它可在短时间内以较少的投资和较低的运行费用大幅度削减污染负荷,缓解河流或湖泊水环境污染问题,可用于含大量悬浮物、藻类水的处理。

我国作为纳污河道的强化絮凝技术在广东东莞运河上有一个应用工程案例,处理规模达到 $260 \times 10^4 m^3/d$。城市附近的纳污河流的治理往往需要投入大量费用。强化絮凝工艺具有适应天然河道水力及污染物负荷变化大的特点,特别是去除磷与COD污染物的效果更明显。因此,暂时利用这些纳污河道进行人工强化絮凝净化处理,尤其是枯水期在其上游构筑简易强化絮凝净化处理设施,或在下游修建小型强化絮凝处理厂作为水环境污染治理的应急工程,这对于缓解由于治理资金严重不足而无法开展治理区域性水环境污染的困难局面具有十分重要的意义。但基建费用和药剂成本较高,沉淀的污泥会伴生二次污染,通常协同其他工艺作为景观水的预处理措施。

(5) 投加菌剂法　水体中污染物的降解主要依靠微生物的降解作用,当水体污染严重而又缺乏有效微生物作用时,投加微生物以促进有机污染物降解,这种技术也称为微生物强化技术。用于微生物强化的微生物应符合以下条件:①不含病原菌等有害微生物;②不对其他生物产生危害;③能适应水体的环境特点。适合于水体净化的微生物主要有硝化菌、有机污染物高效降解菌和光合细菌。对比传统的处理工艺,利用基因工程菌对水体生物进行修复具有处理费用低、操作简便、二次污染小、生态综合效益明显、处理效果显著等特点。20世纪80年代起,美国、日本等国相继推出基因工程菌技术,并研究其对污染水体和土壤的净化促进作用。最开始的设想是萌发于污水处理所需基因工程菌的研制,当时为各种工业废水开发出的一系列菌种样品被一些国外的推销商带入到国内。后来这种技术被推广到受污染的地表水体和土壤的净化过程。采用投菌方法改善自然环境的工程在国外比较常见。例如,在日本和澳大利亚等国家,均有成功应用的实例。目前的投菌净化技术均作为一种水质改善的应急措施,在短时间内发挥净化功效,改善水质。因菌剂中的菌株不能在所投加的地表水环境,特别是有流动的河道内形成优势菌,为保持其净化效果的延续,需要经常性的投加生物菌剂,其应用成本较高。微生物制剂技术的主要缺点是高效微生物的选育需要较长的时间;净化效果持续时间短,受温度影响较大等。然而现代生物技术的进步,必将为未来开发出用于河流、湖泊等地表水体水质改善的低成本且高效的生物菌剂。

(6) 生物控藻技术　是利用藻类的天敌及其产生的生长抑制物质对藻类的生长、繁殖进行抑制,从而控制藻类数量、防治富营养化带来的危害。在大型富营养化湖泊中,物理方法和化学方法常受到成本和环境安全性问题等诸多方面的限制,作为对中小型河道藻水华治理的技术方面看,物理方法如机械除藻的应急措施也是可以选用的,而对环境相对友好的生物控藻技术则可以应用于湖泊、河流,目前该技术受到越来越多的关注。利用生物控藻主要有两个方面,一个是利用滤食性生物控制藻类生长,另一个是利用杀藻微生物来控制藻类生长。杀藻微生物有溶藻菌、噬藻体等，其中溶藻菌的除藻潜力较大，国内外有不少关于细菌直接溶解藻类以及细菌分泌物抑制藻类生长的报道。溶藻菌一般从湖泊水体直接分离，具有很好的生态安全性，它们适合在水华发生初期使用，在短期内即可达到控制藻类生物量或阻止藻类大量增殖的效果。

(7) 人工生物浮床技术　是按照自然界自身规律，人工把高等水生植物或改良的陆生植物，以浮床作为载体，种植到富营养化水体的水面，通过植物根部的吸收、吸附作用和物种竞争相克机理，削减富营养化水体中的氮、磷及有机物质，从而达到净化水质的效果，同时又可营造水上景观。人工生物浮床上的植物都使用无土栽培技术，因此作为浮床的基材必须质轻和有一定的机械强度，同时还要保证能承载浮床上的植物根系能深入水下，正常生长。生物浮床具有可移动式运行，无动力、无维护，使用寿命长等特点，为满足景观要求，可以将浮床制成不同的形状。采用该技术可将原来只能在陆地种植的草本陆生植物种植到自然水域水面，并能取得与陆地种植相仿甚至更高的收获量与景观效果。目前已用于或可用于人工生物浮床净化水体的植物主要有美人蕉、芦苇、荻、多花黑麦草、水稻、香根草、牛筋草、香蒲、菖蒲、石菖蒲、水浮莲、海芋、风眼莲、土大黄、水芹菜、旱伞草、灯心草等。

生物浮床技术治理富营养化水体的机理研究尚不够深入，一般认为该技术原理是：利用植物在生长过程中对水体中 N、P 等元素的吸收及植物发达根系和浮床基质对水体中悬浮物的吸附，富集水体中有害物质，利用植物根系释出大量能降解有机物的分泌物，加速有机污染物分解；一些植物还能分泌化学克生物质，抑制浮游植物生长。随着部分水质指标改善，尤其是溶解氧大幅增加，为好氧微生物繁殖创造了条件。通过微生物对有机污染物、营养物的进一步分解，使水质得到进一步改善，最终通过收获植物体形式，将 N、P 及吸附积累在植物体内和根系表面的污染物完全迁出水体，使水体中的污染物大幅减少，水质改善，为水生生物，特别是沉水植物生存、繁衍创造生态环境条件，为最终修复水生态系统提供可能。

20 世纪 80 年代末以来，为了改善水库、湖泊、饮用水源地的水质，日本、欧美等发达国家采用了植物生物浮床技术治理水域，达到了净化水质的目的，而且改善了区域景观。日本在琵琶湖、霞浦、诹访湖等有名的湖泊和许多水库以及公园的池塘等各种水域都采用了生态浮床净化技术。植物浮床技术在我国已有了小范围的实际应用。自 1991 年以来，我国利用生态浮床技术在大型水库、湖泊、河道、运河等不同水域，成功地种植了 46 个科的 130 多种陆生植物，累积面积 10 余公顷。其中大面积单季水稻每公顷产量在 8.5t 以上，最高可达 10t；美人蕉、旱伞草等花卉比在陆地种植取得了更好的群体和景观效果。人工生物浮床因具有净化水质、创造生物的生息空间、改善景观及有一定的经济效益（浮床栽培植物可以作为蔬菜、饲料、工业原料等）等综合功能，在难以恢复岸边水生植物带的河流、湖泊或池塘等富营养化水域应具有广泛的应用前景。

(8) 稳定塘技术　是一种利用细菌和藻类等微生物的共同作用处理污水的自然生物处理技术，亦可用于污染河水的处理。生态稳定塘是以太阳能为初始能源，通过在塘中种植水生植物，进行水产和水禽养殖，形成人工生态系统。在太阳能（日光辐射提供能量）的推动下，通过生态稳定塘中多条食物链的物质迁移、转化和能量的逐级传递、转化，将进入塘中污水中的有机污染物进行降解和转化，最后不仅去除了污染物，而且以水生作物、水产的形式作为资源回收再用，使污水处理和利用结合起来，实现了污水处理资源化。虽然生态塘占地面积大，但与传统的生物法相比，生态稳定塘处理方法具有投资少、运行费用低、运行管理简单的优点。生态稳定塘对水质起净化作用的生物包括：细菌、藻类、微型动物、水生植物和其他动物，其中细菌和藻类起主要作用。人工生态系统利用种植水生植物、养鱼、养鸭等形成多条食物链。只有对生态稳定塘系统中的各种生物种群进行合理分配和组合，才能使污水中的能量得以高效应用，使有机污染物在食物链中得以充分转化，从而得以有效地降解、同化和去除。利用大型水生植物进行污水处理的水生植物塘多种多样，主要包括：以挺水植物为主的芦苇塘，以浮水植物为主的凤眼莲塘、浮萍塘，以挺水植物为主的藻类植物塘等。普通的生物稳定塘出水中往往含有过多藻类，因此会造成二次污染，因此将生物塘和水生植物塘组合起来，利用芦苇塘去除 BOD_5、氮、磷，利用凤眼莲、浮萍、红萍分泌的克藻物质，抑制藻类的生长，从而使 BOD_5、TSS、氮、磷等污染物去除效率较高，藻类数量明显减少。

目前生态稳定塘系统在西方发达国家及阿拉伯国家得到了较好的发展。埃及苏伊士塘出水水质符合国际卫生组织对非严格限制的农业用水的要求。德国 Hattingrn 污水处理厂采用生态氧化塘作为主体处理单元，其出水水质不仅达到德国生活污水排放标准，出水的 BOD_5、COD 和氨氮还优于排放标准。过去我国 20 多年中进行了多处生态塘的设计、建造和运行试验，如在黑龙江的齐齐哈尔市、安达市、山东胶州市、东营市和广东番禺市等，都取得了比较成功的结果。

用于河水处理的稳定塘可以利用河边的地构建，对于中小河流，还可以直接在河道上筑坝拦水，这时的稳定塘称为河道滞留塘。河道滞留塘在国外已有应用实例，一条河流可以构建一级或者多级滞留塘。将生态稳定塘用于河流污染治理，可望得到以下效果：①延长河水滞留时间，截留、降解污染物，减少河流污染物总量和浓度；②构建微型塘生态系统，增进整个河流生态系统的稳定；③如能人为控制稳定塘进出水，可用塘对河水水量进行季节上的再分配。我国的何争光等于 2002 年研究了采用稳定塘替代建设大型污水处理厂来治理双泊河污染，研究表明：该技术可使双泊河水中 COD 总量降低 60%，不仅达到了目前对 COD 总量的控制目标，而且节省了资金、缩短了建设周期。

（9）人工湿地技术　由人工建造类似沼泽地的地面，它利用自然生态系统中的物理、化学和生物的三重协同作用来实现对污水的净化。人工湿地污水处理系统是目前世界最廉价的低投资、低能耗、行之有效的污水处理与利用的系统工程，是在长期应用天然湿地净化功能基础上发展的水净化资源化生态工程处理技术，脱氮除磷效果明显，可作为污水二级处理的替代技术。国外人工湿地污水处理系统的应用始于 20 世纪 70 年代初，目前，美国和加拿大已有 300 多个人工湿地污水处理系统，欧洲有 500 多个，其规模小至 $40m^2$，大至 1000 多公顷。我国自"六五"开始开展了人工湿地小试、中试到实用规模的试验，取得了人工湿地工艺特征、技术要点及工程参数等研究成果。人工湿地污水处理系统已被大量用来处理生活污水和工业废水，还被应用于处理矿山废水、农业废水、垃圾填埋场渗滤液、高速公路暴雨径流。它在河流和富营养化湖水的污染治理和生态恢复中的作用逐渐受到重视，已得到越来越多的应用。

人工湿地系统由土壤和填料（如砾石等）混合组成填料床，废水可以在床体的填料缝隙中流动，或在床体的表面流动，并在床的表面种植具有处理性能好、成活率高、抗水性能强、成长周期长、美观及具有经济价值的水生植物（如芦苇、茳芏等），形成一个独特的生态环境，对污水进行处理。可溶性有机物则通过植物根系生物膜的吸附、吸收及生物代谢降解过程而被分解去除。依靠微生物的氨化、硝化和反硝化作用可完成对氮的去除。人工湿地对磷的去除是通过植物的吸收、微生物的积累及湿地床的物理化学等几方面共同作用完成的。湿地中的水生植物包括挺水、浮水和沉水植物。目前人工湿地多为挺水植物系统，挺水植物在人工湿地中起到固定床体表面、提供良好过滤条件、防止淤泥堵塞、冬季运行支撑冰面等作用。常用的挺水植物有芦苇、菖蒲、灯心草等；浮水植物有凤眼莲、水浮莲和浮萍等。人工湿地中的植物栽种日益倾向于选择具有地区特色及对污染物有吸收、代谢及积累作用的品种。

（10）生物接触氧化工艺　是指在河流或沟渠内直接填充微生物载体填料，使河水中的污染物质通过和填料的接触沉淀、吸附去除，同时，由其表面形成的细菌、藻类、原生动物及轮虫类、贫毛类等微小后生动物所构成的生物膜对污染物进行生物净化作用。其中，作为生物载体的填料类型的选择是非常重要的。填料类型直接影响到净化效果，而且其费用在基建投资中占有相当的比重，影响其经济性。填料的选择一般从生物膜的附着性、水力学特性、经济性等三个方面考虑。

作为河道直接净化方式中的生物接触氧化技术的工程应用，在日本的研究与应用实例较多，如日本千叶柏市、四万十川等，其处理对象主要为城镇排放的生活污水、农业面源排水。当受污染河流水中有机污染物、氮、磷等的污染负荷相对较高时，基本上都采用了曝气充氧措施。从净化效果看，生物填料充填法净化方式整体上能有效改善河道内的水质状况，尤其对有机污染物水质指标的净化作用明显，且夏季明显比冬季净化效果好。其中日本的"自然循环方式污水处理技术（四万十川）"净化效果是最好的。该技术属于生物接触氧化方法，不使用任何化学药品，净化水可以保持天然水体的原有纯净程度。以适当加工的废木材、木炭、石块等天然材料作为填充过滤净化材料，通过科学的组合，富集优势微生物生态群落，令该项技术在运行能耗、除磷、脱氮等方面明显优于传统生物法污水处理技术。该技术适用于处理生活污水、受污染河流水质改善、农业面源污染控制等。在日本"四万十川"流域，先后建设了十三处这样的设施，作为天然水体修复的"四万十川"，至今仍保持着清澈良好的水质与原有的基本风貌。

11.6.3　受污染地表水源水净化原理与技术

以地表水为水源的饮用水常规处理技术是：

原水（地面水）→调节池→混凝→沉淀→过滤→加氯消毒→饮用水

混凝是向原水中投加混凝剂，使水中难于自然沉淀分离的悬浮物和胶体颗粒相互聚合，形成大颗粒絮体（俗称矾花）。沉淀使将混凝形成的大颗粒絮体通过重力沉降作用从水中分离。澄清则是把混凝与沉淀两个过程集中在同一个处理构筑物中进行。过滤是利用颗粒状滤料（如石英砂等）截留经过沉淀后水中残留的颗粒物，进一步去除水中的杂质，降低水的浑浊度。消毒是饮用水处理的最后一步，向水中加入消毒剂（一般用液氯）来灭活水中的病原微生物。饮用水常规处理技术及其工艺在20世纪初期就已形成雏形，并在饮用水处理的实践中不断得以完善。饮用水常规处理工艺的主要去除对象是水源水中的悬浮物、胶体物和病原微生物等。由这些技术所组成的饮用水常规处理工艺目前仍为世界上大多数水厂所采用，在我国目前95%以上的自来水厂都是采用常规处理工艺，因此常规处理工艺是饮用水处理系统的主要工艺。

混凝、澄清工艺主要去除水中悬浮物和胶体物质，该过程对水中难溶物和胶态有机物等去除率很高，但对溶解性有机物去除率却很低，难以有效地降低水中有机物污染。常规净水工艺系统只适用于一般较清洁原水的处理，如果水源水被污染，则处理效果很不理想，不能达到水质安全保障的要求。随着水污染的普遍和严重，许多地表水源的水质日益恶化，在国内尤以有机物和氨氮的污染最为突出和常见；而随着人们生活水平的不断提高，对饮用水水质标准提出了更加严格的要求，因此传统的常规净水工艺系统很难适应从污染的原水中除去有害人体健康的污染物（如氨氮、藻类等易造成水异臭味的物质、消毒副产物的前驱物、人工合成有机物等），不能给人们提供安全、可靠的饮用水。迫切需要研究开发高效、经济及方便可行的除污染新工艺，其中生物预处理、臭氧氧化（参见第11章）、活性炭过滤或吸附、臭氧-生物活性炭深度处理、膜处理（参加第12章）是目前应用和研究较多的技术。

饮用水生物预处理是指在常规净水工艺前增设生物处理工艺，借助微生物的新陈代谢活动，对水中的氨氮、有机污染物、亚硝酸盐氮、铁、锰等污染物进行初步的去除，以减轻常规处理和深度处理的负荷，通过综合发挥生物预处理和后续处理的物理、生物、化学的作用，提高和改善出水水质。同济大学从 1979 年开始，在我国首先开展了微污染原水的生物预处理，取得了多项重要科研成果。清华大学和中南市政设计院等单位也取得了许多研究成果。1991 年在宁波梅林水厂建成了我国第一座使用国产弹性填料预处理微污染原水的生物接触氧化池。生物处理工艺与物理/化学工艺相比，具有一些明显的优势：①生物处理工艺的处理工程实际是水体天然净化工程的人工化，不产生二次污染；②通过降解可生物降解有机物使出水的稳定性提高，降低输水管网中菌群再次生长的可能性，在提高饮用水安全性的同时，间接减少了对管网的腐蚀；③对痕量有机物有一定的去除作用；④通过降解可生物降解有机物，并通过氧化氨氮等物化处理方法无能为力的耗氯物质，减少了作为消毒剂的液氯的消耗，从而降低了消毒副产物的水平和饮用水的致突变性；⑤对铁、锰等去除作用比较好；⑥生物处理可以通过改变 Zeta 电位，改进有机物的混凝性能，减少了混凝剂的消耗，适合我国国情。生物处理由于运转费用低、运行管理方便、去除效果好等一系列优点，引起了国内外的广泛重视和关注。微污染水源水的生物处理大多采用生物膜法，我国目前应用和研究较多的是生物接触氧化工艺和生物陶粒滤池。生物接触氧化法作为微污染水的预处理工艺，是一种介于活性污泥法和生物滤池之间的生物膜法工艺，最早是在 20 世纪 70 年代初由日本小岛贞男博士提出的，他的"蜂窝管式接触氧化"装置，在玉川水厂的富营养化微污染水的处理应用研究中，取得了较好的效果。同济大学和中南市政院在国内较早开展了水源水生物接触氧化处理技术的研究，并开始应用于生产实践，如设计工程规模分别为 40 万立方米/d 和 400 万立方米/d 的宁波市梅林水厂和东深供水工程。上海市北自来水公司完成了规模为 400 万立方米/d 的受污染黄浦江原水的生物预处理系统设计和工程建设。生物接触氧化法的主要优点是：处理能力大，对冲击负荷有较强的适应性，生成污泥量少，易于维护管理，但缺点是：填料间水流缓慢，水力冲刷小，生物膜更新速度慢，膜活性不高，有些填料如蜂窝管式填料易引起堵塞，而且布水布气不易达到均匀，另外填料价格较贵加上填料的支承结构，投资费用较高。生物接触氧化工艺在水温高于 5℃ 时对氨氮和 COD_{Mn} 去除效果较为理想。在我国，生物接触氧化工艺仅在南方地区才有生产性的处理微污染水源水的应用。

生物陶粒滤池是国内在源水生物预处理中研究最为广泛的曝气生物滤池工艺形式。其结构形式与普通快滤池相似，滤池主体分为配水系统、布气系统、承托层、陶粒填料层、冲洗排水系统等五部分。生物陶粒滤池以陶粒作为滤料，陶粒的表面粗糙，具有一定的内部孔隙，比表面积大，适合于微生物的附着、固定和生长，而且陶粒的密度适中，强度高，耐摩擦，无毒性，价格适中，是理想的生物载体。生物陶粒滤池的独到之处在于，它既可以采用下向流又可以采用上向流的运行方式。当采用下向流时由于受底部曝气的影响，它对增大滤速有一定的限制，实际应用中滤速难以超过 6m/h。采用上向流方式则可获得较高的滤速。但是当原水浊度及悬浮物浓度较高时易堵塞配水系统而导致配水不均匀，给运行管理带来严重后果。然而，虽然国内对其进行了广泛的研究，但是由于各种原因，目前真正投入生产性使用的生物陶粒滤池在国内仍然很少，该工艺还存在许多关键性的技术需要进行进一步的深入探讨，特别是对于该工艺长期低温运行的稳定性、滤池的反冲洗控制等问题尚缺乏切实深入的研究。

活性炭是以碳元素为骨架的多孔物质，它的表面对某些气体、液体中的成分有较大的吸附能力，活性炭多孔介质吸附工艺可有效地去除色度、浊度和有机污染物。活性炭有粉末活性炭（powered activated carbon，简称 PAC）和颗粒活性炭（granular activated carbon，简称 GAC）两种。由于 PAC 对水中微量有机污染物具有优良的吸附特性使其成为去除饮用水中色、臭、味和其他有机物的有效方法。PAC 的主要优点是：吸附速度快，而且可根据水质决定是否选用 PAC 或根据污染物类型随时更换炭种。然而，由于 PAC 吸附工艺长期运行成本较高，在我国的自来水厂不能日常运行，仅是临时投加用于去除原水中的强烈的臭味或色度。对于突发性污染，采用临时投加 PAC 的方法具有相对投资较小、见效快的优点。PAC 去除有机物的效果受水的 pH 影响很大，降低水的 pH 可以显著提高 PAC 对有机物的去除效果。

颗粒活性炭（GAC）净化装置在美国、欧洲、日本等国陆续建成投产。美国以地面水为水源的水厂已有 90%以上采用了活性炭吸附工艺。目前世界上有成百座用颗粒炭吸附的水厂正在运行。单独使用颗粒活性炭吸附工艺进行源水处理时有一定的不足：无法有效去除源水的氨氮和亚硝酸氮、对源水的前处理要求高、容易饱和、再生困难以及活性炭上因微生物的生长使细菌出水浓度升高等。由于 GAC 去除有机物的寿命仅 3～6 个月，再生困难，更换价格昂贵，生物活性炭（biologically activated carbon，简称 BAC）技术应运而生。BAC 是以活性炭为载体，利用自然吸附生长的微生物，在水处理中同时发挥活性炭的物理吸附和微生物的生物降解作用，依靠长期通水自然形成的 BAC 菌种复杂，生物降解速率不高，通过投加高活性工程菌人工固化形成的 BAC 则具有高效、长效、运行稳定和出水无病原微生物等优点。生物活性炭技术利用微生物的氧化作用，可以增加水中溶解性有机物的去除效率，延长活性炭的再生周期，减少运行费用。水中的氨氮和亚硝酸盐氮还可以被生物转化为硝酸盐，从而减少了氯化的投氯量；降低了三卤甲烷的生成量。目前生物活性炭处理法被认为是饮用水处理中去除有机物的有效方法，在欧洲已得到普遍应用。

臭氧-生物活性炭深度处理技术，是集臭氧氧化、活性炭吸附、生物降解于一体，以去除污染的独特高效性成为当今世界各国饮用水深度处理技术的主流工艺。在欧美等国家臭氧氧化-生物活性炭深度处理技术已迅速从理论研究走向实际应用。我国的深圳、广州、嘉兴、昆明、常州等城市也都已经兴建臭氧-生物活性炭深度处理工程来提高自来水水质。臭氧活性炭采取先臭氧氧化后活性炭吸附，在活性炭吸附中又有生物氧化，这样可以扬长避短，充分发挥各自所长，克服各自所短，这一工艺可以使活性炭的吸附作用发挥得更好。目前国内水处理使用的活性炭能比较有效地去除小分子有机物，难以去除大分子有机物，而水中一般大分子有机物含量较高，所以活性炭孔的表面面积将得不到充分的利用。但在炭前投加臭氧后，一方面可使水中的大分子转化成小分子，改变其分子结构形态，提供了有机物进入较小孔隙的可能性，使大孔内与炭表面的有机物得到氧化分解，减轻了活性炭的负担，使活性炭可以充分吸附未被氧化的有机物，从而达到水质深度净化的目的。臭氧-活性炭深度处理技术对天然有机物有很高的去除效果，并能显著地去除致突变物，减少毒性物质的种类，对一些内分泌干扰物也能有效去除。

11.7　地下水污染及治理

11.7.1　地下水中的有机污染及治理

地下水是人类可以利用的最重要淡水资源之一，是许多国家和地区尤其是干旱、半干旱地区的重要水源。目前，美国人口总数的 50%以地下水作为饮用水，我国超过 70%的饮用水靠地下水供应，400 多个城市开采利用地下水，占总供水量的近 20%，在华北和西北的城市供水中地下水所占比例更高达 72%和 66%，在许多城市地下水几乎是唯一的供水水源。同时地下水是"三水"循环的重要因素，是维持生态平衡和社会可持续发展不可或缺的组成部分。

天然条件下，当含水层与含油地层或煤系地层有着密切的水力联系时，地下水便存在相应的有机污染质，且分布广，具有区域性污染的特点；当含水层与已被污染的河湖沼泽等地表水体有着密切的水力联系时，地下水中也会存在有机物质污染物。一般来说，绝大多数地区的地下水至少存在着痕量天然有机化合物。其中主要是腐殖酸，特别是在森林草原地区。尽管腐殖酸本身对地下水的污染并不突出，但它可导致和增加重金属以及其他有机物质在地下水中的活动性。由人类活动造成的地下水污染比较普遍，污染源多且分布广。例如，城市污水和工业废水的排放，城市垃圾填埋、石化产品的储存和运输过程中的泄漏，化肥、杀虫剂、除草剂等的施用等，其中事故性泄漏突发性最强，并具有一定隐蔽性，危险最大。随着社会的进步，人类活动导致的地下水污染日趋严重，逐渐成为水资源短缺的主要原因。特别是随着化学工业的快速发展，有机污染物种类逐年增加，并通过各种途径进入地下水，有机污染逐渐上升为地下水环境保护领域的首要问题。例如美国地下水污染调查中 44% 的水样含挥发性有机物（VOCs），38% 含有杀虫剂，28% 含有硝酸盐。虽然检测出 402 种污染物，但是其中 14 种占了 95%，它们是 7 种 VOCs，6 种杀虫剂和硝酸盐。可见地下水中的有机物污染已经相当地严重。在我国，据有关部门对 18 个城市 2～7 年的连续监测统计，约有 64% 和 33% 的城市地下水遭受了重度和轻度的污染，基本清洁的城市地下水只有 3%。

与无机污染相比，微量有机污染具有如下特征：①污染物种类繁多。有机化合物分子中碳原子的结合方式很多，结合的碳原子数可以从几个到上千个，而结合链或环上又有可能联结 H、O、N、S、P、X 等其他元素的原子，因此，有机化合物的数量极多，高达 700 万种以上，涉及范围也极广，存在于人类生活的各个方面。从理论上讲，这些化合物凡呈气态或液态，均有进入地下水系统的可能性。从污染物种类来看，各类有机化合物在地下水中均有发现，包括各种烃类、卤代物、醇、酚、醚、醛和酮等，其中最常出现的是氯代脂肪烃和单环芳香烃，尤以三氯乙烯、四氯乙烯、三氯甲烷（氯仿）以及苯、甲苯等检出率最高。在我国，地下水中石油碳氢化合物的污染是一个普遍存在的环境问题。②含量甚微。绝大多数有机化合物难溶于水，在地下水中的含量很低，定量分析十分困难，测试价格也比较昂贵。③毒害很大。许多有机污染物是有毒物质，甚至是致癌、致畸形、致突变物。它们在水中的溶解度虽然很低，但仍足以引起各种健康问题。④降解缓慢，中间产物复杂。有机化合物的反应多是分子之间的化学反应，不像无机化合物的离子反应那样可以比较迅速地完成，而且反应的过程复杂，反应路径不唯一，出现许多中间产物。有机污染物进入包气带和含水层之后，不仅其残留物可以维持数十乃至上百年，长期污染环境，而且其降解后的中间产物亦对环境具有污染，某些中间产物甚至可能比原污染物具有更大的毒性，如 DDT 降解的中间产物 DDE，其毒性比 DDT 更大。

早在 20 世纪 20～30 年代，国外就有学者从事地下水治理和修复的研究工作，国内研究起步较晚。综合国内外已有的研究，治理地下水有机污染的方法主要有：抽出处理法、注气-抽土壤气法、内在生物净化、生物修复法、原位反应墙法等。

抽出处理法是治理地下水有机污染的常规方法。该方法根据大多数有机物密度小而浮于地下水面附近的特点，抽取含水层中地下水面附近的地下水，从而把水中的有机污染物带回地表，然后用地表污水处理技术净化抽取出的水。为了防止大量抽水导致的地面沉降，或海水、咸水入侵，还得把处理后的水注入地下水中。生物反应器法是将地下水提抽到地面并用生物反应器加以处理的过程。其步骤如下：①将污染地下水抽提至地面；②在地面生物反应器内进行好氧降解，生物反应器在运转过程中要补充营养物和氧气；③处理后的地下水通过渗灌系统回灌到土壤内；④在回灌过程中加入营养物和已驯化的微生物，并注入氧气，使生物降解过程在土壤及地下水层内也得到加速进行。生物反应器法是一种有效的地下水生物修复技术。近年来，生物反应器的种类得到了较大发展。连泵式生物反应器、连续循环升流床反应器、泥浆生物反应器等在修复污染的地下水方面已初见成效。

注气-抽土壤气法是利用注气增加地下水中溶解氧气的含量来提高生物降解，以及增加地下水中气体分压来减少易挥发（气态）有机物的溶解度，接着用抽气来抽取气态有机污染物。它被认为是去除饱和土壤和地下水中可挥发有机化合物的最有效方法。该系统的基本运转程序是，利用垂直或水平井，用气泵将空气喷入水位以下，通过一系列的传质过程，使污染物从土壤孔隙和地下水中挥发进空气中。含有污染物的空气在浮力的作用下不断上升，到达地下水位以上的非饱和区域，通过土壤气相抽提系统进行处理从而达到去除污染物的目的。

内在生物净化是依靠天然微生物来降解已经排放到地下的污染物。在该方法中，不需要加入电子接受体、营养物质或其他材料（这些物质已天然存在）来激发天然微生物的降解性能。在许多情况下，这种内在生物净化作用是一种附加的常规治理技术。

地下水原位生物修复是利用微生物将危险性污染物现场降解为二氧化碳和水或转化为无害物质的工程技术，它既可以单独应用，也可以与其他技术配合应用。虽然地下环境中均含有可降解有机物的微生物，但在通常条件下，由于土壤深处及地下水中溶解氧不足、营养成分缺乏，致使微生物生长缓慢，从而导致微生物对有机污染的自然净化速度很慢。为达到迅速消除有机物污染，需要采用各种方法强化这一过程，其中最重要的就是提供氧或其他电子受体，此外必要时可添加 N、P 等营养元素、接种驯化高效微生物等，这就是生物修复的基本思想。地下水的原位生物修复是一项成本相对低廉的治理技术，而且实施后现场的降解生物群活性通常可保持几年以上，使生物修复具有持续效果。我国地下水有机污染十分严重且正快速恶化，却至今没有得到有效治理。因此原位生物修复是一个必然趋势，它不仅经济适用，而且效果显著，具有较好的应用前景。

原位反应墙法是近几年才兴起的新技术。反应墙是人工构筑的一座具有还原性的墙。在地下水治理中，沿垂直地下水流向设置一堵反应墙，当地下水流通过反应墙时，反应墙与污染水流中的有机污染物发生反应达到降解有机物的目的。在现场应用时，可采用墙体下游抽水或注水来控制地下水通过墙体的流速，使地下水中的有机污染物通过墙体时与墙体充分反应，达到彻底治理地下水的目的。另外，在原位反应墙法中，为了使地下水能优先通过反应墙，墙体的渗透性应大于周围地质体。世界上第一个也是最成功的地下水污染试验场——安大略省的 Borden 场址的持续数年现场试验证明这种方法是有效的。

目前大多数地下水有机污染的治理方法都停留在小型试验和中间性试验阶段，从整体上讲，研究仍不深入，对于许多有机物的迁移、转化或降解机制，甚至缺乏基本的了解。现场应用实例很少，已应用的成功率也不高。这可能主要归因于对场地水文地质和地球化学条件，尤其是地下水系统中存在的极为复杂的水-岩相互作用和有机-无机组分的相互作用的认识不足，或实验模拟时对各种条件的设定进行了某些不合理的简化，使实验和现场的应用研究结果有较大出入。另外，研究对象单一，一般是研究一种或一类有机污染物，而对多组分有机污染物的研究较少，也阻碍了已有技术的有效推广应用。虽然如此，近几年来，地下水有机污染的研究仍取得了一系列突破性进展，尤其在现场治理技术方面，以美国、加拿大等国学者为代表，相继涌现出许多实用有效的处理方法，展示出良好的发展前景。

11.7.2 地下水中的氟污染及治理

氟是地球上分布最广泛的元素之一，也是人体必需的微量元素。适量的氟对人体健康起着重要作用，当人体内氟含量过低时，会出现龋齿，但摄取过量的氟，不仅易引起氟斑牙和氟骨病，并且可引起人体器官、神经系统和细胞膜的损害。氟污染还可以使动、植物中毒，影响农牧业生产。自然状态下，土壤、海水、地面水、地下水都含氟。当地下水流经富氟岩矿，经过长年的理化作用，氟由固态迁移入地下水。一般地下水中氟的含量都不大于 1.0mg/L，但由于地理、环境、地质构造等因素的影响，使某些地区特别是矿区地下水含氟超标。氟是非金属中最活泼的元素，氧化能力很强，能与很多化学物质起反应。因此，氟是重要的化工原料，氟及氟化物家族几乎成了各行各业生产添加剂、制冷剂等的重要物质，用途较广，工业"三废"致使氟污染几乎遍布全球。中国是世界上饮水型地方性氟中毒流行最广、危害最严重的国家之一。高氟地下水在我国分布广泛，遍及 27 个省、市和自治区，全国各地约有 7700 万人饮用含氟量超标的水，其中近 500 万人的饮用水含氟量超过 5.0mg/L（我国生活饮用水的标准规定不能超过 1.0mg/L）。饮用高氟水人数较多的几个省区为河南、河北、安徽和内蒙古。随着对公共卫生和人类健康的重视，地方性氟中毒问题越来越受到人们的重视，国内外对如何处理含氟地下水进行了大量的研究。饮水除氟的方法较多，主要有：吸附法、沉淀法、电凝聚法、电渗析法、反渗透法、离子交换法等。

吸附是指含氟水通过接触床时通过离子交换或表面化学反应达到除氟的目的。吸附剂则通过再生来恢复交换能力。此种方法主要用于处理含氟量较低的废水，或经过处理后氟已降至 $15\sim30mg/L$ 的废水的深度处理，以及饮用水的深度处理。吸附法的除氟效率高低主要依赖于吸附材料的性能，常采用的吸附剂有氧化铝、活性氧化铝、活性炭、骨炭、稀土类金属络合物等。利用这些吸附剂可将含氟 10.0mg/L 以下的原水降至 1.0mg/L 以下，达到饮用水标准。沸石作为一种天然矿石，来源广泛，机械强度好，而且无毒无害。将其改性后用于饮用水除氟，具有很好的市场前景。吸附法技术操作简单，吸附剂廉价易得，是目前我国应用最广泛的一种饮用水除氟技术。但是这种技术也存在一些缺陷：吸附过程对 pH 的依赖性很高；硫酸盐、磷酸盐、碳酸盐的存在与氟形成吸附竞争；吸附容量有限，需要进行预处理；吸附产生污泥的处理以及吸附剂的再生都是需要解决的难题。

沉淀法有化学沉淀法和混凝沉淀法，即投加物质形成氟化物沉淀，或者利用物质能与氟离子形成络合物沉淀而除氟的方法。化学沉淀法中最常用的是投加钙盐为沉淀剂，Ca^{2+} 与 F^- 生成 CaF 沉淀从而达到除氟的目的。此法优点是操作简单，处理成本低廉；但其除氟效果受氟化钙的溶解度大小限制，往往只能将水中的氟浓度降低到 $8\sim10mg/L$ 的水平，且产生的污泥量大，污泥中的氟由于含水率高而难以回收利用。化学沉淀法仅适用于含氟量高的废水处理或者在饮用水处理中作为除氟的第一道工序，其后要辅以吸附、膜分离等工艺来达到良好的除氟效果。

混凝沉降法的基本原理是在含氟废水中加入混凝剂，并用碱调到适当 pH 值，使其形成氢氧化物胶体吸附氟。该法常用的混凝剂有无机混凝剂和有机混凝剂两类。无机混凝剂主要是铝盐和铁盐，但由于铝盐和铁盐混凝沉淀的除氟效率与溶液的 pH、碱度、共存阴离子种类和浓度相关，并受搅拌条件和沉降时间等操作条件影响，所以除氟效果并不稳定。聚硅酸金属盐是一类新发展起来的无机高分子絮凝剂，可克服沉淀凝聚颗粒细小、沉淀慢、处理周期长的缺点，成为近年来国内外絮凝剂领域研究的一个热点。聚丙烯酰胺（PAM）是目前使用最广泛的有机混凝剂，在含氟废水的处理中加入聚丙烯酰胺，产生吸附、卷带和网捕作用，可加快混凝物的形成，进而加快沉淀速度，强化除氟效果。混凝沉降法一般只适用于处理含氟较低的废水，在强酸性高氟废水处理中，混凝沉降法常与中和沉淀法配合使用。

电凝聚法是指用电化学方法在电凝聚装置内直接产生铁或铝的氢氧化物絮体，通过絮凝、沉淀和过滤等过程去除氟。该法设备简单且无污染，但只能处理低浓度的含氟水，耗电量大。目前应用较多的是双极性铝电极法除氟。双极性铝电极法中铝电极上能同时存在阴极反应和阳极反应，从而增加了阳极有效面积并缩短反应时间。电絮凝法具有设备简单、操作方便、处理过程中不需要添加任何化学药剂且生成的沉淀物含水率低等优点。这种方法适于广大农村地区分散式除氟。

电渗析法是在离子交换膜的两端施加直流电场，使带负电的氟离子和带正电的离子分别通过阴、阳离子交换膜向阳极和阴极方向迁移而除氟的一种方法。利用电渗析除氟效果良好，不用投加药剂，除氟的同时还可以降低高氟水的含盐总量。该法降氟效率高，操作简单，通过膜的选择可以控制各种 pH 下的氟浓度。缺点是设备投资大，除氟的同时也除去了部分对人体有益的矿物质。电渗析法适用于原水含盐量 500～4000mg/L 时的苦咸水除氟，因此常用于我国西北、河南、山东等地苦咸水地区的集中饮水除氟工程。

反渗透法除氟是一个物理转移过程，它是借助于比渗透压更高的压力，改变自然方向以把浓溶液的溶剂压向半透膜稀溶液一边，从而达到物质分离的目的。反渗透法除氟的去除率能达到 90% 以上，并且能同时去除水中其他无机污染物。pH、进水成分、流速和操作压力都影响膜除氟效率，研究表明，最佳 pH 条件为 7，操作压力越高，氟去除率越高，但高操作压力同时带来能耗高，成本增加的问题。反渗透除氟不仅能有效去除饮用水中的氟及盐，还能对水中的细菌进行分离控制，不存在二次污染，适宜于苦咸高氟水地区的饮用水除氟，缺点是膜的价格昂贵，阻碍了其广泛的应用。

离子交换法是将含氟废水通过装有交换剂的装置，氟离子与交换剂上的离子或原子团发生交换，从而将氟离子从水中去除。离子交换法常用的交换剂是阴离子交换树脂，可将氟降至 1mg/L 以下，但由于地下水含有其他阴离子，影响脱氟效果。因此，对于地下水而言，阴离子交换树脂对氟的选择吸附交换能力较低，一般 1kg 树脂的交换容量约为 1g 氟。

目前饮水除氟研究的趋势是除对已有的经典方法进行改进外，更注重研究使用方便、除氟效果好、性能稳定新的除氟材料与技术。以上各种方法没有一种适合在各种经济状况、不同类型地区的普遍通用方法，各有优缺点。各地在选用饮水理化除氟时，充分考虑当地的经济、技术、水质等诸多因素。

11.7.3　地下水中的砷污染及治理

砷在环境化学中是有毒的类金属元素。饮用水中的砷进入人体后可以蓄积，侵犯身体的多个生理系统，引发多种疾病。长期饮用高砷水，会引起花皮病或皮肤角质化等皮肤病，黑脚病，神经病，血管损伤，以及增加心脏病发病。近年来，大量的流行病学调查显示：砷可能致人群皮肤癌、膀胱癌与肺癌等多种癌症，所以砷已被国际癌症组织确定为人类致癌物，许多国家把水中的砷列为优先控制的污染物之一。砷在自然界的分布极为广泛，存在于地壳、土壤、海水、河水、大气及食物中。关于饮用被砷污染的水而导致中毒的事件在世界各地时有报道，主要发生在亚洲的印度、中国、孟加拉国、越南、泰国、南美的阿根廷、智利、巴西、墨西哥，欧洲的德国、西班牙、英国，以及北美的加拿大和美国。仅亚洲地区，受地下水砷污染影响的人口就超过 5000 万。孟加拉湾三角洲地区是世界上地下水砷污染最严重的区域，大约 3600 万的人口受到危害。我国已发现饮水型地方性砷病病区或高砷区有 13 个省区，内蒙古、山西、贵州、台湾等皆发现有砷中毒病例。然而，地表水的砷含量相对较低，很少超过 5μg/L，饮用水中砷含量超标现象往往发生在地下水中。按照 WHO 的水砷标准，中国砷中毒危害病区的暴露人口高达 1500 万之多。天然地下水中的砷一般源于岩石、土壤中含砷矿物的溶解，而冶金、化工、制革、纺织等含砷工业废水的排放、含砷药剂的使用等人为活动使得某些地区地下水中砷的含量急剧增高。砷对环境的污染一旦形成，将很难在环境中消除。

自然界中存在有机砷和无机砷。其中无机砷主要以三价砷 As(Ⅲ) 和五价砷 As(Ⅴ) 存在，具体存在形式取决于水体的氧化还原电位和 pH。有机砷和无机砷在一定条件下可以相互转化。砷在氧化环境中以 As(Ⅴ) 为主，在还原环境中以 As(Ⅲ) 为主。砷的化合物形式与价态在砷的毒性表达方面起着重要的作用。砷单质几乎无毒，而俗称砒霜的三氧化二砷（As_2O_3）则有剧毒。以亚砷酸盐类存在的 As(Ⅲ) 比以砷酸盐形式存在的 As(Ⅴ) 的毒性要高出 60 倍。地下水普遍处于还原态，在还原条件下，铁的氢氧化物溶解，释放吸附的砷。地下水中的砷应该主要来源于铁的氢氧化物和含砷矿物还原溶解释放出的砷。在地下水中，砷以溶解态和颗粒态砷两种形式存在。溶解砷主要是砷酸盐和亚砷酸盐，还有少量的甲基化的砷化合物。地下水砷污染对人类健康造成的危害已经引起人们的广泛关注，也是目前一个主要的公共健康问题。饮水除砷是防治地方性砷中毒的关键措施。饮水除砷的方法较多，主要有：化学沉淀法、吸附法、氧化法、离子交换法、生物法等。

化学沉淀法利用可溶性的砷能和许多金属离子形成难溶化合物。常以钙、铁、镁、铝盐及硫化物等作为沉淀剂，再经过滤后即可除去水中的砷。化学沉淀法按沉淀剂不同，分为钙盐沉淀法、铁盐沉淀法、镁盐沉淀法、磷酸盐沉淀法、硫化物沉淀法等。常用的钙盐沉淀剂有氧化钙、氢氧化钙、过氧化钙、电石渣等。钙盐沉淀法处理成本低、工艺简单。但是由于钙盐的溶解度较大，必须使钙的浓度远远过量，砷的浓度才能降至较低水平。铁盐沉淀法也是常用的除砷方法，常用的铁盐有氯化铁，铁盐对 As(V) 远比对 As(III) 的去除效果大，铁盐浓度的增加有利于 As(V) 的去除，但对 As(III) 的去除效果影响不大。由于亚砷酸盐的溶解度一般比砷酸盐的溶解度要高得多，不利于沉淀反应完全，所以一般都需将三价砷氧化成五价砷以利于去除。

吸附也是一种十分有效，且适用范围最为广泛的饮用水除砷手段，同时不会产生大量含砷泥渣。吸附法是一种较为成熟且简单易行的废水处理技术，特别适用于量大而浓度较低的水处理体系。该法是以具有高比表面积、不溶性的固体材料作吸附剂，通过物理吸附、化学吸附等作用将水中的溶解性砷固定在自身的表面上，从而达到除砷的目的。常见的吸附剂有铁铝氧化物、活性炭、功能树脂、稀土元素以及各种天然矿物等，吸附法效果可靠。活性氧化铝曾经是应用最为广泛的除砷吸附材料，但活性氧化铝具有：适用 pH 偏酸性、吸附容量低、再生频繁、铝溶出较高等缺陷。近年来有关活性氧化铝替代材料的研究比较活跃，其中稀土、铁等多价金属氧化物及其盐类因为其对水中的等阴离子具有较强的亲和力而引起重视。为了降低成本，将稀土盐类或稀土氧化物直接浸渍在多孔载体上，也可用来吸附去除砷。在吸附除砷方法中，复合材料与改性材料除砷效率高，处理费用低，目前最具有市场应用前景。虽然吸附法能够除砷，并且可以获得较满意的效果，但其也存在许多尚待解决的问题，如大多数吸附剂只能有效地吸附 As(V)，对 As(III) 却不能有效地脱除。因此，对 As(III) 的处理须先将其进行预氧化，这样就使得处理除砷工艺变得复杂。另外，吸附法还有一些不理想之处，如作用时间长、需大量的吸附剂（为提高吸附率）、处理效率低、吸附剂再生困难、后续处理费用高等问题也不好解决。

离子交换对 As(V) 具有较好的去除效果，而 As(III) 由于以中性分子的形式存在于水体中，通常比较容易穿透离子交换柱。离子交换对 As(V) 的去除能力主要取决于树脂中相邻电荷的空间距离、官能团的流动性、伸展性以及亲水性。离子交换除砷技术适合于较为洁净、背景离子强度较小的水体。离子交换法除砷成本高，易受干扰，适用于组成单纯、回收价值大的水溶液体系，在饮水处理的应用上研究较少。

氧化沉淀法主要用于饮用水的前处理，将 As(III) 氧化为 As(V)，以进行后续处理。空气氧化与化学氧化相比，不会引入新的化学药品，相对安全。$KMnO_4$、O_3、Cl_2、ClO_2、MnO_2 等都能氧化水中的 As(III)。零价铁氧化吸附同步新技术是近年来最具前景的除砷技术，零价铁（Fe^0）易于取得、价格低廉且无毒无害，它将 As(III) 的氧化和吸附相结合，其去除流程大大地缩短，尤其适合于广大的发展中国家，特别是边远的农村地区。

尽管传统的物理化学方法除砷率很高，但是这些方法需要加入化学试剂用于氧化三价砷，且受 pH 影响较大。生物氧化法无需加入任何化学试剂，操作费用低且利于环保。近年来，还有学者研究了用生物处理法来去除砷。有调查研究表明，生物氧化对去除铁和锰非常有效，当地下水中同时存在砷的时候，砷也可以被有效去除。其中，As(III) 被氧化为 As(V)，在微生物、铁氧化物构成的混合物的吸附作用下去除。避免了用化学氧化剂氧化三价砷，而更具经济性和环境安全性。

生物法利用某些微生物或植物对砷的吸收、蓄积或转化来降低砷超标饮用水中砷的浓度。生物不但能富集、浓缩砷，而且能将其甲基化。水体中的砷主要是无机砷，由于甲基化的砷如甲基砷、二甲基砷、三甲基砷的毒性比无机砷低得多，所以生物对砷的富集是一个对砷降毒、脱毒的过程，如海水中的周氏扁藻可将砷甲基化。植物除砷带来了可行、廉价的地下水除砷技术的发展，适用于农村和边远地区。

11.7.4 地下水中的铁、锰污染及净化

铁、锰都是构成生物体的基本元素，但是铁、锰过量也会给人们的生活和生产带来很多不便和危害。从生理学上讲，人体摄入过量的锰，会造成相关器官的病变。日本东京郊区曾发生过居民饮用受锰的污染的井水而患病死亡的事件。锰对人体有慢性中毒现象，对锰矿工人的调查资料表明，他们患有类似于精神分裂症的强烈的精神障碍症。在生活方面，引起铁味、在白色织物及用具上留下黄斑、染黄卫生用具，严重的情形会使自来水变成"黄汤"。在工业上，当作为洗涤用水或生产原料时，会降低产品的光泽及颜色等质量，如纺织、印染、针织、造纸等行业。在管道方面会引起管壁上积累铁锰沉淀物而降低输水能力，沉淀物剥落下来时，会发生自来水在短期内变"黑水"或"黄汤"的问题，甚至堵塞水表和一些用水设备。当水中引起铁细菌大量繁殖时，情况更为严重。危害水处理过程，例如在滤料和离子交换树脂上面包一层铁锰沉淀物时就会影响正常的运行，在电渗析交换膜上发生沉淀时危害性尤其大。世界各国生活饮用水标准对于锰含量都有明确规定：铁、锰质量浓度之和为 $0.3mg/L$，锰的允许质量浓度为 $0.05mg/L$。我国饮用水标准规定：锰的允许质量浓度为 $0.1mg/L$。我国大部分地下水都含有过量的铁和锰，将给生活饮用水和工业用水带来很大危害严重影响其使用价值，必须去除。因此，地下水除铁除锰技术历来就是饮用水研究的一个重要方向，而锰难除一直是困扰工程界的问题，也是地下水除铁除锰技术所要解决的焦点问题。我国的地下水除铁除锰理论及应用先后经历了自然氧化法、接触氧化法、生物法 3 个发展阶段。

建国初期，我国缺乏地下水除铁除锰技术经验，主要采用从国外引进的自然氧化法。铁的常见化合价有 +2 和 +3 价，地下水的氧化还原电位比较低。pH 值在 6.0~7.5 之间，这种情况下铁一般是以 Fe^{2+} 的形式存在地下水中。铁的氧化还原电位比氧低，易于被空气中的氧所氧化，pH 值对 Fe^{2+} 的氧化速率有较大影响，在 pH 值 >5.5 的情况下，地下水的 pH 值每升高 1.0，二价铁的氧化速度就增大 100 倍。建国初期，我国大多采用自然氧化除铁工艺，其基本原理是曝气充氧后将亚铁氧化为三价铁，经反应沉淀之后，过滤将其去除。锰的氧化还原电位高于铁，Mn^{2+} 比 Fe^{2+} 难以氧化。仅靠曝气难以将地下水的 pH 值提高到自然氧化除锰所需的 pH>9.5，需投加碱（如石灰）以提高水中 pH 值，使工艺流程更加复杂，处理后的水 pH 值太高，需要酸化后才能正常使用，进一步增加了管理难度及运行费用。对于铁锰共存地下水（尤其铁含量较高时），锰的去除极有可能受到铁快速氧化的干扰，进一步增加了除锰难度。锰难除一直是困扰工程界的问题，也是地下水除铁除锰技术所要解决的焦点问题。实践表明，自然氧化法不适合我国供水设施建设资金有限的现实国情。

接触氧化法是目前我国地下水除铁最常用的技术。含铁锰地下水曝气后经滤池过滤，能使高价铁、锰的氢氧化物逐渐附着在滤料的表面上，形成铁质、锰质滤膜，使滤料成为黑色或暗色的"熟砂"。这种自然形成的熟砂的接触催化作用，能大大加快氧化速度。这种在熟砂接触催化作用下进行的氧化除铁除锰过程，称为曝气接触氧化法。接触氧化除铁地下水经过简单曝气后不需要絮凝、沉淀而直接进入滤池。在滤料表面催化剂的作用下，亚铁迅速地氧化为三价铁，并被滤层截留而去除。由于催化剂的作用，只要处理水的 pH 值高于 6.0，Fe^{2+} 就能顺利的氧化为 Fe^{3+}。我国绝大多数地下水 pH 值都是高于 6.0，Fe^{2+} 的氧化均能迅速完成，这样就可以简化曝气过程。曝气只需要向水中充氧即可。接触氧化除铁工艺的构筑

物较为简单，水力停留时间只需 5～30min 即可。

多年工程实践表明，接触氧化法中铁质活性滤膜对容易氧化的铁的去除非常有效，但在除锰方面则发现一些新问题。一方面，地下水一般为铁锰共存，为排除铁快速氧化对锰氧化的干扰，接触氧化法采用一级曝气过滤除铁，二级曝气过滤除锰的分级方法。工艺流程仍然比较复杂，运行费用也偏高。另一方面，锰难以在滤层中快速氧化为 MnO_2，而附着于滤料上形成锰质活性滤膜，除锰能力形成周期比较长，而且由于经常性反冲洗等外界因素的干扰，锰质滤膜有时根本不能形成，除锰效果更是呈现很不稳定的状态。载体的表面性能对氧化 Mn^{2+} 有重要影响，并且发现有机物对 Mn^{2+} 存在络合作用，对除锰的反应速度产生了阻滞作用。当地下水中有机物含量过高时，稳定的锰的络合物吸附在滤料的表面会造成接触氧化过程的受阻。此外，滤料表面形成活性滤膜是一个比较缓慢的过程。在过滤终期时，要控制好反冲洗强度，强度过大时，很容易将滤料表面的滤膜冲洗掉，这样势必造成过滤初期水质超标的现象。

生物法除锰是国内外近年来提出的除锰理论，该观点认为除锰滤池中锰的去除主要是滤层中铁细菌生物作用的结果。生物除锰理论还认为"黑砂表层的锰质活性滤膜并不仅仅是由锰的化合物所组成"而是锰的化合物和铁细菌的共生体，且活性滤膜是在微生物的诱导作用下形成的。Fe^{2+} 是维系生物滤层中微生物群系平衡与稳定的不可缺少的重要因素。若只含锰不含铁的原水长期进入生物滤层，就会破坏生物群系的平衡，滤层的除锰活性也就随之削弱而最终丧失。国外一些学者相继从不同角度对生物法进行了研究，在增强除锰效果及降低工程费用等方面取得了一些有价值的成果。

我国早在 20 世纪 90 年代张杰院士领导的研究队伍率先开展了地下水生物法除锰新技术的理论及应用研究，分别在沈阳李官卜、鞍山大赵台、抚顺开发区水厂等地进行了现场研究，并通过大量的微生物学试验，证明了滤池中铁细菌的高效生物除锰作用。他们研究发现，滤料表面附着有大量的微生物，这些微生物具有氧化锰的能力，称之为锰氧化细菌。而且，锰的去除量与滤池中锰氧化细菌的数量成正比。于是，在滤池中接种锰氧化细菌，经过培养，滤料成熟后，对锰有极好的去除效果，在此基础上，提出生物固锰除锰技术。在生物除锰滤层中，熟料表面是一个复杂的微生物生态系统，在该系统中存在着大量具有锰氧化能力的细菌，这个生态系统的存在与稳定对于滤料活性表面的存在与稳定是至关重要的。除锰滤层的活性就来自于附着在滤料表面上和铁泥中的锰氧化细菌的活性。这些细菌在载体上不断再生，不断地有新的吸附表面出现，从而使整个吸附氧化、再生，处于一种动态平衡。

2002 年我国首座大型生物除铁除锰水厂（沈阳开发区除铁除锰水厂）的成功运行及良好的处理效果证明了该技术的优越性，采用该技术可节省基建费用 3000 万元，年运行费用节省 20％。2004 年佳木斯江北水厂进行设计，日产水量 200000m³/d，是目前我国乃至世界最大的生物除铁除锰水厂。目前，生物除锰的实际效果已得到广泛的认可，但生物除锰的机理还处于较初级的实验研究阶段，尽管铁细菌的筛选、驯化已获一定成功，但采用实验室筛选驯化菌种接种的方法，对于大中型除铁除锰滤池，尽管技术上可行，但菌种培养费用巨大，经济上不可行。工程实践相对较少，目前尚未构建起完善的工程设计理论及参数确定方法。在工程实践方面还缺乏一整套规范化的运行调试方法，生物熟料的培养、反冲洗强度及时间等，目前尚无确切的控制标准。

11.7.5　地下水中的硝酸盐氮污染及净化

无论是在工业发达国家还是发展中国家，由于农村地区大量氮化肥的施用，生活污水和含氮工业废水的未达标排放及其渗漏，固体废物的淋滤下渗，污水的不合理回灌，以及地下水的超量开采等原因，导致地下水中的硝酸盐浓度上升，成为一个十分重要的环境问题。当饮用水中硝酸盐氮浓度高于 10mg/L 时，婴儿饮用后可能患变性血色蛋白症，严重时可导致缺氧死亡。在硝酸盐转化过程中形成的亚硝酸胺等具有致癌、致畸和致突变作用。过多的硝酸盐对农作物的生长也有一定的影响。世界卫生组织规定饮用水中硝酸盐单浓度不超过 10mgN/L，推荐标准为 5mgN/L。在欧洲、美国，地下水中的硝酸盐氮含量普遍达 40～50mgN/L，有时甚至达 500～700mgN/L。目前，我国大多数地区作为饮用水源的地下水已受到硝酸盐不同程度的污染，并且有逐年加重的趋势，个别地区作为饮用水水源的地下水中硝酸盐浓度已超过 30mgN/L。由于硝酸盐污染的普遍性以及日益严重性，国内外针对地下水中去除硝酸盐的研究相应较多，已经提出了多种饮用水脱氮方法，从原理上可分为物理法、化学法、生物法和复合集成法。而根据进行场所分类则可以分为：原位脱氮和异位脱氮。

物理法是指利用 NO_3^- 的迁移或交换完成的，大致分为两类：离子交换法和膜分离法。离子交换除盐技术相对成熟，主要是指利用碱性树脂的阴离子交换能力，由氯离子或重碳酸根离子与被处理水中硝酸根交换达到去除饮用水中硝酸盐的目的。离子交换法是最早实际应用于饮用水脱硝的工艺，1974 年在美国纽约的 Nassau 县建立了第一座离子交换工艺的脱硝水厂来处理硝酸盐氮含量为 20～30mgN/L 的地下水，采用连续再生的离子交换工艺，树脂在一个封闭的回路中移动，处理能力为 6566m³/d，处理水硝酸盐氮浓度低于 2mgN/L。离子交换脱硝工艺适用于中小城市饮用水处理。由于离子交换脱硝工艺实际上相当于将进水中的硝酸盐等盐分浓缩到再生废液中，因此该工艺最大的缺点就是存在再生废液的排放问题，处理不当会造成对环境的二次污染。

用于饮用水脱氮的膜分离方法包括反渗透和电渗析两种。反渗透膜对硝酸根无选择性，各种离子的脱除率与其价数成正比。反渗透法在除去硝酸盐的同时也将除去其他的无机盐，会降低出水的矿化度。为延长反渗透膜的使用寿命，反渗透前需对处理水进行预处理以减少矿物质、有机物、水中其他悬浮物在膜上的沉积结垢以及减少污染物、pH 值波动对膜的伤害。电渗析法的膜推动力是与膜正交的电场力。电渗析可选择性地脱除阴阳离子。与传统的电渗析相比，可逆电极的电渗析工艺减少了膜上的结垢及化学药剂的用量，可用于从苦水和海水中生产饮用水。电渗析和反渗透的脱硝效率差不多，但电渗析脱硝法只适用于从软水中脱除硝酸盐。膜分离法适用于小型供水设施，其缺点主要是费用高以及产生浓缩废盐水，存在废水排放的问题。

化学反硝化法是指利用一定的还原剂还原水中的硝酸盐。基本反应历程是硝酸盐氮首先被还原为亚硝酸盐氮，最后被还原为氮气或氨氮，从亚硝酸盐氮还原可能要经过 NO 或 N_2O 产生及还原的过程，但目前尚没有统一的说法。可分为活泼金属还原法与催化法两大类。活泼金属还原法是指一些活泼金属如 Cd、Cd-Hg 齐、铁、铝、Devarda 合金、锌、Arndt 合金等在特定 pH 环境中可以使硝酸盐还原为亚硝酸盐或氨氮的方法。最常用的是铝粉和铁粉还原法。活泼金属还原法的主要缺点是反应产物很难完全还原成无害的氮气，并且会产生金属离子、金属氧化物或水合金属氧化物等导致二次污染，所以对后续处理要求较高。

由于金属铁或二价铁等还原硝酸盐的条件难以控制，易产生副产物导致二次污染，所以人们设法在反应中加入适当的催化剂，以减少副产物的产生，这就是催化还原硝酸盐的方法。利用氢气做还原剂，金属等催化剂负载于多孔介质上催化还原水中的硝酸盐成为无毒无害的氮气，这种方法具有速度快、适应条件广的优点。但此方法的难点是催化剂的活性和选择性的控制，此外有可能由于氢化作用不完全形成亚硝酸盐，或由于氢化作用过强而形成 NH_3、NH_4^+ 等副产物。

在众多反硝化方法中，离子交换法（物理方法）和生物法是可应用于大规模水处理的工艺，而其中的生物法又因其经济性日益受到人们的重视，成为国内外研究的热点。生物法根据微生物利用的碳源不同可分为异养反硝化（或异养脱氮）和自养反硝化（或自养脱氮）。由于需要将地下水抽到地面，利用生物反应器（如固定床、流化床）等脱氮，也属于异位脱氮。异养反硝化细菌利用有机物如甲醇、乙醇、乙酸、甲烷将硝酸盐还原为氮气，气态有机物如甲烷、一氧化碳也可作为饮用水反硝化的基质。当微生物利用的碳源是无机碳源如 CO_3^{2-}、HCO_3^- 时，以氢气、硫等还原性物质为电子供体，此反应过程称为自养反硝化。

在异养反硝化反应过程中，硝酸盐氮通过反硝化细菌的代谢活动，有两种转化途径：①同化反硝化（合成），最终形成有机氮化合物，成为菌体的组成部分；②异化反硝化（分解），最终产生气态氮，为菌体的生命活动提供能量。反硝化细菌在一系列生物还原酶的作用下将硝酸根还原为氮气经四步反应完成，每一步反应都需要特定酶的催化，整个反硝化过程可以认为是在多种微生物的协同作用下完成的。具体传统异养反硝化的反应过程如图11-1所示。

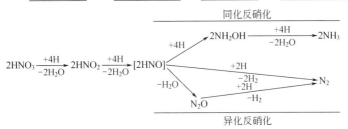

图 11-1　传统异养反硝化的反应过程

影响异养反硝化的环境因素主要有碳源、pH 值、DO、温度等。从废水生物脱氮工艺中得知，当废水中所含碳源：BOD_5/TN 值高于 3~5 时，反应不需外加碳源，当 BOD_5/TN 值低于 3~5 时，反应需补充一定的外加碳源。饮用水水源中有机碳源含量少，若采用异养反硝化方法，必须补充有机碳源。常用的有机碳源为容易被反硝化细菌利用的有机物如甲醇、乙醇和乙酸等。当反硝化细菌以甲醇作为有机碳源时，其反硝化最终产物为 CO_2 和 H_2O，反硝化对其利用的效率高，所以甲醇成为饮用水水源异养反硝化中最常用的碳源，但残留的甲醇需进行后续处理。反硝化的最佳 pH 值范围为 6.5~7.5，当 pH 值高于 8 或低于 6 时，反硝化速率大大下降。在无分子氧而有硝酸和亚硝酸根离子条件下，反硝化菌能利用离子中的氧呼吸，并还原硝酸盐或亚硝酸盐；当溶解氧较高时，它能抑制反硝化细菌体内硝酸盐还原酶的合成，或者氧分子本身成为电子受体，阻碍还原，但是反硝化菌体内某些酶系统组分只在有氧条件下才能合成。所以反硝化细菌在厌氧、好氧交替的兼性环境中生活为宜。当溶解氧在 0.5mg/L 以下时，不影响反硝化的正常进行。但也有研究报道，当溶解氧浓度在 0.1~0.2mg/L 时，溶解氧对反硝化效果已经产生了一定的抑制作用。反硝化最适宜的温度是 20~40℃，当温度低于 15℃ 时，反硝化细菌的增殖、代谢、反硝化速度降低，但可通过提高微生物在反应器内的停留时间、降低负荷率、提高水力停留时间等手段来补偿温度的降低。温度影响的大小与反应设备类型有关，对流化床影响小，对生物转盘、悬浮污泥层影响大；也与反应器的负荷率有关，负荷率高时影响大，负荷率低时影响小。

虽然饮用水异养反硝化在英国、法国、德国有了一些实际应用，其处理工艺形式也不断革新，脱氮效果十分理想。然而异养反硝化用于饮用水处理的过程中面临着一些问题：细菌有可能污染处理水，处理水中残留有机物浓度较高，有可能需要增加处理水中的加氯量或后续处理等，经济成本很高。因而近年来自养反硝化工艺的研究和开发得到极大的关注。自养反硝化利用的碳源是无机碳，根据电子供体的不同，自养反硝化可分为氢自养反硝化和硫自养反硝化。

氢自养反硝化的机理是：氢氧化细菌利用氢作为能源和 CO_3^{2-} 或 HCO_3^- 作为碳源进行自养反硝化去除亚硝酸盐和硝酸盐。在这个反应中，亚硝酸盐或硝酸盐作为电子受体，而 H_2 作为电子供体。氢氧化细菌所进行的自养反硝化最适合处理饮用水，因为它具有以下几个优点：①该工艺对亚硝酸盐和硝酸盐具有很高的选择性，而且无对人体有害的副产物生成；②氢氧化细菌所利用的基质是对人体无害的氢气，残余的氢气不会造成危害；③该工艺使用无机碳源，因此不存在残余无机碳源所带来的不利影响。目前氢自养反硝化工艺一般采用单级生物膜-电极反应器（BER），它是一个电化学和生物反应器，其工作原理是：通过电解水产生作为电子供体的氢气，然后被固定于电极表面的自养反硝化细菌利用。由于氢气能较快地被利用，这种反应器单位体积的脱氮率很高。但氢气的产生和利用也可分别在两个反应器完成，其原理是：在一个电解水的反应器中产生氢气，与需处理的水混合后进入另一个填充床反应器进行脱氮反应。这种两级反应器工艺易于放大规模。生物膜-电极反应器是一种清洁的硝酸盐去除方法，在饮用水脱硝方面有很好的应用前景。但由于电解水产生氢气成本很高，目前氢自养反硝化工艺还处在小规模试验阶段，尚没有能得到生产性规模的应用。

利用硫-石灰石自养反硝化工艺去除硝酸盐浓度较高的地下水、被硝酸盐污染的地表水和低 C/N 比的填埋场滤液的研究取得了很大的进展。硫-石灰石自养反硝化工艺是利用一种自养菌 *Thiobacillus denitrificans* 进行自养反硝化，也是一种生物膜反应器，其填料为硫颗粒和石灰石。*Thiobacillus denitrificans* 在自然界广泛存在，在表面土、河流沉积物和活性污泥中都大量存在，而且在硫-石灰石自养反硝化工艺中短时间内就能大量累积和成功地驯化，并取得很好的脱氮效果。*Thiobacillus denitrificans* 能通过氧化硫颗粒或硫化合物（S^{2-}，$S_2O_3^{2-}$）成硫酸盐来还原硝酸盐成 N_2，因此它也不需有机碳源，与异养反硝化相比，它消耗碱度并产生高浓度的硫酸盐。在好氧条件下硫-石灰石自养反硝化工艺反应器都有很高的硝酸盐去除率，几乎能达到100％的去除率，但产生的硫酸盐浓度超过了美国环保局规定的饮用水标准，使好氧条件下硫-石灰石自养反硝化工艺系统的使用受到了限制。这是一种非脱氮菌（*T. thiooxidans*）作用的结果，它是一种好氧嗜酸菌，它能够氧化颗粒硫和低价硫化合物而获得能源，但该细菌只能在好氧条件下生长而且没有脱氮能力。在硫-石灰石自养反硝化工艺反应器中 *T. thiooxidans* 氧化颗粒硫生成一些较易被自养反硝化菌利用的中间代谢产物，因而提高了脱氮率，并进一步导致 pH 值降低。而厌氧条件下一般也有85％～90％的去除率，但 *T. thiooxidans* 不能生长和产生被自养反硝化菌利用的中间代谢产物，无需调节体系的 pH 值，而且硫酸盐不会超标。由此表明，缺氧运行的硫-石灰石自养反硝化工艺系统可替代异养反硝化工艺来处理被硝酸盐污染的饮用水。

此外，在进行作为饮用水水源的地下水中硝酸盐的去除时，还可以直接在被污染的地下水水体中进行处理，称为原位反硝化或地下反硝化，其运行费用低、操作简便。原位反硝化可以分为：原位水井反硝化、生物脱氮墙、动电/铁墙工艺等。原位反硝化一般由给料井和取水井组成。根据硝酸盐浓度加适量营养物质于给料井中，使之进行反硝化，水从给料井向外扩散完成过滤和降解等过程，在取水井处即可取出处理过的水。根据处理要求可设置多个处理井，也可将给料井和取水井呈内外两圈排列。由于其处理过程在地下进行，地下反硝化难以得到很好的控制，易出现阻塞及亚硝酸盐浓度增加的现象。含水层的孔隙会因反硝化产生的气体和微生物残渣阻塞逐渐变小，水流阻力相应增大。反硝化反应难以控制，若反应进行不完全，会出现亚硝酸盐累积的现象。此外，原位修复时所投加的有机碳可能对饮用水产生二次污染，因此在实际应用中应采取相应的防范措施。

20世纪90年代兴起的生物脱氮墙是一种经济有效的原位硝酸盐氮去除方法。生物脱氮墙将混合介质以一定厚度填到地下水水位以下，形成多孔墙体，该墙体与地下水水流垂直，污染物流经处理墙时经生物或化学作用而去除。该方法用于浅层地下水处理时，基建费用低，无需运行管理费，但治理较低水位的地下水时，基建费用较高。若将脱氮墙建在河边，则是一种经济有效的硝酸盐氮去除方法，能起到岸边缓冲带的作用。

动电/铁墙工艺（electrokinetics/iron wall）也属原位修复的一种，此工艺可有效去除地下水中的NO_3^-。主要用于土壤渗透性较差的区域，NO_3^-通过电渗和电迁移作用流向阳极，被位于阳极的铁截留并还原。阴阳极为石墨电极，电极插入土样，两端的沙/石墨层有利于电流的均匀分布，铁墙位于阳极以截留NO_3^-。

参 考 文 献

[1] 丁峰，沈伟，顾金利等. POPs污染及其治理方法. 科技情报开发与经济，2009 (08)：151-154.
[2] 詹旭，吕锡武. 持久性有机污染物（POPs）的生物降解研究进展. 中国给水排水，2006 (22)：10-12.
[3] 徐科峰，李忠，何莼等. 持久性有机污染物（POPs）对人类健康的危害及其治理技术进展. 四川环境，2003 (04)：29-34.
[4] 石碧清，李桂玲. 持久性有机污染物（POPs）及其危害. 中国环境管理干部学院学报，2005 (01)：42-44.
[5] 刘征涛. 持久性有机污染物的主要特征和研究进展. 环境科学研究，2005 (03)：93-102.
[6] 谢剑彪. 水体中持久性有机污染物（POPs）的化学降解研究进展. 科技情报开发与经济，2009 (18)：142-144.
[7] 金一和，刘晓，秦红梅等. 我国部分地区自来水和不同水体中的PFOs污染. 中国环境科学，2004 (02)：166-169.
[8] 许巍，袁斌，孙水裕等. 城镇污染河流修复技术研究进展. 广东工业大学学报，2004 (04)：85-90.
[9] 夏章菊，高殿森，谢有奎. 富营养化水体修复技术的研究现状. 后勤工程学院学报，2006 (03)：69-72.
[10] 韩金奎. 人工浮床技术在三峡库区重污染次级河流治理中的技术研究. 重庆：重庆大学，2008.
[11] 程英，裴宗平. 湖泊污染特征及修复技术. 现代农业科技，2008 (02)：217-218.
[12] 王丽霞. 人工浮床栽培植物的生长与功能研究. 安徽农业科学，2008 (16)：6769-6770.
[13] 朱广一，冯煜荣，詹根祥等. 人工曝气复氧整治污染河流. 城市环境与城市生态，2004，(03)：30-32.
[14] 卢进登，帅方敏，赵丽娅等. 人工生物浮床技术治理富营养化水体的植物遴选. 湖北大学学报（自然科学版），2005，(04)：402-404.
[15] 卢进登，赵丽娅，康群等. 人工生物浮床技术治理富营养化水体研究现状. 湖南环境生物职业技术学院学报，2005，(03)：214-218.
[16] 唐静杰，周青. 生态浮床在富营养化水体修复中的应用. 环境与可持续发展，2009，(02)：24-27.
[17] 王海龙，常学秀，王焕校. 我国富营养化湖泊底泥污染治理技术展望. 楚雄师范学院学报，2006，(03)：41-46.
[18] 马井泉，周怀东，董哲仁. 我国应用生态技术修复富营养化湖泊的研究进展. 中国水利水电科学研究院学报，2005，(03)：209-215.
[19] 苏冬艳，崔俊华，晁聪等. 污染河流治理与修复技术现状及展望. 河北工程大学学报（自然科学版），2008，(04)：56-60.
[20] 李欲如. 植物浮床技术对苏州古城区河水净化效果及规律研究. 河海大学；2006.
[21] 赵勇胜，曹玉清. 地下水的有机污染. 工程勘察，1995，(01)：28-31.
[22] 汪民，吴永锋. 地下水微量有机污染. 地学前缘，1996，(02)：169-175.
[23] 李纯，武强. 地下水有机污染的研究进展. 工程勘察，2007，(01)：27-30.
[24] 黄国强，李鑫钢，李凌. 地下水有机污染的原位生物修复进展. 化工进展，2001，(10)：13-16.
[25] 王战强，张英，姜斌等. 地下水有机污染的原位修复技术. 环境保护科学，2004，(05)：10-12.
[26] 郭华明，王焰新. 地下水有机污染治理技术现状及发展前景. 地质科技情报，1999，(02)：69-72.
[27] 韩宁，魏连启，刘久荣等. 地下水中常见有机污染物的原位治理技术现状. 城市地质，2009，(01)：22-30.
[28] 郭秀红. 珠江三角洲地区浅层地下水有机污染研究. 北京：中国地质大学，2006.
[29] 朱利中. 土壤及地下水有机污染的化学与生物修复. 环境科学进展，1999，(02)：65-71.
[30] 任锦霞. 高氟废水除氟实验研究. 西安建筑科技大学；2004.
[31] 李莉，王业耀，孟凡生. 含氟地下水饮用处理技术. 地下水，2007，(05)：85-86.
[32] 孔令冬，何积秀，王爱英等. 含氟水治理研究进展. 科技情报开发与经济，2006，(08)：143-145.
[33] 李卫东. 饮水理化除氟方法与进展. 安徽预防医学杂志，2002，(02)：126-129.
[34] 查春花，张胜林，夏明芳等. 饮用水除氟方法及其机理. 净水技术，2005，(06)：46-48.
[35] 李亭亭，李亚峰. 饮用水除氟技术的现状及进展. 辽宁化工，2009，(07)：472-474.
[36] 苏庆珍，王丽萍. 饮用水除氟技术及其机理. 电力环境保护，2008，(03)：39-41.
[37] 卢宁，高乃云，徐斌. 饮用水除氟技术研究的新进展. 四川环境，2007，(04)：119-122.
[38] 朱其顺，许光泉. 中国地下水氟污染的现状及研究进展. 环境科学与管理，2009，(01)：42-44.
[39] 陈敬军，蒋柏泉，王伟. 除砷技术现状与进展. 江西化工，2004，(02)：1-4.
[40] 丁爱中，陈海英，程莉蓉等. 地下水除砷技术的研究进展. 安徽农业科学，2008，(27)：11979-11982.
[41] 牛凤奇，纪锐琳，朱义年等. 地下水砷污染的研究. 广西轻工业，2007，(04)：85-86.

[42] 江世强，葛宪民. 砷及其化合物的水污染治理研究进展. 医学文选，2004，(03)：364-368.

[43] 黄鑫，高乃云，刘成等. 饮用水除砷工艺研究进展. 净水技术，2007，(05)：37-41.

[44] 李晓波. 饮用水除砷技术研究进展. 环境工程学报，2009，(05)：777-781.

[45] 姚娟娟，高乃云，夏圣骥等. 饮用水除砷技术研究新进展. 工业用水与废水，2007，(04)：1-5.

[46] 苑宝玲，李坤林，邢核等. 饮用水砷污染治理研究进展. 环境保护科学，2006，(01)：17-19.

[47] 栾岚，詹健，贾俊松. 地下水除铁除锰技术的分析及其发展方向初探. 江西化工，2006，(01)：40-42.

[48] 马恩，王刚. 地下水除铁除锰技术的研究进展. 环境保护与循环经济，2008，(07)：36-39.

[49] 田滨，鄢恒珍. 地下水除铁除锰技术评析. 湖南城市学院学报（自然科学版），2007，(01)：18-20.

[50] 薛罡，赵洪宾. 地下水除铁除锰技术新进展. 给水排水，2002，(07)：26-28.

[51] 张吉库，傅金祥，周华斌等. 地下水除铁除锰技术与发展趋势. 沈阳建筑工程学院学报（自然科学版），2003，(03)：212-214.

[52] 陈宇辉，余健，谢水波. 地下水除铁除锰研究的问题与发展. 工业用水与废水，2003，(03)：1-4.

[53] 薛罡，何圣兵，王欣泽. 生物法去除地下水中铁锰的影响因素. 环境科学，2006，(01)：95-100.

[54] 孙全庆，冯勇，许根福. 我国地下水除铁、除锰技术发展状况. 湿法冶金，2004，(04)：169-175.

[55] 马满英，余健. 有机物对地下水除铁影响的研究与展望. 工业水处理，2004，(11)：1-4.

[56] 周玲，金朝晖，李胜业等. 地下水硝酸盐氮的修复技术. 环境卫生工程，2004，(03)：127-131.

[57] 张燕，陈英旭，刘宏远. 地下水硝酸盐污染的控制对策及去除技术. 农业环境保护，2002，(02)：183-184.

[58] 张洪，王五一，李海蓉等. 地下水硝酸盐污染的研究进展. 水资源保护，2008，(06)：7-11.

[59] 毕二平，张翠云，张胜等. 地下水硝酸盐污染原位微生物修复技术研究进展. 水资源保护，2009，(03)：1-5.

[60] 刘成，卢涛，齐成山. 地下水中的硝酸盐污染及其去除技术. 城市公用事业，2007，(01)：17-19.

[61] 陈少颖，武晓峰. 地下水中硝酸盐氮污染修复技术综述. 灌溉排水学报，2009，(03)：124-128.

[62] 张少辉，郑平，陈健松. 地下水中硝酸盐去除的新工艺. 中国沼气，2002，(03)：13-16.

[63] 汪胜，张玉先，杜晓明. 电极—生物膜法反硝化脱氮的研究进展. 净水技术，2005，(02)：35-38.

[64] 吴未红，袁兴中，曾光明等. 电极-生物膜法去除地下水中硝酸盐氮. 水处理技术，2005，(05)：55-57.

[65] 曲久辉，范彬，刘锁祥等. 电解产氢自养反硝化去除地下水中硝酸盐氮的研究. 环境科学，2001，(06)：49-52.

[66] 范彬，黄霞. 化学反硝化法脱除地下水中的硝酸盐. 中国给水排水，2001，(11)：27-31.

[67] 张彦浩，钟佛华，夏四清. 利用氢自养反硝化菌处理硝酸盐污染地下水的研究. 水处理技术，2009，(05)：75-78.

[68] 万东锦，刘会娟，雷鹏举等. 硫自养反硝化去除地下水中硝酸盐氮的研究. 环境工程学报，2009，(01)：1-5.

[69] 童桂华. 去除地下水硝酸盐 PRB 介质试验研究. 青岛：中国海洋大学，2008.

[70] 王珍，张增强，唐次来等. 生物-化学联合法去除地下水中硝酸盐. 环境科学学报，2008，(09)：1839-1847.

[71] 邢林，汪家权. 生物反硝化墙去除地下水中硝酸盐的研究. 合肥工业大学学报（自然科学版），2008，(10)：1561-1564.

[72] 张彦浩，钟佛华，夏四清. 硝酸盐污染饮用水的去除技术研究进展. 环境保护科学，2009，(04)：50-53.

[73] 孟凡生，王业耀，薛咏海. 饮用水中硝酸盐的去除. 净水技术，2005，(03)：34-37.

[74] 张瑞菊，涂彧. 地表水中天然和人工放射性的研究现状. 国外医学（放射医学核医学分册），2005，(04)：176-179.

[75] 张瑞菊. 苏州市各类水体中总放射性水平的分析研究. 苏州：苏州大学，2006.

[76] 王福军. 大庆地区饮用水中有机污染物分析技术研究. 长春：吉林大学，2006.

[77] 李改枝，赵慧，张强. 酚类化合物在水环境中的污染、吸附及降解. 内蒙古石油化工，2001，(02)：39-40.

[78] 张建玲，赵辉，邸尚志. 固相萃取-高效液相色谱法测定饮用水中酚类化合物和 2,4-滴. 环境化学，2006，(02)：240-241.

[79] 李金花. 环境激素中酚类化合物的监测分析新方法研究. 上海：东华大学，2004.

[80] 马红涛，袁宁，李生. 水体中酚类化合物的危害及其测定方法. 科技信息（科学教研），2007，(30)：38-66.

[81] 牛晓君. 富营养化发生机理及水华暴发研究进展. 四川环境，2006，(03)：73-76.

[82] 肖兴富，李文奇，刘娜等. 富营养化水体中蓝藻毒素的危害及其控制. 中国水利水电科学研究院学报，2005，(02)：116-123.

[83] 尹真真. 国内外水体富营养化机理研究历史与进展. 微量元素与健康研究，2006，(03)：46-47.

[84] 张莉. 湖泊富营养化及控制对策研究. 环境与可持续发展，2008，(06)：62-64.

[85] 毛国柱，刘永，郭怀成等. 湖泊富营养化控制技术综合集成方法框架. 环境工程，2006，(01)：65-67.

[86] 吴和岩，苏瑾，施玮. 微囊藻毒素的毒性及健康效应研究进展. 中国公共卫生，2004，(04)：492-494.

[87] 许秋瑾，高光，陈伟民. 微囊藻毒素的研究进展. 中国公共卫生，2002，(06)：42-43.

[88] 乔瑞平. 微污染水中微囊藻毒素的脱除技术研究. 天津：南开大学，2005.

[89] 丁震，陈晓东，林萍. 饮用水藻毒素对健康的影响与污染控制研究进展. 中国公共卫生，2001，(12)：1149-1151.

[90] 赵金明，朱惠刚. 藻毒素致癌性研究进展. 环境与健康杂志，2002，(06)：464-467.

[91] 郑道敏，李恩斯. SBR 法处理合成洗涤剂废水的研究. 四川环境，2000，(03)：17-20.

[92] 丛培凯，冷家峰，叶新强. 合成洗涤剂对生态环境的污染与防治对策. 山东环境，2003，(01)：45-46.

[93] 青志鹏，白梓嵩. 合成洗涤剂生产废水处理研究. 科技资讯，2007，(27)：156-157.

[94] 王磊，王旭东，刘莹等. 环境荷尔蒙对水体的污染及水污染控制技术的新课题. 西安建筑科技大学学报（自然科

学版），2005，（01）：69-73.

[95]　谢观体，张臣，刘辉. 环境内分泌干扰物的研究进展. 广东化工，2007，（10）：69-72.

[96]　赵利霞，林金明. 环境内分泌干扰物分析方法的研究与进展. 分析试验室，2006，（02）：110-122.

[97]　曹巧玲，张俊明，高志贤. 环境内分泌干扰物研究的进展. 中华预防医学杂志，2007，（03）：224-226.

[98]　程爱华，王磊，王旭东等. 水中的环境内分泌干扰物. 环境科学与技术，2006，（11）：106-108.

[99]　岳舜琳. 我国给水内分泌干扰物问题. 净水技术，2006，（03）：6-8.

[100]　李若愚，徐斌，高乃云等. 我国饮用水中内分泌干扰物的去除研究进展. 中国给水排水，2006，（20）：1-4.

[101]　程晨，陈振楼，毕春娟等. 中国地表饮用水水源地有机类内分泌干扰物污染现况分析. 环境污染与防治，2007，（06）：446-450.

[102]　解战虎. 超滤法处理石油微污染水源水研究. 西安：西安建筑科技大学，2009.

[103]　赵东风，崔积山. 石油类污染物在水环境中的归宿. 油气田环境保护，2000，（02）：22-23.

[104]　张学佳，纪巍，康志军等. 水环境中石油类污染物的危害及其处理技术. 石化技术与应用，2009，（02）：181-186.

[105]　王凤英，曹月萍，邹学清. 水中主要污染物及其危害. 集宁师专学报，2005，（04）：80-81.

[106]　任照阳，邓春光. 生态浮床技术应用研究进展. 农业环境科学学报，2007，（S1）：261-263.

[107]　李纯，岑况，范彬. 脱除地下水中硝酸盐氮的研究进展. 环境科学与技术，2003，（S2）：91-93.

习　题

1. 请查阅文献，介绍我国某一重要水体（如长江、黄河、太湖、滇池、辽河等）的污染状况，指出哪些水质指标已经超出我国目前的地表水水质标准？

2. 在水生态系统中，溶解氧的重要性何在？影响水中溶解氧含量的因素主要有哪些？

3. 需氧有机污染物具有哪些危害？目前通常用哪些指标来评价需氧有机污染物含量？它们之间有什么区别？

4. 请查阅文献，介绍一下目前去除饮用水中天然有机物的常用工艺。

5. 石油类污染物、内分泌干扰物、持久性有机物、酚类污染物各有哪些特点和危害？请查阅文献，对此类污染物如何进行有效防治？

6. 合成洗涤剂和放射性污染各有哪些特点和危害？请查阅文献，对此类污染物如何进行有效防治？

7. 水体富营养化有哪些特征、危害及影响因素？在引起水体富营养化的各种无机营养物中，为什么说磷是最主要的指标？藻类和藻毒素具有哪些危害？

8. 请查阅文献，举例说明国内外某一湖泊的富营养化情况及其治理的实例。

9. 什么是生物降解作用？影响生物降解的因素有哪些？有机物分子结构与生物降解性之间有哪些规律性的相关关系？生物处理技术与其他有机物的处理技术相比，有什么优缺点？

10. 好氧生物处理和厌氧生物处理是如何区分的？请查阅文献，介绍一下目前常见的好氧生物处理工艺和厌氧生物处理工艺有哪些？它们有哪些优缺点？

11. 活性污泥处理法工艺和生物膜法工艺各具有哪些特点和优缺点？请查阅文献，介绍一下某活性污泥处理法和生物膜法处理工艺的工程实例。

12. 某工业废水中含 $150mg/L$ 酚，$40mg/L$ 硫化物（S^{2-}），试计算该废水的 TOD 理论值和 TOC 理论值？

13. 请查阅文献，中水回用对于水资源危机有何意义？介绍一下我国目前常用的中水处理或污水回用处理工艺？它们有哪些特点或优缺点？

14. 受污染地表水体有哪些修复技术？简述一下它们有哪些特点或优缺点？请查阅文献，介绍一下某地表水修复技术的工程实例。

15. 请查阅文献，讨论一下如何对我国太湖、滇池、漕湖进行有效治理？

16. 比较用于饮用水、污水处理、地表水修复的生物接触氧化工艺的特点、组成、设计参数、处理效果等。

17. 请查阅文献，比较用于饮用水和污水处理的臭氧生物活性炭处理工艺的特点、应用范围、设计参数、处理效果等。

18. 请查阅文献，介绍一下生物活性炭纤维处理饮用水的国内外研究进展，包括由来和发展、优缺点、去除效果、设计参数、工程应用等。

19. 为什么说地下水是一种十分宝贵的水资源？一般地下水不易发生污染，但一旦发生，又不如地面水那样容易净化，为什么？请查阅文献，介绍一下我国地下水污染有哪些特点？

20. 地下水有机污染的原因和特征如何？目前有哪些方法适用于地下水有机污染的治理？

21. 饮水中的氟对人体有哪些危害？地下水除氟方法有哪些？它们的工艺特点有哪些？

22. 自然条件下砷通常有哪些类型，它们的毒性有什么区别？地下水除砷方法有哪些？它们的工艺特点如何？

23. 地下水中铁、锰有哪些危害？为什么锰比铁更难去除？我国的地下水除铁和除锰经历了哪些发展阶段？不同阶段的除铁和除锰工艺的原理有什么区别？

24. 饮用水中的硝酸盐氮有哪些危害？去除饮用水中硝酸盐氮方法可以分为几类？它们具有哪些特点和优缺点？

25. 用于饮用水和污水的异氧反硝化具有哪些异同点？

26. 饮用水自养反硝化工艺有哪些？它们的原理有何不同？各有哪些特点和优缺点？

第12章　膜化学原理在水处理中的应用

12.1　概　述

膜分离技术是一种以压力为推动力、利用不同孔径的膜进行水与水中颗粒物质（广义上的颗粒，可以是离子、分子、病毒、细菌、黏土、沙粒等）筛除分离的技术。膜处理技术是从 20 世纪 70 年代开始发展起来的水处理新技术，在 90 年代得到飞速发展。膜分离是一种物理过滤过程，故不会产生副产物，因其具有占地面积小、出水水质稳定、易进行自动控制等优点，在水处理领域受到了广泛的重视。在国际水协（IWA）第三届"前沿技术"国际会议上已被确定为未来饮用水处理主流技术。膜分离技术代表着未来水处理发展的时代潮流，被称为 21 世纪的净水技术。

膜技术是当代饮用水处理技术的重大突破。专家们预测，当水源具备一定洁净条件，常规净化-消毒设施将由超滤（UF）、混凝-微滤（MF）、粉末活性炭（PAC）-UF、PAC-纳滤（NF）工艺所代替。表 12-1 介绍了几种膜分离技术及其使用范围。

表 12-1　几种膜分离技术及其使用范围　　　　单位：μm

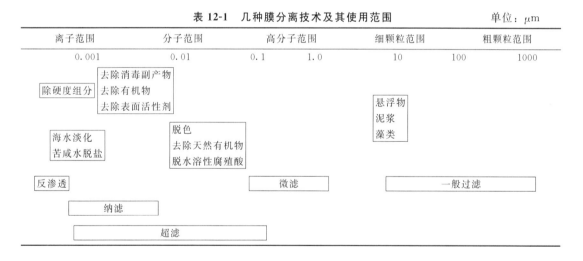

12.2　反渗透和纳滤

自从 1960 年，Loed 和 Sourirajan 制备了世界上第一张高脱盐率、高通量的不对称醋酸纤维素（CA）膜以来，反渗透是经过近 40 年发展起来的膜分离技术。反渗透技术（reverse osmosis），由于它具有物料无相变、能耗低、设备简单、操作方便和适应性强等特点，被广泛地用于国民经济的各个领域。

用一张只透过溶剂而不透过溶质的理想半透膜把水和盐水隔开，则出现水分子由纯水一侧通过半透膜向盐水一侧扩散的现象，这是人们所熟知的渗透现象，图 12-1(a)。随着渗透过程的进行，盐水侧液面不断升高，纯水侧水面相应下降，经过一定时间之后，两侧液面差不再变化，系统中纯水的扩散渗透达到了动态平衡，这一状态称为渗透平衡，图 12-1(b)。h 为盐水溶液的渗透压。渗透平衡时纯水相与盐水溶液相中水的化学势差等于零。如果人为地增加盐水侧的压力，则盐水相中水的化学势增加，就出现了水分子从盐水侧通过半透膜向纯水侧扩散渗透的现象。由于水的扩散方向恰恰与渗透过程相反，因此人们把这个过程称为反渗透，图 12-1(c)。由此可见，若用一半透膜分隔浓度不同的两个水溶液，其渗透压差为 h，则只要在浓溶液侧加以大于 h 的外压，就能使这一体系发生反渗透过程，这就是反渗透膜分离的基本概念。实际的反渗透过程中所加外压一般都达到渗透压差的若干倍。

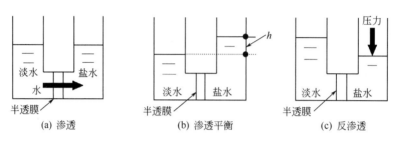

图 12-1　渗透与反渗透现象

　　反渗透根据操作压力的不同分为高压反渗透（5.6～10.5MPa，如海水淡化）、低压反渗透（1.4～4.2MPa，如苦咸水的脱盐）和纳滤（nanofiltration）（0.3～1.4MPa，如硬水的软化）。高压与低压反渗透膜具有高脱盐率（对 NaCl 达 95%～99.9% 的去除）和对低相对分子质量有机物的较高去除率。纳滤膜分为传统软化纳滤膜和高产水量荷电纳滤膜。传统软化纳滤膜研究开发的目的是硬水的软化，其对电导率、碱度和钙的去除率大于 90%，且有机物的截留相对分子质量在 200～300 之间。高产水量荷电纳滤膜是一种专门去除有机物而非软化（对无机物去除率只有 5%～50%）的纳滤膜，同时由于其对无机物去除率低，将会减少膜的污染、膜浓水的后期处置和产水的后处理。

12.2.1　反渗透膜的主要特性参数

　　膜组件是反渗透系统的核心。反渗透技术的发展主要取决于膜材料和膜性能的改进与提高、反渗透技术应用过程中问题的解决程度以及反渗透膜组件成本的降低。目前应用的反渗透膜一般都是由亲水性高分子材料制成的，衡量反渗透膜性能的三个最基本参数是透水率、脱盐率和通量衰减系数。

　　(1) 膜组件产水量的确定　水通量，也叫透水率，是指在单位时间内透过单位膜组件表面积的水量，以 L/(m²·h) 表示。在许多情况下，采用产水量指标来表示膜组件的性能，产水量可以理解为膜组件在单位时间生产的净水的产量，以 m³/d 或 m³/h 表示。

　　反渗透膜的产水量取决于膜材料化学性质、结构特性，还与反渗透过程的操作压力、温度、原水流过膜表面的流速等有关。反渗透系压力为推动力的膜分离过程。在一定的压力范围内，反渗透膜的水通量为

$$J_w = F_1(\Delta p - \Delta \pi)$$

式中　J_w——透水率，L/(m²·h)；

　　　F_1——膜的纯水透过系数；

　　　Δp——膜两侧的压力差；

　　　$\Delta \pi$——盐溶液的渗透压。

反渗透膜的盐通量为

$$J_s = F_2 \Delta C = B(C_f - C_p)$$

式中 J_s——盐通量；

　　F_2——膜的盐透过系数；

　　ΔC——膜两侧盐溶液的浓度差；

C_f 和 C_p——分别为进水和产水的盐溶液浓度。

（2）脱盐率　脱盐率是用来评价反渗透膜分离性能的主要指标。一般用下式表示。

$$r = \frac{C_f - C_p}{C_f}$$

式中 r——脱盐率，％。实际中经常采用电导率值来进行脱盐率的计算，这样脱盐率的测
　　　　定方法简单，且计算过程容易进行。

（3）膜通量衰减系数　反渗透技术是以压力差为驱动力的膜分离过程。例如在海水淡化
操作过程中，反渗透膜组件的操作压力可达数个到近十个 MPa。长期高压下工作的多孔高
分子膜必然会有一个被压密的过程。由于膜的压实，必然造成膜产水通量的降低。另外，影
响膜通量衰减的因素还有膜的生物降解、膜的氧化破坏、较强的酸或碱的腐蚀作用等，这些
因素也都会破坏膜的化学结构和物理结构，造成膜的透水率下降。

通量衰减系数表征的是膜组件在一定条件下产水量随时间变化的情况。其表达式为

$$\lg \frac{J_{wt}}{J_{w1}} = -m \lg t$$

式中 J_{wt}——th 后膜的水通量；

　　J_{w1}——1h 后膜的水通量；

　　t——操作时间，h；

　　m——膜的通量衰减系数，或称压实系数。

通量衰减系数值越小，即膜的抗压密性能越好，即可以使用更长的时间。

12.2.2　主要的反渗透膜及其分离性能

反渗透膜材料主要有醋酸纤维素类反渗透膜和芳香聚酰胺类非对称膜，醋酸纤维素膜品
种较多，因为其具有价格便宜、透水量大等优点，广泛应用在一些条件不苛刻的可以应用反
渗透技术的处理过程中。醋酸纤维素膜的不足之处是：容易被微生物水解、耐酸碱性差、耐
压性差、耐温性不好等，这就使得使用醋酸纤维素膜的条件比较苛刻，同时也妨碍了醋酸纤
维素膜在更广范围内的应用。

芳香聚酰胺类膜材料就是为了改进醋酸纤维素膜的各种弱点而开发出的一种实用反渗透
膜。表 12-2 对两种反渗透膜材料进行了比较，由表可见，芳香聚酰胺膜材料明显优于醋酸
纤维素膜材料。

表 12-2　反渗透膜的特性比较

膜的材料	pH 范围	极限温度/℃	引起膜溶解的物质	难去除物质
醋酸纤维素	4～7	10～32	强氧化剂、溶剂、细菌	硼酸、酚类、表面活性剂、碳氯仿萃取物、氨、尿素、醋酸甲酯
芳香聚酰胺	3～11	2～45	强氧化剂，特别是游离氯	醛类、酚类、甲醛、醋酸甲酯

12.2.3　反渗透膜组件及反渗透系统流程

（1）反渗透组件的基本形式　反渗透膜组件主要有四种基本形式：平板式膜组件、管式
膜组件、中空纤维式膜组件和卷式膜组件。

① 平板式膜组件是最早的反渗透装置，基本构造包括膜、原料液导流板、透过液导流

板，相互交替重叠而成（图 12-2）。当原料液处理量较大时，可以简单地增加平板式膜组件膜的层数。

② 管式膜组件由圆管式的膜及相应的支撑体组成。管式组件形式很多，根据膜放置的位置可以分为内压型和外压型两种。管式组件内原料溶液流动状态好，流速易控制，安装换膜方便，机械清除膜面污垢较容易。其不足之处是膜的装填密度低。

③ 中空纤维式膜组件是一种很细的空心管，其最大的特点就是由于特殊的结构使其具有极高的膜装填密度，一般达 $16000\sim30000\ m^2/m^3$，以及膜具有较强的选择透过性能。但也存在着淡水侧的压降大、膜面污垢清洗困难和一旦少数中空纤维膜损坏无法更换而使整个组件报废等缺点。

④ 卷式组件是美国通用原子公司于 1964 年首先研制成功的。卷式膜组件是将多孔性的淡水格网夹在信封状的半透膜袋内，半透膜的开口边与一根多孔中心产水收集管密封连接，然后在膜袋外部衬上一层盐水隔网，把膜袋-盐水隔网-膜袋-盐水隔网依次叠合，绕中心产水收集管紧密缠绕成卷。将膜卷装到圆柱形压力容器内，就成为一个卷式组件。

与板式和管式组件比较，卷式组件有较高的膜装填密度；与中空纤维式组件相比，卷式组件对进水的预处理要求低。卷式膜组件的结构照片如图 12-3 所示。

四种膜组件各有其特点，比较结果如表 12-3 所示。

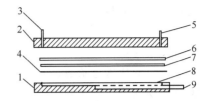

图 12-2 平板式膜组件结构示意图和实物照片
1—平板膜下部；2—平板膜上部；3—进水管；4—膜材料（如反渗透膜）；5—出水管；6—密封垫；7—原料液导流网；8—膜透过水导流网；9—产水管

图 12-3 卷式膜组件的结构照片

表 12-3 四种形式膜组件的特点比较

膜组件形式	卷 式	中空纤维	管 式	平板式
组件结构	复杂	复杂	简单	与卷式相似,但非常复杂
膜装填结构/(m^2/m^3)	650～1600	16000～30000	33～330	160～500
膜更换难易	容易	容易	内压式费时,外压式容易	一般
预处理	要求较高 SDI<4	较卷式易被颗粒、胶体污染,要求 SDI<3	要求低	要求较低
要求泵容量	小	小	大	中等
清洗	化学药剂	化学药剂 较卷式难	内压式容易外压式难	容易

由表 12-3 可知，卷式膜组件与中空纤维膜组件相比较，具有清洗相对容易、抗污染能力强、预处理要求相对较低等优点。

（2）反渗透技术应用的基本流程　反渗透系统的过滤方式有别于以往的死端过滤方式，为错流过滤，如图 12-4 所示。死端过滤方式是指系统进水的流动方向垂直通过膜表面，而

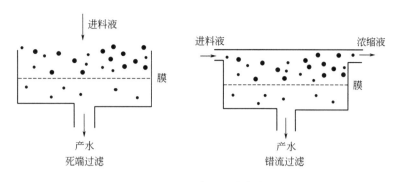

图 12-4　反渗透过滤方式

错流过滤方式的进水方向与膜表面平行。

对于反渗透系统一般使用的都是错流方式，而对于超滤膜组件和微滤膜组件可以采用两种运行方式中的一种，这要取决于原水的水质情况。对于低浊度、低污染势的原水，超滤膜、微滤膜采用死端过滤方式运行，这将大大降低工艺的能耗。

图 12-5　膜组件级段配置的
反渗透系统组装照片

反渗透系统是由反渗透膜组件以级段的配置方式组装而成的，如图 12-5 所示。

所谓级，是指反渗透膜组件的产水作为下一个膜组件的进水，产水经 n 次膜组件处理，称为 n 级。反渗透膜组件的级数的提高是为了提高系统产水的品质，实际中使用的较多的是 1 级和 2 级。所谓段是指膜组件的浓水，流经下一组膜组件处理。浓水流经 n 组膜组件，即称为 n 段，系统分段的目的是为了减少系统的浓水的数量，以及提高系统的产水量和水的利用效率等。反渗透系统的设计流程根据应用对象和规模的大小，通常可以概括为连续式、部分循环式和循环式三种流程。

① 产水分级　分级式是为了提高产水的水质，将第一级产水作为第二级进水，第二级产水就是装置的产水。将浓度低于装置进水的第二级浓水回流至第一级进口处与装置进水相混合作为第一级进水，第一级浓水排放废弃，如图 12-6 所示。

② 浓水分段　将前一段的浓水作为下一段的进水，最后一段的浓水排放废弃，而各段产水汇集利用。这一流程适用于处理量大、回收率高的场合，通常苦咸水淡化和低盐度水或自来水的净化均采用该流程。

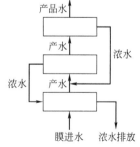

图 12-6　产水分级反
渗透工艺流程

（3）部分产品水循环　部分产品水循环至装置进口处与其原水相混后作为装置的进水，浓水连续排放。这一工艺流程的设计适用于水源水质经常波动，同时又要防止可能出现的微溶盐（如 $CaCO_3$ 和 $CaSO_4$ 等）沉淀，且需要连续额定产水等小规模应用的场合，总之，这种工艺流程便于控制产水的水质与水量。

（4）使用反渗透膜应注意的问题

① 膜污染　膜污染是造成反渗透系统运行不正常的主要影响因素之一。膜污染可以这

样定义：当反渗透膜截留的污染物质没有从膜表面传质返回到膜进水主体流动中的时候，这些污染物质就在膜面上造成了沉淀与积累（包括溶解性盐的沉淀析出、悬浮固体在膜表面的吸附、沉积和富集、胶体和可溶性高分子有机物的吸附与微生物的黏附生长以及新陈代谢产物形成的粘垢），使水透过膜的阻力增加，妨碍了膜面上的溶解扩散，从而导致膜产水量和水质的下降。膜污染包括以下几个方面的内容。

　　a. 膜污染可以通过膜材料的选择、预处理设计以及有效的清洗方案及工艺操作来控制。污染是膜法水处理中普遍存在的问题。可以说膜污染问题解决的成功与否直接影响到系统的运行成本以及某些技术实际应用的可行性。膜污染是指在经过一段时间后除了膜被压密及机械条件之外的所有引起膜水通量下降的现象，它依赖于膜的物理化学特征、进水的特征和系统的水力运行条件。膜的污染是不可逆的，必须经过化学清洗或反冲洗才有可能恢复膜的透过性能。

　　b. 浓差极化也是影响反渗透膜系统通量的一个重要因素，在一定范围内浓差极化造成的水通量下降是可以恢复的，可以说浓差极化不是一种污染现象。它是由于水中溶质在膜面上产生浓度梯度、浓缩富集的结果，从而使水通量减少。但是，如果膜面已经形成凝胶层，则只有通过水力或化学清洗才能恢复。

　　c. 颗粒物质的富集在膜面上形成结块，这将增加膜的透过阻力，最终减少水通量。通常，这种污染可通过水力清洗（如冲刷、反冲洗）方法部分恢复。

　　d. 天然有机物（NOM）的吸附：水中天然有机物造成的膜污染可认为是膜面颗粒结块物的黏着吸附作用或膜孔等本身的吸附作用，表现为 NOM 与聚合膜间的亲和性。这种吸附过程是动力学速率很小的动态平衡过程。由于存在有机分子的脱附问题，NOM 的污染是很难恢复的。

　　e. 钙、铁、锰的沉淀：沉淀垢体产生的原因有碳酸盐垢体的形成，以及由于预处理投加氧化剂或反冲洗时加氯使得铁、锰氧化水解而产生沉淀。

　　反渗透系统实际应用过程中，膜污染的电镜扫描照片如图 12-7 所示。

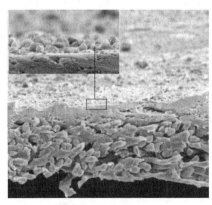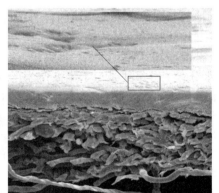

(a) ×200断面分析（×1000）　　　　　　(b) ×200断面分析（×1000）

图 12-7　污染膜清洗过程中研究膜上污染物变化时的 SEM 分析结果

　　图 12-7 中，图 12-7(a) 表示的是在污染膜表面上沉积的污染物的情况，由于沉积物占据了进料液的通道空间，限制了组件中的水流流动，增加了水头损失。这些沉积物可通过物理、化学及物理化学方法去除，因而膜产水量是可恢复的，图 12-7(b) 表示的是在沉积污染物的膜表面采用化学药剂清洗以后膜表面的情况。然而，膜产水量的下降将影响膜的运行和投资费用，这是因为产水量决定了膜的清洗频率与膜更换的频率。

　　反渗透膜的污染物主要有：悬浮固体或颗粒、胶体、难溶性盐、金属氧化物、生物污染物和有机污染物。反渗透膜装置的产水率、出水水质和膜的压降，常用来判别膜的污染及决定其是否需要进行化学清洗。表 12-4 列举了膜污染的一般特征。

表 12-4　膜污染的一般特征（引自罗敏，1997）

污　染　原　因	一　般　特　征		
	盐透过率	组件的压损	产　水　量
金属氧化物（Fe、Mn、Ni、Cu 等）	增加速度快 ≥2 倍[1]	增加速度快 ≥2 倍[1]	急速降低 20%～25%[1]
钙沉淀物（$CaCO_3$、$CaSO_4$）	增加 10%～25%	增加 10%～25%	稍微减少 <10%
胶状物质（如硅胶等）	增加缓慢 ≥2 倍[2]	增加缓慢 ≥2 倍[2]	减少缓慢 ≥50%[2]
混合胶体（Fe、有机物等）	增加速度快 2～4 倍[1]	增加缓慢 ≥2 倍[2]	减少缓慢 ≥50%[2]
细菌[3]	增加 ≥2 倍	增加 ≥2 倍	减少 ≥50%

　①24h 内发生；②2～3 周以上发生；③在无甲醛保护液情况下。

　②膜清洗　在膜工艺中，常规消毒与化学清洗对膜运行是很重要的一部分。通常，需配备单独的循环管路与膜组件连接。选用药剂时，需与使用膜的物理化学稳定性相一致。

膜系统在运行相当长的一段时间后，在浓差极化和膜污染的影响下，逐渐形成凝胶层和污染物沉积层，并在压力差的作用下慢慢被压实，使水流阻力显著增加，水通量急剧下降，用一般水力冲洗难以恢复水通量，这时就需要对膜进行特定的化学清洗。

在对膜进行清洗时，应当注意两点：一是必须先确定膜污染物的组成及污染性质，这样才能有的放矢地采取有效的清洗方法；二是如果能用清水冲洗，应尽量用清水冲洗。只有当清水冲洗达不到理想效果时，才考虑使用化学清洗方法。因此，超滤膜的清洗方法可分为物理清洗法和化学清洗法两种。

a. 物理清洗法　在这方面用得最多最普遍的就是水力冲洗法。实践证明，反冲洗法由于能把膜表面被微粒堵塞的微孔冲开，并能有效地破坏凝胶层的结构，所以对恢复膜的透水通量往往比等压冲洗有效。

此外，对于管式膜可采用直径稍大于管径的软质海绵球，在水力驱动下擦洗管壁膜表面，也能获得满意的效果。

b. 化学清洗法　根据作用性质的不同，化学清洗剂通常分为酸性清洗剂、碱性清洗剂、氧化还原清洗剂和生物酶清洗剂四类。

酸性清洗剂常用的有 0.1mol/L 盐酸溶液，0.1mol/L 草酸溶液，1%～3% 柠檬酸、柠檬酸胺、EDTA 等。这类清洗剂在去除 Ca^{2+}、Mg^{2+}、Fe^{2+} 等金属离子及其氢氧化物、无机盐凝胶层是较为有效的。

碱性清洗剂主要有 0.1%～0.5% 的 NaOH 溶液，它对去除蛋白质、油脂类的污染具有良好的效果。

氧化性清洗剂如 1%～1.5% H_2O_2、0.5%～1% NaClO、0.05%～0.1% 叠氮酸钠等，对去除有机物的污染有显著效果。

生物酶制剂如 1% 胃蛋白酶、胰蛋白酶等，对去除蛋白质、多糖、油脂类的污染是有效的，对有机物污染去除也有一定效果。采用酶清洗剂时，如能在 55～60℃ 下处理效果更佳。处理时间的长短与酶浓度的高低有关。

不同的膜有不同的化学清洗配方，一定要按配方的规定进行操作才不会影响膜的寿命。在实际运行中，发生污染的膜组件进行膜清洗的时间可以从以下几方面来确定：在恒定压力和温度下运行时，产水量下降 10%～15%；当温度不变时，要保持产水量恒定，其净操作压力增加 10%～15%；产水水质下降 10%～15%。如果发现其中之一，就要进行膜的清洗。此外，即使尚未达到上述数值，通常每隔 3～4 月需清洗一次。正常情况下，每月不得多于一次，否则表明预处理效果不好，应该对预处理单元进行改造。

常用的化学清洗剂见表 12-5 所示。

表 12-5　部分常用典型的化学清洗剂

化 学 药 剂	主 要 污 染 物					
	碳酸盐垢	SiO_2	硫酸盐垢	金属胶体	有机物	微生物
0.2%HCl(pH=2.0)	√			√		
2%柠檬酸＋氨水(pH=4.0)	√		√	√		
1.5%Na_2EDTA＋NaOH(pH=7～8)		√				
NaOH(pH=11.9)		√			√	√
0.1%EDTA＋NaOH(pH=11.9)		√			√	√
三磷酸钠、磷酸三钠和 EDTA					√	√

注："√"表示清洗效果良好。

③ 浓水的处置　膜系统的浓水与预处理工艺有关。如果预处理没有投加粉末活性炭等，则浓水主要为颗粒物质；如果系统的回收率较高（一般能否达到 75%），此时浓水中污染物的浓度较高。浓水的处置方法有：排入水体；排入市政污水管道系统；混凝-过滤回收，混凝剂一般采用聚丙烯酰胺；污泥处理。

（5）不同原水的典型预处理流程

① 地表水　原水→混凝剂→砂滤器→活性炭过滤器→3μm 滤芯过滤→RO。

地表水的处理重点主要是浊度、胶体、有机物和余氯。将混凝剂可以直接加入到原水的管路中；活性炭的作用是吸附水中的余氯和有机物；3μm 滤芯过滤作为保安过滤器，保护反渗透膜组件。

② 地下水，可以根据情况选择下面流程中的一种。

井水→5μm 滤芯过滤→RO　　　　　　　　　　　　　　　　　　　　　　　　　（1）

浅井水→20μm 滤芯过滤→砂滤过滤器→活性炭过滤器→5μm 滤芯过滤→RO　　　（2）

井水→20μm 滤芯过滤→预软化→5μm 滤芯过滤→RO　　　　　　　　　　　　　（3）

井水→20μm 滤芯过滤→锰砂滤器→5μm 滤芯过滤→RO　　　　　　　　　　　　（4）

井水→（阻垢剂）20μm 滤芯过滤→预软化→5μm 滤芯过滤→RO　　　　　　　　（5）

地下水的处理重点主要是硬度。流程（3）考虑了预软化，预软化可采用阳离子交换法；流程（4）考虑了地下水中铁锰含量较高的情况；对于遭受有机物污染的地下水可以考虑采用流程（2）进行处理；如果选择了合适的阻垢剂，工艺流程（5）可以适用前面三种地下水的情况。

一般含铁量小于 0.3mg/L，悬浮物含量小于 20mg/L 时，可采用直接过滤法；当含铁量大于 0.3mg/L 时，应首先考虑除铁，以满足聚酰胺膜卷式组件进水水质要求（见表 12-6）然后再考虑采用直接过滤或接触絮凝过滤工艺。

对反渗透系统中典型的预处理方法进行总结，见表 12-7 所示。

12.2.4　反渗透系统的应用

反渗透技术的主要应用领域有：①海水、苦咸水淡化；②纯净水、超纯水制备；③废水处理，如电镀、化纤、含油、印染、矿山、造纸、摄影、放射性等工业废水和城市生活污水的净化，并可取得明显的经济与社会效益；④乳品加工；⑤医用纯水、注射水制备；⑥锅炉补给水制备。

表 12-6　聚酰胺膜卷式组件进水水质要求

项　　　目	卷式膜	项　　　目	卷式膜
浊度(度)	<0.5	铝/(mg/L)	<0.05
pH 值	4~11	表面活性剂/(mg/L)	检不出
水温/℃	15~35	洗涤剂,油分,H_2S 等	检不出
SDI	<5	$CaSO_4$ 溶度积	浓水<19×10^{-5}
化学耗氧量(以 O_2 计)/(mg/L)	<0.05	沉淀离子(SiO_2,Ba 等)	浓水不发生沉淀
游离氯/(mg/L)	0	郎格利尔指数	浓水<0.5
铁(总铁计)/(mg/L)	<0.05		

表 12-7　反渗透系统中典型的预处理方法

主 要 污 染 物	预 处 理 方 法
悬浮固体或颗粒	格栅、砂滤、混凝过滤、滤芯过滤;多层介质过滤
胶体	混凝过滤、超滤
$CaCO_3$、$Mg(OH)_2$、$CaSO_4$、$BaSO_4$、CaF_2	加酸、石灰软化、加阻垢剂、阳离子交换、磁化
DO	$NaHSO_3$
余氯	$NaHSO_3$、活性炭
SiO_2	适当提高反渗透操作温度、适当提高 pH、砂滤去除 SiO_2
金属氧化物	去除 DO、加酸调节 pH、钠型离子交换
生物污染物	氯化、臭氧、紫外照射、加亚硫酸氢钠、加硫酸铜
有机污染物	混凝-过滤、活性炭吸附、紫外消毒、超滤、微滤

12.3　超　　　滤

超滤（Ultrafiltration，简称 UF）概念是 Schmidt 首次在过滤领域提出，超滤膜应用于饮用水净化处理是一种全新的工艺，而第一个采用超滤系统进行饮水处理的工厂是 1988 年11 月在法国 Amoncourt 投产的。

12.3.1　超滤的基本理论

超滤是一个在压差驱动力作用下进行的分离过程，一般来说，超滤膜的截留相对分子质量在 500~300000，而相应的孔径在 5~100nm 之间，此时溶液的渗透压很小，所以超滤膜的操作压力较小，一般为 0.1~0.5MPa。当原水采用超滤膜系统进行处理时，在压力的作用下，水、无机盐和小分子的溶解性有机物透过膜，而水中的悬浮物、胶体、微粒、细菌和病毒等大分子物质被截留，与传统给水净化工艺与消毒相比，超滤的主要优点如下。

① 不需投加化学药剂。

② 以筛分机理为主，依靠孔径大小选择膜。

③ 对颗粒和微生物具有较高的去除率。不论进水水质情况，都能获得良好的、稳定的处理水质。

④ 占地面积小，可实现自控。

12.3.2　超滤系统的设计

12.3.2.1　超滤膜的选择

表征 UF 膜性能的主要参数有膜截留相对分子质量、膜截留率和膜水通量，以及与膜相关的膜孔结构、耐温、耐压、抗腐蚀性及使用寿命，以及制造超滤膜的有机聚合物材料和无机材料等。

无机膜主要为陶瓷膜。较有机膜相比，无机膜具有以下优点：管理费用低；耐 pH 值范围广（pH＝0～14）；耐高温（最高达140℃）；以及运行压力最高可达2MPa；抗污染能力强等，无机膜只有管式形成商品化，无机膜应用过程中还有较多的问题需要解决。

12.3.2.2　超滤装置的选择

超滤装置的发展来源于反渗透膜的发展，在超滤装置的类型与反渗透系统的通常具有的平板式、管式、卷式和中空纤维式四种方式相同。

12.3.2.3　超滤系统预处理工艺的选择

超滤原水的预处理工艺包括以下几个方面。

① pH值调整：针对膜进水pH值不符合要求的情况。

② 针对铁、锰而言要采用预氧化的办法预处理，对于悬浮物较高的情况，要采用在UF膜组件前增加预过滤的办法进行预处理。

③ 对于水体中的天然有机物NOM的预处理，要采用混凝—吸附—沉淀的办法进行，一般采用粉末活性炭吸附或者混凝剂絮凝（铝盐、三氯化铁等）进行预处理。

12.3.2.4　应用实例

膜分离技术在工业废水处理领域的研究现在相当活跃，并已经得到了一定的应用，作为一种高新技术，其分离效率高、节能、设备简单、操作方便等特点使其在水处理领域具有相当的技术优势，已成为工业水处理不可缺少的技术之一。由于工业废水往往涉及含有酸、碱、有机物等物质，处理条件比较苛刻，因此，处理废水使用的膜必须具有较好的材料性能，从而在苛刻的条件下有良好的分离性能和较长的使用寿命。

（1）作为反渗透或纳滤膜的预处理　利用超滤作为反渗透系统的预处理具有以下特征。

① 连续运行，易于自控。

② 对后续膜设备保护良好。

③ 不需投加化学药剂。

④ 占地面积小。

（2）饮用水处理　超滤膜应用于饮用水的处理过程中，已有多年的经验，主要使用超滤膜去除水体的浊度、微生物等颗粒的去除，以获得优质饮用水。截留分子质量为500～800Da的超滤膜可去除水体中绝大部分的色度、消毒副产物等，对水的含盐量和硬度的去除较少。这对于水体中有机物含量较高的饮用水及其水源的处理是有效的。

（3）含油废水的处理　含油废水来源极为广泛，如钢铁工业的压延、金属切削、研磨用润滑剂废水，石油炼制及管道运输中等含油废水等，处理含油废水的目的主要是除油同时去除COD及BOD。膜分离技术在含油废水处理中的研究与应用相当广泛，主要是采用不同材质的超滤膜和微滤膜来处理。20世纪70年代初，Bansal等用孔径$0.02～0.1\mu m$的氧化锆动态膜对多种含油废水进行了分离试验，结果表明油截留率大于99％，透过液中油含量较低，可回收利用或排放。超滤处理效果很好，而经过合适的絮凝预处理后，采用$0.2\mu m$微滤膜过滤也可获得良好的除油效果，并能获得较高的膜通量。张国胜采用$0.2\mu m$氧化锆膜处理钢铁厂冷轧乳化液废水，通过对膜的选择、操作参数的考察、过程的优化，获得了满意的结果，膜通量$100L/(m^2 \cdot h)$，油截留率大于99％，透过液中油质量分数小于10×10^{-6}，该技术已实现了工业化应用。王怀林等采用南京化工大学膜科学技术研究所生产的陶瓷微滤膜对江苏真武油田的采出水进行处理，效果良好。

（4）印染废水的处理　20世纪70年代初期膜分离技术就被尝试用于印染废水处理。Porter等对18种染料的回收和再利用进行了试验，采用了反渗透法，使用内压管式醋酸纤维膜、中空纤维聚酰胺膜、卷式醋酸纤维膜等，分离效果良好，色度去除率大于99％，COD去除率均在92％以上，透过水可重新使用。1983年Tinghuis报道了用反渗透技术对13种酸性、碱性染料溶液的分离结果。

（5）食品工业废水的处理　食品工业废水一般含有高浓度有机物，如蛋白质、脂肪等，COD 值较高且水量大，膜分离技术处理的主要目的是能回收有用物质，降低 COD 值等。1976 年，日本就建立了管式反渗透处理系统来处理水产品（主要是鱼、蟹、贝类等）加工后含有机物的废水以回收使用水，通过气浮、反渗透的二级处理，COD 由 $600 \times 10^{-6} \sim 1000 \times 10^{-6}$ 降至 $30 \times 10^{-6} \sim 70 \times 10^{-6}$。悬浮杂质（SS）完全去除，水回用率 90%。高以火互等对用超滤、纳滤处理不同生产工序产生的酵母废水的可行性进行了研究。研究表明，酒精酵母生产中发酵液分离后废水、酵母洗涤废水等几种废水经超滤处理后，废液中蛋白质能 100% 截留回收，色度去除率一般大于 50%，COD 去除率在 30%～70% 左右；纳滤处理效果优于超滤，其 COD 去除率 82%～99%；采用壳聚糖絮凝剂对废水进行预处理再进行超滤，可有效改善膜污染，膜透水率提高。

（6）生活污水的处理　在各类水体污染源中，生活污水也占相当大的比例，这类污水污染程度不高，但水量较大，如能处理后循环使用对保护淡水资源，提高水利用率是十分有益的，特别在水缺乏地区。20 世纪 80 年代中期日本采用超滤、反渗透结合其他技术对高层建筑废水进行综合处理。近年来，国内也开展了这方面的研究工作。将膜分离技术与活性污泥法相结合而成的膜生物反应器处理各类废水引起了广泛的关注。其中最普遍使用的是膜分离生物反应器，在该膜生物反应器中，用膜组件替代活性污泥法中二沉池，利用膜的高截留率将浓缩液回流到生物反应器中，使生物反应器内有较高的微生物浓度和很长的污泥停留时间，这样膜生物反应器的出水水质较高、占地面积小，因而很适合公共建筑的生活污水的回用处理。目前研究涉及的膜组件主要有超滤和微滤两类，从材质上分主要是高分子膜和无机陶瓷膜。早期主要是高分子膜组件，随着无机膜的发展，由于其性能稳定、再生方便等特点而在膜生物反应器研究中受到关注。

由于工业废水的复杂性，任何单一技术一般都具有其局限性，往往达不到理想的效果，必须重视膜分离技术与其他水处理技术的集成技术研究，发挥各种技术的优势，形成废水深度处理的新工艺，回收有用物质，实现废水的无害化回用，这对于节约资源、降低成本、保护环境都是极有意义的。

12.4　微　　滤

微滤（microfiltration，简称 MF）是一种压力驱动膜过滤技术。微滤膜的结构为筛网型，孔径范围在 $0.05 \sim 5\mu m$，因而微滤过程满足筛分机理，可去除 $0.1 \sim 10\mu m$ 大小的杂质，如细菌、藻类等。操作压力一般小于 0.3MPa。

12.4.1　微滤系统的设计

12.4.1.1　微滤膜组件的选择

微滤膜一般是由合成高分子材料制成的，与一般过滤介质相比有如下特点。

① 孔径比较均匀，过滤精度高。

② 孔隙率高，滤速快：微滤膜上孔数目可达 1×10^7 个/cm²，孔隙率达 70%～80%，因而对流体的阻力小，滤速快。

③ 微滤膜的厚度一般为 0.1～0.15mm，吸附容量小。

④ 在过滤过程中无介质脱落。

⑤ 膜易被堵塞，因而多用于精密过滤（如用作纯水、超纯水制取中的终端过滤等）。

在饮用水处理中，微滤膜组件形式主要包括卷式、管式、中空毛细管纤维、中空细纤维、圆盘式与盒式。对于大规模的饮用水应用，多采用管式和中空毛细管纤维。

12.4.1.2 微滤膜孔径的选择

膜孔径的选择应根据工艺的需要，并不是越精密越好，因为膜孔越小，堵塞得越快，而且选用孔径过小的膜会大大提高制水成本。常用的膜孔径选择见表 12-8。

表 12-8 膜孔径的选择

孔径/μm	用　　途
20	反渗透、纳滤以及超滤系统的粗过滤
3~10	RO 或 NF 前的保安过滤
0.45	电子工业高纯水终端过滤
0.2	医用无菌水的菌过滤；电子工业超纯水终端过滤；饮用水的直接过滤

12.4.1.3 系统设计

微滤膜系统的运行方式也主要有错流方式和死端过滤方式，其中错流方式过滤多用于浊度和 TOC 浓度较高的饮用水处理。死端过滤方式水的回收率达 100%，能耗较低，但是对进水的水质要求较高，一般浊度在 200NTU 以下。

12.4.1.4 预处理

（1）预过滤　当颗粒物质（浊度）和微生物是主要污染物时，中空纤维膜系统只需配置简单的预过滤设备。预过滤是为了去除较大的颗粒，以防膜的堵塞。

格网或预过滤的截留尺寸一般在 50~200μm，这需根据膜纤维的内径来定。常用的预过滤器包括盘式过滤器、袋式过滤器。

（2）pH 值的调整　调节进水的 pH 值，以满足膜材料对 pH 值的要求，特别是对于醋酸纤维素类膜。

12.4.1.5 微滤膜出水水质

（1）对微生物的去除　饮用水中的主要微生物有病毒、细菌等。其中病毒是最小的微生物，一般为 0.02~0.08μm，血细胞、细菌为 0.5~10μm，原生动物胞囊与胞囊虫为 3~15μm，真菌、原生动物和藻类一般大于 100μm，而分子一般为 1×10^{-10} m~0.01μm。通过水体中粒子的尺寸与微滤膜孔径的大小比较，可以初步了解微滤膜去除水体中的微生物的情况。

（2）颗粒物质的去除　与膜孔径大小有关，随着膜孔径的增大，膜出水的浊度升高。

（3）对 NOM 的去除　一般采用混凝剂或粉末活性炭作为预处理，以提高整个系统对 NOM 的去除率。

12.4.1.6 膜的反冲洗

微滤膜的反冲洗方式一般有气反冲洗、水反冲洗和气水反冲洗三种，一般通过操作压力、产水量等参数的控制来实现自控系统。

对于大多数微滤系统，水反冲洗的频率为每 30~60min 一次，每次历时 1~3min，反冲洗水泵压力在 0.05~0.2MPa。对于微生物污染的膜，需在反冲洗水中加氯 3~50mg/L。

气反冲洗的频率是每 30~60min 一次，每次历时 2~3min。气反冲洗时，必须先将膜组件中的产水和进水排空，关闭产水阀，然后使压力在 0.6~0.7MPa 的空气通过膜内腔。利用压缩空气反冲洗可以省去水反冲洗系统。

由于膜污染的性质与程度不同，反冲洗系统可全部或部分恢复膜的水通量。如果反冲洗不能恢复产水量，那么必须对膜进行化学清洗或改进膜的预处理工艺。

12.4.1.7 强化预处理

① 投加混凝剂，一般为硫酸铝或硫酸铁，投加量 5~50mg/L，需通过试验确定。

② 粉末活性炭。

12.4.2 微滤系统膜组件的应用

① 去除颗粒物质和微生物。这包括两个方面，一是直接用于饮用水的过滤处理，二是超纯水等制取中的终端过滤，以滤除水中极痕量的悬浮胶体和霉菌等。

② 去除天然有机物（NOM）和合成有机物（SOC）。

③ 作为反渗透、纳滤或超滤的预处理。

④ 污泥脱水与胶体物质的去除。

⑤ 利用微滤膜与其他工艺的技术集成，可代替原有传统净水厂的处理工艺。

12.5 电 渗 析

电渗析是20世纪50年代发展起来的一项膜法水处理技术，适用于饮用水、工业用水、低压锅炉补给水、机床用水的脱盐、脱碱、脱硬等。一般可将水中的电解质含量由3500mg/L脱至10mg/L以下。

电渗析用于水的联合脱盐和软化时，应根据当地的具体情况进行设计，对于高含盐量的海水和苦咸水的脱盐应与反渗透、蒸馏法进行技术经济比较后选用。

电渗析（Electrodialysis，ED）是以直流电为推动力，利用阴、阳离子交换膜对水溶液中的阴、阳离子的选择透过性，使一个水体中的离子通过膜转移到另一水体中的物质分离过程。

与离子交换水处理相比，电渗析给水处理的主要特点。

① 能量消耗少。电渗析器在运行中，不发生相的变化，只是用电能来迁移水中已解离的离子，其所耗电能一般与水中的含盐量成正比。

② 药剂耗量少，环境污染小，仅酸洗时需要少量酸。

③ 设备简单，操作方便。

④ 设备规模和脱盐浓度范围的适用性大，可用于小至每天几十吨的小型生活饮用水淡水站，大至几千吨的大、中型淡水站。

⑤ 以电为动力，运行成本较低。

电渗析-离子交换联合脱盐装置制取纯水和超纯水：原水含盐量一般在200mg/L以上，电渗析出水含盐量一般在40～20mg/L。

参 考 文 献

[1] 王占生等. 微污染水源饮用水处理. 北京：建筑工业出版社，1999.
[2] R. Rautenbch and A. Groschl. Separation Potential of NF Membranes. Desalination. 1990，(77)：73.
[3] 郑鸿. 应用反渗透膜法处理苦咸水和地下水. 膜科学与技术，1989，9 (4)：53.
[4] Marshall M A, Munro P A, Tragardh G. The effect of protein fouling in microfiltration and ultrafiltration of permeate flux. Desalination, 1993，91：65.
[5] Yujung Chang, Chi Wang Li, Mark M. Benjamin. Iron oxide-coated media for NOM sorption and particulate filtration. J. AWWA., 1997，May：100.
[6] Pal Fu, Hector Ruiz, et al. A pilot study on groundwater natural organics removal by low-pressure membranes. Desalination, 1995，102：47.
[7] 萧刚. 反渗透系统设计研究. 净水技术，1996，57 (3)：22.
[8] 王学松. 膜分离技术及其应用. 北京：科学出版社，1994.
[9] 罗敏. 清华大学硕士学位论文. 1997.
[10] 周蓉. 清华大学硕士学位论文. 1997.
[11] 邵刚. 膜法水处理技术. 北京：冶金工业出版社，1992.
[12] 杨福才，瞿砚章. 膜技术处理饮用水. 中国给水排水，1997，13 (4)：20.
[13] 竹井祥郎. 生体と水. 水环境学会誌，1992 (2)：2-6.

［14］ 久保田昌治．新しし水の科学と利用技術．スオ——ラザイン研究所，1994：15-31.

［15］ 小島貞男．日本の水．東京：日刊工業新聞社，1995.

［16］ 橋本奬．健康た飲料水とああにしレ飲料水の水質評價とちの応用に関する研究．水环境学会誌，1989（3）：12-16.

［17］ 葛可佑等．90年代中国人群的膳食与营养状况．北京：人民卫生出版社，1996.

［18］ 冯敏．工业水处理技术．北京：海洋出版社，1992.

［19］ 黄耀江．膜工艺在饮用水处理中的应用．净水技术，1994，47（11）：38-40.

<h1 style="text-align:center">习 题</h1>

1. 水体中有机污染物有什么危害？请简要说明有机污染物与重金属污染物对水生生态系统影响的严重程度？在对于人体的健康影响方面又如何？请举例说明水中污染物的累计对人体的危害。

2. 查阅有关资料，简单描述水中有机污染物各种处理方法的原理和特点。

3. 存在于天然水体中的单环芳烃和多环芳烃类化合物主要有哪些？在水体中显示什么环境特性？你认为去除污染水体中多环芳烃的简单有效的方法是什么？

4. 以家用活性炭净水器为例，简要说明如果净水器使用不当会产生哪些严重的负面影响？应该如何选购和正确使用净水器？

5. 电镀废水的特点如何？现有的处理工艺有哪些？你认为处理电镀废水最好的工艺应该是什么样的？请举例说明。

第13章 水处理中化学氧化技术原理及应用

13.1 概　述

化学氧化处理技术是处理各种形态污染物的有效方法，它利用氧化势较高的氧化剂来分解破坏污染物的结构，达到转化或分解污染物的目的。化学氧化剂已经在饮用水、废水、环境消毒方面得以广泛应用。使用化学氧化剂净化水有许多优点，比如反应时间短，占地少，基建投资省，一般情况下受温度的影响较小。水处理中常用的氧化剂包括氯、过氧化氢、二氧化氯、高锰酸钾、高铁酸钾。然而常规化学氧化法的缺点是：①氧化过程有选择性，生成的产物不一定是 CO_2、水或其他矿物盐，可能还会产生二次污染，及生成其他有害副产物；②有机物在这些过程降解速率较慢，故处理成本较高。

高级化学氧化技术，是对传统水处理技术中的常规化学氧化法，革新的基础上应运而生的一种新技术方法，它由 Glaze W. H. 等人于 1987 年提出。高级氧化技术（advanced oxidation processes，简称 AOPs，或 advanced oxidation technologies，简称 AOTs），是指通过化学或物理化学的方法，使水中的污染物直接矿化为 CO_2 和 H_2O 及其他无机物，或将污染物转化为低毒、易生物降解的小分子物质。AOPs 通常被认为是利用其过程中产生的化学活性极强的羟基自由基（·OH）将污染物氧化的，由于这一技术具有高效、彻底、操作简便适用范围广、无二次污染等优点而备受关注，对水体中有毒有害难降解的污染物具有较强的应用优势，引起世界各国的重视，并相继开展了该方面的研究与应用。高级氧化工艺的发展历程就是不断提高·OH 生成率与利用率的过程，因为·OH 是这些工艺处理效率高低的关键。目前的主要高级氧化技术包括光催化氧化、催化湿式氧化、超临界水氧化、超声等。

13.2 常规化学氧化技术

13.2.1 氯化

氯氧化通常称为氯化，是应用最早、而且是国内目前使用最普遍的一种饮用水氧化方法。水处理中常利用氯与某些无机物的氧化反应来完成它们的去除问题，较常见的应用有除铁和除锰。地下水中呈溶解态的二价铁可以通过氯氧化为氢氧化铁沉淀物：

$$2Fe(HCO_3)_2 + Cl_2 + Ca(HCO_3)_2 === 2Fe(OH)_3 + CaCl_2 + 6CO_2$$

水中溶解的锰化合物同样可以通过氯氧化成二氧化锰沉淀，但 pH 值应为 $7\sim10$，最佳 pH 值接近 10，反应为：

$$MnSO_4 + Cl_2 + 4NaOH === MnO_2 + 2NaCl + Na_2SO_4 + 2H_2O$$

预氯化常用于水处理工艺中以杀死藻类，使其易于在后续水处理工艺去除。对于富营养化水源水，许多水厂采用预氯化单元处理工艺。但氯化对一些藻类去除率有一定限制，某些藻类的去除率并不总随加氯量的增加而增高，如对水中的颤藻去除效果不理想。

氯化可以降低水中的色和味，抑制藻类和细菌的繁殖，加强对后续工艺的保护，具有经济有效的优点，但当原水中有机物含量较高时，预氯化将增加氯耗，同时也会生成"三致"作用氯化消毒副产物，消毒副产物对人体健康的影响已经引起了世界各国的高度关注，并制订了饮用水消毒副产物控制标准。氯化消毒副产物广义上分为卤化复合物和非卤化复合物两类。卤复合物主要分为6类，第1类：三卤甲烷类，主要有三氯甲烷、二氯溴烷、二溴氯烷和三溴甲烷；第2类：卤乙酸类，主要有二氯乙酸、三氯乙酸、二溴乙酸、溴氯乙酸和二氯溴酸等；第3类：卤代腈类，主要有二氯乙腈和溴氯乙腈；第4类：卤素金盐类；第5类：卤代酮类；第6类：卤代酚。自1974年Rook发现氯化消毒可以成氯仿等致癌物以来，已经发现的饮用水氯化消毒副产物已超过500种。消毒副产物的毒理学效应包括致癌性、致突变性、致畸性、肝毒性、肾毒性、神经毒性、遗传毒性、生殖毒性其他毒副作用。

氯代消毒副产物是氯消毒剂与水中消毒副产物前体物反应生成的。对这一反应的机理研究大多是通过对氯与消毒副产物前体的模拟物质反应的生成特性获得的。国内外学者普遍认为，饮水中氯代消毒副产物的产生与腐殖酸、富里酸、藻类其代谢产物、蛋白质、氨基酸、碱基及其他环境污染物等有关，其中腐殖酸和富里酸是水体中最常见的有机物，约占水体可溶性有机物的50%以上，也是饮用水主要致变前体物质之一。氯易与水中的有机物形成三卤甲烷等致变物或其他有毒成分，且这些物质不易被后续常规处理工艺去除。此外，在氯与有机物、酚类化合物的反应中，还会产生有气味的氯化物，是饮用水处理应该避免出现的。因此预氯化不是理想的饮用水处理技术，因此用氯气作为氧化剂应用于地表水的净化受到了很大的限制，随着人们对氯化消毒副产物危害的进一步认识，寻找新的替代氧化技术已势在必行。

13.2.2 过氧化氢氧化

过氧化氢的标准氧化还原电位（1.77V、0.88V），仅次于臭氧（2.07V、1.24V），高于高锰酸钾、次氯酸和二氧化氯，能直接氧化水中有机污染物和构成微生物的有机物质。其本身只含氢和氧两种元素，分解后成为水和氧气，使用中不会引入任何杂质。纯过氧化氢是淡蓝色黏稠液体，熔点$-0.43℃$，沸点$150.2℃$。在$0℃$时液体的密度是$1.4649g/m^3$，它的物理性质和水相似，纯过氧化氢性质比较稳定，在无杂质污染和良好的储存条件下，可以长期保存而只有微量分解。只有在约$144℃$以上开始发生爆炸性分解。理想的储存容器通常用纯铝、不锈钢、玻璃、瓷器、塑料等材料组成。过氧化氢的水溶液的质量分数可以达到86%，但要进行适当的安全处理。过氧化氢是一种弱酸，但它的稀水溶液却是中性。过氧化氢在水处理中具有广泛的应用，它具有以下特点：

① 产品稳定，储存时每年活性氧的损失低于1%；

② 安全，没有腐蚀性，能较容易地处理液体，仅需要一些较易解决的设备；

③ 与水完全混溶，避免了溶解度的限制或排出泵产生气栓；

④ 无二次污染，能满足环保排放要求；

⑤ 氧化选择性高，特别是在适当的条件下选择性更高。

过氧化氢最初主要用于处理高浓度有机废水，如有机染料废水、造纸及纺织工业废水等，后来作为生物预处理技术，它能有效改善废水的可生化性。过氧化氢在含硫废水和含氰处理方面也有了较多的应用。对许多工业废水（如焦油精馏厂废水和玻璃纸厂废水）中硫化物，采用过氧化氢氧化法可以有效控制硫化物的排放。采用过氧化氢氧化法处理含氰废水具有操作简单、投资省、生产成本低等优点。世界上第一座工业规模的处理含氰废水的过氧化氢氧化装置于1984年在巴布新几内亚的OKTedi矿山建成投产。目前已有较多的企业采用过氧化氢氧化法处理炭浆厂的含氰矿浆和低浓度含氰排放水、尾矿库的含氰排放水和回用水，以及堆浸后的贫矿堆和剩余堆浸液。

在饮用水处理中过氧化氢分解速度很慢，同有机物作用温和，可保证较长时间的残留消毒作用；又可作为脱氯剂（还原剂），不会产生有机卤代物。因此，过氧化氢是较为理想的饮用水预氧化剂和消毒剂。随着天然水中有机物的污染越来越严重，近年已有不少研究和工程实践将其作为预氧化用于饮用水处理。目前过氧化氢预氧化常用于水中藻类、天然有机物和地下水中铁、锰的去除。过氧化氢对有机物的氧化无选择性，且可完全氧化为 CO_2 和 H_2O，但过氧化氢单独使用时反应速度很慢，对有机物去除作用不显著。在不同 pH 值条件下，过氧化氢氧化有机物的能力差异很大，低 pH 时具有较强的氧化性。过氧化氢难以将天然有机物进行彻底氧化，而主要在一定程度上改变了有机物的构造，具有较强的助凝作用。因而在饮用水净化的实际应用时通常要与其他催化剂结合，进行高级氧化。

13.2.3　二氧化氯氧化

二氧化氯（ClO_2）是汉弗莱·戴维于 1811 年发现的。根据浓度的不同，二氧化氯是一种黄绿色到橙黄色的气体，相对分子质量 67.45，具有与氯气相似的刺激气体，空气中的体积浓度超过 10% 便有爆炸性，但在水溶液却是十分安全的。二氧化氯一般需由亚氯酸钠和氯反应现场制作，使它具有氧化作用强，生产简单，成本低等特点。在美国，ClO_2 用于饮用水处理已超过 50 年。氧化性能独特的二氧化氯也正日益受到人们的青睐，在世界各地应用也逐渐增多，特别是在水源水受酚类、腐殖质类、锰类等污染以及受季节性藻类和异臭困扰的地区。我国从 20 世纪 90 年代以后才开始在一些中小型水厂中加以应用研究，但发展迅速，但已经表现出良好的应用前景。从 20 世纪 90 年代以后才开始在一些中小型水厂中加以应用研究，但发展迅速。目前国内已经有数百家水厂进行了二氧化氯的试验和生产性应用。随着我国水源水质污染加剧和人们对水质要求的提高，二氧化氯净化饮用水必将拥有更广泛的市场。

在 pH 值大于 7.0 条件下，二氧化氯能迅速氧化水中的铁离子和锰离子，形成不溶解性的化合物。其主要反应式如下：

$$2ClO_2 + 5Mn^{2+} + 6H_2O \Longrightarrow 5MnO_2 \downarrow + 12H^+ + 2Cl^-$$

二氧化锰不溶于水，可以过滤掉。二氧化氯能迅速将 Fe^{2+} 氧化为 Fe^{3+}，以氢氧化铁的形式沉淀出来。

$$ClO_2 + 5Fe(HCO_2)_3 + 13H_2O \Longrightarrow 5Fe(OH)_3 \downarrow + 15CO_2 \uparrow + 26H^+ + Cl^-$$

二氧化氯可以有效控制藻类等水生植物繁殖。作为一种较强的氧化剂，它用于预氧化除藻的优势在于：对藻类具有良好的去除效果，同时又不产生很显著的有机副产物。二氧化氯对藻类的控制主要是由于它对苯环有一定的亲和性，能使苯环发生变化而无臭无味。叶绿素中的吡咯环与苯环非常类似，二氧化氯也同样能够作用于吡咯环。这样，二氧化氯氧化叶绿素，藻类的新陈代谢终止，使得蛋白质的合成中断。这个反应结果对藻类的损害在于原生质脱水而带来的高渗的收缩（质壁分离），这是个不可逆过程，导致藻类死亡。同时，二氧化氯在水中以中性分子形式存在，它对微生物的细胞壁有较强的吸附和穿透能力，易于透过细胞壁与藻细胞内主要的氨基酸反应，从而使藻细胞因蛋白质合成中断而死亡。需要注意的是，二氧化氯虽然对灭杀藻类有良好效果，但去除藻毒素的能力有限，且投量要严格掌握。除藻的同时要充分考虑微囊藻毒素等胞内污染物的释放与去除。有资料表明，在二氧化氯含量较低时，二氧化氯主要和水中的藻毒素发生反应，但当二氧化氯投量超过 1mg/L 之后，就会优先和藻类发生反应，破坏藻类细胞，使胞内的毒素释放到水体内，增加了水中藻毒素的本底含量。

此外，二氧化氯氧化技术还具有其他优点：①与有机物反应具有高度选择性，基本不与有机腐殖质发生氯化反应，生成的可吸附有机卤化物和三氯甲烷类物质基本可以忽略不计，且可以有效控制三卤甲烷前体物；②有效破坏水体中的微量有机污染物，如酚类、氯仿、四氯化碳等；③有效氧化某些无机污染物，如 S^{2-}、CN^- 等；④促进胶体和藻类脱稳，使絮状体有更好的沉降性能，强化常规工艺的混凝效果，使反应后的色度、浊度去除率提高；⑤二氧化氯具有降低水臭味的能力，可有效地降低出厂水的臭阈值，特别是能解决藻类繁殖的季节由加氯引起的出厂水的臭味问题。

由于二氧化氯与水中有机物发生反应有 $50\%\sim70\%$ 的 ClO_2 分解为 ClO_2^-，其余生成 Cl^-，故水中有机物含量越高，需投放二氧化氯消毒量就越大，而反应生成的 ClO_2^- 也越多，对人体危害就越严重。ClO_2^- 在人体内过量积聚将引起过氧化氢的产生，从而使血红蛋白氧化，造成溶血性贫血，国际癌症研究所将亚氯酸盐归入易见的致癌物类中。除非有专门的后续工艺来去除 ClO_2^-，否则 ClO_2^- 会在相当长的时间里稳定存在于水中，因此饮用水处理中要严格控制 ClO_2^- 的投加量。在一般水体中，德国和挪威等国家规定二氧化氯消毒投入量为 $0.3mg/L$。世界卫生组织在《饮用水水质准则》（第二版）中指出，因二氧化氯易于分解，而且已制定了亚氯酸盐的临时指标（$\leqslant0.2mg/L$）足以防止二氧化氯的潜在毒性，故没有提出二氧化氯的指导值。对污染较严重的水源，不宜使用二氧化氯作为氧化剂，特别是我国南方大部分是用江、湖水作为饮用水水源，水中含有大量有机物，如果使用二氧化氯作为氧化剂，则投入量大且其残留的亚氯酸盐含量可能大大超过世界卫生组织所规定的标准。

二氧化氯在废水处理方面的应用与研究已有越来越多的报道。其机理大多是利用强氧化性氧化降解水中有机污染物为少数挥发或不挥发的有机化合物，再降解为二氧化碳和水。二氧化氯在煤气废水、含硫化物废水、高浓度含氰废水、对氨基苯甲醚废水、苯酚和甲醛废水及印染废水的处理均取得了较好的效果。有资料表明，二氧化氯处理含硫化物废水，操作方便，安全可靠，硫化物去除率高，其处理效果不受废水 pH 值和温度的影响，无二次污染，处理后的废水中硫化物的含量可达到排放标准，它是一种简便高效的良好处理方法。二氧化氯催化氧化法是一种新型高效的催化氧化技术，它是利用二氧化氯在非均相催化剂存在条件下，氧化降解废水中的有机污染物，可直接矿化有机污染物为最终产物或将大分子有机污染物氧化成小分子物质，提高废水的可生化性。

13.2.4　臭氧氧化

臭氧在常温常压下是一种不稳定、具有特殊刺激性气味的浅蓝色气体，需直接在现场制备使用。臭氧自 1876 年被发现具有很强的氧化性之后，就得到了广泛的研究与应用，尤其是在水处理领域。1906 年法国开始使用臭氧对饮用水进行消毒，到 20 世纪 60 年代末臭氧开始用于饮用水氧化处理，目前臭氧氧化技术已是比较成熟的饮用水处理技术，已经成为国际上饮用水处理的一种主流技术，欧洲的一些主要城市的自来水厂基本普及了臭氧氧化法处理。由于臭氧的制备比较昂贵，在我国运用臭氧技术的水厂还为数不多，然而，已有的工程实践已充分展示了臭氧在自来水深度处理中所起的重要作用和应用前景。

通常臭氧作用于水中污染物有两种途径：①直接氧化，即臭氧分子和水中的无机污染物直接作用。在此过程中，臭氧能氧化水中的一些大分子天然有机物，如腐殖酸、富里酸等；同时臭氧也能氧化一些挥发性有机污染物和一些无机污染物，如铁、锰等。直接氧化通常具有一定选择性，即臭氧分子只能与水中含有不饱和键的有机污染物或无机成分作用；②间接氧化，一部分臭氧分解产生羟基自由基与水中有机物作用，间接氧化具有非选择性，在任何 pH 条件均能将水中多种有机物氧化为无机物，如导致水体色、臭和味的腐殖质，酚、氨氮、铁、锰和硫等还原物质。

臭氧氧化在饮用水处理中主要有以下七个方面的作用：①除色，臭氧及其产生的活泼自由基 OH 使染料发色基团中的不饱和键（芳香基或共轭双键）断裂生成小分子量的酸和醛，生成了低分子量的有机物，而且还能氧化铁、锰等无机有色离子成难溶物，从而导致水体色度显著降低。此外，臭氧的微絮凝效应还有助于有机胶体和颗粒物的混凝，并通过过滤去除致色物。②降低三卤甲烷生成势，臭氧用于饮用水水处理时剂量一般为 $1\sim4mg/L$，臭氧氧化后水中由总有机碳（TOC）代表的有机物总量的变化并不明显，表明臭氧氧化一般很难将有机物完全矿化为无机物，而主要改变了有机物的结构和性质，转化水中的大分子有机物，从而降低了三卤甲烷生成势。③提高可生物降解性，臭氧氧化后的有机物随着分子量的降低，羟基、羧基等所占比例增大，有机物的生物降解性能得到明显改善。臭氧预氧化能有效提高后续生物处理工艺对水中污染物的去除率。大量研究表明，具有非饱和构造的有机物难以生物降解，而具有饱和构造的有机物有较好的生物降解性能。④除藻，臭氧是强氧化剂，可以杀死藻类或限制它们的生长，对藻毒素也有很好的去除效果，欧美一些发达国家近年陆续采用臭氧预氧化除藻。⑤除臭味，水中的臭味主要由藻类、放线菌、真菌以及氯酚引起，臭氧能够有效降低这些致臭物的浓度。⑥助凝作用，臭氧对地表水有一定的助凝作用，但在大多说情况下只有在低剂量条件下（如 $0.5\sim1mg/L$）才会有助凝作用。⑦去除合成有机化合物，通过臭氧反应可以降解多种有机微污染物，其中包括脂肪烃及其卤代物、芳香族化合物、酚类物质、有机胺化合物、染料和有机农药等。

虽然，臭氧氧化技术具有独特的优势，然而，随着现代分析检测技术的进步和卫生毒理学研究的进展，臭氧氧化副产物对健康的影响已引起了水处理研究者的关注。含有溴离子（Br^-）的原水经过臭氧氧化后生成一种可能对人体具有致癌性的溴酸根离子（BrO_3^-），动物试验确认其具有致癌性，微生物试验发现其具有致突变性。世界卫生组织建议饮用水中 BrO_3^- 的最大浓度不能超过 $25\mu g/L$，而美国和欧洲则规定饮用水中 BrO_3^- 的最大浓度不能超过 $10\mu g/L$，我国也规定饮用水中 BrO_3^- 的最大浓度不能超过 $10\mu g/L$。目前已知的影响臭氧氧化过程中 BrO_3^- 的生成量的主要因素有：原水中 Br^- 浓度、可溶性有机碳（DOC）浓度、氨氮浓度、pH、无机碳（碱度）、臭氧投加量、接触反应时间及水温，因此臭氧的投加量还根据实际水质条件严格掌握。

臭氧氧化作为一种极具前景的废水预处理技术，被广泛用于各种废水（如医药废水、农药废水、印染废水、垃圾渗滤液、含芳香族化合物废水、炼油厂废碱液等）的处理中，以满足日益严格的出水排放标准。大多数工业废水有机物含量高、成分复杂、可生化性差，单纯靠物理化学方法处理成本高不经济，普通的生化处理又根本行不通，所以可以先用臭氧预处理以提高废水的可生化性，为后续生物处理降低难度，同时降低 COD。大量实践研究表明，在常规或生物处理工艺前增加臭氧预氧化以后，废水中大多数有机物的 C＝C、C＝O 双键结构及发色基团都被破坏。

此外，臭氧氧化还被用于城市污水的深度处理。生活污水经二级生化处理以后，有机物负荷通常较低，水中残留的有机物大多是难生物降解的有机物，臭氧预氧化可以有效地将大分子有机物转化为分子质量较小的有机物，提高二级处理出水中有机物的可生化性，通过臭氧预氧化和生物处理的组合工艺就可大大提高污水深度处理的效率。

13.2.5 高锰酸钾氧化

高锰酸盐是一种强氧化剂，是一种有结晶光泽的紫黑色固体，易溶于水。早在 20 世纪五六十年代，国外就将高锰酸钾应用于饮用水的净化，主要用于除铁、除锰和除臭除味。我国哈尔滨工业大学李圭白院士于 1986 年首先提出用高锰酸钾去除水中的微量有机物，后来开发出了高锰酸盐复合药剂，通过高锰酸钾与助剂的协同作用，显著提高了除污性能，在我国一些水厂已有应用。一般认为，高锰酸钾是通过氧化和吸附的共同作用去除饮用水源中的微量有机污染物。它能将水中多种有机污染物氧化，饮用水源中那些易被高锰酸钾氧化的有机物的去除效率与其被高锰酸钾氧化的程度有关，其产物为二氧化碳、醇、醛、酮、羟基化合物等，这些产物均为"非三致物质"，可以在一定条件下去除微量有机污染物，能有效地破坏水中某些氯化消毒副产物的前驱物质，水的致突变活性显著下降，因而可提高出厂水的毒理学安全性。

高锰酸钾应用于饮用水处理中，具有易于与传统净水工艺衔接，投加与控制设备安全可靠、操作方便等优点，因此，具有广阔的应用前景。但是，应用高锰酸钾去除浊度、有机污染物质，以及氧化助凝等，必须确定高锰酸钾的最佳投量。如果投加过量，则可观察到滤前水带有明显的淡红色（将导致出水色度增加），而且还增加水中 Mn^{2+} 的含量，所以对其使用应采取相当谨慎的态度。

高锰酸钾作为强氧化剂在污水处理方面研究较少。但有资料表明，高锰酸钾预氧化对洗车废水和含酚废水可以起到强化混凝的作用，少量高锰酸钾的投入可以大大节省混凝剂的投加，也可以减轻后续处理单元的负荷，有一定的实际应用价值。

13.2.6　高铁酸钾氧化

高铁酸钾是深紫色固体，熔点 198℃，溶于水形成紫色溶液。高铁酸钾是一种强氧化剂，在酸性和碱性溶液中，标准电极电位分别为 2.20V 和 0.72V，酸性条件下的氧化电位很高，氧化能力：高铁酸钾＞臭氧＞过氧化氢＞高锰酸钾＞氯气、二氧化氯。高铁酸钾适用 pH 值范围广，在整个 pH 值范围内都具有很强的氧化性。

高铁酸盐氧化技术在饮用水处理中具有以下优点：①高铁酸钾预氧化有显著的杀菌作用，对低温低浊水有显著的助凝作用和优良的除藻作用；②高铁酸盐预氧化对水中微量有机污染物有良好地去除效果，许多种有机污染物能被高铁酸盐有效地氧化，如乙醇、氢基化合物、氨基酸、苯、有机氮化合物、脂族硫、亚硝胺化合物、硫脲、硫代硫酸盐、氯的氧化物、联氨化合物等，还可以有效控制消毒副产物的前体物；③高铁酸盐预氧化还对水中微量铅、镉等重金属有明显的去除作用，重金属在水中的水解状态是影响微量重金属去除的重要因素，水解后的重金属容易被高铁酸盐还原后产物吸附去除；④高铁酸盐氧化与其分解后形成的水解产物吸附的协同作用能够有效地去除水中污染物；⑤采用先进行高铁酸盐预氧化，明显优于高锰酸钾和氯预氧化效果，且从二次污染角度考虑，高铁酸盐预氧化后，自身分解产生氢氧根离子和分子氧，其对水质无副作用。

高铁酸盐氧化技术在废水处理中也有较多的研究报道。首先，高铁酸盐可用于脱色除臭。由于其分解产物的吸附性，能较好地脱色除臭，能迅速有效地除去硫化氢、甲硫醇、氨等恶臭物质，能氧化分解恶臭物质；氧化还原过程产生的不同价态的铁离子可与硫化物生成沉淀而去除；氧化分解释放的氧气促进曝气；将氨氧化成硝酸盐，硝酸盐能取代硫酸盐作为电子接受体，避免恶臭物生成等。其次，高铁酸盐还可用于深度处理城市污水，有资料表明，某城市污水二级处理出水中含总有机碳 12mg/L，生物需氧量 2.8mg/L 时，用 10mg/L 剂量的高铁酸钾氧化处理后，可分别有 35％ 和 95％ 的去除率。由于高铁酸钾在絮凝过程中投加的量小，所以产生的污泥量少，这为污泥的处理处置减轻了负担。此外，高铁酸钾可用于处理印染废水。高铁酸钾能氧化印染废水中大分子有机物，特别是一些难生物降解的大分子有机物，降低 COD 浓度。高铁酸钾的强氧化能力能打断溶解态染料带色分子的双键，使之失去发色能力，同时也能打断亲水性基团与染料分子的结合键，从而增强染料的疏水性，便于后续混凝去除。

高铁酸钾正以其独特的水处理功能吸引越来越多的学者和工程师研究其设备及应用开发，制备工艺不断优化，产品纯度和产率逐渐提高，应用领域逐步拓宽，具有十分广阔的开发前景。

13.3　高级氧化技术

13.3.1　光催化氧化

光催化氧化（photocatalytic oxidation）技术是近 30 年才出现的水处理新技术。1976 年

John. H. Carey 首先将光催化技术应用于多氯联苯的脱氯，从此光催化氧化有机物技术的研究工作取得了很大进展，出现了众多的研究报告。20 世纪 80 年代后期，随着对环境污染控制研究的日益重视，光催化氧化法被应用于气相和液相中一些难降解污染物的治理研究，并取得了显著的效果。光催化氧化技术对多种有机物（如 4-氯酚、三氯乙酸、对苯二酚、p-氨基酸、乙醇）和无机物以及染料、硝基化合物、取代苯胺、多环芳烃、杂环化合物、烃类和酚类等进行有效脱色、降解和矿化，如 CN^-、S^{2-}、I^-、Br^-、Fe^{2+}、Ce^{3+} 和 Cl^- 等离子都能发生作用，很多情况下可以将有机物彻底无机化，从而达到污染物无害化处理的要求，消除其对环境的污染及对人体健康的危害，并作为一种能量的利用率高、费用相对较低的新型污染处理技术逐渐受到人们的重视。

光催化降解技术中，通常是以 TiO_2、ZnO、CdS、WO_3、SnO、Fe_2O_3 等半导体材料为催化剂。这些半导体粒子的能带结构一般由填满电子的价带和空的高能导带构成，价带和导带之间存在禁带，当用能量等于或大于禁带宽度的光照射到半导体时，价带上的电子被激发跃迁到导带形成光生电子，在价带上产生空穴，并在电场作用下分别迁移到粒子表面。光生电子易被水中溶解氧等氧化性物质所捕获，而空穴因具有极强的获取电子的能力而具有很强的氧化能力，可将其表面吸附的有机物或 OH^- 及 H_2O 分子氧化成·OH 自由基，·OH 自由基几乎无选择地将水中有机物氧化。

对于一定成分的废水而言，光催化氧化效果主要受以下因素影响：①催化剂的投加量。催化剂的加入量有一最佳值，在低浓度时，反应速率随催化剂浓度的增加而增大，超过一定浓度后反应速率随催化剂浓度的增加而下降，这是因为催化剂少时，光源产生的光量子不能被有效利用，而超过一定值时，光源的透过率严重下降，不利于催化剂对光子的吸收。②废水 pH 值。不同有机物的降解有不同的最佳 pH 值，且 pH 值影响比较显著。③废水初始污染物浓度。光催化反应速率随废水污染物初始浓度的增加而降低，这是因为污染物分子吸附在催化剂颗粒上，不利于光子的吸收，同时光强度在水中衰减得很快。④温度。光催化反应受温度的影响并不大，因为受温度影响的吸附、表面迁移等不是决定光反应速率的关键步骤。⑤光照强度。光强越强，光催化反应速率越高，因为光强增加意味着单位时间内可利用光子数目的增加，因而·OH 自由基的浓度增加，光解加快。但光强增加导致耗电量增加，经济上不一定合理。⑥光源类型。使用短波长紫外光作为光催化降解的光源可以提高能量的利用效率。⑦外加氧化剂的影响。抑制电子/空穴对复合概率是提高光催化效率的重要途径之一。通常要加入少量 O_2、H_2O_2、O_3 或 Fe^{3+} 等，利用它们产生更多的高活性自由基·OH。⑧盐的影响。高氯酸、硝酸盐对光氧化的速率几乎无影响，而硫酸盐、氯化物、磷酸盐则因它们很快被催化剂吸附而使得氧化速率减少了 20%～70%，这说明无机阴离子可能与有机分子竞争表面活性位置或在接近颗粒表面的地方产生高极性的环境，因而"阻塞"了有机物向活性位置的扩散。

目前光催化氧化法已经较多地被应用于印染废水、含酚废水、抗生素废水、有机磷农药废水、垃圾渗沥液、生物制药废水、草浆纸厂废水等有机废水的处理研究，能有效地将废水中的有机物降解为 H_2O、CO_2、SO_4^{2-}、PO_4^{3-}、NO_3^-、卤素离子等无机小分子，达到完全无机化的目的。此外，光催化氧化法还被应用于深度处理饮用水中腐殖质、邻苯二甲酸二甲酯、环己烷、阿特拉津等的处理研究。目前应用较多的光催化氧化法技术有：UV/O_3、UV/H_2O_2、$UV/H_2O_2/O_3$、UV/TiO_2、$UV/O_3/TiO_2$ 工艺等。

然而，光催化氧化技术发展不是很完善，尚且停留在实验室阶段，并没有投入到大规模的工程实践以及商业应用中。这主要是由于光源的利用效率、催化剂的利用、光生电子和空穴的利用、传质问题和反应器的设计等一些因素的限制，而如何在光催化氧化反应提高光源的利用率特别是利用太阳能作为光源、改善催化剂的活性、制备复合催化剂、外加电场、研发新型高效反应器等都将成为今后研究的热门课题，而随着这些问题的解决也将使得光催化氧化技术在环境治理实际应用中的可行性和竞争力大大提高。

13.3.2 催化湿式氧化

催化湿式氧化技术（catalytic wet air oxidation，CWAO）是一种治理高浓度有机废水的新技术。它指在高温、高压下，在液相中用氧气或空气作为氧化剂，在催化剂作用下，氧化水中溶解态或悬浮态的有机物或还原态的无机物的一种处理方法。它使污水中的有机物、氨氮等分别氧化分解成 CO_2、HO_2 及 N_2 等无害物质，达到净化目的。自 20 世纪 70 年代以来，为了克服传统湿式氧化法在实际推广中对设备的耐腐蚀、耐高温、耐高压要求等造成的经济因素，湿式氧化过程中的氧化反应不完全以及可能产生毒性更强的中间产物等因素的缺点，催化湿式氧化法在传统的湿式氧化法的基础上发展起来。它在传统的湿式氧化处理工艺中，加入适宜的催化剂，以降低反应所需的温度与压力，使氧化反应能在更温和的条件下进行，提高氧化分解能力，缩短反应时间，减轻设备腐蚀和降低生产成本。催化湿式氧化技术利用催化剂能加快反应速度，主要从两个方面来解释。一是降低了反应的活化能；二是改变了反应历程。

虽然催化湿式氧化机理比较复杂，但是归纳起来主要包括传质和化学反应两个过程。目前普遍认为催化湿式氧化属于自由基反应，通常可分为链的引发、链的发展或传递、链的终止三个阶段。根据湿式催化氧化技术中使用的催化剂在反应中存在的状态，可将催化氧化分为两类：均相湿式催化氧化反应和非均相湿式催化氧化反应。湿式催化氧化反应的研究工作最初集中在均相湿式催化氧化反应上，这主要是由于均相催化剂与废水能混合均匀，反应性能更专一，有较好的选择性。当前最受重视的均相催化剂都是可溶性的过渡金属盐类，它们以溶解离子的形式混合在废水中，其中以铜盐效果较为理想，在均相催化剂的实际应用方面有成功的实例。均相催化氧化使用过渡金属盐类作为催化剂固然有它有利的一面，能够处理浓度较高的废水，但是后阶段需要对离子态的催化剂进行回收利用，否则造成二次污染，所以大多数情况下，用均相催化剂氧化并不是一种有竞争力的方法。近年来，研究者为了克服上述不足，尝试制备非均相催化剂，构成非均相催化湿式氧化工艺。非均相催化氧化就是氧化过程中使用固体催化剂。催化剂的形状有球形、短柱形、蜂窝状等。该工艺采用浸渍法、溶胶凝胶法、气相沉积法等方法将贵金属及过渡金属及其氧化物负载到载体上，制备出非均相催化剂。常见的载体有氧化铝、石墨、活性炭及其金属氧化物等，而活性成分则为贵金属及过渡金属及其相关氧化物。近年来也有研究活性炭等固体催化剂，也取得了一定效果。

催化湿式氧化法是一种处理高浓度、有毒有害、难降解废水的有效手段，近年来一直受到研究人员的重视。目前催化湿式氧化法已经较多地应用于农药废水、造纸废水、印染废水、垃圾渗滤液、焦化废水、苯酚废水、集装箱清洗废水等处理研究，其处理效果主要受催化剂特性、反应温度、反应时间、有机物初始浓度、氧分压等因素的影响。催化湿式氧化法在日本等国已获得工业化规模的应用，每年都有大量催化剂专利出现，研究和开发新型高效催化剂对于推广催化湿式氧化在各种有毒有害废水处理的应用，具有较高的实用价值。催化湿式氧化法具有应用范围广、催化效率高、反应速度快、占地面积小、二次污染低等优点。但是，催化湿式氧化法存在着对反应设备要求高、催化剂的溶出等问题，针对这些不足，如何加强催化湿式氧化反应器和换热器及其结构材料的研究以及研制出更加具有针对性的催化效率比较高且价格低廉的催化剂，便成为废水处理催化湿式氧化技术研究应用的方向。

13.3.3 超临界水氧化

超临界水氧化技术（supercritical water oxidation，简称 SCWO）是麻省理工学院的 Modell 教授在 20 世纪 80 年代提出的一种新型的有机废水废物处理技术，它以超临界水为介质，均相氧化分解有机物。在此过程中，有机碳转化成 CO_2，而硫、磷和氮原子分别转化成硫酸盐、磷酸盐、硝酸根和亚硝酸根离子或氮气。SCWO 技术作为一种针对高浓度难降解有害物质的处理方法，因其具有效率高、反应器结构简单，适用范围广，产物清洁等特点已受到广泛重视，是目前国内外的一个研究热点。

通常条件下，水以蒸气、液态水和冰三种状态存在，是一种极性溶剂，可以溶解包括盐类在内的大部分电解质，而对气体和大部分有机物溶解能力则较差，其密度几乎不随压力而改变。但是，若将温度和压力升高到临界点（$T_c = 374.3℃$，$p_c = 22.05MPa$）以上，水的密度、介电常数、黏度、扩系数等就会发生巨大的变化，水就会处于一种既不同于气态，也不同于液态和固态的流体状态——超临界状态，此状态下的水就称为超临界水。超临界水具有以下物理化学特性：①水的介电常数在通常情况下是 80，而在超临界状态下，则下降到 2 左右，超临界水呈现非极性物质的性质，成为非极性有机物的良好溶剂，而对无机物的溶解能力则急剧下降。②氧气等气体在通常情况下，在水中的溶解度较低，但在超临界状态下，氧气、氮气等气体，可以以任意比例与超临界水混合成为单一相。③气液相界面消失，电离常数由通常的 10^{-14} 下降到超临界条件下的 10^{-23}，流体的黏度降低到通常的 10% 以下，因此，传质速度快，向固体内部的细孔中渗透能力非常强。

SCWO 反应的基本原理是以超临界水为介质，氧化剂如 O_2 或 H_2O_2 与有机物发生反应。由于水在超临界状态下的特殊性质，使得上述反应能够在均一相中进行，不会因为相间的转移而受到限制。SCWO 反应属于自由基反应，在超临界状态下，有机污染物、加入的氧化剂（O_2 或 H_2O_2）和水的共价键断裂形成自由基。SCWO 技术利用超临界水与有机物混溶的性质，具有多方面的优势：①反应速度非常快，氧化分解彻底，一般只需几秒至几分钟即可将废水中的有机物彻底氧化分解，并且去除率可达 99% 以上；②有机物和氧化剂（O_2、H_2O_2）在单一相中反应生成 CO_2 和 H_2O，出现在有机物中的杂原子氯、硫、磷分别被转化为 HCl、H_2SO_4、H_3PO_4，有机氮主要形成 N_2 和少量 N_2O，因此 SCWO 过程无需尾气处理，不会造成二次污染；③反应器体积小、结构简单；④不需外界供热，处理成本低，若被处理废水中的有机物浓度在 3% 以上，就可以直接依靠氧化反应过程中产生的热量来维持反应所需的热能。

SCWO 处理范围很广，已经较多地应用于有机氮废水、卤化脂肪和卤代芳香类废水、农药废水、炸药废水、化肥废水、焦化废水、丙烯腈废水、电镀废水、选矿含氰废水、造纸废水、印染废水、垃圾渗滤液的处理，还可以用于分解有机化合物，如甲烷、十二烷基磺酸钠等，均获得了很好的降解效果。SCWO 作为一种绿色环保技术，在处理有毒、难降解和高浓度有害物质上有众多优势，且目前其应用基础已经形成，国外也有实际的工业应用之例，但世界上还很少有大规模处理污染物的 SCWO 工业装置，仍没有实现 SCWO 的大规模工业推广，这主要是仍有一些技术问题未能得到解决。超临界水氧化反应器的腐蚀和结垢问题、盐沉积及反应器堵塞问题以及超临界水氧化的高能耗、高费用的问题严重阻碍了该技术在工业生产中的推广和发展，成为制约其工业化的瓶颈问题。为了加快反应速率、减少反应时间、降低反应温度、优化反应网络，使 SCWO 能充分发挥出自身的优势，许多研究者将催化剂引入 SCWO，开发了催化超临界水氧化技术。

13.3.4 超声

超声波是指频率在 2000Hz 以上的声波，它也具有普通声波的基本特性，但由于超声波的频率比一般的声波频率要高得多，因此也具有一些独特的性质。首先，超声波比普通的声波具有更好的束射性；其次，超声波比普通的声波具有更强大得多的功率；最后，超声波具有的能量很大，可使介质的质点产生显著的声压作用。早在 1927 年美国 Richards 和 Loomis 报道，他们在实验室发现超声波有加速二甲基硫酸酯的水解和亚硫酸还原碘化钾反应的作用。20 世纪 50 年代，发现超声辐射可引起水中的四氯化碳分解。后来有人证实卤代烃、杂环以及苯酚能被超声裂解。80 年代在英国 T. J. Mason 教授等的倡导下，超声化学作为一门边缘学科兴起，超声波的物理化学效应受到研究人员的重视，美国、英国、德国等欧美发达国家和亚洲的日本、韩国、印度等国家的研究机构纷纷致力于超声空化降解水中有机污染物的研究，取得了显著的进展。超声化学自身具有低能耗、少污染和无污染等特点，且声解能将水体中有害有机物转变为 CO_2、H_2O、无机离子或将它们转变为比原有机物毒性小的有机物。超声波设备简单，容易操作，对所要处理的溶液物理化学性质要求较低；不需要加任何试剂，是一种新颖、清洁的净化方法。

超声化学反应主要源于声空化机制，空化机制是超声化学反应的主动力。一般认为，频率范围 16kHz 到 1MHz 的功率超声波辐照溶液会引起许多化学变化，超声加快化学反应，被认为是超声空化。超声空化是液体中的一种极其复杂的物理化学变化。它是指液体中的微小泡核在超声波作用下被激化，表现为泡核的振荡、生长、收缩及崩溃等一系列动力学过程。在空化核崩溃瞬间产生极短暂的强压力脉冲，气泡中温度可达 5000K，压力大于 50MPa，气泡与水界面处温度可达 2000K，将足以打开结合力强的化学键（377～418kJ/mol）并将促进"水相燃烧"反应，使 H_2O 分解为化学性质极为活泼的·H 和·OH 自由基，与有机物发生反应，降解常规条件下难处理的污染物。超声降解主要通过三条途径实现：①在超声过程中产生的空化气泡里热解；②在液体本体或空化气泡液膜内，受超声过程产生的·H 和·OH 自由基的攻击而被降解；③被在空化过程中形成的超临界态水氧化而降解。

超声降解水中有机污染物的效果主要受以下因素影响：①超声频率。超声频率是超声的一个重要参数。超声的频率效应的研究是一个很复杂的问题，其不仅与超声发生器形式、声功率和声强有关，而且与降解物质的降解机理有关。②声功率和声强。声功率指单位时间内辐照到反应系统中的实际总声能，声强是单位声发射端面积的声功率。只有当输入到反应溶液中的声功率大于空化阈时，才可能产生空化效应。当其他条件相同时，一定范围内声强的提高有利于空化过程的进行，从而有利于污染物的降解。③溶液温度。大多数研究表明，温度低时超声降解效率比温度高时要高，一般控制在 10～30℃ 范围内。④空化气体。空化气体是指为提高空化效应而溶解于溶液中的气体。不同的空化气体不仅会依其不同的物化性质（如热容比、热导性和溶解性）影响超声空化的最终温度与压力，而且还可能直接或间接参与降解反应。一般来说，具有高热容比、低热导性和高溶解性的空化气体有利于声化学反应。⑤溶液 pH 值。溶液 pH 值影响有机物在水中存在的形式，造成有机物各种形态的分布系数发生变化，导致降解机理的改变，进而影响有机物的降解效率。许多有机物的降解试验都需要磷酸盐缓冲液调节 pH 值，这主要是由于它与·OH 的反应速率很慢。⑥溶液性质。溶液的性质如溶液黏度、表面张力和污染物物理化学性质等都会影响溶液的超声空化效果。溶液黏性对空化效应的影响主要表现在两个方面，一方面它能影响空化阈值；另一方面它能吸收声能。当溶液黏度增加时，声能在溶液中的黏滞损耗和声能衰减加强，辐射入溶液中的有效声能减小，致使空化阈值显著提高，溶液发生空化现象变得困难，空化强度减弱，因此黏度太高不利于超声降解。⑦声压振幅。声压振幅也是常被用来表征超声的物理参数，声强和声压振幅的平方成正比，声压振幅直接影响超声反应器输入到反应体系的声功率大小和声化效果。有研究认为，增大声压振幅增加了产生空化的有效液体区域和空化泡的尺度范围，从而提高了超声效果。但是，一些研究人员发现只能在某一个声压振幅范围内增大声压振幅才能提高声化效果，超过这个范围增大声压振幅声化效果反而降低。这可能是因为声压振幅值过高，在超声辐照表面附近发生空化的空化泡密度将变得很大，这阻碍了超声能量向反应液体中的传递。

超声波可以加速化学反应、提高化学产率。已经较多地应用于多环芳烃、多氯联苯、垃圾渗滤液、氯酚、农药、染料等多种有机废水的降解研究，取得了良好的降解效果。利用超声空化技术处理环境中的有机物是近年来兴起的一个研究领域，目前尚处于研究起步阶段。从工程上考虑，由于目前有关超声辐射降解水中有机物的研究报道大多处于实验室研究阶段，对降解机理、物质平衡、反应动力学、反应器放大设计等方面的研究开展得很不充分，缺少定量化放大准则，近期难以实现工程化。从经济性考虑，由于其能量利用率低，与其他水处理技术相比，仍存在处理率低、费用高的问题。最近研究纷纷转向该技术与其他水处理技术相结合及超声和各种催化剂联合使用这两个主要的方向，以产生高浓度的羟基自由基来加速有机污染物的分解反应。此外，如何通过优化参数和改进反应器结构，进一步提高处理效率，降低成本也是目前急需解决的问题之一。

13.3.5 其他高级氧化技术

除上述的 4 种高级氧化技术外，目前研究报道比较多的高级氧化技术还有 Fenton 试剂法、O_3/金属催化剂技术、O_3/H_2O_2 技术、电催化高级氧化技术、微波技术等。Fenton 试剂法由 Fe^{2+} 和 H_2O_2 组成，这一体系在一定条件下（pH 值为 2~5），会产生·OH。O_3/金属催化剂技术以固体金属、金属盐及其氧化物为催化剂，加强臭氧反应，可能具两种反应机理：①催化剂仅仅作为吸收剂，O_3 和·OH 作为主要的氧化剂。②催化剂不仅同臭氧反应，还同有机物进行反应。O_3/H_2O_2 技术是指在 O_3 水溶液中添加 H_2O_2 会显著加快 O_3 分解产生·OH 的速率，这一技术是高级氧化过程当中对于饮用水的处理最为有效的一种方法。日本从 20 世纪 70 年代后期开始研究 O_3/H_2O_2 工艺处理高浓度有机废水，美国则在 20 世纪 80 年代将该工艺用于处理城市污水中的挥发性有机污染物。电催化高级氧化技术（advanced electro catalysis oxidation processes，简称 AEOP）是最近发展起来的新型高级氧化技术，因其处理效率高、操作简便、与环境兼容等优点引起了国内外的关注，该技术能在常温常压下，通过有催化活性的电极反应直接或间接产生羟基自由基，从而有效降解难生化污染物。微波氧化技术（microwave oxidation）是利用能强烈吸收微波的"敏化剂"把微波能传递给那些不直接明显吸收微波的有机物质，从而诱发化学反应，使这些有机物被氧化降解。

现有的氧化技术都存在一定的适用范围和局限性，许多技术处理费用偏高，难以工程实施，而且处理效果无法令人完全满意。因此需要对现有工艺技术在氧化剂开发、催化剂研制、反应器设计、工艺条件等方面不断寻求突破，以寻找更完善的技术。此外，污染治理属多学科交叉的范畴，如何将各学科中的新技术应用到高级氧化工艺中，开发新的污染治理技术是今后高级氧化技术发展的主要方向。由于各种高级氧化技术之间在机理上存在许多共性，因而在实际应用中一般是两种或两种以上高级氧化技术联合使用，以取得比单独使用一种方法更好的处理效果。如在常规 Fenton 体系中引入紫外光、氧气时可以显著增强 Fenton 试剂的氧化能力，提高氧化效率，并可节省 H_2O_2 的用量，因此，人们在 Fenton 试剂的基础上又提出了类 Fenton 系统的概念。随着人们对高级氧化技术及机理的深入研究，新的耦合氧化技术将会不断涌现。

参 考 文 献

[1] 宋鸿，奚旦立. 二氧化氯技术在水处理中的应用. 污染防治技术，1998，(03)：147-150.
[2] 刘文君. 饮用水中可生物降解有机物和消毒副产物特性研究. 北京：清华大学，1999.
[3] 杨国栋，石晓枫，杨布亚等. 光催化氧化含酚废水的研究. 农业环境保护，1999，(01)：20-22.
[4] 周克钊. 过氧化氢预氧化技术试验研究. 中国给水排水，1999，(11)：15-19.
[5] 黄晓东，吴为中，李德生等. S 市富营养化水源水化学预氧化试验研究及初步评价. 给水排水，2001，(07)：19-23.
[6] 姜安玺，高洁，王化云等. 水中腐殖酸的光催化氧化研究. 哈尔滨建筑大学学报，2001 (02)：44-47.
[7] 刘伟，马军. 高铁酸钾预氧化处理受污染水库水. 中国给水排水，2001 (07)：70-73.

[8] 王桂荣，唐友尧，张杰等．过氧化氢预氧化除藻效能研究．武汉城市建设学院学报，2001，(02)：21-24.

[9] 方华．二氧化氯催化氧化处理难降解废水技术的研究．南京：南京理工大学，2002.

[10] 苏银善，陈国建．光催化氧化法处理垃圾渗沥水的研究．湖州师范学院学报，2002 (03)：43-47.

[11] 孙昕，张金松．饮用水预臭氧化技术的进展．给水排水，2002，(04)：7-9.

[12] 郭照冰，郑正，袁守军等．超声与其他技术联合在废水处理中的应用．工业水处理，2003，(07)：8-12.

[13] 贾瑞宝，李冬，王珂等．水库水中微囊藻毒素的预氧化处理．中国给水排水，2003，(03)：56-57.

[14] 贾瑞宝，李力，李世俊等．二氧化氯强化处理含藻水库水研究．中国给水排水，2003，(S1)：93-95.

[15] 潘海祥．光催化氧化处理饮用水中有机污染物．净水技术，2003，(03)：6-8.

[16] 王建信，李义久，曾新平等．水中有机污染物超声强化氧化技术研究进展．环境污染治理技术与设备，2003，(04)：66-69.

[17] 周克钊．饮用水过氧化氢预氧化生产性试验．给水排水，2003，(02)：19-23.

[18] 杜飞鹏，余颖，曾艳．纳米 TiO_2 光催化氧化技术研究进展．环境科学与技术，2004，(02)：94-97.

[19] 范志云，黄君礼，王鹏等．二氧化氯氧化水中苯胺的反应动力学及机理研究．环境科学，2004，(01)：95-98.

[20] 李海燕，施银桃，曾庆福．水中邻苯二甲酸二甲酯的光催化氧化研究．水处理技术，2004，(04)：224-226.

[21] 马君梅．高铁酸钾预处理印染废水的研究．上海：东华大学，2004.

[22] 王付林．天津市饮用水预氧化技术研究．西安：西安建筑科技大学，2004.

[23] 王琼．二氧化氯催化氧化处理废水和催化剂的研究．南京：南京理工大学，2004.

[24] 吴晓晖．造纸废水的超声降解研究．武汉：华中科技大学，2004.

[25] 谢朝霞．焦化废水水中氰化物和色度处理的试验研究．太原：太原理工大学，2004.

[26] 张东翔，陆英梅，黎汉生．生物制药废水光催化氧化特性研究．环境保护，2004，(12)：25-28.

[27] 张锦，李圭白，陈忠林等．高锰酸钾复剂对混凝时苯酚的强化去除效应．工业用水与废水，2004，(01)：15-17.

[28] 陈华进．高浓度含氰废水处理．南京：南京工业大学，2005.

[29] 樊杰．高铁酸盐预处理湖泊水库水的研究进展．工业安全与环保，2005，(10)：25-27.

[30] 黄延召，王光龙，张保林．超声技术在工业废水处理中的现状与进展．江苏化工，2005，(06)：52-55.

[31] 李涛，谭欣，任俊革．光催化氧化—生物法处理有机磷农药废水．河南科技大学学报（自然科学版），2005，(01)：75-78.

[32] 宋怀俊，韩绿霞，李玉等．二氧化氯处理农药厂含硫化物废水的研究．浙江化工，2005，(02)：38-40.

[33] 唐利，崔福义，王建玲等．高锰酸钾强化混凝处理洗车废水的研究．给水排水，2005，(08)：65-67.

[34] 王磊，王旭东，段文松等．臭氧氧化对城市二级处理水中溶解性有机物特性的影响及反应动力学分析．环境工程，2005，(04)：33-35.

[35] 肖明威．光催化氧化法处理抗生素废水新技术研究．广州：广东工业大学，2005.

[36] 朱昌平，何世传，单鸣雷等．超声技术在废水处理中的应用与研究进展．计算机与应用化学，2005，(01)：28-32.

[37] 朱亦仁，解恒参，张振超．TiO_2 光催化氧化法处理草浆纸厂废水的研究．安全与环境学报，2005，(01)：20-22.

[38] 李红兰，张克峰，王永磊．臭氧在饮用水处理中的应用．水资源保护，2006，(03)：60-62.

[39] 王树涛，马军，田海等．臭氧预氧化/曝气生物滤池污水深度处理特性研究．现代化工，2006，(11)：32-36.

[40] 王松林．超声处理垃圾渗滤液及有机污染物的研究．武汉：华中科技大学，2006.

[41] 陈淑花，詹世平，刘学武．超临界水氧化技术工业化的瓶颈问题及解决方法．化工设计，2008，(06)：11-15.

[42] 程鼎．非均相催化湿式氧化法处理苯酚废水的研究．上海：上海交通大学，2008.

[43] 戴启洲．湿式电催化氧化处理难降解有机污染物的研究．杭州：浙江大学，2008.

[44] 高振伟，周易，陈永娟．印染废水的光催化氧化研究现状及其进展．工业安全与环保，2008，(06)：10-12.

[45] 江涛，张建，李方圆．环境友好型新技术——超临界水氧化法．污染防治技术，2008，(01)：69-71.

[46] 劳志雄，陈陨贤．水处理催化湿式氧化技术的研究进展．中国科技信息，2008，(11)：20-21.

[47] 李金英，杨春维．水处理中的高级氧化技术．科技导报，2008，(16)：88-92.

[48] 卢申卿．超临界水氧化生活垃圾的试验研究．山东大学；2008.

[49] 聂国庆，吴耀国，李想等．超声技术在水处理中主要影响因素的研究进展．水处理技术，2008，(03)：11-14.

[50] 钱胜华，张敏华，董秀芹等．影响超临界水氧化技术工业化的原因及对策．化学工业与工程，2008，(05)：465-470.

[51] 谭娟，于衍真，冯岩．臭氧预氧化在废水处理中的研究进展．江苏化工，2008，(01)：39-44.

[52] 王健．催化湿式氧化降解垃圾渗滤液模拟废水的研究．长春：吉林大学；2008.

[53] 王倩．电-催化湿式氧化处理苯酚废水的协同作用研究．上海：同济大学；2008.

[54] 王有乐，李双来，蒲生彦．超临界水氧化技术及应用发展．工业水处理，2008，(07)：1-3.

[55] 邢丽贞，冯雷，陈华东．光催化氧化技术在水处理中的研究进展．水科学与工程技术，2008，(01)：7-10.

[56] 张海燕，张盼月，曾光明等．高铁酸钾预氧化—三氯化铁混凝去除水中 As～(3＋)．化工环保，2008，(06)：495-499.

[57] 张胜华，靳慧征，张奎．超声空化作用于水中天然有机质特性研究．声学技术，2008，(03)：365-368.

[58] 赵彬侠，刘林学，李红亚．催化湿式氧化吡虫啉农药废水催化剂的研究．环境工程学报，2008，(03)：340-343.

[59] 郑爽，王健，李鱼．催化湿式氧化法降解垃圾渗滤液的应用研究．环境保护，2008，(18)：74-76.

[60] 常双君，刘玉存．超临界水氧化处理 TNT-RDX 混合炸药废水的试验．环境工程，2009，(03)：36-38.

[61] 李昂，张雁秋，李燕．光催化氧化在有机废水处理中的应用．安徽农业科学，2009，(08)：3706-3707.

［62］ 梁新，徐敏强，李伟然等．难降解有机污水的超临界水氧化技术．环境科学与技术，2009，(07)：163-166.
［63］ 刘学文，王勇，葛昌华．催化湿式氧化处理造纸废水的研究．环境科学与技术，2009，(08)：139-142.
［64］ 全魁．难降解焦化废水分流处理技术的研究．北京：北京科技大学，2009.
［65］ 荣宏伟，陈真贤，张朝升．几种氧化技术在污水深度处理中的对比研究．水处理技术，2009，(01)：104-107.
［66］ 王伟民，孔祥吉，张毅敏等．饮用水原水中微量阿特拉津去除方法试验研究．环境工程学报，2009，(08)：1350-1354.
［67］ 袁金磊，杨学林，黄永茂等．催化湿式氧化技术处理焦化废水．水资源保护，2009，(04)：51-54.
［68］ 张永利．催化湿式氧化法处理印染废水的研究．环境工程学报，2009，(06)：1011-1014.
［69］ 张永利，李亮，胡筱敏．催化湿式氧化法对模拟印染废水的色度去除．东北大学学报（自然科学版），2009，(06)：881-884.
［70］ 朱飞龙．超临界水氧化法处理城市污水处理厂活性污泥．上海：东华大学，2009.

习　题

1. 什么是化学氧化处理技术？常规化学氧化技术和高级氧化技术有何异同点？

2. 氯化反应有何优缺点？氯化消毒副产物形成的原因是什么？消毒副产物有哪些危害和种类？请查阅文献，介绍一下饮用水中的消毒副产物有哪些控制方法？

3. 二氧化氯氧化和臭氧氧化有哪些优缺点和应用？它们的氧化机理有何异同？其消毒副产物分别有哪些危害及如何控制？请查阅文献，介绍一下二氧化氯氧化和臭氧氧化应用在水处理的工程实例？

4. 高锰酸钾氧化和高铁酸钾氧化去除污染的原理有何异同？它们各有哪些优缺点和应用？

5. 光催化氧化技术、催化湿式氧化技术、超临界水氧化、超声各自去除污染物的原理是什么？影响各自处理效果的因素有哪些？请查阅文献，介绍一下某种高级氧化的技术的工程实例。

6. 请查阅文献，归纳一下分别适用于饮用水处理或废水处理的高级氧化技术。

第 14 章　水体中污染物的迁移转化

14.1　水体中主要有机污染物的迁移转化

14.1.1　有机污染物的迁移转化

水体中有机污染物的迁移转化过程可以简单用图 14-1 表示。

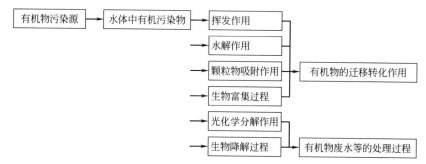

图 14-1　有机污染物的迁移转化

低相对分子质量多环芳烃 PAHs 化合物在水处理过程中主要通过微生物氧化分解作用实现有机污染物的降解过程，同时有机污染物的颗粒物吸附沉积作用、挥发作用等也可以使得有机物从水相中迁移转化；水环境中高相对分子质量的多环芳烃化合物主要通过光化学氧化分解过程实现有机物的分解，通过颗粒物的吸附沉积作用实现有机污染物的迁移和转化，水体中的腐殖质就有可能作为光敏物质参与光化学氧化还原反应。可以说，有关光化学氧化分解反应的研究工作现在还主要集中在水体中卤代有机化合物受光照分解而被氧化的机理和动力学方面。对于具有两个环的 PAHs 化合物来说，有较大挥发性。例如飘浮海面的原油中所含的萘很容易在一定水温、水流、风速条件下挥发逸散到大气中去。

14.1.2　有机物的水解作用

在水体环境中可以发生水解反应的有机物有蛋白质、脂肪、卤代烷 RX、酯、淀粉、糖类、腈类等。蛋白质在酶、酸或者碱的作用下，发生水解反应生成多种 α-氨基酸的混合物；淀粉完全水解反应生成 D-葡萄糖，部分水解反应生成麦芽糖，一分子的麦芽糖水解后可以生成两分子的 D-葡萄糖。

在所用的生物体中都存在着核酸，核酸是生命的最基本的物质，其决定者生命体的遗传信息，及蛋白质的生物合成过程。核酸在弱碱的环境条件下，可以水解生成核苷酸，在无机酸的作用下可以完全水解为磷酸、戊糖和杂环碱。核酸水解后得到核糖的，称为核糖核酸（RNA）；核酸水解后得到 2-脱氧核糖的，称为脱氧核糖核酸（DNA）。

水体环境中的一些常见的水解反应如下。

（1）卤代烷 RX 水解生成醇的反应

$$RX + HOH \Longrightarrow ROH + HX$$

（2）腈的水解反应

$$R\text{—CN}+2H_2O+HCl \xrightarrow{\text{加热}} R\text{—COOH}+NH_4Cl$$

$$R\text{—CN}+H_2O+NaOH \xrightarrow{\text{加热}} R\text{—COONa}+NH_3$$

$$CH_2CH_2CH_2CH_2CN \xrightarrow{\text{KOH,H}_2\text{O,H}^+} CH_2CH_2CH_2CH_2COOH$$

14.1.3 有机物生物氧化分解作用

通过生物的降解作用可以将有机污染物转化为无机质或者将有毒有害的有机污染物转化为无毒无害物。能够进行生物氧化分解作用的微生物主要是各类细菌，如好氧菌、厌氧菌和兼氧细菌。兼氧情况下是以 NO_3^-、SO_4^{2-} 代替 O_2。

生物降解反应过程中需要的酶有氧化还原酶、基团转移酶、水解酶、裂解酶、异构酶、分子结合酶（合成酶）等。在这些酶的作用下，有机物发生着迁移转化和降解作用。如糖类的生物降解反应如下。

$$(C_6H_{10}O_5)_n \xrightarrow{\text{酶作用水解}} C_{12}H_{22}O_{11} \xrightarrow{\text{酶作用水解}} C_6H_{12}O_6$$

多糖　　　　　　　　麦芽糖　　　　　　　　葡萄糖

酯、酰键等大分子碳链能在许多酶的催化作用下水解为小分子，发生的化学反应可以简单表示为

$$A\text{—B}+HOH \rightleftharpoons AOH+BH$$

14.1.4 挥发

曾经在环境领域研究得很活跃的挥发性有机物，说明了人类对有机物的挥发性的重视程度是很大的。当有机污染物为具有高挥发性、低溶解度的物质时，挥发作用较为重要。这在大气环境化学中将进行进一步的介绍，在此不再赘述。

14.2 天然水体中无机物的迁移转化

14.2.1 水体中常见可溶性无机物在好氧条件下的基本存在形态

化学污染物在环境中有其发生和演变的过程。例如进入环境体系的污染物甲基汞在不同环境介质中表现为不同的"基体形态"。如在水体中甲基汞的基体形态为 $[CH_3Hg(OH)]$，迁移进入大气、土壤或生物组织之后，其基体形态就转化为 $[CH_3HgCH_3]$ 和 $[CH_3Hg\text{-}腐殖质]$ 等。一般认为，游离态存在的金属离子的毒性对水体中鱼类和浮游生物可能是最大的，而这些金属离子的稳定配合物等形态则是低毒或者是无毒的。表 14-1 介绍了水体中常见可溶性无机物在好氧条件下的基本存在形态。

表 14-1　水体中常见可溶性无机物在好氧条件下的基本存在形态

元素	基本形态	元素	基本形态	元素	基本形态
Li	Li^+	K	K^+	Mo	MoO_4^{2-}
Ni	Ni^{2+}	Ca	Ca^{2+}	Ag	Ag^+
Cu	$CuCO_3,CuOH^+$	Cr	$Cr(OH)_3,CrO_4^{2-}$	Cd	$Cd^{2+},CdOH^+,CdCl^+$
C	HCO_3^-	Mn	Mn^{2+}	Si	$Si(OH)_4$
N	N_2,NO_3^-	Fe	$Fe(OH)_2^+$	P	HPO_4^{2-}
Pb	$PbCO_3,Pb(OH)_3^-$	As	$HAsO_4^{2-}\ H_2AsO_4^-$	S	SO_4^{2-}
Hg	$Hg(OH)_2^0,HgCl_2^0$	Zn	$ZnOH^+\ Zn^{2+}\ ZnCO_3$	Cl	Cl^-

在水污染领域所说的重金属主要是指汞、镉、铅、铬以及类金属砷等生物毒性显著的重金属元素，也包括环境中分布较广且具有一定毒性锌、铜、钴、镍、锡、铝等金属元素，由

于篇幅有限，下面仅对水环境体系中常见的汞、镉、铅三种重金属元素的环境化学分别加以阐述。

14.2.2 水体中重金属污染物——镉的迁移转化

14.2.2.1 镉及难溶镉化合物的溶度积

镉元素在地壳中的丰度为 0.2mg/kg。难溶镉化合物的溶度积数据如表 14-2 所示。

表 14-2 难溶镉化合物的溶度积

化 合 物	溶度积 K_{sp}	温度/℃	化 合 物	溶度积 K_{sp}	温度/℃
$CdCO_3$	5.2×10^{-12}	25	$Cd(OH)_2$	6.5×10^{-14}	25
$CdC_2O_4 \cdot 3H_2O$	1.53×10^{-8}	18	CdS	8.0×10^{-27}	25
$Cd(IO_3)_2$	2.3×10^{-8}	25			

14.2.2.2 水体中镉污染物的迁移转化

水体中的污染物镉主要来自电镀、电池、塑料稳定剂、电子器件、锌、镉金属冶炼等生产企业的废水，在没有被污染河水中镉浓度一般小于 0.001mg/L，河水中的镉主要以 Cd^{2+} 和 $CdCO_3$ 形态存在，而在受到污染的河水中，镉的浓度一般为 0.002～0.2mg/L。锌、镉金属冶炼中的排出废水是另一重大水体污染源，废水中主要含有 $CdSO_4$。在 pH 值较高的水体中，镉能以被颗粒物吸附的形态存在。例如水体中所含土壤微粒、氧化物和氢氧化物胶体颗粒物以及腐殖酸等都对水体中的镉化合物有强烈吸附作用。

水体中有机腐殖质对镉的吸附作用随 pH 值增大而加强。腐殖酸对镉的吸附能力与含羧基的合成吸附剂的吸附能力相近。

14.2.3 水体中铅污染物的迁移转化

14.2.3.1 铅及难溶铅化合物的溶度积

铅的化合物中易溶于水的有硝酸铅、醋酸铅等。大多数铅化合物难溶于水，难溶铅化合物的溶度积如表 14-3 所示。

表 14-3 难溶铅化合物的溶度积

化 合 物	溶度积 K_{sp}	温度/℃	化 合 物	溶度积 K_{sp}	温度/℃
$PbCO_3$	7.4×10^{-14}	25	$Pb(OH)_2$	1.2×10^{-15}	25
$PbCl_2$	1.6×10^{-5}	25	$Pb(OH)_4$	3.2×10^{-66}	25
$PbCrO_4$	2.8×10^{-13}	25	$Pb_3(PO_4)_2$	8.0×10^{-43}	25
PbC_2O_4	4.8×10^{-10}	25	PbS	8.0×10^{-28}	25
PbI_2	7.1×10^{-9}	25	$PbSO_4$	1.6×10^{-8}	25

水溶液中，铅与配位体反应时，Pb^{2+} 与 OH^- 配位体生成 $Pb(OH)^+$ 的能力比与 Cl^- 配位体配位的能力大得多。

14.2.3.2 水体中铅污染物的迁移转化

铅及其化合物由于具有优异的性能，在国民经济各领域得到了广泛应用，含铅废水主要有铅蓄电池制造、汽油添加剂生产、矿石的采掘和冶炼、铅管、铅线、铅板生产以及其他各种铅化合物生产行业。

由于含铅化合物四甲基铅等可以与汽油以任何比例混溶，使得烷基铅广泛地应用在汽油中，大气中铅的各类人为污染源中，油和汽油燃烧释出的铅占半数以上。水体中铅污染物主要来源于大气向水面降落的铅污染物和工业排放的含铅的废水。大气中所含微粒铅中的较大颗粒可降落于距污染源不远的地面或水体，最终汇流到淡水水源中。海洋中最重要的铅污染来源是降雨和大气降尘，铅元素在地壳中的丰度为 13mg/kg。天然水体中存在的颗粒状态铅化合物有 PbO、$PbCO_3$ 和 $PbSO_4$ 等，以及还有 $PbOH^+$、$Pb(OH)_2$、$Pb(OH)_3$ 等。在酸性水体中，腐殖酸能与 Pb^{2+} 生成较稳定的螯合物；在 pH>6.5 的水体中，黏土粒子强烈吸附 Pb^{2+}，吸附生成物趋向于沉入水底。在向河水中加入 Cl^- 或 NTA 时，水底沉积物中铅即发生解吸。

有机铅化合物在水体介质中溶解度小、稳定性差，但在鱼体中已发现含有占总铅量 10% 左右的有机铅化合物，包括烷基铅和芳基铅。

14.2.4 汞的迁移转化

14.2.4.1 汞及其难溶化合物的溶度积

汞元素的化学性质主要有汞及其化合物具有较大挥发性。各种无机汞化合物挥发性强弱次序为：$Hg>Hg_2Cl_2>HgCl_2>HgS>HgO$；单质汞是唯一在常温下呈液态的金属元素，具有溶解多种金属而形成汞齐的能力（如钠、钾、金、银、锌、镉、锡、铅等都易与汞生成汞齐）。汞元素在地壳中的丰度为 $80\mu g/kg$，在 25℃ 温度下，元素汞在纯水中溶解度为 $60\mu g/L$，在缺氧水体中约为 $25\mu g/L$。水溶性的汞盐有氯化汞、硫酸汞、硝酸汞和氯酸汞等；一些汞化合物的溶度积数据如表 14-4 所示。

表 14-4　一些汞化合物的溶度积

化 合 物	溶度积 K_{sp}	温度/℃	化 合 物	溶度积 K_{sp}	温度/℃
Hg_2I_2	4.5×10^{-29}	25	$Hg(OH)_2$	3.0×10^{-26}	25
Hg_2Cl_2	1.3×10^{-18}	25	Hg_2SO_4	7.4×10^{-7}	25
Hg_2CO_3	8.9×10^{-17}	25	Hg_2S	1.0×10^{-47}	25
$Hg_2(CN)_2$	5.0×10^{-40}	25	HgS	1.6×10^{-52}	25

14.2.4.2 水体中污染物汞的迁移转化

汞污染物主要来源于冶金、化工、造纸厂、肥料制造厂、氯碱生产厂、含汞矿物的开采、仪表制造、化学制药等工业的含汞生产废水、各种汞化合物应用领域（如电池等）。天然水体中的汞的大致浓度为 $0.03\sim2.8\mu g/L$。

进入天然水体的汞的主要形态为 Hg^0、Hg^{2+} 和 $C_6H_5Hg(CH_3COO)$，经过一段时间后，相当部分的汞被富集于底泥和水生生物体上。在某些过程中，如微生物甲基化以及加入无机或有机的配位剂，可能加速汞的解吸。当向水体中加入氯化钠、氯化钙、氮三乙酸就能起到解吸的作用。

生活在污染水中的鱼，其体内所含的汞几乎都是甲基汞。甲基汞有可能通过各种生物或非生物过程产生。在水体中，大部分汞呈有机汞形态。在底泥中与硫反应生成稳定的不溶性 HgS。汞能与蛋白质类分子上的—SH基强烈结合而生成相应的汞有机化合物。分子中的汞是亲脂性的，即具有 R—Hg—R′ 结构的有机汞。这两类化合物的共同特性就是脂溶性，这就使得汞在进入人体后，可以长期滞留并且累积。

14.3　重金属迁移转化原理

重金属的迁移转化是指重金属在水环境中发生空间位置的移动，或者是重金属的存在化学形态的转变，以及由此引起的生物富集等过程。

重金属迁移包括机械迁移、化学转化迁移和生物迁移过程。

机械迁移是指重金属离子结合在悬浮颗粒物上或自身随水流运动。例如不论是淡水或是海水，一旦含汞污染物排入水体，汞就与水中大量存在的悬浮颗粒物牢固地结合，结合程度由 pH 值、盐度、氧化还原电位及颗粒物上有机配位体性质和数量等因素确定，然后重金属汞伴随着颗粒物一起迁移转化。

生物迁移，是指重金属在生物体内富集后，沿着食物链迁移的过程，例如镉易与许多含软配位原子（S、Se、N）的有机化合物组成中等稳定的配合物，特别能与含—SH基的氨基酸类配位体强烈螯合。因此镉类化合物具有较大脂溶性、生物富集性和毒性，并能在动植物和水生生物体内蓄积。日本发生的骨痛病源于日本北部富山县镉锌矿矿山含镉废水对水体的污染。首先是因为采用被含镉废水污染的河川水进行水稻等的灌溉，使得重金属镉在水稻中富集，后来由于人体对稻米的进食，引发镉中毒，引起累计死亡 100 多人的重大公害事件。

事实上，机械迁移、化学转化迁移和生物迁移过程不是截然分开的，而是相互促进相互影响，下面首先简单介绍重金属的化学迁移过程。

14.3.1 配合作用与重金属的迁移

大多数金属能与许多配位体形成各种各样的配合物，这些配合物可能是电中性的，也可能是带正电或负电的。某一金属的各种配合物，由于它们间大小、形状、荷电状态等方面的差别，引起化学行为很大的差异。例如有些配合物对生物有很大毒性，有些配合物可以通过化学絮凝、活性炭吸附或离子交换等方法容易地从水中去除。研究水环境中的配合平衡知识将有助于了解天然水体系统中金属的行为和归宿，有助于进行含有金属离子废水处理过程的工程设计。

天然水体中常见的配位体可分为无机和有机两类。其中最重要无机配位体是 Cl^- 和 OH^-，它们是环境中金属迁移的重要因素；其他的无机配位体还有 HCO_3^-、SO_4^{2-}、CO_3^{2-}、F^-、S^{2-}、PO_4^{3-}、NH_3 等。有机配位体腐殖质、泥炭、微生物代谢产物、动植物生活中分泌物以及一些人为污染物，如洗涤剂、农药、表面活性剂等。下面简单介绍腐殖质对重金属的配合作用。

王爱勤（1999）研究了 $Cu(II)$、$Ni(II)$ 和 $Zn(II)$ 与甲壳胺（CTS）的配合物。CTS 是甲壳素脱乙酰基的产物，是一种线性半刚性高分子，其分子中具有—NH_2、—OH 和—$NHCOCH_3$ 等配位体，使其分子具有优良的吸附与螯合功能，对重金属具有很强的螯合能力，在纺织、印染、造纸、医药、食品、化工、生物、农业等众多领域以及废水处理中重金属的回收方面得到了广泛应用。

天然水 pH≥4 时，腐殖质中—COOH 的 H 解离，发生如下反应。

$$2\ (\text{—COOH})_2 + Hg^{2+} \rightleftharpoons [(\text{—COO})_2 Hg (\text{OOC—})_2]^{2-} + 4H^+$$

$$(\text{—COO}^- , \text{—COOH}) + Hg^{2+} \rightleftharpoons (\text{—COO—Hg—O—}) + H^+$$

$$(\text{—COOH}) + Hg^{2+} \rightleftharpoons (\text{—COOHg}^+) + H^+$$

当天然水 pH≥7 时，腐殖质中羟基—OH 的 H 解离，发生如下的反应。

$$2\ (\text{COOH, OH}) + Hg^{2+} \rightleftharpoons [(\text{COO})_2 Hg (\text{OOC})_2]^{2-} + 4H^+$$

$$(\text{COO}^-, \text{OH}) + Hg^{2+} \rightleftharpoons (\text{环状 Hg 配合物}) + H^+$$

重金属配合作用强弱顺序是：$Hg^{2+}>Cu^{2+}>Ni^{2+}>Zn^{2+}>Co^{2+}>Cd^{2+}>Mn^{2+}$，腐殖质中相对分子质量小的与重金属配合作用强，配合物溶解度高，腐殖质中与重金属配合作用强弱顺序是：富里酸＞腐殖酸＞胡敏素。

14.3.2 其他化学作用对重金属迁移的影响

氧化还原作用和吸附作用等对重金属离子的迁移转化作用也有很大的影响。水环境的中氧化剂有 DO，Fe^{3+}、Mn^{6+}、S^{6+}，还原剂有 Fe^{2+}、Mn^{2+}、S^{2-} 及有机物等。

水溶液的胶体物质等可以吸附水体中的重金属，如现有的自来水净化工艺中使用的絮凝剂主要是铝盐，水溶液中铝盐的形态主要有 Al^{3+}、$Al(OH)^{2+}$、$Al(OH)_2^+$、$Al(OH)_3^0$、$Al(OH)_4^-$、$Al_2(OH)_4^{4+}$，在水中可聚合成 $Al_5(OH)_{10}^{5+}$、$Al_6(OH)_{12}^{6+}$、$Al_8(OH)_{20}^{4+}$，称为无机高分子。由于铝离子可能会对人体的健康产生不良的影响，现在的水处理工艺的一个研究方向就是要替代铝盐，可以考虑采用铁盐来作为自来水厂水处理絮凝剂的替代品。铁盐在水溶液中的主要形态有 Fe^{3+}、$FeOH^{2+}$、$Fe(OH)_2^+$、$Fe(OH)_3^0$、$Fe(OH)_4^-$，这些组分也可形成无机高分子。

水溶液中的胶体对重金属的吸附作用包括物理吸附、化学吸附、离子交换吸附等。

【例】天然水体中 Fe^{3+} 与 Fe^{2+} 的重金属的氧化还原转化，对 Fe^{3+}-Fe^{2+}-H_2O 体系，设总溶解态 Fe 浓度 $T_{Fe}=1.0\times10^{-3}$ mol/L

$$Fe^{3+}+e^-\longrightarrow Fe^{2+}\qquad pE^0=13.05$$

$$pE=13.05+\frac{1}{n}lg\frac{[Fe^{3+}]}{[Fe^{2+}]}$$

当 $pE\ll pE^0$ 时，$[Fe^{3+}]\ll[Fe^{2+}]$，有

$$[Fe^{2+}]=1.0\times10^{-3}\text{mol/L}$$

则

$$lg[Fe^{2+}]=-3.0$$

由此可以推出 Fe^{3+} 的计算公式是：$lg[Fe^{3+}]=pE-16.05$

当 $pE\gg pE^0$ 时，$[Fe^{3+}]\gg[Fe^{2+}]$，有

$$[Fe^{3+}]=1.0\times10^{-3}\text{mol/L}$$

则

$$lg[Fe^{3+}]=-3.0$$

由此可以推出 Fe^{3+} 的计算公式是：$lg[Fe^{2+}]=10.05-pE$

14.4 污染物在水环境系统中的综合迁移转化

14.4.1 污染物在水环境中的运动特征

污染物进入水环境体系后，运动是很复杂的，主要包括以下几个方面：污染物伴随着水体流动的迁移运动，污染物在水体中的分散运动以及污染物在水体中的衰减转化过程。

14.4.2 污染物的水体推流迁移过程

污染物水体推流迁移过程是指污染物在水流作用下发生的转移运动过程，污染物质点之间及污染物质点与水分子之间不发生相互碰撞和混合，这是一种简单的流动形式。其计算比较简单计算方法如下：

$$p_x=u_xC,\qquad p_y=u_yC,\qquad p_z=u_zC$$

式中　p_x，p_y，p_z——x，y，z 方向上的污染物推流迁移通量；

　　　u_x，u_y，u_z——水流速在空间三个方向，即 x，y，z 方向上的流速分量；

　　　C——水体中的污染物的浓度。

水体对污染物产生的推流迁移作用只能改变污染物所在的空间位置，不能改变污染物的

浓度。

14.4.3 分散作用

污染物在水体中的分散作用包括分子扩散、湍流扩散和弥散。

（1）分子扩散是由于污染物分子的随机运动而引起的，分子扩散的质量通量与扩散物质的浓度梯度成正比，即

$$D_x^1 = -S_m \frac{\partial C}{\partial x}, \quad D_y^1 = -S_m \frac{\partial C}{\partial y}, \quad D_z^1 = -S_m \frac{\partial C}{\partial z}$$

式中　D_x^1，D_y^1，D_z^1——分别表示 x、y、z 方向上的污染物扩散通量；

　　　　S_m——分子扩散系数。

（2）湍流扩散　湍流流场中，污染物质点之间及污染物质点与水分子之间由于其各自的不规则的运动而发生相互碰撞、混合，湍流扩散规律可以用 Fick 第一定律来表达。

$$D_x^2 = -S_x \frac{\partial \overline{C}}{\partial x}, \quad D_y^2 = -S_y \frac{\partial \overline{C}}{\partial y}, \quad D_z^2 = -S_z \frac{\partial \overline{C}}{\partial z}$$

式中　D_x^2，D_y^2，D_z^2——x、y、z 方向上由湍流扩散所导致的污染物质量通量；

　　　　$\overline{C}$——水中的污染物的时间平均浓度；

　　S_x，S_y，S_z——x、y、z 方向上的湍流扩散系数。

（3）弥散作用　弥散作用是由于水体横断面上的实际的流速分布不均匀引起的，弥散作用可以如下来描述：

$$D_x^3 = -d_x \frac{\partial \overline{\overline{C}}}{\partial x}, \quad D_y^3 = -d_y \frac{\partial \overline{\overline{C}}}{\partial y}, \quad D_z^3 = -d_z \frac{\partial \overline{\overline{C}}}{\partial z}$$

式中　D_x^3，D_y^3，D_z^3——x、y、z 方向上由于弥散作用所导致的污染物质量通量；

　　　　$\overline{\overline{C}}$——水中污染物的时间平均浓度的空间平均浓度；

　　d_x，d_y，d_z——x、y、z 方向上的弥散系数。

14.4.4 污染物的衰减和转化

进入环境中的污染物可以分为守恒物质和非守恒物质。守恒物质可以长时间在环境中存在，它们随着水体的流动不断改变位置和降低其初始浓度，但其在水体中的总量是不会改变的，这些物质可以在水体环境中不断积累。重金属和许多难降解的有机物就属于守恒物质。对于某些对生态系统有害，或者由于其在环境中的积累而从长远的角度来看具有潜在的危险的物质，要严格限制其排放，因为环境对它们基本上不具有净化能力。

非守恒污染物在环境中能够降解，其衰减转化有两种方式，一种是污染物自身的特性决定的，例如放射性物质的衰减作用，另一种就是环境因素作用，由于发生化学反应或者是在生物的作用下而发生的不断衰减，例如水体中的有机污染物在微生物的作用下的生物氧化降解过程。水体中污染物的推流迁移作用、分散作用和衰减过程可以通过图 14-2 给以简要的说明。

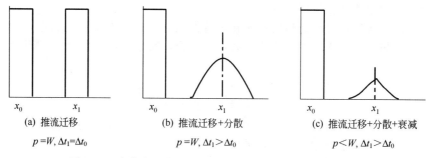

图 14-2　水体中污染物推流迁移、分散、衰减作用示意图

如图 14-2，假定在 $x = x_0$ 处，污染源向环境排放的污染物质总量为 W，其分布为直方状，全部物质通过 x_0 的时间为 Δt_0 [图 14-2(a)]，经过一段时间该污染物迁移至位置 x_1，污染物质的总量为 p，通过 x_1 的时间为 Δt_1。如果只存在推流作用，则 $p = W$，且在 x_1，x_0 位置处污染物分布相同，且通过 x_0 和 x_1 的时间存在 $\Delta t_0 = \Delta t_1$；如果存在推流迁移和分散的双重作用 [图 14-2(b)]，则仍有 $p = W$，但污染物分布的形状与初始时不一样，延长了污染物的通过位置 x_1 的时间 $\Delta t_1 > \Delta t_0$；如若同时存在推流、分散和衰减的三重作用，则不仅污染物的分布形状发生了变化，且 $p < W$，$\Delta t_1 > \Delta t_0$。

参 考 文 献

[1] 王占生等. 微污染水源饮用水处理. 北京：建筑工业出版社，1999.
[2] Manaban Stanley E. Environmental Chemistry. 7th ed. New York：Amazon Press，1999.
[3] 刘文君. 清华大学博士论文. 1999.
[4] R. Rautenbch and A. Groschl. Separation Potential of NF Membranes. Desalination. 1990，(77)：73.
[5] 岳舜林. 给水与废水处理国际会议论文集. 我国城市给水氯化消毒的现状及存在问题. 1994.
[6] 郑鸿等. 应用反渗透膜法处理苦咸水和地下水. 膜科学与技术，1989，9 (4)：53.
[7] Marshall M A. ，Munro P A，Tragardh G. The effect of protein fouling in microfiltration and ultrafiltration of permeate flux. Desalination. 1993，91；65.
[8] Yujung Chang，Chi Wang Li，and Mark M. Benjamin. Iron oxide-coated media for NOM sorption and particulate filtration. J. AWWA. 1997，May：100.
[9] Pal Fu，Hector Ruiz et al. A pilot study on groundwater natural organics removal by low-pressure membranes. Desalination. 1995，102；47.
[10] 范德顺. 关于饮用水源水质评价的若干问题. 西南给排水，1989，52 (4)：9.
[11] 萧刚. 反渗透系统设计研究. 净水技术，1996，57 (3)：22.
[12] 吴红伟. 清华大学博士论文. 2000.
[13] 王学松. 膜分离技术及其应用. 北京：科学出版社，1994，9.
[14] 许保久. 当代给水与废水处理原理讲义. 北京：清华大学出版社，1981.
[15] 罗敏. 清华大学硕士学位论文. 1997.
[16] 周蓉. 清华大学硕士学位论文. 1997.
[17] 邵刚. 膜法水处理技术. 北京：冶金工业出版社，1992.
[18] 谭见安. 环境生命元素与克山病生态化学地理研究. 中国医药科技出版社. 1996.
[19] Matin Fox. Healthy water Research. 1996.
[20] 杨福才，瞿砚章. 膜技术处理饮用水. 中国给水排水，1997，13 (4)：20.
[21] 葛可佑等. 90 年代中国人群的膳食与营养状况. 北京：人民卫生出版社，1996.
[22] 张欣. 欧美及日本对饮用水评价的研究. 西北建筑工程学院学报，1999，9 (3)：54.
[23] 竹井祥郎. 生体と水 [J]. 水环境学会志，1992，(2)：2-6.
[24] 久保田昌治. 新しレ水の科学と利用技术 [J]. スオーーラザイン研究所，1994：15-31.
[25] 小岛贞男. 日本の水 [M]. 东京：日刊工业新闻社，1995.
[26] 桥本奖. 健康た饮料水とああにしレ饮料水の水质评价とちの应用に关する研究 [J]. 水环境学会志，1989，(3)：12-16.
[27] 葛可佑等. 90 年代中国人群的膳食与营养状况. 北京：人民卫生出版社，1996，89.
[28] 徐幼云. 顾泽南等译. 饮水与健康. [美] 安全饮水委员会编. 北京：人民卫生出版社，1983.
[29] 唐森本等. 环境有机污染化学. 北京：冶金工业出版社，1996.
[30] 张宏陶. 生活饮用水标准检验法方法注解. 重庆：重庆大学出版社，1993.
[31] 中国环境优先监测研究课题组. 环境优先污染物. 北京：中国环境科学出版社，1989.
[32] 罗明泉，愈平. 常见有毒和危险化学品手册. 北京：中国轻工业出版社，1992.
[33] 上海市化工轻工供应公司. 化学危险品实用手册. 北京：化学工业出版社，1992.
[34] 国家环境保护局有毒化学品管理办公室. 化工部北京化工研究院环境保护研究所. 化学品毒性法规环境数据手册. 北京：中国环境科学出版社，1992.
[35] 高玉玲等. Ames 试验评价河流有机致突变物污染级别商榷. 1992.
[36] 冯敏. 工业水处理技术. 北京：海洋出版社，1992. 489-622.
[37] 王鹤鸣. 水化学与人类. 内蒙古石油化工，1999，25 (2)：72.
[38] 江城梅. 生活饮用水的致突变性研究及预防对策. 蚌埠医学院学报，2000，3.
[39] 刘世海，余新晓，于志民. 北京密云水库集水区板栗林水化学元素性质研究. 北京林业大学学报，2001，23 (2)：12-15.
[40] 黄耀江. 膜工艺在饮用水处理中的应用. 净水技术，1994，47 (11)：38-40.

[41] 王爱勤，张平余，俞贤达. 甲壳胺与铜（Ⅱ）、镍（Ⅱ）、锌（Ⅱ）配合物的合成及性质. 化学通报. 1999，8：32.

[42] 吴玉新. 紫外分光光度法测定污水中油含量的研究. 石化技术，1998，5（2）：112-114.

<h1 style="text-align:center">习　题</h1>

1. 试简单说明重金属在水体中的迁移机理以及由此可能对人体健康带来的影响。

2. 某地下水水样含 Ca^{2+} 和 Mg^{2+} 的浓度分别为 12.4mg/L 和 2.4mg/L，求该水样的硬度（以 mg［$CaCO_3$］/L为单位），试举例说明这种类型地下水存在的地区。

3. 为什么说溶解氧是河流自净中最有力的生态因素之一？在受纳有机物的河水中，其溶解氧的变化规律如何？

4. 有一流量为 $20m^3/s$ 的河流，河水的 BOD＝0.5mg/L。在河旁有相邻的 A 厂和 B 厂，A 排放 BOD＝40mg/L 的污水 $10000m^3/d$，B 排放 BOD＝25mg/L 的污水 $5000m^3/d$，现假定 A 厂 BOD 排放浓度减半，则两厂污水与河水完全混合后的 BOD 值将降低多少？

5. 请举自己身边的实例说明你周围的供水水源和排放污水情况。了解你家中的用水情况及进行简单的饮用水的水质分析。

6. 请简单叙述水体中铅的主要来源、危害以及其处理工艺应该如何考虑。

7. 查阅有关资料，了解致癌性、致畸性、致突变性的含义各是什么，为什么人们特别重视水体中可能致病的这些化学污染物？

第三部分

土壤环境化学

土壤是独立的、复杂的、生物滋生的地球外壳，是位于陆地表面具有肥力的疏松层，厚度一般在 2m 左右，可以称为土壤圈。它是岩石圈经过生物圈、大气圈和水圈长期和深刻的综合影响而形成的。由于各种成土因素，诸如母岩、生物、气候、地形、时间和人类生产活动等综合作用的不同，产生出了多种类型的土壤。

从环境科学的角度，土壤是人类环境的重要组成要素。随着环境科学的发展，人们愈来愈认识到土壤环境的复杂性和重要性。土壤是地球表层中介入元素循环的一个重要圈层，由岩石风化产生的所有物质都有可能通过地球化学循环归入土壤；在全球碳、氮循环中，土壤是主要环节之一；对于大气圈和水圈来说，土壤既是库又是源，既接受物质，又提供物质，这些交换和传递过程的方向和强度在很大程度上取决于化学物质的本性及其与土壤介质之间的相互作用，以及化学物质在土壤中的行为。这些过程常常交织在一起，互相依赖，相互促进，包含着复杂的化学内容。同时，土壤界面上水、大气、作物和其他生物对化学物质（含污染物）在土壤中的迁移、转化所起的作用也都与化学反应过程紧密相关。化学物质在土壤中的转化和迁移过程首先取决于污染物的化学性质，如污染物（或元素）形成化合物，形成不同电价离子、形成配合物，被胶体吸附和发生水解等化学反应的能力，以及组成该物质的原子的电负性、离子半径、电价、离子电位、化合物键能等。而土壤组成中，主要是黏土矿物的表面积和表面电荷，土壤有机质的羧基、羟基和酚羟基等功能团通过配位、吸附、离子交换等化学和物理化学反应，对化学物质的形态、分布、移动、转化行为起着重要作用。土壤是微生物群集和最活跃的场所，特别对有机污染物的降解和净化起十分重要的作用。

土壤环境化学就是研究化学物质，包括各种污染物进入土壤后的化学行为及其影响。包括污染物在土壤环境中的迁移、转化、降解和累积过程中的化学行为、反应机制、历程和归宿。

本部分重点放在几类有代表性的化学物质，即化学农药（代表土壤中外源有机化学物）、化肥、重金属和固体废物的土壤污染化学，并对土壤污染中复杂的化学过程作一介绍。

第 15 章 土壤的组成和性质

了解土壤环境的组成和性质，是研究土壤环境化学的基础。因为发生在土壤中的污染物的迁移转化作用是与土壤的组成和性质密切相关的。

15.1 土壤的组成

土壤是由固、液、气三相物质构成的复杂的多相体系。土壤固相包括矿物质、有机质和土壤生物；在固相物质之间为形状和大小不同的孔隙。孔隙中存在水分和空气。即

$$
土壤组成\begin{cases}
固体部分\begin{cases}无机体——土壤矿物质\\有机体——土壤有机质、土壤生物\end{cases}\\
孔隙部分\begin{cases}液相——土壤水分及其水溶物（间隙水）\\气相——土壤空气\end{cases}
\end{cases}
$$

土壤是以固相为主，三相共存。三相物质的相对含量，因土壤种类和环境条件而异。图15-1 显示土壤组分的大致比例。三相物质互相联系、制约，并且上与大气，下与地下水相连，构成一个完整的多介质多界面体系。

15.1.1 土壤矿物质

土壤矿物质是岩石经物理风化和化学风化作用形成的。按其成因可分为原生矿物和次生矿物两类。

（1）原生矿物 岩石经物理风化作用破碎形成的碎屑，即在风化过程中未改变化学组成和结构的原始成岩矿物。原生矿物主要有四类。

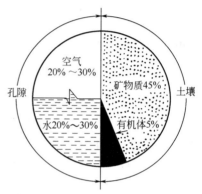

图 15-1 土壤的组成（引自 Brady）

① 硅酸盐类矿物 如长石（$KAlSi_3O_8$）、云母 $[(KSi_3Al)Al_2O_{10}(OH)_2]$、辉石（$MgSiO_3$）、闪石 $[Ca_2Mg_5Si_8O_{22}(OH)_2]$、橄榄石（$Fe_2SiO_4$）等。它们属于易风化的成岩矿物，容易风化而释放出 K、Mg、Fe 和 Al 等无机营养物质，供植物吸收。同时形成新的次生矿物。

② 氧化物类矿物 如石英（SiO_2）、赤铁矿（Fe_2O_3）、金红石（TiO_2）等。它们相当稳定，不易风化。

③ 硫化物类矿物 土壤中通常只有铁的硫化物。即黄铁矿和白铁矿，二者是同质异构体，化学式均为 FeS_2，它们极易风化，成为土壤中元素硫的主要来源。

④ 磷酸盐类矿物 土壤中分布最广的是磷灰石 $[Ca_5(PO_4)_3F]$ 和氯磷灰石 $[Ca_5(PO_4)_3Cl]$。其次是磷酸铁（$FePO_4$）、磷酸铝（$AlPO_4$）等。它们是土壤中无机磷的主要来源。

原生矿物粒径比较大，土壤中 $0.001 \sim 1mm$ 的砂粒和粉粒几乎全部是原生矿物。原生矿物对土壤肥力的贡献，一是构成土壤的骨架，二是提供无机营养物质，除碳、氮外，原生矿物中蕴藏着植物所需要的一切元素。

（2）次生矿物 原生矿物经化学风化后形成的新矿物，其化学组成和晶体结构均有所改变。土壤中次生矿物种类很多，通常可分为三类。

① 简单盐类 如方解石（$CaCO_3$）、白云石 $[Ca,Mg(CO_3)_2]$、石膏（$CaSO_4 \cdot 2H_2O$）、泻利盐（$MgSO_4 \cdot 7H_2O$）、芒硝（$Na_2SO_4 \cdot 10H_2O$）、水氯镁石（$MgCl_2 \cdot 6H_2O$）等。它们是原生矿物经化学风化后的最终产物，结晶构造都较简单，简单盐类属于水溶性盐，易淋溶流失，一般土壤中较少，常见于干旱、半干旱地区土壤中。

② 三氧化物 如针铁矿（$Fe_2O_3 \cdot H_2O$）、褐铁矿（$2Fe_2O_3 \cdot 3H_2O$）、三水铝石（$Al_2O_3 \cdot 3H_2O$）等。它们是硅酸盐类矿物彻底风化的产物，结晶构造较简单，常见于湿热的热带和亚

热带地区土壤中。

③ 次生铝硅酸盐类 这类矿物是由长石等原生硅酸盐矿物风化后形成的，它们是构成土壤黏粒的主要成分，故又称为黏土矿物。土壤中次生铝硅酸盐可分为三大类，即伊利石、蒙脱石和高岭石，它们是由长石等原生硅酸盐矿物在不同的风化阶段形成的。如，在干旱和半干旱的气候条件下，风化程度较低，处于脱盐基初期阶段，主要形成伊利石；在温暖湿润或半湿润气候条件下，脱盐基作用增强，多形成蒙脱石；在湿热气候条件下，原生矿物迅速脱盐基，脱硅，主要形成高岭石。

次生矿物有晶态和非晶态之分。晶态的次生矿物主要包括铝硅酸盐类黏土矿物，是由硅氧四面体（硅-氧片）和铝氧八面体（水铝片）的层片组成，根据构成晶层时两种层片的数目和排列方式的不同，黏土矿物通常分为1∶1型和2∶1型两种。高岭石是1∶1型矿物（图15-2），蒙脱石、伊利石是2∶1型矿物（图15-3，图15-4）。2∶1型矿物由于不等价离子的同晶替代而带有永久型负电荷，有膨胀性，有较大的比表面和较高的阳离子代换量，其吸附作用较1∶1型矿物大。非晶态，即无定形的次生矿物主要包括含水氧化铝、氧化铁、

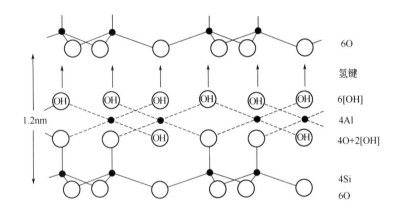

图 15-2 1∶1型黏土矿物（高岭石）结构示意图
（引自李愓川，《环境化学》）

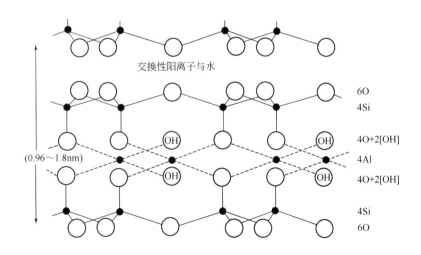

图 15-3 2∶1型黏土矿物（蒙脱石）结构示意图
（引自李愓川，《环境化学》）

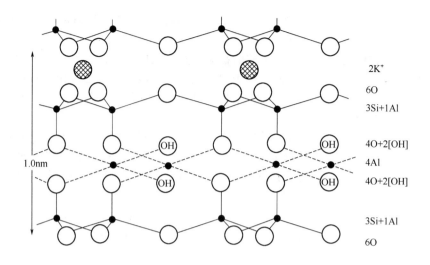

图 15-4　伊利石结构示意图

（引自李惕川，《环境化学》）

氧化硅等。每一类中还包括其不同水化程度和羟基化程度，从无定形到不同程度的晶质态同时存在的各种形态。非晶态次生矿物主要呈胶膜状态包裹于土粒表面，如水合氧化铁、铝、硅等，也有呈粒状凝胶，成为极细的土粒，如水铝石类。

次生矿物多数颗粒细小（粒径小于0.001mm），具有胶体特性，是土壤固相物质中最活跃的部分，它影响着土壤许多重要的物理、化学性质，如土壤的颜色、吸收性、膨胀收缩性、黏性、可塑性、吸附能力和化学活性。

15.1.2　土壤有机质

土壤有机质是土壤中含碳有机化合物的总称。由进入土壤的植物、动物及微生物残体经分解转化逐渐形成，通常可以分为两大类：一类为非腐殖物质，包括糖类化合物（淀粉、纤维素、半纤维素、果胶质等）、树脂、脂肪、单宁、蜡质、蛋白质和其他含氮化合物，它们都是组成有机体的各种有机化合物，一般占土壤有机质总量的10%～15%；另一类是腐殖物质，是由植物残体中稳定性较大的木质素及其类似物，在微生物作用下，部分地被氧化而增强反应活性形成的一类特殊的有机物，它不属于有机化学中现有的任何一类。根据它们在酸和碱溶液中的行为分为富里酸（既溶于碱，又溶于酸，相对分子质量低，色浅）、腐殖酸（溶于碱，不溶于酸，相对分子质量较大，色较深）和腐黑物（酸碱均不溶，相对分子质量最大，色最深）三个组分，它们都属于高分子聚合物，都具有芳环结构，苯环周围连有多种官能团，如羧基、羟基、甲氧基、酚羟基和醇羟基以及氨基等，它们具有许多共同的理化特性，如较大的比表面，较高的阳离子代换量等。

土壤有机质一般占土壤固相总质量的5%左右，含量虽不高，却是土壤的重要组成部分，土壤有机质因其具有的多种官能团，对土壤的理化性质和土壤中的化学反应均有较大影响。

15.1.3　土壤生物

土壤具有许多与岩石矿物颗粒显著不同的特点，其中最重要的就是在土壤中生活着一个生物群体。土壤中活的有机体一般占土壤鲜质量的0.2%左右，通常很难把它们定量的分离。土壤生物的种类和数量见表15-1。

表 15-1　土壤生物的种类和数量

生物种类		表土层(15cm)中数量/(个/m²)	生物种类		表土层(15cm)中数量/(个/m²)
微生物	细菌	$10^{13} \sim 10^{14}$	动物	原生动物	$10^9 \sim 10^{10}$
	真菌	$10^{10} \sim 10^{11}$		线虫类	$10^6 \sim 10^7$
	放线菌	$10^{12} \sim 10^{13}$		蚯蚓	$30 \sim 300$
	藻类	$10^9 \sim 10^{10}$		其他动物	$10^3 \sim 10^5$

　　土壤生物是土壤有机质的重要来源，又主导着土壤有机质转化的基本过程。从环境污染研究的角度，对土壤生物非常感兴趣，这是因为，土壤生物对进入土壤中的有机污染物的降解以及无机污染物（如重金属）的形态转化起着重要作用，是土壤净化功能的主要贡献者。

15.1.4　土壤溶液

　　土壤溶液是土壤水分及其所含溶质的总称，存在于土壤孔隙中，又称间隙水，一般可采用离心分离法将其从土壤粒子中分离出来，多时可占土壤鲜质量的 50%。土壤溶液的化学组成非常复杂，常见的溶质包括以下几种。

　　可溶性气体：$CO_2 > O_2 > N_2$。

　　无机盐类离子：阳离子，Ca^{2+}，Mg^{2+}，Na^+，K^+，NH_4^+，H^+，少量 Fe^{3+}，Fe^{2+}，Al^{3+} 和微量元素离子。

　　　　　　　　　　阴离子，HCO_3^-，CO_3^{2-}，NO_2^-，NO_3^-，HPO_4^{2-}，$H_2PO_4^-$，PO_4^{3-}，Cl^-，SO_4^{2-}。

　　无机胶体：铁、铝、硅水合氧化物。

　　可溶性有机物：富里酸、氨基酸及各种弱酸、糖类，蛋白质及其衍生物、醇类。

　　配合物类：如铁、铝有机配合物。

　　土壤溶液是植物和土壤生物的营养来源，也是土壤中各种反应（物理、化学和微生物反应）的介质，元素的平衡受土壤溶液制约，无论是吸附或解吸、专性吸附与离子交换、溶解与沉淀、化合与分解无不由土壤溶液所主导，并由它充当元素迁移的载体，土壤溶液是影响土壤性质及污染物迁移转化的重要因素。

15.1.5　土壤空气

　　土壤空气是土壤的重要组成之一。土壤空气存在于未被水分占据的土壤孔隙中，通常可用抽气泵抽出，在疏松的天然土壤中，土壤空气含量有时可达土壤体积的 50%，在水田中土壤空气所占体积比例较小。土壤空气主要来源于大气，其次由土壤内的生物化学和化学过程产生。

　　土壤空气的组成与大气基本相似，主要成分都是 N_2、O_2 和 CO_2，其差异主要表现在：土壤空气存在于被固相隔开的土壤孔隙中是不连续的体系。土壤空气中氧气含量比大气低，二氧化碳含量比大气显著增高，一般为 0.15%～5%。这是因为作物根系和微生物的呼吸作用，以及有机质分解均消耗氧气，同时产生二氧化碳。土壤空气中水蒸气含量比大气高得多，在通气不良情况下，由于厌氧细菌的活动，土壤空气中常含有少量还原性气体，如甲烷（CH_4）、硫化氢（H_2S）、氨（NH_3）、氧化亚氮（N_2O）和氢气（H_2）等。

　　土壤空气是土壤肥力的要素之一，土壤空气的状况（含量、组成）直接影响着土壤中潜在养分的释放、速效养分的损失，同时也影响着土壤性质及污染物在土壤中的迁移转化和归宿。

15.2　土壤的剖面构型

典型土壤随深度呈现不同层次。如图 15-5 所示，其剖面可分为 A₀、A₁、A₂、B、C、

图 15-5　自然土壤剖面构型

A₀	凋落物层
A₁	泥炭层 腐殖质层
A₂	淋溶层
B	淀积层
C	母质层
D	母岩层

D五个主要层次。最上层为有机质层，根据有机质聚积状态可分出，凋落物层（A₀）、泥炭层和腐殖质层（A₁）。该层土壤含有丰富的有机质和腐殖质，是土壤中生物最活跃的一层。第二层为淋溶层（A₂），各种物质，如黏土颗粒，金属离子在此层中被淋溶向下迁移最为显著。第三层为淀积层（B），是来自上层土淋溶出来的黏土颗粒，无机物和有机物累积的层次。第四层为母质层（C），由风化的成土母岩构成。第五层为母岩层（D）是未风化的基岩，严格地说，母质层和母岩层均不属于真正土壤。

以上层次通称为土壤发生层。土壤发生层的形成是土壤形成过程中，物质迁移、转化和积聚的结果。不同的土层，组成不同，形态特征和性质亦各异。因此土壤剖面是土壤分类的基本依据。

15.3　土壤的粒级与质地

15.3.1　土壤的粒级

土壤中矿物质颗粒的形状和大小多种多样，它们的直径可从几微米到几厘米，差别很大，不同粒径的土壤矿物质颗粒（即土粒），其成分和物理化学性质有很大的差异，为了研究方便，人们常按粒径大小将土粒分为若干类，称为粒级（或粒组）。同级土粒的成分和性质基本一致，组间则有明显差别。粒级划分的标准各国尚不一致，表 15-2 为我国土壤颗粒分级标准。

表 15-2　我国土壤颗粒分级标准

颗 粒 名 称		粒径/mm	颗 粒 名 称		粒径/mm
石块		>10	粉粒	粗粉粒	0.05～0.01
石砾	粗砾	10～3		细粉粒	0.01～0.005
	细砾	3～1	黏粒	粗黏粒	0.005～0.001
砂粒	粗砂粒	1～0.25		细黏粒	<0.001
	细砂粒	0.25～0.05			

各级土粒由于大小不同，矿物成分，理化性质和肥力特征也各有差异。石块、石砾，直径一般大于 1mm，多由母岩碎片和原生矿物粗粒组成，土壤中含石块。石砾多时，其孔隙大，水和养分易流失，不利耕作和作物生长；砂粒，直径一般为 1～0.05mm，多由母岩碎屑和原生矿物细粒（如，石英、长石、云母等）组成，通气性好，透水性强，但保水保肥能力弱，磷、钾等营养元素含量少；黏粒，直径一般小于 0.005mm，主要由次生铝硅酸盐组成，颗粒很细，有巨大的比表面积，吸附力强，有良好的保水保肥能力，是各级土粒中最活跃的部分。但由于黏粒孔隙很小，膨胀性大，所以通气和透水性较差；粉粒，直径一般为 0.05～0.005mm，以原生矿物（云母、长石、角闪石等）为主，是原生矿物和次生矿物（高岭石、铁、铝、硅水合氧化物）混合体，粉粒的物理化学性质介于砂粒和黏粒之间，黏结性、吸湿性、胀缩性微弱，保水保肥能力较好。

15.3.2 土壤的质地

自然界中任何一种土壤，都是由大小不同的土粒按不同的比例组合而成的，土壤中各粒级土粒含量的相对比例或质量分数，称为土壤质地。按土壤质地对土壤所做的分类称为土壤质地分类。表 15-3、表 15-4 给出了国际制土壤质地分类和我国土壤质地分类标准。

表 15-3　国际制土壤质地分类

质地名称		各级土粒质量分数/%		
类别	名称	砂粒(2~0.02mm)	粉砂粒(0.02~0.002mm)	黏粒(<0.002mm)
砂土类	砂土及砂壤土	85~100	0~15	0~15
壤土类	砂壤土	55~85	0~45	0~15
	壤土	40~55	30~45	0~15
	粉砂质壤土	0~55	45~100	0~15
黏壤土类	砂质黏壤土	55~85	0~30	15~25
	黏壤土	30~55	20~45	15~25
	粉砂质黏壤土	0~40	45~85	15~25
黏土类	砂质黏土	55~75	0~20	25~45
	粉砂质黏土	0~30	45~75	25~45
	壤质黏土	10~55	0~45	25~45
	黏土	0~55	0~55	45~65
	重黏土	0~35	0~35	65~100

表 15-4　我国土壤质地分类标准（暂行方案，1975 年）

质地组	质地名称	各粒级百分含量		
		砂粒(1~0.05mm)	粗粉粒(0.05~0.001mm)	胶粒(<0.001mm)
砂土组	粗砂土	>70	—	—
	细砂土	60~70	—	<30
	面砂土	50~60	—	—
两合土组	砂性两合土	>20	>40	<30
	小粉土	<20	>40	<30
	两合土	>20	<40	<30
	胶性两合土	<20	<40	<30
黏土	粉黏土	—	—	30~50
	壤黏土	—	—	35~40
	黏土	—	—	>40

土壤质地可以在一定程度上反映土壤矿物质组成和化学组成，同时土壤颗粒大小与土壤的物理性质有密切关系，并且影响土壤的孔隙状况，因此对土壤环境中空气运动、物质与能量交换、迁移与转化均有很大的影响，质地不同的土壤表现出不同的性状，如表 15-5 所示。

表 15-5　土壤质地与土壤性状

土壤性状	土壤质地			土壤性状	土壤质地		
	砂土	壤土	黏土		砂土	壤土	黏土
比表面积	小	中等	大	保肥能力	小	中等	大
紧密性	小	中等	大	保水分能力	低	中等	高
孔隙状况	大孔隙多	中等	细孔隙多	在春季的土温	暖	凉	冷
通透性	大	中等	小	触觉	砂	滑	黏
有效含水量	低	中等	高				

15.4 土壤的基本性质

15.4.1 土壤的吸附性

土壤具有吸附并保持固态、液态和气态物质的能力，称为土壤的吸附性能。土壤的吸附性能与土壤中存在的胶体物质密切相关。土壤胶体是土壤固体颗粒中最细小的具有胶体性质的微粒。土壤中含有无机胶体（包括黏土矿物和铁、铝、硅等水合氧化物）、有机胶体（主要是腐殖质以及少量的生物活动产生的有机物）和有机-无机复合胶体（矿物胶体与腐殖质等有机质结合形成）。土壤胶体以其特有的性质，而使土壤具有吸附性。

（1）土壤胶体的性质

① 土壤胶体具有巨大的比表面和表面能　比表面是单位质量（或体积）物质的表面积。表面能是由于处于表面的分子受到的引力不平衡而具有的剩余能量。物质的比表面越大，表面能也越大，因此能够把某些分子态的物质吸附在其表面上。

土壤无机胶体中，以蒙脱石类表面积最大：$600 \sim 800 m^2/g$，不仅有外表面，而且有巨大的内表面，伊利石类次之，高岭石最小：$7 \sim 30 m^2/g$。有机胶体具有极大的外表面，约$700 m^2/g$，与蒙脱石相当。

② 土壤胶体表面带有电荷　土壤胶体表面的电荷可分为永久电荷和可变电荷。所带电荷的性质主要决定于胶粒表面固定离子的性质。

通常晶质黏土矿物带有负电荷，主要是由晶格中的同晶置换或缺陷造成的电荷位。如硅氧四面体中四价的硅被半径相近的低价阳离子 Al（Ⅲ）、Fe（Ⅲ）取代，或铝氧八面体中三价铝被 Mg（Ⅱ）、Fe（Ⅱ）等取代，就产生了过剩的负电荷，所产生负电荷的数量只决定于晶格中同晶置换的离子多少，与介质 pH 值无关，也不受电介质浓度的影响，是永久负荷电荷。层状黏土矿物中，2∶1 型矿物的永久电荷较多，1∶1 型矿物永久电荷较少。

金属水合氧化物表面是由金属离子和氢氧基组成的，OH^- 暴露于表面。如铁、铝水合氧化物和氢氧化物胶体以及层状铝硅酸盐边角断键裸露部位表面上就存在铝醇（Al—OH）、铁醇（Fe—OH）、硅醇（Si—OH）等，是一种极性的亲水性表面，在酸性条件下，表面配位的—OH 基团与溶液中质子结合生成—OH_2^+ 使胶体表面带正电荷，而在碱性条件下，—OH 释放出质子，形成—O^-，表面带负电荷。可见金属氧化物表面是两性的，其表面电荷的性质及多少与溶液 pH 及电介质浓度密切相关，是可变电荷。

当土壤从酸性到碱性，胶体表面电荷由正变到负，在这一变化中，出现两性胶体呈电中性，即表面净电荷为零，此时体系的 pH 值称为胶体的零电荷点（ZPC）。据测，氧化硅（SiO_2）ZPC 接近 pH＝2，氧化锰（MnO_2）ZPC 接近 pH＝4，氧化铁（Fe_2O_3）ZPC 在 pH＝6.5～8，氧化铝（Al_2O_3）ZPC 为 pH＝3.5～9.5。因此，在通常土壤 pH 范围，氧化硅和氧化锰胶体带负电荷，氧化铝和氧化铁胶体则带正电荷。图 15-6 显示氧化铁胶体表面电荷性质随溶液 pH 值的变化。

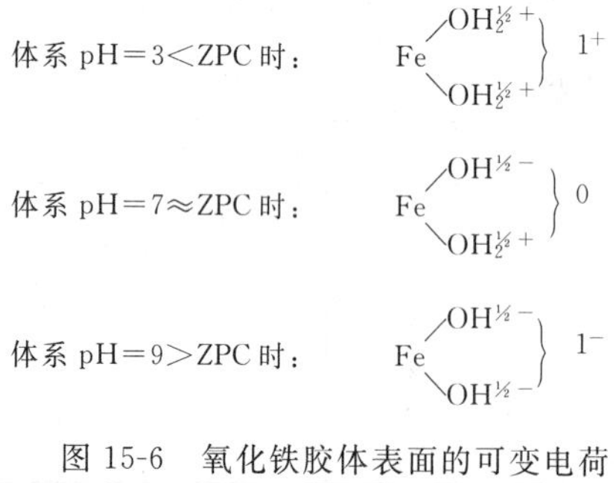

体系 pH＝3＜ZPC 时：
$$Fe \begin{array}{c} OH^{1/2+} \\ OH_2^{1/2+} \end{array} \Big\} 1^+$$

体系 pH＝7≈ZPC 时：
$$Fe \begin{array}{c} OH^{1/2-} \\ OH_2^{1/2+} \end{array} \Big\} 0$$

体系 pH＝9＞ZPC 时：
$$Fe \begin{array}{c} OH^{1/2-} \\ OH^{1/2-} \end{array} \Big\} 1^-$$

图 15-6　氧化铁胶体表面的可变电荷

土壤有机胶体所带电荷也决定于体系的 pH。腐殖质表面的羧基和酚羟基离解 H^+ 后，胶体表面的 $RCOO^-$ 及 RO^- 呈现负电荷，其负电荷量多于层状硅酸盐胶体；腐殖质表面含氮基团，如—NH_2 基，结合溶液中质子，形成—NH_3^+ 而带上正电荷。在通常土壤 pH 值范围，腐殖质带负电荷（土壤的

pH＞ZPC$_{腐殖质}$）。

③ 土壤胶体的动电性质　固体与液体相接触时，二者之间即有电位产生，固体表面带一种电荷，与固体相接触的液体带符号相反的电荷，这种情况称为双电层。土壤胶体微粒分散在水中时，在胶粒和液相的界面上就有双电层出现，微粒的内部，即胶核带一种电荷，形成一个离子层，称决定电位离子层，其外部由于电性吸引形成一个反离子层，包括非活动性吸附离子层和扩散。吸附离子层与液体间的电位差称为电动电位，它的大小视扩散层厚度而定，随扩散层厚度增大而增加，扩散层厚度决定于反离子的性质，电荷数量少而水化程度大的反离子，形成的扩散层较厚，反之扩散层较薄。

在电场和其他力的作用下，固体颗粒或液相，对另一相作相对移动时所表现出来的电学性质称为动电性质。土壤胶体的动电性质与所带电荷（静电性质）密切相关。土壤胶体通过动电性质和静电性质，对土壤中微量物质进行吸附、代换等作用。

④ 土壤胶体的分散性和凝聚性　由于土壤胶粒带有相同电荷，彼此之间相互排斥，在土壤溶液中成为分散状态，这就是土壤胶体的分散性。电动电位愈高，相互排斥力愈强，胶体的分散性也愈强。但是土壤胶体的表面积很大，能位很高，为减少表面能，胶体具有相互吸引、凝聚的趋势，即胶体的凝聚性。土壤胶体发生凝聚的主要原因是电动电位的消失，即带有负电荷的胶体被电介质中的阳离子中和。阳离子在凝聚作用中的能力与阳离子的种类和浓度有关。土壤溶液中常见阳离子的凝聚能力为：$Fe^{3+} ＞ Al^{3+} ＞ Ca^{2+} ＞ Mg^{2+} ＞ H^+ ＞ NH_4^+ ＞ K^+ ＞ Na^+$，阳离子只有达到一定浓度方能引起凝聚作用，凝聚力强的离子起始浓度低，凝聚力弱的离子，起始浓度高。

土壤胶体的分散和凝聚，决定着土壤中胶体微粒与微量污染物结合的粒度分布，因而影响着污染物的行为和归宿。

（2）土壤胶体的离子交换吸附　土壤胶体扩散层中的补偿离子和溶液中相同电荷的离子作等离子价交换，称为离子交换。离子从溶液转移到胶体的过程称为离子吸附过程。离子交换吸附包括阳离子交换吸附和阴离子交换吸附。

① 阳离子交换吸附　土壤胶体吸附的阳离子和土壤溶液中的阳离子以离子价为依据作等价交换。如土壤施用钙质肥料后，就会产生阳离子交换作用。

$$Al^{3+} \!\!\equiv\!\! \boxed{土壤胶体} \begin{matrix} ─K^+ \\ ─Na^+ \\ ─Mg^{2+} \end{matrix} +Ca^{2+} \rightleftharpoons Al^{3+} \!\!\equiv\!\! \boxed{土壤胶体} \begin{matrix} =Ca^{2+} \\ =Mg^{2+} \end{matrix} +K^+ +H^+ +Cl^-$$

阳离子交换反应是可逆过程，可以用可逆平衡式表示反应程度。阳离子之间交换以离子价为依据作等价交换，并受质量作用定律支配。各种阳离子的交换能力与离子的价态，半径及水化程度有关，离子价数愈大，阳离子交换能力愈强，同价离子中，离子半径愈大，水化程度愈小，交换能力大。

通常用阳离子交换量来表示交换反应能力的大小。阳离子交换量以厘摩尔/每千克土（cmol/kg）表示，即一定 pH 值时，每千克土中所含交换性阳离子的厘摩尔数。土壤的阳离子交换量与土壤胶体的类型、数量及土壤溶液的 pH 值有关。不同种类土壤胶体的阳离子交换量顺序为：有机胶体＞蒙脱石＞高岭土＞含水氧化铁铝；土壤颗粒愈细，比表面愈大，阳离子交换量愈大。土壤溶液 pH 值增大，土壤胶体表面负电荷增加，阳离子交换量增大。

土壤胶体吸附的交换性阳离子通常有 K^+、Na^+、Ca^{2+}、Mg^{2+}、NH_4^+、H^+、Al^{3+} 等，上述离子中，H^+ 和 Al^{3+} 称为致酸离子，K^+、Ca^{2+}、Na^+、Mg^{2+}、NH_4^+ 等称为盐基离子。当土壤胶体吸附的阳离子全部是盐基离子时，呈盐基饱和状态，当土壤胶体吸附的阳离子有一部分为 H^+、Al^{3+} 则称盐基不饱和土壤。各种土壤的盐基饱和程度可用盐基饱和度表示，即在土壤交换性阳离子中盐基离子所占的百分数。

$$盐基饱和度 = \frac{交换性盐基总量（cmol/kg）}{阳离子交换量（cmol/kg）} \times 100\%$$

盐基饱和度大的土壤，一般呈中性或碱性，盐基饱和度小的土壤则呈酸性。土壤较高的盐基饱和度，不但有利于养分的保存和积累，而且对于重金属的轻度污染也有良好的净化作用。正常土壤的盐基饱和度一般保持在 70%~90% 为宜。

② 阴离子交换吸附　阴离子交换吸附是指土壤中带正电荷的胶体所吸附的阴离子与土壤溶液中阴离子的交换作用。阴离子交换吸附也是可逆过程，且服从质量作用定律。但是土壤阴离子交换吸附比较复杂，土壤阴离子交换时常伴随有化学固定作用，即交换性阴离子可与胶体微粒或溶液中的阳离子（Ca^{2+}、Fe^{3+}、Al^{3+} 等）形成难溶沉淀而被吸附。如：

$$Fe^{3+} + PO_4^{3-} \longrightarrow FePO_4 \downarrow$$

$$Al^{3+} + PO_4^{3-} \longrightarrow AlPO_4 \downarrow$$

$$Ca(H_2PO_4)_2 + 2Ca(HCO_3)_2 \longrightarrow Ca_3(PO_4)_2 \downarrow + 4CO_2 \uparrow + 4H_2O$$

因此，土壤阴离子交换吸附，不像阳离子交换，具有明显的量的交换关系。土壤中易被胶体吸附，同时产生固定作用的阴离子为 $H_2PO_4^-$、HPO_4^{2-}、PO_4^{3-}、SiO_3^{2-} 及某些有机酸阴离子；难被土壤胶体吸附的阴离子为 Cl^-、NO_3^-、NO_2^-；介于两类之间的阴离子为 SO_4^{2-}、CO_3^{2-} 及某些有机阴离子。

15.4.2　土壤的酸碱性

土壤的酸碱性是土壤的重要理化性质之一，是土壤在形成过程中受生物、气候、地质、水文等因素的综合作用所产生的重要属性。土壤的酸碱度可以划分为九级：pH<4.5 为极强酸性土、pH4.5~5.5 为强酸性土、pH5.5~6.0 为酸性土、pH6.0~6.5 为弱酸性土、pH6.5~7.0 为中性土、pH7.0~7.5 为弱碱性土、pH7.5~8.5 为碱性土、pH8.5~9.5 为强碱性土、pH>9.5 为极强碱性土。从已获得的资料，中国土壤的 pH 值大多在 4.5~8.5 范围内，并且呈东南酸，西北碱的规律，南方的极强酸性土壤到北方的强碱性土壤，按氢离子浓度计算相差可达七个数量级。

（1）土壤的酸度　根据氢离子存在的形式，土壤酸度可分为活性酸度和潜性酸度两类。

① 活性酸度　活性酸度又称有效酸度，是土壤溶液中游离氢离子浓度直接反映出来的酸度，通常用 pH 值表示。

土壤空气中二氧化碳（CO_2）溶于水生成的碳酸（H_2CO_3）、有机质的累积和分解过程中产生的有机酸以及土壤中的硫（S）、硫化铁（FeS_2）、铝、铁、锰等硫酸盐类和某些无机肥料，如硫铵、硝铵等在化学和生物化学转化过程中产生的无机酸，如硫酸（H_2SO_4）、硝酸（HNO_3）、磷酸（H_3PO_4）等是土壤溶液中氢离子的主要来源。此外，大气污染形成的酸沉降（H_2SO_4，HNO_3）也是土壤活性酸的重要来源。

② 潜性酸度　土壤的潜性酸是由土壤胶体吸附的可交换性氢离子（H^+）和铝离子（Al^{3+}）所产生的，这些致酸离子只有通过离子交换作用，进入土壤溶液产生了氢离子方显示酸性，因此，称为潜性酸。如，土壤中施入中性钾肥，溶液中钾离子与土壤胶体上 H^+ 和 Al^{3+} 发生离子交换作用而表现出的酸度。

$$\boxed{土壤胶体}{-}H^+ + KCl \Longleftrightarrow \boxed{土壤胶体}{-}K^+ + H^+ + Cl^-$$

$$\boxed{土壤胶体}{\equiv}Al^+ + 3KCl \Longleftrightarrow \boxed{土壤胶体}\begin{matrix}-K^+\\-K^+\\-K^+\end{matrix} + AlCl_3$$

$$AlCl_3 + 3H_2O \longrightarrow Al(OH)_3 + 3H^+ + 3Cl^-$$

土壤潜性酸度通常用 100g 烘干土中氢离子的摩尔数表示。

现已确认，吸附性铝离子（Al^{3+}）是大多数酸性土壤中潜性酸的主要来源，而吸附性氢离子则是次要来源。如红壤的潜性酸度中，由交换性铝离子所产生的酸可占 90％ 以上。土壤的酸度主要决定于潜性酸，因为一般土壤潜性酸的氢离子浓度较大，活性酸的氢离子浓度很小。但是潜性酸和活性酸共存于一个平衡体系中，潜性酸可被交换，生成活性酸，而活性酸也可被胶体吸附成为潜性酸。

（2）土壤的碱度　土壤的碱性反应是在土壤溶液中 OH^- 浓度超过 H^+ 时反映出来。土壤碱性主要来自土壤中钙、镁、钠、钾的重碳酸盐和碳酸盐以及土壤胶体上交换性 Na^+ 的水解作用：

$$Na_2CO_3 + 2H_2O \rightleftharpoons 2NaOH + H_2CO_3$$
$$NaHCO_3 + H_2O \rightleftharpoons NaOH + H_2CO_3$$
$$CaCO_3 + 2H_2O \rightleftharpoons Ca(HCO_3)_2 + Ca(OH)_2$$
$$Ca(HCO_3)_2 + 2H_2O \rightleftharpoons Ca(OH)_2 + 2H_2CO_3$$

$$\boxed{土壤胶体} - Na^+ + H_2O \rightleftharpoons \boxed{土壤液体} - H^+ + NaOH$$

含 Na_2CO_3、$NaHCO_3$ 土壤的 pH 值多大于 8.5，含 $CaCO_3$ 的石灰性土壤 pH 值在 7.5～8.5 之间，强碱性土壤（pH8.5～10.0）除含有易溶性碱性盐类外，主要与胶粒吸附的交换性 Na^+ 有关。强碱性土壤耕性极差，对大多数植物和生物有害。

土壤的酸碱性直接或间接地影响污染物在土壤中的迁移转化，因此，pH 是土壤的重要指标之一。

15.4.3　土壤的氧化还原性

土壤中存在着多种多样的无机和有机的氧化还原性物质，氧化还原反应是土壤中一种基本的化学和生物化学过程，它可以改变离子的价态，因此对于土壤中无机物和有机物的存在形态、迁移转化均产生重要影响。

土壤空气中游离氧气、少量的 NO_3^- 和高价金属离子，如 Fe(Ⅲ)、Mn(Ⅳ)、Ti(Ⅳ)、V(Ⅴ) 等是土壤中主要的氧化剂。土壤有机质以及厌氧条件下形成的分解产物和低价金属离子等是土壤中主要的还原剂。土壤中主要的氧化还原体系见表 15-6。

表 15-6　土壤中主要的氧化还原体系

体　系	氧化态	还原态	体　系	氧化态	还原态
氧体系	O_2	H_2O	磷体系	PO_4^{3-}	PH_3
铁体系	Fe(Ⅲ)	Fe(Ⅱ)	铜体系	Cu^{2+}	Cu
锰体系	MnO_2	Mn(Ⅱ)	有机碳体系	CO_2	CH_4
氮体系	NO_3^-，NO_2^-	N_2，NO，NH_4^+			

土壤环境氧化还原作用的强度，可以用氧化还原电位（Eh）度量。土壤的 Eh 值是以氧化态物质和还原态物质的浓度比为依据的。由于土壤中氧化态物质与还原态物质的组成十分复杂，因此计算土壤的氧化还原电位 Eh 很困难，主要以实际测量的土壤氧化还原电位来衡量土壤的氧化还原性。根据实测，旱地土壤的 Eh 值大致为 400～700mV，水田土壤大致为 −200～300mV。通常当氧化还原电位 Eh＞300mV，氧体系起重要作用，土壤处于氧化状况，当 Eh＜300mV，有机质体系起重要作用，土壤处于还原状况。土壤的 Eh 值决定着土壤中可能进行的氧化还原反应，因此测知土壤的 Eh 值后，就可以判断该物质处于何种价态。影响土壤氧化还原状况的主要因素有以下几种。

① 土壤通气状况，通气良好，Eh 值高；通气不良，Eh 值下降。受氧支配的体系，其 Eh 值随 pH 而变化，pH 值越低，Eh 值有增高趋势。

② 土壤有机质状况，土壤中还原性强的有机质含量大，土壤 Eh 下降。

③ 土壤无机物状况，一般易氧化的无机物多，则因耗氧多，形成还原条件，Eh 值下降，反之，易还原的无机物多，则易形成氧化环境，而使 Eh 值升高。

参 考 文 献

[1] Brady N C. The Nature and Properties of Soil，8th，1974.
[2] Manahan S E. Environmental Chemistry. 7th ed. New York：Amazon Press，1999. 431-501.
[3] 刘培桐. 环境学概论. 北京：高等教育出版社，1985.
[4] 刘静宜. 环境化学. 北京：中国环境科学出版社，1987.
[5] 严健汉，詹重慈编著. 环境土壤学. 武汉：华中师范大学出版社，1985.
[6] 李天杰主编. 土壤环境学. 北京：高等教育出版社，1995.
[7] 李惕川. 环境化学. 北京：中国环境科学出版社，1990.
[8] 戴树桂主编. 环境化学. 北京：高等教育出版社，2000. 200-225.

习　　题

1. 土壤的主要组分有哪些？它们对土壤的性质有何影响？
2. 何谓盐基饱和度？它对土壤性质的影响是什么？
3. 何谓土壤的活性酸度和潜性酸度？两者之间有何联系？
4. 试述土壤阳离子、阴离子交换吸附的原理与特点？

第 16 章　土壤环境的污染及防治

16.1　土壤污染的概念

　　土壤环境依靠自身的组成、功能，对进入土壤的外源物质有一定的缓冲、净化能力。因为土壤中存在复杂的有机和无机胶体体系，对污染物有过滤、吸附、代换作用，可使污染物暂时脱离生物小循环及食物链；土壤空气中的氧可作氧化剂，土壤中的水分可作溶剂，使污染物发生形态变化，转化为不溶性化合物而沉淀，或经挥发和淋溶从土体中迁移至大气和水体；特别是土壤微生物和土壤动、植物，有强大的生物降解能力，能将污染物降解产物纳入天然物质循环，使污染物转化为无毒或毒性小的物质，甚至成为营养物。然而，土壤环境的自净能力是有限的。当经各种途径进入土壤的外源物质（或污染物）其数量和速度超过了土壤能承受的容量（或弹性限度）和净化的速度，破坏了土壤的自然动态平衡，使污染物的积累逐渐占据优势，从而引起土壤的组成、结构、性状发生改变，正常功能失调、质量下降，导致植物和动物的正常生长发育受到影响、空气和水质恶化，食物链中农产品的"生物学质量（biological quality）"降低，造成残毒，以致直接或间接地危害人类的生命和健康，就构成土壤环境污染。

　　所谓土壤环境的自净能力，主要由下列几项要素组成：①土壤中细菌、真菌、放线菌群落的降解、转化及生物固定作用；②植物根系的吸收、转化、降解与合成；③土壤中有机、无机胶体的吸附、络合和沉淀作用；④土壤的离子交换作用；⑤土壤的机械阻留作用；⑥土壤的气体扩散作用。对于环境中不同的污染物质，土壤环境的净化机理、强度与过程是不相同的，这些个别因素的总和即是构成每一个具体土壤环境污染容量的基础。

　　所谓农产品的生物学质量，是指保证一切生物、动物和人，食用某种生物产品能维持其正常生理功能的下列个别因素的总和：①矿物元素（包括大量元素及微量元素）；②大量有机化合物（碳、氮化合物包括氨基酸类）；③维生素；④激素；⑤酶。

　　土壤污染与大气和水污染相比，比较隐蔽，往往不容易立即发现，判断亦比较复杂。因为土壤的污染很难用其化学组成的变化来衡量，即使是净土，其组成也是不固定的。而某些物质含量的变动，并不意味土壤功能的障碍。土壤组成、结构、功能的破坏，最明显的标志是作物产量和质量的下降，即土壤生产能力降低。然而，某些污染物进入土壤到影响作物生长，往往有一段很长的积累过程，并不是立即反映出来。而土壤中污染物质的含量与作物生长发育之间的因果关系十分复杂，有时污染物质的含量超过土壤背景值很高，并未影响作物生长；有时作物生长已受影响，但植物体内，未见污染物的积累。而土壤一旦被污染，也不像大气和水体，容易流动和稀释，很难恢复。

　　总之，土壤污染的显著特点是：比较隐蔽，具有持续性、积累性，不易直观察觉，往往是通过地下水受到污染，通过农产品生物学质量和人体健康状况恶化方反映出来。因此必须充分认识土壤污染的隐蔽性、严重性和不可逆性，对土壤的保护，必须有长远的观点，要考虑污染物的长期积累后果。

16.2 土壤的污染源

造成土壤环境污染的污染物质的发生源，按照发生的原因，可以分为天然源和人为源两大类。

16.2.1 天然源

在某些自然矿床中，元素和化合物的富集中心周围，由于矿物的风化，往往形成自然扩散带，使附近土壤中某些元素的含量超出一般土壤含量，造成地区性土壤污染，火山爆发的岩浆和降落的火山灰等，可不同程度地污染土壤。

16.2.2 人为源

（1）城市和工业排放　城市固体废物，如城市垃圾、工矿业废渣等随意堆放或填埋。其中的有害物质经微生物分解、大气扩散、降水淋滤后，进入周围地区，污染土壤；城市污水（包括工业废水和生活污水）未经处理，盲目排放，进入土壤，污染土壤；大气污染物，如二氧化硫、氮氧化物、氟化物以及含硫酸、重金属、放射性元素等颗粒物，通过干沉降和湿沉降进入土壤。

（2）农业污染源　由农业生产本身的需要，采取的各种农业措施引起的土壤环境污染，有些与工业排放有关，如不合理的污水灌溉，使土壤结构功能遭到破坏，污水灌区事先未经严格勘察与设计，在砂砾土漏水地区，未采用任何渠道防渗措施，导致浅层地下水及地面水污染；使用不符合标准的污泥农用导致土壤污染；化肥、农药使用不当，使用肥料丢掉用有机肥的传统，过分依赖化学肥料，偏施氮素化肥，防治病虫害，主要依靠化学防治，过量滥施农药；随着农膜使用量逐年增加，农膜残留越来越广泛，其带来的白色污染正在蔓延和加重；随着畜牧业集约化生产程度的不断提高，畜牧业的养殖规模日益递增，大量畜禽粪便成为废弃物，堆放时成为污染源。

各种污染发生源可以单独起作用，也可以相互重叠和交叉起作用。

16.3 土壤污染物

土壤污染物通常是指进入土壤环境中，能够影响土壤正常功能，降低作物产量和生物学质量，有害于人畜健康的物质。

土壤污染物，种类繁多，既有化学污染物，也有放射性污染物和生物污染物。其中以化学污染物最为普遍、严重。土壤的化学污染物可以分为无机污染物和有机污染物两大类。

（1）无机污染物　土壤中的无机污染物包括：

a. 重金属　如镉、汞、铬、铅及类金属砷。它们是作物非必需元素，又称有毒元素。另外如铜、锌、硒、锰等是作物必需元素，但当其含量超过作物需求上限时，也形成污染。

b. 营养物质　主要是氮素和磷素化学肥料。

c. 放射性物质　主要是指锶90、铯137等。

d. 其他　如氰化物、氟化物、硫化物、盐碱酸类。

（2）有机污染物　土壤中的有机污染物主要有：

a. 难降解的有机物　如有机氯类农药、石油、多氯联苯等。

b. 降解中间产物毒性大于母体的有机物　如三氯乙醛、苯并［a］芘等。

c. 可降解有机物　如畜禽粪便、酚、有机洗涤剂等。

此外还有生物类污染物，主要是病原微生物，如肠细菌、寄生虫、炭疽杆菌、结核杆菌、破伤风杆菌等。

表 16-1 列出了土壤环境主要的污染物。

表 16-1　土壤环境主要的污染物及其源

污　染　物			主　要　源
无机污染物	重金属	镉(Cd)	电镀、冶炼、染料等工业废水，肥料杂质、含 Cd 废气
		汞(Hg)	制碱、汞化物生产等工业废水，含汞农药、汞蒸气
		铬(Cr)	冶炼、电镀、制革、印染等工业废水
		铅(Pb)	颜料、冶炼等工业废水、汽油防爆剂、农药、燃烧排气
		砷(As)	含砷农药、硫酸、化肥、医药、玻璃等工业废水
		铜(Cu)	冶炼、铜制品生产等工业废水、废渣和污泥、含铜农药
		锌(Zn)	冶炼、镀锌、纺织等工业废水、废渣、含锌农药、磷肥
		镍(Ni)	冶炼、电镀、炼油、染料等工业废水
	其他	氟(F)	氟硅酸钠、磷肥等工业废水、废气、化肥污染等
		盐、碱	纸浆、纤维、化学等工业污水
		酸	硫酸、石油化工、酸洗、电镀等工业废水、大气酸沉降
	放射元素	铯(^{137}Cs)	原子能、核动力、同位素生产工业废水废渣、核爆炸
		锶(^{90}Sr)	原子能、核动力、同位素生产工业废水废渣、核爆炸
有机污染物	有机农药		农药生产及使用
	氰化物		电镀、冶炼、印染工业废水、肥料
	酚		炼油、合成苯酚、橡胶、化肥、农药生产等工业废水
	苯并[a]芘、苯		石油、炼焦等工业废水
	三氯乙醛		农药厂废水
	石油		石油开采、炼油厂、输油管道漏油
	有机洗涤剂		城市污水、机械工业污水
	多氯联苯		人工合成品生产工业废水、废气
生物污染物	有害微生物		厩肥、城市污水、污泥、垃圾

注：引自刘培桐，《环境学概论》，1985。

土壤环境中单个污染物构成的污染虽有发生，但多数情况污染为伴生性和综合性的，即是多种污染物形成的复合污染。

16.4　固体废物

凡人类在生产和生活活动中所产生，并为人类弃之不用的固体物质和泥状物质，包括从废水和废气中分离出来的固体颗粒物，通称为固体废物。

固体废物的概念具有相对性。因为所谓废弃物一般只是在某个系统内不能再加以利用，而在其他系统中，有的可以直接回收作为宝贵原料，有的经过处理，可以再利用或成为有用物质。

16.4.1　固体废物的分类、来源及主要组成

固体废物有多种分类方法：按其化学性质，可分为有机废物和无机废物；按其形状，一般则分为固体的（颗粒状、粉状、块状）和泥状的（污泥）；按其危害，可分为一般废物和有毒、有害、危险废物（表 16-2）；为便于管理，固体废物通常可以按来源分为矿业废物、工业废物、农业废物和生活垃圾。

矿业固体废物，包括矿山开采和洗选过程中产生的固体废物。工业固体废物的产生源和排放源，几乎包括所有的工业生产活动，其成分极为复杂。我国主要划分为八大类，即治

炼、废渣、粉煤灰、炉渣、煤矸石、化工废渣、尾矿、放射性废物及其他。农业固体废物，包括农、林、水产业生产过程中排出的固体废物。生活垃圾，包括城市，乡镇居民，家庭和社会生活中排出的生活垃圾。表16-3列出了固体废物的分类、来源和主要组成。

表 16-2　有毒有害危险物质

物质类别	物质名称	物质类别	物质名称
砷及其化合物	异氰化物	铬及其化合物	杀虫剂
汞及其化合物	卤化有机物（聚合材料除外）	铅及其化合物	化学药品
镉及其化合物	石棉	硒及其化合物	过氧化物、氯酸盐、过氯酸盐
铊及其化合物	产生焦油或蒸馏产生的柏油残渣	碲及其化合物	金属羰基化合物
铍及其化合物	多氯联苯	锑及其化合物	氰化物

表 16-3　固体废物的分类、来源及主要组成

分　类	来　源	主　要　组　成
矿业废物	金属、非金属矿石、煤炭开采或洗选	废矿石、尾矿、金属、煤矸石等
工业废物	煤燃烧	炉渣、烟道灰、粉煤灰、页岩灰
	金属冶炼（包括黑色金属、有色金属、稀土金属和放射性金属）	高炉渣、钢渣、赤泥等含放射性废渣和粉尘
	化工、石油化工生产	化学药剂、金属渣、塑料、橡胶、陶瓷、沥青、石棉、涂料、染料渣、电石渣
	医药工业、机械制造、造纸、皮革制造、食品加工、轻工和塑料生产、建筑和建材生产	药渣、金属碎屑、牲畜皮毛、屠宰废物、废塑料、建筑垃圾等
	环境工程、污水处理	污泥
农业废物	种植业、养殖业及农牧渔业生产	作物根、茎、叶、秸秆、壳屑、禽畜粪便、尸骸、废弃大棚、塑料薄膜
生活垃圾	居民生活活动	食物垃圾、碎玻璃、废陶瓷、废塑料、废纸、废电池、废弃油漆、颜料、黏合剂、家用清洁剂或杀虫类化学品

16.4.2　固体废物的排放状况及特点

全世界每年产生的固体废物高达70亿吨，其中美国约占一半。我国固体废物的排放量也十分可观。近几年，全国工业固体废物的产生量均在6亿吨以上，综合利用率为42.9%，处置量为1.5亿吨（1995年统计数字），约有2.5亿吨当年产生的废物被贮存起来。历年累计堆放量约64.6亿吨，占地5.5万公顷，其中占用农田3700hm²；我国现有大、中等城市668个（1998年底），城市人口高达3.6亿，城市生活垃圾发生量2亿吨（1993年），目前以每年10%的速度递增，生活垃圾的排放量已达到世界人均垃圾发生量（400～500kg/a）的水平。

固体废物与废水和废气相比，其显著的特点是：首先，固体废物是各种污染物的最终形态，特别是从污染控制设施排放出的固体废物，浓集了许多成分，具有稳定性和不可稀释性；其次在自然条件影响下，固体废物中的一些有害成分会转入大气、水体和土壤中，参与生态系统的循环，因而具有长期潜在的危害性。

16.4.3　固体废物的处理、处置方法

固体废物的处理是指通过采用各种物理方法（如压实、破碎、分选、脱水干燥等）化学方法（如氧化还原、中和、化学浸出等）、生物方法（如微生物好氧、厌氧及兼性处理）、热处理方法（焚烧、热介、烧结等）、固化处理方法（采用水泥、沥青、塑料、石膏等固化材料将废物封闭或包覆）将固体废物转变为适于运输、贮存及最终处置的过程。固体废物的处置，也称为固体废物的安全处置，是将固体废物处理达到无害排放标准的最终过程。固体废

物的最终处置方法有两类：一是陆地处置；二是海洋处置。

陆地处置常用的方法有：

（1）堆存法　将固体废物在露天集中地堆放，或筑坝、围隔堆存。这是一种最原始，最简便和应用最广的处置方法。该法会产生严重环境污染。

（2）土地填埋法　将固体废物，掩埋于一定深度的地下，压实、盖土、并辅以防漏等其他工程技术设施，以保证填埋场的安全、卫生，防止有害、有毒物质对周围环境的污染。这是当前各国主要实施的处置手段。如城市垃圾、工农业生产废渣，放射性废渣等，均采用此法处置。

海洋处置法主要包括：

（1）海洋倾倒　将固体废物直接倾倒在距离、深度都合适的海水中，利用海洋巨大的环境容量和稀释能力处置固体废物。

（2）远洋焚烧　利用焚烧船，在远海对固体废物进行焚烧，焚烧过程的各种产物，直接倒入海中。远洋焚烧适用于处理易燃废物。

海洋处置法是世界各国采用已久的固体处置方法。而这又是导致海洋污染的重要原因之一。

固体废物的利用，亦称固体废物资源化。即废物循环、回收等被再利用过程，也就是变废为宝的过程。许多工业、矿业固体废物，均可在建筑材料、冶金原料、农用等方面被再利用。如污水处理厂的固体废物——污泥，农用作肥料。

16.4.4　固体废物对土壤环境的影响

固体废物对土壤环境的影响很大。从其产生、运输、贮存、处理到处置的各个过程，都可能对土壤环境造成危害。

大量固体废物的堆放，不仅占用了大量土地资源，而且在堆放或处置过程中，潜在的污染物会发生从一种介质，转入另一种介质的迁移，对土壤造成污染。包括重金属污染，有毒化学物质污染和生物污染。废物堆置或没有适当防渗措施的填埋，其中的有害成分，经日晒、雨淋，很容易随沥滤液浸出而进入土壤，破坏或改变土壤的结构和理化性质，影响土壤微生物在土壤中的活动，妨碍作物生长，甚至使土壤的生态平衡遭到破坏。

例如，固体废物中的农用塑料薄膜，包括地膜和棚膜，由于塑料老化、破碎和回收不净，会残留在土壤中，危害极大。聚烯烃类结构的薄膜，在土壤中抗机械破碎性强，难以分解，残落在土壤中会阻碍土壤水分、空气、热和肥的流动和转化，使土壤物理性质变差，养分输送困难。大量的农膜残留在土壤中，不利于土壤的翻耕，不利于作物根系的伸展。农膜中的增塑剂，邻苯二甲酸-2-异丁酯，随水浸出渗入土壤，对于作物种子的萌芽和种子、幼苗的生长均有损害作用。

据田间调查表明：作物减产幅度，随农膜使用年限和残留量的增加而增大。一般情况下，玉米减产 15%～20%，小麦减产 7%～20%，大豆减产 5%～10%，蔬菜减产 5%～40%。

对于固体废物中的污泥，土地利用是当今国际上非常重视的污泥处置方式。我国污水处理后产生的污泥，主要用作农业肥料施用于农田和果园。因为污泥的成分中，含有丰富的有机物、氮、磷和微量营养元素。污泥的使用，可提高土壤的肥力，在很大程度上补充我国肥料的不足。但是污泥中经浓缩的重金属，对土壤具有极大的威胁。污泥中的重金属主要有汞（Hg）、镉（Cd）、铬（Cr）、铅（Pb）、铜（Cu）、钴（Co）、锌（Zn）、钼（Mo）等，大都以有机结合态富集其中。污泥的施用，一方面，可使土壤中重金属含量有不同程度的提高，同时使土壤中重金属的形态分布发生变化。据有关资料报道，随着污泥施用量的增加，土壤中重金属残留态的比重下降，碳酸盐结合态和有机物结合态比例上升，使土壤中重金属的移动性增强，促进重金属进入土壤溶液，或向地下水扩散，导致地下水污染。或进入植物，在植物的根茎叶和果实中积累，并通过食物链危及人体健康。如，北京市高碑店污水处理厂周围农田，因使用了该厂的污泥，曾出现大米含汞量超标。1983 年上海市的川沙县调查发现，因使用含镉污泥，致使 50 公顷农田生产的大米，含镉量达 0.4mg/kg，15hm² 的农田，产大米含镉量达 1mg/kg。均超过了粮食镉的食品卫生标准（最高允许量：0.02mg/kg）。

我国的城市生活垃圾，绝大部分未进行无害化处理，生活垃圾的露天堆放总量已达 1.46 亿吨（1999 年），覆盖的土地面积十分广大。以北京为例，每天垃圾产生量为 1.3 万吨，垃圾覆盖了 8000 亩以上京郊的耕地。

垃圾的露天堆放，不仅侵占了大量的土地，而且未经处理，或未经严格处理的生活垃圾，直接进入农田土壤，破坏了土壤的团粒结构和理化性质，使土壤的保水、保肥能力降低。

工业化社会的生活垃圾，成分极为复杂，废塑料、废玻璃、废纸张、废橡胶、废电池、废弃的油漆、颜料、黏合剂、家用清洁或杀虫剂等。其中像塑料、金属和玻璃等都是微生物难以分解的物质，它们进入土壤后，将数十年乃至上百年，完好地残留在土壤中，影响土壤的通透性，使植物难以生长，而垃圾中潜在的有害物质，在垃圾堆放或填埋的过程中，经降水淋溶，冲刷以及地表水浸泡，则被滤出，进入土壤，致使土壤中重金属、有毒有机物及有害微生物显著增加。引起土壤重金属污染，生物污染和土壤生态功能的破坏。

特别引起关注的是，最近几十年，发现成千上万个危险废物填埋场和地面设施发生严重渗漏、酸腐蚀和对生物产生累积影响，对周围环境造成严重污染。美国的废物填埋场向外渗漏高浓度的重金属和挥发性有机物（见表 16-4）导致环境严重污染，美国由于废物填埋场渗漏而污染地下水的事件有几百起，从地下水中鉴定出的 175 种化学污染物中有 32 种有机物和 5 种重金属是致癌物。

表 16-4　美国废物填埋场渗漏的主要污染物

化学物质	平均出现率/%	平均浓度/(mg/kg)	化学物质	平均出现率/%	平均浓度/(mg/kg)
铅	51.4	309.0	三氯己烯	27.9	103.0
镉	44.7	2.2	乙基苯	26.9	540.0
甲苯	41.1	1120.0	一溴代二氯甲烷	7.0	0.02
汞	29.6	1.4	多氯联苯	3.9	128.0
苯	28.5	16.6	毒杀芬	0.6	12.4

16.5　土壤污染的防治

由于土壤污染的潜伏性、不可逆性、长期性和后果的严重性，土壤污染的防治要立足于防重于治、防治结合、综合治理的基本方针。

16.5.1　弄清和控制土壤的污染源和污染途径

弄清和控制土壤的污染源和污染途径是避免土壤污染的最有效、最切实可行的方法。

（1）弄清污染源及污染途径　必须对本地区土壤的各种污染源和污染途径作全面调查和研究，并在此基础上制定控制污染的最佳方案。

（2）控制工业三废的排放　控制土壤污染源，即控制进入土壤的污染物的数量和速度。一般情况下，土壤污染主要来自灌溉水、固体废物的农用，以及大气沉降。因此，必须严格执行《污灌水水质标准》，并控制污水超标排放，一切灌溉用水必须符合标准才能用于农田灌溉，加强对污灌区土壤和农产品的监测工作，防止因盲目滥灌而导致土壤污染；必须严格执行《农用污泥中污染物控制标准》和《垃圾农田施用污染物控制标准》。污泥和城市垃圾必须符合标准，方能于农田施用，施用泥污量必须在控制量范围，不得在蔬菜地使用污泥肥；必须严格执行《工业行业大气有害物质排放标准》。控制含重金属等有害气体和粉尘的超标排放，要控制排放浓度、排放量、实行大气污染物排放总量控制。发展清洁生产、增强企业污染防治能力，减少污染物排放，从而从源头上控制污染物对土壤的污染。

（3）合理安全施用农药　首先要对症施药，农药的使用品种和剂量应该因防治对象不同而有所不同。如对不同口器的害虫，选择不同的药剂；根据害虫对一些农药的抗药性，合理选择药剂；考虑某些害虫对某种药剂有特殊反应的特点，对症选择药剂。其次是适时、适量用药。应在害虫发育中抵抗力最弱的时间施用农药，同时根据不同作物、不同生长期和不同的药剂，选择最佳施入剂量。

制定施药安全间隔期。根据农药在作物上允许的残留量，制定出某一农药在某种作物收获前最后一次施药日期，使作物上农药残留量不超过规定残留标准。最后一次使用农药到作物收获之间相隔时间，称为安全间隔期，安全间隔期的长短与农药种类、剂型、施药浓度、次数、方式、作物种类、气候等因素有关。安全间隔期的使用，可提高合理使用农药的效果，使收获的农产品符合农药残留量标准。

禁止或限制使用高残留性、毒性大的农药（如有机氯农药、有机金属试剂及某些低残留但毒性大的有机磷农药）。积极推广综合防治技术，包括栽培防治、化学防治、生物防治和物理防治四类技术措施，充分发挥生态系统的自然控制作用，从而减少化学农药的使用量。

（4）合理施用化肥　调整化肥结构，普及平衡施肥。即合理搭配氮素、磷素、钾素化肥，以及无机肥和有机肥；适量用肥，在测土的基础上，按作物需要配方，再按作物吸收的特点施肥，避免施用不当，造成土壤污染。对本身含有毒有害成分的化肥要严加控制。

（5）建立土壤环境质量监测网络系统，在不同的土壤生态类型区，进行土壤环境参数的时空动态监测，包括污染物的含量、输入、输出以及迁移消长的变化规律、土壤动、植物产量和生物学质量；逐步做到建立每一块土地的田间档案，并保证监测数据的标准化和共享。

16.5.2　污染土壤的治理

污染土壤的治理不是一件轻而易举的事情，往往需要多年长期努力，并采取综合治理措施，方能缓慢地恢复能力。

通常对于已经污染的土壤，可采用适宜的物理、化学和生物方法从土壤中去除污染物，或通过改变污染物在土壤中的存在形态，降低污染物的水溶性、扩散性和生物有效性，从而降低污染物进入生物链的能力，减轻对土壤生态环境的危害。

（1）增加土壤容量提高土壤净化能力　可通过增加土壤有机物质（如增施有机肥料）和黏粒数量、改良砂性土壤、选育新的微生物品种、改善微生物土壤环境条件等方法，促进土壤对污染物的吸附、沉降和降解作用，增加土壤对污染物的容量、提高土壤净化能力。

（2）施用化学改良剂　重金属轻度污染的土壤，添加某些能与重金属发生化学反应的物质，可以改变重金属在土壤中的存在形态，促使形成土壤中重金属的难溶化合物，或为土壤吸附固定，以减少作物吸收，降低重金属的植物毒性。常用的化学改良剂有石灰性物质（熟石灰、碳酸钙、硅酸钙、硅酸镁钙等）、磷酸盐和硫化物等。

如在酸性污染土壤上施用石灰，可以提高土壤 pH 值至 7 以上，使土壤溶液中存在的大多数重金属形成氢氧化物沉淀，而降低活性。

施用钙镁易溶的磷酸盐，可使土壤中某些重金属，如镉、铅、锌、铜、砷等呈难溶性的磷酸盐沉淀。特别是在镉与砷复合污染或在不能引起硫化镉沉淀的还原条件下，难溶性磷酸砷、磷酸镉的形成，对于消除或减轻土壤镉、砷污染具有重要意义。在含硫少的还原性土壤中，施用适量的硫化钠（Na₂S）和石灰硫磺合剂，重金属汞、铜、铅等可形成硫化物沉淀；添加铁盐可使 As(Ⅲ) 氧化成 As(Ⅴ)，吸附于土壤；或添加膨润土，合成沸石等交换容量较大的物质来钝化土壤中的重金属。

对已被农药污染的土壤，添加化学改良剂，可加速农药的降解。如通过施用石灰，提高土壤 pH 值，以及灌水，提高土壤湿度，能够加速有机氯农药在土壤中的降解。通过施用铜与联吡啶螯合物，可以催化丙氟磷化学降解，减少化学农药的残留。

（3）采用土壤污染生物修复技术　利用特定的动、植物和微生物吸收或降解土壤中的污染物。在生物修复技术中，植物修复的应用引人注目。植物修复是利用绿色植物来转移、容纳或转化污染物，使其对环境无害。比如，种植对重金属吸收和耐受能力强的作物，即所谓超积累植物，将土壤中某种过量的元素，通过植物的吸收提取出来，转运富集到植株体内（特别是地上可收割部位）而排除部分重金属污染物。超积累植物对重金属的富集能力，通常可比普通植物高几十倍至几百倍。植物修复方法，成本低，可维持土壤肥力和营造良好的生态环境，潜力很大。用来修复污染土壤的植物通常应具有高的生物量，并能忍耐和积累污染物，目前全世界发现的重金属超积累的植物有 500 多种。例如，十字花科的 *Thlaspi Cae-rulescens*，是一种超积累 Cd 的植物，对土壤中镉的吸收率很高，地上茎部积累的镉可达 1800mg/kg 干物质；印度芥菜（*Brassica juncea*）对镉也表现出很强的适应能力或耐性，这类植物连种多年，即可降低土壤含镉量。表 16-5 列出一些重金属的超积累植物。

表 16-5　一些重金属的超积累植物

重 金 属	超积累植物	浓度/(μg/g 干物质)
Cu	*Ipomoea alpina*	12300(茎)
Cd	*Thlaspi caerulenscens*	1800(茎)
Pb	*T. rotundifolium*	8200(茎)
Zn	*Thlaspi caerulenscens*	51600(茎)
Mn	*Macadamia neurophylla*	51800(茎)
Co	*Haumaniastrum robertii*	10200(茎)
Ni	*Berkheya coddii*	7880(地上部分)
Re	铁芒萁（*Dicrahopteris dichodoma*）	3000(地上部分)

注：引自武正华等，农业环境科学保护，2002，21（1）。

（4）合理管理水、改变耕作制度、选种抗污染农作物品种　水稻土壤的氧化还原状况，可控制水稻土壤中重金属的迁移转化。根据研究，落干可促进水稻对镉的吸收，而淹水则可抑制水稻对镉的吸收。这主要是由于土壤氧化还原状况的变化，引起镉的形态转化所造成的。因此，在水稻抽穗后，采取浅水勤灌，防止落干，可以减少水稻对镉的吸收。

除镉外，铅、铜、锌等均能与土壤中硫化氢反应，产生硫化物沉淀。通过合理管水，调节土壤水分，亦可有效地减轻重金属的危害。

对于已被有机氯农药，如 DDT、六六六、污染的土壤，可以通过旱作改水田，或水旱轮作方式，加速土壤中有机氯农药的分解排除。

另外，可种植对某些污染物吸收能力极差的抗性植物、避免污染物对作物的污染。如高秆淀粉类作物对有机氯农药吸收较少，种植该类作物，可避免有机氯农药对作物的污染。

（5）采用客土、换土、翻土、去表土、水洗法等工程治理措施　为重金属或难降解的化学农药严重污染的小面积土壤，可以采用客土法（在被污染的土壤上覆盖非污染土壤）、换土法（部分或全部挖去污染土壤，换上非污染土壤）、翻土、去表土、水洗法（采用清水灌溉稀释，或洗去重金属离子，使重金属迁移至较深土层；或将含重金属离子的毒水，排出田外，至特制装置，进行净化处理）去除污染物。此类方法，效果好，稳定，适用于大多数污染物和多种条件，但投资大，易导致土壤肥力的减弱，而且在实际应用中，应妥善处理被换出的污染土壤，注意防止污染物的扩散，造成次生污染。

参 考 文 献

[1] Brady N C. The Nature and Properties of Soil, 8th, 1974.
[2] Manahan S E. Environmental Chemistry. 7th ed. New York：Amazon Press，1999：431-501.
[3] 戴树桂主编．环境化学．北京：高等教育出版社，2000：200-225.
[4] 龚子同等．土壤与环境．2000，9（1）：7.
[5] 李国鼎．金子奇编著．固体废物处理与资源化．北京：清华大学出版社，1990.
[6] 李惕川．环境化学．北京：中国环境科学出版社，1990.
[7] 李天杰主编．土壤环境学．北京：高等教育出版社，1995.
[8] 刘静宜．环境化学．北京：中国环境科学出版社，1987.
[9] 刘培桐．环境学概论．北京：高等教育出版社，1985.
[10] 夏立江，王宏康主编．土壤污染及其防治．上海：华东理工大学出版社，2001.
[11] 严健汉，詹重慈编著．环境土壤学．武汉：华中师范大学出版社，1985.
[12] 杨景辉主编．土壤污染与防治．北京：科学出版社，1995.
[13] 叶常明．多介质环境污染研究．北京：科学出版社，1997.

习　　题

1. 何谓土壤污染？土壤污染物主要有哪几类？
2. 土壤的自净能力是什么？有哪些要素？
3. 何谓固体废物？它有哪些主要类型？
4. 固体废物可通过哪些途径对土壤环境造成污染？
5. 试述防治土壤污染的基本对策和措施。

第17章 土壤重金属污染化学

重金属是土壤无机污染物中比较突出的一类。土壤环境污染中所关注的重金属，主要是指汞（Hg）、镉（Cd）、铬（Cr）、铅（Pb）和准金属砷（As）等几种生物毒性显著的元素，也包括有一定毒性的锌（Zn）、铜（Cu）、钴（Co）、钼（Mo）、镍（Ni）、锡（Sn）等常见的元素。

重金属在土壤中不能被微生物分解，易于在土壤中不断积累，甚至可以转化为毒性更大的烷基化合物，也可为植物和其他生物吸收、富集，并通过食物链以有害浓度蓄积在人畜体内，进入人体的重金属在相当一段时间内可能不表现出受害症状，但潜在危害性很大。因此土壤重金属污染，不仅影响土壤性质，而且关系到植物、动物甚至人类的健康，而土壤一旦被重金属污染，就很难彻底消除。由于重金属污染物具有多源性、隐蔽性、一定程度上的长距离传输性和污染后果的严重性，因此应特别注意防止土壤的重金属污染。而研究重金属在土壤中的迁移转化，对于预测和控制重金属污染具有重要意义。

17.1 土壤中重金属的存在形态

通过各种途径进入土壤的重金属通常以可溶态或颗粒态存在。其在土壤中的迁移、转化及生物可利用性均直接与重金属的存在形态相关。例如重金属对植物和其他土壤生物的毒性，不是与土壤溶液中重金属总浓度相关，主要取决于游离（水合）的金属离子。对镉，则主要取决于游离 Cd^{2+} 浓度，对铜则取决于游离 Cu^{2+} 及其氢氧化物。而大部分稳定配合物及其与胶体颗粒结合的形态则是低毒的。仅脂溶性金属配合物是例外，因为它们能够迅速透过生物膜，并对细胞产生很大的破坏作用。

近年来，对土壤中重金属形态分析的研究表明，土壤环境中重金属存在形态可以分类如下：

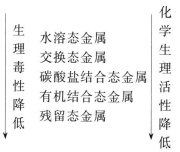

上述不同存在形态的重金属，其化学、生理活性和毒性都有差别，其中以水溶态、交换态金属的活性和毒性最大，碳酸盐结合态、有机结合态、残留态金属化学活性、生理毒性依次递减，即结合于矿物晶格中的金属活性和毒性最小。

重金属在土壤中的存在形态与土壤的环境条件密切相关。土壤环境条件，诸如土壤的pH值、Eh值、土壤有机和无机胶体的种类、含量等的差异，可引起土壤中重金属存在形态的变化，从而影响重金属在土壤的迁移以及作物对重金属的吸收、富集。

17.2 土壤中重金属的迁移转化

重金属进入土壤后，可被土壤胶体吸附，与土壤无机物、有机物形成配合物，或与土壤中其他物质形成难溶盐沉积，或被植物及其他生物吸收。重金属在土壤中所发生的迁移转化的主要控制过程是吸附，其主要控制因素是重金属的性质和土壤环境的性质。

17.2.1 土壤胶体对重金属的吸附作用

土壤中含有丰富的无机和有机胶体。土壤胶体可以吸附、固定重金属离子，这是土壤中重金属的重要迁移过程，是许多重金属离子从不饱和溶液转入固相的重要途径。重金属在土壤中的活动性、分布和富集，在很大程度上取决于是否被土壤胶体所吸附以及吸附的牢固程度。

土壤胶体对重金属的吸附作用通常分为专性吸附和非专性吸附两种类型。

（1）非专性吸附　非专性吸附是由静电引力产生的，这种吸附作用占据着土壤胶体正常的阳离子交换点，通常也称阳离子交换吸附。重金属阳离子多数为二价，对吸附的竞争性在通常情况下大于土壤中存在的 Ca^{2+}、Mg^{2+}、NH_4^+ 等离子，比较容易通过阳离子交换作用而吸附于土壤胶体表面，其反应式为

$$\boxed{土壤胶体}=Ca^{2+}+M^{2+} \rightleftharpoons \boxed{土壤胶体}=M^{2+}+Ca^{2+}$$

（重金属离子）

但是在酸性土壤中，一些对吸附位竞争较强的阳离子，如 H^+、Fe^{3+}、Al^{3+}、Fe^{2+} 等浓度较高，故重金属阳离子趋向游离，活性增强。

土壤胶体对重金属离子交换吸附的能力主要决定于金属离子的性质（包括电荷数目、离子水化学程度等）和土壤胶体的种类。一般用阳离子交换容量来表征土壤胶体阳离子交换能力。

土壤对重金属阳离子的吸附能力按以下次序递降：Pb＞Cu＞Zn＞Cd＞Ni、Hg。对于呈阴离子状态的重金属而言，Pb、Cu 被吸附能力较强，而 Cr、As 较弱。

土壤中主要胶体物质的离子交换容量列于表 17-1。

表 17-1　土壤中无机、有机胶体的离子交换容量

组　分	阳离子交换容量[mol(c)/kg][①]	组　分	阳离子交换容量[mol(c)/kg][①]
蒙脱石	1.0	铁或铝的氧化物	0.005
伊利石	0.3	腐殖质	3.0
高岭石	0.02～0.06		

①mol(c)代表 $6.02×10^{23}$ 静电单位。

（2）专性吸附　在有常量（或大量）浓度的碱土金属或碱金属阳离子存在时，土壤对痕量浓度（二者浓度相差 3～4 数量级以上）重金属阳离子的吸附作用称为专性吸附。专性吸附是由土壤胶体表面与被吸附离子间通过共价键、配位键而产生的吸附，因此亦称选择吸附。

重金属离子可被铝、铁、锰的水合氧化物表面牢固地吸附，因为重金属离子能够进入氧化物的金属原子的配位壳中与—OH 或—OH_2 配位基重新配位，并通过共价键或配位键结合在金属水合氧化物表面，重金属离子亦可被有机质强烈地吸附，因为土壤有机质不仅可为阳离子交换提供反应位点，而且更主要的在于，土壤有机胶体表面含有多种含氧、含氮配位基团，如—NH_2、—OH、—COO^-，＞C＝O 等，这些配位基可与重金属发生配位作用，

或螯合作用而对重金属离子选择吸附。土壤腐殖质专性吸附重金属可表示为

$$Hum\begin{array}{c} O \\ \| \\ C-OH \\ | \\ OH \end{array} +M^{2+} \Longrightarrow Hum\begin{array}{c} C-O \\ | \\ | \\ O-M \end{array} +2H^+$$

专性吸附与非专性吸附的根本区别在于，专性吸附不一定发生在带电表面上，亦可在中性表面上甚至在与吸附离子带同号电荷的表面上进行，被专性吸附的重金属离子是非交换态的，通常不被氯化钠或醋酸钙（铵）等中性盐所置换，只能被亲和力更强和性质相似的元素所解吸或部分解吸。

在多种重金属离子中以 Pb、Cu 和 Zn 的专性吸附能力最强，这些金属离子在土壤溶液中的浓度，在很大程度上受专性吸附所控制。据报道，我国黄泥土（江苏）、红壤（江西）和砖红壤（广东）对 Cu^{2+} 的专性吸附量占总吸附量的 $80\%\sim90\%$，而阳离子交换吸附仅占约 $10\%\sim20\%$；此外，砷、六价铬等在土壤中常以多价含氧酸根存在，在适宜条件下亦可与土壤氧化物配位壳中的配位体—OH、—OH$_2$ 发生置换反应，在一定 pH 值下，不能被离子强度相同的 Cl^-、NO_3^- 等所置换，是阴离子专性吸附。氧化铁胶体对砷酸根离子的阴离子专性吸附示意如下：

$$体系\ pH\ 值约为\ 9 \quad Fe\begin{array}{c} OH_2^{\frac{1}{2}-} \\ \\ OH_2^{\frac{1}{2}-} \end{array}\bigg]^{1-} +HAsO_4^{2-} \longrightarrow Fe\begin{array}{c} OAsO_3^{2\frac{1}{2}-} \\ \\ OH_2^{\frac{1}{2}+} \end{array}\bigg]^{2-} +OH^-$$

土壤中各种胶体对专性吸附影响极大，以 Cu^{2+} 的吸附为例，土壤中各类胶体的吸附顺序为：氧化锰＞有机质＞氧化铁＞伊利石＞蒙脱石＞高岭石。可见土壤胶体中对专性吸附贡献大的，除有机质外，主要是锰、铁氧化物，其次是铝、硅氧化物，层状铝硅酸盐矿物相对比较弱。

重金属在土壤中的专性吸附与土壤溶液的 pH 关系密切，在土壤通常的 pH 范围内，一般随 pH 上升，金属离子的专性吸附量增加。

由于专性吸附比较牢固，因此可以降低重金属对植物的有效性。

17.2.2 土壤中重金属的配合作用

重金属可与土壤中的各种无机和有机配位体发生配合作用，生成的配位化合物的性质影响着土壤中重金属离子的迁移活性。

土壤中常见的无机配位体有 OH^-、Cl^-、SO_4^{2-}、HCO_3^-，在有些情况下，可能还有硫化物、磷酸盐、F^- 等。其中重金属与羟基（OH^-）和氯离子的配合作用受到特别重视，认为是影响一些重金属难溶盐溶解度的重要因素。如在土壤表层的土壤溶液中，汞主要以 $Hg(OH)_2^0$ 和 $HgCl_2^0$ 形式存在；而在氯离子浓度高的含盐土壤中 Pb^{2+}、Cd^{2+}、Zn^{2+} 则可生成 MCl_2^0、MCl_3^-、MCl_4^{2-} 型配离子。重金属与羟基和氯离子的配合作用，可大大提高重金属化合物的溶解度，减弱土壤胶体对重金属的吸附作用，从而促进重金属在土壤中的迁移转化。

土壤中有机配位体种类繁多，包括腐殖质，蛋白质、多糖类、木质素、多酶类、有机酸等，其中最重要的是腐殖质。土壤腐殖质具有与金属离子牢固络合的配位体如氨基（—NH$_2$）、亚氨基（＝NH）、羟基（—OH）、羧基（—COOH）、羰基（＝C＝O）、硫醚（RSR）等基团。重金属与土壤腐殖质可形成稳定的配合物和螯合物。一般认为，富里酸与金属离子形成的螯合物溶解度较大，易于在土壤中移动，而腐殖酸与重金属形成的螯合物稳定性较高，但溶解度较小，不易在土壤中移动。

腐殖质对重金属离子的吸附作用和配合作用是同时存在的。一般认为，当重金属离子浓度较高时，以吸附作用为主，这时重金属多集中在表层土壤中，当土壤溶液中，重金属浓度

低时，则以配合作用为主，若形成的配合物是可溶性的，则可能渗入地下水。

17.2.3 土壤中重金属的沉淀和溶解作用

沉淀和溶解是重金属在土壤环境中迁移的重要途径。其迁移能力可直观地以重金属化合物在土壤溶液中的溶解度来衡量。溶解度小者，迁移能力小，溶解度大者，迁移能力大。而溶解反应时常是一种多相化学反应，是各种重金属难溶化合物在土壤固相和液相间的多相离子平衡，其变化规律，遵守溶度积原则，并受土壤环境条件（pH 值、Eh 值）的显著影响。

土壤 pH 值直接影响重金属的溶解度和沉淀规律，一般情况下，pH 值降低时，重金属溶解度增加，在碱性条件下，它们将以氢氧化物沉淀析出，也可能以难溶的碳酸和磷酸盐形态存在。如，土壤中 Pb、Cd、Zn、Al 等金属氢氧化物的溶解度，直接受土壤 pH 值所控制，若不考虑其他反应，其平衡反应式及溶度积可表示为

$$Pb(OH)_2 \rightleftharpoons Pb^{2+} + 2OH^- \qquad K_{sp} = 4.2 \times 10^{-15}$$
$$Cd(OH)_2 \rightleftharpoons Cd^{2+} + 2OH^- \qquad K_{sp} = 2.2 \times 10^{-14}$$
$$Zn(OH)_2 \rightleftharpoons Zn^{2+} + 2OH^- \qquad K_{sp} = 4.5 \times 10^{-17}$$
$$Al(OH)_3 \rightleftharpoons Al^{3+} + 3OH^- \qquad K_{sp} = 1.3 \times 10^{-33}$$

根据溶度积 K_{sp} 能求出重金属离子浓度与 pH 的关系。以 $Pb(OH)_2$ 为例

$$[Pb^{2+}][OH^-]^2 = K_{sp}$$
$$[Pb^{2+}] = K_{sp}/[OH^-]^2 = K_{sp}/(K_w/[H^+])^2$$

两边取对数 $lg[Pb^{2+}] = lgK_{sp} - 2lg(K_w/[H^+])$，将 K_{sp}、K_w 数值代入，有

$$lg[Pb^{2+}] = lg4.2 \times 10^{-15} - 2lg10^{-14} - 2pH = 13.62 - 2pH$$

同理可求得

$$lg[Cd^{2+}] = 14.34 - 2pH$$
$$lg[Zn^{2+}] = 11.65 - 2pH$$
$$lg[Al^{3+}] = 9.11 - 3pH$$

根据以上公式，可以计算出任一 pH 值条件下，土壤溶液中某一重金属离子的理论浓度。同时，可以清楚地看出：随着土壤 pH 值的降低，土壤溶液中 Pb^{2+}、Cd^{2+}、Zn^{2+}、Al^{3+} 等离子的浓度升高，迁移能力增大，对植物的危害也随之增高，而升高 pH 值时则相反。因此在受 Pb、Cd、Zn、Al 等重金属污染的地区，常采取施用石灰等办法，提高土壤 pH 值，以减轻重金属对作物的危害。然而，对于 Zn、Al 等两性金属氢氧化物，当土壤 pH 值过高时，它们会生成锌酸、铝酸而再溶解，因此以上计算方法只能在一定的 pH 值范围内适用。

土壤的氧化还原状况（Eh）也会影响重金属的存在形态，使重金属的溶解度发生变化。如在富含游离氧，Eh 值高的土壤环境中，Hg、Pb、Co、Sn、Fe、Mn 等重金属常以高价存在，高价金属化合物一般比相应的低价化合物溶解度小，迁移能力低，对作物危害也轻，而呈高氧化态的重金属铬、钒，则相反，由于形成了可溶性的铬酸盐、钒酸盐，具有很高的迁移能力。

在不含硫化氢的还原性土壤中（Eh 值约 100mV 左右）砷酸铁可还原为亚铁形态，Eh 值进一步降低，砷酸盐可还原为易溶的亚砷酸盐，使砷的移动性增高。而在含硫化氢，Eh<0 的还原性土壤中，重金属大多与硫离子形成金属硫化物，溶解度大大降低，迁移能力变小，危害减轻。

17.2.4 土壤中重金属的生物转化

土壤生物对重金属的转化起着重要的作用。土壤微生物能够通过烷基化、去烷基化、氧化、还原、配位和沉淀作用，转化重金属，并影响它们的迁移能力和生物有效性。

汞及其他金属，如铅、硒、砷、锡、锑等能被微生物烷基化，汞的甲基化产物是剧毒的，硒的甲基化产物则是毒性降低。重金属甲基化的结果，往往会增加该金属的挥发性，提

高重金属挥发进入大气圈的可能性。

微生物能够改变土壤中重金属存在的氧化还原形态，例如，细菌、放线菌及某些真菌中的汞还原酶可催化 $Hg^{2+} \xrightarrow{\text{汞还原酶}} Hg$ 反应，使 Hg^{2+} 还原为 Hg^0，形成的产物 Hg^0，可从土壤环境中挥发或以沉淀方式存在；$Cr(Ⅵ)$ 能被细菌中的铬酸还原酶还原为 $Cr(Ⅲ)$；高毒的 $As(Ⅲ)$ 可被微生物中的砷酸盐氧化酶氧化成 $As(Ⅴ)$，而更易被 $Fe(Ⅲ)$ 沉淀。

一些微生物，如硫酸盐还原菌、蓝细菌以及某些藻类，能够产生多糖、脂多糖、糖蛋白等胞外聚合物，这些聚合物具有大量的阴离子基团，可与重金属离子结合；某些微生物产生的代谢产物，如柠檬酸、草酸等均是有效的重金属配位、螯合剂。有实验表明，Cd 可通过与微生物或它们的代谢产物配位而被土壤固定。

在厌氧条件下，硫酸盐还原菌及其他微生物产生的硫化氢（H_2S），可与重金属离子作用，形成难溶的金属硫化物沉淀。

土壤中的植物根系亦可显著影响重金属在土壤环境中的活性和生物有效性。实验表明，植物根系在重金属的胁迫下，可导致分泌物的大量释放，其中可溶性分泌物，如有机酸、氨基酸、单糖等，活化重金属的作用突出，它们可通过螯合作用和还原作用，或通过改变根系区域的 pH 值和氧化还原状况，增加重金属的溶解性和移动性；而不溶性分泌物，如多糖、挥发性化合物、脱落的细胞组织等则在抵御重金属的毒害作用中起着重要的作用。实验表明，根系分泌物是重要的配位体，与重金属形成的配合物，可以直接制约重金属在土壤中的存在形态和化学行为，有研究指出，铝可以胁迫土壤环境中许多作物根系分泌大量柠檬酸，在 pH<3.6 时，铝与柠檬酸形成的螯合物能够降低土壤溶液中 85% 的铝。小麦根系分泌物可以使红壤对镉、铅的吸附作用增强。

土壤生物还能大量富集几乎所有的重金属，并通过食物链进入人体，参与生物体内的代谢过程。通常高价态的金属比低价态金属对生物亲和力强，重金属比其他金属更易为生物所富集。

17.3 主要重金属在土壤中的行为

17.3.1 汞（Hg）

天然土壤中汞的含量很低，一般为 0.1～1.5mg/kg，土壤汞的污染主要来自燃煤、有色金属冶炼以及生产和使用汞的企业排放的工业废水、废气、废渣，尤其以化学工业生产中汞的排放为主要污染来源。

土壤环境中汞的存在形态较多，按其化学形态，可分为金属汞、无机化合态汞和有机化合态汞。无机汞化物主要有难溶性的 HgS、HgO、$HgCO_3$、$HgHPO_4$、$HgSO_4$，可溶性的有 $HgCl_2$、$Hg(NO_3)_2$；有机汞化物主要有甲基汞（CH_3Hg^+）、二甲基汞 $[(CH_3)_2Hg]$、乙基汞（$C_2H_5Hg^+$）、苯基汞（C_6H_5Hg）、烷氧烷基汞（$CH_3OC_2H_4Hg$）、土壤腐殖质与汞形成的配合物以及醋酸苯汞等有机汞农药。与其他金属不同，汞的重要特点是，在正常的土壤 Eh 值和 pH 值范围内，汞能够以零价态（Hg^0）存在于土壤中。

各种形态的汞在一定的土壤条件下能够互相转化。无机汞之间相互转化的反应为

$$Hg \xrightleftharpoons{\text{氧化}} Hg_2^{2+} + Hg^{2+}$$

$$Hg_2^{2+} \xrightleftharpoons{\text{歧化}} Hg^{2+} + Hg^0$$

$$Hg^{2+} + S^{2-} \rightleftharpoons HgS$$

$$Hg^{2+} \underset{\text{土壤微生物}}{\rightleftharpoons} Hg^0$$

土壤环境的 Eh 值和 pH 值决定着汞以何种形态存在。旱地土壤的氧化还原电位较高，汞主要以 $HgCl_2$ 和 $Hg(OH)_2$ 形态存在，当土壤 pH>7（石灰性旱地土壤）时，汞主要以难溶的 HgO 存在，土壤溶液中有 Cl^- 存在时，可与汞生成多种可溶性配离子如 $HgCl^+$、$HgCl_3^-$；当土壤处于还原条件下（正常土壤 pH 值范围内，Eh<0.4V）则有利于单质汞的生成。由于单质汞在常温下有很高的挥发性，除部分存在于土壤中，还以蒸气挥发进入大气，参与全球的汞蒸气循环。在强还原环境，由于硫还原细菌作用，土壤中硫酸根可还原为硫化氢，Hg^{2+} 将与 H_2S 反应，生成极难溶的硫化汞，残留于土壤中，而当氧气充足时，硫化汞又可慢慢氧化成亚硫酸盐和硫酸盐。无机汞与有机汞之间的转化为

$$(CH_3)_2Hg \underset{\text{碱}}{\rightleftharpoons} CH_3Hg^+ \rightleftharpoons \begin{array}{c} CH_3OC_2H_4Hg \\ Hg^{2+} \\ C_2H_5Hg^+ \end{array} \longleftarrow C_6H_5Hg$$

所有有机汞化合物都可以通过生物作用或化学作用分解为无机汞，通常有机汞的分解速度随着碳链的增长逐渐加快，而在厌气或好气条件下，无机汞（Hg^{2+}）均可以通过生物或化学途径合成甲基汞，一般在碱性环境和无机氮存在的情况下，有利于甲基汞向二甲基汞的转化，而在酸性介质中二甲基汞不稳定，可分解为甲基汞。无机汞向有机汞的转化，使原来不能被生物摄取的无机汞转变为水溶性的易被吸收有机汞化合物，可通过食物链富集，而构成对人畜的危害。

汞化合物进入土壤后，95% 以上的汞可被土壤吸附固定。汞的吸附与汞的化学形态、土壤胶体的性质、土壤氧化还原电位、土壤 pH 值等有关。

在正常的土壤 Eh 值、pH 值范围，土壤中的黏土矿物和腐殖质主要带负电荷，以阳离子形式存在的汞（Hg^{2+}、Hg_2^{2+}、CH_3Hg^+）很容易被土壤胶体吸附；以阴离子形式存在的汞，如 $HgCl_3^-$ 等可被带正电荷的氧化铁、氧化锰或黏土矿物的边缘所吸附。已有资料指出，不同的黏土矿物对汞的吸附能力有很大差别。黏土矿物对 Hg^{2+} 的吸附能力顺序为：伊利石>蒙脱石>高岭石；土壤腐殖质与汞有强烈的螯合作用，所以土壤有机质对汞在土壤中的固定起着重要作用；土壤对汞的吸附还受 pH 值、Eh 值的影响，pH 值等于 7 时，无机胶体对汞的吸附量最大。而有机胶体在 pH 值较低时，就能达到最大的吸附量。

进入土壤的含汞化合物，由于吸附等作用，除了单质汞和二甲基汞较容易挥发外，其他形式的汞移动和排出是缓慢的。因此，汞一旦进入土壤，绝大部分将积累在耕层土壤，不易向深层迁移，除沙土或土层极薄的耕地外，汞一般不会通过土壤污染地下水。

许多生物都能够富集汞，土壤中的汞及其化合物，可以通过离子交换与植物的根蛋白进行结合，而被植物根部吸收，也可以通过植物叶片的气孔吸收汞。研究表明，土壤中的汞化合物通常是先转化为单质汞或甲基汞后，才被植物吸收。不同化学形态的汞化合物被植物吸收的顺序为：氯化甲基汞>氯化乙基汞>二氯化汞>氧化汞>硫化汞。汞化合物的挥发性愈高，溶解度愈大，愈易被植物吸收，因此，有时土壤中汞含量很高，但作物的含汞量不一定高。不同作物对汞的吸收和积累能力是不同的，在粮食作物中的顺序为：水稻>玉米>高粱>小麦。汞在作物不同部位的累积顺序为：根>叶>茎>种子。不同类型土壤中，汞的最大允许值亦有差别，如 pH<6.5 的酸性土壤为 0.3mg/kg，pH>6.5 的石灰性土壤为 1.0mg/kg。如果土壤中的汞含量超过此值，就可能生产出对人体有毒的"汞米"。

17.3.2 镉（Cd）

天然土壤中镉的含量一般在 0.01~0.70mg/kg 之间，环境中的镉大约有 70% 积累在土壤中。土壤镉的污染主要来自工业含镉废水、废渣的排放、大气镉尘的沉降，农业上施用磷

肥也可能带来土壤镉污染。

土壤中镉的存在形态可以分为水溶性镉、难溶性镉和吸附态镉。

水溶性镉主要为简单的 Cd^{2+}，以及与无机和有机配位体生成的多种可溶性配合物，如 $Cd(OH)^+$、$CdCl^+$、$Cd(OH)_2^0$、$CdCl_2$、$Cd(HCO_3)_2$、$Cd(HSO_4)^+$、$CdSO_4$、$Cd(NH_3)^{2+}$、$Cd(NH_3)_2^{2+}$ 等。与汞、砷等重金属不同，在土壤中 $Cd^{2+} \rightarrow Cd^0$ 的反应不存在，土壤中镉只有一个价态，即二价镉，只能以 Cd^{2+} 和其化合物进行迁移、转化。一般当土壤 pH < 8 时，为简单的镉离子 Cd^{2+}；pH 值为 8 时，开始生成 $Cd(OH)^+$，而当 Cl^- 浓度大于 35mg/kg 时，可生成 $CdCl^+$，$CdCl_2$。其他形态如 $CdNO_3^+$、$CdHPO_4$ 等甚少。土壤中水溶性镉浓度增大，移动性增强，容易被作物吸收。

土壤中难溶性镉化合物，在旱地土壤中以 $CdCO_3$、$Cd(OH)_2$ 和 $Cd_3(PO_4)_2$ 形态存在，其中以 $CdCO_3$ 为主，尤其是在 pH > 7 的石灰性土壤中。而在淹水土壤，如水稻土则是另一种情况。由于水下形成还原环境，含硫的有机物以及施入土壤的含硫肥料都可产生硫化氢，镉多以 CdS 的形式存在。

土壤对镉的吸附能力很强，进入土壤的镉易被土壤吸附，呈吸附交换态蓄积在土壤中。土壤中呈铁、锰结合态，有机结合态的镉在总量中所占的比例很小。

土壤对镉的吸附决定于土壤的类型和特性。大多数土壤对镉的吸附率在 80%～95% 之间，并依下列顺序递降：腐殖质土壤＞重黏质冲积土＞壤质土＞砂质冲积土。可见镉的吸附与土壤中胶体的含量，尤其是有机质的含量关系密切。

土壤 pH 值可影响土壤胶体吸附镉的量，通常在同一起始浓度下进行吸附时，镉的吸附值随 pH 值的下降而降低；而土壤吸附的镉，在一定条件下可解吸溶出。研究表明，一般随 pH 值的下降，土壤胶体上吸附镉的溶出率增加，当 pH 值为 4 时，溶出率超过 50%，而 pH 值为 7.5 时，交换吸附态镉则很难溶出。

土壤生物对镉有很强的富集能力，镉极易被植物吸收，只要土壤中镉含量稍有增加，就会使作物体内镉含量相应增加，这是土壤镉污染的一个重要特点。

据有关水稻水培实验表明，水稻镉的平均浓度可高出水中镉含量的 8000 倍，糙米浓缩程度也达 500 倍，甚至在镉浓度低于水质标准时，水稻生长也受到抑制，并产出高镉量的污染米。因此土壤生物吸收富集是土壤环境中镉迁移转化的一种形式，通过食物链的作用可对人畜造成严重威胁。日本确认"骨痛病"就是由于长期食用含镉量高的稻米所引起的镉中毒，故在土壤重金属污染中都把镉作为研究重点。

17.3.3 铅（Pb）

土壤中铅的背景值一般在 2～200mg/kg 之间，平均为 10～20mg/kg，在矿区附近严重污染的土壤中，铅含量可高达 5000mg/kg。土壤铅的污染主要来自铅矿开采、冶炼、汽车含铅废气、铅应用工业的三废排放以及含铅量高的污泥和垃圾的农田施用。

土壤中铅以碳酸铅（$PbCO_3$）、氢氧化铅 [$Pb(OH)_2$]、磷酸铅 [$Pb_3(PO_4)_2$]、硫酸铅（$PbSO_4$）等难溶性化合物为主要形态，可溶性铅的含量极低。这是因为进入土壤的可溶性铅如卤化物形态铅、硝酸铅等可迅速地转化为难溶性的化合物，使铅的移动性和被作物吸收的有效性都大大降低。表明铅在土壤不易被淋溶，因此铅主要蓄积在土壤表层。

在大多数土壤环境中，Pb（Ⅱ）是铅唯一稳定的氧化态，土壤环境的氧化还原电位（Eh）和 pH 值的变化，只是影响与之结合的配位基，而不影响金属本身。

铅能够与土壤有机质相互作用，形成稳定的有机铅络合物和螯合物。有关研究表明：土壤中的铁和锰的氢氧化物，特别是锰的氢氧化物对 Pb^{2+} 有强烈的专性吸附作用，是控制土壤溶液中 Pb^{2+} 浓度的一个重要因素。一般土壤有机质含量增加，可溶性铅含量降低，土壤中的铅也可呈交换吸附态，土壤对 Pb^{2+} 的吸附量与土壤交换性阳离子总量间有良好的相关性。铅在土壤胶体表面的专性吸附和离子交换吸附，对于铅在土壤中的迁移转化影响颇大。

土壤的 Eh 值、pH 值、有效磷含量影响铅在土壤中的存在形态和移动性。研究发现，随着土壤氧化还原电位的升高，土壤中可溶性铅含量降低，原因可能是在氧化条件下，土壤中的铅与高价铁、锰氢氧化物相结合，降低了溶解性；土壤中磷含量增加，可溶性铅含量降低，因为可溶性铅易沉淀为难溶的磷酸盐。由于氢离子与其他阳离子竞争有效吸附位的能力很强，而且大多数铅盐的溶解度随着 pH 值降低而增加，因此，在酸性土壤中，铅被吸附和沉淀的可能性都比碱性土壤小，故可溶性铅含量较高，而且部分被固定的铅也有可能重新释放出来，移动性增大。

植物中的铅，大多来自污染大气，因为植物从土壤中吸收铅主要是吸收存在于土壤溶液中溶解性铅，而土壤溶液中可溶性铅含量一般是很低的。进入植物体的铅，绝大部分积累于根部、转移到茎、叶、籽粒的铅数量很少。故在重金属中，铅对植物的生长危害最小，由于土壤的铅污染，经食物链而引起人畜铅中毒的现象亦极少见报道。

17.3.4 铬（Cr）

土壤中铬的背景值一般在 $20\sim200\mathrm{mg/kg}$。各类土壤因成土母质不同，铬的含量差别很大。土壤铬的污染主要来自冶炼、电镀、制革、印染等工业的三废排放，以及含铬量高的化肥的施用。

土壤中的铬有三价和六价两种价态。即以三价铬 $[Cr^{3+}$、CrO_2^-、$Cr(OH)_3$ 等$]$ 和六价铬（CrO_4^{2-}，$Cr_2O_7^{2-}$）的化合物为主要形态，铬的存在形态决定着其在土壤环境中的迁移能力和污染危害。由于六价铬的存在需具有很高的氧化还原电位（pH 为 4，Eh>0.7V；pH 为 6，Eh>0.6V），而这样高的电位，土壤环境不多见，因此六价铬在酸性和强酸性土壤中极不稳定，可以迅速被土壤中的有机质如腐殖质等还原为三价铬，故在一般土壤常见的 pH 值和 Eh 值范围内，六价铬的化合物不存在，在弱酸性和弱碱性条件下，可能有六价铬化合物，并以溶解态存在。如在 pH 值为 8，Eh 值为 0.4V 的荒漠土壤中，发现有可溶性的铬钾石（K_2CrO_4）存在。六价铬化合物迁移能力强，其毒性和危害大于三价铬。土壤中三价铬化合物的溶解度一般都比较低，而且三价铬化合物的溶解度与土壤 pH 值的关系密切。在土壤正常 pH 范围内，三价铬可达到其最低溶解度允许的含量，被固定在土壤固相中，难以迁移。

土壤中三价铬和六价铬之间能够相互转化，转化的方向和程度主要决定于土壤环境的 pH 值、Eh 值。不同价态铬之间的相互转化可表示为

$$Cr_2O_7^{2-}+H_2O \xrightleftharpoons[\mathrm{OH^-}]{\mathrm{H^+}} 2CrO_4^{2-}+2H^+$$

还原剂$\downarrow$　　　　　氧化剂$\uparrow$

$$Cr^{3+}+3OH^- \rightleftharpoons Cr(OH)_3\downarrow \xrightleftharpoons[\mathrm{H^+}]{\mathrm{OH^-}} CrO_2^-+2H_2O$$

即六价铬可被 Fe（Ⅱ）、某些具有羟基的有机物和可溶性硫化物还原为三价铬；而在通气良好的土壤中，三价铬可被二氧化锰和溶解氧缓慢氧化为六价铬。

土壤中的铬也可呈吸附交换态存在。以阳离子形式存在的三价铬离子，如 Cr^{3+}、$Cr(H_2O)_6^{3+}$、$Cr(OH)^{2+}$、$Cr(OH)_2^+$ 等可被带负电荷的胶体交换吸附，Cr^{3+} 甚至可以交换黏土矿物晶格中的 Al^{3+}。一些土壤中带正电荷的胶体，可交换吸附阴离子形式存在的配离子，如 $Cr_2O_7^{2-}$、CrO_4^{2-}、CrO_2^-，其吸附作用超过对 SO_4^{2-}、NO_3^-、Cl^- 的吸附。土壤胶体对铬的强吸附作用是导致铬可溶性和迁移能力降低的原因之一。

由于铬在土壤中多被固定或吸附在土壤固相中，可溶性低，这使铬的移动性和对作物的

吸收有效性都大大降低。因此土壤中为作物可吸收的铬一般很少。有研究报道，在受铬污染的水稻土中，水稻仍能正常生长发育，而且糙米中铬含量也不高。从现有资料看，由于土壤铬污染，经土壤→粮食，或水→生物而进入人体，引起人体铬中毒的现象极少见。

17.3.5 砷（As）

土壤中砷的本底值一般在 $0.2 \sim 40 mg/kg$ 之间，我国土壤平均含砷量约为 $9 mg/kg$，而受砷污染的土壤，含砷量可高达 $550 mg/kg$。土壤砷的污染主要来自化工、冶金、炼焦、火力发电、造纸等工业排放的三废，以及含砷农药的施用。

砷在土壤中主要有三价和五价两种价态。可以水溶性砷，吸附交换态砷和难溶性砷三种形态存在。水溶性砷主要为 AsO_4^{3-}、$HAsO_4^{2-}$、$H_2AsO_4^-$、AsO_3^{3-}、$H_2AsO_3^-$ 等阴离子。土壤中水溶态砷极少，一般只占土壤全砷量的 $5\% \sim 10\%$。土壤中的砷大部分为胶体吸附或与有机物配位、螯合，或与土壤中的铁（Ⅲ）、铝（Ⅲ）、钙（Ⅱ）、镁（Ⅱ）等离子结合，形成难溶性砷化物，或与铁、铝等氢氧化物形成共沉淀。

土壤中砷的迁移实验研究发现，带负电荷的 AsO_4^{3-} 和 AsO_3^{3-} 交换吸附能力较大，易被带正电荷的氢氧化铁，氢氧化铝及黏土矿物表面上的铝离子牢固吸附，尤其是氢氧化铁，其吸附能力是氢氧化铝的两倍以上，因此土壤固定砷的能力与土壤中游离氧化铁的含量有关，随着氧化铁含量增加，砷的吸附量亦增加。有机胶体，如土壤腐殖质等对砷无明显的吸附作用，因其一般带静负电荷。

土壤环境的 pH 值、Eh 值对土壤中溶解态、吸附态和难溶态砷的相对含量以及砷的迁移能力有很大影响。一般 pH 值升高，可显著增加砷的溶解度。因为随着 pH 值上升，土壤胶体上正电荷减少，对砷的吸附量降低，溶解态砷的含量随之增高。

土壤中砷常以五价砷酸盐或三价亚砷酸盐存在，一般旱地土壤或干土中大部分为砷酸盐，当土壤处于淹水状态时，随着 Eh 值的下降，亚砷酸盐随之增加，三价砷在水中的溶解度虽比五价砷小，但三价砷比五价砷难以被土壤胶体吸附，当二者共存时，三价砷多存在于土壤溶液中，五价砷因易被土壤吸附而被土壤固定。因此当土壤处于氧化状况时，砷多以吸附态存在，而增加土壤固砷量，砷移动性小，危害比较轻；而当土壤淹水，处于还原状况时，随着 Eh 值下降，砷酸还原为亚砷酸（$H_3AsO_4 + 2H^+ + 2e^- \Longrightarrow H_3AsO_3 + H_2O$），土壤对砷的吸附量随之减少，水溶性砷含量相应增高，移动性增大，危害加重。即浸水土壤中，可溶性砷含量比旱地土壤高，植物比较容易吸收 AsO_3^{3-}，在浸水土壤生长的作物中，砷含量也较高。所以为了有效地防止砷的污染及危害，采取提高土壤氧化还原电位的措施，以减少三价亚砷酸盐的形成，降低土壤砷的活性是非常必要的。

土壤中的砷，在淹水状况中，经厌氧微生物的作用，可生成气态 AsH_3（$HAsO_2 \xrightarrow{\text{生物还原}} AsH_3$）而逸出土壤；砷也可以在某些厌氧细菌（如产甲烷菌）作用下转化为二甲基胂，某些土壤真菌还可使一甲基，二甲基胂酸盐生成三甲胂。Challenger 等认为，砷酸盐甲基化的机制为

$$AsO_4^{3-} \xrightarrow[-O]{2e^-} AsO_3^{3-} \xrightarrow[\text{产甲烷菌}]{CH_3^+} CH_3AsO_3^{2-} \xrightarrow[-O]{2e^-} CH_3AsO_2^{2-} \xrightarrow{CH_3^+} (CH_3)_2AsO_2^-$$

$$\xrightarrow[-O]{2e^-} (CH_3)_2AsO^- \xrightarrow{CH_3^+} (CH_3)_3AsO \xrightarrow[-O]{2e^-} (CH_3)_3As$$

土壤中砷的烷基化，往往会增加砷化物的水溶性和挥发性，提高土壤中砷扩散到水和大气圈的可能性。

砷是植物强烈吸收和积累的元素。研究表明：砷的植物积累系数（指植物灰分中砷的平均含量与土壤中砷的平均含量的比值）高于十分之几，植物含砷量与土壤含砷量的关系与植物种类、土壤中砷的存在形态以及土壤的物理化学性质等有关，但尚未得到明显的定量关系。

参 考 文 献

[1] Brady N C. The Nature and Properties of Soil, 8th, 1974.

[2] Manahan S E. Environmental Chemistry. 7th ed. New York: Amazon Press, 1999. 431-501.

[3] Stevenson F J. Cycles of Soil Carbon, Nitrogen, Phosphorus, Sulfur, micronutrients. New York: Wiley and Sons, 1986, 106-154.

[4] 刘培桐. 环境学概论. 北京: 高等教育出版社, 1985.

[5] 刘静宜. 环境化学. 北京: 中国环境科学出版社, 1987.

[6] 严健汉, 詹重慈编著. 环境土壤学, 武汉: 华中师范大学出版社, 1985.

[7] 李天杰主编. 土壤环境学. 北京: 高等教育出版社, 1995.

[8] 李惕川. 环境化学. 北京: 中国环境科学出版社, 1990.

[9] 武正华等. 农业环境保护, 2002, 21(1): 84-86.

[10] 高太忠, 李景印. 土壤与环境, 1999, 8(2): 137.

[11] 蒋先军, 骆永明等. 土壤, 2001, 33(4): 197.

[12] 戴树桂主编. 环境化学. 北京: 高等教育出版社, 2000. 200-225.

[13] 余国营等. 环境化学, 1997. 16(1): 30.

习　　题

1. 何谓土壤重金属污染？

2. 重金属在土壤中迁移转化的途径与特点是什么？

3. 说明土壤中腐殖质对金属离子的吸附机制？

第18章　化学农药在土壤中的迁移转化

化学农药是指用来杀灭有害生物以及调节植物生长的化学物质。按照防治对象可以分为杀虫剂、杀菌剂、除草剂、杀螨剂、杀鼠剂、杀线虫剂、植物生长调节剂等（见表18-1）。迄今为止，在世界各国注册的农药品种已有1500多种，大量使用的有500余种、年产量（以有效成分计）约为 $200 \times 10^4 t$。

表18-1　化学农药的分类与常用农药品种

农药类型		常用农药品种
杀虫剂	有机氯制剂	DDT、六六六、毒杀芬、艾氏剂、狄氏剂、氯丹、七氯等
	有机磷制剂	敌百虫、DDVP、乐果、氧化乐果、对硫磷（1605）、内吸磷（1059）、马拉硫磷、甲胺磷、久效磷等
	氨基甲酸酯类	西维因、速灭威、呋喃丹等
	拟除虫菊酯类	苄氯菊酯、溴氰菊酯（敌杀死）、杀灭菊酯（速灭杀丁）等
	沙蚕毒素类	杀虫双、杀螟丹、易杀卫、杀卫螟等
	取代脲类	除虫脲Ⅰ号（TH6040）、除虫脲Ⅱ号、除虫脲Ⅲ号
杀菌剂	硫制剂	石灰硫黄合剂
	铜制剂	波尔多液
	有机磷制剂	稻瘟净、异稻瘟净、克瘟散等
	硫代氨基甲酸酯类	代森锌、代森锰锌、代森铵等
	有机汞制剂	赛力散、西力生、富民隆、谷仁乐生等
	有机砷制剂	稻脚青、苏农6401、苏化911、福美胂等
	杂环类	多菌灵、苯菌灵、萎锈灵、三唑酮、叶枯净等
	其他类	托布净、敌锈钠、百菌清、抗菌剂402等
除草剂	苯氧羧酸类	2，4-D、2，4，5-T、2-甲-4-氯等
	醚类	除草醚、草枯醚、乙氧氟草醚等
	酚类	五氯酚钠
	二硝基化合物	氟乐灵、二硝酚等
	均三氮杂苯类	西玛津、扑草净等
	氨基甲酸酯类	灭草灵等
	硫代氢基甲酸酯类	杀草丹、禾大壮等
	酰胺类	敌稗、杀草胺等
	取代脲类	敌草隆、伏草隆等
	其他类	草甘膦、茅草枯、杀草快、百草枯等
植物生长调节剂		乙烯利、矮壮素、萘乙酸、抑芽丹、三十烷醇、九·二〇等
灭螨剂		三氯杀螨醇、三氯杀螨砜等
灭鼠剂		安妥、敌鼠、氯敌鼠、杀鼠醚、杀鼠灵等
杀线虫剂		二氯丙烯、二氯丁砜、二溴氯丙烷等
土壤处理剂		溴甲烷、氯化苦、六氯苯、五氯硝基苯等

注：引自李天杰《土壤环境学》，高等教育出版社，1996年。

农药的使用是保证农牧业增产的基本手段。据联合国粮农组织（FAO）估计，全世界每年因病、虫、草害损失粮食达35％、损失棉花达33.8％。农药的使用起码可挽回损失30％～40％，其他方法，诸如生物防治、物理防治等都不能代替化学农药，而且未来相当长的时间内，农牧业的生命力，在一定程度上仍将依赖化学农药的广泛使用。

我国目前年产农药原药 6×10^5 t 以上，品种约有 100 多种，全国 1.5 亿亩（10^7 hm²）耕地平均每亩（15 亩＝1hm²）施药 100 余克，估计挽回损失 10％～15％，与先进国家相比，靠农药增产的潜力还很大。

由于化学农药的高毒性、高生物活性、在环境中残留的持久性以及在环境中的广泛使用，因此成为对环境质量影响最大的一类化学物质。农药在环境中的行为引起人们高度关注。

18.1 化学农药在土壤中的行为及其影响因素

化学农药污染土壤的主要途径是：直接对土壤消毒，或以拌种、浸种和毒谷等形式施入土壤；向作物喷洒农药时，农药大部分落入土壤，附着于作物上的农药也因风吹雨淋或随落叶而输入土壤；大气中悬浮的农药颗粒物或吸附有农药的尘埃，通过干沉降或随雨、雪沉降到土壤中；引用被农药污染的污水灌溉，或施用为农药污染的污泥，将农药输入土壤。

农药进入土壤后可与土壤中的物质，发生一系列的化学、物理化学和生物化学过程（见表 18-2）。降解是农药在土壤中消失的主要途径，是土壤净化功能的重要表现；扩散、质体流动和作物吸收等，使农药从土壤转移到其他环境要素中；吸附过程使一部分农药固定滞留在土壤中，并对农药的移动和降解等过程产生影响。

表 18-2 化学农药在土壤中的行为

```
            ┌ 迁移 ┌ 扩散：以气态发生，或以非气态发生（于溶液中，气-液或气-固界面上）
            │      └ 质流：由水或土壤微粒或两者共同作用引起农药流动
土壤中农药 ┤ 吸附：主要吸附于黏土矿物和有机质表面
            │ 植物吸收：吸收后积累植物体内，或被植物体代谢
            │      ┌ 光化学降解
            └ 降解 ┤ 化学降解
                   └ 生物化学降解
```

许多因素均可以影响农药在土壤中的行为（影响化学农药在土壤中行为的各种因素列于表 18-3）。其中农药本身的结构和理化特性、土壤结构和性质以及环境因素，对农药在土壤中的迁移、转化和归宿影响最大，它们将最终影响到农药的环境后果。

表 18-3 影响化学农药在土壤中行为的因素

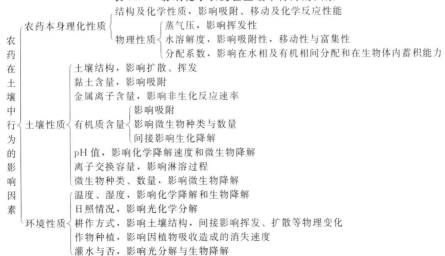

```
农          ┌ 农药本身理化性质 ┌ 结构及化学性质，影响吸附、移动及化学反应性能
药          │                  │          ┌ 蒸气压，影响挥发性
在          │                  └ 物理性质 ┤ 水溶解度，影响吸附性，移动性与富集性
土          │                             └ 分配系数，影响在水相及有机相间分配和在生物体内蓄积能力
壤          │                  ┌ 土壤结构，影响扩散、挥发
中          │                  │ 黏土含量，影响吸附
行 ┤        │                  │ 金属离子含量，影响非生化反应速率
为          │                  │          ┌ 影响吸附
的          │ 土壤性质 ┤        │ 有机质含量 ┤ 影响微生物种类与数量
影          │                  │          └ 间接影响生化降解
响          │                  │ pH 值，影响化学降解速度和微生物降解
因          │                  │ 离子交换容量，影响淋溶过程
素          │                  └ 微生物种类、数量，影响微生物降解
            │                  ┌ 温度、湿度，影响化学降解和生物降解
            │                  │ 日照情况，影响光化学分解
            └ 环境性质 ┤        耕作方式，影响土壤结构，间接影响挥发、扩散等物理变化
                       │ 作物种植，影响因植物吸收造成的消失速度
                       └ 灌水与否，影响光分解与生物降解
```

18.2 化学农药在土壤中的吸附作用

吸附是农药与土壤固相环境之间相互作用的一个主要过程，它直接或间接地影响着其他过程。进入土壤的农药，可以通过物理吸附、化学吸附、氢键结合、配位键结合等形式吸附在土壤颗粒的表面。

18.2.1 土壤中农药吸附作用的机理

土壤吸附农药，可能的机理有如下几种。

（1）离子交换吸附　这种吸附是以离子键相结合的。阳离子型农药（在土壤溶液中以阳离子态存在或通过质子化获得正电荷的化合物）易与土壤黏土矿物和有机质上的阳离子起交换作用，而被吸附。如联吡啶类阳离子除草剂，敌草快和对草快等能与有机质和黏土矿物上的羧基和酚羟基上阳离子交换，而被土壤吸附；有些农药分子中的官能团（—OH、—NH₂、—NHR、—COOR）解离时产生负电荷，成为有机阴离子，则被带正电荷的铁、铝水合氧化物胶体吸附。

（2）配位体交换吸附　这种吸附作用的产生，是由于农药分子置换了一个或几个配位体。发生交换的必要条件是农药分子比被置换的配位体具有更强的配位能力，在土壤及其组成（如氧化物及水化物）中，可进行交换的配位体，通常是结合态水分子。配位型结合，对农药在土壤中的行为、归宿至关重要。某些农药分子配位体可与黏土矿物上各种金属形成配位配合物。如杀草强和 2,4-D 被蒙脱石的吸附，以及利谷隆和野麦畏与土壤中可交换配位体间的吸附，都是这种作用机理。

（3）氢键结合　当农药分子和土壤组分具有—NH、—OH 或 O、N 原子时易形成氢键。即氢原子在两个带负电荷的原子之间形成桥，其中一个原子与氢原子共价结合，而另一个原子与氢靠静电力结合。氢键结合是非离子型极性农药分子与黏土矿物和有机质之间最普遍的一种吸附方式。农药分子可与黏土矿物表面氢原子或边缘羟基或土壤有机质的含氧和氨基以氢键相结合，有些交换性阳离子与极性有机农药分子，还可以通过水桥以氢键结合。

（4）范德华引力吸附　范德华引力是由几种短程偶极矩相互作用产生的。范德华引力的加和性对大分子而言，可形成相当大的引力。非离子型、非极性或弱极性农药分子与土壤间的吸附作用，主要是由范德华引力产生的。如土壤有机质对西维因、毒莠定、对硫磷的吸附，属于范德华引力分子吸附。

（5）疏水性结合　农药的非极性或弱极性基团与土壤有机质分子的疏水部分相结合而被吸附。土壤有机质中的疏水性物质，类脂化合物等可能是这种吸附的吸附点。基于这种机理产生的农药吸附不受土壤 pH 值和土壤水分的影响。例如 DDT 和其他有机氯农药及苯脲类农药在土壤有机质非极性部分或其包裹着的憎水性分子上的吸附属于该类型。

（6）电荷转移　当电子从一个富电子给予体转移到一个缺电子接受体时，两者间产生静电引力，形成电荷转移型配合物。含有 π 电子或未成对电子结构的分子能产生这种结合。电子转移作用只能在近距离粒子间发生。甲硫基三氮苯，在土壤有机质上的吸附就属于这种结合。

18.2.2 土壤中农药吸附作用的影响因素

土壤对化学农药吸附能力的强弱，主要决定于农药的性质、土壤的性质以及相互作用的条件。

化学农药本身的结构、电荷特性及水溶性是影响土壤对它吸附的主要因素。有关研究指出：化学农药分子中有四个结构因子影响其吸附特性：①官能团的性质，农药分子中存在某些官能团，如—NH₂、—OH、—NHR、—CONH₂、—COOR、—R₃N⁺等有助于增强吸附作用。其中以带—NH₂的化合物吸附能力最强；②取代基的性质，能改变农药的吸附行为；③取代基的位置，能加强或阻碍分子间的键合；④不饱和键的存在和数量，影响农药分子的亲水和疏水特性，从而影响农药与土壤组分之间的亲和力。

在土壤中能解离呈离子态的农药，其电荷相对较强，易发生吸附；极性分子中，由电子不均匀分布产生的电荷相对较弱，产生的吸附作用亦较弱。碱性农药在 pH 值小于其 pK_b 值时，能发生质子化，而具有阳离子交换吸附能力。而酸性农药，在 pH 值大于其 pK_a 值时，则解离为阴离子，吸附在带正电荷土壤胶体表面。非离子型或中性农药在电场作用下可受到暂时性极化，而吸附在带电荷的土壤胶体表面。苯环中 π 电子能产生暂时性极化，这种芳香基团增加时，中性分子在带电荷土壤表面的吸附性亦增强。

在同一类型的农药中，农药的相对分子质量越大，挥发性愈小，被吸附的能力愈强，农药在水中的溶解度越小，憎水性愈强，被土壤有机胶体吸附量愈大。

就土壤而言，影响因素主要是土壤黏粒和有机质的种类、含量及组成特征。这些物质通过电荷特性或者通过含氧、含氮、含硫的官能团，或者通过巨大的比表面对农药进行吸附。据研究，土壤有机质和各种黏土矿物对非离子型农药吸附能力有如下趋势：有机质＞蒙脱石＞伊利石＞高岭石。即土壤有机胶体对农药吸附能力比黏土矿物更强。许多农药，如 2,4,5-T、林丹等大部分吸附在有机胶体上。而土壤的质地和土壤有机质含量对农药的吸附具有显著影响。土壤腐殖质对有机磷农药（马拉硫磷）的吸附能力比钾蒙脱石大约 70 倍。腐殖质能够吸附水溶性差的农药，如 DDT。因此，土壤腐殖质含量愈高，吸附有机氯农药的能力愈强。在一般矿物质土壤中，矿质胶体与有机胶体大部分呈复合胶体存在，既具有黏粒特性，也具有有机质特性，因此具有高的生物和非生物活性。近年来研究发现，吸附性农药可在土壤表层和深层剖面中同时检出，认为这些农药可能是通过分配作用，溶解在土壤有机组分中，随着土壤溶液的移动而迁移至土壤的不同层面。

18.2.3 土壤中农药的吸附等温式

土壤对农药的吸附作用，通常用弗罗因德利希（Freundich）和朗缪尔（Langmuir）等温吸附方程式作定量描述。

弗罗因德利希等温吸附方程的表达式为

$$\frac{x}{m} = KC^{1/n} \text{ 或 } \lg \frac{x}{m} = \lg K + \frac{1}{n} \lg C$$

式中 $\frac{x}{m}$——每克土壤吸附农药的量，$\mu g/g$；

　　　K——吸附常数；

　　　C——吸附平衡时溶液中农药的浓度，$\mu g/cm^3$；

　　　n——常数。

$1/n$ 反映吸附量与平衡浓度之间的非线性关系，吸附常数 K 值，表示土壤对农药的吸附程度。在 $1/n$ 值相近和浓度相同的条件下，K 值可以作为比较农药在不同吸附剂表面吸附性大小的有用指标。K 和 $1/n$ 可以通过计算或作图求得。

朗缪尔等温吸附方程的表达式为：

$$\frac{x}{m} = \frac{K_1 K_2 C}{1 + K_2 C} \text{ 或 } \frac{1}{x/m} = \frac{1}{K_1} + \frac{1}{K_1 K_2 C}$$

式中 $\frac{x}{m}$——每克土壤吸附农药的量，$\mu g/g$；

　　　C——吸附平衡时溶液中农药的浓度，$\mu g/cm^3$；

K_1——体系与温度有关常数；

K_2——单分子层容量。

K_1 和 K_2 可通过计算或作图求得。

非离子性有机农药在土壤中的吸附，主要通过溶解作用而进入土壤有机质中，这种吸附符合线性等温吸附方程即 Henry 型。Henry 型等温吸附方程的表达式为

$$\frac{x}{m} = KC$$

式中 $\frac{x}{m}$——每克土壤吸附农药的量，$\mu g/g$；

C——吸附平衡时溶液中农药的浓度，$\mu g/cm^3$；

K——分配系数。

该等温式表明农药在土壤胶体与溶液之间按固定比例分配。

农药被土壤吸附后，移动性和生理毒性随之发生变化。如除草剂杀草快和百草枯被土壤吸附后，在水中的溶解度和生理活性就大大降低。有些农药被吸附在黏粒表面发生催化降解而失去毒性。因此土壤对农药的吸附作用，在某种意义上就是土壤对污染有毒物质的净化和解毒作用，吸附能力愈强，农药在土壤中有效性愈低，净化效果愈好。但是这种净化作用是相对不稳定的，也是有限度的。当条件改变时，被吸附的农药可重新解吸出来，恢复原来的活性。而当输入化学农药的量，超过土壤的吸附能力时，土壤就会失去对农药的净化效果，从而使土壤遭受农药污染。因此土壤对化学农药的吸附作用，只是在一定条件下起到净化解毒作用，吸附的主要作用是使化学农药在土壤中积累。

18.3　化学农药在土壤中的迁移

化学农药在土壤中的迁移是指农药挥发到气相的移动以及在土壤溶液中和吸附在土粒上的移动。迁移是化学农药从土壤进入大气、水体和生物体的重要过程。由于土壤中农药的迁移，可导致大气、水和生物的污染，因此近年来，对土壤中化学农药的迁移性十分重视，许多国家，如美国、原联邦德国、荷兰等国都规定，在农药注册时，必须提供化学农药在土壤中迁移的评价资料。

化学农药在土壤中挥发作用的大小，与农药的性质（如蒸气压、水溶解度、辛醇-水分配系数）及其从土壤中到达挥发表面的移动速率有关。农药的蒸气压愈高、水溶解度愈小，挥发速率愈快。各类化学农药的蒸气压相差很大，有机磷和某些氨基甲酸酯类农药蒸气压相当高，而 DDT、林丹等有机氯农药则比较低，所以前者挥发作用快于后者。

农药从土壤中挥发，不仅取决于蒸气压，而且与土壤环境的温度、湿度和影响土壤孔隙状况和界面特性的土壤质地、紧实度等有关，空气流动速度（风速、湍流）在造成田间农药的挥发损失中也起着重要作用，而吸附对农药的挥发过程有着重要影响。

通常当温度增高时，农药的蒸气压显著增大。但温度增高亦可使土壤干燥，加强农药在土壤表面的吸附，而降低挥发损失。

气流速度可直接或间接地影响农药的挥发。如果空气的相对湿度不是 100%，那么增加气流速度就促进土壤表面水分含量降低，可以使农药蒸气更快地离开土壤表面，同时使农药蒸气向土壤表面运动的速度加快。

土壤的吸附作用，可以降低农药的蒸气压，从而降低挥发作用，如均三氮苯类农药的挥发损失与土壤中有机质和黏粒含量呈明显的正相关。

土壤水分对农药挥发的影响是多方面的。当水分增加时，因水分与农药的竞争吸附，土壤对农药的吸附作用减弱，挥发作用增强；水分减少，土壤表面对农药的吸附作用增加，抑制了农药的挥发作用。这就是DDT、狄氏剂等有机氯农药，在相对湿度比较高的土壤中更易挥发的原因所在。溶解于土壤有机质中的农药，不受土壤含水量的影响，故含水量增加时，土壤中残留的农药主要是溶解在土壤有机质中的农药。

许多资料证明，不仅易挥发的农药，而且不易挥发的农药（如有机氯农药）都可以从土壤表面挥发，对于低水溶性和持久性的化学农药，挥发是农药透过土壤，逸入大气的重要途径。

除气迁移外，土壤中的农药能够以水为介质进行迁移，即淋溶作用。农药可直接溶于水中，也能悬浮于水中，或吸附于土壤固体微粒表面，随渗透水在土壤中沿土壤垂直剖面向下运动，淋溶作用是农药在水与土壤颗粒之间吸附-解吸或分配的一种综合行为，它甚至能使农药进入地下水，造成污染。

影响农药淋溶作用的因素很多，包括农药的理化性质、土壤的结构和性质，作物类型及耕作方式等，一般水溶性大的农药，如2,4-D、涕灭威、呋喃丹等淋溶作用强，有可能进入深层土壤而造成地下水污染；土壤结构不同，对农药淋溶性能的影响也不同，一般农药在吸附容量小的砂土中易随间隙水的垂直运动而不断向下渗滤，而在黏粒矿物和有机质含量高，吸附性能强的土壤中，不易随间隙水向下移动、淋溶能力弱，大多积累于上部30cm的表土层内。

目前，一般使用最大淋溶深度作为评价农药淋溶性能的指标。最大淋溶深度是指土层中农药的残留质量分数为5×10^{-9}时，农药所能达到的最大深度。

农药在土壤气相-液相之间的移动，主要决定于农药在水相和气相之间的分配系数，K_{wa}。其计算公式为

$$K_{wa} = \frac{C_w}{C_a} = \frac{8.29 \cdot S \cdot T}{P \cdot M}$$

式中 C_w——水相农药浓度，$\mu g/mL$；

　　　C_a——气相中农药浓度，$\mu g/mL$；

　　　S——农药在水中溶解度，$\mu g/mL$；

　　　P——农药蒸气压，Pa；

　　　M——农药相对分子质量；

　　　T——热力学温度。

表18-4　某些农药在土壤环境中挥发和淋溶能力比较

农药名称	挥发指数	淋溶指数	农药名称	挥发指数	淋溶指数
氯铝剂	3.0	1.0~2.0	乙硫磷	1.0~2.0	1.0~2.0
敌稗	2.0	1.0~2.0	地亚农	3.0	2.0
氟乐灵	2.0	1.0~2.0	甲氧基内吸磷	3.0	3.0~4.0
茅草枯	1.0	4.0	西维因	3.0~4.0	2.0
2-甲-4-氯	1.0	2.0	DDT	1.0	1.0
2,4-D	1.0	2.0	六六六	3.0	2.0
2,4,5-T	1.0	2.0	氯丹	2.0	2.0
保棉磷	—	1.0~2.0	毒杀芬	3.0	2.0
磷胺	2.0~3.0	3.0~4.0	艾氏剂	1.0	1.0
速灭磷	3.0~4.0	3.0~4.0	狄氏剂	1.0	1.0
甲基对硫磷	4.0	2.0	异狄氏剂	1.0	1.0
对硫磷	3.0	2.0	克菌丹	2.0	1.0
马拉硫磷	2.0	2.0~3.0	苯菌灵	3.0	2.0~3.0
乐果	2.0	2.0~3.0	代森锌	1.0	2.0
倍硫磷	2.0	2.0	代森锰	1.0	2.0
三溴磷	4.0	3.0	代森锰锌	1.0	1.0

注：引自陈静生等编，《环境污染与保护简明原理》，1981年。

一般认为，当农药的 $K_{wa}<10^4$ 时，其迁移方式以气相扩散为主，属于易挥发性农药，当 K_{wa} 在 $10^4 \sim 10^6$ 之间时，其迁移方式以水、气相扩散并重，属于微挥发性农药，当 $K_{wa}>10^6$ 时，以水相扩散为主，属于难挥发性农药。

农药在土壤环境中的气迁移和水迁移能力，还可用挥发指数和淋溶指数来表征和比较。设最难迁移的 DDT 的挥发指数和淋溶指数为 1.0，以此为基数，得出其他农药的挥发指数和淋溶指数。表 18-4 给出了某些农药在土壤环境中的挥发和淋溶能力比较。

18.4　化学农药在土壤中的降解

化学农药是人工合成的有机物，与天然有机物相比，一般稳定性比较高，即不易经化学作用和生物化学作用被分解，所以能在环境中较长时间地存在。正是这种性质，使得某些农药，尤其是有机氯类农药，能够在土壤及生物体中积累并产生危害。但是，不论农药的稳定性有多强，作为有机化合物，终究要在各种化学和生物化学作用下逐步地被分解，转化为小分子或简单分子化合物，乃至彻底无机化，形成 H_2O、CO_2、N_2、Cl_2 等而消失。化学农药逐步分解，转化为无机物的这一过程，称为农药的降解过程。

不同结构的化学农药，在土壤中降解速度快慢不同，速度快者，仅需几小时至几天即可完成，速度缓慢者，则需数年乃至更长的时间方可完成。土壤的组成和性质，如土壤中微生物群落的种类及数量、有机质、矿物质的类型及分布、土壤表面的电荷、金属离子的种类等，都可对农药降解过程产生影响。

化学农药在土壤中的降解常常要经历一系列中间过程，形成一些中间产物，中间产物的组成、结构、理化性质和生物活性与母体往往有很大差异，因此，深入研究和了解化学农药的降解作用是非常重要的。

化学农药在土壤中降解的机制包括：光化学降解、化学降解和微生物降解等。各类降解反应可以单独发生，也可以同时发生，相互影响。

18.4.1　光化学降解

对于施用于土壤表面的农药，光化学降解可能是其变化或消失的一个重要途径。

据研究农药光降解的过程为，农药分子吸收相应波长的光子，发生化学键断裂，形成中间产物自由基，随后，自由基与溶剂或其他反应物反应，引起氧化、脱烷基、异构化、水解或置换反应等，得到光解产物。

有报道，各种类型的许多种农药都能发生光化学降解作用，如有机磷酸酯类农药的光降解过程为

总反应为

磷酸酯类农药，在紫外线照射下，如有水共存时，即可发生光水解过程。水解发生的部位，通常是在酯基上，产物的毒性小于母体。

又如除草剂氟乐灵的光降解历程为

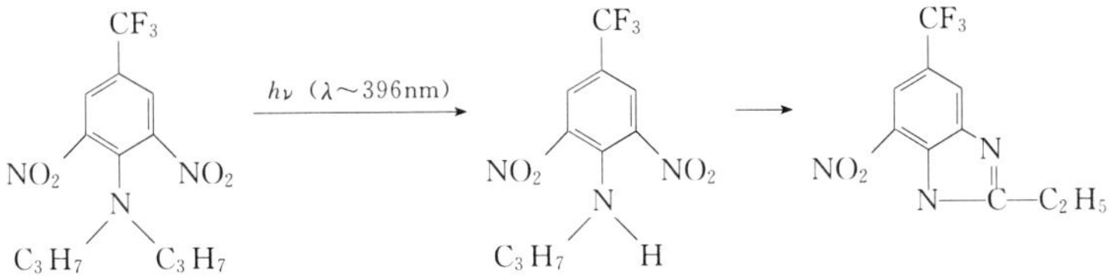

氟乐灵吸收光子，光解脱烷基，而后异构化，生成苯并咪唑。

硫化磷酸酯类农药的光降解过程为

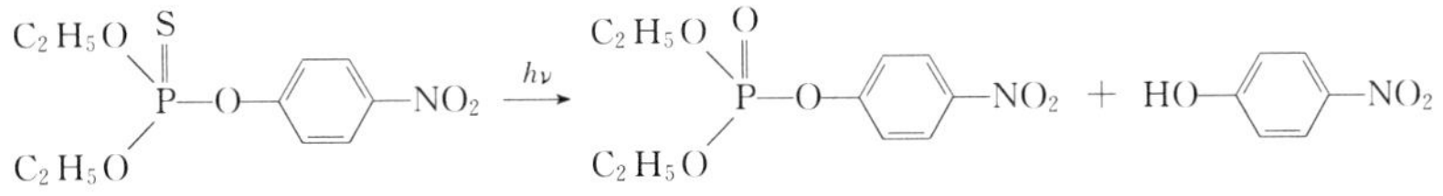

对硫磷（1605）　　　　对氧磷（1600）

对硫磷经光氧化反应形成对氧磷，毒性增大。

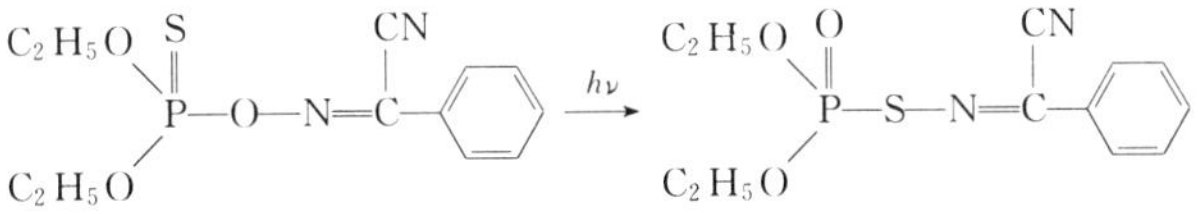

辛硫磷

辛硫磷经光催化，异构化反应，使其由硫酮式转变为硫醇式，毒性增大。

有机氯农药在紫外光作用下的降解过程，主要有两种类型，一类是脱氯过程，另一类是分子内重排，形成与原化合物相似的同分异构体。

化学农药光降解作用，形成的产物有的毒性较母体降低，有的毒性较母体更大。

我国学者（陈崇懋）曾在实验室对 35 种化学农药的光解速率进行研究，结果表明，不同类别的农药其光解速率按下列次序递减：有机磷类＞氨基甲酸酯类＞均三氮苯类＞有机氯类。

农药化合物对光的敏感性表明，光化学反应，在土壤中农药的降解中有着潜在的重要性，是决定化学农药在土壤环境中残留期长短的重要因素之一。

18.4.2　化学降解

化学农药在土壤中的化学降解包括，水解、氧化、离子化等反应。这些化学反应往往可以被黏粒表面、金属离子、氢离子、氢氧根离子、游离氧及有机质等作用而催化。

土壤中化学降解反应大多在水分存在时发生，水解是化学农药最主要的反应过程之一。农药在土壤中水解，有区别于其他介质的显著特点，即土壤可起非均相催化作用。

大量资料已经证明，化学水解在土壤中氯化均三氮苯类除草剂降解方面起着重要作用。在高有机质和低 pH 值的土壤中，氯代均三氮苯水解有较高的反应速率。水解反应还随氯代均三氮苯在土壤上吸附量的增加而增强，所以认为农药氯代均三氮苯化学水解的机制是一种吸附催化水解。其反应如下

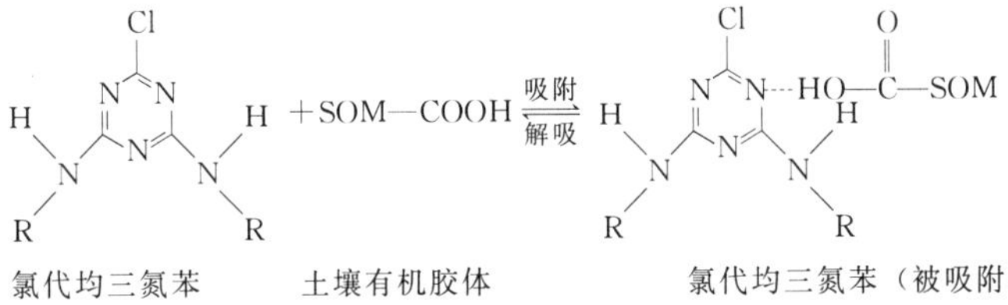

氯代均三氮苯　　土壤有机胶体　　　氯代均三氮苯（被吸附的）

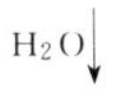

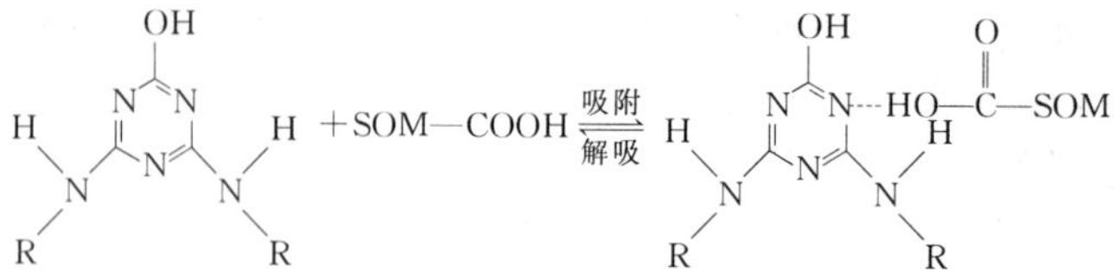

羟基均三氮苯（被吸附的）

氯代均三氮苯的化学水解反应，由于它吸附在土壤有机质表面而催化，土壤有机质的羧基是主要的吸附作用点。

实验表明，各种磷酸酯或硫代磷酸酯农药，在消毒土壤中的降解，主要是化学水解，其反应为

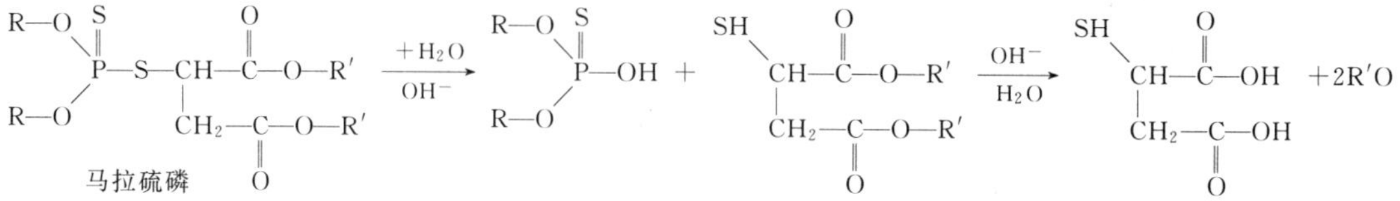

马拉硫磷

有机磷农药的水解速率与 pH 值密切相关，当 pH 值在 1～5 之间时，水解速率缓慢，但是在碱性条件下，如当 pH 值为 7～8 时，水解速率猛增。pH 值每增加一个单位，水解速率约增加 10 倍。认为在碱性土壤中，有机磷农药的水解是碱（OH^-）催化的。除碱催化水解作用外，土壤可起非均相催化作用，如由于吸附催化作用，有机磷农药的水解反应在有土体系中比无土体系中快得多。马拉硫磷在 pH＝7 的土壤体系中，水解半衰期为 6～8h，在 pH＝9 的无土体系中半衰期为 20 天。另外，金属离子或某些金属螯合物，也可催化土壤中有机磷农药的化学水解反应。如土壤中铜、铁、锰等金属离子与氨基酸形成的螯合物，即是有机磷农药水解的有效催化剂。

18.4.3 微生物降解

土壤中种类繁多的生物，特别是数量巨大的微生物群落，对化学农药的降解贡献最大。已证实，有许多的细菌、真菌和放线菌能够降解一种乃至数种化学农药，各种微生物的协同作用，还可进一步增强降解潜力。

土壤中农药微生物降解的反应是极其复杂的。目前已知的化学农药的微生物降解的机制主要有：脱氯作用、氧化-还原作用、脱烷基作用、水解作用、芳环破裂作用等。

（1）脱氯作用　有机氯农药，在微生物的还原脱氯酶作用下，可脱去取代基氯。如 pp'-DDT 可通过脱氯作用变为 pp'-DDD,或是脱去氯化氢，变为 pp'-DDE。

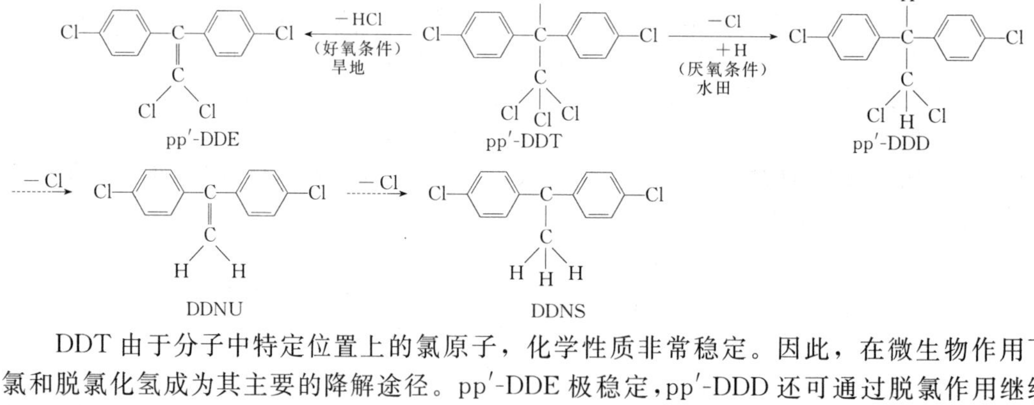

DDT 由于分子中特定位置上的氯原子，化学性质非常稳定。因此，在微生物作用下脱氯和脱氯化氢成为其主要的降解途径。pp'-DDE 极稳定,pp'-DDD 还可通过脱氯作用继续降解,形成一系列脱氯型化合物。如 DDNU、DDNS 等。代谢产物 DDD、DDE 的毒性均比 DDT 低得多，但 DDE 仍具有慢性毒性，而且在水中溶解度比 DDT 大，易进入植物体内积

累，因此应注意此类农药降解产物在环境中的积累和危害。

（2）氧化作用　许多农药在微生物作用下，可发生氧化反应，如羟基化、脱氢基、醚键开裂、环氧化等。以 pp'-DDT 氧化反应为例。pp'-DDT 脱氯后产物 pp'-DDNS 在微生物氧化酶作用下，可进一步氧化形成 DDA。

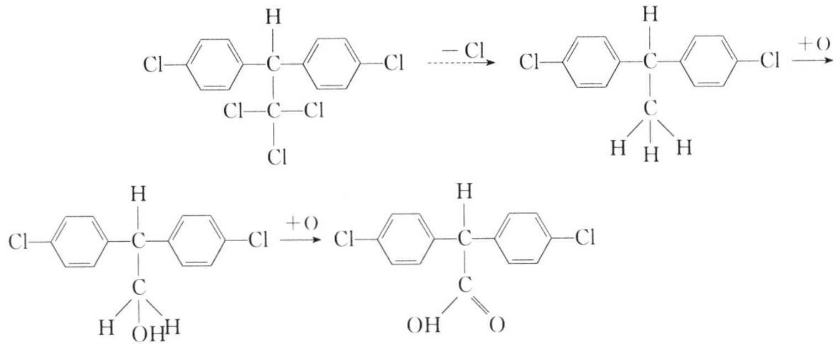

DDA

（3）脱烷基作用　当农药分子中的烷基与氮、氧或硫原子相联结时，这类农药在微生物作用下，常发生脱烷基作用。如三氮苯类除草剂，在微生物作用下易发生脱烷基。

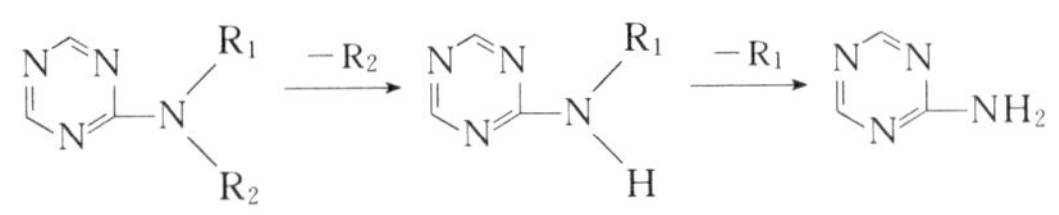

二烷基胺三氮苯在微生物作用下可脱去两个烷基，但形成的产物比原化合物毒性更大。所以，农药的脱烷基作用并不伴随发生去毒作用，只有脱去氨基和环破裂它才能成为无毒物质。

（4）水解作用　许多酯类农药（如磷酸酯类和苯氧乙酸酯类等）和酰胺类农药，在微生物水解酶作用下，其中的酯键和酰胺键易发生水解，而迅速被分解。如

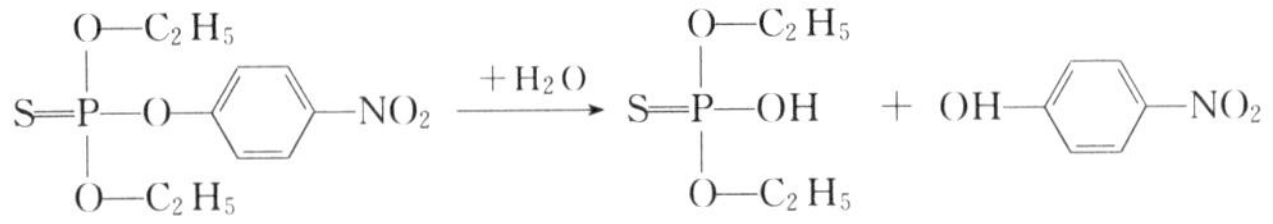

对硫磷在微生物水解酶的作用下，几天时间即可被分解，毒性基本消失。对这类农药而言，应注意使用过程中的急性中毒。

（5）还原作用　某些农药在厌氧环境，经厌氧微生物作用可发生还原作用，如

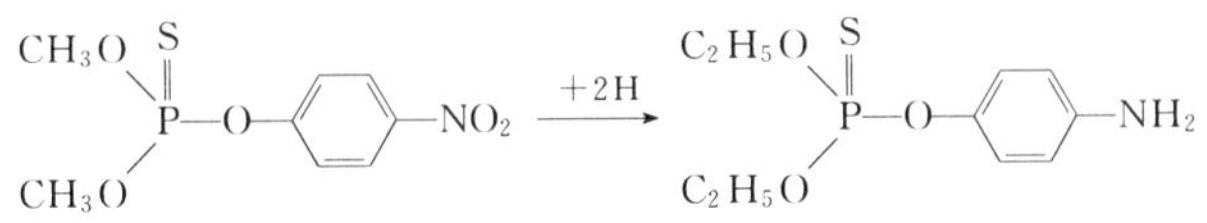

甲基对硫磷　　　　　　　　　甲基氨基对氧磷

有机磷农药，甲基对硫磷，经还原作用，硝基还原为氨基，变为甲基氨基对硫磷。

（6）芳环破裂作用　许多土壤细菌和真菌，能引起芳香环破裂。芳环破裂是芳环有机物在土壤中彻底降解的关键性步骤。如农药西维因，在微生物作用下，经逐一开环，最终分解为 CO_2 和 H_2O。

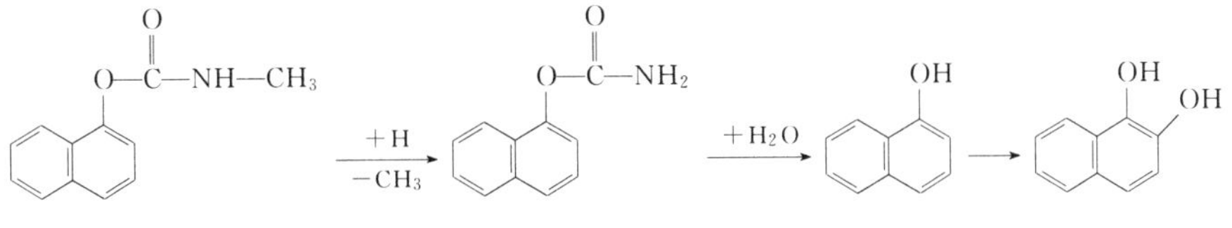

$$\longrightarrow \text{(COOH, COOH)} \longrightarrow \text{(COOH, OH, OH)} \longrightarrow \text{(OH, OH, OH, OH)} \longrightarrow CO_2 + H_2O$$

对于具有芳环的有机农药，影响其降解速度的是化合物分子中取代基的种类、数量、位置以及取代基的大小。各种取代基衍生物抗分解的顺序为：—NO_2＞—SO_3H＞—OCH_3＞—NH_2＞—$COOH$＞—OH。取代基的数量愈多，基团的分子愈大，愈难降解。取代基位置也影响降解速率，取代基在间位上的化合物比在邻位上或对位上的难分解。

综上所述，化学农药进入土壤后，在土壤中的行为是极其复杂的。土壤中农药的迁移转化，不仅决定于农药本身的理化性质，而且与土壤的组成、性质密切相关。只有在一定条件下，土壤对化学农药才具有解毒净化作用，否则，土壤将遭受农药残留和污染毒害。

18.5　化学农药在土壤中的残留性及危害

化学农药污染土壤的程度，可以用其残留特性表示，即残留量和残留期。

残留量指农药因迁移、转化，含量减少，而残留在土壤的量。农药在土壤中的残留量受到很多因素的影响。如挥发、淋溶、吸附、降解以及农药的施用量等。而由上述过程造成的农药损失量，很难用数学公式准确、全面地表达，因此农药在土壤中的残留量仅能用下列近似公式推算。

$$R = C_0 e^{-kt}$$

式中　R——农药残留量，mg/kg；

　　　C_0——农药初始浓度，mg/kg；

　　　k——衰减常数；

　　　t——农药施用后时间。

农药在土壤中的残留期常用半衰期和残留期表示。半衰期是指施药后附着于土壤的农药，因降解等原因含量减少一半所需的时间。残留期是指施于土壤的农药，因降解等原因含量减少 75％～100％所需的时间。表 18-5 列出各类常用化学农药的半衰期。

表 18-5　各类常用化学农药的半衰期

农 药 名 称	半衰期	农 药 名 称	半衰期
含 Pb、As、Cu 类	10～30 年	2，4-D 等苯氧羧酸类	0.1～0.4 年
DDT 等有机氯类	2～4 年	有机磷类	0.02～0.2 年
西玛津等均三氮苯类	数月～1 年	氨基甲酸酯类	0.02～0.1 年
敌草隆等取代脲类	数月～1 年		

由表 18-5 可见，各类化学农药由于化学结构和性质不同，在土壤中的残留期差别悬殊，半衰期相差可达几个数量级。铅、砷等制剂几乎将永远残留在土壤中，有机氯农药在土壤中残留期也很长久，这些农药虽已被禁用，但在环境中的残留量仍十分可观。其次是均三氮苯类、取代脲类和苯氧羧酸类除草剂，残留期一般在数月至一年左右；有机磷和氨基甲酸酯类杀菌剂，残留期一般很短，只有几天或几周，故在土壤中很少积累。但也有少数有机磷农药，在土壤中残留期较长，如二嗪农的残留期可达数月之久。

表 18-5 中所列出的半衰期，有很大的变动范围。这表示，农药在土壤中的残留，除主要决定于本身性质外，还与土壤质地、有机质含量、酸碱度、水分含量、氧化还原状况、微生物群落种类和数量、耕作制度和药剂用量等多种因素有关。表 18-6 列出了支配农药残留性的有关因素。

表 18-6　支配农药残留性的有关因素

项目	因　子	残留性大小
农药	挥发性	低＞高
	水溶性	低＞高
	施药量	高＞低
	施药次数	多＞少
	加工剂型	粒剂＞乳剂＞粉剂
	稳定性（对光解、水解、微生物分解等）	高＞低
	吸着力	强＞弱
土壤	类型	黏土＞砂土
	有机质含量	多＞少
	金属离子含量	少＞多
	含水量	少＞多
	微生物含量	少＞多
	pH 值	低＞高
	通透性	好气＞嫌气
其他	气温	低＞高
	温度	低＞高
	表层植被	茂密＞稀疏

注：引自刘静宜《环境化学》，1987 年。

农药在土壤中的残留，是导致农药对环境造成污染和生物危害的根源。大量研究表明，当土壤中农药残留积累到一定程度，便会对土壤生物，包括微生物、原生动物、节肢动物等以及植物产生不同程度的直接毒害。如影响微生物的功能、抑制微生物的呼吸作用，使硝化作用受到阻碍，改变微生物及土壤动物种类、数量、抑制或者促进农作物或其他植物的生长，提早或推迟成熟期等；土壤中的残留农药还可通过扩散、质流产生转移，污染大气、地表水体和地下水；并可通过生物富集和食物链（土壤→水中浮游生物→鱼和水生生物→食鱼动物或土壤→陆生植物→食草动物或土壤→土壤中无脊椎动物→脊椎动物→食肉动物）使农药的残留浓度，在生物体内浓缩，最终通过人体的呼吸作用、饮水和食物链进入人体，危及人体健康。正是由于土壤中残留农药的转移及生物浓缩作用，使得农药污染问题变得更为严重，因此，农药在土壤中的残留性引起人们高度关注。

当然，对于农药残留性的评价，要从保护环境和保护作物两方面衡量。因为从保护环境角度，希望各种农药的残留期愈短愈好，残留期短，不会造成污染。但从保护作物角度，残留期太短，就难以达到理想的杀虫、灭菌、除草的要求。因此，从农药的发展方向看，就是要研制一些具有以下特征的农药。

① 高效　对防治对象，害虫、病菌、杂草等毒性要高，或对它们特有的酶系统要起抑制作用。

② 低毒　对非目标生物无持续影响。

③ 无药害　对农作物不产生药害。

④ 无残毒　对环境无残留毒性或即使有也易经日光或微生物分解。

参 考 文 献

[1]　Brady N C. The Nature and Properties of Soil，8th，1974.
[2]　Manahan S E. Environmental Chemistry. 7th ed. New York：Amazon Press，1999：431-501.
[3]　买永彬主编. 农业环境学. 北京：中国农业科学出版社，1994.
[4]　刘培桐. 环境学概论. 北京：高等教育出版社，1985.
[5]　刘静宜. 环境化学. 北京：中国环境科学出版社，1987.
[6]　严健汉，詹重慈编著. 环境土壤学. 武汉：华中师范大学出版社，1985.

[7] 李天杰主编. 土壤环境学. 北京：高等教育出版社，1995.

[8] 李惕川. 环境化学. 北京：中国环境科学出版社，1990.

[9] 陈静生等. 环境污染与保护简明原理. 北京：商务印书馆，1981.

[10] 戴树桂主编. 环境化学. 北京：高等教育出版社，2000：200-225.

[11] 万海滨. 环境科学学报，1991，11（4）：468.

[12] 蔡道基. 环境化学，1991，10（3）：41.

习　　题

1. 试述有机磷农药在土壤中的迁移转化过程。

2. 举例说明影响农药在土壤中残留性的主要因素有哪些？

3. 简述土壤中腐殖质对有机物的吸附机制。

第19章 化学肥料在土壤环境中的行为

化学肥料即矿物肥料，是以矿物、水、空气为原料，经过化学和机械加工制成的。化肥的主要成分是氮素（氮肥）、磷素（磷肥）和钾素（钾肥）。表 19-1～表 19-3 列出了我国主要生产和使用的氮肥、磷肥和钾肥品种。由于化肥成分较单纯，大部分只含一种营养元素，养分含量高、肥效快、易溶于水被植物吸收，因此成为增加和平衡土壤养分，提高土壤肥力和农作物产量的重要物质。据估计，世界粮食产量的增加，约有 40％，依赖于化肥的施用。我国研究证明，贡献率约为 30％左右，增施化肥已成为我国温饱工程的主要技术政策之一。化肥的生产和需求量日益增加，目前全世界每年施用化肥总量达 1 亿吨（有效成分）以上，我国施用化肥量已达 4000 万吨/年（1996 年统计），单位面积化肥施用量居世界较高水平。化肥的大量使用，在获得农业丰收的同时，由于施用不当，即不考虑具体的土壤和气候条件以及作物的营养特点，长期过量或不科学的施用化肥，对生态环境带来了一系列负面影响：污染地表水、地下水、土壤、大气、降低农产品质量，以致对人类健康构成潜在威胁。

表 19-1 我国常用的氮肥品种

品 种	化 学 式	含氮量/%	氮形态
液氨	NH_3	82	铵态
氨水	$NH_3 \cdot H_2O$	12～16	铵态
碳酸氢铵	NH_4HCO_3	17	铵态
硫酸铵	$(NH_4)_2SO_4$	20～21	铵态
氯化铵	NH_4Cl	24～26	铵态
硝酸铵	NH_4NO_3	32～34	硝态铵态
硝酸钠	$NaNO_3$	15	硝态
硫硝酸铵	$(NH_4)_2SO_4+NH_4NO_3$	25～27	硝态铵态
硝酸铵钙	$(NH_4)NO_3+CaCO_3$	20～25	硝态铵态
硝酸钙	$Ca(NO_3)_2$	13	硝态
尿素	$CO(NH_2)_2$	45～46	尿素态
石灰氮	$CaCN_2$	20～22	酰胺态

表 19-2 主要磷肥品种

品 种	化 学 式	溶解度	P_2O_5 含量/%
磷矿粉	$Ca_5F(PO_4)_3$	难溶	14～25
骨粉	$Ca_3(PO_4)_2$	难溶	20～35
钙镁磷肥	$Q\text{-}Ca_3(PO_4)_3$	难溶	14～25
沉淀磷酸钙	$CaHPO_4 \cdot 2H_2O$	弱酸溶性	30～40
脱氟磷肥	$\alpha\text{-}Ca_3(PO_4)_2 \cdot +Ca_4P_2O_9$	弱酸溶性	14～30
钢渣磷肥	$Ca_4P_2O_9$	弱酸溶性	14～18
普通过磷酸钙	$Ca(H_2PO_4)_2 \cdot H_2O$	水溶	12～20
	$CaSO_4 \cdot 2H_2O$		
重过磷酸钙	$Ca(H_2PO_4)_2 \cdot H_2O$	水溶	40～50
偏磷酸盐	KPO_3	弱酸溶性	60～70
	$NaPO_3$		
	NH_4PO_3		
	$Ca(PO_3)_2$		
磷酸	H_3PO_4	水溶	70～72

表 19-3　主要钾肥品种

品　种	化学式	品　种	化学式
氯化钾	KCl	碳酸钾	K_2CO_3
硫酸钾	K_2SO_4	硝酸钾	KNO_3

19.1　化学肥料在土壤环境中的迁移转化

化肥在土壤环境中的行为包括：①被作物吸收。作物对氮肥的平均利用率（作物回收的养分与所施用养分的比率）为 50％左右，磷肥的利用率比氮肥低得多，约在 10％～25％范围内，钾肥的利用率为 40％～60％，比氮、磷肥利用率要高。②在土壤中转化、残留及贮存。③水、气环境中损失。施入土壤的化肥，主要是氮肥，经水土流失、径流淋失，挥发等过程在环境中损失。图 19-1 显示了氮素、磷素化肥在土壤环境中迁移转化的主要过程。

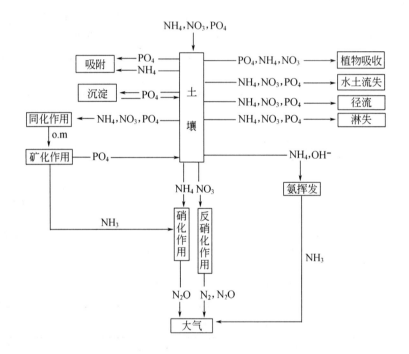

图 19-1　氮素、磷素化肥在土壤环境中迁移转化模式

NH_4—铵态氮肥；NO_3—硝态氮肥；PO_4—磷肥；o.m—有机物

19.1.1　土壤中氮肥的迁移转化

化学氮肥施入土壤后，各种形态的氮素之间，氮素与周围介质之间，会发生一系列的物理、化学和生物化学的反应过程，由于这些过程的发生，氮肥在土壤中迁移、转化。

（1）吸附作用　土壤胶体对铵态氮肥（NH_4^+-N）有很强的吸附作用。由于 NH_4^+-N 是阳离子，可通过阳离子交换作用被土壤胶体吸附。在条件不利于硝化作用进行时，被吸附的铵态氮一般可在土壤中长期保持。铵态氮被土壤吸附的另一机制是，当黏土矿物晶层之间发生膨胀时，NH_4^+ 取代了层间的阳离子，而发生铵的固定。

土壤胶体的组成、性质，土壤环境条件，如含水量、温度等都会影响 NH_4^+-N 的吸附作用。能够吸附 NH_4^+-N 的黏土矿物主要有蒙脱石、伊利石，土壤胶体的阳离子代换量愈高，

对 NH_4^+-N 的吸附作用愈强。低温、干燥可促进 NH_4^+-N 的吸附。

土壤对 NH_4^+-N 的吸附作用具有重要意义。由于土壤对 NH_4^+-N 的吸附，使得大部分可交换性铵得以保存在土壤中，同时阻滞了铵离子向深层土壤的淋失，减轻了氮素对地下水的污染。

土壤中硝态氮（NO_3^--N）是一价阴离子，不能被带负电荷的土壤胶体吸附，在土壤中移动性很高，易遭淋失，在降水或灌溉水多的情况下，上层土壤中的 NO_3^--N 随水下渗，土壤质地愈粗，大孔隙愈多，NO_3^--N 下渗愈深，进而可导致地下水污染。

（2）同化作用　微生物吸收铵态氮、硝态氮，组成机体中的蛋白质、核酸等含氮有机物质的过程称为同化。土壤中铵态氮和硝态氮均能被土壤微生物吸收、转化、固定。据生物固定氮素速率实验表明，在有机物质迅速分解时，加入的无机氮，可被微生物转化为生物体氮，迅速固定，随着微生物分解速率的降低，被固定的氮亦可逐渐释放出来。

（3）氨化作用　有机氮化物在土壤微生物的作用下分解成氨态氮的过程称为氨化作用，它对土壤中氮循环具有重要意义。有机氮化物氨化的基本途径如下。

① 氨基化形成氨基酸　各种含氮有机物在土壤中异养性微生物作用下，逐步分解至形成蛋白质，蛋白质水解形成各种氨基酸，即

$$
含氮有机物 \xrightarrow{\text{细菌、真菌}} \underset{\text{蛋白质}}{NH_2-\overset{\overset{H}{|}}{C}-\overset{\overset{O}{\|}}{C}-\overset{\overset{H}{|}}{\underset{\underset{H}{|}}{N}}-\overset{\overset{R'}{|}}{C}-COOH} \xrightarrow{H_2O} NH_2-\overset{\overset{H}{|}}{\underset{\underset{R}{|}}{C}}-COOH + NH_2-\overset{\overset{H}{|}}{\underset{\underset{R'}{|}}{C}}-COOH
$$

② 氨化释放出氨　上述反应中形成的氨基酸，进一步被异养性微生物利用，而释放出氨，即

$$
NH_2-\overset{\overset{H}{|}}{\underset{\underset{R}{|}}{C}}-COOH \xrightarrow[\text{细菌、真菌}]{H_2O} NH_3 + RCOOH + 能量
$$

释放出的氨，在土壤中可直接被高等植物吸收；或被异养性微生物利用，进一步分解含碳有机残体；或被固定在某些膨胀型黏土矿物晶格中，成为生物不可利用的形态，亦可通过硝化作用转化为亚硝酸盐和硝酸盐。

研究表明，氮肥的施用，可以影响有机氮化物的氨化作用。土壤中异养微生物分解有机质时，需要某种形态的无机氮，如果被分解的有机质含碳量高于含氮量，微生物将利用土壤中存在的 NH_4^+ 或 NO_3^- 氮，满足微生物群体迅速生长对氮素的需要，以便继续分解有机质；如果有机质的含氮量远高于含碳量，则一般不会降低土壤的矿质氮的水平，甚至可经有机质分解释放出矿质氮。经验规律是：当土壤中有机质的 C/N>30 时，在有机质分解的初始阶段，土壤中 NH_4^+-N，NO_3^--N 将被微生物利用固定。当 C/N 在 20～30 之间时，可能既不进行矿质氮的微生物利用，也不释放出矿质氮。如果 C/N<20，则一般在有机质分解的初期，即可释放出矿质氮。

（4）硝化作用　氨在有氧条件下，通过微生物作用，氧化成硝酸盐的过程，称为硝化。硝化作用分两个阶段进行，第一阶段为氨氧化为亚硝酸盐（NO_2^-）、第二阶段为亚硝酸盐氧化为硝酸盐。即：

$$2NH_3 + 3O_2 \longrightarrow 2NO_2^- + 2H^+ + 2H_2O + 能量$$
$$2NO_2^- + O_2 \longrightarrow 2NO_3^- + 能量$$

第一阶段主要由专性自养性亚硝化单胞菌属引起，第二阶段主要由专性自养性硝化杆菌属引起。这些细菌分别从氧化氨至亚硝酸盐和氧化亚硝酸盐至硝酸盐的过程中获得能量，以 CO_2 为碳源。除自养硝化菌外，有些异养微生物也能进行硝化作用。

硝化作用在土壤中很重要。因为植物摄取氮的最为普遍形态是硝酸盐（$NO_3^- $-N），虽然水稻等植物可利用氨态氮（$NH_4^+$-N），然而这一氮形态，对其他植物是有毒的。当肥料以铵盐或氨形态施入土壤时，通过硝化作用，即会转变为植物可利用的硝态氮。而从硝化作用的反应，可以得出：①该反应需要高水平的氧。因此在通气良好的土壤中，最易进行。②硝化作用释放出氢离子（H^+），因此当氨态氮肥和许多有机氮肥转变成硝酸盐时，将导致土壤 pH 值降低，连续施用这类氮肥，将使土壤酸性增强。③由于硝化作用与微生物活性有关，因此转化速度和程度将极大地受土壤环境条件，如土壤 pH、温度、湿度、有机质含量等的影响。通常当土壤 pH 等于 9.5 以上时，硝化细菌受到抑制。而在 pH 等于 6.0 以下时，亚硝化细菌被抑制，温度低于 5℃，或高于 40℃，亚硝化细菌和硝化细菌均不能生存。

另外根据有关研究，在硝化过程中，可发生以下过程：

$$NO_2^- \xrightarrow{\text{与腐殖酸反应}} N_2O + N_2$$

$$NO_2^- \xrightarrow{\text{自行分解}} NO + N_2O$$

即硝化作用的主要产物是 NO_3^-，但也能形成微量的 N_2O，硝化过程产生 N_2O 是近年来才认识到的。

（5）反硝化作用　硝酸盐在通气不良条件下，通过微生物作用或化学作用而还原的过程，称为反硝化作用。当土壤渍水时，某些厌氧微生物，包括细菌、真菌和放线菌，能将硝酸盐还原为亚硝基盐，即：

$$NO_3^- + 2H^+ \longrightarrow NO_2^- + H_2O$$

兼性厌氧假单胞菌属、色杆菌属等，能将硝酸盐还原为氧化亚氮（N_2O）和氮气（N_2）。基本过程为：

$$2HNO_3 \xrightarrow[-2H_2O]{+4H} 2HNO_2 \xrightarrow[-2H_2O]{+4H} 2HNO \begin{array}{c} \xrightarrow[-2H_2O]{+2H} N_2 \uparrow (\text{逸入空气}) \\ \\ \xrightarrow[-H_2O]{+2H \mid -H_2O} N_2O \uparrow (\text{逸入空气}) \end{array}$$

在反硝化作用中 N_2 与 N_2O 的比例决定于土壤环境条件，其中水分和 pH 显著影响 N_2O/N_2 比。在渍水土壤中，反硝化产物几乎全部为 N_2，在旱地土壤 N_2O 比例要高些。

实验证明，在 pH 为 4.9～5.6 左右，以形成 N_2O 为主；在 pH 为 7.3～7.9 范围以 N_2 形态为主。

梭状芽孢杆菌等，常将硝酸盐还原成亚硝酸盐和氨。基本过程为：

$$HNO_3 \xrightarrow[-H_2O]{+2H} HNO_2 \xrightarrow[-H_2O]{+2H} HNO \xrightarrow[+H_2O]{+2H} NH(OH)_2 \xrightarrow[-H_2O]{+2H} NH_2OH \xrightarrow[-H_2O]{+2H} NH_3$$

但所形成的氨被菌体进一步合成自身氨基酸等含氮物质。

反硝化作用，受土壤 pH、温度、水分和土壤空气中氧分压的影响。土壤环境氧分压愈低，反硝化作用愈强。pH 一般要求是中性至微碱性。温度为 25℃ 左右。另外需要有丰富的有机质作为碳源和能源，硝酸盐作为氮源。

反硝化过程中所形成的氮气（N_2）、氧化亚氮（N_2O）等气态无机氮化物，是造成土壤氮素损失，土壤肥力下降的重要原因之一，也是导致大气环境氮氧化物污染的重要发生源。

（6）氨挥发　铵态氮肥施入农田土壤后，发生一系列变化形成氨（NH_3），并挥发到空气中的过程，称为氨挥发。铵态氮肥是指含有或能产生铵离子的肥料，如液氨、氨水、碳酸氢铵、硫酸铵、尿素和各种有机氮肥。施于碱性土壤表面的铵态氮肥，可通过以下反应形成游离的氨而挥发损失。即：

$$NH_4^+ + H_2O + OH^- \longrightarrow NH_3 \uparrow + 2H_2O$$

一般当土壤温度高，水分蒸发迅速时，氨的挥发损失增大，液氨或氨水施用不当、表施尿素都将导致氨的挥发损失。

氨挥发进入大气，将导致大气中氨含量增加，进而引发相应的环境问题。

19.1.2 土壤中磷肥的转化

（1）固定作用 磷肥的利用率较氮肥、钾肥低得多。这主要和磷肥在土壤中的固定有关。土壤中各种磷化合物从可溶性或速效性状态，转变为不溶性或缓效性状态，统称为土壤的固磷作用。

土壤中的固磷作用相当普遍，酸性土壤和碱性土壤中尤为显著。土壤固磷的机制主要有以下几种。

① 与铁和铝作用 在酸性矿质土壤胶体的扩散层中，常含有相当数量的吸附性铝离子及少量的铁离子和锰离子。这些离子可以同磷结合，形成难溶的磷酸铁、铝或锰的化合物，使磷从溶液中沉淀或吸附在氧化铁、氧化铝或黏粒的表面。因此在酸性土壤中，磷主要是以形成复杂的铁和铝的磷酸盐被固定。土壤愈酸，以这种形式固定的磷量愈多。所以，施磷肥于酸性土壤时，要特别注意磷肥种类的选择和施肥方法，以使磷肥能被作物较好利用。

② 与钙、碳酸钙作用 在碱性土壤中，（指大多数碱性土壤）磷主要是以二价磷酸一氢根离子（HPO_4^{2-}）形式存在，而钙的活动性很高，且伴随有游离的碳酸钙。溶液中的磷酸盐，可通过形成相对不溶性的磷酸一氢钙沉淀、基性磷酸钙沉淀。或在同碳酸钙固相接触时，形成碳盐磷灰石等被固定在碳酸钙颗粒的表面上。

③ 同黏土矿物的作用 据研究，磷酸根离子可以以两种方式与层状硅酸盐黏土矿物结合。其一为发生阴离子交换反应，即土壤溶液中的磷酸根阴离子与黏粒 Al-OH 层中的羟基（—OH）交换，而被固定。但这种交换不像阳离子交换，有明确化学计量关系。磷酸根的交换固定量在 1:1 型黏土矿物上最大，因为 1:1 型黏粒上暴露的羟基比 2:1 型黏粒多。其二，磷酸盐可与钙饱和的黏粒作用（在碱性条件下）形成黏粒-$Ca-HPO_4^{2-}$ 复合物，被吸附固定在黏土矿物表面。

综上所述，在酸性土壤中，磷的固定，主要是由于形成难溶的磷的铁、铝化合物。而在碱性或石灰性土壤中，土壤溶液中磷的浓度主要受活性钙（Ca^{2+}）浓度、游离碳酸钙的量和黏粒的数量所控制。在 Ca^{2+} 的浓度高，有大量细的碳酸钙和钙饱和的黏土矿物的土壤中，磷的活性或有效性比较低。磷肥的利用率降低，对这样的土壤需施较多的磷肥。

④ 微生物固定 除非生物固定外，为微生物所固定的磷量也很大，在一般耕地中仅是细菌吸收并固定的磷估计有 $4\sim10kg/hm^2$，固定在微生物细胞中的磷酸盐，当微生物细胞死亡时，就释放出来，重新进入土壤。

（2）无机磷酸盐的溶解作用 土壤微生物在无机磷酸盐的溶解作用中起着重要作用。许多常见微生物能溶解存在土壤中的难溶性无机磷，微生物的溶磷作用是通过酸化其生长环境，产生螯合或交换过程实现。也有研究认为，由于微生物对钙的吸收，改变了微溶性磷酸盐的质量作用平衡，带走了许多钙，因而使磷酸盐离子进入溶液。

在某些土壤中，溶磷微生物占整个微生物群的比例高达 85%。旱地土壤溶磷微生物占整个微生物群的 27.1%～82.1%，其中以细菌占比例最大。此外，植物根系分泌物在土壤磷的转化中也起重要作用，根系分泌的低分子有机酸、氢离子，可酸化根际土壤，从而溶解部分难溶性无机磷。

通过施肥进入土壤的磷，一方面由于吸附、沉淀、微生物固持，为土壤固定而积累在土壤中，另一方面由于土壤生物作用得以转化溶解，这两个过程是土壤磷肥循环的主要过程。当可溶性磷因作物吸收或因雨水淋溶损失后，可由土壤中的化学平衡以及土壤生物的溶解和矿化作用（有机磷转化为无机磷的过程），而得以补充。

近年来，由于磷素投入量大大超过其流出量，农田生态系统中磷素盈余，使土壤中总磷和有效磷水平不断上升，由于土壤对磷的强固定作用而带来的土壤磷的富集大大增加了土壤磷流失的可能性。

19.2　化学肥料对环境的影响

合理施用化肥既可提高农作物产量，而且有利于改善土壤结构，提高土壤肥力。但是不合理的滥施化肥，不仅造成化肥的浪费，而且会带来一系列的环境问题。

19.2.1　对土壤环境的影响

（1）引起土壤酸化和板结　化肥施用不当，如长期过量施用硫酸铵、氯化铵等铵态氮肥，可引起土壤变酸，因为 NH_4^+-N 转化为能被作物吸收的 NO_3^--N 过程中，伴随 H^+ 的释放。我国贵州省烟草土壤，用硫铵肥 2 年，pH 值下降了 0.4～0.8，出现了土壤酸变的不良影响。而化肥使用过多，大量的 NH_4^+、K^+ 和土壤胶体吸附的 Ca^{2+}、Mg^{2+} 等阳离子发生交换，使土壤胶体分散，土壤结构变坏，导致土壤板结。土壤酸化和板结使耕地土壤退化，生产力降低，并可活化有害重金属元素如镉、汞、铅、铝、铬等，增加它们在土壤中的活性，进一步对土壤生物造成危害。

（2）化肥中的有害物质会污染土壤　制造化肥的矿物原料及化工原料中，常含有多种重金属、放射性物质和其他有害成分，它们随施肥进入农田土壤后，往往可导致在土壤和作物中积累富集，并造成危害。

比如制造磷肥主要采用氟磷灰石作为原料。磷灰石的主要成分为 $Ca_5F(PO_4)_3$，同时还含有多种微量元素：铜（Cu）、锰（Mn）、硼（B）、钼（Mo）、锌（Zn）、砷（As）、镉（Cd）、铬（Cr）、汞（Hg）、氟（F）、铅（Pb）、镍（Ni）、铀（U）、钍（Th）等。发现，由磷灰石合成磷肥（$CaHPO_4$）后，砷、镉、氟、铬、铅等在磷肥中富集。长期施用磷肥，土壤中砷、镉、氟的积累严重。我国土壤砷的环境容量比较低，因而很可能会引起土壤砷污染。据有关资料报道，施用大量磷肥的土壤含镉量比一般土壤可高数十甚至上百倍，虽未发现由施用磷肥引起严重土壤镉污染问题，但其潜在的危险不容忽视。

氟也是磷肥中污染土壤的主要元素之一，长期过量施用磷肥，造成土壤中含氟量增高，进一步可导致植物含氟量增高，对人畜危害很大，已引起重视。

有些化肥中，还含有有机污染物，如磷肥中往往含有三氯乙醛（源于加工磷肥的硫酸），施用农田后可造成土壤三氯乙醛污染，引起植物生长紊乱。又如氨水中往往含有大量的酚，施用农田后，可造成土壤的酚污染，以致生产出含酚量高、具有异味的农产品。

19.2.2　对水环境的影响

（1）为水体富营养化提供氮、磷等营养源　过量施肥，或施肥方法不合理，常常增加氮、磷等养分的流失。氮素、磷素等可以通过水土流失、地表径流和淋失进入地表水。与生活污水一样，化肥进入地表水是引起水体富营养化的原因之一。近些年，我国河流、湖泊中，NH_4^+-N，NO_3^--N 浓度不断升高，许多湖泊都已发生富营养化。肥料（含有机肥）的贡献率为 11%～19%（徐谦，1996）。据有关资料报道：农田每增施氮肥 $1kg/hm^2$、氮的冲刷损失增加 0.56～0.72kg/hm^2（孙彭力等，1995）。氮肥淋溶损失为 3.4%～25.4%，在雨季可达 50%。据 1979 年调查、京津唐地区，每年通过农田流入渤海的氮素（8000t）与污水排放量（8720t）相近。

（2）氮素淋溶污染地下水 硝态氮不易被土壤胶体固定，很容易随雨水或灌溉水下渗，而污染地下水。

天然地下水，含氮量极低，远低于我国饮用水标准（20mgN/L）。然而在长期使用氮肥的地区，地下水含氮量在逐年增高。据调查，北京地区地下水中硝酸盐含量持续升高，速度达每年升高 1.25mg/L，污染面积已达 3000km² 以上。农田施用氮肥对地下水的污染很普遍。据中国农业科学院提供的资料，凡是施氮肥量超过 500kg/hm² 的地区，地下水的硝酸盐含量，均超过饮用水标准。硝酸盐污染不仅发生在浅层地下水，而且已经进入深层地下水。

化肥淋失，引起的地下水污染是一个严重的环境问题，人们饮用此水，常会发生血红素失常、食道癌、甲状腺肿等多种疾病。

19.2.3 对大气环境的影响

施用于农田的氮肥，损失率为 40%～60%，其中很大一部分（约 20%），以是氮气（N_2）、氧化亚氮（N_2O）和氨（NH_3）形式逸入大气，增加了大气中含氮化合物的浓度，使空气质量恶化。N_2O 在对流层化学惰性，但是在平流层化学活性很高，可与臭氧发生光化学反应，造成臭氧层的破坏。N_2O 也是温室气体之一，可对温室效应产生举足轻重的影响。

19.2.4 对生物的危害

不合理施肥对生物产品的质量有很大影响。施于农田的氮肥，可直接被作物吸收的主要是硝态氮（NO_3^--N）和铵态氮（NH_4^+-N），除水稻外，大多数植物，直接吸收的是 NO_3^--N。NH_4^+-N 被作物吸收后，可直接参与蛋白质合成，而 NO_3^--N 被作物吸收后，在根部或茎叶内，需要在氮素转化酶的作用下，转变为 NH_4^+-N，方可参与蛋白质合成。NO_3^--N 和 NH_4^+-N 对于作物生长发育都是不可缺少的养分。但是 NH_4^+-N 在土壤通气的情况下，经硝化作用可氧化为 NO_3^--N，如果氮肥施用过多，不仅会因大量的养分被植株吸收或被非产品部分消耗，造成作物贪青，甚至倒伏，引起作物产量及质量下降；而且会使作物体内硝酸盐含量增加，并在叶、茎及籽实中积累。各种作物中，以蔬菜最容易积累硝酸盐。因为蔬菜对原始氮素的同化能力不如禾本科强。

硝酸盐积累对植物本身无害，但却危害以植物为食的动物和人类。因为硝酸盐在动物和人体内易被转化为毒性很大的亚硝酸盐，引起急慢性中毒和癌症。

由流行病学揭示，食道、胃及消化道癌病发生率与区域性环境中硝酸盐含量高低有密切关系。如，王珊龄（1988）对江苏杨中县调查提供，该县过量使用无机和有机氮肥，使鲜青菜平均含硝酸盐 2334mg/kg，最大值达 5495mg/kg，该地人体摄入硝酸盐比推荐值高 2.1～2.4 倍，癌症发病率比正常地区高七倍。

参 考 文 献

[1] Brady N C. The Nature and Properties of Soil, 8th, 1974.
[2] Manahan S E. Environmental Chemistry. 7th ed. New York：Amazon Press，1999：431-501.
[3] Nelson D W. Bremner J M. Soil Biol. Biochem. 1970，2：203-215.
[4] 买永彬主编. 农业环境学. 北京：中国农业科学出版社，1994.
[5] 刘培桐. 环境学概论. 北京：高等教育出版社，1985.
[6] 刘静宜. 环境化学. 北京：中国环境科学出版社，1987.
[7] 严健汉，詹重慈编著. 环境土壤学. 武汉：华中师范大学出版社，1985.
[8] 李天杰主编. 土壤环境学. 北京：高等教育出版社，1995.
[9] 李惕川. 环境化学. 北京：中国环境科学出版社，1990.
[10] 杨珏等. 土壤与环境，2001，10（3）：256.

[11] 奚振邦编著. 化学肥料学. 北京：科学出版社，1994.

[12] 戴树桂主编. 环境化学. 北京：高等教育出版社，2000. 200-225.

习　　题

1. 试述化学氮肥在土壤中的转化及对环境的影响。

2. 简要说明土壤中的固磷作用及其对农业的影响。

第四部分

环境化学其他专题

第 20 章　资源与能源

20.1　能　　源

20.1.1　能量和能量循环

地球上大多数的过程，都是以太阳的辐射能作为根本的推动力。太阳辐射能量以电磁辐射方式传输到地球上，最高值出现在可见光区 500nm 处，辐射强度大约 $1.34W/m^2$。电磁辐射包括可见光、紫外辐射、红外辐射、微波、无线电波、χ 射线、X 射线等，以光速 $3.00 \times 10^8 m/s$ 在真空中传播。电磁辐射的特征用频率（ν，或波数）、波长（λ）和振幅来表示，频率和波长互为倒数，它们的关系是

$$\nu\lambda = c$$

式中，c 为光速。电磁波具有波粒二相性，可以看做具有能量的光子（quanta）的运动，能量与电磁波频率相关，

$$E = h\nu$$

频率越高，能量也越高。

能到达地球的太阳能仅是太阳总能量的 25 亿分之一，相当于 90×10^{12} t 优质煤的热值。到达近地面的太阳能总量的约 19% 被大气层中臭氧、水蒸气、二氧化碳所吸收；约 34% 被地面反射折回空间而被云层吸收；仅有约 47% 辐射能到达地球表面后为地表吸收，而其中约半数又消耗在使地球表面水蒸发；用于发生光合作用的太阳辐射能仅占总能量的约 0.1%（见图 20-1）。

传到地球上的太阳能一部分被反射或折射回太空，一部分加热了地球上的空气、水和地表，产生各种气候现象，还有一部分被植物所吸收，经过光合作用转化为存储在碳水化合物分子中的化学能，这部分能量可以通过代谢作用直接释放出来，或者通过食物链传递，或者随植物被埋藏于地下而通过漫长的地质作用形成煤和石油、天然气等能源资源。这些能源资源被人类开发利用，转化为电能等方便生产、生活的能量形式。最终，大多数能量以红外辐射方式从地球向太空返回（见图 20-2）。

人类活动带来的环境问题主要就是在利用能源资源过程中产生的。

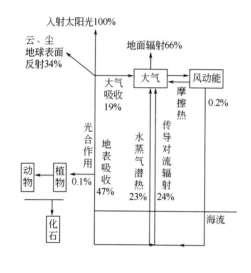

图 20-1　太阳能的流动

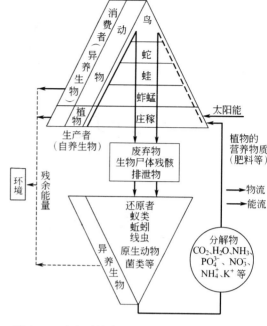

图 20-2　生态系统中的物质循环和能量流动示例

20.1.2　能源和能量转化

能量的来源称为能源，就是能够提供某种形式能量的自然本生资源及其转化资源。目前人们广泛利用的能源以煤炭、石油、天然气为主，在世界一次能源消费结构中，这三者的总和约占 93% 左右。

能源按其来源大致可分为三类。

第一类：太阳能及其转化物。包括太阳直接的辐射能，还有存储了太阳辐射能量的煤炭、石油、天然气以及生物质能、水能、风能、海洋能等。

第二类：地球本身的能量。指以热能形式蕴藏于地球内部的地热能，包括地下热水、地下蒸汽、岩浆等，还有铀、钍等核燃料所具有的核能。

第三类：天体对地球的万有引力能。太阳、月亮及其他天体的引力场作用于地球产生的能量，主要指潮汐能等。

能源按其利用方式不同可分为一次能源和二次能源。一次能源是指能从自然界直接获取，并不改变基本形态的能源。二次能源是指一次能源经过加工、转换成新的形态的能源。依据能否再生、循环使用，又可将一次能源分为再生能源和非再生能源。能够循环使用，不断得到补充的一次能源称再生能源，如水能、太阳能、风能等。经亿万年形成而短期之内无法恢复的一次能源称非再生能源，像煤炭、石油、天然气、核燃料等。很不幸的是非再生能源大部分是过去和现在人类普遍使用的常规能源，因为开发和利用比较方便，如果无节制地使用这些资源，将使人类面临能源危机，因为这些资源的积累需要长期的地质变迁作用，怎样也赶不上人类消费的速度。另外，非再生能源的大量使用还带来很多的环境污染问题，给人类的生存环境造成了巨大压力，当前人们关注的温室效应、酸雨、光化学烟雾，乃至室内空气污染等问题都与此相关。

能量有多种存在形式，为了使用的方便，需要在不同形式之间转化，转化过程的效率差异很大（见图 20-3）。白炽灯是将电能转化为可见光，转化效率不到 5%，大都以热能的形式损失了。最为经典的能量转化是蒸汽机中热能向机械能的转化，理想的热机满足 Carnot

方程

$$转化效率 = \frac{T_1 - T_2}{T_1} \times 100\%$$

式中，T_1 是蒸汽进入时的温度；T_2 是蒸汽冷却排出时的温度。当蒸汽进入温度在 810K 而排出温度为 330K 时，理想状态的能量转化效率可以达到 59%，但是由于热蒸汽难以维持在 810K 的高温以及机械损失等因素，实际能达到的效率是 47%，再考虑锅炉中水变成蒸汽时化学能向热能的转化，机器的总效率只有 40%。为了提高热机的效率，考虑提高进入蒸汽的温度，需要改进加热段的工艺和保温材质。以化石燃料为能源的发电厂，大约 60% 本应转化为电能的化学能都以热能方式损耗了，或者进入了大气，或者进入了水体。这又间接导致了热污染，造成水体中某些水生生物死亡或促进水体富营养化。如何控制工业以及生活用能过程中这些能量的损失问题是关系到经济效益和环境破坏双重因素的紧要课题。

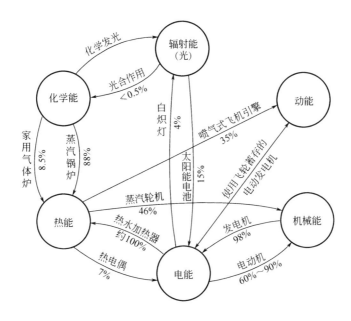

图 20-3　能量转化关系（引自 Manahan，2000）

20.1.3　能源利用及其问题

人类对能源的利用可以分为四个阶段。

（1）较低水平消费阶段　是指人类在进入工业化时代以前，能源的利用主要是满足日常简单的生活所需，能源的消费处于较低水平，能源的开发相对还比较少，虽然在局部有破坏，但总体上不构成对环境的威胁。

（2）无节制的消耗阶段　是指工业革命后，机器的运转需要合适的能源转化，大规模的产业生产需要源源不断的能源供给，人类满足于工厂带来的物质丰富和新技术带来的生活享受，而这一切要求使得对能源的开发和利用有了巨大的变化，主要表现为大规模开发煤炭和石油。这种掠夺性的开发利用给生态环境造成了无可挽回的影响。

（3）节制性使用阶段　是指 1973 年和 1979 年两次石油危机后，人类意识到对于矿物燃料的过分依赖将导致以规模生产为基础的现代经济的崩溃，而这些能源也总有枯竭的一天，因此需要节制和珍惜使用即将枯竭的能源资源。西方工业化国家开始节省能源，提高能效并积极寻求替代能源。

（4）与环境协调发展阶段　是指人类开始意识到能源的破坏性消耗不仅仅是经济利益受损、生活水平受限的问题，能源的使用过程中的污染行为对人类赖以生存的自然环境本身造成了破坏，给环境生态带来压力和危机，即使能源资源不会枯竭，环境容量也要求人类对自己的能源消费加以限制。人类意识到了能源与环境协调发展的重要性，这是一个自我意识向整体环境意识的重大飞跃。

能源利用特别是燃煤造成的环境问题越来越突出（表 20-1），危害人类环境的酸雨主要就是由于燃煤引起的，欧洲、北美洲及东亚地区都是酸雨危害较严重的地区。温室效应造成的全球变暖是人们关注的另一个全球性环境问题，而对于温室效应变化的贡献中二氧化碳占 25％左右。二氧化碳的产生是人类利用矿物燃料资源造成的，它在大气中的数量也是人类所能控制的。发展中国家对能源的需求越来越大。目前，发展中国家排放的二氧化碳已占全球排放量的四分之一。据预测，到 21 世纪中叶，这一比例将提高到二分之一。如果不采取有效措施控制全球二氧化碳的排放，全球持续变暖将会给人类带来灾难性的后果。"京都议定书"的签订是人类共同为解决这一问题所做的努力（表 20-2）。

表 20-1　能源利用造成的环境危害事件

时　　间	地　　点	事　　件
1873～1892 年	英国伦敦	由于工业燃烧废气的排放造成大气污染，使 500～2000 余人死亡
20 世纪 40 年代	美国洛杉矶	由于汽车尾气和工业废气污染形成光化学烟雾
1952 年	英国伦敦	由于大气污染，死亡人数比往年增加 3500～4000 人
1959 年	日本三重县四日市	大气污染，造成哮喘病患者急增，1964 年出现死亡
1989 年	墨西哥城	因大气污染，学校被迫放假，人们被告诫不要外出散步

表 20-2　CO_2 排放量较多的十国统计表（引自中国环保产业，2000 年）

序号	国家	排放量/亿吨碳			国土面积/万平方公里	单位排放/（吨碳/km²)	1993 年人口/亿人	人均排放/（吨碳/人)
		1985 年	1994 年	增长％				
1	美　国	12.02	13.87	＋15.4	981	141	2.58	5.38
2	中　国	5.37	8.28	＋54.2	960	86	12.06	0.69
3	俄罗斯	(5.27)	4.41	(−16.3)	1707	26	1.49	2.96
4	日　本	2.46	3.03	＋32.2	38	797	1.25	2.42
5	印　度	1.34	2.36	＋76.1	329	72	8.97	0.26
6	德　国	2.75	2.20	−20.0	36	611	0.81	2.72
7	英　国	1.53	1.50	−2.0	24	625	0.58	2.59
8	加拿大	1.07	1.22	＋14.0	998	12	0.28	4.36
9	乌克兰	(1.66)	1.12	(−32.5)	60	187	0.52	2.15
10	意大利	0.98	1.07	＋9.2	30	357	0.58	1.84

注：括号内为 1992 年数及 1992～1994 年减少百分数。

20 世纪 70 年代的能源危机后，人们对于能源的使用有了新的认识，1990 年爆发的海湾战争更加深了人们对于能源危机的紧张感。发达国家的工业发展以及高水平的生活方式对于能源的依赖性很强，考虑到能源紧缺可能造成的经济损失和能源利用不当带来的不利环境影响，先进国家已经投入很多人力和物力开发新能源，开发低能耗高效率的产品和工艺手段，研究能源资源的更新换代。相比较而言，能源的缺乏不是主要问题，固然当前使用的石油、煤、天然气等主要能源属于不可再生能源，必须限制其用量，人们更关注的是这些化石燃料燃烧和开采过程带来的酸雨、光化学烟雾、温室效应、空气质量恶化等恶性环境后果，毕竟在不用和少用这些能源的时候，还有广泛的可再生能源作为替代，如太阳能、风能、水利能、地热能、生物能等。和平利用核能可以节约大量的化石燃料，增殖反应堆的使用可以得到相当化石燃料几个量级倍数的能量供给。由此也会带来核危险以及核废料后处理的问题，但是考虑到环境风险和经济效益的对比结果，这仍不失为一个解决手段。

解决能源问题的途径需要科技的发展，新材料和新工艺使得燃料燃烧更充分，更多地从燃料中提取出可用的能量，同时降低燃烧过程的成本。新技术使得能量转化效率更高，能更好地满足人类对特定能量形式的需要，主要是电能。

20.2 常规能源

虽然环境后果不尽如人意，化石燃料仍然是当今社会主要的能源供给，往往决定着社会经济的发展和人们生活水平的提高。由于技术方面的原因和一些心理上的顾虑，核能虽然给现代的能源供给带来一线希望，但是广泛使用还没有成为可能。能源矿产是中国矿产资源的重要组成部分。煤、石油、天然气在世界和中国的一次能源消费构成中分别为93%和95%左右。由于矿物能源在一次能源消费中占有主导地位，因而对国民经济和社会发展具有特别重要的战略意义。在经济发展过程中，随着对能源开发技术的进步，不同能源在国民生产中的比重也不断变化，基本上是朝着清洁化的方向发展（见图20-4和表20-3）。

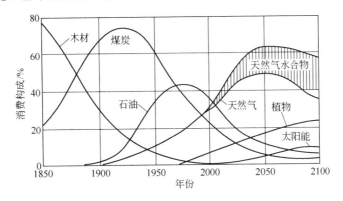

图 20-4　世界能源平衡动态（朱岳年，1998）

表 20-3　中国能源生产动态

年份	能源生产总量 /万吨标准煤	占能源生产总量的比重/%			
		原煤	原油	天然气	水电
1952	4871	96.7	1.3	—	2.0
1957	9861	94.9	2.1	0.1	2.9
1960	17185	91.4	4.8	0.9	2.9
1965	18824	88.0	8.6	0.8	2.6
1970	30990	81.6	14.1	1.2	3.1
1975	48754	70.6	22.6	2.4	4.4
1980	63735	69.4	23.8	3.0	3.8
1985	85546	72.8	20.9	2.0	4.3
1990	103922	74.2	19.0	2.0	4.8
1995	129034	75.3	16.6	1.9	6.2
2000	109000	67.2	21.4	3.4	8.0

注：摘引自中国能源信息网（www.energy-China.com）。

20.2.1　煤炭

在2000多年前的春秋战国时期，中国人就已开发利用煤炭为燃料。18世纪60年代从英国开始的工业革命，使能源结构发生第一次革命性变化，从低转化效率的生物质能转向了矿物能源，既由木炭转向了煤炭。现在煤炭仍是人类最重要的能源之一，仅次于石油，居第二位。化工原料中的 3/5、民用商品能源中的 4/5 都来自煤炭。

在地质历史上，沼泽森林曾经覆盖大片土地，包括菌类、蕨类、灌木、乔木等植物。在不同时代海平面常有变化，水面升高时，植物被淹没而死亡。如果这些死亡的植物被沉积物覆盖而不透气，植物就不会完全分解，而是在地下形成有机地层。随着海平面的升降，会产生多层有机地层。经过漫长的地质作用，在高温、高压的还原性环境中，这一有机层最后会转变为煤层。演变过程中，煤层受到多种地质因素的作用。由于成煤年代、成煤原始物质、还原程度及成因类型上的差异，再加上各种变质作用并存，致使煤炭品种多样化。

中国煤炭资源丰富，储量居世界之首，主要分布在华北和东北地区，除上海市外，全国 30 个省、市、自治区都有不同数量的煤炭资源。到 1996 年底，探明储量的矿区 5345 处，保有储量总量为 10.025×10^{11} t。中国保有储量总量中的精查储量 2.299×10^{11} t，与世界探明可采储量相比，位于俄罗斯、美国之后，居世界第三位。中国也是世界上最大的煤炭生产国，年产量达 1.2×10^9 t，占世界煤炭总产量的 1/3，年出口煤炭量 3000 多万吨，约占世界煤炭贸易量的 6%（表 20-4 和表 20-5）。

表 20-4　中国煤炭预测资源量/$\times 10^8$ t

种类	储量	含量/%	种类	储量	含量/%
褐煤	1903.06	4.2	焦煤	1957.29	4.3
低变质烟煤	24215.10	53.2	瘦煤	803.75	1.8
气煤	9392.38	20.6	贫煤	1468.88	3.2
肥煤	1032.11	2.3	无烟煤	4742.43	10.4
总　量	45515.00			100.0	

注：摘引自中国能源信息网（www.energy-china.com）。

表 20-5　中国的煤种分类

种　类	含量/%	种　类	含量/%
气煤	13.75	无烟煤	10.93
肥煤	3.53	贫煤	5.55
主焦煤	5.81	弱碱煤	1.74
瘦煤	4.01	不焦煤	13.8
未分牌号的	0.55	长焰煤	12.52
		褐煤	12.76
		天然焦	0.19
		未分牌号的煤	13.80
		牌号不清的煤	1.06
炼焦煤类	27.65	非炼焦煤类	72.35

中国煤炭资源北多南少，西多东少，煤炭资源的分布与消费区分布极不协调。中国是世界能源生产、消费大国，但人均消费量不到世界平均水平的 1/2。随着社会和经济的持续快速发展，能源消费总量将逐步增加，并向多元化和清洁化的方向发展。中国煤炭资源比较丰富，从资源方面讲煤炭是可靠的能源，从经济角度讲煤炭是廉价的能源，从环境影响讲煤炭是可以清洁利用的能源——CO_2 和 SO_2 排放控制得当的话。预计在今后相当长的一段时间内，煤炭仍是中国的首要应用能源。煤炭资源利用的主要问题是技术落后、能量转化效率低下，尤其是煤炭的开发和利用导致严重的酸雨问题等已对中国经济和社会发展形成制约。洁净煤技术是高效、洁净的煤炭开发、加工、燃烧、转化和污染控制技术的总称，是实施能源持续发展战略的必然要求和现实选择。

20.2.2　石油

石油泛指各种天然形成的可燃性液态碳氢化合物，常含有氧、氮、石蜡及硫等组分。在浅海、泻湖以及湖泊中有大量微小水生物繁殖。当它们死亡后就沉积在湖底，形成一层富含有机质的淤泥。底部水体含氧量很少，使死亡的有机体不致被氧化分解。随着埋藏成岩作用的进行，压力和热使有机体首先转化为各种不同的干酪根，然后在温度升高的情况下，分解转化为石油。经构造或水动力作用，油或气向高孔隙度的砂岩层聚集，形成油砂岩或焦油砂岩，少数岩石如页岩内的石油不易排出，就形成含油的页岩即油页岩。

石油素有"工业血液"之称，是当今世界最重要的能源，也是有机化工的重要原料。提炼油品过程中可以回收矿物石蜡和硫，炼油剩余物如石油焦可以作电极，沥青是重要的建筑材料。除汽油以外，石油还是煤油、粗柴油、润滑油、残渣燃料油、沥青和石蜡的来源，石油分离、提取、精制产品广泛用做汽车、轮船和飞机的内燃机燃料。石化产品在人们的日常生活用品中也被广泛使用，造型各异不同种类的家用电器、箱包器皿、生活用具等没有一样离得开石化产品。

石油是工业的血液，是现代工业文明的基础，是人类赖以生存与发展的重要能源之一。20世纪石油工业的迅速发展与国家战略、全球政治、经济发展紧密地联系在一起，使世界经济、国家关系和人们生活水平发生了巨大的变化。

中国是石油资源较为丰富的国家之一，分布比较广泛，在32个油区探明地质储量有1.814×10^{10} t。据美国《Oil & Gas》1997年报道，世界石油剩余探明可采储量1.390×10^{11} t，中国1997年公布的剩余探明可采储量2.241×10^{11} t，居世界第11位。中国石油工业经过20世纪后50年的发展，从"贫油国"一跃成为世界石油大国，原油产量1978年突破1×10^8 t大关，1999年达1.6×10^8 t以上，已连续13年保持在世界第五位的水平。中国石油的发展潜力很大，因为目前中国石油资源的探明程度只有20%。

20.2.3 天然气

在自然界中，天然气常与石油共生，其成因、开采和利用与石油相似。天然气（包括沼气）是重要能源矿产资源之一，也是国内外很有发展前景的一种清洁能源。天然气有多种成因，主要为与石油有关和与煤及含煤地层有关的两种天然气。

中国天然气资源分布相当广泛，在石油盆地和煤盆地中均有不同程度的产出；同时天然气资源量也比较丰富，专家预测天然气资源量约有7×10^{13} m³（煤尾气约占一半）。中国天然气在20多个省区均有产出，主要分布在四川盆地、塔里木盆地、鄂尔多斯盆地、松辽盆地和华北盆地。资源量大于1×10^{12} m³的有塔里木、鄂尔多斯、四川、珠江口、东海、渤海湾、莺歌海、琼东南、准噶尔等9个盆地，共拥有资源量3.07×10^{13} m³。从其分布的地质时代来看，与石油相反，在时代较老的地层中气多，其中古生代的气约占50%，中生代和新生代约分别占20%和30%。与煤及含煤地层有关的煤层气的研究工作和勘查工作近10多年才刚刚起步。由于中国煤炭资源相当丰富，含煤地层分布相当广泛，因此煤尾气资源远景应该是乐观的。

21世纪中国石油生产仍将处于上升期，天然气工业将进入开发建设的高峰阶段，天然气资源探明程度只有5%。能源专家预测，到2020年中国天然气年产量可望达到10^{11} m³，相当于10^8 t原油。从2001年到2020年，中国天然气探明储量将保持在年均增长1.2×10^8 m³左右，天然气在中国能源结构中的比重将从目前的2%提高到8%（见图20-5）。

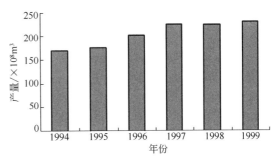

图20-5　中国天然气产量

20.3 希望能源

20.3.1 水能

水能主要指的是水力发电。位于相对高位置的水具有势能，由地球的万有引力造成。势能差足够大时，可以带动发电机运转，通过势能-动能-机械能-电能的转化，供给人类使用，具有可开发的经济效益。其实水利能源利用远古时就开始了，是主要的传统能源之一，起初只是简单利用势能-动能的转化，在工业革命后才作为电能的来源。水能是自然能源，水的循环往复是自然界物质和能量传输的最重要的根本形式之一，具有可重复性，因此把它作为清洁的希望能源。

世界各国和地区由于地理环境不同，拥有水资源的数量差别很大。按水资源总量大小排队，中国居第四位；若按人口平均，中国人均水资源量相当于世界人均的1/4。中国具有丰富的水能资源，可开发的水能资源 $3.78 \times 10^8 \, kW$，年发电可达 $1.92 \times 10^{12} \, kW \cdot h$。截至2001年底，中国常规水电装机容量已达到 $7.7 \times 10^7 \, kW$，从而超过美国而排名世界第一位。中国的水电在建规模超过 $3 \times 10^7 \, kW$，规划水电站容量超过 $5 \times 10^7 \, kW$，均居世界第一位。与中国可开发水能资源储量相比，中国水电开发还具有巨大的空间，2001年水电发电量 $2.975 \times 10^{11} \, kW$ 时，仅占全部发电量的17.4%。

中国水能资源虽然丰富，但时空分布不均衡、质量不高，主要反映在以下两个方面：一是空间上分布不均衡，主要集中在经济落后、交通不便的西南地区，占全国总量的67.8%；其次是中南和西北地区，分别占15.5%和9.9%；而经济发达、用电负荷集中的华东、东北、华北三大区仅占6.8%，且均已基本得到开发，潜力已不大。所以中国水电的发展必须考虑"西电东送"，也是西部开发的一个契机。二是时间上分布不均衡，总体看，中国大多河流年内年际分布不均，丰枯季节流量相差悬殊，稳定性较差，调节能力不够好，因此水电建设要重视具有调节性能水库电站的开发。

同时应该注意到，任何水资源开发利用都会对水环境产生较大影响。在充分利用水能资源的同时，需要保护好水环境。水库建成前后，对环境的影响主要包括以下几个方面。

（1）大容量水库可能引起地表的活动，甚至诱发地震。此外，还会引起流域水文性质的改变，如下游水位降低或来自上游的泥沙减少等，甚至危及入海口处三角洲的存在。水库建成后，由于蒸发量大，气候凉爽且较稳定，降雨量减少。著名的尼罗河水利资源开发的灾难性后果是典型的例子。

（2）水库会夺取某些野生动植物的栖息地，造成大量的野生动植物死亡，甚至全部灭绝。由于流域生态环境的改变，会使水生动物受到影响，导致灭绝或种群数量减少。同时由于上游水域面积的扩大，使某些传染疾病的生物（如钉螺）的栖息地点增加，为一些地区性疾病（如血吸虫病）的蔓延创造了条件。

（3）流入和流出水库的水的理化性质方面发生改变，人为增加的水库水层深度和相对静止的状态使得水库水分层复杂，各层水的密度、温度、溶解氧等皆不同。深层水温度低、有机质丰富、含氧量少，使得库底沉积的有机物不能充分氧化而厌氧分解，水体的二氧化碳含量明显增加。

（4）修建水库固然可以防洪、发电，也可以改善部分地区水资源的供应和管理，增加农田灌溉，但同时受淹地区城市搬迁、农村移民安置会对社会结构、地区经济发展等产生影响。另外，自然景观和文物古迹的淹没与破坏，更是文化和经济上的一大损失。

20.3.2　核能

核内中子、质子之间存在着极强烈的相互吸引力，保持了核的稳定性，这种吸引力释放出来就是核能，从量的角度解释就是 20 世纪科学巨人——阿尔伯特·爱因斯坦推导出的著名公式"$E=mc^2$"。这一公式揭示了自然界中质量与能量等同的奥秘：质量是相对稳定、处于约束状态的能量，能量是稳态破坏时释放出的质量的表现形式。这意味着如果能够控制一定尺度的质量的转换，就能够获得所需的能量，真正达到"物尽其用"，因此核能被视为人类未来最有希望的能源。核能的获得主要有两种途径，即重核裂变与轻核聚变。

铀（Uranium）是自然界中原子序数最大的天然元素，天然铀由几种同位素构成：除了 0.71% 的 U235、微量 U234 外，其余是 U238。当一个中子轰击 U235 原子核时，能分裂成两个质量较小的原子核，同时产生 2～3 个中子和 β、γ 等射线，并释放出约 200MeV 的能量，这就是核裂变能，也就是我们常说的核能。如果有一个新产生的中子，再去轰击另一个 U235 原子核，便引起新的裂变，以此类推，这样就使裂变反应不断地持续下去，这就是裂变的链式反应。在链式反应中，核能就连续不断地释放出来。原子弹就是利用原子核裂变放出的能量起杀伤破坏作用，而核电反应堆也是利用这一原理获取能量，所不同的是，它是可以控制的。

两个较轻的原子核聚合成一个较重的原子核，同时释放出巨大的能量，这种反应叫轻核聚变反应。它也是取得核能的重要途径之一。在太阳等恒星内部，因压力、温度极高，轻核有足够的动能去克服静电斥力而发生持续的聚变。自持的核聚变反应必须在极高的压力和温度下进行，故称为"热核聚变反应"。氢弹就是利用氘氚原子核的聚变反应瞬间释放巨大能量起杀伤破坏作用，正在研究受控热核聚变反应装置也是应用这一基本原理，它与氢弹的最大不同是，其释放能量是可以被控制的。

与铀相同数量的轻核聚变时放出的能量要比铀大几倍。例如 1g 氘化锂（Li6）完全反应所产生的能量约为 1gU235 裂变能量的三倍多。

1942 年 12 月 2 日，人类在美国芝加哥大学实现了第一次自持链式反应，从而开始了受控的核能释放，这项工程的领导人是意大利物理学家恩里科·费米。核反应堆是一个能维持和控制核裂变链式反应，从而实现核能-热能转换的装置。核反应堆是核电厂的心脏，核裂变链式反应在其中进行。反应堆由堆芯、冷却系统、慢化系统、反射层、控制与保护系统、屏蔽系统、辐射监测系统等组成。堆芯中的燃料是可裂变材料。自然界天然存在的易于裂变的材料只有 U235，还有两种利用反应堆或加速器生产出来的裂变材料 U233 和 Pu239。用这些裂变材料制成金属、金属合金、氧化物、碳化物等形式作为反应堆的燃料。核电站就是利用一座或若干座动力反应堆所产生的热能来发电或发电兼供热的动力设施。目前世界上核电站常用的反应堆有压水堆、沸水堆、重水堆和改进型气冷堆以及快堆等。使用最广泛的是压水反应堆。压水反应堆是以普通水作冷却剂和慢化剂，是从军用堆基础上发展起来的最成熟、最成功的动力堆堆型。核燃料在"反应堆"的设备内发生裂变而产生大量热能，再用处于高压力下的水把热能带出，在蒸汽发生器内产生蒸汽，蒸汽推动汽轮机带着发电机一起旋转，电就源源不断地产生出来。

到 1999 年中期，世界上共有 436 座发电用核反应堆在运行，总装机容量为 350676MW。正在建造的发电反应堆有 30 座，总装机容量为 21642MW。目前世界上有 33 个国家和地区有核电厂发电，核发电量占世界总发电量的 17%，其中有十几个国家和地区核电发电量超过各种的总发电量的四分之一，有的国家甚至超过 70%。估计到 2005 年核电厂装机容量将达到 388567MW。

目前环境污染问题大部分是由使用化石燃料引起的，化石燃料燃烧会放出大量的烟尘、二氧化碳、二氧化硫、氮氧化物等。核电站不排放这些有害物质，与火电厂相比，它能大大改善环境质量，保护人类赖以生存的生态环境等。在发达国家核电站的周围有人居住、游泳、放牧牛羊、钓鱼，有的核电站位于大城市附近，有的位于游览区。核电站是安全、经济、干净的能源，由于其保护严密，相对辐射量还在日常生活中人们接受的辐射水平之下（表20-6）。

表 20-6　生活中的辐射与核电站周围辐射比较

类　别	辐射量（mSv/a）	类　别	辐射量（mSv/a）
中国某些高本底地区	3.7	土壤	0.15
砖瓦房	0.75	坐飞机北京-欧洲往返一次	0.04
宇宙射线	0.45	肺部透视一次	0.02
水、粮食、蔬菜、空气	0.25	核电站周围	0.01

　　世界上有核电国家的多年统计资料表明，虽然核电站的投资高于燃煤电厂，但是由于核燃料成本显著地低于燃煤成本，以及燃料是长期起作用的因素，使得目前核电站的总发电成本低于烧煤电厂。世界上已探明的铀储量约 $4.9×10^6$ t，钍储量约 $2.75×10^6$ t。这些裂变燃料足够使用到聚变能时代。聚变燃料主要是氘和锂，海水中氘的含量为 0.034g/L，据估计地球上总的水量约为 $1.38×10^{18}$ m^3，其中氘的储量约 $4×10^{13}$ t，地球上的锂储量有 2000 多亿吨，锂可用来制造氚，足够人类在聚变能时代使用。按目前世界能源消费的水平，地球上可供原子核聚变的氘和氚，能供人类使用上千亿年。因此，有能源专家认为，只要解决了核聚变技术，人类就将从根本上解决了能源问题。核能作为一种渐趋成熟的能源形式，具有得天独厚的优越性。随着世界各国环境意识的加强，核能在减少温室气体的排放上的重要作用正在逐步被认识到。

　　一座 10^6 kW 的核电站，每年产生约 30t 乏燃料和 800t 中低放射性的废物。中低放射性废物的处理技术已经解决，800t 中低放射性废物加以处理后可压缩成 20m^3 的固体废物，能直接地下掩埋。全世界运行的所有核电站每年产生约 7000m^3 的废物，与其他工业废物相比是很少的。目前争议最大的是从核电站卸出的带有强放射性乏燃料的最终处理问题。乏燃料中约有 2% 半衰期长达几百万年的放射性物质，如果不加以可靠的隔离，一旦进入人类生存的环境，将贻害万年。国际核能界对此十分关注，正在探索一种分离——嬗变的技术，先将这种半衰期极长的放射性物质从乏燃料中分离出来，之后再放入反应堆中，经中子辐照嬗变成为短半衰期寿命、甚至无放射性的物质，实现乏燃料的最终处理。中国科学家已经成功解决了乏燃料的分离技术，为世界核能界所瞩目（宋崇立，1995）。采用这种分离技术将乏燃料中残留的铀和钚核材料提取出来再加以利用，将半衰期长的放射性物质单独分离出来，剩余的则为中低放射性废物。经过这样的分离，一座 10^6 kW 的核电站，回收再利用的铀、钚核材料可以使核电站的天然铀消费量减少 20%；分离后形成的中低放射性废物，每年不到 5m^3，长半衰期放射性固体废物只有 0.5m^3。将来嬗变技术成功后，再将这些废物做最终处理。

　　中国是铀矿资源不甚丰富的一个国家。据近年中国向国际原子能机构陆续提供的一批铀矿田的储量推算，中国铀矿探明储量居世界第 10 位之后，不能适应发展核电的长远需要。矿床规模以中小为主（占总储量的 60% 以上）。矿石品位偏低，通常有磷、硫及有色、稀有金属矿产与之共生或伴生。矿床类型主要有花岗岩型、火山岩型、砂岩型、碳硅泥岩型铀矿床 4 种；其所拥有的储量分别占全国总储量的 38%、22%、19.5%、16%。含煤地层中铀矿床、碱性岩中铀矿床及其他类型铀矿床在探明储量中所占比例很少，但具有找矿潜力。空间分布上中国铀矿床分南、北两个大区，北方铀矿区以火山岩型为主，南方铀矿区则以花岗岩型力量重要。

20.3.3　太阳能

太阳能是太阳内部连续不断的核聚变反应过程产生的能量。尽管太阳辐射到地球大气层的能量仅为其总辐射能量（约为 $3.75×10^{26}$ W）的 22 亿分之一，但已高达 173000TW，也就是说太阳每秒钟照射到地球上的能量就相当于 $5×10^6$ t煤。地球上的风能、水能、海洋温差能、波浪能和生物质能以及部分潮汐能都是来源于太阳；即使是地球上的化石燃料（如煤、石油、天然气等）从根本上说也是远古以来贮存下来的太阳能，所以广义的太阳能所包括的范围非常大，狭义的太阳能则限于太阳辐射能的光热、光电和光化学的直接转换。太阳能既是一次能源，又是可再生能源。它资源丰富，既可免费使用，又无需运输，对环境无任何污染。将太阳能采集、转换、贮存和传输技术与其他相关技术结合在一起，便能进行太阳能的实际利用。

太阳能的热利用，是将太阳的辐射能转换为热能，实现这个目的的器件叫"集热器"。由于使用的目的不同，集热器和与之匹配的系统类型繁多，名称各不相同，如太阳灶、太阳能热水器、太阳能干燥器等。在太阳能热利用系统中，重要的一个技术关键是如何高效率地收集太阳光并将其转变为热能。国内平板型太阳能集热器和全玻璃真空管太阳能热水器已形成产业，近 20 年来产量逐年增长，年产量达 80 多万平方米。近几年，中国又研制成具有国际先进水平的热管式真空管热水器，具有良好的应用前景。然而，中国太阳能热利用多限于低温范围，需要研究开发新型高效太阳能集热器。

太阳能的光电转换是指太阳的辐射能光子通过半导体物质转变为电能的过程，通常叫做"光生伏打效应"，太阳能电池就是利用这种效应制成的。1994 年，世界太阳能电池销售量已达 64MW，呈现飞速发展态势。中国太阳能电池销售已超过 1.2MW。累计用量约 5MW，其应用范围亦在不断扩大，近年来市场销售量以 20% 的速度在递增。中国太阳电池应用领域在不断扩大，已涉及农业、牧业、林业、交通运输、通讯、气象、石油管道、文化教育及家庭电源等诸多方面，光伏发电在解决偏僻边远无电地区供电及许多特殊场合用电上已起到引人注目的作用。但从总体的应用技术水平和规模上看，与工业发达国家相比仍有很大的差距，主要问题是光伏系统造价偏高、系统配套工程装备没有产业化、应用示范不够和公众对太阳电池应用的巨大潜力缺乏了解以及系统应用仅限于独立运行，还没有并网运行和与建筑业结合。因此，有必要加强太阳电池应用技术研究和示范，推进产业化，拓宽应用领域和市场。

中国太阳能年总辐射量大致在 $930～2330$ kW $\cdot$ h$/($m$^2 \cdot$ a$)$ 之间。以 1630kW $\cdot$ h$/($m$^2 \cdot$ a$)$ 为等值线，则自大兴安岭西麓向西南至滇藏交界处，把中国分为两大部分，其西北地区高于 1630kW $\cdot$ h$/($m$^2 \cdot$ a$)$，此线东南侧低于这个等值线。大体上说，中国约有三分之二以上的地区太阳能资源较好，特别是青藏高原和新疆、甘肃、内蒙古一带，利用太阳能的条件尤其有利。开发和利用丰富、广阔的太阳能，对环境不产生和很少产生污染，既是近期急需的补充能源，又是未来能源结构的基础。

20.3.4　地热能

地热能是来自地球深处的可再生热能。它来源于地球的熔融岩浆和放射性物质的衰变。地下水的深处循环和来自极深处的岩浆侵入到地壳后，把热量从地下深处带至近表层。在有些地方，热能随自然涌出的热蒸汽和热水而到达地面，这种热能的储量相当大。据估计，每年从地球内部传到地面的热能相当于 100PW $\cdot$ h。

地热能的勘探和提取技术依赖于石油工业的经验，由于目前经济上可行的钻探深度仅在 3000m 以内，再加上热储空间地质条件的限制（例如资源的高温环境和高盐度），因而只有当热能运移并在浅层局部富集时，才形成可供开发利用的地热田。但是随着科学技术的发展和地热能利用效率的提高，在不远的将来，这一经济深度可能延伸到 5000m 甚至更深。因此，目前把 3000～5000m 之间的地热能作为远景资源来考虑。

从直接利用地热的规模来说，最常用的是地热水淋浴，占总利用量的 1/3 以上，其次是地热水养殖和种植约占 20%，地热采暖约占 13%，地热能工业利用约占 2%。利用地热能，占地很少，无废渣、粉尘污染，用后的弃（尾）水既可综合利用，又可回注到地下储层，达到增加压力、保护储层、保护地热资源的双重目的。除以上利用外，从热水中还可提取盐类、有益化学组分和硫磺等。在商业应用方面，利用干燥的过热蒸汽和高温水发电已有几十年的历史。利用中等温度（100℃）水通过双流体循环发电设备发电，在过去的 10 年中已取得了明显的进展，该技术现在已经成熟。地热热泵技术后来也取得了明显进展。由于这些技术的进展，这些资源的开发利用得到较快的发展，也使许多国家的经济上可供利用的资源的潜力明显增加。从长远观点来看，研究从干燥的岩石中和从地热增压资源及岩浆资源中提取有用能的有效方法，可进一步增加地热能的应用潜力。

地热资源是开发利用地热能的物质基础。中国地处世界两大地热带，东南沿海属环太平洋地热带，包括海南岛、台湾、广西、广东、福建、浙江、山东、河北、天津、辽宁等地的地热。西南滇藏的地热田属地中海、喜马拉雅地热带，这里蕴藏着高温地热。此外，在一些内陆盆地沉积层，还有不少中低温地热。如陕西、内蒙古、湖北、湖南、江西、四川等地的温泉。全国已知热沸泉 2500 多处，天然放热达 1.1×10^{14} J/a。目前中国的地热勘探工作还是初步的，已有的 270 多个地热田仅勘探了 40 个。西藏发现的水热活动区就有 600 多处，其中高温热水系统 110 个，发电潜力 10^6 kW。云南西部高温水热系统 55 个，有的热储温度高达 260℃。南海北部湾在石油天然气勘探中还发现有地压地热。台湾的地热温度高达 244℃。中国的地热资源比较丰富，目前除中低温地热直接利用较多外，高温热储尚待开发。

20.3.5 风能

风是地球上的一种自然现象，是由太阳辐射热引起的。太阳照射到地球表面，地球表面各处受热不同，产生温差，从而引起大气的对流运动形成风。风能是太阳能的一种转换形式，是一种重要的自然能源。风能的特点是能量巨大，但能量密度低，当流速同为 3m/s 时，风力的能量密度仅为水力的 1/1000；利用简单、无污染、可再生；不稳定性大，连续性、可靠性差；时空分布不均。估计到达地球的太阳能中大约 2% 转化为风能，全球的风能约为 2.74×10^9 MW，其中可利用的风能为 2×10^7 MW，比地球上可开发利用的水能总量还要大 10 倍。

人类利用风能的历史可以追溯到公元前，但数千年来风能技术发展缓慢，没有引起人们足够的重视。风车是人们最早用以转换能量的装置之一，波斯人和中国人在数千年前即已懂得使用风车，直到 12 世纪时，欧洲才普遍利用风车研磨面粉和泵水。荷兰低地使用风车泵抽排水，其风车的功率可达 50HP。美国则使用较小型的风车灌溉田地和驱动发电机发电。20 世纪 20 年代，人们开始研究利用风车作大规模发电。1931 年，在苏联的 Crimean Bala-clava 地方建造一座 100kW 容量的风力发电机，这是最早商业化的风力发电机。风车的种类很多，根据形状及旋转轴的方向分为两种最主要的形式：水平轴式转子和垂直轴式转子。

从 20 世纪 70 年代石油危机以来，在常规能源告急和全球生态环境恶化的双重压力下，风能作为新能源的一部分才重新有了长足的发展。风能作为一种无污染和可再生的新能源有着巨大的发展潜力，特别是对沿海岛屿、交通不便的边远山区、地广人稀的草原牧场，以及远离电网和近期内电网还难以达到的农村、边疆，作为解决生产和生活能源的一种可靠途径，有着十分重要的意义。

风力发电不消耗资源、不污染环境，具有广阔的发展前景，和其他发电方式相比，它的建设周期一般很短，一台风机的运输、安装时间不超过三个月，万千瓦级风电场建设期不到一年，而且安装一台可投产一台；装机规模灵活，可根据资金多少来确定，为筹集资金带来便利；运行简单，可完全做到无人值守；实际占地少，机组与监控、变电等建筑仅占风电场约1％的土地，其余场地仍可供农、牧、渔使用；对土地要求低，在山丘、海边、河堤、荒漠等地形条件下均可建设，此外，在发电方式上还有多样化的特点，既可联网运行，也可和柴油发电机等级成互补系统或独立运行，这对于解决边远无电地区的用电问题提供了现实可能性，这些既是风电的特点，也是优势。

中国位于亚洲大陆东南、濒临太平洋西岸，季风强盛，全国风力资源的总储量为每年 1.6×10^9 kW，可开发利用的风能资源总量为 2.53×10^8 kW，近期可开发的约为 1.6×10^8 kW。资源分布也很广，在东南沿海、山东、辽宁沿海及其岛屿年平均风速达到 $6 \sim 9$ m/s，内陆地区如内蒙古北部、甘肃和新疆北部以及松花江下游也属于风资源丰富区，在这些地区均有很好的开发利用条件。

国家气象科学院按各地风能特征区划中国的风能区大致情况如下。

（1）风能丰富区　东南沿海、台湾、海南岛，内蒙古北部西端和阴山以东，松花江下游地区。

（2）风能较丰富区　东南沿海岸 $20 \sim 50$ km，海南岛东部，渤海沿岸，东北平原，内蒙古南部，河西走廊，青藏高原。

（3）风能可利用区　闽、粤离岸 $50 \sim 100$ km 地带，大小兴安岭，辽河流域，苏北，长江、黄河中下游，两湖沿岸等地区。

（4）风能欠缺区　四川、甘南、陕西、贵州、湘西、岭南等地。

20.3.6　生物能

生物能是以生物为载体将太阳能以化学能形式贮存的一种能量，直接或间接地来源于植物的光合作用，其蕴藏量极大，仅地球上的植物，每年生产量就相当于目前人类消耗矿物能的20倍。在各种可再生能源中，生物质是唯一一种可再生的碳源。据估计地球上每年植物光合作用固定的碳达 2×10^{11} t，含能量达 3×10^{21} J。

从全球一次能源的消费情况看，目前生物质能仅次于石油、煤炭和天然气，居第四位。特别是对于农业生产较发达的国家，生物质能的开发利用显得更为重要。生物质遍布世界各地，世界上生物质资源数量庞大，形式繁多，它包括薪柴、农林作物、农业和林业残剩物、食品加工和林产品加工的下脚料、城市固体废物、生活污水和水生植物等。中国生物质资源主要是农业废物及农林产品加工业废物、薪柴、人畜粪便、城镇生活垃圾等四个方面。

生物能具备下列优点：提供低硫燃料，提供廉价能源，将有机物转化成燃料可减少环境公害（如垃圾燃料），与其他非传统性能源相比较，技术上的难题较少。缺点是植物仅能将极少量的太阳能转化成有机物，单位土地面积的有机物能量偏低，缺乏适合栽种植物的土地，有机物的水分偏多（50％～95％）。

由于生物质的存在很稀散，能量密度又比较低，而且不是湿的就是潮的，如果当做商业能利用，要收集起大量的生物质，其费用是十分高的。因此，目前生物质能的商业应用大多是利用已被收集起来的现成材料，如木材加工和食品加工的废物及城市的有机废物。目前生物质能的开发应用主要在三个方面：一是在一些农村建立以沼气为中心的能量、物质循环系统，使秸秆中的生物能以沼气的形式缓慢地释放出来，解决燃料问题；二是建立以植物为能源的发电厂，变"能源植物"为"能源作物"；三是种植甘蔗、木薯、玉米、甜菜、甜高粱等，既有利于食品工业的发展，植物残渣又可以制造酒精以代替石油。

20.3.7　海洋能

地球表面积约为 5.1×10^8 km²，其中陆地表面积为 1.49×10^8 km²，占29％；海洋面积达 3.61×10^8 km²，占71％。海洋的平均深度为380m，整个海水的容积多达 1.37×10^9 km³。一望无际的汪洋大海，不仅为人类提供航运、水产和丰富的矿藏，而且还蕴藏着巨大的能量。通常海洋能是指依附在海水中的可再生能源（表20-7）。

表 20-7　海洋能类型

类　　型	描　　　　述
潮汐能	利用水位变化所产生的位能及水流所产生的动能（潮流能）
波浪能	海洋表面波浪所具有的动能和势能
海洋温差能	利用深部海水与表面海水的温度差产生有用的能源
海洋盐差能	利用两处含盐分高与含盐分低的海流，因混合产生渗透压作为动力，而可用以产生能源
海流能	利用高速度的洋流或潮流带动结合水车、推进器及降落伞状物的水中电厂而将其转换为有用的能源

更广义的海洋能源还包括海洋上空的风能、海洋表面的太阳能以及海洋生物质能等。全球海洋能的可再生量很大，上述五种海洋能理论上可再生的总量为 $7.66 \times 10^6 \, kW$。虽然海洋能的强度较常规能源为低，但在可再生能源中，海洋能仍具有可观的能流密度。

在中国沿岸和海岛附近蕴藏着较丰富的海洋能资源，可开发潮汐能资源理论装机容量达 $2.179 \times 10^7 \, kW$，理论年发电量约 $6.24 \times 10^{10} \, kW$ 时，波浪能理论平均功率约 $1.285 \times 10^7 \, kW$，潮流能理论平均功率 $1.394 \times 10^7 \, kW$，这些资源的 90% 以上分布在常规能源严重缺乏的华东沪浙闽沿岸。

潮汐的发生是地球受月球和太阳引力的影响而引起的，涨潮时海水向岸边冲去，落潮时又退回海中，每天有规律地往复运动。受海岸、港湾地形的影响，海面的高度在高潮和低潮时有很大差别。如杭州湾潮差高达 8.93m，是中国潮差最大的地方。潮汐的涨落是海水在做大规模的流动，其中蕴含着巨大能量，既可以用来推动机械装置，又可以用来发电（图 20-6）。潮汐发电是海洋能中技术最成熟和利用规模最大的一种。全世界潮汐电站的总装机容量为 265MW，中国为 5.64MW（表 20-8）。

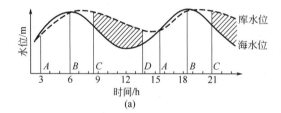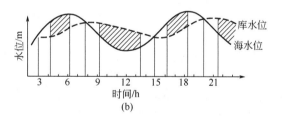

图 20-6　潮汐发电示意图（引自中国大百科全书，1989）

表 20-8　中国主要潮汐电站表

站　名	潮差/m	容量/MW	投运年份	站　名	潮差/m	容量/MW	投运年份
江厦	5.1	3.2	1980	海山	4.9	0.15	1975
白沙口	2.4	0.64	1978	沙山	5.1	0.04	1961
幸福洋	4.5	1.28	1989	浏河	2.1	0.15	1976
岳浦	3.6	0.15	1971	果子山	2.5	0.04	1977

中国是世界上建造潮汐电站最多的国家，也是世界上主要的波能研究开发国家之一。潮汐发电的关键技术包括潮汐发电机组、水工建筑、电站运行和海洋环境等。世界上从事海流能开发的主要有美国、英国、加拿大、日本、意大利和中国等。

20.3.8　氢能

氢位于元素周期表之首，在标准状态下密度为 0.0899g/L，在 $-252.7℃$ 时液化，压力增大到数百个大气压，液氢就可变为金属氢。氢是一种二次能源，但自然状态下单质氢的存在极少，必须将含氢物质加工后方能得到氢气。氢是地球上最丰富的元素，最丰富的含氢物质是水，其次就是各种矿物燃料（煤、石油、天然气）及各种生物质等。氢不但是一种优质燃料，还是石油、化工、化肥和冶金工业中的重要原料。氢具有极强的还原性，广泛用于石油和其他化石燃料的精炼，如烃的增氢、煤的气化、重油的精炼等；化工中制氨、制甲醇也需要氢；氢还用来还原铁矿石；用氢制成燃料电池可直接发电。采用燃料电池和氢气-蒸汽联合循环发电，其能量转换效率将远高于现有的火电厂。

所有气体中，氢气的导热性最好，比大多数气体的导热系数高出 10 倍，是极好的传热载体。氢是自然界存在最普遍的元素，据估计它构成了宇宙质量的 75%，除空气中含有氢气外，它主要以化合物的形态贮存于水中，而水是地球上最广泛的物质。除核燃料外氢的热值是所有化石燃料、化工燃料和生物燃料中最高的，为 142MJ/kg，是汽油发热值的 3 倍。氢燃烧性能好、点燃快、与空气混合时有广泛的可燃范围，而且燃点高、燃烧速度快。氢本身无毒，与其他燃料相比氢燃烧时最清洁，除生成水和少量氮化氢外不会产生对环境有害的污染物质，少量的氮化氢经过适当处理也不会污染环境，而且燃烧生成的水还可继续制氢，反复循环使用。氢能利用形式多，既可以通过燃烧产生热能，在热力发动机中转化为机械能，又可以作为能源材料用于燃料电池，或转换成固态氢用做结构材料。用氢代替煤和石油，不需对现有的技术装备做重大的改造，经济上可以保证。氢可以以气态、液态或固态的金属氢化物出现，能适应贮运及各种应用环境的不同要求。目前液氢已广泛用做航天动力的燃料，但氢能的大规模的商业应用还有待解决以下关键问题。

（1）廉价的制氢技术　氢是一种二次能源，现有的制氢方法效率很低，还需要消耗大量的能量，因此需要寻求大规模、廉价的制氢技术。

（2）安全可靠的贮氢和输氢方法　由于氢易气化、着火、爆炸，因此妥善解决氢能的贮运问题是开发氢能的关键。

在自然界中水是大量存在的氢的载体，必须用热分解或电分解的方法把氢从水中分离出来。目前高效率的制氢的基本途径是利用太阳能，把无穷无尽的、分散的太阳能转变成高度集中的干净能源。利用太阳能分解水制氢的方法有太阳能热分解水制氢、太阳能发电电解水制氢、阳光催化光解水制氢、太阳能生物制氢等。

20.4　资　　源

20.4.1　物质和物质循环

物质循环包括同一圈层内物质形式的相互转化、迁移，也包括不同圈层间物质的相互转化、迁移，其本质是元素的循环，各圈层可以看做是元素的储库。在元素的循环过程中，同时伴随能量的转移和传递。对于特定的物质形式，在不同圈层间的迁移可能是可逆的，也可能是不可逆的，在不同圈层中的循环也因为存在的量不同而大为不同。

例如河流将悬浮物和溶解物从陆地搬运入海；地球板块运动引起海洋沉积物拔升并形成新的陆地过程；大气组分的循环和渐次演化过程等。这些过程都可归入地球化学循环。在地球化学循环中，虽然多种元素和它们的各类化合物往往同时参与同一循环，但为研究方便，常将某一元素或某一特定化合物在地球表面的迁移用一个特定的地球化学循环来描述。此外，由于迁移是连续的，物质又是守恒的（很少与地幔或外层空间交换物质），所以物质在地球圈层之间的迁移是循环往复、不见始终的。

物质循环是物质世界的基本运动，生命的存在使得这种运动形式更加丰富。将物质的地球化学循环和物质在生态系统中的循环加以综合考虑，就是物质在生物圈范围内的循环。这种循环中除地质系统、化学系统外，还包含着生物系统，所以称为生物地球化学循环。稳定有序的生物地球化学循环是生态系统存在和发展的必要条件之一。在自然条件下，这一状态是通过漫长的、互相协同的生物进化和环境演化得以达成的。由于人类各种不适当活动结果的长期累积，目前这种循环已偏离了原有的稳定性和有序性，从而导致了各种不良的环境后果。地球上的有机质参与生地化循环，特别是生物圈中植物和动物的物质的转化、迁移。在碳循环中，空气中的 CO_2 被固定为生物质，生物质在呼吸作用、氧化、燃烧过程中以 CO_2 形式返回大气；在氮循环中，空气中的氮被固氮过程转化为有机氮化合物，再通过矿化过程变为无机氮。生地化循环的根本推动力是太阳能。

　　人为活动对物质循环的影响很大，原因是改变了各圈层中某些物质的量的分布，造成循环体系的紊乱，并间接导致能量循环的改变。典型的例子是温室效应。地球的漫长地质演化过程中，在大气中积累了一定量的 CO_2，使得地球的红外辐射被拦截在低层大气中，能量的积累造成地表的升温，从而使冰河期过去，带来欣欣向荣的生命大发展，并保证了生命在适宜的温度下繁衍生息，这种平衡维持了千万年，是良性的温室效应。近代生产力的发展，人为活动大为增加，将很多本应保留在生物质的有机碳和地下的如石油、煤中的无机碳等转化为 CO_2 释放到大气中，造成碳分布的不平衡，间接造成能量在低层大气的累积，使得地表升温加剧，造成恶性的温室效应。

20.4.2　资源：利用和危机

　　人类的生存以能量和物质的转化、循环作为基础，需要的量并不太大，基本上满足食物和日常生活所需就足够了。但是社会的发展需要以矿物燃料和金属矿藏为基础，通过开发和利用这些资源，人类得以超越满足于生存本能的动物，成为掌握巨大的与自然抗争能力的群体。然而资源在地球上的含量都是有限的，特别是具有可开采性的自然资源，开采多少储量就减少多少，开采的速度越快减少的速度也越快。虽然可以回收利用某些废旧金属，但过程中存在损耗并增加新的能耗，能重复利用的程度有限，还不能取代新开采的需要。来源于古老太阳能蓄积的矿物燃料则用一点就少一点，无法重复利用，且因为是强行转化物质形态，对全球的物质循环会造成破坏作用。土地资源的过度开发利用，造成了严重的土地退化，使一些土地永久性地失去了生产力。淡水资源的不足以及淡水资源分布的非均一性，造成了人均淡水资源数量上的巨大差异，局部地区的人类生存环境受到严重威胁。生物资源的多样性是生态系统得以维持的一个重要因素，自然界本身通过优胜劣汰进行生物资源的管理。由于人为因素的加入，某些生物物种被灭绝或加快了灭绝的进度，使得处于平衡态的生态系统断开了一些链条。虽然现在只是局部的影响发生了，但从长远看，这种影响正在威胁着整个生态系统的存在。

　　目前，人类已经逐步认识到资源处于危机状态这一现实，并通过不断的努力来解决日益加重的资源危机：不断开发新能源以解决能源问题，对矿产资源的深加工和再利用以解决矿产问题，保护生物资源以维持生态平衡，节约用水和治理污染以保持水的正常循环等。

20.5　矿产资源

　　矿产资源是指在地质作用过程中形成并赋存于地壳内（地表或地下）的有用的矿物集合体，其质和量适合于工业要求，并在现有的社会经济和技术条件下能够被开采和利用的自然资源。矿产资源是非常重要的非再生性自然资源，是人类社会赖以生存和发展的物质基础。既是人们生活资料的重要来源，也是极其重要的社会生产资料。世界 95％ 以上的能源和 80％ 以上的工业原料都取自矿产资源。矿产资源依其组成成分可分为金属矿产和非金属矿产。

中国矿产资源潜在总值居世界第三位，人均占有量为世界人均的 58％，居世界第 53 位。截至 1995 年底，中国已发现矿产 168 种，有探明储量的矿产 151 种，矿产地 2 万余处。已开发利用的矿产达 154 种，其中，能源矿产 7 种，金属矿产 54 种，非金属矿产 87 种，其他水气矿产（地下水、矿泉水、二氧化碳气）3 种。

20.5.1　金属矿产

金属矿产指含有金属元素的可供工业提取金属有用成分或直接利用的岩石和矿物。包括：黑色金属 9 种，有色金属 13 种，贵金属 8 种，放射性金属 3 种，稀有、稀土和稀散金属 33 种。矿石是指金属含量集中、有提炼价值的岩石。

中国金属矿产资源品种齐全，储量丰富，分布广泛。已探明储量的矿产有 54 种，包括铁矿、锰矿、铬矿、钛矿、钒矿、铜矿、铅矿、锌矿、铝土矿、镁矿、镍矿、钴矿、钨矿、锡矿、铋矿、钼矿、汞矿、锑矿、铂族金属（铂矿、钯矿、铱矿、铑矿、锇矿、钌矿）、金矿、银矿、铌矿、钽矿、铍矿、锂矿、锆矿、锶矿、铷矿、铯矿、稀土元素（钇矿、钆矿、铽矿、镝矿、铈矿、镧矿、镨矿、钕矿、钐矿、铕矿）、锗矿、镓矿、铟矿、铊矿、铪矿、铼矿、镉矿、钪矿、硒矿、碲矿。各种矿产的地质工作程度不一，其资源丰度也不尽相同，有的资源比较丰富（钨、钼、锡、锑、汞、钒、铁、稀土、铅、锌、铜、铁等），有的则明显不足（铬矿）。

20.5.1.1　金属矿产成因

多数金属在地壳中的含量并不高，地壳的主要成分是硅、氧、铝。地球的地质结构从内到外依次为地核、地幔和地壳，地核构成以铁镍为主，地幔则是由铁镁硅酸盐类组成，以硅铝为主的物质则形成地壳。三者之间通过岩浆作用和板块运动进行物质交换。同时，在地球的表面进行着水流的搬运、生物的改造、风力分选以及空气氧化等自然过程的作用。具体地金属矿床的成因可以概括为岩浆分异、接触变质、海底喷流、热液、沉积和风化等作用。

（1）岩浆分异作用　在岩浆上侵过程中，随着温度、压力的降低，岩浆内部发生分异作用，使岩浆中含量并不高的甚至非常稀少的金属高度富集，形成可供开采的矿产资源。主要矿种有铬、镍、铂、铜、铁、钒、钛等，一般与超基性、基性岩浆作用有关。特殊情况下，发生分异的岩浆喷出地表后可以直接形成矿床。

（2）接触变质作用　岩浆侵入围岩后，在其热量和岩浆流体的作用下使围岩发生变质作用，形成一种特殊的变质岩（由钙、铁、镁、铝、硅酸盐、碳酸盐等矿物组成的一种变质岩石），同时还会出现矿化现象。形成的矿种包括铁、铜、钨、锡、钼等。

（3）海底喷流　在洋中脊或热点地区，海水可以向下渗透与上升的岩浆相遇成为热水，因密度差异形成对流。当含金属的热水上升与海水混合时，物理化学环境发生明显变化，从而使铜、锌、铅和银等金属的硫化物沉淀成矿。

（4）热液作用　地质流体在岩石地层内的运移过程中，溶解并携带金属元素，当流体的物理化学条件即温度、压力、氧化还原电位等发生改变或与不同流体混合时，有用的金属化合物沉淀形成矿石。该机制形成的矿种多，矿石类型和矿体形态多变，具体成因非常复杂。

（5）沉积作用　暴露于地表的矿体或岩石经机械的、化学的、生物的、生物化学的破碎、侵蚀、搬运和分异等地质作用，在河流、沼泽、湖盆、海盆以及大洋盆地中沉积而形成的矿产资源。形成矿种包括金、铂、锡、锰、铁、铜、钒等。

（6）风化作用　暴露地表的岩石或矿体经过漫长的机械风化和化学风化作用，使有用物质富集形成矿床。主要是通过重力、热作用、化学溶解沉淀等机制使原有岩石或矿体物质发生再次分异。形成的主要矿种有铝、铁、锰、镍、钴、稀土、金等。

20.5.1.2　金属矿产的应用

黑色金属铁是世界上发现较早、利用最广的金属，是钢铁工业的基本原料。

有色金属铜具有良好的导电和导热性能，延展性好，耐腐蚀性强，并易于铸造，用于电气、建筑、运输、机械制造、军事等工业。

稀土元素和稀有金属广泛用于冶金、石油化工、玻璃陶瓷、磁性材料、电子工业、原子能工业、电光源、医药、轻纺、建材以及农业等部门。在超导技术方面的应用前景正日益扩大。

黄金是人类最早发现和使用的贵金属。大量用做硬通货、储备、装饰及珠宝首饰，在工业上也有广泛用途，近年来在空间、电子等尖端技术领域用量日增。

20.5.2 非金属矿产

非金属矿产指工业上不作为提取金属元素来利用的有用矿产资源，除少数非金属矿产是用来提取某种非金属元素，如磷、硫等外，大多数非金属矿产是利用其矿物或矿物集合体（包括岩石）的某些物理、化学性质和工艺特性等，如云母的绝缘性、石棉的耐火、耐酸、绝缘、绝热和纤维特性。

非金属矿产在国民经济中占有十分重要的地位，其开发应用水平已成为衡量一个国家科技、经济水平的重要综合标志之一。几十年来，世界非金属矿产品的产值每 10 年增长 50%~60%，大大超过了金属矿产的增长速度。

中国非金属矿产品种很多，资源丰富，分布广泛。已探明储量的非金属矿产有 88 种，包括金刚石、石墨、自然硫、硫铁矿、水晶、刚玉、蓝晶石、夕线石、红柱石、硅灰石、钠硝石、滑石、石棉、蓝石棉、云母、长石、石榴子石、叶蜡石、透辉石、透闪石、蛭石、沸石、明矾石、芒硝、石膏、重晶石、毒重石、天然碱、方解石、冰洲石、菱镁矿、萤石、宝石、玉石、玛瑙、颜料矿物、石灰岩、泥灰岩、白垩、白云岩、石英岩、砂岩、天然石英砂、脉石英、粉石英、天然油石、含钾砂页岩、硅藻土、页岩、高岭土、陶瓷土、耐火黏土、凹凸棒石黏土、海泡石黏土、伊利石黏土、累托石黏土、膨润土、铁矾土、其他黏土、橄榄岩、蛇纹岩、玄武岩、角闪岩、辉长岩、辉绿岩、安山岩、闪长岩、花岗岩、珍珠岩、浮石、霞石正长岩、粗面岩、凝灰岩、火山灰、火山渣、大理岩、板岩、片麻岩、泥炭、盐矿、钾盐、镁盐、碘、溴、砷、硼矿、磷矿。

20.5.2.1 非金属矿产成因

非金属矿产的成因多种多样，以岩浆型、变质型、沉积型和风化型最为重要，另外海底喷流作用也很重要。

（1）岩浆作用　岩浆上侵形成侵入岩体或喷出地表后形成的火山熔岩、火山灰等，均可以形成非金属矿产资源。侵入岩体如灰长岩、花岗岩等均可作优质的建筑材料，喷出地表形成的浮岩、珍珠岩可作为工业原材料，火山灰可以做农业用肥。还有两种特殊的岩浆岩即金伯利岩和钾镁煌斑岩，其内部含有较为丰富的金刚石。世界上大部分钻石就产于这两种岩石中。

（2）变质作用　岩石受到温度、压力及化学活动性流体的作用，发生了矿物成分、化学组成、岩石结构与构造的变化，形成非金属矿床。常见的有石墨、石棉、蓝晶石、红柱石、滑石、云母等。

（3）沉积作用　暴露于地表的岩石、矿体，在大气、水流长期作用下，发生侵蚀、搬运、分异、沉积，最终形成非金属矿产资源，也可以通过化学沉淀作用、生物化学作用直接形成非金属矿产层。主要分成三大类：一是砂矿，主要由水流、冰川、风力等作用分选形成，如金刚石、金红石、锆石、独居石等稀有矿物均可通过这种机械分异过程，富集成矿；二是生物化学作用，诸如磷矿就可以由鸟类的粪便直接堆积形成，硅藻土矿是由硅藻遗体堆积而成，另外还有与火山喷发有关的硫矿产等；三是化学作用形成的盐矿，人类不可缺少的食盐，工业用的石膏、硝石，农业用的钾盐，医药用的泻利盐等均为盐湖蒸发过程中化学结晶沉淀形成。

（4）风化作用　暴露在地表的岩石或矿体，经过漫长的降雨、光照、氧化、生物作用过程，使得表层物质的化学组成、矿物面貌改变，从而形成可供利用的非金属材料。黏土类矿物多为这一成因，如高岭土、膨润土等均为岩石风化而成。广义地讲，土壤也是风化作用形成的非金属资源。

20.5.2.2　非金属矿产的应用

非金属矿产主要用作冶金辅助原料、化工原料、建材原料。

滑石具有良好的耐热性、润滑性、抗酸碱性、绝缘性以及对油类有强烈的吸附性等优良性能，黏土类被广泛用于造纸、化工、医药、军工、陶瓷、油漆、橡胶等工业部门。

石棉具有耐高温、耐磨、耐碱以及绝缘性、吸附性、抗拉强度好等性能，主要工业用途是石棉水泥制品、制动及传动制品、密封制品、隔热保温制品及绝缘材料。

石墨具有涂敷性、润滑性、耐高温、耐腐蚀、可塑性、导电性及化学稳定等性能。最主要的消费领域是铸造涂料及冶金坩埚。

20.6　工业废物

20.6.1　工业废物

工业生产过程中需要消耗大量的原料和能源，得到所需产品的同时也带来大量的污染物。工业生产的产品多种多样，获得产品的生产路线和方法多种多样，使用的原料和能源多种多样，产生的废物也多种多样。早期工业生产规模较小，产品较为单一，产生的污染物也较为单一，未构成大面积的污染。工业革命后生产强度大大提高，废物产出量也逐渐增多，特别是对金属矿产、煤和石油的深加工工业的迅速发展，带来的污染物在数量和危害程度上都大幅度增加。

工业产出的废物按照形态分为固体废物、液体废物、气体废物三大类，常称为"三废"。按照污染物的性质不同分为无机和有机污染物。这些废物的来源广泛，贯穿产品的生产全过程。工业原料向产品的转化是不完全的，有毒有害原料向环境的直接释放是工业污染的第一个来源。转化过程中产出的中间物、副产物、产品都可能通过在贮存、运输、生产环节中的泄露进入环境。在日本工业废物被明文规定为燃灰、污泥、废油、废塑料、矿渣、建设废材料、废酸、废碱、农畜牧业的动物尸体、粪便等共19种。

（1）固体废物　固体废物一般为污泥或废渣。污泥大致可分为活性污泥和化学污泥两种。活性污泥主要是污水经生化处理后产生的剩余污泥。化学污泥成分较为复杂，有含卤素或不含卤素污泥、染料污泥、涂料污泥、油性污泥等。废渣是指工业生产中产生的残渣、沉淀物、凝固物、废品、边角料、下脚料、废弃包装物、破旧滤布等，按照生产过程分为冶金废渣、采矿废渣、燃料废渣、化工废渣等。固体废物产出后需要一定的土地堆放，在贮存过程中直接渗入土壤中，造成对土壤的污染；间接或直接地也会渗入水体中，造成水体污染；堆放过程中通过物理的风化作用变成细颗粒或有机质分解称为气体，释放进入大气，造成大气污染（表20-9）。

（2）液体废物　液体废物是指生产中排放的各种危害人畜和自然环境的废液。以所含组分性质可分为有机废液和无机废液，或同时含有上述两种组分的混合废液；以热值分为可燃废液和不可燃废液；以液体的酸碱性分为酸性废液和碱性废液；以污染程度分为污水和废水，废水指较为清洁、不经处理就可排放或回用的废水，污染较为严重、需要经过处理才可排放的废水称为污水。液体废物产出后大量地直接进入水体，造成严重的水体污染。一般废

表 20-9　主要工业固体废物的来源和排放率(引自中国大百科全书,1989)

名　称	主要来源	排放率[①]	名　称	主要来源	排放率[①]
高炉渣	铁矿石中的杂质、燃料中的灰分和造渣剂	0.21～1	粉煤灰[②]煤渣	从燃煤电厂烟道气中收集的细灰燃煤设备和装置排出的废渣	1
钢渣	铁水杂质、造渣剂、炉衬熔蚀物等	0.11～0.3	硫酸渣	黄铁矿制硫酸排出的废渣	0.5
赤泥	从铝土矿提炼氧化铝排出的废渣	0.6～2	废石膏	磷酸盐矿石制磷酸等排出的废渣	0.5
有色金属渣	冶炼铜、铅、镍、锌等金属排出的废渣		盐泥	电解食盐制烧碱的废渣	

①　生产 1t 产品排出的废物量（t）。

②　粉煤灰为每发电千瓦的年排放量（t）。

水中含有很多污染物，有些是有毒或剧毒的物质，有些是刺激性或腐蚀性物质，对水体中的生物和微生物造成直接损害，或随食物链进行传递、富集（表 20-10）。大量物质进入水体，还造成水中生化需氧量（BOD）和化学需氧量（COD）升高，消耗水中溶解氧，威胁水生物生存。其他诸如改变水体酸度、造成水体富营养化、热污染等都是常见的液体废物的环境影响。

（3）气体废物　气体废物是指生产中排放的各种对人畜和环境有害的废气。按其组成可分为有机物的工业废气和无机物的工业废气；按有害物的存在形态可分为含固体微粒的有害废气和气态有害废气。空气中的污染物超过一定浓度，将引起空气质量的恶化，威胁人体的健康和生物的生存。工业废气可能含有易燃、易爆的低沸点的有机物，如醛、酮、烃；也可能有刺激性、腐蚀性、有臭味的二氧化硫、氮氧化物、氯气、氯化氢、氟化氢等无机气体；还有大量的粉尘、烟气、酸雾等颗粒状物质。气体废物如果不经过处理或处理不当而进入大气，造成的环境影响是相当大的（参见大气环境化学相关部分）。

20.6.2　工业废物处理

液体废物中污染物质种类多，很难通过简单的一步程序就处理干净了，往往需要通过若干个单元处理综合运作才能达到排放要求。还要根据对排放水的具体要求设定不同等级的操作，采用哪些方法分步或联合进行处理，同时还需要从实用和经济角度考虑处理的成本、回收的经济价值等。首先能够内部消化的尽量控制在生产区回用，减少外排；必须外排的根据具体用水要求分级处理，每级的处理综合考虑使用物理处理法、化学处理法、物理化学法或生物处理法。物理处理法是通过物理作用分离、回收废液中悬浮污染物，分为重力分离法、离心分离法和筛滤截流法等。化学处理法是通过化学反应和传质作用分离、转化、去除废液中溶解的或呈溶胶状的污染物，包括混凝、中和、氧还原等化学反应和萃取、气提、吹脱、吸附、离子交换、电渗析、反渗透等传质过程。物理化学法是将物理作用和化学过程结合使用的方法，就是在物理处理过程中同时伴随化学处理。生物处理法是通过微生物代谢作用将废液中有机污染物转化为稳定、无害的物质，包括好氧生物处理法和厌氧生物处理法，前者使用更加广泛，分为活性污泥法和生物膜法两大类。废液经过多级处理后才能达到工业回用水和城市供水的要求，一般分为三级。一级处理是预处理，主要是为了去除废液中的漂浮物和悬浮物并调节 pH 值、BOD、COD 等，以便进行二级处理，通常使用的方法有筛滤法、沉淀法、上浮法和曝气法等。一级处理的废液不能直接回用或排放。二级处理是在一级处理的基础上去除大量有机质，传统上常使用活性污泥法和生物膜法，随着化学试剂特别是高分子材料的不断研究开发，现在正逐步推广使用物理化学法。二级处理后的废液基本可以排放或工业回用，如果要作为水资源的补充，则需要进行三级处理，因此三级处理也称为深度处理或高级处理。三级处理是进一步去除废液（此时已经可以称为处理水了）在前两级处理中未去除的物质，包括微生物未降解的有机物和溶解性磷和氮等，如果作为生活用水还需要去除毒物、病菌和病原菌等。

表 20-10 工业废水的污染特征和主要污染物（引自中国大百科全书，1989）

排放废水的工业	浑浊	臭味	颜色	有机物污染	无机物污染	病原体污染	热污染	酚	苯	醛	有机磷有机氯	聚氯联苯	硝基和氨基化合物	硫化物	氟化物	氰化物	油	酸	碱	砷	汞	铬	镉	铅	镍	铜	锌	锰	硒	钡	铍	钒	放射性物质
金属矿山	•		•	•				•						•		•				•	•	•	•	•	•	•	•			•	•		•
黑色冶金	•		•	•	•								•	•		•						•						•		•	•		
有色冶金	•		•	•	•								•	•		•		•		•	•	•	•	•	•	•	•			•		•	
石油化工	•	•	•	•	•			•	•	•				•		•	•		•									•		•			
制碱	•				•														•		•												
制酸	•				•										•			•		•													
化肥	•				•								•							•													
农药	•			•				•			•									•													
制药	•			•				•																									
染料	•		•	•				•	•													•				•	•						
塑料	•			•				•				•																					
涂料	•			•									•			•						•		•			•	•					
橡胶	•		•	•																													
炸药	•			•							•		•																				
化纤	•		•	•									•			•																	
炼焦	•		•	•		•		•					•			•																	
煤气	•		•	•				•	•							•																	
纺织	•			•															•							•	•						
印染	•		•	•														•				•		•									
印刷	•			•					•			•											•	•									
造纸	•		•	•		•																											
屠宰	•			•		•																											
食品加工	•			•		•																											
制革	•			•		•		•						•								•											
机械	•			•													•									•	•						
电镀	•			•										•	•	•		•	•			•		•		•							
电子、仪表	•			•										•	•	•		•		•						•			•	•	•		
电池	•		•																		•		•				•		•				
陶瓷	•			•																				•		•	•						
玻璃	•			•																													
木材加工	•	•	•	•				•																									
绝缘材料	•	•		•				•	•																								
火力发电	•				•		•											•	•														
原子能							•														•												•

气体废物包括气态组分和携带的颗粒物。颗粒物一般通过物理手段去除，称为除尘，包括绿化带吸附、通风换气、除尘器捕捉等，需要全面考虑颗粒物粒径、粒径分布、形状、密度、亲水性、可燃性、成分、温度、压力、湿度、黏度等因素，选择合适的除尘装置。气态组分根据主要污染物的性质，通过冷凝、吸收、吸附、燃烧、催化等手段处理。二氧化硫主要来自煤和燃油燃烧，因此处理方法与燃烧过程相匹配。燃烧前脱硫是对燃料进行预处理，包括洗煤、微生物脱硫等，减少可能生成的 SO_2 量；燃烧过程中脱硫包括工业型煤固硫、炉内喷钙，直接将生成的 SO_2 转化为容易处理的副产物；燃烧后脱硫就是烟气脱硫，是利

用各种碱性吸收剂或吸附剂捕捉烟气中 SO_2，并转化为较为稳定、易分离的硫化合物或单质硫，包括湿式石灰石/石膏法、喷雾干燥法、吸收再生法、炉内喷钙-增湿活化脱硫法、活性炭吸附法、氧化铜法等。氮氧化物主要来自燃烧过程和化工生产过程的排放，普遍使用的处理方法有改进燃烧法、吸收法、催化还原法和固体吸附法等。

固体废物分为废渣和污泥。废渣产生量很大，在工业废物中占有相当大的比重，同时废渣中含有大量有毒、腐蚀性、反应性物质，还包括可以回收利用的原料等，因此废渣的处理兼顾减少环境污染和资源回收两方面。废渣处理方法包括压缩、破碎、分选、固化、增稠和脱水、焚烧、热解、堆肥等。污泥主要来自废水处理过程，根据来源不同分为初次沉淀污泥、腐殖污泥、剩余活性污泥、消化污泥、化学污泥等，共同的特点是含水量极高。污泥颗粒较小，因此需要先通过化学调理、热处理、冷冻、辐射或淘洗过程增加颗粒粒径，以便于污泥过滤或压缩；然后将污泥浓缩以减少体积，可采用重力浓缩、气浮浓缩、离心浓缩等；再通过真空过滤、加压过滤、离心、自然干化等方法脱水，得到类似废渣的混合物；最后通过焚烧处理掉。污泥也可以加以综合利用，作为农业堆肥、建筑材料、发酵产气等（表20-11）。

表 20-11　工业固体废物的利用（引自中国大百科全书，1989）

名　称	主　要　用　途
高炉渣	制造水泥、混凝土骨料、砖瓦、砌块、墙板、渣棉、铸石、玻璃、陶瓷、肥料、土壤改良剂、过滤介质、膨胀矿渣珠、建筑防火材料、防冻材料等
钢渣	用作钢铁炉料、填坑造地材料；制作铁路道砟、筑路材料、水泥、肥料、防火材料等
赤泥	制造水泥、砖瓦、砌块、混凝土轻骨料；用以炼铁，回收钛、镓、钒、碱、铝；作为气体吸收剂、净水剂和橡胶催化剂、塑料填料、保温材料；以及用于农业
有色金属渣	制造水泥、砖瓦、砌块、筑路材料、铸石、渣棉；回收金属等
粉煤灰	制造水泥、砖瓦、砌块、墙板、轻混凝土骨料、筑路材料、肥料、土壤改良剂、铸石、矿棉；回收铁、铜、锗、钪等
废石膏	建筑材料
铬渣	制造水泥、钙镁磷肥、砖瓦、铸石、玻璃着色剂；用作路基材料、石膏板填料等

焚烧作为工业废物的一种处理方法具有许多不可替代的优点，该法可有效解毒或减少废物的体积，并可利用潜在的能源，达到化害为利的目的。1977 年在城市固体废物焚烧炉（MSWI）的飞灰中检出二噁英后，焚烧排放作为二噁英的环境来源，已经越来越受到环境科学家的重视。

参 考 文 献

[1] 汪大翚，徐新华. 化工环境保护概论. 北京：化学工业出版社，1999.
[2] 马冬梅. 固体废物的转移性质及危害. 山东环境，2001，5，48-49.
[3] 王伟等. 我国的固体废物处理处置现状与发展. 环境科学，1997，18（2），87-91.
[4] 邓义祥等. 我国固体废物的处理现状与对策. 资源开发与市场，1999，15（2），108-109.
[5] 叶奕蓁. 废弃物焚烧中的烟气净化. 中国环保产业，1996，（4），28-29.
[6] 刘贵明等. 我国环境保护思想的发展变化. 资源节约和综合利用，2000，（3），7-9.
[7] 张芝兰. 废弃物处理——一个刻不容缓的问题. 环境卫生工程，1998，6（1），30-36.
[8] 张清宇. 电镀工业污染最小化技术. 环境污染与防治，1998，20（1），29-32.
[9] 松井三郎. 日本污染控制概述. 云南环境科学，1996，15（4），3-8.
[10] 苗春枝. 再资源化与"三废"治理方向. 内蒙古石油化工，1999，25（3），78-80.
[11] 胡秀荣. 中国危险废物处理处置技术现状与结构分析. 世界地质，2001，20（1），62-65.
[12] 郝国镛. 城市垃圾能源化初探. 环境保护科学，1997，23（1），22-24.
[13] 倪师军等. 废物——一种新的资源. 矿物岩石地球化学通报，1999，18（2），125-128.
[14] 陶有生. 墙体材料与工业固体废弃物的利用. 砖瓦，2001，（6），56-57.

[15] 陶邦彦等. 国外城市垃圾焚烧炉的环保措施. 动力工程, 1999, 19 (6), 482-494.

[16] 曹朴芳等. 我国造纸工业污染防治概况. 中国造纸, 1994, (5), 60-65.

[17] 蒋可. 燃烧排放物中的有毒二噁英及类二噁英多氯联苯. 化学进展, 1995, 7 (1), 30-46.

[18] 宋崇立. 分离法处理我国高放废液概念流程. 原子能科学技术, 1995, 3, 201.

习　　题

1. 能源资源有哪些类型？如何从历史上的教训看待能源的开发和使用问题？

2. 试分析使用化石燃料的利与弊，如何解决这个矛盾？

3. 核能的和平利用是解决能源危机的一个希望，如何理解这个问题？

4. "地球上能利用的能量从根本上讲都来自太阳"这一论述是否正确，如何利用太阳能源？

5. 试评述在中国的经济发展过程中能源可持续利用的问题？

6. 矿产资源有哪些类型，试举一例并分析其成因？

7. 工业废物有哪些类型，一般的处理原则是什么？

8. 工业废物又称为"没有被完全利用的资源"，如何理解这个问题？

第 21 章　环境生物化学

　　污染物和潜在有害化合物对生物组织的影响也是环境化学中特别重要的内容。总的来说，环境污染物和有害物质被关心，是因为它们对生物体的效应。要了解各种化学物质对生命过程是否具有负面影响，就需要生物化学的基础知识。生物化学过程不仅深受环境中化学物质的影响，而且很大程度上取决于这些物质的形态、降解甚至合成，尤其是在水体和土壤环境中。这些现象的研究就形成环境生物化学的基础。

21.1　生物化学

　　细胞是组成生物体的基本单位，在地球上没有细胞就不会有生命的存在。然而，细胞的生命活动是通过各种各样的化学反应来进行的，即使最简单的细胞也在进行上千甚至更多的化学反应。这些生命过程属于生物化学研究的内容，即生物化学研究生命系统的复杂化合物的化学性质、组成以及介入生物学的各种反应过程。

　　发生在生物体内的生物化学现象是极其复杂的。在人体中，复杂的新陈代谢过程能把各种食物材料分解成更简单的化合物，产出能量和原材料去构建身体的各种要素，如肌肉、血液和脑组织等。令人惊奇的是，在显微镜镜下才能看见的能进行光合作用的低等生物藻青菌细胞，只有约 $1\mu m$ 大小，只需要几种简单的无机物和太阳光就能生存。这种细胞可以利用太阳能从 CO_2 得到碳、从 H_2O 得到氢和氧、从 NO_3^- 得到氮、从 SO_4^{2-} 得到硫、从无机磷酸盐得到磷，然后把这些元素转换成它生成和复制所需要的全部蛋白质、核酸、糖类以及其他化合物。实际上，即使这样一种简单细胞完成的工作要是由人来实现，恐怕花费巨资建一个巨型化工厂也完成不了。因此，生物体内的生物化学现象一直是人们研究的热门课题。

21.2　生物分子

　　生物分子是构成生物体的物质，通常是成百万甚至更多分子的聚合体。后面将要讨论，这些生物分子可分为蛋白质、糖类、脂肪和核酸等。蛋白质和核酸由大分子组成；脂肪分子相对较小些；而糖类从相对较小的糖分子到相对分子质量很大的大分子都有，如相对分子质量很大的纤维素。

　　一种物质在生物系统中的行为很大程度上取决于该物质是亲水性还是疏水性的。一些重要有毒物是疏水性的，这种特性使得它们能容易地透过细胞膜进入细胞。生物体解毒作用一般是使有毒物变成亲水性化合物，从而具有水溶性，容易从体内清除出去。

21.2.1　蛋白质

　　蛋白质是含氮的有机化合物，是生命系统的基本单位。细胞质是充满细胞内部类似于果冻的液体，主要由蛋白质组成。作为生命反应催化剂的酶也是蛋白质。蛋白质由长链连接的氨基酸组成。氨基酸是一种特别的有机分子，含有羧酸基团—CO_2H 和氨基—NH_2。蛋白质实际上是氨基酸缩合的聚合物或大分子，通过缩氨酸链由 40 到几千个氨基酸组成。只含有

$10\sim40$ 个氨基酸缩合的较小分子，称为多聚缩氨酸。聚合反应中脱水后氨基酸剩余部分称为残留物。这些残留物的氨基酸序列被指定为一系列氨基酸的三字母缩写。

所有的天然氨基酸有下面的化学基团。

在这个结构中，—NH_2 基团被键合到邻近—CO_2H 基团。这称为 α 位，所以天然氨基酸是 α-氨基酸。其他基团，标记为"R"，附加到基本的 α-氨基酸结构上。R 基团可以简单为一个氢原子，成为氨基乙酸。

或者是复杂基团，如色氨酸

蛋白质中含有 20 种普通氨基酸。氨基酸具有不配对电荷的—NH_2 和—CO_2H 基团。实际上，这些官能团存在于电荷配对的两性离子。

蛋白质是氨基酸通过肽键结合成的大分子化合物。肽键是给予蛋白质中酰胺键—$CONH$—的专有名称。两个或多个氨基酸经缩合形成的化合物叫做肽。例如丙氨酸、亮氨酸和酪氨酸缩合成三肽。

蛋白质分成功能不同的几种主要类型，见表 21-1。

正是蛋白质分子的氨基酸顺序和空间排列决定了蛋白质结构的多种多样，从而使生命形式丰富多彩。蛋白质有一级、二级、三级和四级结构。这种由氨基酸在多肽链中类型、数目

表 21-1　蛋白质的主要类型（引自 Manahan，1999 年）

蛋白类型	例　子	功　能　和　特　征
营养	酪蛋白	养料源。人体需要适当的营养蛋白来提供所需氨基酸
存储	铁蛋白	动物组织储存铁
结构	角蛋白	在生物体起结构和保护作用
收缩	肌动蛋白	能收缩并导致运动发生的纤维蛋白
输运	血色素	在血液中或器官之间透过细胞膜运送无机和有机物质
防卫	—	免疫系统产生的抗体，防止病毒等外来成分侵入
调节	胰岛素	调节生物化学过程，如控制糖的代谢以及在细胞内或细胞膜上生长
酶	乙酰氯化酯酶	催化生物化学反应

和顺序所描述的多肽链称为蛋白质的一级结构。通过氨基酸之间的氢键、离子键和氨基酸之间的二硫键形成了蛋白质的二级结构。R 基团的性质决定二级结构的状况：小的 R 能使蛋白质分子通过氢键平行地排列在一起；具有较大 R 的蛋白质分子倾向于以螺旋形式排列。三级结构是由蛋白质二级结构的基础上经螺旋体的旋转和折叠而形成特定的形状。通过构建蛋白质大分子氨基酸残留部分的氨基侧链的相互作用，使三级结构产生和保持在适当位置。蛋白质的三级结构在一些过程中是非常重要的，如酶识别其起作用的特定蛋白质和其他分子，血液中的抗体通过形状来识别外来蛋白质及对其产生作用等。对某种疾病产生免疫性的机制就是血液中的抗体识别来自病毒和细菌的特定蛋白质然后排斥它们。分别由多肽键构成的两个或多个蛋白质分子可以进一步相互吸引形成四级结构。

一些蛋白质是纤维蛋白质，主要存在于皮肤、毛发、羽毛、丝绸和肌腱中。这些蛋白分子为长的线状，并且成束状，很坚韧，难溶于水。而另外一些蛋白质形状主要是球状的，有球形也有椭球形。球状蛋白在水中有相当的溶解性。典型的球状蛋白是血色素，在血红细胞中负责载氧的蛋白质。酶一般是球状蛋白。

蛋白质的二级、三级和四级结构很容易通过一种被称为"变性"的过程发生改变。这些改变可能是很具破坏性的。加热、暴露在酸或碱中，甚至剧烈的运动都可能导致变性的发生，如鸡蛋白中的清蛋白加热后变性形成半固体状的物质。铅和镉等重金属中毒就是通过金属键接到蛋白质表面的官能团而改变了蛋白质的结构。

21.2.2　糖类

糖类（碳水化合物）的近似简单式是 CH_2O。葡萄糖（$C_6H_{12}O_6$）是最简单的一种碳水化合物。

当植物细胞发生光合作用时，太阳能就转化为化学能储存在糖类化合物中。糖类化合物可以转移到植物的其他部分作为能源使用；也可以转变成不溶于水的糖类储存起来备用；还可以转化成细胞壁材料称为植物结构的一部分。如果植物被动物食取，糖类化合物就被动物用作能量。

最简单的糖类化合物就是单糖。其中葡萄糖是细胞活动过程涉及的最普遍的单糖。其他一些单糖具有与葡萄糖相同的化学式，但是结构有所不同，如果糖、甘露糖和半乳糖。这些单糖在能被细胞利用之前需要转化成葡萄糖。由于葡萄糖用作身体过程的能量，在血液中能发现它，血液中的正常含量为 $65\sim110mg/100mL$，更高的含量水平也许意味着糖尿病。两个单糖分子之间缩合失去一分子 H_2O 之后，就形成二糖：

$$C_6H_{12}O_6 + C_6H_{12}O_6 \longrightarrow C_{12}H_{22}O_{11} + H_2O$$

二糖包括蔗糖、乳糖和麦芽糖。

许多单糖分子连接在一起便构成多糖。一种重要的多糖是淀粉，它由植物产生作为养料。动物产生的相关多糖物质叫做肝糖。淀粉的化学通式为$(C_6H_{10}O_5)_n$，结构式如下

n 可以是几百的数，如 n 是 200，则该淀粉的分子式为 $C_{1200}H_{2000}O_{1000}$。淀粉出现在许多食物中，如面包和谷类食品。淀粉容易被动物包括人所消化。

纤维素也是一种多糖，也由 $C_6H_{10}O_5$ 单元连接组成。纤维素分子巨大，相对分子质量可达 400000 左右。纤维素的结构与淀粉类似。纤维素由植物产生，形成植物细胞壁的结构材料。树木的纤维素含量约为 60%，而棉花的纤维素含量超过 90%。纤维素的纤维从木材中提取出来，能压榨成纸张。

人和多数动物不能消化纤维素，因为它们缺乏相应的酶来水解葡萄糖分子间的氧连接键。反刍动物，如牛、羊和鹿等，它们胃中的特殊细菌能分解纤维素成为能被动物利用的产物。纤维素转化成单糖的化学反应过程如下

$$(C_6H_{10}O_5)_n + nH_2O \longrightarrow nC_6H_{12}O_6$$

糖类基团通过一类被称为糖蛋白的特别物质附加到蛋白质分子上。胶原质是一种关键的糖蛋白，在身体各部件进行完整结合中起着重要作用。它是皮肤、骨骼、肌腱和软骨的一种主要要素。

21.2.3 脂类

脂类是构成生物体的又一类化合物。这一类化合物能用氯仿、二乙醚或甲苯等有机溶剂从植物或动物生物物质中提取出来。与蛋白质和糖类分子由单体（氨基酸和单糖）构成为主要特征不同，脂类分子主要由它们的 organophilicity 自然特征来定义。最常见的脂类是脂肪（固体）和甘油三酸酯组成的油类（液体）。甘油三酸酯是由甘油（丙三醇）$CH_2(OH)CH(OH)CH_2OH$ 与长链的高级脂肪酸如硬脂酸 $CH_3(CH_2)_{16}COOH$ 缩合而成的，其化学结构式为

其中的 R_1、R_2 和 R_3 分别来自于脂肪酸的碳氢链，如 $-(CH_2)_{16}CH_3$。许多其他生物物质也归类为脂类，如蜡、胆固醇、一些维生素和荷尔蒙（激素）等。常见的食物如黄油和色拉油等也是脂类。长链的脂肪酸如硬脂酸能溶解于有机溶剂，也归为脂类。

脂类在毒理学上的重要性主要表现在两个方面：①一些有毒物质干扰脂类化合物的代谢，导致脂类的有害累积；②许多有毒有机化合物在水中不易溶解，但在脂类中很容易溶解，从而导致生物体的脂类组织发挥溶解和储存有毒物的作用。

一类重要的脂类由磷酸甘油酯组成，可以看成是甘油三酸酯，只是键合到甘油上的其中一个酸是亚磷酸。这种脂类特别重要，因为它们是细胞膜的关键成分。细胞膜具有双层结构，在双层结构中磷酸甘油酯分子的亲水性的磷酸端在膜的外侧，而疏水的"尾巴"在膜的内侧。

蜡也是脂肪酸的酯类化合物。但是其中的醇不是甘油，而是碳链很长的醇，例如蜂蜡的一种主要成分是棕榈酸酯。

$$(C_{30}H_{61})-\overset{\displaystyle H}{\underset{\displaystyle H}{C}}-O-\overset{\displaystyle O}{C}-(C_{15}H_{31})$$

植物和动物都能产生蜡，主要起保护层的作用。

生物体含有类固醇化合物，这类化合物都含有环结构。胆固醇是一种典型的类固醇，其结构式为

$$\text{HO}\cdots\text{（胆固醇结构式）}$$

胆固醇发生在胆汁中，胆汁由肝脏分泌然后进入肠内。在肠内，胆汁对脂肪起作用，以乳状液的形式悬浮非常细小的脂肪微粒，使得脂肪容易被化学分解和消化。

激素也是类固醇类化合物。激素在生物体中起"使者"的作用，能从身体的一个部位移动到另一个部位。它们启动和终止身体的许多功能，男性和女性的性激素就是类固醇激素很好的例子。激素由身体的内分泌腺产生和发送。

由于脂类化合物具有非极性、"亲有机物"的性质，它们倾向于积聚疏水的，可溶于有机溶剂不溶于水的污染物，例如许多有机氯农药。这使得生物体具有污染物的生物富集作用，由于这种过程，当污染物通过食物链移向较高级的生物体时，污染物的浓度可逐渐增加。为了分析脂类可溶性的有机化合物，常常从野生生物样品的肉中提取这些物质。在人体脂肪和人乳的乳酯中已发现了难降解的合成有机化合物。

21.2.4 核酸

生命的基本包含在脱氧核糖核酸（DNA）和核糖核酸（RNA）之中，这些物质统称为核酸，它们通过储存核传递遗传信息来控制复制和蛋白质合成。

核酸是大分子，通过单体核苷酸聚合而成。核苷酸的基本结构见图 21-1，其基本组成是含氮的嘧啶或嘌呤碱、单糖和磷酸。DNA 分子的脱氧核苷酸由含氮的碱基（腺嘌呤、鸟嘌呤、胞核嘧啶和胸腺嘧啶），磷酸（H_3PO_4）以及单糖 2-脱氧-β-D-呋喃核糖（一般称脱氧核糖）组成。RNA 分子的核苷酸由含氮的碱基（腺嘌呤、鸟嘌呤、尿嘧啶和胞核嘧啶），磷酸（H_3PO_4）以及单糖 β-D-呋喃核糖（一般称核糖）组成。

DNA 分子具有非常复杂的双螺旋结构（图 21-2）。DNA 结构中的四种碱基排列顺序构成了遗传密码，遗传密码是决定所有生物体的遗传特性，因而 DNA 是决定遗传和生命过程的基本模板。

当细胞形成后，该细胞核中的 DNA 必须能准确地对该细胞不断地进行复制，以保证细胞死亡后不断地有完全相同的新细胞替代。在细胞复制中，蛋白质的准确合成是关键。一个细胞中的 DNA 必须能引导 3000 甚至更多种类蛋白质的合成。引导某一种蛋白质合成的 DNA 片段被称为基因。DNA 给新合成蛋白质传递信息主要由以下几步完成：①DNA 自身

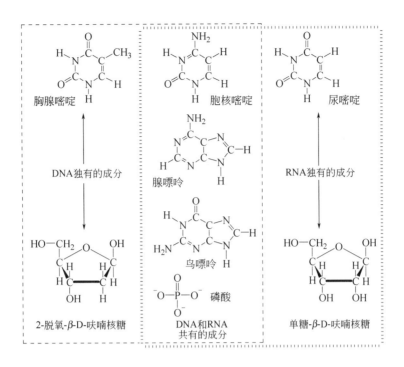

胸腺嘧啶　　胞核嘧啶　　尿嘧啶

DNA独有的成分　　腺嘌呤　　RNA独有的成分

鸟嘌呤

磷酸

2-脱氧-β-D-呋喃核糖　　DNA和RNA共有的成分　　单糖-β-D-呋喃核糖

图 21-1　DNA（⌐ ¬框内）和 RNA（⌐ ¬框内）的基本组成成分（Manahan，1999）

图 21-2　DNA 的双螺旋结构

A—腺嘌呤；C—胞嘧啶；G—鸟嘌呤；T—胸腺嘧啶

复制。双螺旋结构上某片段碱基对被打开成线状，按碱基配对（腺嘌呤对胸嘧啶，鸟嘌呤对胞核嘧啶）进行复制。该过程一直进行下去，直到一个完整的 DNA 分子被复制完毕。②新复制的 DNA 产生信息使者 RNA（m-RNA），RNA 是 DNA 单线状的补充物，通过一个被称为"表达"的过程。③用 m-RNA 作模板，合成新的蛋白质。m-RNA 模板通过所谓的"转译"过程决定氨基酸的顺序。

在一些因素的作用下，DNA 会发生"突变"，即其 DNA 分子中核苷酸增加或减少、被其他核苷酸替代等。诱发 DNA 分子突变的因素包括化学物质、放射线（如 X 射线）、电磁辐射等。突变能导致很多疾病，包括癌症等。突变还能遗传给后一代，导致先天性缺陷。

21.2.5　酶

催化剂是能使化学反应加速而本身在反应过程中并不被消耗的物质。酶是生物催化剂，它使得化学反应能在生物机体的温度下发生，并且对其催化的反应具有极强的选择性。酶是一类蛋白质物质，具有特定的组成结构。这种蛋白质的二级和三级结构与酶的特殊功能密切相关；由于环境损害（加热或有毒的化学物质），能改变这些结构并破坏酶的有效功能，这对生物体来说往往是致命的。被酶催化发生反应的物质叫做底物。各种酶都含有一个活性部位，活性部位的结构决定了该种酶能与什么样的底物相结合，即对底物具有高度的选择性或专一性。酶与底物结合，形成酶-底物的复合物，复合物能分解生成一个或多个与起始底物不同的产物，而酶不变地被再生出来，继续参加催化反应。酶催化反应的基本过程如下。

$$\text{酶} + \text{底物} \longleftrightarrow \text{酶-底物复合物} \longleftrightarrow \text{酶} + \text{产物}$$

注意以上反应过程是可逆的。

　　酶的命名一般与其相应的功能有关，例如胃蛋白酶就是在胃里消化分解蛋白质的，而胰脂酶就是由胰腺产生的分解脂肪的酶。以上两个例子都是所谓的水解酶，即对相对分子质量大的生物分子进行加水反应然后分解成能被生物体吸收的小分子。水解是消化过程中最重要的反应之一。动物食取的三类主要的产能养料是糖类、蛋白质和脂肪。这三类化合物分别是通过单体（分别是单糖、氨基酸以及甘油和脂肪酸）脱水缩合而成。水解酶就是催化相反的反应，使这些大分子物质加水后分解成简单的水溶性的物质，能透过细胞膜进入细胞内，参加化学过程。

　　氧化还原是生物体内进行能量交换的主要反应。细胞呼吸是一个氧化反应，在该反应中，葡萄糖被分解成二氧化碳和水，同时释放出能量。

$$C_6H_{12}O_6 + 6O_2 \longrightarrow 6CO_2 + 6H_2O + \text{能量}$$

实际上，这样一个总包反应在生物体内涉及复杂的一系列步骤。其中一些步骤包括氧化过程，由氧化酶参与催化。一般来说，生物的氧化还原反应由氧化还原酶催化。

　　除以上列举的以外，生物酶还有异构酶、转移酶、裂解酶和连接酶等。

　　酶的催化作用需要有合适的环境条件，如酸度、温度等。环境的变化将使酶的活性发生变化甚至失调或变性。

　　农药或重金属等物质能使酶活性部位的结构发生改变，使酶变性，从而抑制了它的催化作用。其他类似于天然底物结构的污染物质与酶相结合，阻塞了这个活性部位，这样也会抑制酶的活性。

　　有一些酶本身不能发挥它们的功能，而需要附加到一种叫做辅酶的物质上才能起作用。辅酶通常不是蛋白质物质。不同的辅酶构成成分不同，包括维生素和诸如 Zn（Ⅱ）或 Fe（Ⅲ）等金属离子。环境对辅酶的损伤将同样地阻止酶发挥其催化功能。

21.3　细　　胞

　　生物化学和有毒物生物化学的研究焦点是细胞。细胞大小为 $1 \sim 100 \mu m$，它们是构成生物体的基本单元，大多数生命过程在其中进行。细菌、酵母和藻类是单细胞生物，大多数生物是多细胞的。在一个复杂的生物体中，不同细胞具有不同的功能。例如，人体的肝细胞、肌肉细胞、脑细胞和皮肤细胞各自很不相同，功能也很不相同。根据是否含有细胞核，细胞可以分为两类：有核的真核细胞的和无核的原核细胞。原核细胞主要是存在单细胞生物体，如细菌；而真核细胞存在于多细胞植物和动物体，即高等生物。

21.3.1　细胞的主要特征

　　图 21-3 显示了真核细胞的主要特征。在多细胞生物体，细胞是生物化学过程发生的基本结构。

21.3.2　细胞的组成

　　（1）细胞膜　环绕细胞，控制离子、营养物、水溶脂肪物、代谢产物、有毒物和有毒物代谢产物进出细胞内部的通道，细胞膜对不同物质具有不同的渗透性。细胞膜保护细胞内容物不受外界不期望的影响。细胞膜部分地由磷脂组成，按它们在细胞膜表面的亲水头和细胞内疏水基团尾排列。细胞膜含有蛋白质体，与通过膜的某些物质迁移有关。细胞膜在毒物学

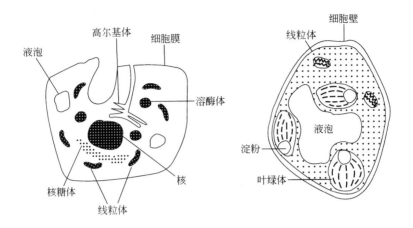

图 21-3 动物细胞（左）和植物细胞（右）的一些主要特征（Manahan，1999 年）

和环境化学中非常重要，原因之一是它控制有毒物及其产物进出细胞内部的通道。其次，当细胞膜受有毒物损害时，细胞不可能正常活动而组织就受到损害。

（2）细胞核 作为细胞的一种"控制中心"。它含有细胞再生自己的遗传信息。细胞核中的关键物质是脱氧核糖核酸（DNA）。细胞核中的染色体由 DNA 和蛋白质的结合组成。每一条染色体储存了一定量的遗传信息。人类细胞中含有 46 条染色体。但核中 DNA 受外来物质破坏时，不同的毒理效应，就可能发生突变、癌症、出生缺陷、免疫系统缺陷等。

（3）细胞质 填充细胞中未被核占据空间的物质。细胞质又进一步分为水溶性蛋白质填充物，称为细胞液；其中的悬浮物称为细胞器官，如线粒体或光合作用组织的叶绿体。

（4）线粒体 细胞中中介能量转换和利用的"能量屋"。线粒体是养料材料（糖类、蛋白质和脂肪）分解产生二氧化碳、水和能量的地方，这些随后被细胞所利用。最好的例子是葡萄糖的氧化。

$$C_6H_{12}O_6 + 6O_2 \longrightarrow 6CO_2 + 6H_2O + 能量$$

这一过程称为细胞的呼吸作用。

（5）核糖体 参与蛋白质的合成。

（6）内质网状组织 参与一些有毒物在酶作用下的新陈代谢。

（7）溶酶体 一种细胞器官，含有能消化液体养料材料的物质。这一物质通过细胞壁的凹部进入细胞，最终被细胞材料包围。保卫材料称为养料液泡。液泡与溶酶体相遇，溶酶体中的物质使养料材料消化。消化过程主要是水解反应，大而复杂的分子分解成较小的组分。

（8）高尔基体 出现在某些类型细胞中。这些是材料的扁平体，保持和释放细胞产生的物质。

（9）细胞壁 植物细胞的细胞壁。该结构为细胞提供硬度和强度。细胞壁一般由纤维素组成。后面将会讨论纤维素。

（10）液泡 植物细胞的液泡。通常内含水溶物质。

（11）叶绿体 植物细胞的叶绿体。参与光合作用。光合作用在这些器官中进行。通过光合作用产生的养料以淀粉颗粒的形式储存在叶绿体中。

如图 21-3 所示，一个动物细胞有许多独特的部分。细胞是被包在蛋白质和脂类物组成的细胞膜内。对于不同的物质细胞膜具有不同的渗透性，所以细胞膜能够控制各种化学物质进入和排出细胞。因此，细胞膜能够保护细胞，免受有毒物质的侵害。细胞的细胞质包含有蛋白质、核酸和其他参与细胞生物化学过程的化学物质。蛋白质是由细胞内的核蛋白体（核糖体）合成的。细胞核是细胞的"控制中心"，含有 DNA，这是决定细胞繁复制方向的遗传物质。正如本章后面部分将要讨论的，使 DNA 结构变性是某些有毒物质的主要危害作用之一。动物细胞产能的代谢过程是在细胞的线粒体内进行的。由于在线粒体内一系列复杂的代谢过程，糖类、蛋白质和脂肪被分解，产生二氧化碳、水和能量。

植物细胞在几个重要方面与动物细胞是不同的。植物细胞有一层由纤维素和半纤维素组成的细胞壁，这种细胞壁具有一定的硬度和强度。细胞中还有大液泡，大液泡含有水溶性的物质。参与光合作用的植物细胞还含有叶绿体，它能吸收光能并把它转化为化学能（养料）。养料多以淀粉形式贮存于淀粉粒中。植物不能一直从阳光获得它们所需的能量，在夜间它们必须使用贮存的养料。像动物细胞一样，植物细胞含有线粒体，在线粒体中能将贮存的养料通过细胞呼吸作用转化为能量。能利用阳光作为能源和利用 CO_2 作为碳源的植物细胞被称为"自养型细胞"。简单地说，它们主要是利用下面的反应去生产含有高能量的糖类（$C_6H_{12}O_6$）。

$$6CO_2 + 6H_2O + 阳光 \longrightarrow C_6H_{12}O_6 + 6O_2$$

这些糖类能转化为水溶性的淀粉、细胞壁纤维素和其他物质，并作为植物其他生命过程的基本能量来源。依靠于有机物质作养料的动物细胞被称为"异养型细胞"，这些有机物质是由植物制造的，它们利用氧和养料原料之间的化学反应的能量维持生命活动。

在细胞中进行合成和其他过程所需的能量是由腺（嘌呤核）苷三磷酸（ATP）提供的，这个分子中含有两个高能磷酸酯键。1mol ATP 的水解会释放出大约 12kcal（50kJ）能量，并产生 1mol 腺（嘌呤核）苷二磷酸（ADP）和 1mol 磷酸氢根离子。由糖酵解和柠檬酸循环的两种代谢途径，通过葡萄糖的氧化，ADP 可再生为 ATP。已知许多污染物都能抑制酶参与柠檬酸循环和氧化磷酸化过程所需的氧由血红蛋白或由肌红蛋白（在肌肉细胞中）运输到细胞中，这些蛋白质均含铁原卟啉络合物。那些会干扰原卟啉内的铁的氧化状态或者干扰原卟啉的合成的污染物都会抑制产生能量的氧化磷酸化作用。

21.4 代谢过程

涉及生物分子改变的生物化学过程属于代谢的范畴。代谢过程主要分为两类：合成代谢和分解代谢。生物体可以利用代谢过程来产生能量或改变生物分子的组成。

生物体获得能量的方式主要由以下三种类型。

（1）呼吸作用　在呼吸作用中的有机化合物分解代谢，需要氧气参加的过程称为需氧呼吸，不需要氧气参加的过程称为厌氧呼吸。需氧呼吸通过克雷布斯（Krebs）循环来获得能量，反应式如下。

$$C_6H_{12}O_6 + 6O_2 \longrightarrow 6CO_2 + 6H_2O + 能量$$

释放能量的约一半转化成暂时储存的化学能，特别通过三磷酸腺苷（ATP），为了较长时间的储存，肝糖和淀粉等多糖被合成，为了更长时间的能量储存，就以脂肪的形式被生物体保存。

（2）酵解作用　酵解与呼吸不同，不需要一系列的电子转移过程。通过酵解作用，酵母把糖类转化成乙醇。

$$C_6H_{12}O_6 \longrightarrow 2CO_2 + 2CH_3CH_2OH + 能量$$

（3）光合作用　在该过程中，植物和海藻的叶绿体在光的作用下，由二氧化碳和水合糖类化合物，把光能固定下来。

$$6CO_2 + 6H_2O + 阳光 \longrightarrow C_6H_{12}O_6 + 6O_2$$

植物并不是总能从太阳光得到所需的能量。在黑暗条件下，它们使用储存的养料。与动物细胞类似，植物细胞含有线粒体，线粒体中储存的养料能通过细胞呼吸被转换成能量。

植物细胞利用太阳光作为能量的来源和二氧化碳作为碳的来源，被称为自养型细胞；相反，动物细胞必须依靠植物产生的有机材料作为它们的养料，被称为异养型细胞。细胞在氧气和养料材料之间的化学反应中起着"中介者"的作用，利用反应得到的能量来维持它们生命过程。

21.5　有毒物代谢

有毒物或它们的代谢前体物进入生物体中，它们会经历几个过程包括使毒性增加或解毒的过程。

21.5.1　有毒物

有毒物是对生物体有害的物质，这些物质能损害生物体的正常代谢过程，干扰生物化学过程的功能，引起机体损伤、甚至导致死亡。有毒物有两种类型，一种是外来的对生物体有害的外源型化合物，如苯酚、氯乙烯、金属 Cd 等，这些物质并不是生物体内存在和需要的；另一种是生物体内存在和需要的内源型物质，这些物质的缺损或过量也会损害生物体，如各种激素、葡萄糖（血糖）、一些重要的离子（如 Ca^{2+}、K^+、Na^+ 等）。例如，人体血清中 Ca^{2+} 的最佳浓度范围很窄，为 $90\sim95$ mg/L，如浓度低于该范围出现低血钙症，表现为肌肉绞疼；而高于 105 mg/L，出现血钙过多症，表现为肾脏失调。一般情况下，有毒物通常是指外源型的。

有毒物的种类很多，包括有机化合物、无机化合物、有机金属化合物、金属、各种形式的痕量元素、溶液、蒸气，以及来自于植物或动物的化合物。由于农药的特殊性质，它们构成了有毒物的一个大类。

人体的每一部位对于有毒物的损害都是敏感的。例如，呼吸系统可因有毒气体（例如氯气或二氧化氮等）的吸入而受到损害。有机磷酸酯杀虫剂和"神经毒气"能干扰中枢神经系统功能，急性中毒可以致死。肝和肾特别易受有毒物质的损害。敏感的生殖系统受有毒物质损害后，会造成生殖能力丧失或新生儿畸形的后果。

除了造成死亡和丧失劳动能力的疾病之外，与有毒物接触还会引起其他一些恶性效应。其中最重要的两种效应是致突变，母体 DNA 的改性会导致子体的诱变和致畸变或先天性缺损。显然一些有毒物中就包含了许多被怀疑会引起癌症的化合物。目前，人们已经把化学致癌物列在有害化合物之首。

目前，还不知道有些特殊的化学物质是否属于有毒之列。因此，目前生物体仍置身于许多尚未被识别的有毒有害化学品之中。另一方面，一些重要的和有用的化学品由于人们尚未证明其无害而被过严地加以控制。

有毒物可根据其总效应，将它们分为诱变剂、致癌剂或致畸剂等类别。有毒物也可按化学类型来分，可分成重金属、金属羰基化合物或有机氯化物等。按有机物的功能来分类也很有用处，例如食物添加剂、农药或溶剂等。

21.5.2　有毒物代谢

水溶性高的有毒物质，例如能离子化的羧酸，比较容易通过排泄系统从生物体内清除出去，一般不需要生物酶来参与代谢。而对于难溶于水的亲脂性有毒化合物，一般需要生物酶来参与代谢过程。有酶参与的有毒物代谢生物化学反应有两种基本类型：第一类反应和第二类反应。

（1）第一类反应　第一类反应是酶催化下的氧化、还原和水解等反应，这些反应使亲脂性有毒分子改性，加上极性基团如羟基—OH、巯基—SH、羟氨基—NH(OH)和环氧基—C—O—C—等，转化为衍生物（一级代谢物），增加水溶性和反应活性。未改性之前，亲脂性有毒物分子容易透过含脂类物的细胞膜，与脂蛋白结合，并容易在体内传输。经过第一类反应改性后的衍生物，增加亲水性官能团，其溶解度增加了；更重要的是，衍生物容易与生物体的内源底物材料相配结合，有利于再通过第二类反应把有毒物从体内清除出去。

通常是单细胞色素 P-450 酶系统催化第一类反应，这类酶系统中含还原酶和氧化酶。

（2）第二类反应　第二类反应通常是指在专一性强的各种转移酶催化作用下，生物体内某些内源物结合剂与第一类反应的衍生物进行结合反应，生成结合产物（二级代谢物），而结合产物的极性（亲水性）一般有所增强，有利于排出体外。容易结合的衍生物基团包括羧基—C(O)OH、羟基—OH、卤素原子（F、Cl、Br 和 I）、环氧基—C—O—C—、氨基—NH₂ 等。经过第二类反应的结合产物一般比原来的有毒物质毒性更小、亲脂性更低、极性更高、水溶性更强以及排泄更容易。主要的结合剂和催化酶包括葡萄糖酸苷（UDP 葡萄糖苷转移酶）、硫酸盐（硫转移酶）以及乙酰基（乙酰转移酶）。其中最常见的结合产物是葡萄糖苷酸衍生物。

葡萄糖苷酸

结构式中的—X—R 代表与葡萄糖酸苷结合的有毒物质，而 R 代表有机基团部分。例如，如果被结合的是酚，则 HXR 为 HOC_6H_5，X 为氧原子 O，R 代表苯环基团 C_6H_5。

以上两类反应主要在肝脏内进行，但是也可以在肾脏、肠、肺、脑和皮肤等处进行。

一般而言，经过第一类反应生成的衍生物结构和性质变化相对比较小；而第二类反应的产物与母体化合物很不相同。应该指出，不是所有的有毒物的代谢都需要经历第一类反应和第二类反应，有些物质经过第一类反应就能从直接体内排泄出去；或者有些物质已经有适合于结合的官能团，不必先经过第一类反应，而直接进行第二类反应。

有毒物质和其他外来物质在体内除了进行上述反应外，还可进行许多其他的生物化学反应。虽然这些反应一般可用于解毒和促进有毒物质的清除，但有一些代谢过程却会增加毒性。尤其是，芳香族和含 C＝C 双键化合物的环氧化代谢衍生物中，有些被认为是有致突变和致癌作用的。

21.6　有毒物干扰酶功能的机制

酶是主要的生物化学催化剂，生物体中几乎所有的代谢过程都与酶的催化密切相关，因此，酶功能的正常作用是保证生物体健康的关键。有毒物进入生物体后，一方面在酶的催化作用下通过第一类和第二类反应进行代谢转化；另一方面也可干扰酶的正常作用，对酶的活性和数量等有影响，有些严重中毒将使某些酶的活性完全丧失，导致生物体死亡。可以说，各种疾病，包括严重疾病如基因突变、癌症、畸变等几乎都与酶功能的干扰有关。因此，有毒物对生物体的中毒效应，最根本的就是对生物体中各种酶功能的干扰。酶的干扰机制主要有以下几种类型。

（1）重元素与酶结合　亲硫重金属离子，特别是 Hg^{2+}、Pb^{2+} 和 Cd^{2+}，能与酶结构中的硫基中的硫原子结合。

$$Hg^{2+} + E\begin{matrix} SH \\ SH \end{matrix} \longrightarrow E\begin{matrix} S \\ S \end{matrix}Hg + 2H^+$$

以亚砷酸盐形式存在的三价砷 As（Ⅲ）也能与酶中的硫基作用，可形成一个非常稳定的五元环结构。

$$E\begin{matrix} SH \\ SH \end{matrix} + \begin{matrix} ^-O \\ ^-O \end{matrix}As-O^- \longrightarrow E\begin{matrix} S \\ S \end{matrix}As-O^- + 2OH^+$$

由于—SH 基团一般在酶的活性部位，被这些重元素结合会使酶功能受损，使许多酶的活性受到破坏，尤其是对于在柠檬酸循环中参与产生细胞能量的那些酶更容易受到影响。

干扰亚铁血红素（取代卟啉和 Fe^{2+} 的配合物，存在于血红蛋白和细胞色素中）的合成是铅的最重要的生物化学效应之一。铅能与血红素整个合成过程中几种关键的酶结合，抑制这些酶的功能，结果造成代谢过程中中间产物的积累。其中一个中间产物是 2-氨基酮基己二酸，通过丙氨酸脱水酶的催化作用，它被转化为 3-丙酸基-4-乙酸基-5-氨甲基吡咯。

2-氨基-3-酮基己二酸　　　　3-丙酸基-4-乙酸基-5-氨甲基吡咯

由于铅与丙氨酸脱水酶结合抑制了以上转化功能，因此，造成了 2-氨基-3-酮基己二酸积累，而不是形成合成亚铁血红素所需要的 3-丙酸基-4-乙酸基-5-氨甲基吡咯，导致大量 2-氨基-3-酮基己二酸从尿中排泄。铅也能抑制亚铁血红素合成中的其他步骤。最后的结果是减少血红蛋白以及其他呼吸色素（例如如需要亚铁血红素的细胞色素）的合成。因此，铅最终使有机体不能利用氧和葡萄糖生产能量来维持生命。

（2）其他金属取代金属酶中的金属　含有金属离子的酶称为金属酶，酶分子中的金属离子可以被另一种电荷相同和大小相似的金属离子取代因而抑制酶的活性。锌是一种常见的金属酶的组分。Cd^{2+} 与 Zn^{2+} 和之间化学性质很相似，非常容易取代酶中的 Zn^{2+}，但是与镉结合的酶并不具有相应的功能，这就是镉产生毒性的普遍原因。可被 Cd^{2+} 抑制的酶有三磷酸腺苷酶、L-醇脱氢酶、淀粉酶、碳酸酐酶、羧肽酶和谷氨酸草酰乙酸转氨酶等。

（3）配位体与金属酶中的金属配位　有些配位体能与金属酶中的金属形成配合物，从而使抑制金属酶的活性。例如，在含镁的酶中，F^- 可与 Mg^{2+} 配位，因而抑制抑制酶的活性。

高铁细胞色素氧化酶是在线粒体内氧化磷酸化过程中产生的最后一种细胞色素，它以特殊的方式来参与 ATP 的合成，其反应顺序如下。

步骤Ⅰ：　Fe（Ⅲ）-氧化酶+还原剂$\longrightarrow$Fe（Ⅱ）-氧化酶+还原剂氧化产物

步骤Ⅱ：Fe（Ⅱ）-氧化酶$+2H^+ + \frac{1}{2}O_2 \xrightarrow[ADP+Pi \rightarrow ATP]{}$Fe（Ⅲ）-氧化酶$+H_2O$

反应式中"Fe（Ⅲ）-氧化酶"是代表高铁细胞色素氧化酶，"Fe（Ⅱ）-氧化酶"是代表亚铁细胞色素氧化酶，Pi 表示无机磷酸盐。氰离子 CN^- 能高铁细胞色素氧化酶中的 Fe（Ⅲ）络合，抑制第 1 部反应中电子转移，从而抑制 ATP 的合成。

（4）有机化合物与酶的共价结合　有机化合物与酶的共价结合也可造成酶功能的抑制。这种结合通常发生是酶的活性部位上羟基上。典型的例子是神经毒气二异丙基磷酰氟

（DFP）和氨基甲酸酯与乙酰胆碱酯酶的结合。

$$(C_3H_7O)_2\!-\!\overset{\overset{\displaystyle O}{\|}}{P}\!-\!F\ +\ HO\!-\!E\ \longrightarrow\ HF+(C_3H_7O)_2\!-\!\overset{\overset{\displaystyle O}{\|}}{P}\!-\!OE$$

二异丙基磷酰氟　　　乙酰胆碱酯酶　　　磷酰化的乙酰胆碱酯酶,无活性

N-甲基(α-萘氧基)甲酰胺　　乙酰胆碱酯酶　　　氨基甲酰胺乙酰胆碱酯酶,无活性

以上结合对乙酰胆碱酯酶活性造成不可逆的抑制,使之不能执行原有催化乙酰胆碱水解的功能。乙酰胆碱是一种神经传递物质,在神经冲动的传递中起着重要作用。正常的神经冲动中重要的一个步骤就是冲动的休止需要通过乙酰胆碱的水解来实现。

$$(CH_3)_3\overset{+}{N}CH_2CH_2O\!-\!\overset{\overset{\displaystyle O}{\|}}{C}CH_3+H_2O\ \xrightarrow{\ 乙酰胆碱酯酶\ }\ (CH_3)_3\overset{+}{N}CH_2CH_2OH+CH_3COOH$$

乙酰胆碱　　　　　　　　　　　　　　　　　　　　　　　胆碱

因此,有机磷酸酯和氨基甲酸酯对乙酰胆碱酯酶抑制所造成的乙酰胆碱积累,将使神经过分刺激,而引起机体痉挛、瘫痪等一系列神经中毒病症,甚至死亡。

21.7　有毒物进入人体的途径

有毒物对生物体的损害是通过有毒物进入体内来实现的。人或其他动物体被意外或故意地暴露有毒物,主要途径是口摄食、呼吸道和肺吸入以及皮肤吸收;次要的途径是直肠、生殖道以及药物注射进入。有毒物进入人体的途径见图21-4。一种有毒物进入生物体内的方

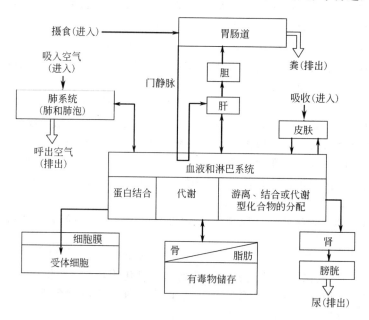

图 21-4　有毒物进入体内的途径以及在体内的分布、代谢、储存和排泄过程
(Manahan,1999 年)

式主要取决于该物质的物理和化学性质。例如，肺部系统最可能接受有毒气体或吸入的细粒子颗粒物。除呼吸方式外，颗粒物通常从口腔进入体内。皮肤的吸收最可能的是液体、溶液中的溶质以及半固体物如淤泥。

有毒物在体内遭遇的防卫屏障与暴露的途径有关。例如，有毒的元素汞由肺泡吸收比通过皮肤和胃肠道吸收要容易得多。有毒物的中毒作用主要与其吸收、分布和排泄有关，也与其在体内的代谢速率或生物化学转化速率。

有毒物进入体内被吸收后，一般通过血液循输送到全身。血液循环把有毒物输送到各种靶器官（如肝、肾等），对这些器官产生毒害作用；也有些毒害作用如砷化氢气体引起的溶血作用，在血液中就可以发生。毒物分布的情况取决于毒物与机体不同的部位的亲合性，以及取决于毒物通过细胞膜的能力。细胞膜是由在不同部位含有蛋白质的类脂双分子层构成的。毒物由简单的扩散作用，通过细胞膜，从浓度高的区域转移向浓度低的区域，或者由于特殊的转移机制，在这个转移过程中细胞作为活性部分，这样毒物可能向浓度梯度相反的方向移动。血-脑屏障特别值得一提，因为它是阻止已进入体内的毒物深入中枢神经系统的屏障。与人体的大部分其他区域相比，毒物对血－脑屏障的渗透性是相当小的。因此，对于一些损害人体其他部位的有毒物质，中枢神经系统能够局部地得到特殊的保护。

人体的某些部位对有毒物具有可能富集或贮存的作用。肝和肾能富集某些有毒物质，因为它们参与从体内清除有毒物的代谢过程。脂肪组织能富集许多难溶于水的具有亲脂性的有毒物，如 DDT（双对氯苯基三氯乙烷，农药）、氯丹（农药）以及多氯联苯等。骨骼能够贮存几种无机物，因为它含有无机羟基磷灰石 $Ca_5OH(PO_4)_3$。如离子大小和性质类似的铅和锶等金属元素可以其中的钙离子，而且 F^- 可取代 OH^-。放射性锶在骨中积累能引起骨癌；过多的氟积累在骨中会引起一种叫氟骨症。

排泄有毒物的主要途径是通过肾脏泌尿系统，肝和胆道系统也能排泄一些有毒物质，肺系统排泄气态和挥发性有毒物质。实际上，有毒物可以通过人体的各种分泌物进行排泄，除尿、粪和呼出的废气外，还包括眼泪、汗和乳汁等。

参 考 文 献

[1] Manahan S E，Environmental Chemistry. Willard Grant Press，Boston，USA ，1999.
[2] 戴树桂主编. 环境化学. 北京：高等教育出版社，1997.
[3] 俞誉福，叶明吕，郑志坚编著. 环境化学导论. 上海：复旦大学出版社，1997.
[4] Manahan S. E. 著. 环境化学. 陈甫华等译. 天津：南开大学出版社，1993.

习　　题

1. 什么是生物分子？主要包括哪些基本类型？
2. 细胞膜与细胞壁有什么区别？
3. 什么是 DNA？
4. 生物体获得能量的代谢主要有哪些类型？
5. 什么是有毒物？
6. 为什么酶在生物体内特别重要？酶参与的有毒物代谢生物化学反应有哪两种基本类型，各自的作用是什么？
7. 有毒物干扰酶作用的机制有哪些？
8. 简述有毒物进入人体的主要途径。

第22章 有毒物化学

有毒物化学研究有毒物质的性质和化学反应，包括它们的来源、使用以及暴露、归宿和处置的化学方面，并阐述有毒物化学性质与毒理效应的关系。本章介绍有毒物质的一些基本概念以及分类，包括元素有毒物、无机有毒物以及有机有毒物。

22.1 有毒物剂量和相对毒性

22.1.1 有毒物剂量

有毒物对生物体的效应差异很大。定量地来说，这些差异包括能观察到的毒性发作的最低水平，有机体对有毒物小增量的敏感度，对大多数生物体发生最终效应（特别是死亡）的水平。生物体内的一些重要物质，如营养性矿物质，存在最佳的量范围，过高或过低都可能有害。以上提到的因素可以用剂量-效应关系来描述，该关系是毒物学最重要的概念之一。剂量是一种数量，通常指一种生物体单位体重暴露的有毒物的量。效应是暴露某种有毒物对有机体的反应。为了定义剂量-效应关系式，需要指定一种特别的效应，如生物体的死亡，还要指定效应被观察到的条件，如承受剂量的时间长度。考虑一种指定的效应，为一群同类生物体。在相对低的剂量水平，该类生物体没有效应（例如全部活着），而在更高的剂量所有生物体表现出效应（例如全部死亡）。在以上两种情况之间，存在一个剂量范围，一些生物体以特定的方式产生效应，而其他生物体则没有，因此可以定义出一条剂量-效应曲线。剂量-效应关系与生物种类和应变能力、组织类型以及细胞群类等等有关。

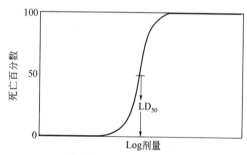

图 22-1 剂量-效应曲线
其中效应为死亡，纵坐标为生物体累积
死亡的百分数（Manahan，1999 年）

图 22-1 给出了一般化的剂量-效应曲线图。用相同方式把某一毒物给同一群实验动物投入不同剂量，用累积死亡百分数对剂量的常用对数作图，就能得到剂量-效应曲线。S 形曲线的中间点对应的剂量是杀死 50％目标生物体的统计估计剂量，定义为 LD_{50}。实验生物体死亡 5％（LD_5）和 95％（LD_{95}）的估计剂量通过在曲线上分别读 5％和 95％死亡的剂量水平得到。S 形曲线较陡表明 LD_5 和 LD_{95} 的差别相对较小。

22.1.2 相对毒性

表 22-1 列出了描述对人体有害的不同物质毒性等级。根据一个平均大小的人的致命剂量，尝试剧毒物质（只要几滴或更少）是致命的。而对于毒性很大的物质，一茶匙的量也许有同样的作用。然而，毒性小的物质也许多达一升才能致死。

当两种物质存在实质性的 LD_{50} 差异，就说具有较低 LD_{50} 的物质毒性更大。这样的比较必须假定进行比较的两种物质的剂量-效应曲线具有相似的斜率。

到现在为止，毒性被描述为极端作用，即有机体的死亡，显然这是不可逆的暴露后果。在

表 22-1　毒性等级和一些物质的毒性（引自 Manahan，1999 年）

毒性等级	对应剂量/(mg/kg)	$LD_{50}/(mg/kg)$	举　例
无毒	$>1.5\times10^4$	$10^4\sim10^5$	邻苯二甲酸二-2-乙基-己酯
低毒	$5\times10^3\sim1.5\times10^4$	$10^3\sim10^4$	氯化钠
中等毒性	$500\sim5000$	$10^2\sim10^3$	氯丹
很毒	$50\sim500$	$10^0\sim10^2$	柏拉息昂
非常毒	$5\sim50$	$10^{-2}\sim10^0$	河豚毒素
剧毒	<5	$10^{-2}\sim10^{-5}$	二噁英、肉毒杆菌毒素

大多数情况下，亚致死或可逆作用表现得更重要，这在药物治疗中常见。暴露于登记药剂剂量的死亡情况比较罕见，但是其他作用，无论是有害的还是有益的却很常见。根据药物性质的不同，药物改变生物过程；因此潜在的危害几乎总是存在。建立药物剂量的考虑主要是为了发现具有足够治疗效果而没有不希望的副作用。一种药物的剂量-效应曲线能被建立，通过逐渐加大剂量，从无作用水平到有作用、有害、甚至到致死量水平。该曲线斜率低则表示该药物具有较宽的有效剂量范围和安全范围。这一术语应用于其他物质如杀虫剂，在设计对杀虫剂时，总是希望在杀死目标物种和危害有益物种之间有很大的剂量差异。

22.2　有毒物联合作用

生物体可能受到多种有毒物质侵害，这些有毒物对机体同时产生的毒性，有别于其中任一单个有毒物对机体引起的毒性。多种（两种或两种以上）有毒物，同时作用于机体所产生的综合毒性作用称为有毒物的联合作用，包括协同作用、相加作用和对抗作用等。下面以死亡率作为毒性指标分别进行讨论。假定两种有毒物单独作用的死亡率分别为 M_1 和 M_2，则联合作用的死亡率为 M。

22.2.1　协同作用

多种有毒物联合作用的毒性，大于其中各个有毒物成分单独作用毒性的总和。在协同作用中，其中某一毒物成分能促进机体对其他毒物成分的吸收加强、降解受阻、排泄迟缓、蓄积增多或产生高毒代谢物等，使混合物毒性增加。如四氯化碳与乙醇、臭氧与硫酸气溶胶等。两种有毒物协同作用的死亡率为 $M>M_1+M_2$。

22.2.2　相加作用

多种有毒物联合作用的毒性，等于其中各毒物成分单独作用毒性的总和。在相加作用中，其中各毒物成分之间均可按比例取代另一毒物成分，而混合物毒性均无改变。当各毒物成分的化学结构相近、性质相似、对机体作用的部位及机理相同时，其联合的结果往往呈现毒性相加作用。如丙烯腈与乙腈、稻瘟净与乐果等。两种有毒物相加作用的死亡率为 $M=M_1+M_2$。

22.2.3　对抗作用

多种有毒物联合作用的毒性小于其中各毒物成分单独作用毒性的总和。在对抗作用中，其中某一毒物成分能促进机体对其他毒物成分的降解加速成、排泄加快、吸收减少或产生低毒代谢物等，使混合物毒性降低。如二氯乙烷与乙醇，亚硝酸与氰化物，硒与汞，硒与镉等。两种有毒物对抗作用的死亡率为 $M<M_1+M_2$。

22.3 严重毒作用机制

22.3.1 致突变作用

生物细胞内 DNA 发生改变从而引起的遗传特性突变的作用称为致突变作用。这种突变可以传至后代。具有致突变作用的污染物质称为致突变物。致突变作用分为基因突变和染色体突变两类。

基因突变是 DNA 碱基对的排列顺序发生改变。它包含碱基对的转换、颠换、插入和缺失四种类型（图 22-2）。

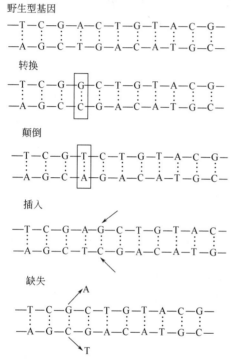

图 22-2 基因突变的类型（戴树桂，1997）

A—腺嘌呤；G—鸟嘌呤；

T—胸腺嘧啶；C—胞核嘧啶

转换是同型碱基之间的置换，即嘌呤碱被另一嘌呤碱取代，嘧啶碱被另一嘧啶碱取代。如亚硝酸可使带氨基的碱基 A、G 和 C，脱氨而变成带酮基的碱基。

于是可以引起一种如下的碱基对转换。

$$\begin{array}{ccccc} A & HX & HX & \boxed{G} \\ \cdot & \cdot & \cdot & \cdot \\ & \xrightarrow{HNO_2} & \rightarrow & \rightarrow \\ \cdot & \cdot & \cdot & \cdot \\ T & T & C & \boxed{C} \end{array}$$

其中 A、G、T、C 意义同图 22-2，HX 为次黄嘌呤。即在 DNA 复制时 A 被 HX 取代，而后因 HX 较易同 C 配对及 C 又更易与 G 配对，所以进一步复制时就出现图 22-2 中转换部分所示的 G……C 对。

颠倒是异型碱基之间的置换，就是嘌呤碱基为嘧啶碱基取代或反之亦是。颠倒和转换统称碱型置换，所致突变称为碱型置换突变。

插入和缺少分别是 DNA 碱基对顺序中增加和减少一对碱基或几对碱基，使遗传代码格式发生改变，自该突发点之后的一系列遗传密码都发生错误。这两种突变统称为移码突变。如吖啶类染料处理细胞时，很容易发生移码突变。

细胞内染色体是一种复杂的核蛋白结构，主要成分是 DNA。在染色体上排列着很多基因。若其改变只限于基因范围，就是上述的基因突变。而若涉及整个染色体，呈现染色体结构或数目的改变，则称为染色体畸变。

染色体畸变属于细胞水平的变化，这种改变可用普通光学显微镜直接观察。基因突变属于分子水平的变化，不能用上法直接观察，要用其他方法来鉴定。一个常用的鉴定基因突变的试验，是鼠伤寒沙门氏菌——哺乳动物肝微粒体酶试验（艾姆斯试验）。

突变本来是人类及生物界的一种自然现象，是生物进化的基础，但对于大多数机体个体往往有害。如人和哺乳动物的性细胞如果发生突变，可以影响妊娠过程，导致不孕和胚胎早期死亡等；体细胞的突变，可能是形成癌肿的基础。因此，致突变作用是毒理学和毒理化学中的一个很重要的课题。

常见的具有致突变作用的有毒物包括：亚硝胺类、苯并[a]芘、甲醛、苯、砷、铅、烷基汞化合物、甲基硫磷、敌敌畏、百草枯、黄曲霉素 B_1 等。

22.3.2 致癌作用

体细胞不受控制的生长现象称为癌症。化合物致癌作用过程见图 22-3。能在动物和人体中引起致癌的物质称为致癌物。致癌物根据性质可分为化学（性）致癌物、物理性致癌物（如 X 射线、放射性核素氡）和生物性致癌物（如某些致癌病毒）。据估计，人类癌症 $80\% \sim 85\%$ 与化学致癌物有关，在化学致癌物中又以合成化学物质为主。因此，化学品与人类癌症的关系密切，受到多门学科和公众的极大关注。

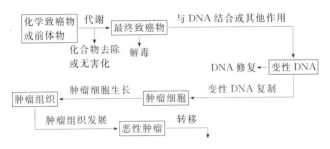

图 22-3 致癌物或其前体物导致癌症的过程（引自 Manahan，1999）

化学致癌物的分类方法很多。按照对人和动物致癌作用的不同，可分为确证致癌物、可疑致癌物和潜在致癌物。确证致癌物是经人群流行病调查和动物实验均已确定有致癌作用化学物质。可疑致癌物是已确定对试验动物致癌作用，而对人致癌性证据尚不充分的化学物质。潜在致癌物是对试验动物致癌，但无任何资料表明对人有致癌作用的化学物质。到 1978 年为止，确定为动物致癌的化学物质达到 3000 种，以后每年都有数以百计的新癌物被发现。目前，确认为对人类有致癌作用的化学物质有 20 多种，如苯并[a]芘、二甲基亚硝胺、2-萘胺、砷及其化合物、石棉等。

化学致癌物根据作用机理，可分为遗传毒性致癌物和非遗传毒性致癌物。遗传毒性致癌物细分为：直接致癌物，即能直接与 DNA 反应引起 DNA 基因突变的致癌物，如双氯甲醚；间接致癌物，又称前致癌物，它们不能与 DNA 反应，而需要机体代谢活化转变，经过近致癌物至终致癌物后，才能与 DNA 反应导致遗传密码修改，如苯并[a]芘、二甲基亚硝胺等。大多数目前已知的致癌物都是前致癌物。

非遗传毒性致癌物不与 DNA 反应，而是通过其他机制，影响或呈现致癌作用的物质。包括促癌物，可使已经癌变细胞不断增殖而形成瘤块，如巴豆油中的巴豆醇二酯、雌性激素乙烯雌酚等，免疫抑制剂硝基咪唑硫嘌呤等；助致癌物可加速细胞癌变和已癌变细胞增殖成瘤块，如二氧化硫、乙醇、儿茶酚、十二烷等，促癌物巴豆醇二酯同时也是助致癌物；固体致癌物，如石棉、塑料、玻璃等可诱发机体间质的肿瘤。

此外，还有其他种类致癌物。例如，铬、镍、砷等若干重金属的单质及其无机化合物对动物是致癌的，有的对人也是致癌的。根据临床病例及流行病学研究结果，无论是服用大量砷进行治疗，还是职业上的接触者，砷化合物都可引起皮肤癌。

化学致癌物的致癌机制非常复杂，仍在研讨之中。关于遗传毒性致癌物的致癌机制，一般认为有两个阶段。第一是引发阶段，即致癌物与 DNA 反应，引起基因突变，导致遗传密码改变。大部分环境致癌物都是间接致癌物，需通过机制代谢活化，经近致癌物阶段，由后者来引发。如果细胞中原有修复机制对 DNA 损伤不能修复或修而不复，则正常细胞便转变成突变细胞。第二是促长阶段，主要是突变细胞改变了遗传信息的表达，增殖成为肿瘤，其中恶性肿瘤还会向机体其他部位扩展。

在引发阶段中直接致癌物或间接致癌物的终致癌物，都是亲电的性质活泼物质，能通过烷基化、芳基化等作用与 DNA 碱基中富电的氮或氧原子，以共价相结合而引起 DNA 基因突发。这是引发阶段的始发机制。如可以认为，二甲基亚硝胺通过混合功能氧化酶催化氧化成活性中间产物 N-亚硝基-N-羟甲基甲胺，再经几步化学转化失去甲醛，最后产生活泼的亲电甲基正碳离子 CH_3^+，而与 DNA 碱基中富电的氮（或氧）原子相结合，使之烷基化，导致 DNA 基因突发。关于苯并[a]芘致癌的始发机制，可认为主要是经混合功能氧化酶催化氧化成相应的 7,8-环氧化物，再由水化酶作用形成相应的 7,8-二氢二醇，而后酶促氧化成 7,8-二氢二醇-9,10-环氧化合物，经开环形成相应芳基正碳离子，与 DNA 碱基中氮（或氧）相结合，使之芳基化，导致 DNA 基因突发。

22.3.3 致畸作用

具有致畸作用的有毒物质称为致畸物。人或动物胚胎发育过程中由于各种原因所形成的形态结构异常，称为先天性畸形或畸胎。遗传因素、物理因素（如电离辐射）、化学因素、生物因素（如某些病毒），母体营养缺乏营养分泌障碍等都可引起先天性畸形，并称为致畸作用。

到 20 世纪 80 年代初期，已知对人的致畸物约有 25 种，对动物的致畸物约有 800 种。其中，社会影响最大的人类致畸物是"反应停"（即沙利度胺，别名酞胺哌啶酮）。它曾于 20 世纪 60 年代初在欧洲及日本被用于妊娠早期安眠镇静药物，结果导致约一万名产儿四肢不完全或四肢严重短小。另外，甲基汞对人致畸作用也是大家熟知的。

不同的致畸物对于胚胎发育各个时期的效应，往往具有特异性。因此它们的致畸机制也不完全相同。一般认为致畸物生化机制可能有以下几种：致畸物干扰生殖细胞遗传物质的合成，从而改变了核酸在细胞复制中的功能；致畸物引起了染色体数目缺少或过多；致畸物抑制了酶的活性；致畸物使胎儿失去必需的物质（如维生素），从而干扰了向胎儿的能量供给或改变了胎盘细胞壁的通透性。

22.4　元素有毒物

22.4.1　非金属有毒物

（1）臭氧　臭氧（O_3）有一些毒理效应。空气中含有 10^{-6}（体积分数）浓度臭氧将有明显的气味。这样的浓度吸入将会导致严重的刺激性和头疼。臭氧刺激眼睛、上呼吸系统和肺。吸入臭氧有时能导致肺水肿。也观测到臭氧暴露引起染色体受损。

臭氧在组织中产生自由基。这些活性自由基能引起脂肪过氧化、硫氢基团（—SH）氧化以及其他破坏性氧化过程。保护组织免受臭氧影响的化合物包括自由基去除剂、反氧化剂和含有硫氢基团的物质。

（2）白磷　元素白磷可以通过呼吸、皮肤接触和口中进入体内。它是一种系统性毒物，在体内能从进入处扩散到身体的其他部位。白磷能导致贫血、肠胃功能紊乱、骨脆以及眼睛伤害。暴露也会导致磷毒性颚骨坏死（phossy jaw），即颚骨恶化变成缺损。

（3）元素卤素　元素氟（F_2）是一种浅黄色非常活泼的气体，是一种强氧化剂。它有毒、有刺激性，能进攻皮肤、眼睛组织以及鼻子和呼吸系统黏膜。氯（Cl_2）与水反应产生强氧化性溶液。当暴露在氯气中时，这一反应会伤害呼吸系统湿润组织。暴露量为（10～20）$\times 10^{-6}$（体积分数）Cl_2 时呼吸系统就会受刺激，导致不适感。暴露量为 10^{-3}（体积分数），即使短时间也会致命。

溴（Br_2）是一种挥发性暗红色液体，当吸入或吃入时有毒。与氯和氟相似，溴对呼吸系统黏膜和眼睛有强烈刺激性，可以导致肺水肿。由于溴有刺激性气味能感觉出来，其危险性有所降低。

元素碘（I_2）对肺部的刺激性与溴或氯类似，但是碘的蒸气压较低，使得暴露量也比较低。

（4）砷　砷（As）能形成多种有毒物。毒性的正三价氧化态化合物 As_2O_3，通过肺和肠吸收。从生物化学的角度来看，砷表现出凝结蛋白质，同辅酶形成复合物，抑制三磷酸腺苷（ATP）的生成，在一些重要的代谢过程包括能量利用。由于孟加拉国作为主要饮用水的地下水含砷量很高，该国是世界上受砷毒害最严重的国家。国际社会正在提供大力帮助。

22.4.2　金属有毒物

金属的毒性分两种形态：化合形态和元素形态。下面为一些毒性最大的毒性金属。

（1）镉（Cd）　镉对几种重要的酶有负面影响；也能导致骨软化和肾损害。吸入镉氧化物尘埃或烟雾将导致镉肺炎，特征是水肿和肺上皮组织坏死。

（2）铅（Pb）　铅广泛地分布，形态有金属铅、无机化合物和金属有机化合物，有多种毒性效应。包括抑制血色素的合成；对中央和外围神经系统以及肾有负面效应。其有毒效应已被广泛研究。

（3）铍（Be）　铍是一种毒性很强的元素。它最严重的毒性是铍中毒，即肺纤维化和肺炎。这种疾病能潜伏 5～20 年。铍是一种感光乳剂增感剂，暴露其中将导致皮肤肉牙肿病和皮肤溃烂。

（4）汞（Hg）　汞能通过呼吸进入体内，通过血液循环进入脑组织渗透血-脑屏障。汞破坏脑代谢过程导致颤动和精神病理症状，如胆怯、失眠、消沉和易怒等。二价离子汞Hg^{2+}损害肾脏。有机金属汞化合物如二甲基汞$Hg(CH_3)_2$，毒性也很大。

22.5 有毒无机化合物

22.5.1　氰化物

氰化氢和氰化盐类（含CN^-）是迅速作用的有毒物；$60\sim90mg$的剂量足以让人致死。新陈代谢上，氰化物与三价铁（Fe^{3+}）含铁血红细胞氧化酶键合，在身体利用O_2的氧化磷酸化过程中阻止它还原成二价铁（Fe^{2+}）。这就使细胞缺氧，导致代谢过程终止。

22.5.2　一氧化碳

一氧化碳（CO），是一种常见的意外中毒物。CO浓度水平在10^{-5}（体积分数）时，判断和视觉感知损害发生；当浓度为10^{-4}（体积分数），出现头昏眼花、头疼和疲劳；2.5×10^{-4}（体积分数）失去意识；10^{-3}（体积分数）将迅速致死。长期慢性地暴露在低浓度CO环境中，可能导致呼吸系统和心脏机能紊乱。

通过肺进入血液中，CO与血色素反应，使氧基血色素（O_2Hb）转化为羧基血色素（COHb）。

$$O_2Hb+CO\longrightarrow COHb+O_2$$

在这里，血色素是受体，受CO毒物作用。羧基血色素比氧基血色素稳定得多，以至它的形成阻止血色素给机体组织输送氧。

22.5.3　氮氧化物

两种最常见的有毒氮氧化物是一氧化氮（NO）和二氧化氮（NO_2），后者被认为毒性更大。NO_2会引起肺最内部的刺激导致肺水肿。在严重的暴露情况下，支气管纤维损害可能在约三周后发生。即使短时间吸入含有$(200\sim700)\times10^{-6}NO_2$的空气也可能致命。生物化学上，$NO_2$能分裂乳脱氢酶和一些其他酶系统，很可能同臭氧的作用极类似。在NO_2的作用下体内可能生成自由基特别是OH，自由基导致脂肪过氧化，不饱和脂肪$C=C$双键受自由基进攻，在存在O_2的条件下发生链反应，从而导致脂肪的氧化破坏。NO是一种中央神经系统镇静剂，能导致窒息。

22.5.4　卤代氢

卤代氢（一般式HX，X＝F，Cl，Br，I）有相当的毒性。其中最广泛使用的是HF和HCl。

（1）氟化氢　氟化氢（HF，溶点$-83.1℃$，沸点$19.5℃$）无色，通常使用的是$30\%\sim60\%$水溶液（氢氟酸）。氟化氢或氢氟酸对身体的任何部位都是强刺激性的，能导致上呼吸道受影响区域溃疡。接触HF的损害难于治愈，容易发展成为坏蛆。

水溶性氟盐中的氟离子（F^-），如NaF，导致氟中毒，表现为骨骼畸形和牙齿斑点和变软。牲畜特别容易受降落在草地上的氟化物中毒；严重中毒的动物将会跛足甚至死亡。工业污染已成为氟化物毒性水平普遍的源。然而在饮用水中加入10^{-6}氟化物可以防治蛀牙。

（2）氯化氢　气态的氯化氢和它的水溶液盐酸均表示为HCl，毒性比HF小得多。盐酸是一种自然生理流体已稀溶液得形式存在于人或其他动物得胃液里。然而吸入HCl蒸气能导致喉咙痉挛以及肺水肿，高浓度甚至导致死亡。氯化氢对水的高亲和力易使眼睛和呼吸道组织脱水。

（3）交叉卤素化合物与卤素氧化物　交叉卤素化合物，包括 ClBr，BrCl 和 BrF_3 等，极为活泼，是强氧化剂。它们与水反应生成氢卤酸溶液（HF，HCl）和氧原子（O）。由于交叉卤素化合物进入生物组织后非常活泼，它们是强腐蚀性刺激物，能使组织酸化、氧化和脱水。因为存在这些效应，皮肤、眼睛、嘴和咽喉的黏膜组织以及肺部，特别容易遭受损害。

主要的卤素氧化物，包括一氧化氟（F_2O）、一氧化氯（Cl_2O）、二氧化氯（ClO_2）、七氧化氯（Cl_2O_7）和一氧化溴（Br_2O），都是不稳定、很活泼和有毒的化合物，其毒害情况与上面讨论的交叉卤素化合物类似。二氧化氯是最普遍使用的卤素氧化物，用于消除异味和漂白木纸浆。

卤素最重要的含氧酸及其盐类是次氯酸（HClO）和次氯酸钠（NaClO），用作漂白剂和消毒剂。次氯酸盐刺激眼睛、皮肤和黏膜组织，因为它们反应生成活性氧原子（O）和酸。

$$HClO \longrightarrow H^+ + Cl^- + O$$

22.5.5　无机硅化合物

二氧化硅（SiO_2，石英）存在于各种岩石中如沙子、砂岩和硅藻土。硅肺病是一种很普遍的职业病，是由于暴露在建筑材料二氧化硅尘土、喷沙以及其他的源引起的。一种肺纤维症导致肺结核和使受害者容易感染肺炎和其他肺部疾病，硅肺病是最常见由工业暴露有毒物质的致病因素之一。肺纤维症能导致死亡，由于缺氧或在严重情况下心跳停止。

硅烷（SiH_4）和二硅烷（$H_3Si—SiH_3$）是典型的无机硅烷化合物，含有 H—Si 键。还有许多有机硅烷化合物，在这些化合物中烷基取代了 H。对于硅烷毒性的了解还很少。

四氯化硅（$SiCl_4$），是仅有的具有工业重要性的四卤硅化合物。两种商用卤硅化合物是二氯硅烷（SiH_2Cl_2）和三氯硅烷（$SiHCl_3$）。这些化合物是合成有机硅化合物和生产半导体材料高纯硅的中间体。四氯硅烷和三氯硅烷是冒烟的液体，与水反应产生 HCl 蒸气，有窒息的气味，刺激眼、鼻和肺部组织。

22.5.6　石棉

石棉是一类纤维状的硅酸盐矿石，大致的化学式为 $Mg_3(Si_2O_5)(OH)_4$。石棉被广泛用做建筑材料、闸线、绝缘体以及管道制造。吸入石棉能导致石棉沉滞症（一种肺炎）、间皮瘤（间隔胸腔和肺的间皮组织瘤）以及支气管癌，因此目前石棉使用量已大大减少，采取措施避免建筑中使用石棉。

22.5.7　无机磷化合物

磷化氢（PH_3）是一种无色气体在 100℃ 温度自燃，是工业生产和实验室中一种潜在的危险物。磷化氢中毒的症状包括肺部刺激、中枢神经系统消沉、疲劳、呕吐以及呼吸困难和疼痛。

十氧化四磷（P_4O_{10}）是元素磷燃烧产生的蓬松状白色粉末，与空气中水分反应生成糖浆似的亚磷酸。因为通过该反应生成酸和它的脱水作用，P_4O_{10} 对皮肤、眼睛和黏膜有腐蚀性刺激作用。

最重要的卤化磷是五氯化磷（PCl_5），作为氯化试剂用作有机合成的催化剂，以及作为生产含氧氯化磷（$POCl_3$）的原料。因为它们与水激烈反应生成相应的卤化氢和含氧磷酸。

$$PCl_5 + 4H_2O \longrightarrow H_3PO_3 + 5HCl$$

卤化磷对眼睛、皮肤和黏膜组织有很强的刺激性。

商用上主要的含氧卤化磷是含氧氯化磷（$POCl_3$），一种浅黄发烟液体。由于与水反应生成有毒的盐酸和磷酸蒸气，$POCl_3$ 是眼睛、皮肤和黏膜的强刺激性物质。

22.5.8　无机硫化合物

硫化氢（H_2S）是无色有臭鸡蛋味的气体，有很强的毒性。在某些情况下，吸入 H_2S

甚至比 HCN 致死还快。暴露在含有超过 10^{-3} H_2S 的空气中将迅速导致死亡，因为呼吸系统麻痹而窒息。低剂量暴露的症状表现为头疼、头昏眼花以及伤害中枢神经系统引起的激动等。衰弱是 H_2S 慢性中毒的一种症状。

二氧化硫（SO_2）溶解于水中产生亚硫酸（H_2SO_3）、亚硫酸氢根离子（HSO_3^-）和亚硫酸根离子（SO_3^{2-}）。因为它的水溶性，SO_2 在呼吸道上部被清除。它对眼睛、皮肤、黏膜、呼吸道有刺激性。有些个体对亚硫酸钠（Na_2SO_3）非常敏感，该化合物被作为食物防腐剂使用。由于存在对敏感人群的危害，1990 年美国已严格限制 Na_2SO_3 作为食物防腐剂使用。

合成化学工业生产量最大的含硫化合物是硫酸（H_2SO_4）。在浓缩状态下，它是一种极强腐蚀性有毒物和脱水剂；能很容易渗入皮肤进入皮下组织导致组织坏死，类似于严重烧伤。硫酸烟雾刺激眼睛和呼吸道组织，而工业暴露甚至导致工人的牙齿珐琅面锈化。

有毒的无机硫化合物还有很多，这里不一一列举。

22.5.9 有机金属化合物

由于有机金属化合物起毒性作用的主要是其中的金属，因此把该类化合物也列为无机有毒化合物的范畴。

一些使用了多年的有机金属化合物，如药用有机砷化合物、杀真菌剂有机汞、汽油抗爆添加剂四乙基铅等，其毒性现在已经很清楚。然而，许多相对较新的有机金属化合物缺少中毒的经验，这些化合物现已被广泛用于半导体材料、催化剂和化学合成中，因此需要特别注意处理，直到被证明是安全的。

金属有机化合物在体内通常表现出与金属无机形态很不同的行为。这很大程度上是因为与无机形态相比，金属有机化合物具有有机物的性质，有更高的脂溶性。

（1）有机铅化合物　也许最被人关注的有机金属化合物是四乙基铅 $Pb(C_2H_5)_4$，一种无色油状液体，广泛用做汽油添加剂来提高辛烷值。四乙基铅对脂肪有很好的亲和力，能通过三个普遍的途径，即吸入、摄取及皮肤吸收进入体内。与体内无机化合物的表现不同，它影响中枢神经系统，通过疲劳、虚弱、烦躁、失调、神经质和痉挛等症状体现。铅中毒的恢复很慢。在致命的铅中毒的情况下，在暴露 1～2 天后就会死亡。

（2）有机锡化合物　商业用途的最大量有机金属化合物是有机锡化合物：氯化三丁基锡和四丁基锡（TBT）。这些化合物有杀菌、杀真菌和杀虫的性质。它们具有特别的环境重要性是因为其广泛应作杀虫剂，目前在增加限制因为其环境和毒理效应。有机锡化合物很容易被皮肤吸收，有时引起皮疹。它们可能结合蛋白质中含硫基团，干扰线粒体功能。

（3）羰基金属化合物　羰基金属化合物被认为毒性极高，包括四羰基镍 $Ni(CO)_4$、羰基钴和五羰基铁等。有些金属羰基化合物有挥发性容易通过呼吸道或皮肤进入体内。羰基化合物直接影响组织，以及它们还分解成有毒的一氧化碳和金属，增加了额外的毒性效应。

（4）有机金属化合物的反应产物　一个例子是二乙基锌燃烧产生有毒物质。

$$Zn(C_2H_5)_2 + 7O_2 \Longrightarrow ZnO(s) + 5H_2O(g) + 4CO_2(g)$$

氧化锌用做药剂和食物添加剂。然而，吸入有机锌化合物燃烧产生的氧化锌烟雾颗粒将导致锌金属烟雾发烧。

22.6　有机化合物毒性

22.6.1 烷烃

气态的甲烷、乙烷、丙烷、正丁烷和异丁烷被看成是简单的窒息剂，同空气混合减少了吸入空气中氧气。与在工作场所使用液态碳氢化合物有关的最常见职业性中毒问题是皮炎，由皮肤脂肪部分分解引起，表现特征是发炎、干燥和鳞状皮肤。吸入5～8个碳的直链或直链烷烃蒸气会导致中枢神经系统消沉表现为头昏眼花和失去协调性。暴露在正己烷和环己烷将引起髓磷脂的丧失以及神经细胞轴突的衰退。这导致了神经系统多种失调（多重神经病），包括肌肉虚弱以及手脚感觉功能的削弱。在体内，正己烷代谢为2,5-己二酮。这种第一类反应的氧化产物能在暴露个体的尿液中观察到，被用作暴露正己烷的生物指示剂。

22.6.2 烯烃和炔烃

乙烯（C_2H_4）是一种广泛应用的气体，无色、略有芳香味，表现为简单窒息剂以及对动物有麻醉作用和对植物有毒害作用。丙烯（C_3H_6）的毒理性质与乙烯类似。无色无味的1,3-丁二烯对眼睛和呼吸道黏膜有刺激性；在高浓度的情况下，能导致失去知觉甚至死亡。乙炔（C_2H_2）是无色有大蒜味的气体，它表现为窒息作用和致幻作用，导致头疼、头昏眼花以及胃部干扰。这些效应中的某些可能是因为在商用产品中含有杂质。

22.6.3 苯和芳香族碳氢

（1）苯 吸入体内的苯很容易被血液吸收，脂肪组织从血液中很强地吸收苯。对于非代谢的化合物，过程是可逆的，苯通过肺排出。如图22-4所示，在肝脏内苯通过第一类反应的氧化反应转化成苯酚。

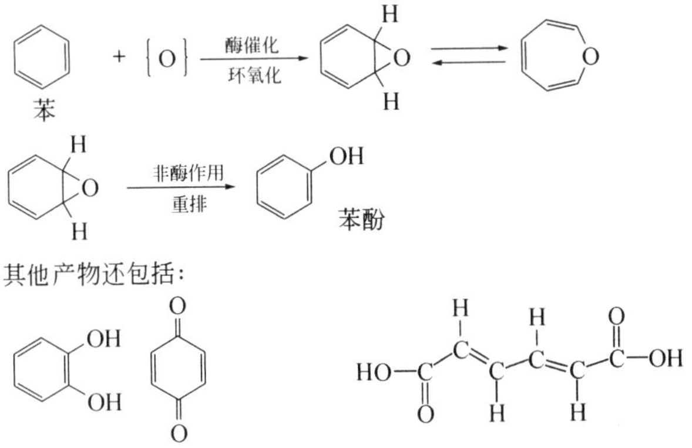

图22-4 苯在体内转化成苯酚

苯具有独特的毒性，可能主要是由反应中生成的活泼短寿期的苯环氧化物引起的。苯的毒性包括对骨髓的损害。除苯酚以外，苯在代谢过程中还产生几个其他含氧衍生物，如苯开环反应生成的反式黏糠酸。

苯能刺激皮肤，逐渐地较高浓度局地暴露能导致皮肤红斑、强烈感情、水肿以及水泡等疾病。在1h内吸入含$7g/m^3$苯的空气将导致严重中毒，对中枢神经系统有致幻作用，逐渐表现为激动、消沉、呼吸停止以及死亡。吸入含$60g/m^3$苯的空气，几分钟就能致死。

长期暴露在低浓度苯环境中导致不规则的症状，包括疲劳、头疼和食欲不振。慢性苯中毒导致血液反常，包括白细胞数降低、血液中淋巴细胞反常增加、贫血等，以及损害骨髓。苯还可能导致白血病和癌症的发生。

（2）甲苯 甲苯是无色的液体，沸点在$101.4℃$，毒性中等，通过吸入或摄取进入体内；皮肤暴露的毒性低。无明显疾病效应的空气中能容忍的甲苯浓度可以到$2×10^{-5}$。$5×10^{-5}$会引起头疼、恶心、疲乏以及协调性降低。大剂量的暴露能引起致幻效应，从而导致昏迷。因为它含有一个脂肪侧链，能被酶作用氧化成易被身体排泄的产物（代谢反应见图22-5），因此甲苯的毒性比苯小得多。

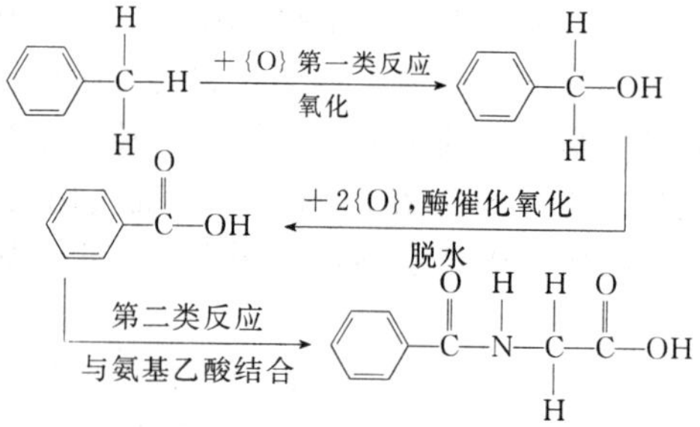

图 22-5 甲苯的代谢氧化过程

（3）萘　与苯的情况类似，萘首先进行第一类反应的氧化反应，在芳环上生成一个环氧基团。随后的第二类结合反应给出的产物能通过尿液从体内排出。

萘的暴露能导致贫血，红细胞数、血色素和血细胞显著减少，尤其对于那些有先天遗传的易感人群。萘对皮肤有刺激性，对易感人群会引起严重的皮炎。吸入或摄取萘会引起头疼、混浊和呕吐。在严重中毒的情况下，会因肾衰竭而死亡。

（4）多环芳烃　苯并[a]芘是研究得最多得多环芳烃（PAHs）。一些 PAH 的代谢产物，特别是苯并[a]芘的 7,8-二醇-9,10 环氧产物（图 22-6），被确认为致癌物质。这种代谢产物有两种立体异构体，它们都是强致突变物质，能致癌。

苯并[a]芘　　　　　　　7,8-二醇-9,10环氧产物

图 22-6　苯并[a]芘和它的致癌性代谢产物

22.6.4　含氧有机化合物

（1）氧化物　碳氢氧化物如乙烯氧化物和丙烯氧化物，这类化合物的特征是结构中含有环氧基团，相邻的两个碳原子上连有氧原子，有重要的用途，同时它们的毒性也很重要。环氧乙烯是无色、芳香性、易燃、易爆的气体，用做化工中间体、消毒剂和熏剂，具有较强的毒性，为致突变物质，动物实验表明有致癌性。吸入相对低的该气体会导致呼吸道刺激、头疼、嗜睡和呼吸困难；如果暴露浓度高，将出现苍白病、肺水肿、肾损害、外围神经损害、甚至死亡。环氧丙烯是一种无色、活泼、挥发性液体（沸点 34℃），用途与环氧乙烯类似，毒理效应也类似，但毒性小些。1,2,3,4-环氧丁二烯是 1,3-丁二烯的氧化产物，是引人注目的直接致癌物。

（2）醇类　由于工业品和日常消费品广泛使用，人们暴露甲醇、乙醇和乙二醇是很普遍的。甲醇能导致多种中毒效应，发生事故或作为饮料乙醇代用品摄入，在代谢过程中氧化成甲醛和甲酸。除导致酸毒症外，这些产物影响中枢神经系统和视觉神经。急性暴露致命剂量起始表现为轻微醉意，然后是约 10～20h 昏迷、心跳减缓、死亡。亚致命暴露能使视觉神经和视网膜中心细胞退化，从而导致失明。吸入甲醇蒸汽是一种慢性、低浓度暴露。

乙醇通常通过胃与肠摄取，但也易蒸气形式被肺泡吸收。乙醇在代谢中氧化比甲醇快，先氧化成乙醛，然后是 CO_2。乙醇有多种急性效应，源于中枢神经消沉。乙醇达到 0.05% 血浓度时，会出现陶醉和昏睡；超过 0.5% 血浓度时将会导致死亡。乙醇也有多种慢性效应，最突出的是酒精上瘾和肝硬化。

乙二醇尽管广泛由于汽车冷却系统，其暴露量因其蒸气压较低而有限。然而，吸入乙二

醇液滴将很危险。在体内，乙二醇起始刺激中枢神经系统，然后使之消沉。羟基乙酸（$HOCH_2CO_2H$），乙二醇代谢过程的中间产物，能导致酸血症；进一步氧化生成的草酸，能沉积在肾脏中结成固体草酸钙（CaC_2O_4），形成堵塞。

在更高碳的醇类中，1-丁醇是刺激物，但它的毒性受其低蒸气压限制。不饱和醇如 $CH_2{=}CHCH_2OH$ ，有辛辣气味，对眼、嘴和肺有很强的刺激性。

（3）酚类 重要的酚类化合物有酚和取代酚。芳环上的硝基（—NO_2）和卤素原子（特别是Cl）显著地影响酚类化合物的化学和毒理行为。

尽管苯酚首先用作伤口和外科手术的消毒剂，它是一种原形质的毒物能杀死所有种类的细胞，被宣称自从被广泛使用以来已经导致了惊人数目的中毒事件。苯酚急性中毒主要是对中枢神经的作用，暴露一个半小时就会致死。苯酚急性中毒能导致严重的肠胃干扰、肾功能障碍、循环系统失调、肺水肿以及痉挛。苯酚致命的剂量可以通过皮肤吸收达到。慢性苯酚暴露损害的关键器官包括脾脏、胰腺和肾脏。其他酚类的毒理效应与苯酚类似。

（4）醛和酮 醛和酮是含有羰基（ C=O ）的化合物。

甲醛特别重要是因为其毒性和应用广泛。甲醛是一种辛辣令人窒息气味的无色气体；常见的是被称为福尔马林的商品，为 $37\%\sim50\%$ 的甲醛水溶液，含有少量甲醇。吸入暴露是因为由呼吸道吸入甲醛蒸气，其他途径暴露通常是因为福尔马林。连续长时间的甲醛暴露能引起过敏。对呼吸道和消化道黏膜的严重刺激，甲醛对分子中官能团反应性很强。动物实验已发现甲醛会导致肺癌。甲醛的毒性主要是因为其代谢氧化产物甲酸。

低碳醛有相当的水溶性和强刺激性。这些化合物进攻暴露的湿润组织，特别是眼睛和上呼吸道黏膜（光化学烟雾的刺激性某些是因为其中存在的醛类化合物）。然而，水溶性相对低的醛类化合物却能渗透进入呼吸道，影响肺部。无色液体的乙醛比丙烯醛的毒性相对低些，表现为刺激物和中枢神经系统的致幻剂。极强刺激性和催泪性的丙烯醛蒸气有窒息的气味，吸入后能给呼吸道黏膜造成严重损害。暴露丙烯醛的组织会遭受严重坏死，直接与眼接触特别危险。

酮类比醛类的毒性要小。愉快气味的丙酮是一种致幻剂，可以通过溶解皮肤的脂肪导致皮炎。甲基乙基酮的毒性效应了解不多，它被怀疑是导致鞋厂工人神经失调的原因。

（5）羧酸 甲酸（HCO_2H）是一种相当强的酸，对组织有腐蚀性。尽管含有 $4\%\sim6\%$ 乙酸的醋是许多食物的调味品，接触纯乙酸（冰醋酸）对组织腐蚀性极强。摄入或皮肤接触丙烯酸能使组织严重受损。

（6）醚 一般醚类化合物毒性相对较低，因为含有活性较低的醚键（C—O—C），其 C—O 键不易断裂。挥发性的乙醚暴露通常是吸入的，进入体内的约80%的乙醚不能代谢通过肺排出体外。乙醚能使中枢神经消沉，是一种镇静剂，被广泛用做外科手术的麻醉剂。低剂量的乙醚能催眠、发醉和昏迷，然而高剂量将会导致失去意识和死亡。

（7）酯 作为潜在健康效应的酯类化合物，最关心的是邻苯二甲酸双（2-乙基己基）酯（DEHP）。这是因为在聚氯乙烯（PVC）塑料生产中使用30%的DEHP作为增塑剂。由于含有DEHP的PVC塑料广泛使用，DEHP已成为到处能发现的污染物，无论是水体、沉积物、食物还是生物样品。最强烈的关注来自于医学上的使用，特别是盛装静脉注射液的袋子。医学使用的结果，使DEHP进入血友病人、肾透析病人以及未成年和高危婴幼儿的血液中。尽管DEHP急性中毒效应很低，但如此广泛的直接暴露将对人类的健康是令人担忧的。

22.6.5 有机氮化合物

（1）脂肪族胺 低碳胺，如甲胺，能通过各种暴露途径容易迅速地进入体内。它们有碱性，同组织内的水进行反应：

$$R_3N + H_2O \longrightarrow R_3NH^+ + OH^-$$

能使组织的 pH 值提高到有害的水平，表现为腐蚀性中毒（特别对眼睛敏感）以及在接触点导致组织坏死。在胺的全身效应中，包括肝和肾的坏死、肺出血和水肿以及免疫系统敏感。低碳胺是日常大规模使用的高毒性物质。

（2）碳环芳香族胺　苯胺是最简单的碳环芳香族胺，是一类至少有一个芳环直接连接到氨基上的化合物。工业上使用的这类化合物很多，其中一些能导致膀胱、尿道和骨盆方面的癌症，还是肺、肝和前列腺的可疑致癌物。苯胺为有独特气味的无色液体，毒性很强，容易通过吸入、摄取和皮肤进入体内。苯胺能把血色素中的二价铁转化为三价铁。这一化学过程导致高铁血红蛋白症，表现为苍白病和血液深褐色，血色素不能输送氧气。

1-萘胺和 2-萘胺都是膀胱癌的致癌物。

（3）硝基化合物　最简单的硝基化合物是硝基甲烷 CH_3NO_2，为油状液体，能导致厌食、腹泻、恶心和呕吐，损害肾脏和肝脏。硝基苯为浅黄色油状液体，能通过各种途径进入体内。起中毒作用与苯胺类似，把血红素转换成高血蛋白，使之失去载氧的能力。

22.6.6 有机卤代化合物

（1）卤代烷烃　卤代烷烃的毒性差别很大。这类化合物大多数是抑制中枢神经系统，个别化合物也表现为特别的毒作用。

四氯化碳（CCl_4）是大家熟知的有毒卤代烃化合物，它是一种系统性毒物，当通过吸入时影响神经系统，当摄食时影响胃肠道、肝和肾。CCl_4 中毒的生物化学机制涉及生成活性自由基化合物，包括 $\cdot CCl_3$ 和 $\cdot OOCCl_3$，它们含有不配对电子，能与生物分子如蛋白质和 DNA 反应。最大的损害如发生在肝脏内的脂肪过氧化反应，自由基进攻不饱和脂肪分子，通过自由基反应机制使脂肪发生氧化。

（2）卤代烯烃　大多数重要的卤代烯烃是分子较小的化合物，如氯乙烯（$CH_2{=}CHCl$）和四氯乙烯（$CCl_2{=}CCl_2$）。因为卤代烯烃被广泛使用和废弃，它们的急性和慢性中毒效应引起广泛关注。

中枢神经系统、呼吸系统、肝脏以及血液和淋巴系统都会受到氯乙烯暴露伤害，因为它被广泛用作生产聚氯乙烯的原料。最值得注意的是，氯乙烯还是致癌物，引起罕见的肝脏血管肉瘤。1,1-二氯乙烯和三氯乙烯是可疑致癌物。

1,2-二氯乙烯聚合物毒性相对低些，两种异构体的毒作用不同，顺式结构有刺激和致幻作用，而反式结构影响中枢神经和胃肠道，导致虚弱、颤动、抽筋和恶心。

与其他含氯有机溶剂类似，四氯乙烯因溶解皮肤脂肪而引起皮炎，它还能影响中枢神经、呼吸系统、肝、肾和心脏。它也是一种可疑致癌物。

（3）卤代芳烃　多氯联苯（Polychlorinated biphenyls，PCBs）曾经在电器设备中广泛用做压力流体以及在其他方面的应用，在环境中有很广的分布，现在属于严格控制的环境污染物。PCBs 在脂肪组织中有很强的积累倾向。

二噁英（Polychlorinated dibenzodioxins）是具有相同基本结构的一类物质，其基本结构为 TCDD（2,3,7,8-四氯二苯并对二噁英）。

但是环上的氯原子的数目和位置可能各异。TCDD 对一些动物的毒性非常大，但对人体的毒性还相当不确定；已知能导致皮肤氯痤疮。TCDD 是一些商用产品的副产物，在垃圾焚烧排放物中检出，也是不当废水处理的普遍性污染物。

氯代酚类化合物使用量最大的是五氯苯酚和三氯苯酚聚合物，用做木材防腐剂。尽管暴露这些化合物与肝脏畸形和皮炎有关，二噁英可能导致一些观测到的效应。

22.6.7 有机硫化合物

尽管 H_2S 毒性较高，但不是所有的有机硫化合物毒性特别高。含硫化合物的毒性往往因为它们的强烈难闻的气味而意识到它们的存在。

吸入低浓度的硫醇如甲基硫醇（CH_3SH）能导致恶心和头疼；更高浓度能导致心跳加快、手脚变冷和脸色苍白；进一步将出现无意识、昏迷和死亡。同 H_2S 一样，硫醇是细胞色素氧化酶毒物的前体物。

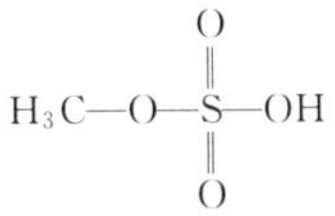

硫酸单甲酯 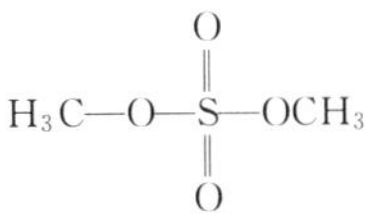　　　　　硫酸二甲酯

油状水溶性的硫酸单甲酯是一种对皮肤、眼睛和黏液组织有强刺激性的物质。无色无味的硫酸二甲酯毒性很高，是一次致癌物，不需要生物活化就能致癌。皮肤和黏膜暴露硫酸二甲酯引发结膜炎以及鼻组织和呼吸道黏膜发炎，在症状出现之前有一定的潜伏期。如果暴露严重，将损害肝和肾，引起肺水肿，角膜晦暗，在 3～4 天内死亡。

22.6.8 有机磷化合物

有机磷化合物毒性差别较大。一些有机磷化合物为剧毒，如工业化生产的毒物"神经毒气"，只需要微小的量就能致死。

磷酸酯化合物一些例子见图 22-7。磷酸三甲酯通过摄食和皮肤吸收，属于中等毒性；而中等毒性的磷酸三乙酯[$(C_2H_5O)_3PO$]，能损害神经和抑制乙酰胆碱酯酶。磷酸三邻甲酚酯（TOCP）的代谢产物抑制乙酰胆碱酯酶。暴露 TOCP 导致中央和外围神经系统神经细胞退化，早期的症状为恶心、呕吐和腹泻，伴随严重的腹疼。这些症状减退 1～3 周后，外围麻痹逐渐显示出来，表现为"手腕下沉"和"足部下沉"，恢复较慢，导致完全或局部永久性瘫痪。

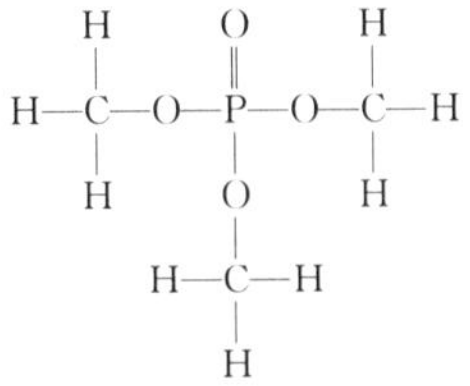

磷酸三甲酯 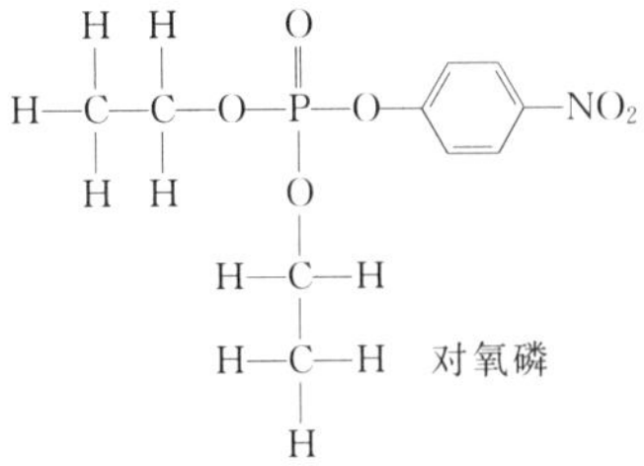　　　　　对氧磷

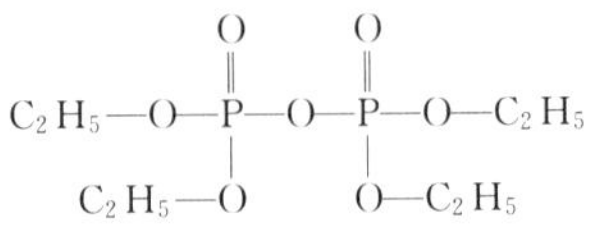

焦磷酸四乙酯（TEPP） 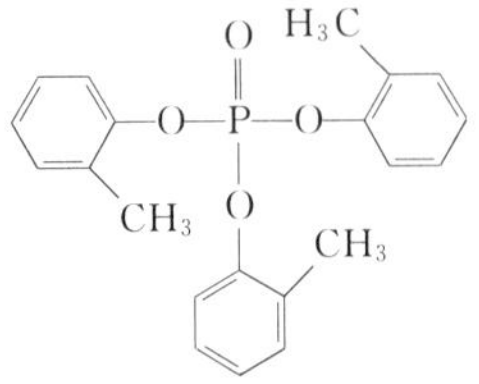　　　磷酸三邻甲酚酯（TOCP）

图 22-7　一些磷酸酯化合物

曾经在德国使用时间很短的用做烟碱（杀虫剂）替代物的焦磷酸四乙酯（TEPP）毒性达 6 级（剧毒），对乙酰胆碱酯酶具有非常强的抑制能力，对人和哺乳动物是致命的。

22.6.9 有机农药

（1）有机氮农药　氨基甲酸酯杀虫剂是如胺甲萘分子中含有氨基甲酸基本结构的一类化合物（图 22-8）。广泛用做草坪和庭院杀虫剂的胺甲萘对哺乳动物毒性较低。高水溶性的呋喃丹是系统性的杀虫剂，被植物的根和叶吸收；昆虫在叶面摄食而中毒。氨基甲酸酯对动物的毒作用是由于它们能直接抑制乙酰胆碱酯酶，不需要先进行生物转化。这种效应是相当可逆的，因为氨基甲酸酯在代谢中能水解。

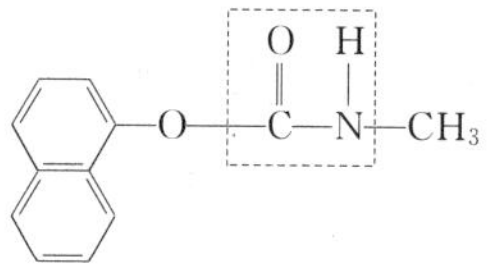
胺甲萘

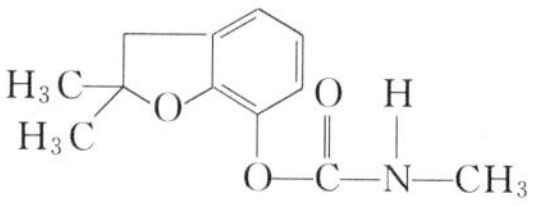
呋喃丹

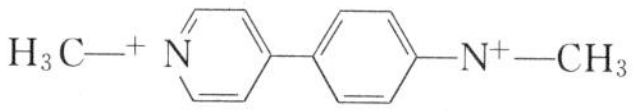
百草枯

图 22-8　几种有机氮农药

除草剂百草枯毒性为 5 级，通过喷雾吸入、皮肤接触和摄食能导致危险或致命的急性中毒。百草枯是一种全身性毒物，影响酶的活性，对许多器官有破坏性。动物吸入百草枯气溶胶能导致肺部纤维症，非肺部暴露也能对肺部产生不良影响。急性暴露可以导致儿茶酚胺、葡萄糖和胰岛素的浓度变化。中毒的最突出的起始症状是呕吐，然后在几天内是呼吸困难、苍白，出现肾、肝和心脏损害的症状。在致命的案例中，肺部纤维症一般还伴随肺气肿和出血。

(2) 有机卤素农药　有机卤素农药的毒性多种多样。许多有机卤素农药影响中枢神经系统，导致颤动，不规则眼部抽搐，性格改变，记忆力下降。这些症状是急性 DDT 中毒的特征。然而，DDT 对人的急性毒性比较低，二次世界大战时直接用于人体控制伤寒和疟疾。氯代环二烯类杀虫剂（如艾氏剂、荻氏剂、氯丹和七氯等）对大脑有作用，释放三甲铵乙内酯，引起头疼、头晕、恶心、呕吐、肌肉抽搐等。荻氏剂、氯丹和七氯在动物实验中导致肝癌，一些氯代环二烯类杀虫剂是致畸物。

(3) 有机磷农药　常见的是硫代磷酸酯和二硫代磷酸酯农药（图 22-9）。因为含有 P═S 基团的酯对非酶水解有抵抗力，并且抑制乙酰胆碱酯酶不如含 P═O 基团的酯类化合物，它们表现出比不含硫的磷酸酯类更高的昆虫：哺乳动物毒性比，因此硫代磷酸酯和二硫代磷酸酯广泛地用做杀虫剂。这些化合物的杀虫活性需要通过代谢转换，由 P═S 变成 P═O（氧化脱硫）。从环境上来说，有机磷酸酯杀虫剂比许多有机氯杀虫剂要更好，因为有机磷酸酯容易生物降解，不形成生物累积。

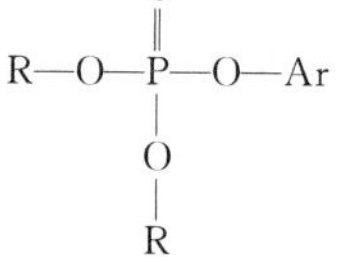
硫代磷酸酯一般式

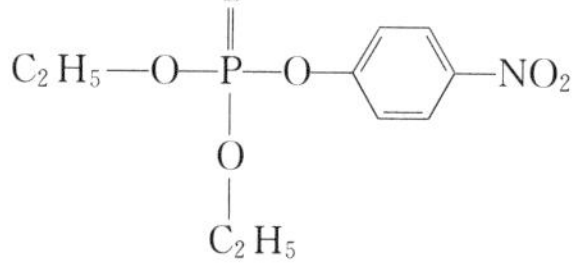
柏拉息昂

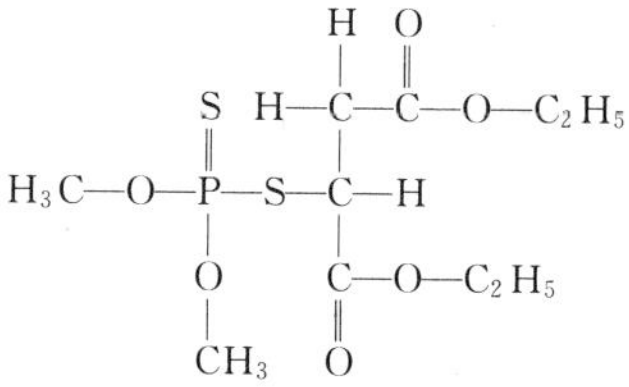
马拉息昂

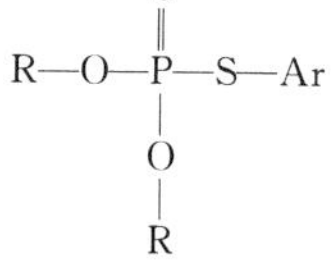
二硫代磷酸酯一般式

图 22-9　硫代磷酸酯和二硫代磷酸酯农药

第一个商业上成功的硫代磷酸酯/二硫代磷酸酯农药是柏拉息昂，即 *O*,*O*-二乙基-*O*-(对硝基苯基）硫代磷酸酯，第一次获得营业执照是 1944 年。这种杀虫剂的毒性为 6 级（剧毒）。自从它使用以后，世界上成千上万的人因中毒而死亡。只要 120mg 柏拉息昂就足够毒死一个成年人，而 2mg 对小孩就是致命的。大多数意外中毒发生是通过皮肤吸收。要产生毒作用，柏拉息昂必须通过代谢转换成对氧磷，而后者是乙酰胆碱酯酶的有力的抑制剂。因为这种转换需要时间，暴露几小时后症状逐渐发展，而焦磷酸四乙酯和对氧磷毒作用要迅速得多。被柏拉息昂中毒的人表现为皮肤痉挛和呼吸困难。在致命的事件中，由于中枢神经系统麻痹而停止呼吸。

马拉息昂是最为熟知的二硫代磷酸酯杀虫剂。由于含有的两个羧酸酯键容易被羧化酶（哺乳动物有，昆虫没有）水解成相对无毒的产物，因此具有相当高的昆虫：哺乳动物毒性比。例如，尽管马拉息昂是一种很有效的杀虫剂，但成年雄鼠的 LD_{50} 值大约是柏拉息昂的 100 倍。

22.6.10 军事毒气

（1）芥子气　致命的硫芥子毒气在军事上有用，其中典型的是芥子油[二(2-氯-乙基)硫醚]，其结构式如下

实验证实芥子油是致突变物和一次致癌物。芥子油产生的蒸气，能渗入组织深处，在离接触点的一定深处产生破坏和损害；渗透很迅速，以至于 30min 后想要从暴露处除去毒素都是无效的。这种"起泡气体"中毒导致组织严重发炎被感染而受到伤害。肺部受伤害能导致死亡。

（2）沙林和 VX　沙林和 VX 是两种主要的有机磷"神经毒气"，它们都是强力的乙酰胆碱酯酶抑制剂，结构式如下。

沙林　　　　　　　　　　VX

沙林作为中枢神经系统的系统性毒物，以液态通过皮肤的吸收，致命剂量很低，约为 0.01mg/kg，即只要一滴就足于杀死一个人。

参 考 文 献

[1] Manahan S E, Environmental Chemistry. Willard Grant Press, Boston, USA ，1999.
[2] 戴树桂主编. 环境化学. 北京：高等教育出版社，1997.
[3] 俞誉福，叶明吕，郑志坚编著. 环境化学导论. 上海：复旦大学出版社，1997.
[4] Manahan S.E. 著. 环境化学. 陈甫华等译. 天津：南开大学出版社，1993.

习　　题

1. 剂量-效应曲线中 LD_{50} 含义是什么？
2. 某有毒物对人的致死量为 90mg/kg，它属于毒性等级的几级？
3. 什么是有毒物联合作用？包括哪些作用？
4. 简述致癌物的致癌机制。
5. 重元素中毒有什么特点？
6. 苯中毒的机制是什么？
7. 有机磷农药中毒有什么特点？
8. 从保护环境的角度来看，有机氯农药和有机磷农药相比，哪种更好些？说明理由。